Oracle RAC 12.2 架构
高可用数据库权威指南
概念、管理、优化和故障排除

[印] K.柯普莱克里什汗(K. Gopalakrishnan)
[美] 山姆・R.阿拉帕提(Sam R. Alapati) 著

史跃东 高强 郝文瀚 译

清华大学出版社
北 京

K. Gopalakrishnan, Sam R. Alapati
Oracle Database 12*c* Release 2 Real Application Clusters Handbook: Concepts, Administration, Tuning & Troubleshooting
EISBN：978-0071830485

北京市版权局著作权合同登记号 图字：01-2018-6268

图书在版编目(CIP)数据

Oracle RAC 12.2 架构高可用数据库权威指南：概念、管理、优化和故障排除 / (印) K. 柯普莱克里什汗(K. Gopalakrishnan)，(美) 山姆 • R. 阿拉帕提(Sam R. Alapati) 著；史跃东，高强，郝文瀚 译. —北京：清华大学出版社，2019.11

书名原文：Oracle Database 12*c* Release 2 Real Application Clusters Handbook：Concepts，Administration，Tuning & Troubleshooting

ISBN 978-7-302-53816-5

Ⅰ. ①O… Ⅱ. ①K… ②山… ③史… ④高… ⑤郝… Ⅲ. ①关系数据库系统－指南 Ⅳ. ①TP311.132.3-62

中国版本图书馆CIP数据核字(2019)第205570号

责任编辑：王 军
封面设计：孔祥峰
版式设计：思创景点
责任校对：牛艳敏
责任印制：杨 艳

出版发行：清华大学出版社
网 址：http://www.tup.com.cn，http://www.wqbook.com
地 址：北京清华大学学研大厦 A 座 邮 编：100084
社 总 机：010-62770175 邮 购：010-62786544
投稿与读者服务：010-62776969，c-service@tup.tsinghua.edu.cn
质 量 反 馈：010-62772015，zhiliang@tup.tsinghua.edu.cn
印 装 者：北京嘉实印刷有限公司
经 销：全国新华书店
开 本：190mm×260mm 印 张：24.5 字 数：885 千字
版 次：2019 年 12 月第 1 版 印 次：2019 年 12 月第 1 次印刷
定 价：98.00 元

产品编号：080996-01

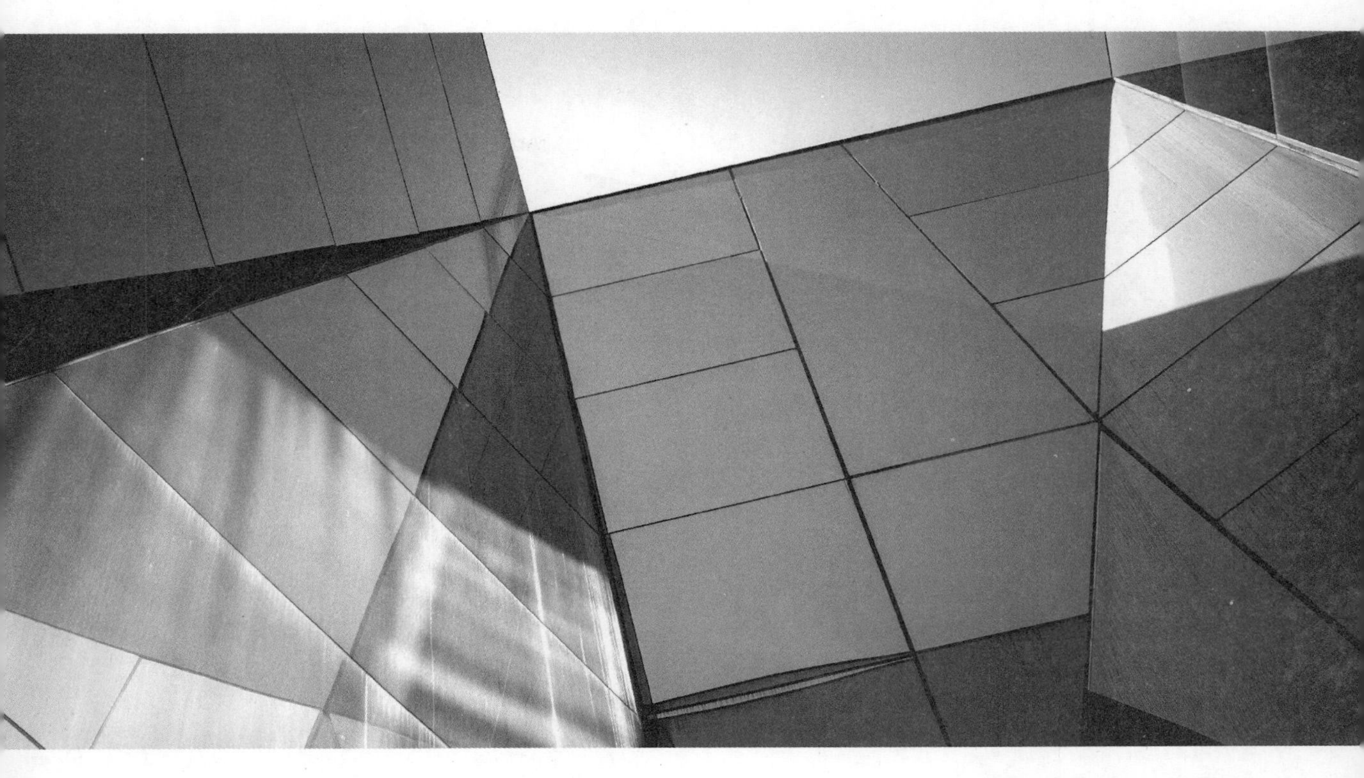

推荐序

在大国关系僵硬程度愈演愈烈的大环境下，在开源数据库、云原生数据库日趋成熟的关系型数据库小领域内，Oracle 数据库受到前所未有的舆论压力，Oracle 数据库在国内市场的增长也受到不小的影响。

然而，对于大多数企业的核心数据库来说，在有限的将来全部去 Oracle 显然是错误甚至不可能的。当前，逐渐演变成企业主流的就是 Oracle 12*c* 这个版本。Oracle 19*c* 是 Oracle 12*c* 系列的 LTS 长期支持版本，所以绝大多数核心内容，都可以沿用本书知识。而 Oracle 20*c*，将在 2020 年发布，从目前的信息看，更多改进表现在原生的区块链支持、持久化内存存储、自动化管理 in-memory 内存等。换句话说，就算到了 Oracle 20*c*，本书内容也不会显得过时。当然，依我的观点，就这种局势下，Oracle 20*c* 在中国将是使用量最小的版本。所以，难保 Oracle 12*c*R2 RAC 将成为绝唱！

本书的译者跃东和高强都是相识多年的朋友了，所以很荣幸写一篇推荐序。我跟高强同事过几年，一起翻译过《Oracle Exadata 专家手册》，在工作中亦师亦友，这是个很棒的小伙子！

最近在解决低延时的问题。之前的同事只是常规安装了系统和网卡驱动，ping 延时从普通网卡的几百微秒降低到几十微秒，就觉得大功告成，能够应用并生产使用了。深入研究后才发现，低延时的配置远远没这么简单，涉及硬件选择、BIOS 设置、Firmware 设置、OS 设置、网卡驱动、应用程序针对性改写优化，等等。最优可以到多少呢？1 微秒！甚至随着硬件的升级迭代，还可以更优！

这说明什么呢？如果你将要使用 Oracle 12*c* RAC，那么本书就是必读书籍。

杨志洪

Oracle ACE、腾讯 TVP、《Oracle 核心技术》译者

译 者 序

毋庸置疑，RAC 是 Oracle 数据库自 10*g* 版本以来最重要的特性之一。通过 RAC 技术，Oracle 数据库能够提供真正的高可用解决方案，并且能够完美地实现工作负载在多个实例之间的均衡与故障转移。它与 Data Guard 技术一起，撑起 Oracle 的 MAA 架构。

众所周知，无论是 10*g*、11*g* 还是 12.1 版本，市面上都有比较知名的关于 RAC 的相关书籍。而此次与高强、文瀚联手翻译的这本书，则补上了 12.2 版本的 RAC 相关内容，这也是市面上关于 Oracle RAC 技术的最新书籍了。

翻译工作一直都不怎么轻松，于我而言，多人同时翻译一本书，更是初次尝试。高强是我神交已久但见面不多的老友。去年去济南讲课，才与高强老弟第一次见面，把酒言欢。文瀚则是我当年在天津讲课时的学生，我们一直保持联系，他在数据库方面的技术水平也日渐增长。这次合作翻译，第 1~6 章由高强负责，第 7~12 章由文瀚负责，剩余的内容由我来负责。去年下半年就已经定下的翻译计划，几经周折，到现在总算大功告成，静候出版佳音。

近几年各种数据库技术百花齐放，很多人也都开始关注一些开源的数据库技术，包括 NoSQL、NewSQL 等。但是就我的观点而言，Oracle 数据库技术，尤其是 RAC 技术，是传统关系型数据库中的核心技术。充分掌握这一技术，对于学习新兴的数据库技术，也大有裨益。这样你就可以互相对照，参考学习。

本书翻译时间仓促，有不足之处自然在所难免。读者若在阅读本书过程中发现有任何遗漏或错误，请与我联系。我的邮箱是 shiyuedong@hotmail.com。

感谢清华大学出版社编辑在本书出版过程中做出的重大努力，没有他们的辛勤工作，本书断难出版，谨在此表示衷心的感谢，希望以后继续合作愉快！

也感谢本书的合译者高强和文瀚，你们的认真工作，是本书能够出版的坚实保证。

——史跃东

Oracle DBA 的工作通常比较复杂且具有挑战性。本书从数据库集群的基础概念开始，循序渐进地讲解了 Oracle 12*c* 数据库的强大功能。希望读者能在学习本书的过程中，在加深对数据库理解的同时，掌握新功能带来的方便和高效。不管你是初学者还是专家，都可以从本书讲解的 Oracle 数据库集群技术中获益。

机缘巧合，与跃东在济南有幸吃了顿烤肉，闲聊到技术的时候，深感东哥对技术的热爱和敬畏，还有在技术传道授业方面强烈的责任心和使命感。没想到无心插柳柳成荫，这次吃饭促成本次的翻译合作机会。感谢东哥提供这次宝贵的机会，我自知才疏学浅，在翻译过程中难免有纰漏，还请各位读者多多包涵。

在本次翻译过程中，除了学习技术知识外，也感受到其他两位译者工作状态中不同风格的优点：东哥的沉稳老练，文瀚的积极热情。这都促成本书相关章节保质保量及时完成。每当在工作中遇到难题或停滞不前的时候，回想起与他们合作时的感受，总能让人重拾信心和热情。正所谓“三人行，必有我师焉”。

最后，感谢妻子小静的鼓励和支持。

——高 强

Oracle 12.2 版本自 2017 年 1 月发布至今，已有两年多的时光。目前，已经有很多企业在使用 Oracle 12.2 RAC。本书介绍了 Oracle 12.2 RAC 的很多核心概念，有些概念第一次读起来可能会晦涩难懂，但是，相信读者在仔细读懂本书之后会对以后的运维工作大有裨益。

2018 年 10 月，我第一次接触到本书的电子版。刚开始的日子是忙碌的，每天在工作之余翻译几页，这十分锻炼人的耐力。虽然每天翻译的不是很多，但是，“不积跬步，无以至千里”，经过半年的仔细研磨，终于将自己要翻译的部分完成。由于时间仓促，书中难免有不足之处，读者可随时与我联系，不吝指教。

另外，很荣幸能有机会和我的老师史跃东和高强先生一起合作翻译这本书，也感谢清华大学出版社编辑老师的重大支持。

——郝文瀚

作者简介

K. Gopalakrishnan(又名 Gopal)是一位备受赞誉的作家(曾荣获《Oracle 杂志》"2005 年 Oracle 年度作家"称号)，是畅销书 *Oracle Wait Interface：A Practical Guide to Performance Diagnostics & Tuning*(由 Oracle 出版社/McGraw-Hill 教育集团于 2004 年出版)和 *Oracle Database 11g Real Application Clusters Handbook*(由 Oracle 出版社/McGraw-Hill 教育集团于 2012 年出版)的作者，还被 OTN 授予 Oracle ACE 荣誉称号。

Gopalakrishnan 是 Oracle RAC 与数据库核心技术方面公认的一位专家，他用自己丰富的专业知识，为全球众多的电信服务商、银行、金融机构以及大学解决了很多的疑难杂症，这些客户遍布五大洲，超过 30 个国家和地区。

Gopalakrishnan 目前就职于 Oracle 公司，负责云计算平台的性能、扩展性以及可用性方面的工程，管理着基于 Oracle Exadata 数据库一体机和 Oracle RAC 的全球最大的 SaaS 平台之一。

Sam R. Alapati 以数据管理员的身份就职于 Solera，该公司位于得克萨斯州的西湖地区，毗邻达拉斯。Sam 以 Oracle DBA 的身份工作多年，并为 Oracle DBA 编写了多部作品，其中包括 *Expert Oracle Database 11*g *Administration* (由 Apress 于 2008 年出版)、*OCP Upgrade to Oracle Database 12*c *Exam Guide* (*Exam 1Z0-060*)(由 Oracle 出版社/McGraw-Hill 教育集团于 2014 年出版)。

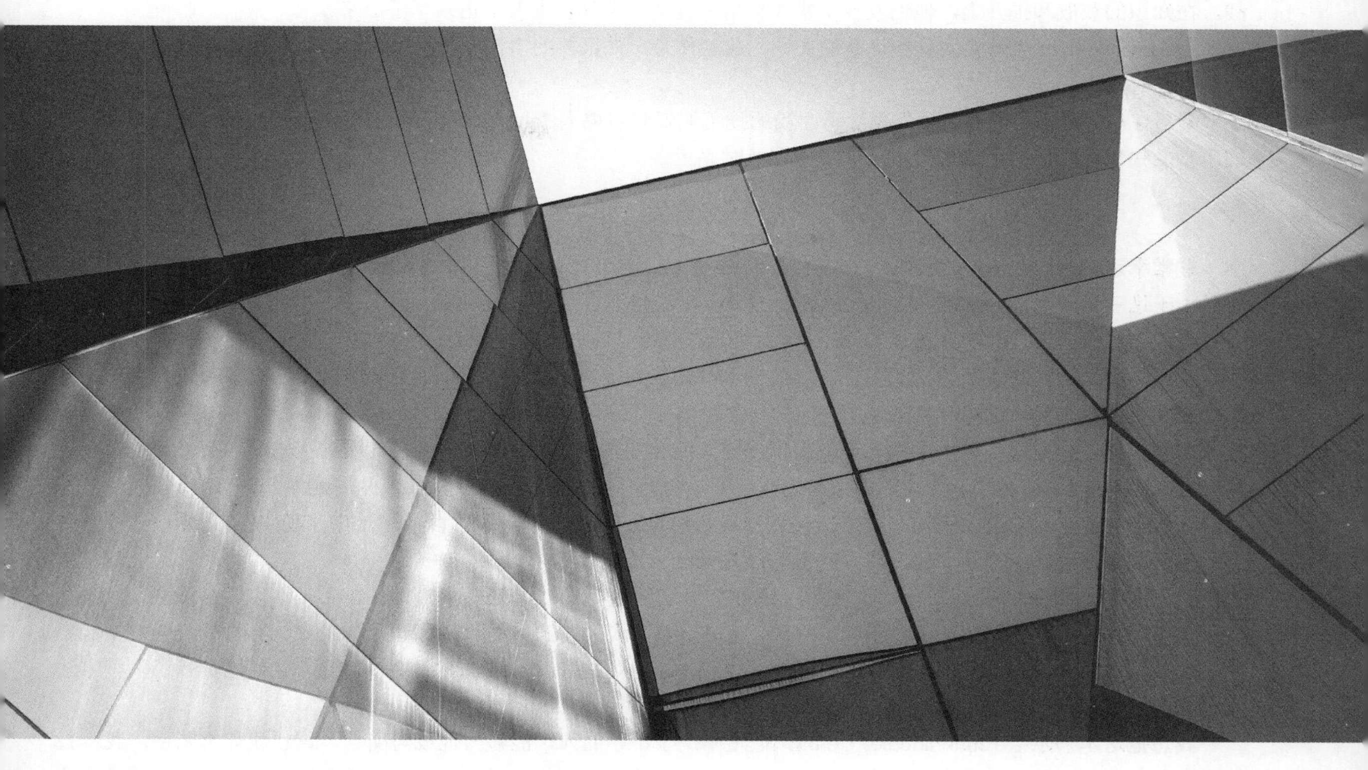

致 谢

让拥有美好事物的想法消失是绝对要不得的。

写一本书，绝不仅仅是作者通过打印材料将自己的想法写下来或是把知识分享出来那么简单，而是像是在指挥一支管弦乐队。需要将很多演奏家聚集在一起，在良好的指挥下，于一支管弦乐队中轮流演奏他们的乐器，从而奏出动听的声音。以同样的方式，一支伟大的编辑团队也需要精诚合作，以帮助作者完成一本书。如果一支出色的团队以此种方式团结一致的话，结果就会诞生一本阅读起来具有愉悦感并且颇易理解的书籍。作为一名作者，我非常感谢站在我身后的这支团队的成员，因为是他们帮助我完成了本书。

首先，我要真诚地感谢我的长期好友、哲学家和向导 John Kanagaraj。他在我参加的诸多项目中都给予我很大的支持。John 本身也是一名 Oracle 方面的作者，在项目开始之初，他常常都会有灵感迸发。我向他致敬，感谢他的耐心和谆谆教导。在我效率低下的时候，他始终都能够保持昂扬的斗志。

我也要向那些对本书有直接或间接贡献的各位表示感谢。在过去的几年中，我从不少人身上学到了很多，并且我要特别感谢 Steve Adams、Jonanthan Lewis、Vijay Lunawat、Scott Gossett、Scott Heisey、Gaja Vaidyanatha 和 James Morle。适时的小帮助，本身固然微不足道，但是价值却比整个世界还要大！

在 Oracle 公司和一群最聪明的人共事，于我而言深感荣幸。我想对他们表示衷心的感谢。我要感谢我的同事 Chandra Pabba、Sreekanth Krishnavajjala 和 Yesh Jaishwal，他们对我的书进行了初步评审。特别感谢我的合著者 Sam Alapati，他审校了本书的最终版本。

我还要向我的经理 Dillip Praharaj 和 Harsha Gadagkar 表示诚挚的谢意，他们负责 Oracle 性能、扩展性以及可靠性工程，也要谢谢 Oracle 企业级解决方案业务群的 Shankar Jayaganapathy，感谢对我的支持与鼓励。没有他们的帮助和指导，我担心我可能会没有时间忙于编写本书。我还要感谢 Oracle 公司的副总裁 Vikram Kumar，感谢他在多个阶段提供的帮助和支持。

感谢我的客户。他们不仅提出了挑战，并且当我在向他们的系统中实施我提出的解决方案时，他们也提出了挑战。在知识的获取和提升上，他们发挥了重大作用，这些知识我在本书中也共享了出来。

与 McGraw-Hill 教育集团这些优秀的人们一起工作是一件很棒的事情。非常感谢他们对我保持耐心，并确保本书能够及时出版。

最后，也是最重要的是，我要再次感谢我的技术编辑和审稿人 John Kanagaraj、Arup Nanda 和 Sandesh Rao，他们丰富的知识和付出的巨大努力，保证了本书及时完工。

——K. Gopalakrishnan

非常幸运，再次由 Arup Nanda、John Kanagaraj 和 Sandesh Rao 为我们提供服务，他们帮助审校了本书的草稿。正是由于这三位著名的 Oracle 专家所做的技术评审，保证了本书的高质量出版。

我想借此机会谢谢我的合著者 Gopal，他热情地邀请我参与他的畅销书此前版本的审校工作。

幕后的出版团队完成了大量的工作，以保证本书始终处于正轨。在过去的两年间，Wendy Rinaldi 和 Claire Yee 始终都和我们在一起，支持并鼓励我们。同时，在我们修订本书时，Oracle Database 12.1 版本发布，然后 12.2 版本发布。我要衷心地向这些提供支持的人们表示感谢。在此期间，McGraw-Hill 教育集团的 Wendy Rinaldi(编辑部主任)和 Claire Yee(编辑协调员)展现出高超的专业精神。谢谢你们，Wendy 和 Claire，你们始终未曾对我们失去信任，并且一直十分耐心，直到本书漫长的出版过程结束！Claire，尤其要感谢你始终如一的坚持，以及具体地记录下所有的事情——如果没有你的辛勤工作，我们可能就无法起步了！

我要向 Bart Reed 表达我的谢意，他所完成的工作已经远远超出普通的编辑任务。Bart 不仅关注语法、风格，同时也关注内容——他发现了不少潜在的错误，这些引起了我的注意。我很幸运能够有 Bart 这样具有较强编辑能力的人员参与本书的出版工作。本书的项目编辑 Patty Mon 也对本书的正常运作提供了帮助，并且她贡献了多种方法来提升本书每一章的写作质量。

我想把这本书献给 Eligio (Eddie) Colon，他是一个了不起的人，能够与他成为朋友，这让我非常荣幸。我一直都亏欠着 Eddie，但是这本书能够让他知道我依然还记得他。我非常感激他为我所做的一切，并且是以如此善良的方式。谢谢你，Eddie！

我还要感谢我亲爱的父亲 Appa Rao 博士，我所有的学术成就，都要完全归功于父亲对我所感兴趣的事情投入的巨大热情。我也要感谢我的家人给予的爱和帮助——母亲 Swarna Kumari 以及兄弟 Hari Hara 和 Siva Sankara Prasad。我也不会忘记 Aruna、Vanaja、Teja、Ashwin、Aparna 和 Soumya。我的妻子 Valerie 为我提供了安静且极有帮助的写作环境，使我能够专注于本书的写作。我的孩子 Nina 和 Nicholas，则总是鼓励我，并且尽其所能以他们的方式爱我！

——Sam R. Alapati

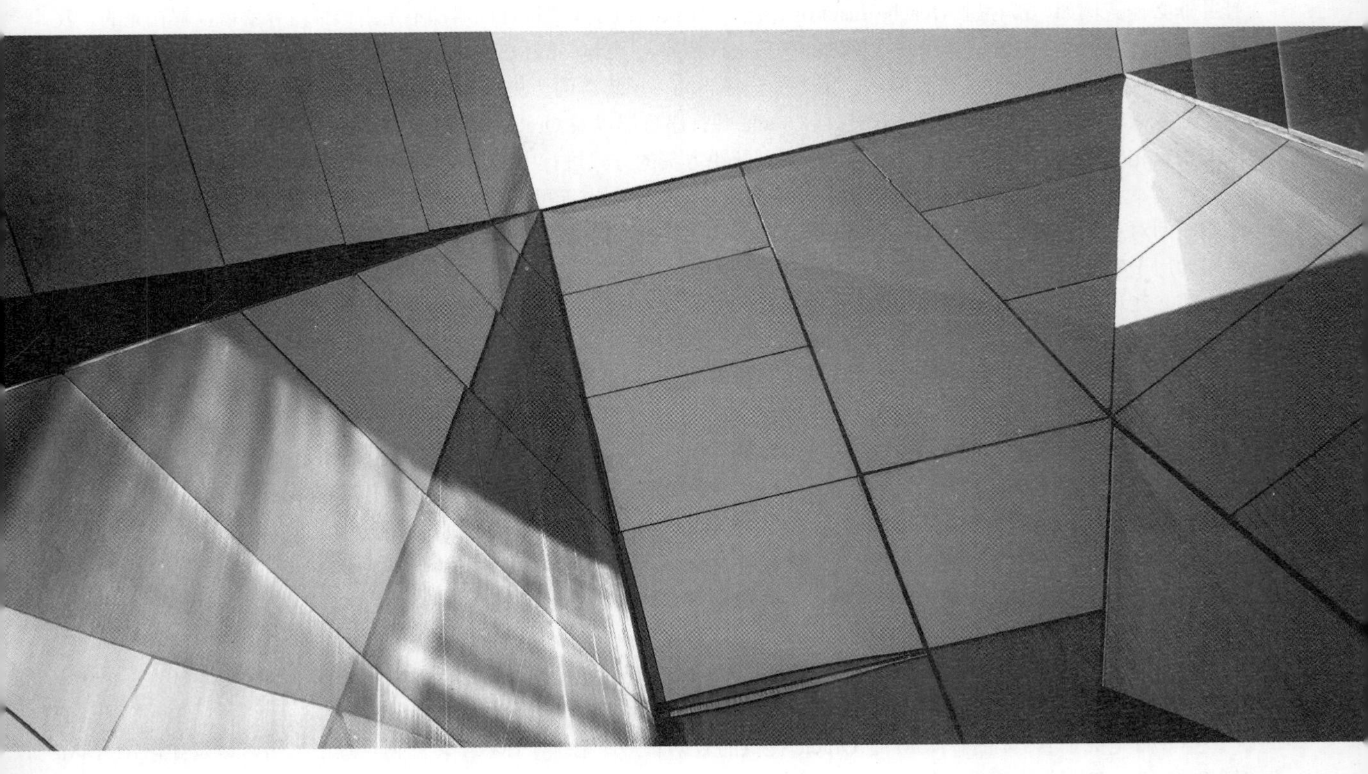

前　　言

Gopalakrishnan，本书作者之一，曾以技术顾问的身份拜访了全球众多的Oracle RAC实施站点。他的工作内容包括，回答一些简单的问题，例如，应该为RAC挑选何种平台，以及回答其他复杂的性能问题。Gopalakrishnan碰到的很多客户，都在抱怨没有合适的文档用于自己的项目，并且其中相当一部分人仍然将RAC作为“黑盒子”对待。即便对于一些使用Oracle数据库很多年的DBA来说，这一点也是正确的！

尽管市面上有不少关注Oracle RAC的书籍，但是我们还没有看到一本能够涵盖RAC所有相关主题的书籍。结果就是，这造成RAC的内部知识与公众知晓的领域之间存在着巨大的技术鸿沟。由于没有找到这样的书籍，这成为Gopalakrishnan写作本书第1版的动力。Gopalakrishnan也因为他的另外一本书(*Oracle Wait Interface: A Practical Guide to Performance Diagnostics & Tuning*)而获得了巨大成功，并因此获得《Oracle杂志》评选的“2005年Oracle年度作家”称号。

在本书的之前版本中，我们的目的是想向读者解释如何使用高效的方式部署并使用RAC，而不仅仅提供集群相关的理论描述。如果你查看了本书的内容，你就会发现我们并没有怎么探讨集群计算或集群架构。同样，你也无法找到集群管理相关的细节，例如EM或GC，以及其他你能想到的技术概念。

我们相信一句谚语“授人以鱼，不如授人以渔”。因此，本书的写作目的，是期望能够提供Oracle RAC的坚实基础，而非提供一些杂乱无章的命令，这些命令在Oracle的官方标准文档或其他材料中很容易找到。

尽管本书涵盖RAC相关主题，但这并非全部——这只是一段漫长而又精彩的旅程的开端。我们期望本书能够成为你的参考手册和概念指南(具有较长的保质期)，而不是用于某个特定的数据库版本。

当然，本书中讨论的一些概念会相当复杂，在第一次阅读时，我们建议你可以跳过这些内容。当你读完本书时，你可以回顾这些章节，直到你真正理解这些概念为止。

你也可能会注意到，本书对部分技术主题会一笔带过。作为一名DBA，你只需要对Oracle的体系结构及工作机制具备简单但扎实的理解即可。我们认为Oracle RAC中一些深入的技术主题其实并不具备太高的使用价值，并且并非必需。例如，缓存融合(cache fusion)的内部工作机制和分布式锁管理器都不是用一章内容就可以解释完的。我们的观点是，每个主题都值得用一本单独的书籍进行描述。因此，请注意，本书内容是按照标题进行模块化组织的。

本书内容按照五个部分进行组织。第 I 部分描述高可用集群的历史及架构，并与其他集群架构进行了对比，此外还深入探讨了 Oracle 的集群架构，包括 Oracle 并行服务器以及 Oracle 集群技术的进化。我们也将深入探讨 RAC 的架构及相关组件，这些组件使得 RAC 能够以解决方案的方式进行工作。

第 1 章将会探讨高可用架构和集群。在该章中，你将学到用于可用性的诸多通用技术，并看到计划内和计划外停机时间对业务的影响。我们也将探讨用于实现高可用性和可扩展性的诸多通用解决方案。其中，硬件集群是最为通用的用于实现高可用性和“按需”可扩展性的方法。

第 2 章将会为用户介绍 RAC 的历史进程，并附带一些与集群技术基础相关的细节知识，还将探讨早期的 Oracle 并行服务器。我们也将探讨 Oracle 并行服务器的固有限制，以及 RAC 是如何使用新技术来突破这些限制的。

第 3 章介绍 RAC 的架构及组件，这些组件使得 RAC 能够正常工作。我们将会解释对于 RAC 来说，为何全局协调机制是必需的，并将简要探讨 RAID 技术，因为共享存储是 RAC 基础架构的关键部分。我们将介绍 Oracle 的 ASM 以及其他技术，例如 Oracle GI。

本书第Ⅱ部分将会探讨 RAC 软件与 ASM 的安装与部署。我们将探讨准备硬件以安装 RAC 的基本细节，内容还包含在通用的 UNIX 和 Linux 环境下如何安装 RAC。该部分还将回顾 ASM 的基础知识。

第 4 章是关于安装 RAC 的硬件准备的。对于 RAC 安装工作来说，良好且正确的硬件准备是成功实施的关键。Oracle GI 是 Oracle 的集群软件，它在操作系统级别逻辑地绑定了服务器，我们将在该章中探讨如何安装 Oracle 集群软件。

第 5 章将专门探讨如何在集群上安装 RAC。我们将会看到在截屏的帮助下，如何一步一步地安装 Oracle RAC，我们也将使用集群校验工具来检查安装的一致性。

第 6 章是关于 ASM 的。ASM 是 Oracle 提供的数据库文件系统，你将学习如何管理磁盘组，以及如何在 ASM 环境中管理磁盘组。你也会了解 ASM 的一些增强功能，例如 ASM 集群文件系统(ACFS)以及众多的命令行工具。在该章中，对 Oracle 提供的 ASMLib 工具也将进行简要探讨。

本书第Ⅲ部分将会覆盖 RAC 数据库的常用管理知识。将讲述基础的 RAC 数据库管理知识，并列出单实例数据库管理和 RAC 数据库管理之间的相同与不同之处。

第 7 章将从 DBA 的视角探讨 Oracle RAC 数据库的管理。管理 RAC 与管理单实例数据库类似，当然也有一些变化。我们将会关注 RAC 数据库管理的一些考量，同时也会覆盖 CRS 和表决磁盘相关的管理主题。

第 8 章将探讨 RAC 环境中的服务管理。“服务”是数据库中一个相对较新的概念，它简化了资源管理和工作负载分布，并能够为工作负载提供高可用能力。该章还将详细探讨 Oracle 集群管理的命令行工具。

第 9 章将探讨 RAC 的备份与恢复概念，以及实例和数据库概念。我们并不讨论备份和恢复流程中用到的相关命令，这些和你在单实例数据库中使用的颇为相似。该章将深入探讨单实例数据库中的恢复架构，并洞察 Oracle RAC 数据库中不同类型的恢复。

第 10 章将会探讨 RAC 中的性能管理。管理并实现高性能对于任何系统来说都是首要目标。对于 RAC 来说尤其如此。与单实例优化相比，RAC 中的性能调整需要一些额外的考量，因为这里使用多个实例来访问同一个资源集合。我们将在该章中对此进行深入讨论。也将深入探讨 RAC 相关的 Oracle 等待事件。该章将提供对这些等待事件进行调优的一些建议。

本书第Ⅳ部分将探讨一些高级主题。我们将会深入研究 RAC 环境下的资源管理，并探讨如何实现资源的共享和管理。将探讨 GCS 和 GES 及其内部工作原理，也将更细致地探讨与缓存融合相关的主题。这里将全面介绍过去的事情是如何处理的，以及缓存融合技术是如何在不同的实例之间动态调整数据共享的。

第 11 章将会详细探讨 GRD 及其工作机制。你也将学到，在维护 Oracle RAC 数据库时，会有哪些不同的锁和串行化机制，以及它们的重要性和彼此之间的关联。你需要知道，这些探讨都比较深入，因此你需要花费一些时间来阅读该章并抓住其中的重点。该章将会探讨 GRD 以及资源管理等相关议题。

第 12 章提供你需要知道的关于缓存融合的诸多细节。我们通过例子和演示来看看缓存融合究竟是如何工作的。这可能是本书中最重要的一章。充分掌握这些内容有助你理解该组件中内嵌的智能处理技术。在你设计可扩展的 RAC 解决方案，或是对大部分复杂的性能问题进行诊断时，这些内容都大有裨益。你将学到诸多令人激动的核心技术，包括 RAC 是如何工作的，等等。我们也将提供良好的案例来帮助你轻松理解这些技术。

第 13 章从 Oracle 的角度解释工作负载管理。你将会学习 TAF(透明应用故障转移)以及如何部署它。Oracle 12*c* 数据库提升了 FAN(快速应用通知)技术，并且从此版本开始，FAN 已被配置且对于 Oracle RAC 来说是立即可用的。该章将会探讨 TAF 和 FAN，以及如何使用这些技术。

第 14 章将会探讨 RAC 故障诊断——一个众所皆知的 RAC 主题。该章提供了众多方法，你可以使用它们来快速诊断 RAC 实例中出现的问题。该章从运维人员的角度探讨故障诊断，还将探讨性能诊断议题，当然也包含实例恢复故障诊断。

本书第 V 部分将会探讨如何部署 RAC，包括扩展 RAC 为地理集群(geo-cluster)环境，以及一些通用的应用开发最佳实践。一些最常用的 RAC 应用开发技术将在该部分进行探讨。

第 15 章是关于扩展 RAC 的，并将探讨在 WAN 环境下扩展 RAC。Oracle RAC 是通用的可扩展性和可用性解决方案。但是，在某些特定的场景下，RAC 也可以用作灾难恢复解决方案。这被称为扩展的 RAC 集群。我们将在该章探讨与这一主题相关的诸多常见问题。

第 16 章将会介绍一些面向 RAC 的应用开发最佳实践。该章内容将会覆盖 Oracle RAC 环境下诸多常见的已知问题，并为解决这些问题提供一些最佳实践。

附录 A 将解释最常用且最有用的一些 V$视图。这些动态性能视图按照用途做了分组。附录 B 则探讨了如何向集群添加或移除节点。

我们并不打算覆盖 Oracle RAC 的方方面面，我们认为本书只是开始。

——K. Gopalakrishnan 和 Sam R. Alapati

目录

第I部分　高可用架构和集群

第Ⅱ部分 安装、配置和存储

第Ⅲ部分 Oracle RAC 管理

第Ⅳ部分 Oracle RAC 高级概念

第V部分 部署 Oracle RAC

第VI部分 附录

第 I 部分

高可用架构和集群

第1章 高可用性和可扩展性介绍

在当今快节奏的世界里，数据和应用程序的可用性可以决定企业的成败。通过无处不在并且“始终在线”的互联网访问这些业务，数据可用性在任何业务功能中都是极其重要的组成部分。

就同时连接和活动用户的数量以及它们处理的数据量而言，数据库系统正在以迅猛的速度增长。尽管用于承载数据库的服务器在性能和容量方面也有了改进，但是单个服务器(尽管功能强大)常常无法满足这些活动数据库的数据库负载和容量需求。这一因素使得扩展处理能力或扩展软硬件以适应这些需求变得十分必要。

1.1 高可用性

当可用性对业务至关重要时，必须保证企业在灾难面前具备极高的容灾能力，以继续经营，而最终用户或客户不会注意到任何不利后果。跨国公司跨时区开展的业务包括“7×24 小时/永远在线”运营、电子商务以及与当今“扁平化世界”相关的挑战，所有这些都促使企业保持一定的灾难容忍度，以确保持续生存和盈利。

对于数据丢失和潜在停机，不同的业务需要采用不同级别的风险机制。可以使用一系列技术解决方案，针对这些业务需求提供不同级别的保护。理想的解决方案应该没有停机时间，也不允许数据丢失。尽管确实存在这样的解决方案，但它们的成本很高，因此必须对它们的成本与灾难的潜在影响以及对业务的影响进行权衡。

由于计算机的运行速度越来越快，依赖它们的企业对它们提出了越来越多的要求。因此，由各种组件和技术组成的计算结构中，各种相互连接和依赖关系每天也变得越来越复杂。在全球范围内通过互联网获得接入，对企业以及在后台运行和维护这些计算机的IT部门和管理人员提出了极高的要求。

企业的全球化加剧了这种复杂性，因此，企业的计算机系统——组织的命脉——必须随时可用：白天或夜晚、工作日或周末、当地假日或工作日。“7×24 小时/永远在线”一词有效地描述了商业计算机系统的可用性。这个词如此流行，以至于在日常语言中被用来描述那些并不基于计算机的实体，如911呼叫中心和其他紧急服务。

字典将“可用性”一词定义为：

1) 随时准备使用的、手边的、可接近的。

2) 可以得到的。

3) 合格的，愿意为他人服务或提供帮助。

当应用到计算机系统时，这个词的意思是所有这些因素的组合。因此，对应用程序的访问意味着应用程序应该存在并随时准备使用，能够被访问，有资格并愿意提供服务。换句话说，应用程序应该在任何时候都可以轻松使用，并且应该在既可接受又可用的水平上执行。虽然这是一种广泛而笼统的说法，但在实现和维持真正的高可用性之前，许多复杂性和各种因素都对其有影响。

1.1.1 HA术语

HA(高可用性)一词在应用于计算机系统时，是指有关的应用程序或服务始终可用，而不考虑一天中的时间、地点和其他可能影响可用性的因素。一般来说，高可用性指的是能够在非常长的时间内持续服务，而没有任何明显或有影响的中断。所有HA系统都会失败，因为用于构建它们的组件失败了，但是它们的设计和构建方式使单个组件的故障不会影响整体可用性。因此，正确的HA系统在失败时，没有外部可见或有影响的中断。

HA的典型技术包括服务器的冗余电源和风扇、磁盘的RAID(廉价/独立磁盘冗余阵列)配置、服务器集群、多个网络接口卡(NIC)、网络冗余路由器甚至同一区域内的多个数据中心，以提供极高的可用性和负载平衡。

1. 容错设计

容错计算机系统或组件的设计目标是：在发生组件故障时，备用组件或程序可以立即取代其位置，而不会丢失服务。容错可以由软件提供，可以嵌入硬件中，也可以通过两者的某种组合来提供。它比HA更进一步，在单个数据中心和单个应用程序执行环境(如数据库)中提供尽可能高的可用性。

2. 灾难恢复

灾难恢复(DR)是指灾后恢复运行的能力，灾难包括破坏整个数据中心站点以及其中的一切。在典型的DR场景中，数据中心恢复IT功能需要相当长的时间，通常需要重新输入一定数量的数据，才能使系统数据恢复到最新状态。

3. 容灾

容灾(DT)是一门为灾害做好准备，使企业能够在灾难发生后继续经营的艺术和科学。这个术语有时在行业中被误用，特别是那些不能真正做到这一点的供应商。DT比DR难得多，因为它涉及系统设计，使企业能够在发生灾难时继续经营，而最终用户或客户注意不到任何不利影响。理想的DT解决方案甚至在灾难期间不会发生停机，也不会丢失数据。这类解决方案确实存在，但它们的成本要高于灾难发生时出现停机事件或数据丢失的解决方案。

为了提供容灾能力，Oracle Database 12*c*提供了几个功能，例如活动数据保护(在Oracle Database 11*g*及以上版本中可用，在Oracle Database 12*c*中有很大改进)、Far Sync(在任何距离上保证零数据丢失)、快速启动故障转移(以使HA和DR、Flex ASM、全局数据服务(Global Data Service)有效地将客户端路由到最近的最佳副本)以及事务保护(具有应用程序连续性)，使应用程序能够从灾难中快速恢复，甚至不会丢失飞行(传输)中的数据。

1.1.2 计划内和计划外停机

当应用程序由于一个重要组件出故障而停止工作或者不再按预期那样工作时，会发生什么呢？这样的应用程序会被中断，该事件被称为停机。中断可以是计划内停机，例如，考虑组件因升级或维护而发生的停机。

虽然计划内停机是一种必然的灾难，但计划外停机对企业来说却是一场噩梦。根据所涉及的业务和停机时间，计划外停机可能导致非常巨大的损失，以至于企业被迫关闭。不管性质如何，企业通常都不能容忍停机。IT部门总是面临压力，被要求完全消除计划外的停机时间，并大幅减少(假设不能完全消除)计划内的停机时间。本书后面将介绍如何通过Oracle RAC 12*c*有效地满足这两个需求，至少对于Oracle数据库组件是如此。

请注意，在停机时，应用程序或计算机系统不是完全关闭的。应用程序的性能有可能下降到无法使用的程度。这种情况下，尽管应用程序是可访问的，却不符合可用性的第三个条件，也就是愿意以完全可接受的方式提供服务。对于业务或最终用户来说，这个应用程序尽管是可用的，但它已经关闭。本书的后面会讨论 Oracle RAC 如何提供水平可伸缩性，从而显著降低应用程序无法提供足够性能的风险。当与诸如 Global Data Services 和 Active Data Guard 等功能相结合时，Oracle Database 12*c* 可以在计划内和计划外的停机时间内提供显著的缓解效果。

1.1.3　端到端视角

从一开始你就应该清楚，高可用性不仅仅取决于硬件、系统软件(操作系统和数据库)、环境、网络和应用软件等物理组件的可用性，它还依赖于其他“软”资源，如经验丰富、有能力的管理员(系统、网络、数据库和应用程序专家)、程序员、用户，甚至是已知的、可重复的业务流程。

企业完全有可能安装和配置高可用性的“硬”组件，但不雇用能够正确维护这些系统的称职管理员。即使管理员是称职的，当业务流程(例如变更控制)没有得到正确遵循，或者进行了错误的、未经测试的变更(可能会导致系统崩溃)时，可用性也会受到负面影响。因此，需要从一个涵盖所有方面的端到端视角看待高可用性。

尽管如此，现在应该定义单点故障(SPOF)一词，它指的是因故障而使整个系统崩溃的任何单个组件。例如，在一个计算机系统中，由单个控制器与磁盘子系统进行交互，该控制器的硬件故障将使整个系统瘫痪。虽然其他组件都工作正常，但这个组件导致了故障。识别和保护 SPOF 是提供 HA 的关键任务。

像本书这样专门针对 Oracle 的书中涵盖 HA 的所有方面是不可能的。我们主要关注如何使用 Oracle RDBMS 来设置和管理 HA，这是组织内部 HA 整体设计图的一个重要组成部分。本书还为数据库管理员、大数据管理员、Oracle 数据库计算机管理员、Oracle Exadata 管理员、程序员或架构师提供了能够在这一领域实现 HA 的技术。

HA 不能简单地通过安装支持 HA 的硬件和软件组件、雇用称职的管理员、创建适当的程序和使用所有这些来实现。建设 HA 的过程需要不断调整，以适应不断变化的状况和环境。同样，这场艰苦的战斗是持续不断的——所以要做好准备！

更重要的是，应该定期根据环境中的“软”调整以及 Oracle 数据库后期版本提供的新特性来检查 HA 架构。下面列出其中一些特性，包括 Active Data Guard 和 Global Data Services。

1.1.4　停机的代价

如前所述，停机是有代价的，确保大幅度减少甚至完全消除停机也是有代价的。诀窍是构建永远不会失败的系统，即使知道它们在某个时候会失败。使停机成为最后一个选择会保证高可用性。当然，大多数公司不能持续在这个问题上投入大量资金。在某个时候，额外花费的钱只会带来微不足道的收益。因此，有必要对停机时间进行定价，进而确定可以花费多少钱来防止计划内/计划外的停机时间。通过一些努力，可以根据经验确定此费用，并可能希望在向管理层提供各种选项和方案时使用这些信息。

系统故障的成本通常相当于用户生产力上的损失，实际成本主要取决于用户在访问受影响的系统时所执行的工作。例如，如果开发服务器在主要办公时间内停机 1 小时，有 10 名开发人员闲坐 1 小时，等待服务器启动，并且每个开发人员的成本是每小时 100 美元，那么停机时间的实际成本是 100 美元/小时×10×1 小时= 1 000 美元。但是，如果服务于互联网上重要购物网站的服务器在假日购物季停机，那么即使停机时间很短，也可能损失数百万美元，因为购物者可能会转到竞争者的网站而不是等待自己的网站可用。

图 1-1 显示了比较停机时间与成本的示例图表。

停机的潜在成本还取决于各种因素，例如一天中的时间和停机时长。比如，在交易时间内，在线股票经纪公司甚至连几秒时间的停机都承受不起。另一方面，在非交易时间内，可以停机数小时而不会产生任何后果。停机成本与停机时长不是线性关系。例如，2 小时的停机时长的成本，与两个 1 小时的停机时长的成本可能不一定相同。

平衡停机成本与确定停机成本的一个有用技巧是“可用性曲线”。花在 HA 组件上的钱越多，在曲线上的位置就越高。然而，沿着曲线向上移动时，从一个级别移动到下一个级别的增量成本会增加。

以下是曲线上 4 个不同级别的系统可用性组件。

- **基本系统**：这些是没有保护的系统或不使用特殊措施来保护数据及可用性的系统。一般使用磁带按计划进行定期备份，管理员在系统宕机的时候使用最新可用的备份进行恢复。此处 HA 没有额外费用。

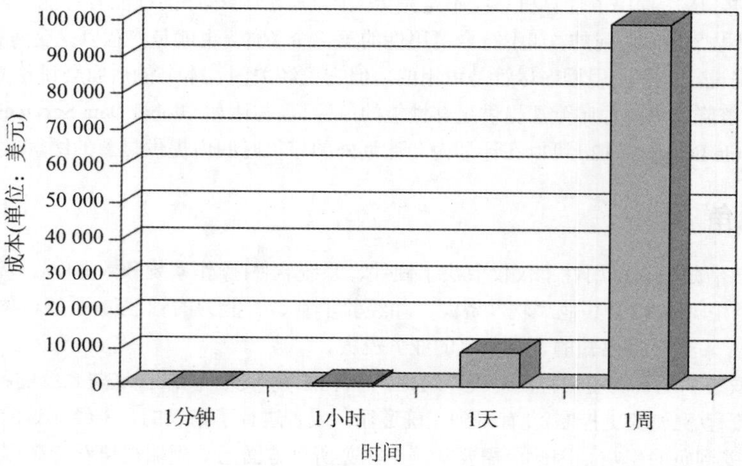

图 1-1 停机成本

- **冗余数据**：系统内置了一定级别的磁盘冗余，以防止因磁盘故障而丢失数据。最基本的级别是由基于 RAID 5 或 RAID 1 的磁盘子系统提供的。在系统的另一端，冗余由具有内置磁盘保护机制的存储区域网络(SAN)提供，例如各种 RAID 级别、热插拔磁盘、phone home 类型的维护以及多路径 SAN。这种保护的成本包括采购 SAN、随附的 SAN 光缆和控制器，以及提供 RAID 保护的额外磁盘组。
- **系统故障转移**：这种情况下，使用两个或多个系统来完成一项工作。当主系统发生故障时，另一个系统(通常称为“辅助”系统)接管并执行主系统的工作。虽然会发生短暂的服务丢失，但一切很快就像失败前一样正常。该解决方案的成本是基本系统的两倍多。通常，需要使用 SAN 来确保磁盘受到保护，并从这些服务器提供磁盘的多路径方案。
- **灾难恢复**：这种情况下，除了主站点上的系统(它们本身可能包含以前最高级别的保护)之外，这些系统的全部或部分都在备份站点上复制，备份站点通常远离主站点。必须开发复制数据并使它们保持最新的方法。成本是前一级别的两倍以上，因为还必须复制整个站点，包括数据中心、硬件设施等。

很容易看出，越来越高的可用性伴随着不断上升的成本。即使面对粗略估算的成本，企业决策者(尤其是会计人员)也会快速调整他们的预期水平。

当然，支撑上述各个方面的依据是监视、度量和记录所有的正常运行时间(或停机时间，视情况而定)。前提是：无法量化没有衡量的东西。然而，许多要求 100%正常运行的组织甚至没有基本的度量工具。

5 个 9

在讨论高可用性时，通常会使用“5 个 9”这一短语，在(作为管理员或系统架构师)同意提供此类可用性之前，需要了解这意味着什么。用户或项目负责人总是说 100%的可用性是必需的，除此之外，必须保持至少“5 个 9”的可用性，即 99.999%的可用性。

为了使这个概念更加清晰，表 1-1 对在线时间百分比、宕机时间百分比与实时数据进行了比较。研究此表时请记住，在线时间越长，成本就会越高(有时甚至非常高)。与管理层沟通时，了解这一点有助于清楚地解释这些术语以及它们在转换为实际停机时间和相关成本时的含义。

表 1.1 在线时间百分比、宕机时间百分比和实时数据的对比

在线时间百分比/%	宕机时间百分比/%	每年宕机时间	每周宕机时间
98	2	7.3 天	3 小时 22 分钟
99	1	3.65 天	1 小时 41 分钟
99.8	0.2	17 小时 30 分钟	20 分钟 10 秒
99.9	0.1	8 小时 45 分钟	10 分钟 5 秒
99.99	0.01	52.5 分钟	1 分钟
99.999	0.001	5.25 分钟	6 秒

1.1.5 构建冗余组件

通过在技术堆栈的多个层面提供可用性，可实现高可用性。包含减少或消除 SPOF(单点故障)的冗余组件是实现高可用性的关键。例如，在连接到 SAN 的每个服务器中通常存在多个主机总线适配器(HBA)，即用于与远程磁盘通信的控制器。反过来，这些 HBA 能够连接到 SAN 对端连接的两个或多个网络适配器交换机。这样，一个 HBA 甚至一台网络交换机发生故障不会导致服务器和服务器上托管的应用程序崩溃。多主机(将多个主机连接到一组磁盘的能力)和多路径(通过多条路径将单台主机连接到磁盘集合的能力)是在此类 HA 系统中引入冗余的常用方法。

冗余组件也存在于软件层。例如，多个 Web 服务器可以由负载均衡器进行前端处理，负载均衡器将所有 Web 请求定向到一组 Web 服务器。这种情况下，当一个 Web 服务器发生故障时，现有连接将迁移到幸存的 Web 服务器，负载均衡器会将新请求连接到这些幸存的 Web 服务器。

但是，冗余不仅限于硬件和软件，冗余还包括将物理、环境和其他元素构建到框架中。大多数专业互联网数据中心或互联网交换点现在具有完全冗余的电源、空调等，这样任何资源提供者的资源失效后都不会影响操作。

例如，在纽约市，两个电信系统被战略性地放置在以前的世界贸易中心综合体中，每个塔中放置一个，假设两个建筑物倒塌的概率接近于零。但遗憾的是，这一假设被证明是错误的。现在，公司正在建立冗余的数据中心，这些数据中心在地理上分布于州或国家的边界处，以避免自然灾难或其他灾难性事件。暗光纤的可用性和密集波分复用器(DWDM)等技术的改进使这成为可能。暗光纤和 DWDM 技术能实现数据中心地理分散的原因是高吞吐量和低延迟。

网络层的冗余是通过机箱中的冗余硬件引擎、多个机箱的冗余网络或两者的组合来实现的。从服务器的角度看，如果其中一台路由器不可用，则主机协议(如 ICMP 路由发现协议(IRDP)、思科热备份路由协议(HSRP)和虚拟路由器冗余协议(VRRP))有助于选择最佳的下一跳路由器。在路由级别，非停止转发(NSF)协议套件与毫秒定时器相结合，可以减少主硬件交换引擎故障时的故障或转发时间。

在传输级别，物理层的冗余可以通过 SDH/SONET 自我修复来实现，在光纤链路故障的情况下，冗余可以恢复备用路径中的流量。例如，一家主要的运输供应商在其美国的长途海岸运输网络中遭遇光纤中断，于是改变了欧洲的运输路线，而大多数终端用户并不知情。

最后，现在可以通过 Oracle RAC 提供冗余数据库服务，如后续章节所述。这足以说明，数据库服务中的冗余是在组织中提供 HA 的重要部分，Oracle RAC 支持这样的原则。

当然，在系统中增加冗余也会增加成本和复杂性。希望本书中包含的信息可以帮助减轻对管理这类复杂环境的担忧。

1.1.6 HA 的常见解决方案

根据预算，可以获得许多解决方案以提供高可用性。使用集群服务器是构建高可用性和可扩展解决方案的常用方法。可以采用前面提到的更高级别的保护来提供更高级别的 HA。在大多数数据中心中，RAID 磁盘(通常在 SAN 中)至少提供基本级别的磁盘保护。第三级故障转移服务器提供一些服务器故障保护。在最高级别，灾难恢复站点可以防止严重的站点故障。

Oracle 技术可用于提供所有这些级别的保护。例如，可以使用自动存储管理(ASM)在磁盘级别提供保护，使用 Oracle RAC 在数据库级别提供故障转移保护(除了数据库级别都实现了负载均衡)，使用 Oracle Data Guard 和 Oracle 复制功能提供站点失败保护。

可以使用与 Oracle RAC 相关的功能，如使用 Flex ASM 以实现更好的 ASM 冗余，使用 HANFS 实现与 NFS 的 ACFS 可用性，使用 Flex Cluster 实现应用程序的可用性，使用 Application Continuity with Transaction Guard 实现故障转移，使用 Memory Guard 实现工作负载的管理(这是一种内存持久性存储，可以跨节点移动数据)，使用 Exadata 和 ZFS 提供存储可用性。

1.1.7 集群、冷故障转移和热故障转移

集群是一组服务器，里面包含两个或多个类似的服务器，它们彼此紧密连接，通常共享同一组磁盘。理论上说，在其中一个服务器发生故障的情况下，其他幸存的服务器可以接管故障服务器的工作。这些服务器在物理上彼此靠

近，通过“心跳”系统连接。换句话说，它们以严格定义的间隔检查彼此的心跳或存活状态，并能在短时间内检测另一个节点是否“已死”。当其中一个节点对多个参数没有响应时，则触发故障转移事件，其他节点会接管未响应节点的服务。相关软件还可以允许快速接管彼此的功能。

集群可以用多种配置来实现。当集群中的一个或多个服务器处于空闲状态，且仅在发生故障时从另一个服务器进行接管时，才会发生冷故障转移。当集群中的所有服务器都正常工作，且幸存的服务器承担负载时，称为热故障转移。假设集群中的所有服务器在配置上都相似，在冷故障转移中，幸存服务器承载的负载是相同的。但是，在热故障转移中，幸存服务器承载的负载可能超过其可以处理的负载，因此需要仔细设计服务器和负载。

按可用性增加的顺序进行排列，系统故障转移的三种常规策略是故障不转移、冷故障转移和热故障转移。每种策略都有不同的恢复时间、成本和用户影响，如表 1-2 所示。

表 1-2 故障转移策略及影响

策略	恢复时间	成本	用户影响
故障不转移	不可预料	没有或低成本	高
冷故障转移	数分钟	中等成本	中等
热故障转移	立刻或几秒内	中等到高成本	无*

*确切地说，在热故障转移策略中没有用户影响是不准确的。很少有系统真的“热”到没有用户影响的程度，大多数都有点“不冷不热”，短时间内不可用。

这些策略确实存在差异。例如，许多大型企业客户端已实施热故障转移，但仍使用冷故障转移进行灾难恢复。区分故障转移和灾难恢复非常重要。故障转移是一种用于在可接受的时间段内恢复系统可用性的方法，而灾难恢复是一种用于在所有故障转移策略都失败时恢复系统可用性的方法。

1. 故障不转移

如果生产系统由于硬件故障而失败，则数据库和应用程序通常不受影响。当然，磁盘损坏和磁盘故障是例外。因此，磁盘冗余和良好的备份程序对于缓解磁盘故障引起的问题至关重要。

如果没有故障转移策略，系统故障可能会导致很长的停机时间，具体取决于故障原因以及隔离和解决故障的能力。如果 CPU 出现故障，将其替换并重新启动，与此同时，应用程序用户等待系统可用。对于许多非关键业务应用程序，这种风险也许是可以接受的。

2. 冷故障转移

失败后恢复的一种常见且通常成本低廉的方法是在生产系统发生故障时使用备用系统承担生产工作负载。典型配置下有两台相同的计算机，可以共享访问远程磁盘子系统。

发生故障后，备用系统将接管以前在故障系统上运行的应用程序。在冷故障转移中，备用系统会频繁且定期地检测生产系统的心跳。如果心跳持续停止一段时间，则备用系统会设定之前已经与故障系统关联的 IP 地址。然后，备用数据库可以运行故障系统上的任何应用程序。在这种情况下，当备用系统接管应用程序时，它会执行预配置的启动脚本以使数据库联机。然后，用户可以重新连接到备用服务器上现在运行的数据库。

客户通常将故障转移服务器按照主服务器配置使用相同的 CPU 和内存容量，以便在较长时间内维持生产工作负载。图 1-2 描述了故障转移前后的服务器连接。

3. 热故障转移

热故障转移既复杂又昂贵，但最接近确保 100%的正常运行时间。它需要的故障转移程度与冷故障转移相同，还要求保留正在运行的用户进程的状态，以允许进程在故障转移服务器上恢复。例如，一种方法是使用客户端和服务器的三层配置。热故障转移集群通常能够进行客户端负载均衡。Oracle RAC 通过透明地将传入连接路由到幸存节点中的服务来支持热故障切换配置。

表 1-3 显示了三节点集群中 3000 个用户工作负载的负载分布情况。在正常操作期间，所有节点共享大约相同数量的连接；故障转移后，故障节点的工作负载将分配给幸存的节点。

服务器 A 和 C 上的 1000 个用户不知道服务器 B 发生了故障，但故障服务器上的 1000 个用户会受到影响。此外，系统 A、B 和 C 应适当配置以在意外节点故障期间处理额外负载。这是集群容量规划过程中的要素之一。

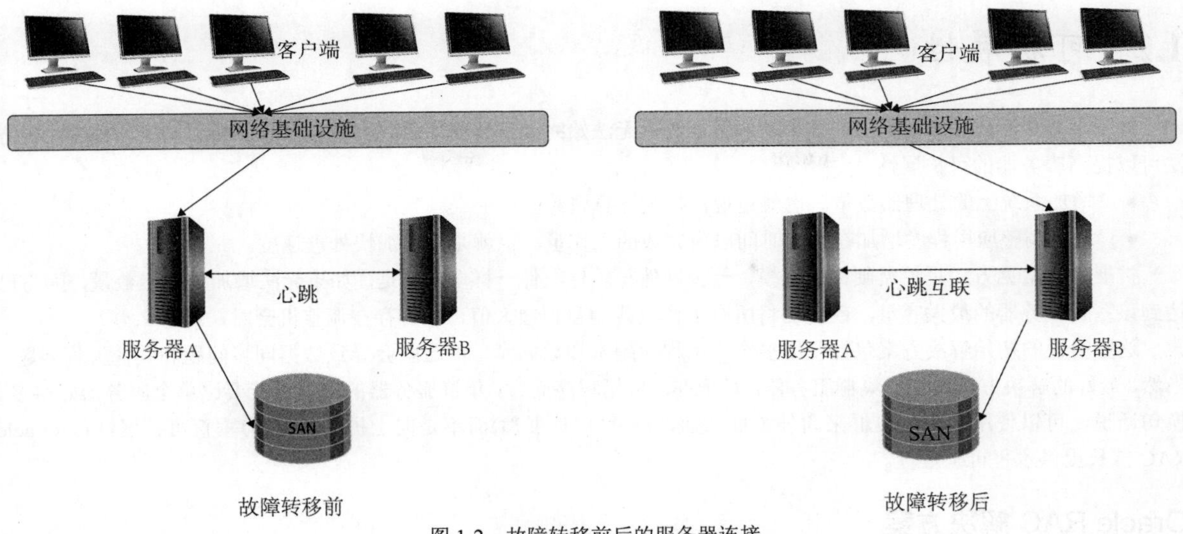

图 1-2　故障转移前后的服务器连接

表 1-3　集群故障转移期间的工作负载分配

状态	A	B	C
正常	1000 个用户	1000 个用户	1000 个用户
服务器 B 宕机	1000 个用户	无用户	1000 个用户
之前连接到服务器 B 的用户再次上线	1500 个用户	无用户	1500 个用户

表 1-4 总结了冷故障转移与热故障转移的最常见方面。

表 1-4　冷故障转移与热故障转移

方面	冷故障转移	热故障转移
可伸缩性/节点数量	可伸缩性仅限于单个节点的容量	因为可以根据需要添加节点，所以能提供无限的可伸缩性。支持大量节点
用户终端需求	最低要求。故障转移操作可以在一定程度上编写脚本或自动化	不是必需的。故障转移是自动的
应用程序的透明故障转移	不可能	当可以将会话转移到另一个节点，而不需要用户中断时，透明的应用程序故障转移将可用
负载均衡	不可能，只能使用一台服务器	输入负载可以在两个节点之间进行平衡
资源的使用	一次只有一台服务器提供服务，另一台服务器将保持空闲状态	使用两台服务器
故障转移时间	几分钟，因为其他系统必须冷启动	几分钟(取决于负载)

注意：当 RAC 集群支持数千个进程使用大型系统全局区域(超过 500GB)访问数据库中的数百个表时，在 RAC 重新配置期间失败会导致两分钟不在线。启动几千个连接的开销也可以最多增加两到三分钟，导致总共五分钟左右的启动时间。值得指出的是，99.999%的可用性目标只有在这样的热故障转移事件中才会失败！

1.1.8　HA 选项的优缺点

每个 HA 选项都有自己的优缺点。在决定使用哪个 HA 选项时，设置和运行服务的成本是重点考虑对象。工作日结束时，管理员或系统架构师负责计算各种选项的成本，并帮助管理层决定最佳选择。更重要的是，需要考虑维护各种配置的额外复杂性，记住，向系统添加更多的冗余，意味着在处理这些目前已经很复杂的配置时，也增加了处理故障的选项。此外，聘请顾问或使用第三方供应商的专业服务来设置这些复杂的配置，部署其他软硬件以及维护这些系统，也会快速增加基础成本。

1.2 可扩展性

如本章开头所述，即使是功能强大的服务器，也无法始终处理数据库负载和容量要求。使用以下一种或两种方法可以提高服务器的可扩展性：

- 增加系统上的处理器数量。也就是说，扩大计算资源。
- 通过调整应用程序增加在给定时间段内完成的工作量。也就是说，加快处理速度。

扩展的最常见方式是扩展硬件的规模，至少硬件与软件组件一样多。但是，如果无法增加处理器数量，因为已达到该系列服务器的最大容量，或者已将所有工作负载调整到最大值，不再存在调整机会时，该怎么办？

这些问题的初始解决方案包括使用多个应用程序副本和数据库，但这些会导致数据同步问题和其他流程问题。当然，最好的解决方案是使用集群服务器，对于许多应用程序而言，集群服务器的整体性能要比单个服务器好得多。换句话说，可以使用服务器集群来向外扩展(也称为水平可扩展性)而不是向上扩展(也称为垂直可扩展性)。Oracle RAC 擅长提供水平可扩展性。

Oracle RAC 解决方案

从本质上讲，Oracle RAC 使多个服务器能够一致地访问单个数据副本。从理论上讲，当访问单个数据副本的要求增加时，会不断向集群添加节点。这种提供一致访问的能力并不简单——需要在集群中各个节点之间进行大量协调。Oracle RAC 有效地完成了这项工作，详见后面章节的内容。

虽然 Oracle RAC 可以很好地扩展，但是水平可扩展性存在上限。通常，应用程序的可扩展性基于应用程序在单个实例中的工作效果。如果应用程序执行的 SQL 语句是高效的，并使用数量合理的预期资源(通常通过逻辑 I/O 或物理 I/O 计数来衡量)，则通常预期应用程序可以很好地扩展。换句话说，可以将 Oracle RAC 比作立体声放大器：如果录音质量(无论是录音带还是数字设备)很糟糕，那么即使在它面前放置的放大器无可挑剔，也解决不了问题。相反，它会放大问题，使情况变得更糟糕。这也适用于 Oracle RAC 或任何其他可扩展性解决方案。因此，在使用集群进行扩展之前，需要确保执行应用程序级调整，以消除瓶颈。

随着提高总拥有成本(TCO)的压力不断加大，企业选择从大型整体服务器转向较小的低成本商品服务器。这就是 Oracle RAC 真正的优势所在，因为它可以帮助企业实现这种范式转变，使大型工作负载能够在低成本服务器集群上运行。此外，此类服务器可以轻松地扩展或缩小工作负载。Oracle Database 12*c* RAC 中的许多功能，例如服务器池和 SCAN(单客户端访问名称)监听器(在后续章节中讨论)，提供了无缝地进行伸缩而不中断业务的能力。

除了近线性可扩展性外，基于 Oracle RAC 的系统可以对数据库层进行配置以消除 SPOF(单点故障)。当数据库服务器发生故障时，基于 Oracle RAC 系统的应用程序只需将负载转移到幸存的节点即可继续运行。可根据需要将首选/可用节点与服务级别的资源管理结合使用，为特定应用程序提供所需的服务级别。在正确设计和编码时，应用程序的故障转移对用户来说几乎是透明的。

将 Oracle RAC 与 Oracle Data Guard 结合使用时，可以保护 Oracle RAC 免受主站点故障的影响。Oracle RAC 支持水平可扩展性，因此能够支持承载数千个用户的大型全局单实例计算。通过各种 HA 选项进行保护时，这些全局单实例可通过服务器、数据中心、软件许可证和熟练员工的整合来显著降低成本，从而维护它们。Oracle Database 12*c* 使用前面简要介绍的许多新特性扩展了这些功能。

1.3 敏捷性

除了可用性和可扩展性这两个范例之外，还需要满足敏捷性需求。组织的敏捷性是指组织在业务运营的各个方面快速有效地移动的能力——这在很大程度上取决于业务获取和处理与运营相关的数据的能力。今天的企业不仅需要扩大规模，还需要缩减规模，他们需要在几小时甚至几分钟内快速完成规模的扩大和缩小，而且所有这些都不应有负面影响或停机时间。这对 IT 组织和数据中心提出了苛刻的要求，要求他们提供基础设施的时间不是几天或几周，而是几分钟。换句话说，IT 组织应该能够即时启用和停用计算服务。我们将了解 Oracle Database 12*c* 和 Oracle RAC 如何帮助实现这一目标。

在供应商的帮助下，IT 组织一直在尝试首先使用“虚拟化”的计算资源，然后构建以计量和受控的方式反馈这些资源的能力，进而快速轻松地提供这种扩展。为此，首先从物理服务器中划分出虚拟机(VM)，再将其作为服务提供给内部和外部消费者。虽然这是对敏捷性需求的很好的第一反应，但 IT 组织发现很难大规模地执行此操作。

如图 1-3 所示，IT 组织越来越多地将这个难题的各个部分外包出去。可以看出，运行 IT 需要各种组件：服务器和存储，这些服务器上的可选虚拟化层，托管各种客户操作系统，熟悉的 Oracle 数据库，最后是中间件和应用程序层。虽然这些组件在任何部署中保持不变，但“云”供应商已经以灵活的方式成功提供了这些组件。以下是各种选项：

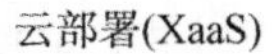

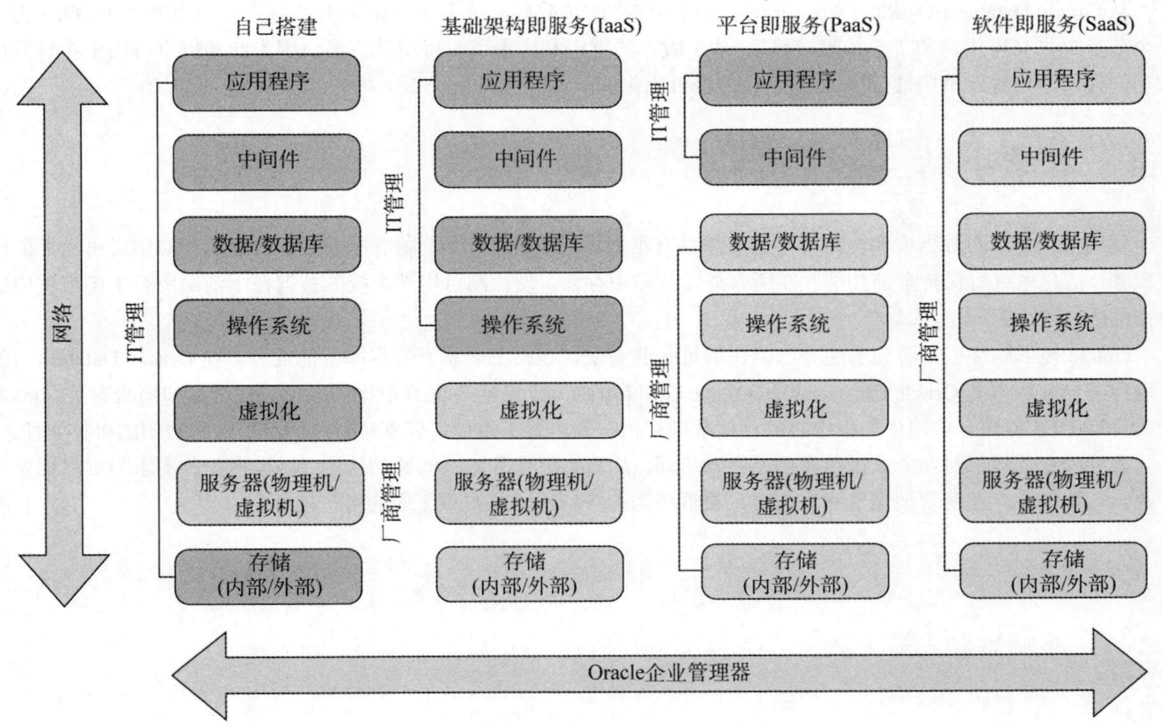

图 1-3　云部署架构

- 对于最小的规模，IT 组织自己构建所有各种层，包括数据库层。通常，这些是由于特定原因而构建的内部部署，例如满足极端安全要求。
- 在基础架构即服务(IaaS)模型中，云供应商仅提供硬件和网络基础架构。Amazon EC2 和 Rackspace 等云供应商将此作为基本服务提供。
- 在平台即服务(PaaS)模型中，IT 组织可以在云供应商提供的数据库和硬件/网络基础架构之上构建自己的应用程序。
- 在软件即服务(SaaS)模型中，云供应商给组织提供全面的服务，包括应用程序、数据库和文件存储等。

在这些部署中，如今的 IT 供应商能够使用诸如 Oracle 虚拟机(基于开源 Xen 技术的虚拟机管理程序)等产品来虚拟化环境，以按需提升计算资源。提供云计算能力的供应商主要包括亚马逊的弹性云计算(EC2)和 Salesforce.com 的 Sales Cloud 2。前者已迅速变得很专业，亚马逊现在甚至能够在几分钟之内配置完整的 Oracle 电子商务套件环境。这些供应商通过虚拟私有云(VPC)提供隔离和安全性的新模型正在不断发展，因此 IT 组织正在克服他们的担忧，开始部署到这样的环境中。

在后端数据库方面，这意味着 Oracle 技术也应该能够扩展数据库服务。Oracle Database 12*c* 和 Oracle RAC 在这里发挥着关键作用，因为它们提供了极致的可扩展性。但是，如前所述，挑战在于动态执行此扩展而不会中断可用性。Oracle RAC 利用 Flex ASM、Flex Cluster 和 Cloud File 系统等创新功能来实现这些功能。本书后面将详细介绍这些功能的工作原理。

Oracle Database 12*c* RAC 解决方案

Oracle Database 12*c* RAC 正迎接这一挑战。动态配置的关键要求是技术应该能够从池中轻松、动态地支持资源移动和重新分配，并在所有层和组件上支持此类功能。后续章节将详细介绍这一点，但简单地说，Oracle ASM 在存储层提供了完全抽象，允许多台主机不仅可以看到数据库存储，还可以共享磁盘文件，并根据不断变化的要求动态调整它们。Oracle ASM 还为 Oracle 存储需求提供了一整套功能齐全的动态卷管理器和文件系统。

此外，Oracle Grid Infrastructure 中的服务器池提供了在 Grid 或 Oracle RAC 环境中动态分配资源的功能，从而在数据库层提供了灵活性。SCAN IP 提供了使用单个 IP 地址访问集群的方法，从而简化了命名和管理。

从 Oracle Database 11*gR*2 开始，Oracle 可以为较小的负载启动单个非 Oracle RAC 实例，并使用 RAC One 为另一个节点提供高可用性和“热故障转移”。基于版本的重定义完善了高可用性方案，因为此功能也可用于在软件更改期间提供应用程序透明性(在线热补丁——停机优化的圣杯)。

1.4 本章小结

现代业务需求对数据库和应用程序的可用性有很大影响，反之亦然。随着不断增长的需求和对信息可用性的极度依赖，信息系统将保持全部功能并在所有外部故障中存活。设计高可用性系统的关键在于消除所有关键组件中的单点故障。

Oracle 技术始终引领着当前趋势，确保满足企业要求，包括部署私有数据库云的能力。在 Oracle Database 12*c* 下运行的当前版本的 Oracle Clustering 和 Oracle Grid Infrastructure 组件允许根据需要无缝地增加和缩减容量。Oracle ASM 和 ACFS 能完全虚拟化数据中心的存储基础架构，并内置了组件，以支持持续的可用性和透明的可扩展性。

集群为企业提供对业务关键信息的不间断访问，从而实现业务的不间断功能。可以根据业务需求为集群配置各种故障转移模式。在明智地设计和实施时，集群还为业务应用程序提供无限的可扩展性。

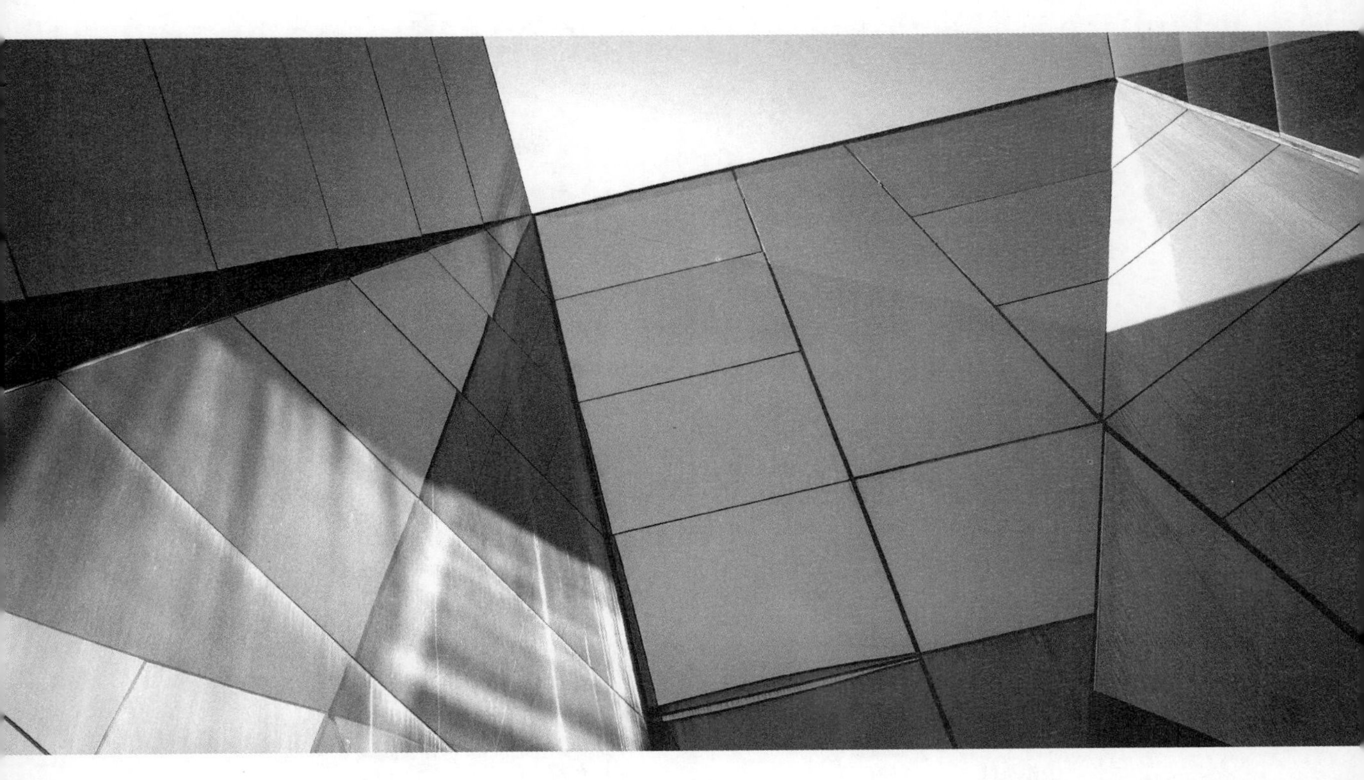

第2章 Oracle数据库集群基础及其演变

如前一章所述，集群是一组相互连接的节点，它们就像一个大型服务器，能够根据需要增长和收缩。换句话说，可以从逻辑上把集群看作一种方法，使多个独立的服务器能够作为称为集群的协调单元一起工作。一般来说，参与集群的服务器是同质的，即它们使用相同的平台架构、操作系统、几乎相同的硬件架构和软件补丁级别(服务器同质是常见但并不绝对的要求，一些组织使用一组非同质的机器运行 Oracle RAC)。所有机器都是独立的，并且响应来自客户机请求池的相同请求。

从另一个角度看，集群也可以看作现代云计算体系结构中的主机虚拟化——终端用户应用程序并不专门连接到服务器，而是连接到逻辑服务器(在内部是一组物理服务器)。集群层封装底层物理服务器，只有逻辑层在外部公开，从而向外部世界提供单个节点的简单性。

传统上，集群已被用于扩展系统、加速系统和故障处理。

通过向集群组添加额外的节点来实现可扩展性，从而使集群能够处理逐步增大的工作负载，如图 2-1 所示。集群提供了水平随需应变的可扩展性，而不会导致任何停机时间以进行重新配置。

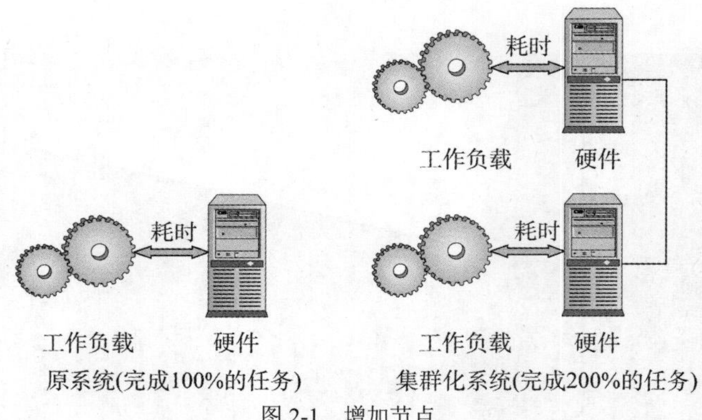

图 2-1　增加节点

加速是通过将一个大型的工作负载拆分为多个较小的工作负载，并在所有可用的 CPU 中并行运行它们来实现的，如图 2-2 所示。并行处理为可以并行运行的作业提供了巨大的性能改进。简单的“分而治之”方法适用于大型工作负载，从而并行地使用所有资源来更快地完成工作。

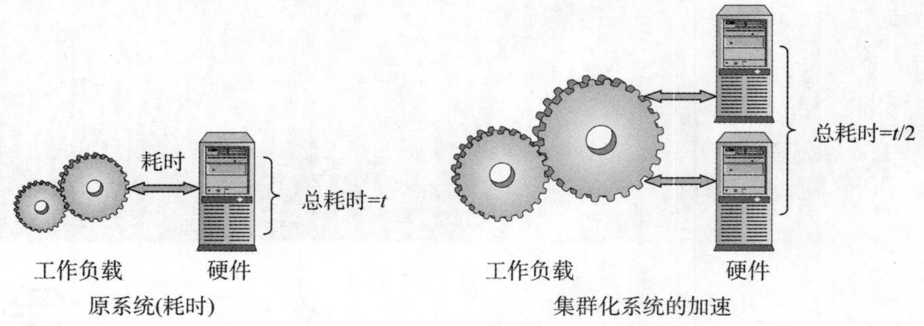

图 2-2　加速

因为集群是一组独立的硬件节点，所以一个节点中的故障不会阻止应用程序在其他节点上运行，如图 2-3 所示。应用程序和服务被无缝地转移到幸存的节点，通过适当的设计，应用程序将继续正常运行，就像节点发生故障之前一样。在某些情况下，应用程序或用户进程甚至可能不知道这些故障，因为转移到其他节点的故障对应用程序是透明的。

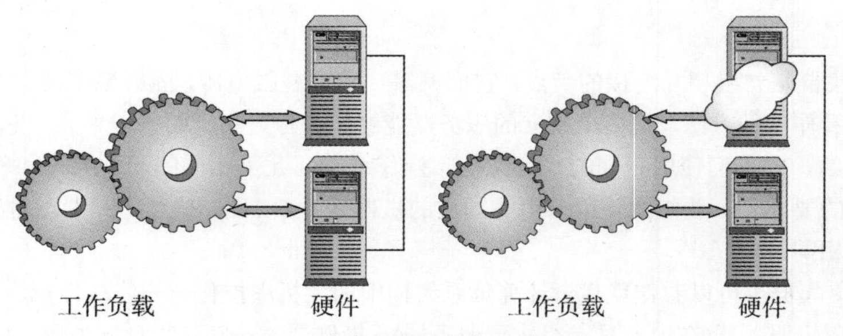

图 2-3　故障对应用程序是透明的

当单处理器系统达到处理极限时，就会对可扩展性造成很大的威胁。传统的对称多处理(SMP)——在一台计算机中使用共享内存(RAM)的多个处理器(CPU)来提高处理能力——解决了这个问题。SMP 机器借助并行性实现了高性能，其中处理任务被分割并运行在可用的 CPU 上。通过添加更多的 CPU 和内存，可以实现更高的可扩展性。

图 2-4 显示了对称多处理和集群之间基本架构的对比情况。但是，请记住，这两种体系结构能在完全不同的级别和延迟上保持缓存一致性。

注意：单处理器已不再使用。此外，来自英特尔的 InfiniBand 和 Silicon Photonics(硅光子学)等新技术可实现更快的网络连接，其他技术(如带有 Hadoop 的 Oracle 数据连接器、Oracle 大数据设备、R 语言和大数据 SQL)都支持并行性。

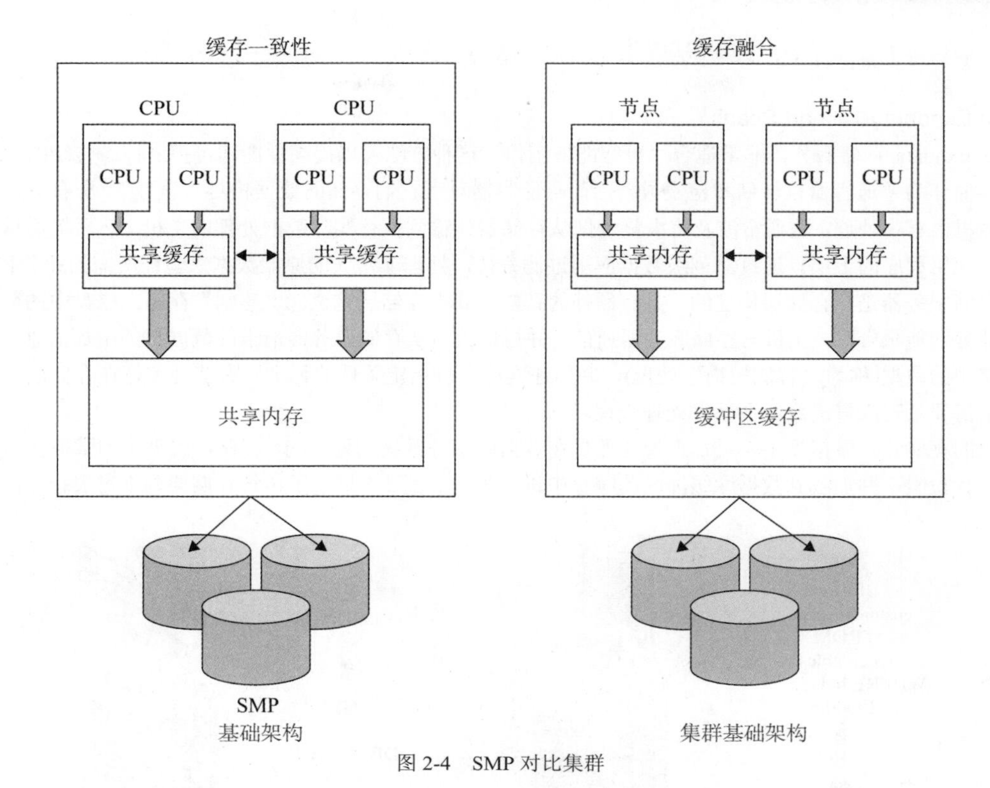

图 2-4　SMP 对比集群

2.1　云计算与集群

集群是 Oracle 云计算方法的一部分，通过将几个低成本的商用硬件组件联网可实现计算能力的提高。添加额外的节点并将工作负载分配给所有可用的机器，可以实现随需应变的可扩展性。

可通过以下三种方法改进可扩展性和应用程序的性能：

- 更努力地工作
- 更智能地工作
- 获得帮助

更努力地工作意味着添加更多的 CPU 和内存，从而提高处理能力，以处理任何数量的工作负载。这是一种常见的方法，通常是有帮助的，因为增加 CPU 可以解决工作负载问题。然而，这种方法并不十分经济，因为计算能力的平均成本并不总是线性增长的。为单个 SMP 盒添加计算能力，会使成本和复杂性以对数增加。此外，性能(和可扩展性)常常受到基础设施层瓶颈的限制，比如连接存储器到服务器的可用带宽和速度。

更智能地工作是通过在应用层或存储层使用智能和高效的算法来实现的。通过在存储层引入“智能”，可以大大减少要完成的工作总量，以实现所需的结果。在应用程序层更智能地工作，通常需要重写应用程序或更改它的工作方式(有时更改应用程序设计本身)，这对于正在运行的应用程序来说是完全不可能的，并且需要不可接受的停机时间。对于第三方供应商和打包应用程序来说，这几乎是不可能的，因为让所有人都参与进来可能是一项乏味且耗时的任务。

在存储层更智能地工作是通过引入智能存储服务器来实现的，我们在智能存储服务器上卸载了一些处理量。这需要使用特别设计的存储服务器——如 Oracle Exadata 存储服务器(在 Oracle Exadata 数据库一体机中使用)——来处理存储附近的一些关键工作负载。处理靠近存储位置的工作负载可极大地提高应用程序的性能，因为这在很大程度上限制了存储与主机之间的往返次数，并限制了传输到数据库集群基础设施的数据大小。

获得帮助就像使用其他机器的计算能力来完成工作一样简单。换句话说，获得帮助只需要将硬件引入集群，使用空闲节点的备用处理能力，并在最后组合处理事务结果。更重要的是，这种方法不需要对应用程序进行任何更改，因为它对应用程序是透明的。使用这种方法的另一个优点是支持按需的可扩展性——可以在需要的时候选择获得帮助，而不需要投资大量硬件。

Oracle Exadata 和 Smart Scans

Oracle Exadata 存储服务器非常适合“更智能地工作”这种方法，以提高性能和可扩展性。传统的数据库实现方式使用存储作为普通容器来转储和检索数据，而存储容器对于它们存储的数据相对“愚蠢”。所有数据库处理都在数据库主机内存中处理，这通常涉及将大量数据从存储器传输到执行实际数据处理的主机。然后把汇总结果传递给最终用户应用程序的上层。通过对列级数据应用过滤条件，处理非常大的原始数据来验证所需的业务智能操作。

专用存储服务器是在存储层构建的，具有额外的智能，其中存储层完全能“感知”存储在磁盘中的数据。在处理复杂的业务智能报告时，主机与存储服务器通信，并提供关于从存储服务器请求的数据集的附加信息。存储服务器过滤存储中的数据(称为“智能扫描”处理)，并传递匹配主机指定条件的记录。有些处理是在存储层处理的，数据库主机不需要处理大量的原始数据来处理查询。

在传统的存储托管数据库中，SQL 查询处理是在数据库服务器级别处理的。存储在磁盘中的数据作为数据库服务器的块进行检索，并加载到数据库缓冲区的缓存中进行处理。图 2-5 描述了传统存储架构下对表扫描的处理。

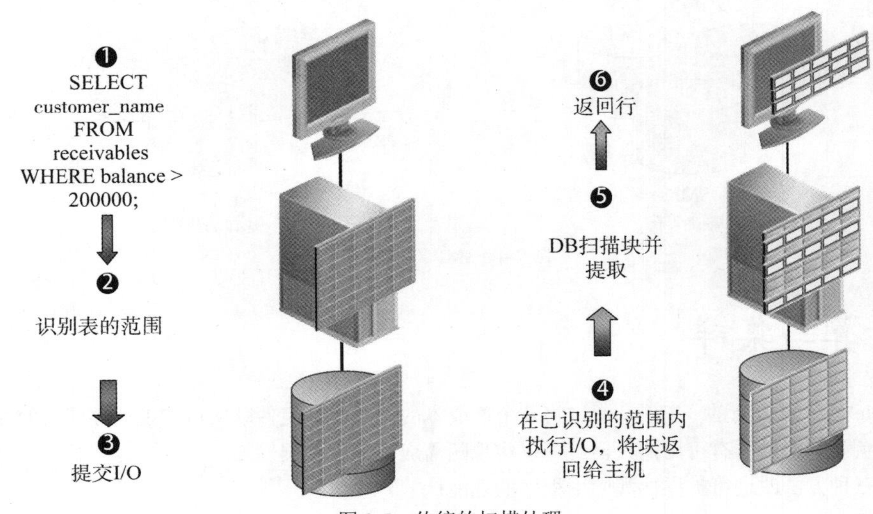

图 2-5　传统的扫描处理

❶ 应用程序层(最终用户客户端)发出 SQL 查询。为简单起见，假设这是一条带有 WHERE 条件的 SELECT 语句。

❷ 数据库内核查询数据字典，并识别存储表数据的文件和范围。

❸ 服务器进程发出 I/O 调用，以读取保存表数据的磁盘中的所有物理块。

❹ 来自磁盘的物理数据块被加载到数据库服务器的内存中(SGA 中的缓冲区缓存)。

❺ 数据库服务器读取内存缓冲区，并筛选符合谓词的行(WHERE 条件)。

❻ 将匹配的行返回给客户端。

如果表相对较小且索引良好，那么传统的 SQL 处理工作得更好。然而，对于涉及多个较大表的复杂业务智能查询，从磁盘读取所有数据并传输到主机内存的任务非常昂贵，需要在存储和主机内存之间通过网络传输大量的原始数据。此外，不满足过滤条件的记录在主机级别被简单地丢弃。这是完全无效的 I/O 操作，会影响查询响应时间。这种情况下，我们经常多次读取匹配筛选条件所需的数据；构造不良的查询会给存储子系统带来不必要的开销，并影响整个系统的性能。

然而，在 Exadata 智能扫描模型中，整个工作流的处理方式是智能的、完全不同的。执行表扫描的查询被卸载到 Exadata 存储服务器，只有满足筛选条件的记录才返回到数据库服务器。在存储服务器中执行行过滤、列过滤和一些连接处理等任务。值得注意的是，Exadata 的智能扫描在某些情况下可以工作，但不是所有情况下都可以。例如，只适用于直接路径查询。Exadata 使用一种高效、无缓冲、直接读取的机制来扫描表，类似于 Oracle 并行查询操作。图 2-6 描述了 Exadata 智能扫描的工作原理。

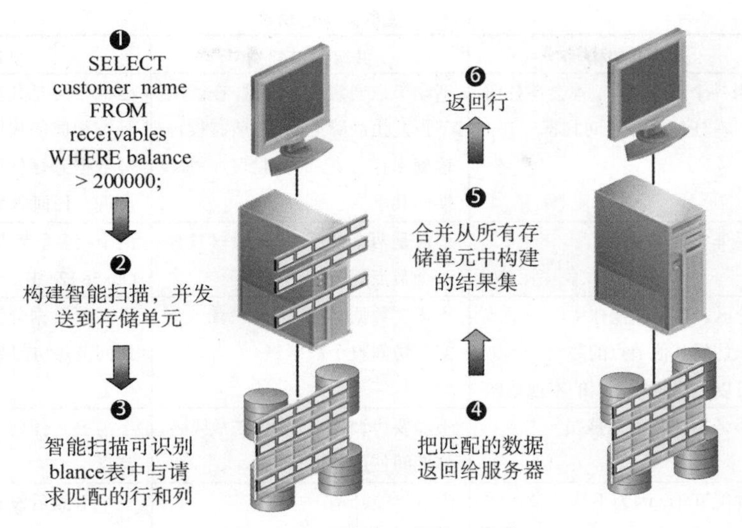

图 2-6　Exadata 智能扫描的工作原理

❶ 应用程序层(最终用户应用程序)发出 SELECT 查询。

❷ 当数据库服务器检测到 Exadata 时，它会构建表示 SQL 的 Exadata 结构(称为 iDB 命令)，然后发送到 Exadata 存储服务器。iDB 是一种基于 InfiniBand 协议(低延迟、高带宽)的数据传输机制，用于 Exadata 存储服务器和数据库服务器之间的通信。

❸ Exadata 存储服务器对表执行“智能扫描”，并通过直接在存储上应用 WHERE 条件来提取感兴趣的行。

❹ 将结果集直接传输到数据库实例。结果集是查询结果，而不是满足过滤条件的块。它们被直接发送到用户会话的程序全局区域(PGA)，而不会缓存在系统全局区域(SGA)中。

❺ 从所有单元格中构建合并的结果集。

❻ 把匹配的行返回给客户端。

将 SQL 处理卸载到 Exadata 服务器可以极大地提高查询处理的速度，并释放数据库服务器占用的 CPU 资源。此外，处理离存储更近的数据可以消除大量非生产性 I/O，并提高存储子系统的可扩展性。

2.2　集群中的共享存储

集群中的一个关键组件是共享存储。所有节点都可以访问存储，并且所有节点都可以对共享存储进行并行读写，这取决于集群的配置。有些配置允许所有节点随时访问存储，有些只允许在故障转移期间共享。

更重要的是，应用程序将把集群看作单个系统镜像，而不是多个连接的机器。集群管理器不向应用程序公开系统，集群对应用程序是透明的。在可用节点之间共享数据是伸缩中的一个基本概念，可以使用几种类型的体系结构来实现。

集群架构的类型

根据节点之间如何共享存储，可以将集群架构大致分为三种类型：

- 无共享架构
- 共享磁盘架构
- 共享一切架构

表 2-1 比较了各类数据库集群架构中最常见的功能，并列出它们的优缺点，以及实现细节和示例。请注意，共享磁盘架构和共享一切架构在节点数和存储共享方面略有不同。

表 2-1 集群架构的功能

共享功能	无共享架构	共享磁盘架构	共享一切架构
磁盘所有权/共享	磁盘由各个节点拥有，不会在任何时间、在任何节点之间共享	活动节点通常拥有磁盘，在活动节点发生故障期间，将所有权传输到幸存节点，即磁盘仅在故障期间共享	磁盘始终是共享的，所有节点对磁盘具有相同的权限。任何节点都可以读写数据到任何磁盘，因为没有节点独占拥有任何磁盘
节点数量	通常是非常高的数字	通常是两个节点，任何时候只有一个节点处于活动状态	两个或多个节点，具体取决于配置。在 Oracle 12*c* 中，节点数有时被限制为 100
数据分区	严格分区。在正常操作中，一个节点无法访问其他节点的数据。本地节点可以访问本地节点的本地数据	不需要数据分区，因为只有一个实例访问整个数据集	不需要数据分区，因为可以从集群的任何节点访问数据
客户端协调器	外部服务器或任何组成员	不需要协调器，因为仅在故障转移期间使用其他节点	不需要。任何节点可以访问其他任何节点
性能开销	没有性能开销，因为不涉及或不需要外部协调	没有性能开销	三个节点后没有额外的开销。三个节点的开销微不足道
锁管理器	不需要，因为成员之间不共享数据	不需要	管理资源需要分布式锁管理器(DLM)
初始化/按需的可扩展性	最初具有高度可扩展性，但仅限于单个节点的本地访问容量。按需的可扩展性是不可能实现的	不太可扩展。可扩展性仅限于单个节点的计算能力	无限可扩展，因为可以按需添加节点
写访问权限	每个节点都可以写入但只能写入自己的磁盘。一个节点无法写入另一个节点拥有的磁盘	一次只能有一个节点。一个节点可以写入所有磁盘	所有节点都可以同时写入所有磁盘，因为锁管理器可以通过控制实现有序写入
负载均衡	不可能	不可能，因为在任何时间点只有一个活动节点	近乎完美的负载均衡，并提供各种配置选择
应用程序分区	严格要求，因为成员节点只能看到一个数据子集	不需要，因为任何时候只有一个节点处于活动状态	不需要，但可以根据需要进行配置
动态节点添加	不可能，因为添加节点需要对数据进行重新分配	可能，但没有意义，因为任何时候只有一个节点处于活动状态	很有可能。这是此类架构的关键优势
故障转移能力	没有故障转移，因为节点/磁盘被绑定到特定节点上	可以故障转移到其他节点，并且服务损失最小	能力很强。故障转移通常是透明的
I/O 防护	不需要，因为不存在多个节点的并发数据访问	不需要	由 DLM 和集群管理器提供
节点故障	使一部分数据暂时无法访问：100/*N*%的数据无法访问，*N* 是集群中的节点数。然后将所有权转移到幸存的节点	数据访问会暂时中断，直到应用程序故障转移到另一个节点	由于连接分布在所有节点上，因此会话子集可能必须重新连接到另一个节点，但所有节点都可以访问所有数据。节点故障不会导致数据丢失
添加节点	可以添加节点并重新分配数据，同时保持相同的体系结构	不可能，因为添加节点没有任何帮助	可以动态添加和删除节点。在重新配置期间自动完成负载均衡
示例	IBM DB2 DPF、Teradata、Tandem NonStop、Informix XPS、Microsoft Cluster Server	HP M/C ServiceGuard、Veritas Cluster Servers	Oracle RAC、Oracle Exadata Database Machine、IBM DB2 Pure Scale

1. 无共享架构

无共享架构是使用一组独立服务器构建的，每个服务器都承担预定义的工作负载(参见图 2-7)。例如，如果集群中有多个服务器，则用总工作负载除以服务器数量，为每个服务器分配特定的工作负载。无共享架构的最大缺点是需要做应用程序分区。添加节点需要做重新部署，因而不是可扩展的解决方案。Oracle 不支持无共享架构。

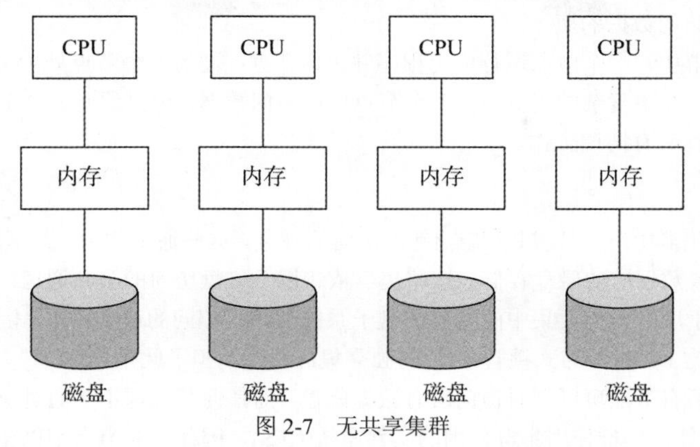

图 2-7　无共享集群

在无共享数据库集群中，数据通常分布在不同的节点上。节点几乎不需要协调它们的活动，因为每个节点负责整个数据库的不同子集。但是在严格的无共享集群中，如果一个节点关闭，则总数据的一小部分不可用。

集群服务器既不共享磁盘也不镜像数据——每个服务器都有自己的资源。如果发生故障，服务器会将各自磁盘的所有权转移到其他服务器。无共享集群使用软件来完成这些传输。此架构避免了与共享磁盘架构相关的分布式锁管理器(DLM)的瓶颈问题，同时提供了可与共享磁盘架构媲美的可用性和可扩展性。无共享集群解决方案模型的数据库示例是 Cassandra 数据库，它是一种非常流行的 NoSQL 数据库。

无共享集群的主要问题之一是它们需要在数据分区方面进行非常仔细的部署规划。如果分区偏斜，则会对整个系统的性能产生负面影响。此外，当磁盘属于另一个节点时，处理开销明显更高，这通常发生在任何成员节点发生故障期间。

无共享集群的最大优势是它们为数据仓库应用程序提供了线性可扩展性——它们非常适合这种应用程序。但是，它们不适用于联机事务处理(OLTP)工作负载，它们不是完全冗余的，因此一个节点故障将使该节点上运行的应用程序不可用。但是，大多数主要数据库(例如 IBM DB2 Data Partitioning Edition、Informix XPS 和 Teradata)都实现了无共享集群。

注意：有些共享架构需要在服务器之间复制数据，以便在所有节点上都可用。这样就不需要做应用程序分区，但需要高速的复制机制，与高速的内存间传输相比，该机制几乎总是无法实现。

2. 共享磁盘架构

为实现高可用性，需要对数据磁盘进行一些共享访问(参见图 2-8)。在共享磁盘存储集群中，如果一个节点发生

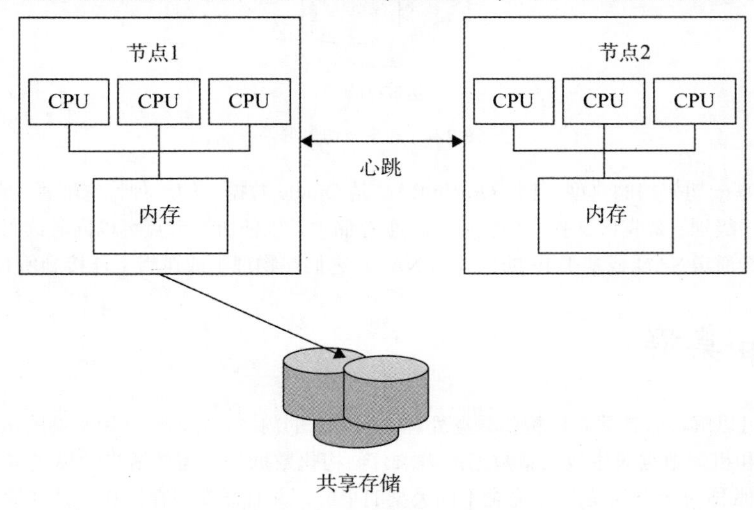

图 2-8　共享磁盘集群

故障，则另一个节点可以接管存储(和应用程序)。在更高级别的解决方案中，一次在多个节点上运行的应用程序可

以同时访问数据，但通常一次只有一个节点负责协调对给定数据磁盘的所有访问，并将存储提供给其余节点。单个节点可能成为繁忙场景中访问数据的瓶颈。

在简单的故障转移集群中，一个节点运行应用程序并更新数据，而另一个节点处于空闲状态，等到需要时，空闲节点就会完全接管数据。在更复杂的集群中，多个节点可以访问数据，但是通常一个节点依次为其余节点提供文件系统，并为文件系统执行所有协调工作。

3. 共享一切架构

共享一切集群利用了集群中所有计算机(节点)都可访问的磁盘。这些通常称为“共享磁盘集群”，因为所涉及的I/O通常事关普通文件和/或数据库的磁盘存储。这些集群依赖用于磁盘访问的公共通道，因为所有节点可以同时从中央磁盘中读写数据。由于所有节点对集中的共享磁盘子系统都具有相同的访问权限，因此必须使用同步机制来保持系统的一致性。一种称为DLM(分布式锁管理器)的独立集群软件承担了此角色。

在共享一切集群中，所有节点可以同时访问所有数据磁盘，而任何节点都不必通过单独的对等节点来访问数据(参见图2-9)。具有此类功能的集群使用集群范围的文件系统(CFS)，因此所有节点都以相同的方式查看文件系统，它们提供DLM以允许节点协调文件、记录和数据库的共享与更新。

CFS向集群中的每个节点提供相同的磁盘数据视图。这意味着对于用户和应用程序而言，每个节点的环境看起来都相同，因此在任何给定时间，应用程序或用户在哪个节点上运行都无关紧要。

共享一切集群支持更高级别的系统可用性：如果一个节点发生故障，则不影响其他节点。但是，由于使用DLM产生的开销以及共享硬件中可能出现的潜在瓶颈，更高的可用性会导致这些系统的性能稍微降低。共享一切集群通过相对较好的伸缩属性弥补了这一缺点。

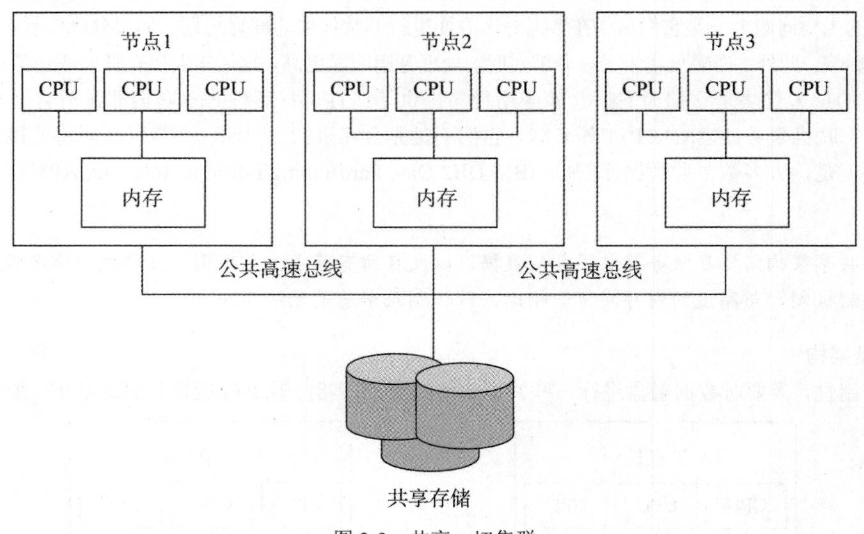

图2-9　共享一切集群

Oracle RAC是共享一切架构的典型示例。Oracle RAC是Oracle数据库的一种特殊配置，它利用硬件集群技术，将集群扩展到应用程序级别。数据库文件存储在共享磁盘存储中，以便所有节点可以同时读写它们。共享存储通常是网络存储，例如光纤通道SAN或基于IP的以太网NAS，它们在物理上或逻辑上连接到所有节点。

2.3 Hadoop集群

数据库集群通常可以解决云计算在结构化数据处理方面带来的问题。然而，使用集群的传统数据处理方法，通常不能满足社交媒体和机器数据对生成大量数据的需求。结构化数据处理需要适当的模式定义和预构建的数据模型。大量高速数据(通常称为网络规模)需要完全不同类型的集群，并且需要高存储和计算容量。

网络规模处理带来的另一个挑战是处理时间非常有限的各种数据(如文本、图像、音频、视频和地理数据)。通常，数据在活动时处理。其中的一些数据永远不会存储在磁盘上，它们在网络传送中生存和死亡。数据库集群通常处理静态数据(意味着数据在处理前后存储在磁盘上)，没有适当的配置用来处理网络规模数据和活动数据。

互联网和社交媒体公司是第一批迫切需要新数据处理技术的组织。Apache Hadoop 是处理大量非结构化数据(也称为大数据)的框架之一。

Hadoop 架构

本节概述 Apache Hadoop 架构，这里的讨论不涉及具体细节。存储是节点的本地磁盘；然而，软件层集成了来自成员节点的存储，将来自所有节点的存储汇集在一起，并公开为一个逻辑存储单元，可以从任何节点访问它。

Hadoop 集群在架构上与典型的无共享架构类似，节点具有自己的本地磁盘。在 Hadoop 之上运行的文件系统称为 Hadoop 分布式文件系统(HDFS)，这是一种分布式的、可伸缩的、可移植的文件系统。Hadoop 集群基本上具有单个名称节点(用作主节点)和数据节点集群，但由于十分重要，名称节点可以使用冗余选项。

HDFS 层汇集所有本地存储，并构建一个大型逻辑文件系统来存储数据。图 2-10 显示了 Hadoop 集群的架构。以下是 Hadoop 集群的基本原则：

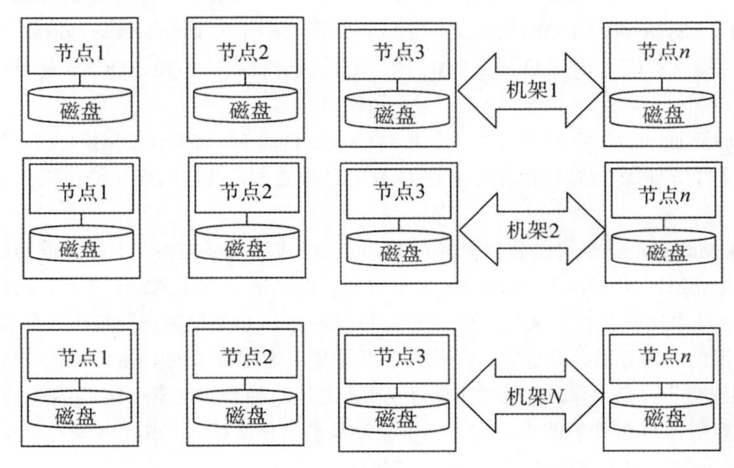

图 2-10　Hadoop 集群的架构

- Hadoop 基础架构使用商用级硬件，完全可以预期硬件出现故障。由于软件可以屏蔽硬件故障，因此可以很好地容忍硬件组件故障。
- 移动计算操作比移动数据计算节点便宜，只有结果被传输到计算节点。Hadoop 通过将代码发送到具有数据的节点(Hadoop 用语中的 Datanode)，并在这些节点上运行任务来实现此目的。Hadoop 总是尝试将计算安排为尽可能接近数据。

由于硬件基础架构是使用商用级硬件构建的，因此磁盘可预料会出现故障。为了应对丢失数据的挑战，发送到 Hadoop 集群的文件被复制到三个不同的节点(它们是可配置的)。复制算法以下面这样的方式实现：复制的两个副本不存储在同一节点中，这称为节点感知。此外，配置机架感知时，三个副本不会全部存储在同一机架中，这可以防止节点故障和机架故障。

2.4　Oracle RAC 的历史背景

在 20 世纪 80 年代早期，Oracle 是第一个支持数据库级集群的商业数据库。Oracle 6.2 提供了 Oracle 并行服务器(OPS)，它使用了 Oracle 自己的 DLM，并且与 Digital 的 VAX 集群配合得非常好。Oracle 是第一个运行并行服务器的数据库。

在 20 世纪 90 年代早期，当开放系统主导计算机行业时，许多 UNIX 供应商开始使用集群技术，这些技术主要基于 Oracle 的 DLM 实施方案。Oracle 7 并行服务器(OPS)使用供应商提供的集群件。

在 Oracle Database 8 发行版中，Oracle 引入了通用锁管理器。Oracle 的锁管理器与 Oracle 代码集成在一起，还有一个名为 OSD(操作系统相关)的附加层。Oracle 的锁管理器很快就与内核集成，在后来的 Oracle 版本中称为 IDLM(集成分布式锁管理器)。

Oracle RAC 9*i* 版本使用相同的 IDLM 并依赖外部集群件。从 10*g* 开始，Oracle 为所有操作系统提供了自己的集群件，并在 Oracle Database 11*g* 中进行了大量增强，引入了服务器池和其他 API 来管理第三方应用程序。Oracle Clusterware 是事实上的集群件，是运行 Oracle RAC 的必要条件。

Oracle 并行存储评估

与集群软件基础架构一起，跟 Oracle RAC 一起发展的另一个关键是并行存储管理系统的开发。早期版本的 Oracle 集群(在 Oracle 8*i* 之前称为 Oracle 并行服务器)依赖于第三方软件进行并行存储管理。集群文件系统(如 Veritas Cluster File System(VxFS)和 RAW 磁盘分区)被用作 Oracle RAC 中并行存储的基础。

因为通用集群件和集群范围文件系统的不可用，阻碍了 Oracle RAC 的使用。Oracle 为 Oracle RAC 9*i* 提供了通用集群件，称为 Oracle Cluster Manager(OraCM)，适用于 Linux 和 Windows。除了集群件之外，Oracle 还开发了一个名为 Oracle Cluster File System(OCFS)的集群文件系统，该系统用于为 Linux 和 Windows 环境构建共享存储。由于 Oracle 为 OraCM 提供了 OCFS，因此 Oracle RAC 的适应性显著提高。但是，OCFS 有固有的局限性，可扩展性不强。

Oracle 在 Oracle Database 9*i R*2 版中引入了一个名为 Oracle Disk Manager(ODM)的类似产品，用于 Solaris 操作系统。ODM 能够处理文件管理操作(管理操作之前在 Oracle 之外处理，包括创建和销毁文件)，以及 ODM 替换的文件描述符中的文件标识符。

凭借从 Oracle Disk Manager 获得的成功和智慧，Oracle 已经成为功能完备、支持集群的数据库文件系统。下一步是实现自动存储管理(ASM)。从 Oracle Database 10*g* 开始，Oracle 引入了 ASM 用于主流存储，并广泛推广用于 ASM。Oracle ASM 迅速在市场上获得了关注，并在 Oracle 基准测试和大型客户环境中表现完美。

虽然 ASM 用于数据的主流存储，但是对于一些用于存储集群配置细节的 Oracle RAC 组件，以及集群配置期间使用的通常称为“投票磁盘”的专用存储，仍然需要除 ASM 之外的额外的共享存储。ASM 的最初版本缺乏在 ASM 中存储 OCR 和投票磁盘等集群组件的能力，因为应该启动集群软件来访问 ASM 托管存储中的数据。然而，ASM 的当前版本实现了访问 ASM 数据的智能技巧(后面几章将详细讨论)。

使用 Oracle 数据库构建的自定义应用程序，甚至一些商业应用程序(例如 Oracle E-Business Suite)，在数据提取和加载期间使用了各种外部文件。典型的例子是在电信计费应用程序中处理呼叫数据记录(CDR)或在 Oracle Applications 的并发管理器处理中输出文件。类似于这样的数据库应用程序需要集群范围的可伸缩文件系统，以便在节点之间同时访问所有数据。

为满足集群范围文件系统的要求，对 Oracle ASM 做了进一步增强，可用作通用文件系统，称为 ASM 集群文件系统(ACFS)。ACFS 提供了一种无缝方式，可以跨节点访问非数据文件，并被广泛用于存储 Oracle 数据库中使用的数据库二进制文件、日志文件和非数据文件。在 Oracle ASM 上构建的应用程序编程接口(API)允许使用 ACFS 卷，例如跨服务器的传统网络文件系统(NFS)挂载点。

带有 ACFS 的 Oracle ASM 是满足了 Oracle Clusterware 并行存储要求的总存储解决方案，无需昂贵的第三方文件系统或维护重要的原始设备。Oracle ASM 还为 Oracle 数据库提供卷管理器和文件系统功能，是 Oracle Clusterware 体系结构的一个组成部分。

2.5 Oracle 并行服务器架构

Oracle 并行或集群数据库由两个或多个托管自己的 Oracle 实例和共享磁盘阵列的物理服务器(节点)组成。每个节点的 Oracle 实例都有自己的系统全局区域(SGA)和重做日志文件，但数据文件和控制文件对所有实例都是通用的。所有实例同时读取、写入数据文件和控制文件；但是，重做日志可以被任何实例读取，但只能由拥有的实例写入。某些参数(如 db_block_buffers 和 log_buffer)可以在每个实例中进行不同的配置，但其他参数必须在所有实例中保持一致。每个集群节点都有自己的一组后台进程，就像单个实例一样。此外，还在每个实例上启动特定于 OPS 的进程，以处理跨实例通信、锁管理和块传输。

图 2-11 显示了 OPS 的架构。了解 OPS 的内部工作原理对于了解 Oracle RAC 非常重要，因为它为洞悉 Oracle RAC 的底层操作提供了坚实的基础。虽然这不是管理 Oracle RAC 的必备知识，但是对 OPS 组件有深入理解有助于成为 Oracle RAC 专家，因为 Oracle RAC 是从 OPS 发展而来的。

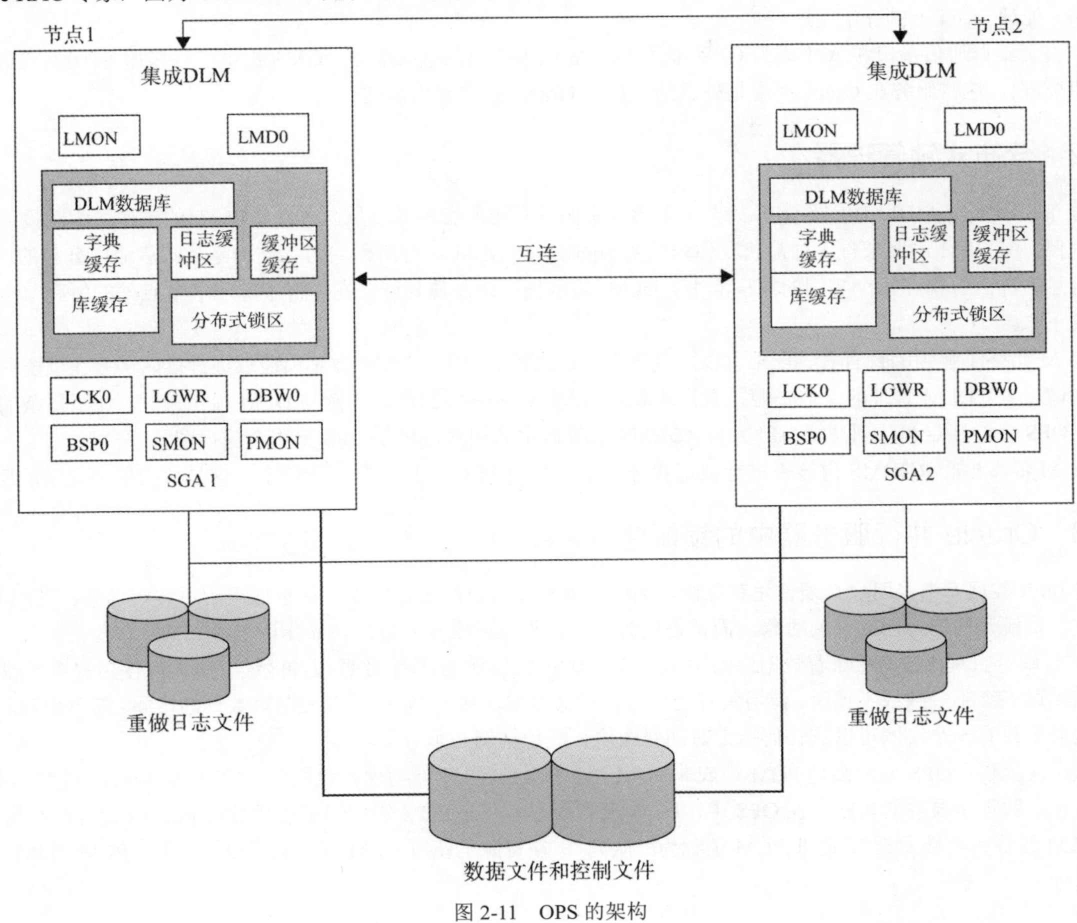

图 2-11　OPS 的架构

2.6 OPS 数据库的组件

可以在 Oracle 8*i* Parallel Server 数据库的每个实例上找到以下组件。

- 集群管理器。这是 OS 供应商特定的(Windows 除外)，包括节点监视工具和故障检测机制。
- 分布式锁管理器(DLM)。DLM 包括死锁检测和资源控制。
- 集群互连。
- 共享磁盘阵列。

注意：这里不讨论供应商特定的集群管理软件，仅为了完整起见而提及。供应商产品是在安装和配置 OPS 以及早期版本的 RAC 的某些变体之前所需的基本必备集群软件，通常称为集群管理器(CM)，它们具有自己的组成员资格服务、节点监视器和其他核心层。

2.6.1 集群组服务

OPS 的关键“隐藏”或鲜为人知的组件之一是集群组服务(CGS)。CGS 有一些 OSD 组件(例如节点监视器接口)，其余部分是 Oracle 内核中内置的 GMS 部分。CGS 拥有 DLM 用于通信和网络相关活动的密钥存储库。Oracle 8*i*(及更高版本)内核中的此层提供以下关键工具，否则 OPS 数据库无法运行：

- 节点间消息传递
- 组成员身份一致性
- 集群同步
- 处理分组、注册和注销

一整套集群通信接口和 API 成为 OPS 8*i* 中 Oracle 代码的内部组成部分。GMS 提供了许多服务(例如成员状态和节点驱逐)，这些服务在 Oracle 8 中是外部的，但在 Oracle 8*i* 中是内部的。

2.6.2 分布式锁管理器

分布式锁管理器(DLM)保留 OPS 数据库中所有实例持有的所有锁和全局队列的清单。它的工作是跟踪授予资源的每个锁。由 DLM 协调来自各种锁获取和释放实例的请求。DLM 运行所需的内存结构是从共享池中分配的。锁资源、消息缓冲区等都在每个实例的共享池中。DLM 的这种设计，使其能够在集群中除一个节点外的所有节点故障中存活下来。

DLM 始终了解锁的持有者、请求者以及受让人。如果锁不可用，DLM 会对锁请求进行排队，并在锁资源可用时通知请求者。DLM 管理的一些资源是数据块和回滚段。Oracle 资源通过实例与 DLM 锁相关联，使用复杂的散列算法。OPS 中的锁定和队列功能与单实例 RDBMS 服务器中的相同，只是 OPS 采用全局视图。

DLM 依靠核心 RDBMS 内核来进行锁定和排队服务。DLM 在全局级别协调锁定，这是核心层不提供的服务。

2.6.3 Oracle 并行服务器中的锁概念

在 OPS 数据库中，用户必须首先获取锁，然后才能对任何资源进行操作。这也适用于单实例场景。在纯 DLM 术语中，资源是用户访问的任何对象，而锁是资源上某种类型或模式的客户端操作请求。

并行缓存管理(PCM)意味着数据块的协调和维护发生在(实例的)每个数据缓冲区缓存中，以便用户查看或请求的数据永远不会不一致或不连续。使用具有全局协调锁的数据块通过 PCM 框架控制对数据的访问。简单来说，PCM 确保集群中只有一个实例可以在任何指定时间修改块。其他实例必须等待。

从广义上讲，OPS 中的锁是 PCM 锁或非 PCM 锁。PCM 锁几乎专门保护数据块，非 PCM 锁控制对数据文件、控制文件、数据字典等的访问。在 OPS 中，PCM 锁是静态的，非 PCM 锁使用某些参数的 init.ora 设置动态指定。

PCM 锁称为“锁元素”，而非 PCM 锁称为“队列”。在资源上获取 DLM 锁，然后授予进程。PCM 锁和行级锁独立运行。

1. PCM 锁和行锁独立运行

实例可以取消 PCM 锁，而不影响由 PCM 锁定的块组中的行锁。行锁是在事务期间获取的。诸如数据块之类的数据库资源在被实例读取以供更新时获取 PCM 锁。在事务期间，如果其他实例需要块，则可以多次获取和拥有 PCM 锁。

相反，在提交或回滚对行的更改之前，事务不会释放行锁。Oracle 使用内部机制进行并发控制以隔离事务，因此在提交修改数据的事务之前，一个事务所做的数据修改对其他事务是不可见的。行锁并发控制机制独立于并行缓存管理：并发控制不需要 PCM 锁，PCM 锁操作也不依赖于提交或回滚的单个事务。

IDLM 锁定模式和 Oracle 锁定模式并不相同，尽管它们类似。在 OPS 中，锁可以是本地的，也可以是全局的，具体取决于请求和操作的类型。就像在单个实例中一样，锁会采用如下形式：

```
<Type, ID1, ID2>
```

其中 Type 由两个字符组成，ID1 和 ID2 是取决于锁类型的值。ID 是一个 4 字节的正整数。

本地锁可以分为锁存器和队列。基于实例的本地操作可能需要这些操作。共享池锁存器是本地锁存器的简单示例，而不管是否存在 OPS。队列可以是本地的或全局的。它们在 OPS 环境中扮演全局角色，并在单个实例中保持本地化。OPS 数据库中全局队列的示例有 TX(事务)队列、控制文件队列(CF)、DFS(分布式文件系统)队列锁和 DML/表锁。同一个队列在单实例数据库中是本地的。同样，数据字典和库缓存锁在 OPS 环境中是全局的。

本地锁提供事务隔离或行级锁定。实例锁在访问共享资源时提供缓存一致性。GV$LOCK 和 GV$LOCK_ELEMENT 是两个重要的视图，提供有关全局队列和实例锁的信息。

最初，两个后台进程——锁管理守护进程(LMD)和锁监视器(LMON)——实现了 DLM(参见图 2-11)。每个实例都有自己的这两个进程。DLM 数据库存储有关资源、锁和进程的信息。在 Oracle 9*i* 中，DLM 被重命名为 Global Cache Service(GCS)和 Global Enqueue Service(GES)。

2. DLM 锁兼容性矩阵

Oracle RAC 环境中的每个资源都由唯一的资源名称标识。每个资源都可能具有当前授予用户的锁列表，此列表称为 Grant Q。正在转换或等待从一种模式转换为另一种模式的锁被定位到该资源的 Convert Q 上。对于每个锁，内存中存在一个资源结构，用于维护所有者和转换器的列表。每个所有者、服务者和转换器都有一个锁结构，如表 2-2 所示。

表 2-2　DLM 锁兼容性矩阵

锁	NL	CR	CW	PR	PW	EX
NL	Grant	Grant	Grant	Grant	Grant	Grant
CR	Grant	Grant	Grant	Grant	Grant	Queue
CW	Grant	Grant	Grant	Queue	Queue	Queue
PR	Grant	Grant	Queue	Grant	Queue	Queue
PW	Grant	Grant	Queue	Queue	Queue	Queue
EX	Grant	Queue	Queue	Queue	Queue	Queue

每个节点都有自己管理的一组资源的目录信息。为定位资源，DLM 使用基于资源名称的散列算法来找出哪个节点保存了资源的目录信息。完成此操作后，将直接向“主”节点发出锁定请求。目录区域只是一个 DLM 内存结构，它存储有关哪些节点上主机阻塞的信息。

表 2-3 提供了传统的锁命名约定(例如 SS、SX、X)以及相应的 DLM 模式。

注意，在表 2-3 中，NL 表示空模式，CR/SS 表示并发读取模式，CW/SX 表示并发写模式，PR/S 表示受保护的读取模式，PW/SSX 表示受保护的写入模式，EX/X 表示独占模式。

表 2-3　常规命名和 DLM 命名

常规命名	NL	CR	CW	PR	PW	EX
DLM 命名	NL	SS	SX	S	SSX	X

3. 获取和转换锁

授予资源的锁在 Grant Q 中(如前所述)。当进程获取资源的 Grant Q 上的锁时，锁就放置在资源上。只有这样，进程才能在兼容模式下拥有对该资源的锁。

如果没有转换器，并且 Oracle 内核所需的模式与其他人已经拥有的模式兼容，则可以获取锁。否则，它将等待 Convert Q，直到资源可用。当释放或转换锁时，转换器运行检查算法，以查看是否可以获取它们。

当一个新的请求得到已经锁定它的资源时，就会将锁从一种模式转换为另一种模式。转换是将锁从当前保持模式更改为其他模式的过程。即使模式为 NULL，也会被视为持有锁。根据 IDLM 中的转换矩阵，仅当所需模式是所保持模式的子集，或锁定模式与其他资源已采用的模式兼容时，才进行转换。

4. 进程和基于组的锁定

在 DLM 存储区域中分配锁结构时，请求进程的操作系统进程 ID(PID)是锁的请求者的密钥标识符。在 Oracle 内部将进程映射到会话更容易，并且信息在 V$SESSION 中可用。但是，在某些客户端(如 Oracle 多线程服务器(MTS)和 Oracle XA)，单个进程可能拥有许多事务。会话跨多个进程迁移以构成单个事务。这将禁用事务的标识及来源。因此，必须将锁定标识符设计为具有基于会话的信息，其中当向 DLM 发出锁定请求时，客户端提供事务 ID(XID)。

使用基于组的锁定时使用组。特别是当涉及 MTS 时，这是优选方案，并且当使用 MTS 时，如果持有锁，共享服务对于其他会话是隐式不可用的。从 Oracle 9*i* 开始，基于进程的锁定不再存在。Oracle 8*i* (及更高版本)OPS 使用基于组的锁定，而不管事务的类型如何。如前所述，在向 Oracle 询问任何事务锁之前，组内的进程使用 XID 标识自己。

5. 锁控制

DLM 维护与给定资源相关的所有节点上的锁信息。DLM 指定一个节点来管理资源的所有相关锁信息，此节点称为“主节点”。锁控制在所有节点之间分配。

使用进程间通信(IPC)层使 DLM 的分布式组件能够共享主控(管理)资源的负载。因此，用户可以在一个节点上锁定资源，但实际上与另一个节点上的 LMD 进程通信。容错要求无论有多少 DLM 实例发生故障，都不会丢失有关锁定资源的重要信息。

6. 异步陷阱

跨实例的 DLM 进程(LMON、LMD)之间的通信是使用跨越高速互连的 IPC 层实现的。为了传达锁资源的状态，DLM 使用异步陷阱(AST)，它们作为 OS 处理程序例程中的中断实现。纯粹主义者可能在 AST 的确切含义及实现方式(使用中断或其他阻塞机制)方面有所不同，但就 OPS 和 Oracle RAC 而言，它就是一个中断。AST 可以是阻断 AST 或获得 AST。

当进程请求锁定资源时，DLM 会向当前同一资源上拥有锁的所有进程发送阻塞异步陷阱(BAST)。如果可能或必要的话，锁的持有者可以放弃，允许请求者获得对资源的访问权。DLM 将请求 AST(AAST)发送给请求者，以通知他现在拥有资源(和锁)。AAST 通常被视为进程的“唤醒呼叫”。

7. 如何在 DLM 中授予锁

为了说明锁在 OPS 的 DLM 中的工作原理，请考虑一个带有共享磁盘阵列的简单双节点集群：

(1) 进程 p1 需要修改实例 1 上的数据块。在数据块可以读入实例 1 上的缓冲区缓存之前，p1 需要检查该数据块上是否存在锁。

(2) 此数据块上可能存在或不存在锁，因此 LCK 进程会检查 SGA 结构，以验证缓冲区锁定状态。如果存在锁，则 LCK 必须请求 DLM 降级锁。

(3) 如果锁不存在，则必须在本地实例中由 LCK 创建锁元素(LE)，并且角色是本地的。

(4) LCK 必须以独占模式请求 LE 的 DLM。如果资源由实例 1 控制，则 DLM 继续处理。否则，必须将请求发送到集群中的主 DLM。

(5) 假设在实例 1 上成功控制了锁，实例 1 上的 DLM 在 DLM 数据库中执行本地缓存查找，并发现实例 2 上的进程已在同一数据块上具有独占(EX)锁。

(6) 实例 1 上的 DLM 向实例 2 上的 DLM 发出 BAST，请求降级锁。实例 2 上的 DLM 将另一个 BAST 发送到同一实例上的 LCK，以将锁从 EX 降级为 NULL。

(7) 实例 2 上的进程可能已更新数据块，但尚未提交更改。向脏缓冲区写入器(DBWR)发信号，以将数据块写出到磁盘。在写入确认之后，实例 2 上的 LCK 将锁降级为 NULL，并在同一实例上向 AML 发送 AAST。

(8) 实例 2 上的 DLM 更新本地 DLM 数据库有关锁定状态的更改，并将 AAST 发送到实例 1 上的 DLM。

(9 实例 1 上的主 DLM 更新主 DLM 数据库有关锁(EX)的新状态，并且现在可以授予实例 1 上的进程。DLM 本身将锁升级到 EX。

(10) 实例 1 上的 DLM 现在将另一个 AAST 发送到本地 LCK 进程，通知它有关锁授予的信息，说明可以从磁盘读取该数据块。

2.6.4 缓存融合阶段 1，CR 服务器

OPS 8*i* 引入了缓存融合阶段 1(Cache Fusion Stage 1)。直到版本 8.1，仍使用磁盘(ping 机制)维护了缓存一致性。Cache Fusion 引入了一个新的名为 Block Server Process(BSP)的后台进程。BSP 的主要用途或责任是在读写争用场景中跨实例发送数据块的一致读(CR)版本。发送是使用高速互连而不是磁盘完成的，这称为缓存融合阶段 1，因为无法将所有类型的数据块传输到请求实例，尤其是在写/写争用情况下。

缓存融合阶段 1 为 Oracle RAC 缓存融合阶段 2 奠定了基础，其中可以使用互连传输两种类型的数据块(CR 和 CUR)，尽管在某些情况下仍然需要使用磁盘(ping 机制)。

Oracle 8*i* 还引入了 GV$视图或“全局视图”。在 GV$视图的帮助下，DBA 可以查看集群范围内的数据库以及位于集群的任何节点/实例上的其他统计信息。这对 DBA 有很大的帮助，因为以前他们必须将在多个节点上收集的数

据组合在一起，以分析所有统计数据。GV$视图的 instance_number 列支持此功能。

1. 阻止争用

当不同实例上的进程需要访问同一个数据块时，会发生数据块争用。如果实例 1 正在读取数据块，或者数据块在读取模式下位于实例 1 的缓冲区缓存中，并且实例 2 上的另一个进程在读取模式下请求相同的数据块，则会发生读取/读取争用。这种情况是所有情况中最简单的，可以很容易解决，因为没有对数据块进行修改。BSP 从实例 1 向实例 2 传送数据块的副本，或者通过实例 2 从磁盘读取数据块的副本，而无须应用撤销来获得一致的版本。实际上，在这种情况下不需要 PCM 协调。

当实例 1 在本地缓存中修改了数据块，而实例 2 请求对相同的数据块进行读取时，就会发生读/写争用。在 Oracle 8*i* 中，使用缓存融合阶段 1，实例锁被降级，BSP 进程使用存储在自己缓存中的撤销数据构建数据块的 CR 副本，并将 CR 副本传送到请求实例。这是通过与 DLM 过程(LMD 和 LMON)协调完成的。

如果请求实例(实例 2)需要修改实例 1 已经修改的数据块，则实例 1 必须降级锁，刷新日志条目(如果之前没有完成的话)，然后将数据块发送到磁盘，这称为 ping。只有当多个实例需要修改同一个数据块时，才会对数据块进行 ping 操作，在请求实例将数据块读入自己的缓存以进行修改之前，让持有实例将数据块写入磁盘。对于应用程序而言，磁盘 ping 在性能方面可能很昂贵。

每次将数据块写入磁盘时，如果数据块本身未被其他实例请求，但由同一个锁元素管理的另一个数据块正由另一个实例请求，就会发生错误 ping。

当由于另一个实例对锁元素的请求而需要对锁元素进行向下转换，并且锁涉及的数据块已经写入磁盘时，会发生软 ping。

2. 写/写争用

当两个实例都必须修改同一个数据块时会发生这种情况。如上所述，当在实例 1 上降级锁并且将数据块写入磁盘时，会执行磁盘 ping 机制。实例 2 获取缓冲区上的独占锁并修改。

2.7　Oracle RAC 解决方案

尽管 OPS 很好，但它有一些限制，特别是在可扩展性方面。此外，还需要仔细设置、配置和进行大量管理，需要对原始设备进行存储，这对于没有经验的系统管理员来说并不容易设置和管理。

Oracle RAC 是 OPS 的自然演变。OPS 的局限性可通过代码的改进、缓存融合的扩展和动态锁的重新制作来解决。

动态锁定的重新创建允许在本地实例中管理常用的数据库对象，这极大减少了互连流量，提高了性能。

Oracle RAC 还附带了集成的集群件和存储管理框架，消除了对供应商集群件的依赖，并为数据库应用程序提供了最佳的可扩展性和可用性。

2.7.1　可用性

可以配置 Oracle RAC 系统以避免单点故障，即使在低成本的商用硬件和存储上运行也是如此。如果单片服务器因任何原因而失败，则服务器上运行的应用程序和数据库将完全不可用。使用 Oracle RAC，如果任何数据库服务器发生故障，应用程序将继续运行，并且通过其余服务器持续提供服务。底层集群件确保了将服务重定位到其他正在运行的服务器，故障转移通常对应用程序是透明的，并在几秒内完成。

Oracle RAC 已经在所有“近乎死亡”的情况下一次又一次地证明，可以通过可控的可靠性来节省时间。范式已从可靠性转变为最大可靠性。根据适当的标准分析和识别子系统和系统故障率可确保可靠性，这是 Oracle RAC 技术的关键组件。

2.7.2　可扩展性

Oracle RAC 允许集群中的多个服务器透明地管理单个数据库，而不会中断数据库的可用性。在数据库启动并运行时，可以添加其他节点。通过动态节点添加和有效的工作负载管理，Oracle RAC 允许数据库系统向两个方向扩展，能够通过增加节点数量以及减少完成工作负载所需的时间来处理增加的工作负载。这意味着先前的可扩展性上限已被删除。服务器集合可以透明地协同工作，以管理具有线性可扩展性的单个数据库。

Oracle RAC 不需要更改现有的数据库应用程序。集群的 Oracle RAC 数据库在应用程序中显示为传统的单实例数据库环境。因此，客户可以轻松地从单实例配置迁移到 Oracle RAC，而无须更改应用程序。Oracle RAC 也不需要对现有数据库模式进行任何更改。

2.7.3 承受能力

Oracle RAC 允许组织使用低成本计算机集合来管理大型数据库，而不需要购买一台昂贵的大型计算机。小型商用级服务器的集群现在可以承担任何数据库工作负载。例如，需要管理大型 Oracle 数据库的客户可能会选择购买 8 个行业标准服务器的集群，每个服务器有 4 个 CPU，而不是购买一台具有 32 个 CPU 的服务器。

Oracle RAC 允许对运行 Linux 的低成本、行业标准服务器集群进行扩展，以承担以前要求使用单个、更大、更昂贵的计算机的工作负载。在计算的纵向扩展模型中，需要复杂的硬件和操作系统，为业务应用程序提供可扩展性和可用性。但是使用 Oracle RAC，可通过 Oracle 提供的功能实现操作系统之外的可扩展性和可用性。

2.8 本章小结

集群是一种很好的解决方案，可以扩展和加速数据库工作负载的处理，并具备极高的可用性。由于存储在节点之间共享，因此集群的所有成员可以同时访问存储，这有助于系统在节点故障期间可用。Oracle 数据库实现了共享一切架构，以实现按需的可扩展性和最终可用性。

正确的集群技术可以根据需要实现无限的可扩展性和不间断的可用性。Oracle 数据库与 OPS 及其后继产品 Oracle RAC 有很好的集群战绩。随着 Cache Fusion 框架的引入，RAC 克服了 OPS 的局限性。后来的版本通过引入只读和读取锁定框架进一步改进了 Cache Fusion。

随着 Grid Infrastructure 的引入，Oracle 集成了自动存储管理，这是真正的针对 Oracle 数据库基础架构的卷管理器和文件系统，具有集群数据库解决方案，消除了为 Oracle 基础架构提供第三方文件系统管理器的要求。Oracle RAC 12*c* 以低成本方式提供了令人印象深刻的可扩展性、可用性和灵活性。它通过利用整个架构的规模，使数据库的整合低廉且可靠。

第3章

Oracle RAC架构

本书的前两章为深入讨论 Oracle RAC 数据库奠定了基础。本章介绍 Oracle RAC 数据库的体系结构和关键概念。

本章的目标是展示 Oracle RAC 数据库与非 RAC 单实例 Oracle 数据库的区别，解释 Oracle Clusterware 的体系结构，这是 Oracle RAC 数据库运行的基础，也是 Oracle RAC 数据库的架构。本章还将探讨支持 Oracle Clusterware 和 Oracle RAC 数据库的主要后台进程。

3.1 Oracle RAC 简介

与普通 Oracle 数据库(整个数据库只有一个实例)不同，Oracle RAC 允许多个实例访问单个数据库，Oracle RAC 数据库最多可以有 100 个实例。在多个服务器节点上运行的实例可以访问包含单个数据库的公共数据文件集。在单实例环境中，一个 Oracle 数据库仅由服务器上运行的单个实例使用。因此，访问数据库的用户只能通过单个服务器连接到数据库。可用于数据库工作的计算资源(CPU、内存等)仅限于单个服务器的计算资源。

集群是一组互相连接的服务器，它们对于最终用户和应用程序而言是一个整体。Oracle RAC 依靠 Oracle Clusterware 实现这一目标。Oracle Clusterware 在后台连接服务器，使它们作为一个逻辑实体一起工作。Oracle Clusterware 提供了实现 Oracle RAC 的主干或基础架构。

在 Oracle RAC 环境中，由于多个实例使用相同的数据库，因此数据库用户可得到集群提供的高吞吐量和稳定性——如果其中一个实例发生故障，则数据库继续通过运行的其余实例保持可访问状态。就用户而言，由托管每个实例的一组服务器组成的集群是一个实体。在 Oracle RAC 数据库中，集群中的每个实例都有一个额外的 Redo 线程，每个实例都有专用的 Undo 表空间。

注意：实例是在与数据库相关联的机器中运行的一组后台进程和内存结构。数据库是物理文件的集合。数据库和实例具有一对一的关系。数据库可以由 Oracle RAC 中的多个实例同时加载，并且在任何时候，一个实例都只属于一个数据库。

存放数据库数据文件的非易失性存储器(NVRAM)同样可供所有节点进行读写访问。Oracle RAC 需要协调和管理同时来自多个服务器节点的数据访问。因此，在集群的节点之间必须存在有效、可靠、高速的专用网络，用于发送和接收数据。图 3-1 显示了单实例数据库和 Oracle RAC 数据库的配置。

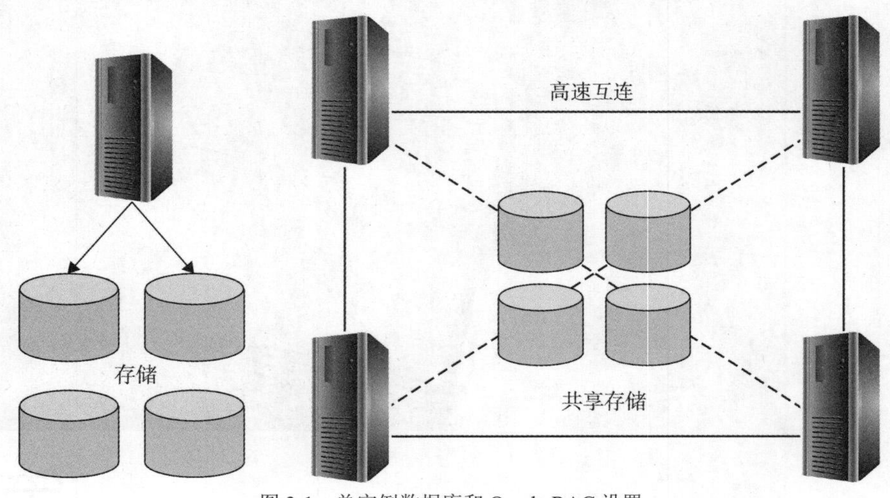

图 3-1 单实例数据库和 Oracle RAC 设置

3.1.1 单实例环境与 Oracle RAC 环境

与单实例环境类似，Oracle RAC 环境中的每个实例都有自己的系统全局区域(SGA)和后台进程。但是，所有节点都可以访问所有数据文件和控制文件，因此这些文件必须存放在共享磁盘子系统上。每个实例还有自己的专用联机重做日志文件集。联机重做日志文件只能由它们所属的实例写入。但是，在实例崩溃恢复期间，其他实例必须可以读取这些文件。这要求联机重做日志文件驻留在共享磁盘子系统上，而不是驻留在节点的本地存储上，因为如果节点崩溃，文件将丢失。

注意：Oracle RAC 数据库最多可包含 100 个实例。

表 3-1 对单实例组件与 Oracle RAC 环境中实例的组件进行了比较。

Oracle RAC 环境中的实例会共享数据，因为多个实例可能同时需要同一个数据集。多个实例同时读取相同的数据是没有风险的；但是，如果一个实例修改(通过插入或更新)数据，而另一个或几个实例读取相同的数据，或者多个实例并发修改同一数据，则可能会出现数据完整性问题。如果未正确协调，这种并发的读/写或写/写行为可能会导致数据损坏或数据表示不一致。单实例 Oracle 已经确保读取者永远不会阻止写进程，永远不允许这种“脏”读取。

Oracle RAC 确保跨集群的所有实例都能看到数据库的一致镜像。分布式锁管理器(DLM)也称为全局资源目录(GRD)，用于协调实例之间的资源共享。

表 3-1 单实例环境与 Oracle RAC 环境中的组件

组件	单实例环境	RAC 环境
SGA	实例有自己的 SGA	每个实例有自己的 SGA
后台进程	实例有自己的一组后台进程	每个实例都有自己的一组后台进程

(续表)

组件	单实例环境	RAC 环境
数据文件	只能被一个实例访问	共享给所有实例，所以必须放在共享存储上
控制文件	只能被一个实例访问	共享给所有实例，所以必须放在共享存储上
联机重做日志文件	单实例读写	只有一个实例可以写，但是其他实例可以在恢复和归档期间读取。如果一个实例关闭，其他实例可以强制对空闲实例的重做日志进行日志切换并归档
归档的重做日志	实例专用	属于实例，但是其他实例需要在介质恢复期间访问所需的归档日志
闪回恢复日志	只能被一个实例访问	共享给所有实例，所以必须放在共享存储上
告警日志和其他追踪文件	实例专用	属于每个实例，其他实例永远不会读写这些文件
Undo 表空间	实例专用	实例专用
ORACLE_HOME	同一机器上的多个实例可使用同样的执行文件访问不同的数据库	和单实例一样，但是也可以放在共享文件系统上，允许 Oracle RAC 环境中的所有实例设置一样的 ORACLE_HOME

3.1.2 Oracle Flex 集群

运行具有大量节点的 Oracle RAC 时，Oracle Flex 集群是很好的解决方案。此类集群中的所有节点都属于单个 Oracle Grid Infrastructure 集群。

在为各种应用程序部署资源、管理对服务级别故障的响应以及管理恢复过程时，可以使用 Oracle Flex 集群体系结构来集中管理策略。

Oracle Flex 集群包含两种类型的节点。

- 中心节点：中心节点与其他节点紧密连接，可直接访问共享存储。中心节点类似于 Oracle 早期版本中的 Oracle RAC 数据库。
- 叶节点：叶节点与中心节点松散耦合，可能无法直接访问共享存储。

注意：可将中心节点转换为叶节点，反之亦然，而无须停机。

Oracle Flex 集群中最多可以有 64 个中心节点，并且可以拥有大量叶节点。可以使用这两类节点来运行不同类型的应用程序。

在 Oracle Flex 集群中，叶节点上运行的 Oracle RAC 数据库实例被称为可读节点。可以在中心节点上运行大量可读节点(最多 64 个节点)，以便运行大量并行查询来处理大型数据集。Oracle 建议为可读节点分配尽可能多的内存，以便并行查询使用。

设置可读节点和只读数据库实例后，可以创建将查询指向这些节点的服务，以获得更好的并行查询性能。在可读节点上运行的数据库实例与在中心节点上运行的数据库实例完全不同。请注意，关于这些数据库实例：

- 数据库实例以只读模式运行。
- 只要连接了一组可读节点的中心节点仍然是群集的一部分(不被驱逐)，可读节点就可以继续运行，而不会降低性能。

3.1.3 Oracle 扩展集群

通常，我们在单个数据中心运行 Oracle RAC 环境。但是，可以在 Oracle 扩展集群上配置 Oracle RAC，集群的节点在地理上分散于同一区域甚至不同城市的多个数据中心之间。

扩展距离(或简称“扩展”)集群是一种特殊的 Oracle RAC 体系结构，允许通过将所有站点中的所有节点作为单个数据库集群的一部分来处理事务，以实现站点故障的快速恢复。对于灾难恢复，Oracle 建议与 Oracle RAC 一起运行 Oracle Data Guard。必须考虑扩展集群是否适合，因为集群散布在较大范围内会导致额外延迟。

尽管扩展集群提供的可用性高于本地 Oracle RAC 设置，但却无法避免所有类型的中断。为了全面保护数据，Oracle 建议将 Oracle Data Guard 与 Oracle RAC 配合使用。

3.1.4　Oracle Multitenant 和 Oracle RAC

Oracle Database 12*c* 的 Oracle Multitenant 选项可帮助整合数据库，并简化配置和升级。Oracle Multitenant 能够创建容纳多个可插拔数据库(PDB)的容器数据库(CDB)。

可以将普通的 Oracle 数据库转换为 PDB。可以将 Oracle RAC 数据库创建为 CDB，然后将所有 PDB 插入 CDB。在 Oracle RAC 环境中，多租户 CDB 基于 Oracle RAC，上面运行了多个 Oracle RAC CDB 实例。可以选择使每个 PDB 可用于 Oracle RAC CDB 的部分或全部实例。

由于 PDB 不会在 CDB 实例中自动启动，因此必须在 Oracle RAC CDB 上手动启动 PDB。将第一个动态数据库服务分配给 PDB 时，PDB 服务也将可用。然后，PDB 在运行服务的实例上可用。

3.2　管理员与策略托管数据库

在 Oracle Database 11*gR*2(11.2)之前，Oracle RAC 部署仅限于所谓的管理员托管部署。在此类部署下，可将每个数据库实例配置为在集群中的预定节点上运行。还可以通过在创建(或修改)数据库服务时，将实例指定为首选且可用来指定数据库服务要运行在哪个实例上。

从 Oracle 11.2 发行版开始，可以选择使用较新的策略托管部署，其中数据库服务与运行它们的实例之间没有直接连接。可以确定服务在哪个服务器池中运行，而不是为数据库服务指定首选的可用实例。服务器池是服务器的一个逻辑分组，里面包含 Oracle Clusterware 管理的资源以支持应用程序。这些资源包括实例、服务、应用程序 VIP 和其他应用程序组件。要使用策略托管部署，请在创建或修改服务时，将服务指定为单例服务或统一的服务。单例服务仅在服务器池中的特定服务器上运行，而指定为统一的服务可以在服务器池中任何服务器的任何实例上运行。数据库实例的数量由服务器池的大小决定。

服务器池在逻辑上将集群划分为承载应用程序的服务器组。请注意，这些“应用程序”可以包括数据库服务甚至非数据库应用程序，例如应用程序服务器。

策略托管的管理方法基于配置的策略提供在线服务器重定位，以满足工作负载要求。这可确保根据需要分配关键工作所需的资源。服务器可以在任何指定时间点属于特定服务器池。可以根据工作负载要求配置策略，以更改服务器池，确保资源分配符合不断变化的工作负载要求。还可以将特定集群服务器专用于各种应用程序和数据库。Oracle 使用服务器池属性 IMPORTANCE 来设定服务器的放置和优先级排序。除 IMPORTANCE 属性外，还可以配置许多其他服务器池属性。

3.2.1　动态服务

动态数据库服务可以为 Oracle RAC 数据库中的用户和应用程序定义特征和规则。Oracle 建议创建数据库服务(这是一种工作负载的自动管理工具)，以利用各种工作负载平衡和故障转移选项，还可以配置高可用性。

数据库服务是单个数据库实例或一组数据库实例的命名表示。可以使用服务对数据库工作负载进行分组，并确保客户端请求由最佳实例提供服务。当其中一个实例崩溃或不可用时，服务还可以通过将客户端连接故障转移到幸存的实例来帮助提供高可用性。

第 9 章将介绍如何使用服务以及高可用性框架、快速应用程序通知(FAN)、事务防护、连接负载平衡、请求负载平衡和运行时连接负载平衡(RCLB)，为用户和应用程序提供高可靠性和最佳性能。

3.2.2　Oracle 数据库服务质量管理

Oracle 数据库服务质量(QoS)管理是一种基于策略的产品，可帮助监视和管理 Oracle RAC 工作负载。QoS 可以自动调整服务器池等资源。

QoS 管理会自动调整配置，使应用程序以最高性能水平运行。它还可以自动调整系统配置和需求以适应任何变化，从而有助于平滑应用程序的性能。

可以通过 Oracle 企业管理器云控制器中的 Oracle QoS Management 页面管理 QoS。

3.3 Oracle RAC 组件

Oracle Clusterware 是 Oracle RAC 数据库的必需组件，它提供了运行数据库的底层基础架构。在 Oracle Database RAC 数据库中，集群软件已集成到关系数据库管理系统(RDBMS)内核中。

Oracle Clusterware 不仅管理数据库，还管理集群运行所需的其他资源，例如虚拟 Internet 协议(VIP)地址、监听器和数据库服务。Oracle Clusterware 与 Oracle 的自动存储管理一起合称为 Oracle Grid Infrastructure。

注意：尽管 Oracle Clusterware 是大多数操作系统用来创建和管理 Oracle RAC 数据库所需的组件，但如果数据库应用程序需要第三方供应商的集群件，则可以使用该集群件，只要通过 Oracle 认证即可用于 Oracle Clusterware。

以下是 Oracle RAC 的主要组件：

- 共享磁盘系统
- Oracle Clusterware
- 集群互连
- Oracle 内核组件

基本架构如图 3-2 所示。

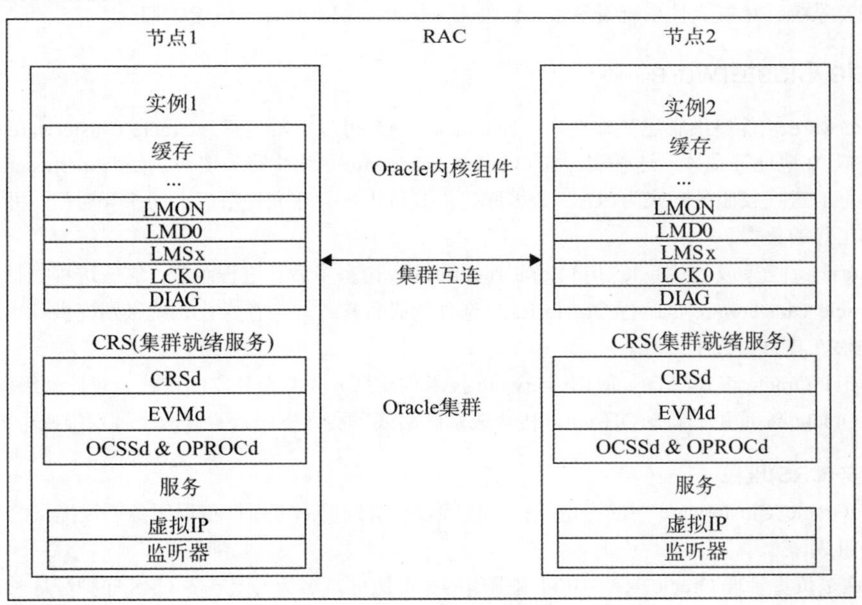

图 3-2　Oracle 12*c* 架构

3.3.1 共享磁盘系统

可扩展的共享存储是 Oracle RAC 环境的关键组件。传统上，使用本地的 SCSI(小型计算机系统接口)或 SATA(串行 ATA)接口将存储连接到每个单独的服务器。如今，更灵活的存储很受欢迎，可以使用常规以太网通过存储区域网络(SAN)或网络连接存储(NAS)进行访问。这些新的存储选项使多个服务器可以通过网络访问同一组磁盘，从而简化了任何分布式环境中的存储配置。SAN 代表了数据存储技术的发展趋势。

传统上，在单实例客户端/服务器系统中，数据存储在服务器内部或直接连接到服务器的设备上。这种存储称为直接附加存储(DAS)。接下来，在技术演进过程中出现了网络附加存储，将存储设备从服务器中移除，而将它们连接到网络上。存储区域网络允许存储设备存在于自己的独立网络上，并通过高速媒介(例如高速光纤通道网络)彼此通信，从而使原理更进一步。用户可以通过连接到局域网(LAN)和 SAN 的服务器系统访问这些存储设备。

在共享存储中，所有节点可以同时访问数据库文件。通用文件系统不允许将磁盘安装在多个系统中。此外，常规 UNIX 文件系统(UFS)不允许在节点之间共享文件，因为可能会有文件锁定(inode 锁定)问题和一致文件系统缓存不可用问题。一种选择是使用网络文件系统(NFS)，但它不适合，因为它依赖于单个主机(安装文件系统)，并且存在性能问题。由于此类方案中的磁盘连接到一个节点，因此所有写入请求都必须通过该特定节点，从而限制了可扩展性和容错能力。总的可用 I/O 带宽取决于单个主机提供的带宽，通过该带宽可以为所有 I/O 提供服务。由于该节点可能成为单点故障(SPOF)，因此它是高可用性(HA)架构的另一个威胁。

文件系统的选择对于 Oracle RAC 部署至关重要。传统文件系统不支持多个系统同时安装。因此，必须将文件存储在没有任何文件系统的裸设备中，或者存储在支持多个系统并发访问的文件系统上。

Oracle RAC 使用“共享一切”架构，这意味着所有数据文件、控制文件、重做日志文件和 SPFILE 必须存储在支持集群的共享磁盘上。将这些文件存储在共享存储中，可确保作为集群一部分的所有数据库实例，都能够访问实例操作所需的各种文件。

在以前的版本中，Oracle 允许使用原始设备作为向 Oracle RAC 提供共享存储的一种方法。但是，在 Oracle Database 12*c* 中，未对 RAC 环境中的原始设备进行认证。相反，必须使用以下 Oracle 支持的集群存储解决方案之一。

- 自动存储管理(ASM)：ASM 是用于 Oracle 数据库文件的可移植、专用且优化过的集群文件系统。如果将 Oracle 标准版与 Oracle RAC 一起使用，ASM 是唯一受支持的存储。ASM 将在第 6 章中讨论。Oracle 建议将 ASM 用作 Oracle RAC 环境的存储选项。
- 集群文件系统：可以使用一个或多个集群文件系统来保存所有 Oracle RAC 数据文件。Oracle 建议使用 Oracle Cluster File System(OCFS)，也可以使用经过认证的第三方集群文件系统，例如 IBM GPFS，但它仅适用于 IBM AIX 系统。集群文件系统没有被广泛使用，因此我们不会详细讨论它们。

3.3.2 Oracle Clusterware

Oracle Clusterware 软件提供底层基础架构，使 Oracle RAC 可以正常运行。Oracle Clusterware 管理数据库、监听器、服务和虚拟 IP 地址等实体，这些实体在 Oracle Clusterware 用语中称为资源。Oracle Clusterware 使用在集群的各个节点上运行的进程或服务，来为 RAC 数据库提供高可用性。它允许节点之间相互通信，并形成使节点作为单个逻辑服务器工作的集群。

Oracle Clusterware 已集成到 Oracle Grid Infrastructure 中，由多个后台进程组成，这些进程执行不同的功能以促进集群运行。Oracle Clusterware 是运行 Oracle RAC 选件的必备软件。它在操作系统级别提供基本的集群支持，并使 Oracle 软件能够在集群模式下运行。

在当前版本中，Oracle 正式将 Oracle Clusterware 技术堆栈划分为两个独立的堆栈。集群就绪服务(CRS)堆栈为上层技术堆栈，Oracle 高可用性服务(OHAS)堆栈构成基础层或下层。下面看看这两个技术堆栈中的进程。

集群就绪服务(CRS)堆栈

CRS 堆栈是 Oracle Clusterware 中的上层堆栈，依赖较低级别的高可用性集群服务堆栈提供的服务。CRS 堆栈由以下关键服务组成。

- CRS：这是负责管理 Oracle RAC 高可用操作的关键服务。名为 CRSd 的 CRS 守护程序管理集群的启动、停止和故障转移操作。CRS 将配置数据存储在 Oracle Cluster Registry(OCR)中。
- CSS：CSS 服务管理集群的节点成员资格，并在基于 Linux 的系统中作为 ocssd.bin 进程运行。
- EVM：事件管理器服务(EVMd)管理 FAN(快速应用程序通知)服务器标注信息。FAN 为应用程序和客户端提供有关集群状态更改的信息，以及实例服务和节点的负载平衡请求事件。
- Oracle 通知服务：ONSd 守护程序代表 Oracle 通知服务，此外，它还有助于发布负载平衡请求事件。

构成 Oracle Clusterware 的关键后台进程和服务是 CRSd、OCSSd、EVMd 和 ONSd。操作系统的 init 守护程序使用 Oracle Clusterware 包装程序脚本启动这些进程，这些脚本由 Oracle Universal Installer 在安装 Oracle Clusterware 期间安装。Oracle 安装了三个包装脚本：init.crsd、init.evmd 和 init.cssd。这些使用 respawn 操作来配置，以便它们在失败时重新启动——但 init.cssd 包装脚本使用 fatal 参数来配置，使集群节点重新启动，以避免任何可能的数据损坏，如本书后面章节所述。

表 3-2 总结了 Oracle Clusterware 的关键进程及其功能。

表 3-2　CRS 进程及其功能

CRS 进程	功能	进程故障	所用用户
集群就绪服务守护进程(CRSd)	资源监控、资源故障转移和节点恢复	进程根据启动模式自动重新启动。如果节点在重新启动模式下运行，则重新启动。在重新启动模式下运行时，不会导致节点重新启动	root
集群同步守护进程(CSSd)	基础节点成员身份、组服务和基础锁功能	节点重启	oracle
Oracle 通知服务(ONS)	用来给客户端发送 HA 信息	故障时自动重启	oracle
事件管理守护进程(EVMd)	生成子进程事件记录器并记录标注信息	自动重启，不会引发节点重启	oracle
集群日志服务(ologgerd)	存储管理数据库中集群节点发送的信息(MGMTB)	自动重启，不会引发节点重启	root

集群就绪服务(CRSd)由 CRSd 进程(或 CRSd 守护进程)表示，用于管理所有集群资源(数据库、侦听器等)的所有操作，例如启动和停止资源。CRSd 进程还监视所有正在运行的资源，并且可以自动重启任何失败的服务。

CRSd 的失败或死亡可能导致节点故障，并且会自动重新启动节点以避免数据损坏，因为节点之间可能存在通信故障。CRSd 作为 UNIX 平台中的超级用户 root 运行，并在 Microsoft Windows 平台中作为后台服务运行。

CRS 守护进程由 init.crsd 包装器脚本生成，用于为 Oracle Clusterware 提供高可用性框架，并通过启动、停止、监视以及将失败的集群资源重定位到可用的集群节点来管理集群内资源的状态。集群资源可以是网络资源，如虚拟 IP、数据库实例、监听器、数据库或任何第三方应用程序(例如 Web 服务器)。在对集群资源执行任何操作之前，CRSd 进程将检索存储在 Oracle Cluster Registry(OCR)中的集群资源的配置信息。CRSd 还使用 OCR 来维护集群资源配置文件和状态。每个群集资源都有一个资源配置文件，该配置文件存储在 OCR 中。

CRS 是从另一个 Oracle 主目录(称为 GRID_HOME)安装和运行的，该主目录独立于 ORACLE_HOME。以下是 CRS 执行的主要功能列表：

- CRSd 管理资源，例如启动和停止服务，以及执行应用程序资源的故障转移。它生成单独的进程来管理应用程序资源。
- CRSd 在启动期间和关闭后有两种运行模式。在计划内的集群件启动期间，它以重引导模式启动。它在计划外关闭后以重启模式启动。在重引导模式下，CRSd 启动自己管理的所有资源。在重启模式下，它会保留先前的状态，并将资源返回到关闭之前的状态。
- CRS 管理 OCR 并将当前已知状态存储在 OCR 中。
- CRS 在 UNIX 上以 root 身份运行，在 Windows 上以 LocalSystem 身份运行，并在发生故障时自动重新启动。
- CRS 需要公共接口、专用接口和虚拟 IP(VIP)才能运行。公共和专用接口应该启动并运行，并且应该在启动 CRS 安装之前相互 ping 通。如果没有此网络基础结构，则无法安装 CRS。

集群就绪服务(CRS)的工作原理

Oracle Grid Infrastructure 使用 CRS 在 OS 和数据库之间进行交互。CRS 是 Oracle 12*c* RAC 高可用性框架的后台引擎，它为所有平台提供标准集群接口。在本次讨论中，Oracle Grid Infrastructure 和 Oracle Clusterware 可以互换使用。

在执行 RAC 的标准安装之前，必须将 Oracle Grid Infrastructure 安装在单独的 Oracle 主目录中。这个单独的 Oracle 主目标称为 GRID_HOME。Oracle Grid Infrastructure 是 Oracle 12*c* RAC 的必备组件。

当 Oracle Clusterware 安装在集成了第三方集群件的集群上时，CRS 依靠供应商集群件来获取节点成员资格功能，并且只管理 Oracle 服务和资源。CRS 管理节点的成员资格功能，还管理常规 RAC 相关资源和服务。

集群成员身份决策

Oracle Clusterware 包含用于确定集群中其他节点的运行状况以及它们是否处于活动状态的逻辑。在节点处于非活动状态一段时间后，Oracle Clusterware 将节点标记为“已死”并驱逐出去。如果需要添加新节点，则允许立即添加。

资源管理框架

资源表示应用程序或系统组件(集群的本地和远程组件)，它们的行为由集群框架包装和监视。因此，应用程序或系统组件变得高度可用。正确的资源建模规定只能由一个集群框架管理资源。使用多个框架管理相同的资源可能会产生不良的副作用，包括启动/停止命令语义中的竞态条件。

考虑下面这样一个例子。两个集群框架管理同一个共享存储，例如原始磁盘卷或集群文件系统。在存储组件宕机的情况下，这两个框架可能会争着恢复它，并可能决定应用完全不同的恢复方法(一个框架重新启动，而另一个使用通知进行人工干预；或者一个框架在重新启动之前等待，另一个则在循环中重试)。

在单个应用程序资源的场景下，两个框架甚至可能决定将组件故障转移到完全不同的节点。通常，集群件软件系统不会处理由多个 HA 框架管理的资源。

启动和停止 Oracle Clusterware

当节点发生故障时，Oracle Clusterware 会在启动时通过 init 守护程序(在 UNIX 上)或 Windows 服务管理(在 Windows 上)启动。因此，如果 init 进程无法在节点上运行，操作系统将中断，并且 Oracle Clusterware 无法启动。

可以使用以下命令(必须以超级用户身份运行)启动、停止、启用和禁用 Oracle Clusterware：

```
crsctl stop crs  # stops Oracle Clusterware
crsctl start crs  # starts Oracle Clusterware
crsctl enable crs  # enables Oracle Clusterware
crsctl disable crs  # disables Oracle Clusterware
```

启动和停止 Oracle Clusterware 的命令是异步的，但是当它停止时，在控制权返回之前可能有很短的等待时间。在一个集群上只能运行一组 CRS。将-cluster 选项添加到这些命令中，会使它们在整个 RAC 环境中都是全局有效的。

Oracle Clusterware API 已经有文档，客户可以在自定义软件和非 Oracle 软件中自由使用这些编程接口，以操作和维护一致的集群环境。必须使用 SRVCTL 来启动和停止以 ora 命名的 Oracle 资源。Oracle 不支持使用第三方应用程序检查 Oracle 资源，以及对这些资源采取纠正措施。最佳做法是让 Oracle Clusterware 控制 Oracle 资源。对于任何其他资源，Oracle 或供应商集群件(不是两者同时)都可以直接管理它们。

Oracle Clusterware 的启动过程

Oracle High Availability Service 守护程序(OHASd)可启动所有其他 Oracle Clusterware 守护程序。在安装 Oracle Grid Infrastructure 期间，Oracle 将以下条目添加到/etc/inittab 文件中：

```
h1:35:respawn:/etc/init.d/init.ohasd run >/dev/null 2>&1 </dev/null
```

/etc/inittab 文件使用 run 参数执行/etc/init.d/init.ohasd 控制脚本，生成 ohasd.bin 可执行文件。集群控制文件存储在/etc/oracle/scls_scr/<hostname>/root 位置。/etc/init.d/init.ohasd 控制脚本根据 ohasdrun 集群控制文件的参数值启动 OHASd。参数值 restart 令 Oracle 使用$ GRID_HOME/bin/ohasd restart 重新启动崩溃的 OHASd。参数值 stop 表示 OHASd 的计划内关闭，参数值 reboot 令 Oracle 使用 restart 值更新 ohasdrun 文件，以便 Oracle 重新启动崩溃的 OHASd。

OHASd 守护程序使用集群资源启动其他 Oracle Clusterware 守护程序。OHASd 守护程序为每个 Oracle Clusterware 守护程序提供一个集群资源，这些资源存储在 Oracle 本地注册表中。

代理通过执行启动、停止和监视 Oracle Clusterware 守护程序等操作来帮助管理 Oracle Clusterware 守护程序。四种主要的代理程序是 oraagent、orarootagent、cssdagent 和 cssdmonitor。这些代理在各自的 Oracle Clusterware 守护程序上执行启动、停止、检查和清除操作。

因此，为了将所有内容放入上下文，OHASd 守护程序需要启动所有其他 Oracle Clusterware 守护程序。启动后，OHASd 将启动守护程序资源，使用各自代理程序的守护程序资源将启动基础 Oracle Clusterware 代理程序。

Oracle 集群注册表

Oracle Clusterware 使用 Oracle 集群注册表存储 Oracle Clusterware 中定义的所有集群资源的元数据、配置和状态信息。集群中的所有节点必须能访问 Oracle 集群注册表(OCR)，如果节点没有适当的权限来访问 Oracle 集群注册表文件，Oracle Universal Installer 将无法在这些节点上安装。OCR 文件是二进制文件，不能由任何其他 Oracle 工具编辑。OCR 用于引导 CSS 以获取端口信息、集群中的节点以及类似信息。

集群同步服务守护程序(CSSd)在集群设置期间更新 OCR，并且在集群设置完成后，OCR 用于只读操作。异常是资源状态中的任何更改，这些更改会触发 OCR 更新、服务启动或停止、网络故障转移、ONS 和应用程序状态中的更改以及策略更改。

OCR 是 CRS 的重要存储中心，它存储有关服务和资源状态的详细信息。OCR 就像 Microsoft Windows 中的注册表，它存储信息的名称/值对，例如用于管理与 CRS 堆栈等效的资源。具有 CRS 堆栈的资源是由 CRS 管理的组件，并且需要存储关于资源的一些基本统计信息——良好状态、错误状态和标注脚本。所有这些信息都会存入 OCR。OCR 还用于引导 CSS 以获取端口信息、集群中的节点以及类似信息。这是一个二进制文件，任何其他 Oracle 工具都无法编辑。

Oracle Universal Installer 提供了在 Oracle Clusterware 安装期间镜像 OCR 文件的选项。虽然这很重要，但并非强制性。如果底层存储不能保证对 OCR 文件的可持续访问，则应镜像 OCR 文件。OCR 镜像文件具有与主 OCR 文件相同的内容，并且必须位于共享存储上，例如集群文件系统或裸设备。

Oracle 将 OCR 文件的位置存储在名为 ocr.loc 的文本文件中，该文件位于不同的位置，具体取决于操作系统。例如，在基于 Linux 的系统上，ocr. loc 文件存放在/etc/oracle 目录下；对于基于 UNIX 的系统，ocr.loc 存放在/var/opt/oracle 目录下。Windows 系统使用注册表项 Hkey_Local_Machine\software\Oracle\ocr 来存储 ocr.loc 文件的位置。

Oracle Universal Installer(OUI)在安装期间也使用 OCR。所有 CSS 守护程序在启动期间都具有只读访问权限。Oracle 在每个集群节点上使用 OCR 的内存副本来优化各种客户端(例如 CRS、CSS、SRVCTL、NETCA、Enterprise Manager 和 DBCA)对 OCR 的查询。每个集群节点都有自己的 OCR 私有副本，但为了确保针对 OCR 的原子更新，集群中只允许将一个 CRSd 进程写入共享的 OCR 文件。

CRSd 主进程刷新所有集群节点上的 OCR 缓存。客户端可与本地 CRSd 进程通信来访问 OCR 的本地副本，并通过联系 CRSd 主进程，获取物理 OCR 二进制文件的任何更新。OCR 还维护集群中定义的集群资源的依赖关系层次结构和状态信息。例如，如果一个服务在数据库资源启动并运行之前无法启动，那么 OCR 会维护此信息。

集群同步服务守护程序(CSSd)在集群设置期间更新 OCR。设置集群后，OCR 将通过只读操作使用。在节点添加和删除期间，CSS 将新信息更新到 OCR。CRS 守护程序将在故障和重新配置期间更新 OCR 有关节点状态的信息。其他管理工具(如 NetCA、DBCA 和 SRVCTL)在执行时更新 OCR 中的服务信息。OCR 信息也缓存在所有节点中，OCR 缓存将使更多的只读操作受益。

OCR 文件每 4 小时自动备份到 OCR 的存储位置。这些备份存储一周并循环覆盖。OCR 的最后三次成功备份(一天前的和一周前的备份)始终位于$ORA_CRS_HOME/cdata/<cluster name>目录下。也可以使用 ocrconfig 命令行工具更改 OCR 备份位置。

如果 Oracle Clusterware 在集群节点上启动并运行，还可以通过执行 ocrconfig -manualbackup 命令手动备份 OCR 二进制文件。运行 ocrconfig 命令的用户必须具有管理权限。ocrconfig 命令还可用于列出 OCR 的现有备份和备份位置，以及备份更改位置。第 8 章会详细讨论 OCR 的管理。

Oracle 本地注册表

Oracle 本地注册表(OLR)与 Oracle 集群注册表类似，但它仅存储有关本地节点的信息。OLR 不被集群中的其他节点共享，在启动或加入集群时由 OHASd 使用。

OLR 存储 OHASd 通常需要的信息，例如 Oracle Clusterware 的版本、配置等。Oracle 将 OLR 的位置存储在名为/etc/oracle/olr.loc 的文本文件中。此文件保存了 OLR 配置文件$GRID_HOME/cdata/<hostname.olr>的位置。Oracle 本地注册表在内部结构方面类似于 OCR，因为它将信息存储在密钥中，可以使用相同的工具来检查或转储 OLR 的数据。

表决盘

表决盘是一种共享磁盘，在操作期间由集群中的所有成员节点访问。表决盘被用作所有节点的中心参考，并保存节点之间的心跳信息。如果任何节点无法 ping 表决盘，则集群会立即识别通信故障，并从集群组中逐出节点，以防止数据损坏。表决盘有时称为“裁决设备”，因为裂脑分辨率(split-brain resolution)是根据裁决设备的所有权决定的。

表决盘管理集群成员资格，并在节点之间发生通信故障期间仲裁集群所有权。Oracle RAC 使用表决盘来确定集群的活动实例，并从集群中逐出非活动实例。由于表决盘起着至关重要的作用，因此应该对其进行镜像。如果 Oracle 镜像不用于表决盘，则应使用外部镜像。

投票可能是最普遍接受的仲裁方法。几个世纪以来，它已经以多种形式用于竞赛、选出政府成员等。投票的一个问题是少数服从多数——胜出的候选人获得的选票多于其他候选人，但不超过总投票数的一半。投票的其他问题涉及关联关系。关系很少的话，主子集群中包含的节点将继续存在。从 Oracle 11.2.0.2 版本开始，我们可以逐出具有较少节点数的特定子集群，而不是基于投票映射进行猜测。

集群同步服务(CSS)

集群同步服务由 Oracle 集群同步服务守护程序(OCSSd)表示，通过指定哪些节点是 RAC 集群的成员来管理集群配置。OCSSd 在节点之间提供同步服务，它提供对节点成员身份的访问，并启用基本集群服务，包括集群组服务和集群锁定。它还可以在不与供应商集群件集成的情况下运行。

OCSSd 失败的话会导致计算机重新启动，以避免“裂脑”情况(私网心跳的所有链接都无法相互响应，但实例仍在运行；每个实例都认为另一个实例“已死”，并试图接管所有权)。如果使用自动存储管理(ASM)，则在单个实例中也需要这样做(ASM 将在第 6 章中详细讨论)。OCSSd 使用 oracle 用户身份运行。

OCSSd 进程由 init.cssd 包装器脚本生成，使用具有实时优先级的非 root 操作系统用户身份来运行，并通过提供节点集群和小组成员身份服务来管理 Oracle Clusterware 的配置。OCSSd 通过两种类型的心跳机制提供这些服务：网络心跳和磁盘心跳。网络心跳的主要目标是检查 Oracle 集群的可行性，而磁盘心跳有助于识别裂脑情况。因此，OCSSd 始终在运行是非常重要的，init.cssd 包装器脚本用 fatal 参数配置。

以下总结了 OCSSd 的功能：

- CSS 提供基本的组服务支持。组服务是一种分布式组成员系统，允许应用程序协调活动，以实现共同的结果。
- 锁服务提供集群范围的基本序列化锁功能。它使用先进先出(FIFO)机制来管理锁。
- 节点服务使用 OCR 存储数据，并在重新配置期间更新信息。它还管理 OCR 数据，否则 OCR 数据是静态的。
- cssdagent 进程是 Oracle 同步服务的一部分，作用是持续监视集群，以便为 Oracle Clusterware 提供 I/O 防护解决方案。cssdagent 进程的主要目标是识别潜在的集群节点挂起并重新启动任何被挂起的节点，以便该节点上的进程无法写入存储。cssdagent 进程被锁定在内存中，并作为实时进程运行。它会在固定时间内休眠，并以 root 用户身份运行。cssdagent 进程失败会导致节点自动重启。

事件管理器进程

OCS 中的第三个关键组件称为事件管理记录器，由它运行 Oracle 事件管理器守护进程 EVMd。此守护进程生成一个名为 evmlogger 的永久子进程，并在事件发生时生成事件。evmlogger 按需生成新的子进程，并扫描 callout 目录以调用标注。

EVMd 进程接收客户端发布的 FAN 事件，并将 FAN 事件分发给已订阅它们的客户端。EVMd 进程将在失败时自动重新启动，EVMd 进程的死亡不会停止实例。EVMd 进程以 oracle 用户身份运行。

想象一个由两个集群节点组成的 Oracle 集群：节点 A 和节点 B。当节点 B 离开集群时，节点 A 上的 OCSSd 进程发送一个离开 FAN 事件，并由节点 A 上的 EVMd 进程发送到节点 A 上的 CRSd 进程，因为 CRS 进程是离开 FAN 事件的订阅用户。Oracle 提供了 evmwatch 和 evmget 实用程序来查看标准输出中的 FAN 事件。这些实用程序也可用于测试 EVMd 进程的功能。

I/O 防护

防护是一项重要操作，可保护进程免受其他节点在节点故障期间修改资源的影响。当节点发生故障时，需要将它与其他活动节点隔离。防护是必需的，因为无法区分真正的故障和临时挂起。因此，我们假设最坏的情况，并且总是进行防护(如果节点真的失效，它不会造成任何损害；理论上，不需要任何东西。我们可以通过普通的连接过程将它带回集群)。通常，进行防护可确保故障节点不再出现 I/O。

其他技术也可用于执行防护。最流行的是保留/释放(R/R)和持久保留(SCSI3)。红帽全局文件系统(GFS)和 Polyserv 也广泛使用 SAN Fabric 防护。保留/释放本质上仅适用于两个节点(也就是说，在检测到集群中的两个节点之一发生故障时，另一个节点将发出保留命令，并为自己获取所有磁盘。如果一个节点试图执行 I/O 操作(以防临时挂起)，那么另一个节点将自动停止。I/O 失败会触发一些代码来停止节点)。

通常，在两个节点的情况下，R/R 足以解决裂脑问题。对于两个以上的节点，SAN 光纤防护技术不能很好地工作，因为会导致除一个节点外的所有节点自动停止。在这些情况下，使用持久保留。在持久保留中，如果有正确的密钥，可以执行I/O操作；否则，I/O会失败。因此，在故障时更改密钥是故障期间的正确行为。

所有支持I/O的Oracle客户端都可以在驱逐节点之前由CSS终止，这样可以避免I/O被截获，因为它们会被拦截而不能完成事务。因此，数据库不会将这些事务视为已提交，并将错误返回给应用程序；对于那些确实已提交并且没有进入数据文件的数据，数据库将在启动相同实例或运行另一个实例时恢复它们。

Oracle 通知服务

Oracle通知服务(ONS)进程是在安装Oracle Clusterware期间配置的，并于CRS启动时在每个集群节点上启动。每当集群资源的状态发生变化时，每个集群节点上的ONS进程就会相互通信，交换HA事件信息。CRS触发这些HA事件，并将它们路由到ONS进程，然后ONS进程将HA事件信息发布到中间层。要在中间层使用ONS，可在每台配置了需要与FAN集成的客户端应用程序的主机上安装ONS。应用程序出于各种原因使用这些HA事件，尤其是快速检测故障。触发和发布HA事件的整个过程称为快速应用程序通知(在Oracle社区中通常称为FAN)。HA事件也称为FAN事件。

在应用程序没有响应ONS进程发布的FAN事件的逻辑之前，单独使用这些FAN事件是没有用的。接收和响应这些FAN事件的最佳方式是使用与FAN紧密集成的客户端，例如Java数据库连接(JDBC)隐式连接缓存、Java通用连接池或数据库资源。使用用户定义的标注脚本是将这些FAN事件发布到AQ(高级队列)表的另一种方法。FAN事件包含重要信息，例如事件类型、原因和状态，用户可以编写自己的标注脚本来处理某些类型的事件，而不是对每个FAN事件采取操作。

除了CRS、CSS、EVM和ONS服务之外，Oracle Clusterware技术栈还使用以下进程。

- 集群时间同步服务(CTSS)：为集群执行时间管理任务。
- 网格命名服务(GNS)：如果选择使用GNS，则GNS服务进程负责名称解析，并处理从DNS服务器发送到集群节点的请求。
- Oracle代理(oraagent)：oraagent进程取代了Oracle 11.1中的RACG进程，并支持Oracle特定的要求。
- Oracle root代码(orarootagent)：允许CRSd管理root用户拥有的资源，例如网络。

3.3.3 Oracle 高可用服务技术堆栈

Oracle高可用服务(OHAS)技术堆栈是Oracle Clusterware的基础层，负责支持Oracle RAC环境中的高可用性。OHAS技术堆栈包含以下关键过程。

- 集群日志记录服务(ologgerd)：此进程将从集群中的各个节点接收的信息存储在Oracle Grid Infrastructure Management资源库中，该资源库是一个默认的Oracle 12*c*数据库，名为MGMTDB，在创建Oracle 12*c* RAC时会自动创建。在Oracle Grid Infrastructure 12.1.0.1中，必须选择是否让安装程序创建MGMTDB数据库。从Oracle Grid Infrastructure 12.1.0.2发行版开始，此数据库是必需的，并且会自动安装。数据库创建为CDB，具有单个PDB。它是一个小型的Oracle 12*c*数据库，仅在Oracle RAC集群中的一个节点上运行。请注意，ologgerd进程仅在集群中的一个节点上运行。
- 网格即插即用(GPNPd)：此进程管理Grid即插即用配置文件，并确保集群中的所有节点都具有一致的配置文件。
- Grid进程间通信(GIPCd)：这是一个支持守护进程，是使用冗余互连的基础，可以在本地促进IP故障转移，而无须使用绑定等工具。这也是集群件用于通信的底层协议。
- Oracle代理(oraagent)：不要忽略CRS技术堆栈上的oraagent进程，此进程还支持Oracle特定的要求。
- Oracle root 代理(orarootagent)：此进程与CRS技术堆栈中命名类似的代理进程对应，旨在帮助管理Oracle高可用服务技术堆栈层中运行的root用户拥有的服务。当运行中需要提升root权限的资源时，需要使用这个进程。

3.4 Oracle RAC 网络概念和组件

Oracle RAC环境涉及虚拟IP和SCAN(单客户端访问名称)等概念。此外，你还需要了解网络组件，如网卡、网络 IP 地址、网络绑定和集群互连。下面开始介绍与 Oracle RAC 相关的关键网络概念和组件。

3.4.1 关键网络概念

需要了解的最重要的 Oracle RAC 网络概念如下：

- Oracle 虚拟 IP
- 应用程序虚拟 IP
- SCAN

下面介绍每个概念。

Oracle 虚拟 IP

需要虚拟 IP 以确保应用程序可以设计为高可用的。系统需要消除所有单点故障。在 Oracle 中，连接到 Oracle RAC 数据库的客户端必须能够承受节点故障。客户端应用程序连接到 Oracle 实例，并通过 Oracle 实例访问数据库。因此，节点故障将导致客户端可能已连接的实例下线。

Oracle 提供的第一个可用性设计是透明应用程序故障转移(TAF)。使用 TAF，会话可以故障转移到幸存的实例并继续处理。TAF 存在各种限制；例如，仅支持查询故障转移。此外，为在故障转移到幸存节点时缩短延迟时间，Oracle 调整了 TCP 超时(取决于平台，在大多数 UNIX 端口中默认为 10 分钟)。设计系统时，最好不要让客户端花 10 分钟才检测到连接的节点没有响应。

为解决此问题，Oracle 使用称为“集群 VIP”的功能，VIP 代表集群虚拟 IP，外部世界使用该功能连接到数据库。此 IP 地址需要与集群中的 IP 地址集不同。传统上，监听器会监听盒子(指集群 IP)的公共 IP，客户端会联系使用该 IP 的监听器。如果节点死亡，客户端将采用 TCP 超时值来检测节点的死亡。集群的每个节点都具有在公共 IP 的同一子网中配置的 VIP。除标准静态 IP 信息外，还必须在 DNS 中注册 VIP 名称和地址。监听器将配置为监听 VIP 而不是公共 IP。

当节点关闭时，VIP 会自动故障转移到其他节点上。在故障转移期间，获取 VIP 的节点将“重新 ARP”到全集群，指明 VIP 的新 MAC 地址。连接到这个 VIP 的客户端将立即收到重置数据包。这导致客户端立即收到报错信息，而不是等待 TCP 超时值。当一个节点在集群中关闭并且客户端连接到同一节点时，关闭的节点将拒绝客户端连接，客户端应用程序将从描述符列表中选择下一个可用节点以获得连接。需要编写应用程序，以便捕获重置错误并处理它们。通常，对于查询，应用程序应该看到 ORA-3113 错误。

注意：在计算机网络中，地址解析协议(ARP)是一种在仅知道 IP 地址时查找主机的硬件地址(MAC 地址)的方法。当主机想要在同一网络中相互通信时，可以使用 ARP。路由器还使用 ARP 将数据包从一台主机转发到另一个路由器。在集群 VIP 故障转移中，获取 VIP 的新节点将新的 ARP 地址通告给全集群。这通常称为免费 ARP，在此操作期间，旧的硬件地址在 ARP 缓存中失效，并且所有新连接将获得新的硬件地址。

应用程序虚拟 IP(应用程序 VIP)

Oracle 通过使用虚拟 IP 来允许 Oracle 数据库客户端快速识别节点是否已经死亡，从而缩短了重新连接的时间。Oracle 还将此功能扩展到用户应用程序。应用程序 VIP 是用于管理网络 IP 地址的集群资源。应用程序 VIP 主要由通过网络访问的应用程序使用。当应用程序依赖于应用程序 VIP(AVIP)构建时，无论何时节点发生故障，应用程序 VIP 都会故障转移到幸存的节点，并在幸存节点上重新启动应用程序进程。

创建应用程序 VIP 的步骤与创建任何其他集群资源的步骤相同。Oracle 提供了标准操作程序脚本 usrvip，位于 <GRID_HOME>/bin 目录下。用户必须使用此操作脚本在 Oracle 集群中创建应用程序 VIP。DBA 总是想知道普通 VIP 和应用程序 VIP 之间的区别。故障转移到幸存的节点后，普通 VIP 不接收连接并强制客户端使用其他地址重新连接，而应用程序 VIP 在重新定位到另一个集群节点后仍然完全正常运行，并且会持续接收连接。

SCAN(单客户端访问名称)

SCAN 可解析为 DNS 或 GNS 中注册的三个不同 IP 地址。在 Oracle Grid Infrastructure 安装期间，Oracle 会创建三个 SCAN 监听器和 SCAN VIP。如果未使用网格名称服务器(GNS)，则必须在安装 Oracle Grid Infrastructure 之前，在 DNS 中注册 SCAN。如果发生故障，Oracle 会将 SCAN VIP 和监听器故障转移到另一个节点。每个数据库实例使用数据库初始化参数 REMOTE_LISTENER 将自身注册到本地监听器和 SCAN 监听器，因为这是 SCAN 监听器了解数据库实例位置的唯一方法。SRVCTL 实用程序可用于管理和监视集群中的 SCAN 资源。

SCAN 允许用户使用 EZconnect 或 JDBC 瘦驱动程序连接到集群中的数据库，如下所示：

```
sqlplus system/password@my-scan:1521/oemdb
jdbc:oracle:thin:@my-scan:1521/oemdb
```

SCAN 简化了客户端连接的管理，因为即使将客户端的目标数据库移动到集群中的其他节点，也无须更改客户端连接字符串。随着越来越多的客户端部署 Oracle RAC 并构建共享数据库服务，总是需要简化移动的数据库实例之间的客户端连接管理和故障转移功能。例如，在 Oracle 11*gR2* 之前，除了修改服务外，如果想连接的 Oracle RAC 数据库实例已经移动到另一个集群节点上，那么没有办法通知客户端。SCAN 允许故障转移到已移动的数据库实例，而无须修改 Oracle RAC 服务。以下步骤说明了客户端如何使用 SCAN 连接到集群中的数据库：

(1) TNS 层从域名服务器或网格名称服务器中检索 SCAN 的 IP 地址，然后在 IP 地址上进行负载均衡和故障转移。

(2) SCAN 监听器现在知道集群中的数据库，并将连接重定向到目标数据库节点 VIP。

Oracle 通过支持专用私网心跳和虚拟 IP 地址的动态主机配置协议(DHCP)，提供对集群网络要求的自我管理。Oracle 需要一种优化的方法来将 IP 地址解析为名称，因此，Oracle 开发了自己的网格名称服务，以连接到域名服务，并允许用户连接到集群和集群中的数据库。Oracle 使用 DNS 中注册的专用子域和虚拟 IP GNS(也称为 GNS VIP)。每个集群都有自己的 GNS、GNS 虚拟 IP 和专用子域，子域将所有子域地址请求转发到 GNS 虚拟 IP。在节点发生故障的情况下，Oracle 会将 GNS 和 GNS 虚拟 IP 故障转移到另一个节点。

使用 GNS 和 DHCP 时，Oracle 从 DHCP 服务器获取虚拟 IP 地址，并在集群配置期间配置 SCAN 名称。Oracle 从 DHCP 服务器动态获取新的 IP 地址，并在节点加入集群时配置集群资源。出于显而易见的原因，Oracle 不会将 GNS VIP 用于 DHCP——在安装 Oracle Grid Infrastructure 之前，集群必须发现它。

3.4.2　网络堆栈组件

Oracle Grid Infrastructure 需要通过集群节点之间的公共和专用网络进行快速通信。因此，在集群节点之间实现此通信的所有网络组件都非常重要，如果没有这些网络组件，则无法构建 Oracle RAC 数据库。

网络接口卡

Oracle 要求每个集群节点至少有两个网络接口卡：一个用于公共网络，另一个用于专用网络。当用于绑定和配置 HA 时，需要 4 个网络接口卡。否则，单个接口是故障点，除非在绑定的两个接口上创建 VLAN，并设置为与每个网络关联的单独接口名称。在 Oracle 集群中的所有集群节点上，网络接口卡必须相同。公共网络的网络接口卡必须支持 TCP/IP，并且必须具有在域名服务器中注册的有效 IP 地址和与之关联的主机名。

只需要在/etc/hosts 文件中注册主机名即可完成 Oracle Grid Infrastructure 的安装。但是，强烈建议在域名服务器中注册关联的主机名。专用网络的网络接口卡必须支持 UDP(用户数据报协议)。Oracle RAC 的性能取决于专用网络的速度。因此，建议使用高速网络接口卡，如万兆以太网卡。

网络 IP 地址

每个集群节点上的公共网络接口必须具有有效的公共 IP 地址，以标识公共网络上的集群节点，并且公共 IP 地址必须与域名服务(DNS)中注册的主机名相关联。有时需要更多的公共 IP 地址，具体取决于用于组合或绑定网络接口卡的冗余技术。例如，Solaris 操作系统中的 IPMP(IP 网络多路径)需要三个公共 IP 地址。

每个集群节点必须分配未使用过的虚拟 IP 地址，这些地址与 DNS 中注册的虚拟主机名相关联。Oracle 在安装 Oracle Grid Infrastructure 期间配置这些虚拟 IP 地址，它们必须与公共网络接口卡上配置的公共 IP 地址在相同的子网内。

每个集群节点必须具有专用网络接口卡的专用 IP 地址。建议私有 IP 地址使用不可路由的专用网络。这是因为我们希望避免到达外部以寻找可能引发某些无意的“任何”路由。Oracle 不需要在 DNS 中注册专用主机名和 IP 地址，因为只有集群节点必须知道专用 IP 地址，因此可以在每个集群节点的/etc/hosts 文件中注册专用主机名。Oracle 集群需要三个与公共 IP 地址具有相同子网的 SCAN IP 地址。

集群互连

集群互连是 Oracle RAC 中的另一个重要组件，是集群用于资源同步的通信路径，在某些情况下还用于将数据从一个实例传输到另一个实例。通常，互连是专用于集群服务器节点的网络连接(因此有时称为专用互连)，具有高带宽、低延迟的特征。不同的硬件平台和集群软件对于高速互连使用不同的协议来实现。

Oracle RAC 完全关注可扩展性和高可用性，因此必须尽一切努力配置冗余硬件组件以避免任何单点故障。强烈建议为专用和公用网络配置冗余网络接口卡。可以使用不同的技术将网络接口卡绑定在一起，例如 Linux 上的组合和 Solaris 上的 IPMP。网络接口卡的主动/被动组合工作得很好，但用户可以在主动/主动配置中配置冗余网络接口卡，其中每个网络接口卡都发送和接收网络数据包。

表 3-3 列出了基于使用的集群件和网络硬件的各种互连方案。Oracle 通常不鼓励使用特定于供应商的互连，因为与标准的开放系统协议相比，它们使故障排除更复杂。

表 3-3 基于集群件和硬件的互连

操作系统	集群件	网络硬件	RAC 协议
HP OpenVMS	HP OpenVMS	内存通道	TCP
HP OpenVMS	HP OpenVMS	千兆以太网	TCP
HP Tru64	HP TruCluster	内存通道	RDG
HP Tru64	HP TruCluster	内存通道	UDP
HP Tru64	HP TruCluster	千兆以太网	RDG
HP Tru64	HP TruCluster	千兆以太网	UDP
HP-UX	Oracle Clusterware	超快光纤	UDP
HP-UX	Oracle Clusterware	千兆以太网	UDP
HP-UX	HP Serviceguard	超快光纤	UDP
HP-UX	HP Serviceguard	千兆以太网	UDP
HP-UX	Veritas Cluster Server	千兆以太网	LLT
HP-UX	Veritas Cluster Server	千兆以太网	UDP
IBM AIX	Oracle Clusterware	千兆以太网(FDDI)	UDP
IBM AIX	HACMP	千兆以太网(FDDI)	UDP
Linux	Oracle Clusterware	千兆以太网	UDP
Microsoft Windows	Oracle Clusterware	千兆以太网	TCP
Sun Solaris	Oracle Clusterware	千兆以太网	UDP
Sun Solaris	Fujitsu Primecluster	千兆以太网	ICF
Sun Solaris	Sun Cluster	SCI 互连	RSM
Sun Solaris	Sun Cluster	Firelink 互连	RSM
Sun Solaris	Sun Cluster	千兆以太网	UDP
Sun Solaris	Veritas Cluster Server	千兆以太网	LLT
Sun Solaris	Veritas Cluster Server	千兆以太网	UDP

除了表 3-3 中描述的互连方案之外，相比于传统的垂直可扩展方案，较新的互连(如 InfiniBand 上的可靠数据报套接字(RDG))可以提供水平可扩展的、高速、低延迟的替代方案。

网络绑定

在网络级别，NIC 中的故障可能导致集群中断，尤其是在配置了互连的接口上发生故障时。要在此层实现高可用性，建议使用网络绑定。绑定允许节点将多个物理 NIC 视为单个逻辑单元。

Linux 内核包含一个绑定模块，可用于实现软件级 NIC 绑定。该内核绑定模块可用于将多个物理接口组合到单个逻辑接口，该逻辑接口用于实现容错和负载平衡。绑定驱动程序作为 Linux 内核版本 2.4 或更高版本的一部分提供。由于绑定模块是作为 Linux 内核的一部分提供的，因此可以独立于接口驱动程序供应商进行配置(不同的接口可以构成单个逻辑接口)。

各硬件供应商为网络互连的灵活性提供不同类型的 NIC 绑定解决方案。通常，绑定具有以下优点。

- **带宽可扩展性：**添加网卡会使网络带宽翻倍，可用于提高聚合吞吐量。
- **高可用性：**给计算机端口提供冗余或链路聚合。NIC 故障不会导致集群中断，因为流量通过其他网络路由。
- **负载平衡：**端口聚合支持真正的负载平衡和故障恢复功能，并在聚合链路上均匀分配流量。
- **单个 MAC 地址：**由于端口聚合网络共享单个逻辑 MAC 地址，因此无须为聚合端口分配单个地址。
- **灵活性：**可以聚合端口，以便在发生网络拥塞时仍保持较高性能。

互连交换机

必须使用支持 TCP/IP 的高带宽网络交换机(千兆或更高)配置集群节点之间的专用网络。Oracle 要求在集群节点之间建立一个高带宽、不可路由的专用网络。通常，大型组织共享网络交换机，并且大多数不愿意为 Oracle RAC 数据库配备专用网络交换机。用户可以将共享网络交换机用于专用互连，并可以按照给定的指导方针选择正确的专用互连方案：

- Oracle 更倾向使用专用的高带宽网络交换机。
- 如果使用的是共享网络交换机，请使用专用的、未标记的、私有的、不可路由的 VLAN。VLAN 不应跨越交换机刀片。使用 VLAN 可能有很多优点，但并不优于专用交换机。物理交换机上的过载背板或处理器将对专用网络上 Cache Fusion 流量的性能产生负面影响；这就是为什么 Oracle 更喜欢使用专用物理交换机进行专用互连的原因。
- 始终在集群节点上可用的最快 PCI 总线上配置网络接口卡。
- 确保将网络接口卡切换为“自动协商”，并配置为支持的最大带宽。
- 如果专用互连交换机支持巨型帧，则可以为专用网络接口卡配置巨型帧。
- 考虑为互连配置冗余网络交换机，因为网络交换机中的故障可能会导致整个 Oracle RAC 数据库崩溃。

互连的基本要求是在节点之间提供可靠的通信，但这不能通过节点之间的交叉电缆来实现。然而，使用交叉电缆作为互连可能适合于开发或演示目的。由于以下原因，在生产环境的 Oracle RAC 实现方案中不正式支持使用普通交叉电缆：

- 交叉电缆不能在节点之间提供完全的电气绝缘。由于短路或电气干扰导致的节点故障将导致幸存节点失效。
- 使用交叉电缆而不是高速交换机，极大地限制了集群的可扩展性，因为只能使用交叉电缆对两个节点进行集群配置。
- 一个节点发生故障会导致整个集群崩溃，因为集群管理器无法准确检测到故障/幸存节点。如果在脑裂分辨率期间发生了切换，幸存节点可以轻松地去除心跳，获得指定设备的所有权，并且可以容易地检测到节点故障。
- 交叉电缆不能像通过交换机的通信接口一样有效地检测脑裂情况。在通信失败期间，脑裂分辨率是集群管理的有效部分。

节点时间同步

必须同步每个集群节点上的时间，因为集群节点上的不同时间戳可能导致逐出集群中的错误节点。所有操作系统都提供网络时间协议功能，必须在安装 Oracle Grid Infrastructure 之前配置并使用该功能。

脑裂分辨率

在 Oracle RAC 环境中，服务器节点使用高速专用互连进行相互通信。高速互连是一种冗余网络，专门用于实例间通信和一些数据块传输。当专用互连的所有链路都无法相互响应时，实例仍然正常运行，就会发生脑裂情况。因此，每个实例都认为其他实例已经死亡，应该由自己接管所有权。

在脑裂情况下，实例独立访问数据并修改相同的数据块，数据库最终会覆盖已更改的数据块，这可能导致数据损坏。为了避免这种情况，已经产生了各种算法。

在 Oracle RAC 环境中，实例成员资格恢复(IMR)服务是用于检测和解决脑裂综合症的有效算法之一。当一个实例无法与另一个实例通信时，或者当一个实例由于某种原因变为非活动状态并且无法发出控制文件心跳时，将检测到脑裂情况，并从数据库中驱逐检测到的失败实例。此过程称为节点驱逐。详细信息写在告警日志和跟踪文件中(要了解更多信息，请参阅第 14 章)。

3.5 Oracle 内核组件

Oracle RAC 环境中的 Oracle 内核组件是 Oracle RAC 数据库的每个实例中的一组附加后台进程。缓冲区缓存和共享池在 Oracle RAC 环境中变为全局的，在没有冲突和损坏的情况下管理资源需要特殊的处理。Oracle RAC 环境中的其他后台进程以及通常存在于单个实例中的常规后台进程，可有效地管理全局资源。

3.5.1 全局缓存和全局队列服务

在 Oracle RAC 中，由于多个实例正在访问资源，因此实例需要在资源管理级别进行更好的协调。否则，可能会发生数据损坏。每个实例都有自己的一组缓冲区，但是能够请求和接收当前保存在另一个实例缓存中的数据块。Oracle RAC 环境中的缓冲区操作与单实例环境完全不同，因为任何时候只有一组进程可以访问缓冲区。在 Oracle RAC 中，一个节点的缓冲区缓存可能包含另一个节点请求的数据。此环境中的数据共享和交换管理由全局缓存服务完成。

每个实例在系统全局区域(SGA)中都有自己的缓冲区缓存。Oracle 使用 Cache Fusion 在 RAC 集群中根据逻辑组合多个实例的缓冲区缓存，因此实例可以处理数据，就好像它们存储在单个缓冲区缓存中一样。

Oracle RAC 使用两个关键进程来确保集群中的每个实例从缓冲区缓存中获取所需的数据块：全局缓存服务(GCS)和全局入队服务(GES)。GCS 和 GES 一起形成和管理全局资源目录(GRD)以维护所有数据文件和所有缓存块的状态。GRD 的内容分布在集群的所有活动实例中。3.5.2 节将更详细地介绍全局资源目录。

3.5.2 全局资源目录

集群组中的所有资源形成了资源的中央存储库，称为全局资源目录(GRD)。每个实例都掌握一些资源，所有实例一起构成 GRD。集群组中的资源根据权重在节点之间平均分配。

GRD 是共享池的一部分，Oracle RAC 环境中的小型共享池会严重影响性能，因为 GRD 与库缓存、数据字典以及共享池的其他组件竞争。

当实例离开集群时，实例的 GRD 部分需要重新分配给幸存的节点。当实例进入或离开集群时，需要在所有实例之间重新分配 GRD 的组件。GRD 在重新分发过程中被冻结，以便在集群中的实例之间实现 GRD 的原子分布。特别是在具有大型 SGA 和大型活动数据集的大型 RAC 安装过程中，此重新分发过程将导致宕机。当新实例进入集群时，必须重新分配现有实例的 GRD 部分，以创建新实例的 GRD 部分。第 11 章将讨论 GRD 的组成部分和管理问题。

3.5.3 Oracle RAC 后台进程

Oracle RAC 数据库有两个或更多个实例，每个实例都有自己的内存结构和后台进程。除了通常的单实例后台进程外，Oracle RAC 还使用其他进程来管理共享资源。因此，Oracle RAC 数据库具有与单实例 Oracle 数据库相同的结构，以及特定于 Oracle RAC 的其他进程和内存结构。这些附加进程维护节点之间的缓存一致性。

维护缓存一致性是 Oracle RAC 的重要部分。缓存一致性是在不同节点上的不同 Oracle 实例之间保持缓冲区的多个副本一致的技术。全局缓存管理确保对一个缓冲区缓存中数据块的主副本的访问与另一个缓冲区缓存中数据块的副本协调一致。这可确保缓冲区缓存中数据块的最新副本包含系统中任何实例对该数据块所做的所有更改，无论这些更改是否已在事务级别提交。

协调的重要性

了解为什么在 Oracle RAC 环境中需要实例间缓存协调非常重要。假设有一种双实例环境，实例之间没有任何缓存协调和通信，如图 3-3 所示。

(1) 在时间 *t*1，实例 A 读取缓冲区缓存中的数据块并修改其中的行 1。修改后的数据块仍在缓冲区缓存中，尚未写入磁盘。

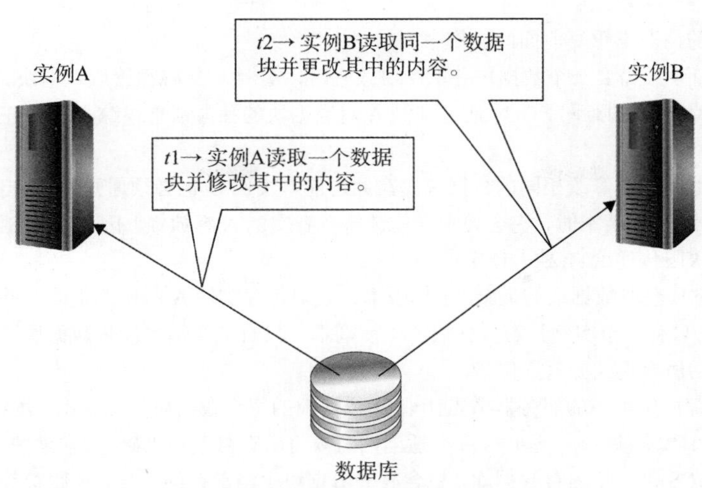

图 3-3　实例在没有任何协调的情况下读取数据块

(2) 稍后在时间 *t*2，实例 B 在缓冲区缓存中读取相同的数据块并修改其中的另一行。实例 B 也没有将数据块写入磁盘，因此磁盘仍包含旧版本的数据块。

(3) 现在，在时间 *t*3，实例 A 将数据块写入磁盘。此时，将实例 A 所做的修改写入磁盘(参见图 3-4)。

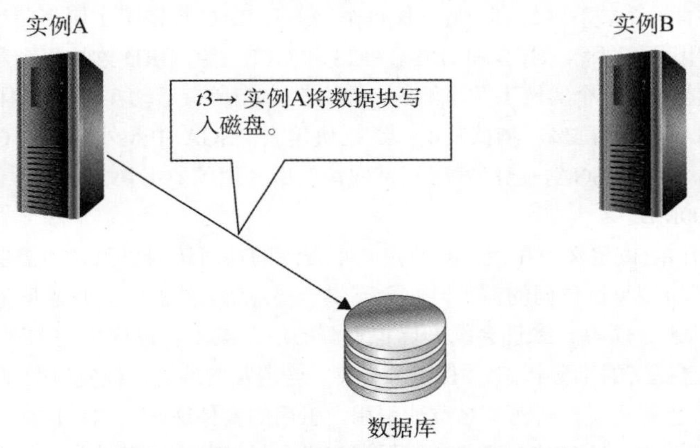

图 3-4　实例 A 不进行协调便将数据块写入磁盘

(4) 稍后在时间 *t*4，实例 B 将块写入磁盘。这会覆盖实例 A 在步骤(3)中写入的数据块。很容易推断出，实例 A 对数据块所做的更改将丢失(参见图 3-5)。

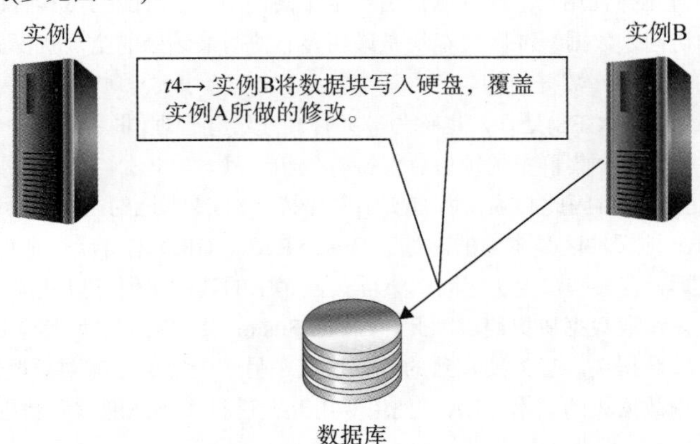

图 3-5　实例 B 会覆盖实例 A 对数据块所做的更改

这种情况和许多其他类似情况要求当多台机器同时访问数据时，必须在这些机器之间协调读取和(特别是)写入活动；否则，数据完整性问题将导致数据损坏。

现在，在进行协调的情况下重复前面的操作序列：

(1) 在时间 $t1$，当实例 A 需要一个数据块并试图修改它时，实例 A 从磁盘读取数据块。但是，在读取之前，实例 A 必须告知 GCS(DLM)自己的意图。GCS 通过实例 A 对数据块的独占锁来跟踪实例 A 正在修改的数据块的锁定状态。

(2) 在时间 $t2$，实例 B 想要修改相同的数据块。在此之前，实例 B 也必须通知 GCS 自己想要修改数据块的意图。当 GCS 收到来自实例 B 的请求时，它会要求当前锁持有者实例 A 释放锁。因此，GCS 确保实例 B 获取数据块的最新版本，并将写入权限传递给它(独占锁定)。

(3) 在时间 $t3$，实例 B 获取数据块的最新(当前)版本，其中包含实例 A 所做的更改，并对数据块进行修改。

(4) 在任何时间点，只有一个实例具有数据块的当前副本。只有该实例才能将数据块写入磁盘，从而确保在需要时保留对数据块所做的所有更改并写入磁盘。

因此，GCS 通过跟踪由集群中的服务器节点读取和/或修改的每个数据块的锁状态，维持数据的一致性和协调。GCS 保证只能修改内存中数据块的一个副本，并在适当的时候将所有修改写入磁盘。它维护节点之间的缓存一致性，并保证数据的完整性。GCS 是一个内存数据库，包含有关数据块上当前锁的信息，还跟踪等待获取数据块上锁的实例。这称为并行缓存管理(PCM)，自从 20 世纪 90 年代早期引入 Oracle 并行服务器(OPS)以来，PCM 一直是 Oracle 集群数据库的核心功能。

PCM 使用资源上的分布式锁来协调 Oracle RAC 环境的不同实例对资源的访问。GCS 有助于在 Oracle RAC 环境中的实例之间协调和传递来自 Oracle 进程的锁请求。

每个实例在 SGA 中都有一个缓冲区缓存。为确保每个 Oracle RAC 数据库实例都获得满足查询或事务所需的数据块，Oracle RAC 实例使用两个进程：GCS 和 GES。GCS 和 GES 使用 GRD 维护每个数据文件和每个缓存数据块的锁定状态记录。GRD 内容作为每个实例上共享池的一部分分布在所有活动实例中。因此，将 SGA 尺寸增加一些是好的，但不应超过总 SGA 尺寸的 5%。测试发现，数据块越大，SGA 中额外 GCS、GES 和 GRD 组件的内存开销就越低。对于超过 20GB 的大型 SGA，已经发现开销取决于所使用的数据块大小，对于数据块大小为 16KB 的数据库，可能大约为 600～700MB。

缓存一致性的成本(或开销)被定义为在授予对特定共享资源的任何访问权限之前需要与其他实例一起检查是否允许特定访问。算法优化了协调每次访问的需求，但会产生一些开销。缓存一致性意味着不同节点中缓存的内容相对于彼此处于明确定义的状态。缓存一致性会统一标识资源的最新副本，也称为“主副本”。如果节点发生故障，则不会丢失重要信息(例如已提交的事务状态)并保持原子性。这需要额外记录或复制数据，但不是锁系统的一部分。

资源是可识别的实体，也就是说，资源有名称或引用。引用的实体通常是内存区域、磁盘文件或抽象实体。资源可以在各种状态下拥有或锁定，例如独占或共享。根据定义，任何共享资源都是可锁定的。如果未共享，则不会发生访问冲突。如果共享，则必须解决访问冲突，通常使用锁解决。虽然术语锁和资源是指完全独立的对象，但有时这些术语可互换使用。

全局资源在整个集群中可见并使用。本地资源仅由一个实例使用，它可能仍然具有锁以控制实例的多个进程的访问，但是不能从实例外部访问。数据缓冲区缓存块是最明显、使用最频繁的全局资源。其他数据项资源在集群中也是全局的，例如事务队列和数据库数据结构。

非数据块资源由全局入队服务(GES)处理，也称为非并行高速缓存管理(非 PCM)。全局资源管理器(GRM)也称为分布式锁管理器(DLM)，可使整个集群中的锁信息保持有效和正确。

SGA 中的所有缓存都是全局的(因此必须在所有实例中保持一致)或本地的。库、行缓存(也称为字典缓存)和缓冲区缓存是全局的。大型 Java 池缓冲区是本地的。对于 Oracle RAC，GRD 本身就是全局的，并且用于控制一致性。

在一个实例缓存数据之后，在某些情况下，同一集群数据库中的其他实例可以从同一数据库中的另一个实例获取数据块的镜像，这比从磁盘读取数据块更快。因此，Cache Fusion 会在实例之间移动数据块的当前副本，而不是在某些条件下从磁盘重新读取数据块。当需要一致的数据块或在另一个实例上需要更改的数据块时，Cache Fusion 可以在受影响的实例之间传输数据块的副本。RAC 使用专用互连进行实例间通信和数据块传输。GCS 管理实例之间的数据块传输。

GRD 管理所有资源的锁或所有权，这些资源不限于 Oracle RAC 中的单个实例。GRD 由处理数据块的 GCS、处理队列和其他全局资源的 GES 组成。

注意：Cache Fusion 不需要调整任何参数。Oracle 数据库动态分配所有 Cache Fusion 资源。通过使资源成为数据块的本地资源来动态地控制这些资源，意味着拥有高性能。

每个进程都有一组角色，后面将详细研究它们。在 Oracle RAC 中，库缓存和共享池是全局协调的。所有资源都由锁管理，有个关键后台进程也管理锁。GCS 和 GES 使用以下进程来管理资源。这些特定于 Oracle RAC 的后台进程和 GRD 协作以启用 Cache Fusion：

- LMS 全局缓存服务进程
- LMON 全局队列服务监视器
- LMD 全局队列服务守护进程
- LCK0 实例队列进程
- ACMS 内存服务原子控制文件(ACMS)
- RMSn Oracle RAC 管理进程(RMSn)
- RSMN 远程从属监视器

LMON 和 LMD 进程与远程节点上的伙伴进程进行通信。其他进程可以与其他节点上的对等进程进行消息交换(例如，PQ)。LMS 进程可以直接从远程前台进程接收锁请求。

下面介绍各种 Oracle RAC 特定后台进程的主要功能。

LMS：全局缓存服务进程

LMS 是 Cache Fusion 中使用的一个进程。LMS 维护数据文件和缓存块状态的记录，并将该信息存储在 GSD 中。LMS 允许数据块的一致性副本从保存数据块的实例的缓冲区缓存传输到请求实例的缓冲区缓存，而无须在特定条件下进行磁盘写入。LMS 还从 LMD 建立的服务器队列中检索请求，以便执行请求的锁操作。

LMS 还会为远程实例的一致性读取请求所涉及数据块的未提交事务而回滚。LMS 控制着实例之间的消息流。每个实例最多可以有 10 个 LMS 进程，但 LMS 进程的实际数量会根据节点之间的消息传递量而有所不同。可以通过设置 GCS_SERVER_PROCESSES 初始化参数来控制 LMNON 进程的数量。如果未手动设置此参数，则在实例启动期间自动启动的 LMS 进程数是通过节点的 CPU_COUNT 函数产生的，通常适用于大多数类型的应用程序。只有在特殊情况下，才需要调整此参数，以增加 LMS 进程的默认数量。

LMS 进程也可以由系统根据需求动态启动，这由参数_lm_dynamic_lms 控制。默认情况下，此参数设置为 FALSE。此外，LMS 进程管理对 GCS 资源的 Lock Manager Server 请求，并将它们发送到服务队列，由 LMS 进程处理。LMS 还处理全局锁死锁检测并监视锁转换超时。

LMON：全局队列服务监视器

LMON 是 Lock Monitor 进程，负责管理全局队列服务(GES)。它在进程死亡的情况下保持 GCS 内存的一致性。当实例加入或离开集群时，LMON 还负责集群和锁的重新配置。LMON 会检查实例死亡并侦听本地消息，还会生成跟踪实例重新配置的详细跟踪文件。

后台 LMON 进程监视整个集群以便管理全局资源。LMON 管理诸如实例死亡以及任何失败实例的相关恢复。特别是，LMON 处理与全局资源相关的恢复部分。LMON 提供的服务也称为集群组服务(CGS)。

LMD：全局队列服务守护进程

LMD 是守护进程，用于管理 GCS 的队列管理服务请求。资源代理进程管理对资源的请求以控制对数据块的访问。LMD 进程还处理死锁检测和远程资源请求。远程资源请求源自另一个实例。

LCK0：实例队列进程

锁(LCK)进程管理共享资源中的非 Cache Fusion 实例资源请求和跨实例调用操作。它还会构建一个无效锁元素列表，并在恢复期间验证锁元素。每个实例只能使用单个 LCK 进程，因为主要功能由 LMS 进程执行。

RMSn

RMSn(Oracle RAC 管理)进程负责执行 Oracle RAC 管理性功能，例如创建必要的 RAC 资源(例如，在向集群添加新实例时)。

RSMN

RSMN(远程从属监视器)进程监视和管理远程实例上后台从属进程的创建和通信。

3.6 本章小结

本章介绍了构建 Oracle RAC 的各个构成部分。Oracle Grid Infrastructure 为 Oracle RAC 可扩展性和可用性提供了基础。由于存储在所有节点之间共享，因此在磁盘级别建立冗余非常重要，ASM 有助于提供可扩展性良好且高度可用的存储子系统。

本章接下来讨论了存储以及网络组件如何在构建集群时发挥重要作用。我们研究了可用于配置心跳互连的各种选项，这些是系统支持可扩展性和可用性的关键。操作系统级别的绑定网络接口为集群操作提供了冗余和所需的可扩展性。冗余网络交换机也应该是高可用性架构的一部分。

了解资源协调的重要性以及集群操作中涉及的内核组件非常重要。全局缓存服务和全局队列服务可确保资源正确排队，并同步数据库操作。有了以上这些知识储备，下一章将开始准备安装 Oracle RAC 所需的硬件。

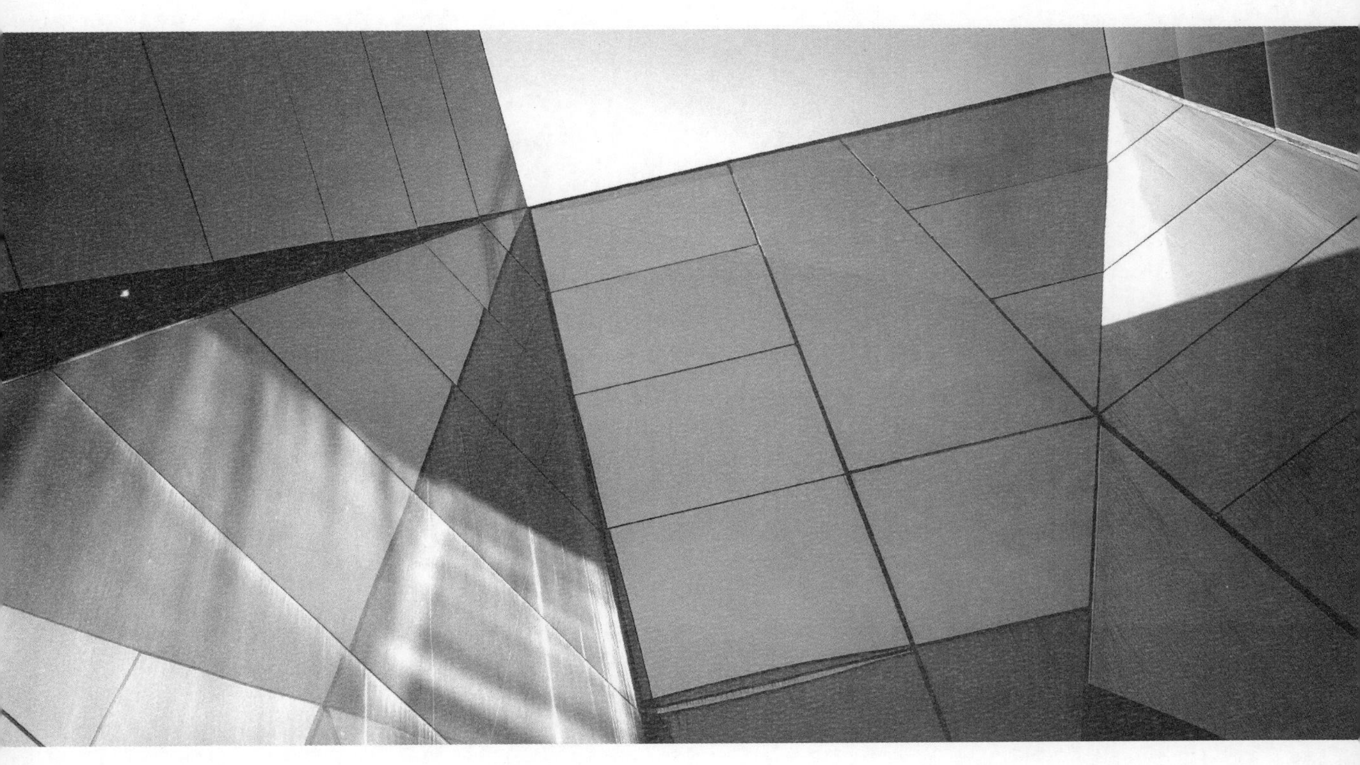

第 II 部分

安装、配置和存储

第4章

安装Oracle Grid Infrastructure

本章重点介绍如何安装 Oracle Grid Infrastructure，了解成功安装 Oracle Grid Infrastructure 所需的硬件、存储、操作系统和网络层组件方面的需求。

Oracle Grid Infrastructure 主要包括两个组件——Oracle Clusterware 和 Automatic Storage Management(ASM)，这两个组件都安装在名为 Grid Home 的目录中。

Oracle Grid Infrastructure 是 Oracle RAC 的基础，在安装 Oracle RAC 或 RDBMS 软件之前必须安装它。Oracle Grid Infrastructure 是 RAC 数据库的构建块，由额外的进程和/或代理组成，允许参与的集群节点进行通信，并向客户机提供统一的镜像。集群软件的主要功能是提供高可用性和可扩展性，管理节点成员资格的变动，提供共享资源的单一或统一视图，以及保护和维护集群的完整性。

在 Oracle 12*c* 中，Oracle Grid Infrastructure 包括以下功能或组件：

- Oracle 集群软件(Flex 集群)
- Oracle 自动存储管理(Flex ASM)
- Oracle ASM 集群文件系统(CloudFS)
- Oracle 数据库服务质量(QoS)管理
- 集群健康监视器(CHM)
- Grid 命名服务(GNS)

准备安装 Oracle Grid Infrastructure 时需要满足的要求取决于计划使用的可选组件。例如，如果想安装和配置 Flex

集群，则必须使用固定的虚拟 IP 在其中一个核心节点上配置 GNS。因此，需要使用 Flex ASM。

在安装 Oracle Grid Infrastructure 之前，需要额外考虑、规划或调查以下功能：

- Flex 集群/Flex ASM。
- GNS。
- 角色分离。
- 共享 GI_Home 或本地 GI_Home。
- 用于存储表决盘、OCR 和数据文件的 ASM 或共享文件系统。
- 使用 Oracle Grid Infrastructure 管理存储库数据库(MGMTDB)，这是 Oracle Database 12*c* 中的新功能。
- 在所有节点上自动执行 root.sh 脚本(这要求在集群的所有节点上有相同的密码)。

图 4-1 显示了 Oracle 12*c* RAC 的安装过程。

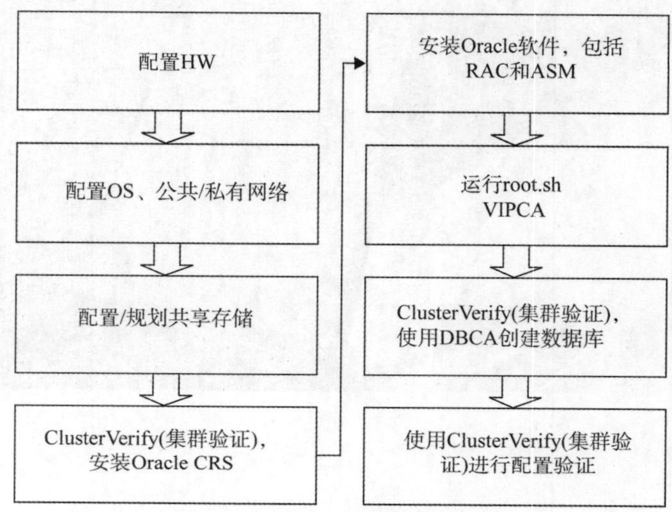

图 4-1 Oracle 12*c* RAC 安装流程图

在 Oracle Grid Infrastructure 12*c*R2(12.2)中，有以下新功能：

- 可以部署 Oracle Domain Services 集群和 Oracle Member 集群。
- 可以在称为“站点”的多个位置，在称为“扩展集群”的架构中配置 RAC 集群节点。Oracle Grid Infrastructure 部署支持名为 Grid Infrastructure 管理存储库(GIMR)的集群外全局存储库。全局 GIMR 在 Oracle Domain Services 集群中运行，它基于一个多租户数据库和一个可插拔数据库(PDB)，用于在域集群中存储每个集群的 GIMR。
- 可以通过 Cluster Health Advisor 获得主动诊断支持，包括有关潜在性能瓶颈的早期警告，以及各种问题的根本原因和纠正措施。
- Oracle Flex Cluster 架构使用集线器节点和叶节点。Oracle RAC 读取器节点通过分配一组在集线器节点上运行 OLTP(联机事务处理)工作负载的读写实例和一组跨叶节点的只读数据库实例来简化此架构。对运行在集线器节点上的读写实例的更新将快速传播到运行在叶节点上的只读实例，用于查询和报告功能。

4.1 Oracle Grid Infrastructure 安装过程概述

Oracle Grid Infrastructure 安装过程的第一步是为 Oracle Grid Infrastructure 和 RDBMS 软件配置操作系统和硬件。

集群中的每个服务器至少有一个公共网络接口，该接口应支持 TCP/IP 和一个专用网络接口，并且必须支持 UDP(用户数据报协议)。以下是公共网络接口和专用网络接口的工作方式：

- 公共网络接口是将服务器连接到网络中所有其他计算机的标准网络连接。
- 专用网络接口通常是仅由集群内的服务器共享的不可路由专用网络连接。有些服务器具有用于管理框架的附加网络接口，它们对于 Oracle Grid Infrastructure 的安装或运行不是关键的或必需的。Oracle Grid

Infrastructure 和 Oracle RAC 软件使用专用网络接口与集群中的其他服务器通信，并在 Cache Fusion 所需的实例之间传输数据块。

请注意，不支持将交叉电缆用于互连。如果计划为专用网络使用多个接口，则每个专用网络接口必须位于不同的子网中。Oracle RAC HAIP(高可用 IP)最多允许 4 个接口。可以在安装过程中使用 OUI 启用 HAIP 功能。Oracle Grid Infrastructure 将利用专用网络的所有 HAIP 地址/接口来平衡负载流量。

Oracle 12*c* 支持为公共网络使用基于 IPv6 的地址，数据库客户端可以连接到 IPv4 或 IPv6 地址。在本书撰写过程中，Windows 不支持 IPv6。应该继续为专用网络使用基于 IPv4 的寻址方式。

为数据文件配置共享存储是硬件准备中的一个重要步骤。作为高可用性的一个基本要求，集群中的所有数据库文件都存储在与集群中的服务器节点分离的共享存储中。共享存储允许运行在不同服务器上的多个数据库实例访问相同的数据库信息，并确保如果一个或多个服务器节点出现故障，其余所有节点能继续访问所有数据库文件。

为数据文件定义共享存储之后，下一步是安装 Oracle Grid Infrastructure，在逻辑上将多个服务器绑定到一个集群中。

在 Oracle Grid Infrastructure 安装期间，要指定创建两个 Oracle Grid Infrastructure 组件的位置：记录节点成员身份信息的表决盘，以及记录集群配置信息的 Oracle Cluster Registry(OCR)。

表决盘和 OCR 可以存储在 Oracle ASM 中。但是，OCR 的本地副本(称为 Oracle 本地注册表(OLR))与 Oracle Grid Infrastructure 二进制文件一起存储。可以将密码文件存储在 Oracle ASM 磁盘组中，如果使用数据库配置助手(DBCA)创建数据库，那么这是默认位置。

在一个服务器上安装 Oracle Grid Infrastructure 时，在 Oracle Universal 安装程序的远程操作阶段，软件将自动安装在集群中的所有其他服务器上。

在 Oracle Grid Infrastructure 安装结束时，Oracle 为集群中的服务器配置虚拟 IP(VIP)地址、ASM、本地侦听器和扫描监听器。客户端使用单客户端访问名称(SCAN)连接到集群中的数据库服务。SCAN 是一个域名，它以循环方式从公用网络的同一子网内解析三个 IP 地址。由于 SCAN 与集群中的任何特定服务器都没有关联，因此如果在现有集群中添加或删除了服务器，则无须重新配置客户端。

在 Oracle 11*gR*2 之前，如果将连接数据库服务移动到集群中的另一个服务器上，则使用虚拟 IP 连接到数据库的客户端时需要重新配置。

客户端仍然可以使用虚拟 IP 连接到数据库服务，但这不是使用 Oracle 11*gR*2 RAC 连接到数据库服务的首选方法。这一点在 Oracle 12*c* 中仍然适用。

在安装过程中，可以创建一个 ASM 磁盘组，用于存储表决盘和 OCR 文件。安装 Oracle Grid Infrastructure 后，可以使用 ASM 配置助手(ASMCA)创建其他 ASM 磁盘组来存储 Oracle 数据文件。然后，安装 Oracle Database 12*cR*2 RAC 或 RDBMS 软件，再创建集群数据库。安装程序会识别出，Oracle Grid Infrastructure 已安装。

与安装 Oracle Grid Infrastructure 一样，Oracle RAC 数据库的安装程序也在一个服务器上执行，安装程序自动将数据库软件放在集群中其他参与的服务器上。

安装数据库软件后，使用数据库配置助手(DBCA)创建集群数据库。最后一步是安装 Enterprise Manager Agent。将 Enterprise Manager Agent 连接到 Enterprise Manager Grid Control，可以在其中管理 Oracle RAC 环境。只需要在集群中的一个节点上安装代理，然后它就会自动安装在其他节点上。

我们使用 64 位 Oracle Linux 操作系统和 Oracle Database 12*cR*2(12.2.0.1)进行安装。另外，假设集群服务器对硬件有最低要求。在安装过程中，应参考端口的文档和 Oracle 安装指南。

本章并不打算取代 Oracle 安装指南，强烈建议查阅 Oracle 支持部门的支持说明。应该将本章介绍的安装过程与 Oracle Grid Control 和 RAC 数据库安装手册结合使用。

然而，在深入 Oracle Grid Infrastructure 软件安装之前，需要执行几个预安装任务。

4.2 安装前的任务

安装 Oracle Grid Infrastructure 需要从一些硬件准备步骤开始，例如配置网络名称和地址、更新相关配置文件，设置特定的操作系统用户、组和权限。只有提前满足所需的先决条件，才能确保 Oracle Grid Infrastructure 的安装顺利进行。

下面将回顾在执行 Oracle Grid Infrastructure 安装之前配置以下关键组件的要点：

- 了解安装程序、CVU 和 ORAchk
- 配置操作系统
- 配置网络
- 配置网络时间协议(NTP)
- 配置组和用户
- 配置安全 shell 和用户限制
- 配置共享存储
- 配置内核参数
- 运行集群验证实用程序(cluvfy)

4.2.1 了解安装程序、CVU 和 ORAchk

下面将使用 Oracle Universal 安装程序安装 Oracle Grid Control(和 Oracle RAC 数据库)。除了安装程序之外，还需要熟悉其他两个相关工具：集群验证实用程序(CVU)和 ORAchk 实用程序。以下列出需要记住的几点：

- 在内部，安装程序使用 CVU 实用程序在安装开始前执行许多先决条件检查。安装程序运行先决条件检查，并创建修复脚本。还可以在命令行中运行 CVU 命令，以在安装之前检查系统的就绪状态。
- 修复脚本是安装程序在系统不满足安装最低要求时创建的 shell 脚本。修复脚本可以设置内核参数，在 Oracle 清单目录上创建和设置权限，为 Oracle 用户创建/重新配置主组和辅助组成员身份，为所需值设置 shell 限制，等等。
- 虽然 CVU 实用程序有助于检查系统的就绪状态，但 ORAchk 实用程序可帮助在安装后检查系统，以确保没有任何安装后问题。这些检查包括内核需求和操作系统资源分配。此外，可在升级之前运行 orachk -u -c pre 命令来检查系统的健康状况。ORAchk Upgrade Readiness Assessment 会在需要时自动执行升级前和升级后检查。

4.2.2 配置操作系统

本书使用 Oracle Linux 操作系统，因此这里的讨论与此操作系统相关。可以选择最小化安装选项以完成 Oracle Linux 的安装。

由于 OpenSSH 是安装 Oracle Grid Infrastructure 的一项要求，因此可通过运行以下命令来确认是否安装了 SSH 包：

```
$sudo rpm -qa |grep ssh
```

安装 Oracle Linux 后，需要完成几个预安装配置任务。建议使用 Oracle 提供的预安装 RPM，从而完成大多数的预安装配置任务。

1. 使用 Oracle 预安装 RPM 自动配置 Oracle

Oracle Linux 建议使用 Oracle 预安装 RPM 来简化操作系统配置。可以使用 Oracle Linux 6 / 7 以及 Oracle 预安装 RPM，为 Oracle Grid Infrastructure 和 Oracle Database 安装自动配置 Oracle Linux 操作系统。在集群的所有节点上安装 Oracle Linux 后，可以向 Oracle Unbreaked Linux Network(ULN)注册 Linux 发行版，也可以使用 Oracle 公共 yum 存储库下载 Oracle 预安装 RPM。

注意：如果使用的是 Oracle Linux，Oracle 建议运行 Oracle 预安装 RPM。这将为 Oracle Grid Infrastructure 和 Oracle Database 安装配置操作系统，从而节省大量时间，并防止由于操作系统配置项中的配置错误而导致安装停止。

安装 Oracle 预安装 RPM 后，可以用它来更新 Linux 版本，方法是让它自动执行以下操作：

- 下载并安装 Oracle Grid Infrastructure 和 Oracle Database 所需的任何其他 RPM 包。
- 为用户 oracle 创建必要的操作系统用户和组，如 orainventory(oninstall)和 OSDBA(DBA)。
- 为 Oracle Grid Infrastructure 和 Oracle Database 的安装创建操作系统目录。

- 设置硬资源和软资源限制。
- 设置任何其他推荐的操作系统参数。

安装 Oracle 预安装 RPM 并让它自动执行所有与 Oracle Linux 相关的检查和所需任务的最简单方法是使用 yum，如下所示：

```
$yum install oracle-database-server-12cr2-preinstall -y
```

-y 标志表示允许 yum 跳过包确认提示。

2. 操作系统配置后

在使用 Oracle RPM 配置 Oracle Linux 之后，需要完成所有集群节点的网络接口配置，以及所有节点共享存储访问的系统配置。此时，就可以安装 Oracle Grid Infrastructure 和 Oracle RAC 了。

4.2.3　配置网络

预安装任务从配置网络开始。以下内容描述了为 Oracle RAC 数据库配置网络时需要执行的关键任务。

1. 启用多播通信

必须确保为专用网络启用多播通信。这一需求是在 Oracle 11*gR*2 中引入的，并且仍然是 Oracle 12*c* 中的需求之一。此功能为集群互连(专用网络接口)提供冗余，而无须使用任何操作系统特定的分组或绑定驱动程序。Oracle 使用专用网络上的多播通信与集群中的对等服务器建立初始通信，然后在通信建立后切换到单播通信。因此，启用专用网络的多播网络通信对于成功安装非常关键。

如果要从 Oracle 11*gR*2 升级，那么 Oracle 已经满足了多播通信的要求。Oracle 发布了 My Oracle Support Note 1212703.1，里面提供了一些脚本，用来测试和验证集群中的服务器是否可以在专用网络上使用多播相互通信。

此外，可以使用集群验证实用程序对多播需求执行验证检查。请注意，多播通信不仅应该在专用网络上启用，而且应该在专用互连使用的网络交换机上启用。否则，root.sh 脚本将在第一个节点上成功运行，但在集群中的其余节点上失败。

下面显示了集群验证实用程序(cluvfy)如何执行多播网络检查：

```
$ ./cluvfy stage -pre crsinst -n oltracn01,oltracn02 -verbose -r 12.2
Performing pre-checks for cluster services setup
..
…
Checking multicast communication...
Checking subnet "10.10.10.0" for multicast communication with multicast group
"224.0.0.251"...
Check of subnet "10.10.10.0" for multicast communication with multicast group
"224.0.0.251" passed.
Check of multicast communication passed.
```

注意：在计算机网络中，单播路由是用于通过网络在单个发送器(TX)和单个接收器(RX)之间发送消息的通信协议。另一方面，多播是一个发送者和多个接收者之间的通信。点对点通信是单播通信，点对多点通信是组播通信。

大型安装和组织通常使用 Internet 组管理协议(IGMP)侦听以监视多播流量。IGMP 如果没有正确配置，则可能会干扰服务器在专用网络上的通信，并中断整个 Oracle RAC 系统。

2. 所需的网络接口

可以指定网络接口用作公共接口、专用接口或 Oracle ASM 接口。Oracle Flex ASM 可以使用自己的专用私有网络或与 Oracle Clusterware 相同的专用网络。可以按以下方式对网络进行分类：

- 公用网络
- 专用网络
- ASM 网络
- 专用+ASM 网络

所有集群服务器上的公共和专用接口必须同名。例如，在两节点 Oracle RAC 中，如果节点 1 上的公共接口名为 eth0，那么节点 2 上的公共接口也应该名为 eth0。

3. SCAN 和网格命名服务(GNS)

Oracle 数据库客户端使用单客户端访问名称(SCAN)连接到数据库。SCAN 及其 IP 地址提供了一个稳定的名称，客户端可以使用这个名称连接到 Oracle RAC 数据库，而不用考虑构成集群的节点。因为 SCAN 地址被解析为集群而不是特定的节点地址，所以可以向集群添加节点并从集群中删除节点，使 SCAN 地址保持不变。

Oracle Grid Infrastructure 12*c*R2 允许使用 Oracle 网格命名服务(GNS)动态分配 IP 地址，该服务要求在公用网络上运行动态主机配置协议(DHCP)服务，以便为每个集群服务器的 VIP(虚拟 IP)提供一个 IP 地址，并为 SCAN 地址提供三个 IP 地址。

例如，添加新节点时，组织的 DHCP 服务器会为这些节点动态分配地址。这些地址被自动注册到 GNS 中，GNS 解析所有注册到它的集群节点地址。

SCAN 是一个虚拟 IP 名，但与典型的虚拟 IP 地址不同，SCAN 不与一个节点/IP 地址关联，而与集群中的所有节点及其 IP 地址关联。

为了启用 GNS，必须将网络配置为向分配给集群的子域提供一组 IP 地址(如 grid.example.com)，为集群的 GNS 虚拟 IP 地址的子域委派域名服务(DNS)请求。DHCP 提供了集群在此子域中需要的一组 IP 地址。

为了使用 GNS，必须配置 DNS，以便将集群名称解析请求(委托给集群的子域中的任何名称)委托给 GNS。要使用 GNS，必须为 DNS VIP 地址指定一个静态 IP 地址。如果启用了 GNS，那么向集群发出的任何命名请求都将被委托给 GNS 守护进程，GNS 守护进程侦听 GNS 虚拟 IP 地址。GNS 处理命名请求，并将适当的地址交给它们。

SCAN 被解析为多个 IP 地址，以反映跨集群运行的多个 SCAN 侦听器，并侦听 SCAN IP 地址和 SCAN 端口。集群中的所有服务都向 SCAN 监听器注册。当客户端向集群中运行的服务提交请求时，SCAN 监听器将使用与其他节点相比负载最小的那个节点上的本地监听器的地址进行响应。客户端使用本地监听器连接到服务。

可以配置 SCAN，使它可以由 GNS 或 DNS 解析。SCAN 应该解析为至少一个 IP 地址，但 Oracle 建议配置 SCAN 名称，以便解析为三个 IP 地址。

GNS 使用多播域名服务(mDNS)，因此在集群中添加和删除节点时，集群可动态分配主机名和 IP 地址。使用 GNS 时，不需要在 DNS 中执行任何配置。

网格命名服务的虚拟 IP 地址(GNS VIP)是在 DNS 中配置的静态 IP 地址。如果使用 GNS，则必须在域名服务中为 GNS VIP 配置 GNS 名称和固定地址。此外，必须在 DNS 中配置一个子域，专用于 GNS VIP 以解析集群地址。

如果使用的是 GNS，请不要在 DNS 中配置 SCAN 名称和地址。在这种情况下，GNS 将管理 SCAN 名称。如果使用 GNS，则可以在安装期间，在专用/公用网络上配置叶节点。公用网络上的叶节点不使用任何 Oracle 集群软件服务。通过执行 SRVCTL 命令，可以在安装后为叶节点配置网络资源和监听器。

4. 配置节点名和 IP 地址

对于每个集线器节点，如果不使用 GNS(这意味着使用的是 DNS)，则必须配置以下内容：

- 在 DNS 和每个节点的/etc/hosts 文件中提供一个公共节点名和地址。公共 IP 地址是动态分配的(通过 DHCP)，也可以在 DNS 或主机文件中定义它。公共节点名与节点的主机名相同。例如，可以使用公共节点名 rac1.myhost.com 和地址 192.0.2.10。
- 在集群中每个节点的专用接口上提供专用节点地址。私有 IP 地址用于代码间的通信。确保集群中的所有节点都由私有接口使用的私有子网连接。

提示： Oracle 强烈建议使用物理上独立的专用网络进行专用互连，因为节点之间可能存在大量流量，包括 Cache Fusion 流量。

- 公共节点虚拟 IP 名称和地址。IP 名称和地址的格式必须为 hostname-vip，如 node01-vip.example.com，地址为 192.0.2.11。因为没有将动态网络与 GNS 一起使用，所以必须为集群中的每个节点指定一个虚拟主机名。虚拟节点名是公共节点名，当节点不可用时，会重新路由发送到节点的客户端请求。由于 VIP 用于客户端到数据库的连接，因此必须公开访问 VIP 地址。

如果使用手动配置和 DNS 解析，则必须配置 SCAN，以便将它解析为 DNS 上的三个 IP 地址。需要在 DNS 中注册三个 IP 地址，以循环方式将单客户端访问名称(SCAN)解析为域名。为 DNS 中的每个集群节点注册一个虚拟

IP。由于 Oracle Grid Infrastructure 在安装过程中会配置虚拟 IP，因此虚拟 IP 必须取消配置(取消配置是指从接口分离 IP 地址)。换句话说，当连接虚拟 IP 或与 SCAN 相关联的 IP 时，请确保它们处于非活动状态。

5. 配置/etc/hosts 文件

还需要配置/etc/hosts 文件，其中包含 Internet 网络中本地主机和其他主机的 IP 主机名和地址。此文件用于将名称解析为地址(也就是将主机名转换为对应的 Internet 地址)。当系统使用 DNS 进行地址解析时，只有在名称服务器无法解析主机名时，才能访问此文件。

注意：对于 Oracle RAC 和 Oracle Grid Infrastructure(Clusterware)，必须使用相同的专用适配器。确保网络接口至少为 1 GbE。Oracle 建议使用 10 GbE。也可以使用 InfiniBand 进行互连。

为了简单起见，我们在安装期间手动分配 IP 地址。下面的示例主机文件显示了如何配置网络地址：

```
127.0.0.1         localhost.localdomain          localhost
#Public Host Names
10.1.1.161        alpha1.us.oracle.com           alpha1
10.1.1.171        alpha2.us.oracle.com           alpha2
10.1.1.181        alpha3.us.oracle.com           alpha3
10.1.1.191        alpha4.us.oracle.com           alpha4
#Private Host Names
192.168.1.161     alpha1-priv.us.oracle.com      alpha1-priv
192.168.1.171     alpha2-priv.us.oracle.com      alpha2-priv
192.168.1.181     alpha3-priv.us.oracle.com      alpha3-priv
192.168.1.191     alpha4-priv.us.oracle.com      alpha4-priv
#Virtual Host Names
10.1.1.61         alpha1-vip.us.oracle.com       alpha1-vip
10.1.1.71         alpha2-vip.us.oracle.com       alpha2-vip
10.1.1.81         alpha3-vip.us.oracle.com       alpha3-vip
10.1.1.91         alpha4-vip.us.oracle.com       alpha4-vip
```

可执行 ping 命令来验证配置。除 VIP 接口外，所有其他接口(包括扫描)都应立即启动并运行。

不要在/etc/hosts 配置文件中注册单客户端访问名称(SCAN)，因为这样做将不允许 SCAN 用三个不同的 IP 地址进行解析，而将 Oracle Grid Infrastructure 配置为仅使用一个 IP 地址；因此，将无法使用 SCAN 功能。

在/etc/hosts 文件中，可通过带点的十进制或八进制格式指定 IP 地址，并以相对或绝对域名格式指定主机名。不能指定多个主机名(或别名)。

注意：可以在 DNS 或主机文件中配置 SCAN。Oracle 强烈建议不要在主机文件中配置 SCAN VIP 地址，而是使用 DNS 解析。

在其中一个节点上正确配置主机文件之后，将主机文件复制到其他节点，使它们完全相同。每个节点上的主机文件需要包含集群中每个节点的私有、公共和虚拟 IP(VIP)地址和节点名。如果使用 GNS，则可以排除 VIP，因为这将由 GNS 管理。

6. 测试 SCAN 配置是否正确

执行 nslookup 命令可以检查 DNS 是否正确地将 SCAN 与适当的地址相关联：

```
root@node1]$ nslookup mycluster-scan
Server:          dns.example.com
Address:        192.0.2.001

Name:    mycluster-scan.example.com
Address: 192.0.2.201
Name:    mycluster-scan.example.com
Address: 192.0.2.202
Name:    mycluster-scan.example.com
Address: 192.0.2.203
```

一旦安装所有内容，当客户端向集群发送请求时，SCAN 监听器将把这些请求重定向到集群节点。

4.2.4 配置NTP

需要在每个集群节点上编辑网络时间协议(NTP)服务的/etc/sysconfig/ntpd 配置文件，以使用转换选项来同步每个集群节点上的时间，如下所示：

```
OPTIONS="-x -u ntp:ntp -p /var/run/ntpd.pid"
```

在集群中的所有服务器上同步系统时间是非常重要的，可避免收回错误的节点。如果集群节点上没有启动NTP，集群时间同步服务将以独占模式启动CTSSd守护进程。如果配置了NTP服务并在集群中的所有节点上运行，那么CTSSd守护进程以观察器模式运行。

Oracle 12*c* Grid Infrastructure 还要求禁用所有节点上的 avahi-daemon。请注意，只有使用 Linux 操作系统，avahi-daemon才是相关的，如本书中所述。

4.2.5 设置组和用户

在典型的Oracle RAC安装中，操作系统用户oracle将拥有RDBMS二进制文件和所有与Oracle相关的文件。通常，oracle用户是DBA组的一部分。任何属于DBA组并具有sysoper/sysdba权限的用户都可以连接到Oracle实例，而无须提供密码。这称为操作系统身份验证。此类用户还可以启动和关闭实例。

Oracle RAC 允许不同的操作系统用户拥有 Oracle RAC 的不同组件，以便具有不同工作职责的人员管理整个Oracle RAC系统中各自的组件。例如，系统管理团队可以使用操作系统账户grid来管理Oracle Grid Infrastructure，而数据库团队可以使用 oracle 用户来管理数据库。用户 grid 只能执行 Oracle Grid Infrastructure 软件安装，也称为Grid用户。用户oracle可以执行所有Oracle安装选件，也称为Oracle用户。

注意：尽管只能拥有一个Oracle Grid Infrastructure所有者，但可以有另一个Oracle用户，该用户可以执行不同的安装选件。

在本章介绍的安装过程中，我们将使用不同的操作系统账户。Oracle 产品使用与中央库存(inventory)关联的操作系统组oinstall。用于Oracle产品安装的所有操作系统账户都将oinstall作为主组，以便所有的Oracle产品所有者共享Oracle中央库存。

Oracle数据库有两个标准管理组：OSDBA(通常为dba)和OSOPER(通常为oper)，这是可选的。此外，还可以拥有一组扩展的数据库组，以授予特定于任务的系统特权来管理数据库。这些特定于任务的系统特权组由OSBACKUPDBA(通常为backupdba)、OSDGDBA(通常为dgdba)、OSKMDBA(通常为kmdba)和OSRACDBA(通常为racdba)组成。

有如下两个主要的Oracle Grid Infrastructure操作系统组。

- OSASM：用于管理Oracle ASM(通常为asmadmin)。
- OSOPER：用于Oracle ASM(通常为asmoper)。

此外，还可以创建具有监视Oracle ASM实例权限的ASNMSNMP用户。

在安装Oracle Grid Infrastructure和RDBMS软件之前，需要在每个集群节点上创建以下操作系统用户和组：

```
#/usr/sbin/groupadd  -g 501   oinstall
#/usr/sbin/groupadd  -g 502   osdba
#/usr/sbin/groupadd  -g 504   asmadmin
#/usr/sbin/groupadd  -g 506   asmdba
#/usr/sbin/groupadd  -g 507   asmoper
```

注意：必须确保oinstall操作系统组是执行Oracle软件安装的所有用户的主要组。

下面验证此处创建的用户和组的属性(uid和gid)在所有集群节点上都是相同的。在操作系统和集群层内部，当授予权限时，对用户ID(UID)与成员节点的UID进行比较。因此，在节点之间保持用户ID和组ID的一致性非常重要。

```
# id oracle
uid=502(oracle) gid=501(oinstall) groups=502(dba),501(oinstall)
x# id grid
uid=501(grid) gid=501(oinstall)
```

```
groups=501(oinstall),504(asmadmin),506(asmdba),507(asmoper)
```

从 Oracle Database 12*cR*2(12.2)开始，在使用新的 SYSRAC 管理权限或 Oracle Clusterware 代理管理 Oracle RAC 时，可以遵循职责分离的最佳实践。这样就不需要再使用更强大的 sysdba 特权。与早期版本中引入的 sysdba、sysbackup 和 ssyskm 特权一样，sysrac 特权有助于强制执行职责分离。默认情况下，Oracle Clusterware 代理使用此特权代表 srvctl 和其他与 RAC 相关的实用程序连接到 Oracle RAC 数据库。

4.2.6　创建所需的 Linux 目录

在安装 Oracle Grid Infrastructure 和 Oracle Database 软件并创建 RAC 数据库(将在第 5 章介绍)之前，必须在 Linux 文件系统中设置某些必需的目录。

1. Oracle Grid Infrastructure 的 Oracle 基本目录(Grid 用户)

需要两个 Oracle 基本目录：一个用于 Oracle Grid Infrastructure 安装，另一个用于 Oracle Database 安装。Grid 用户的 Oracle 基本目录是 Oracle Grid Infrastructure 存储所有诊断和管理日志，以及 ASM 和 Oracle Clusterware 操作日志的位置。以下是 Oracle Grid Infrastructure 基本目录的示例：

```
/U01/APP/Grid
```

必须在集群的每个节点上创建这个目录。

2. Oracle Grid Infrastructure 的 Oracle 主目录

必须在所有集群节点上为 Oracle Grid Infrastructure(Grid 主目录)创建 Oracle 主目录。不能将 Grid 主目录放在 Oracle 基本目录下或安装所有者的主目录下。

Grid 主目录如下：

```
/u01/app/12.2.0/grid
```

3. 创建 Oracle 主目录和 Oracle 基本目录

Oracle 建议在集群的每个节点上手动创建 Oracle Grid Infrastructure 的 Grid 主目录和 Oracle 基本主目录，如下所示：

```
# mkdir -p /u01/app/12.1.0/grid
# mkdir -p /u01/app/grid
# mkdir -p /u01/app/oracle
# chown -R grid:oinstall /u01
# chown oracle:oinstall /u01/app/oracle
# chmod -R 775 /u01/
```

4.2.7　配置共享存储

在 Oracle Database 12*cR*2(12.2)中，对于与数据库和集群软件相关的各种文件和二进制文件，有几个潜在的存储选项：

- Oracle 自动存储管理(ASM)
- Oracle 自动存储管理集群文件系统(Oracle ACFS)
- 本地文件系统
- OCFS2
- 网络文件系统(NFS)
- 直连存储(DAS)

Oracle ACFS 是 Oracle ASM 技术的扩展，允许支持所有应用程序数据。ACFS 提供了一种通用的文件系统；因此，可以将 Oracle 数据库二进制文件和管理文件(如跟踪文件)放在 Oracle ACFS 中。Oracle 自动存储管理动态卷管理器(Oracle ADVM)提供了卷管理服务。

1. 可以存储在各种存储选项中的实体

并非所有内容都可以存储在前面列出的每个存储选项中。下面的列表展示了哪些存储选项允许存储哪种类型的数据库/集群软件文件和二进制文件。

- **OCR 和投票(集群软件)文件**：只能将它们存储在 Oracle ASM 中。
- **Oracle 集群软件二进制文件**：只能将它们存储在本地文件系统(或 NFS)中。
- **Oracle RAC 数据库二进制文件**：不能将它们存储在 Oracle ASM 中。可以将它们存储在 Oracle ACFS、本地文件系统、OCFS2、DAS 或 NFS 中。
- **Oracle RAC 数据库文件(和 Oracle RAC 数据库恢复文件)**：可以将它们存储在 ASM、ACFS、OCFS2、DAS 或 NFS 中。

如果决定使用自动存储管理(ASM)作为数据文件的共享存储，那么应该在外部共享磁盘上配置分区。ASM 需要原始磁盘以进行存储，因为文件系统不能用作 ASM 设备。磁盘分区没有任何文件系统，最初归 root 用户所有。对于提供给 ASM 的每个磁盘，应该只创建一个分区，并且每个 ASM 磁盘的大小应该相同，以获得更好的 I/O 性能。

系统供应商使用逻辑卷管理器(LVM)将外部共享存储以逻辑卷的形式呈现给服务器，以利用可用的存储空间。但是，不支持将 Oracle ASM 的逻辑卷用于 Oracle RAC，因为逻辑卷封装了物理磁盘架构，不允许 Oracle ASM 优化可用物理设备上的 I/O。更重要的是，在 Oracle RAC 环境中不允许使用 LVM，因为它们不能在实例之间共享。

注意：*Oracle 不支持将原始设备或块设备作为 Oracle 12c 中 Oracle RAC 的共享存储。Oracle 11gR2 允许在表决盘和 OCR 仍在原始设备或块设备上时进行升级。Oracle 12c 不再允许这样做，在升级前，必须计划迁移到支持的设备上。*

Oracle 提供了 ASM 库以简化存储设备的管理。ASMLib 库为与 ASM 一起使用的存储设备提供持久化路径和权限。一旦在所有集群节点上安装、配置了 ASMLib 库，就不需要更新通常存储设备路径和权限的 udev 或任何其他设备标签文件。

Oracle 为每个 Linux 发行版提供了 ASMLib 库，可以从 Oracle Technology Network 网站(www.oracle.com/technetwork/topics/linux/asmlib/index-101839.html)下载。如果使用的是 Oracle Linux，那么 Oracle ASMLib 内核驱动程序现在包含在不可破解的企业内核(UEK)中；因此，不需要使用 UEK 安装驱动程序包。同样，如果使用的是 Red Hat Linux，则可以从 Red Hat 支持频道下载内核驱动程序，因为它不再由 Oracle 提供。有关用于 Red Hat 6.0 及更高版本的 ASMLib 驱动程序的更多信息，请访问 http://www.oracle.com/technetwork/serverstorage/linux/asmlib/ rhel6-1940776.html。

如果使用的是 Linux 且不使用 Oracle 预安装 RPM，那么 CVU 工具将无法检测到共享磁盘。因此，建议安装 cvuqdisk RPM，它在 Oracle Grid Infrastructure 安装介质中提供。必须将 cvuqqdisk 包复制到集群的所有节点，并在这些节点上运行它，如下所示：

```
# pwd
/nfs/12c/grid/rpm
# export CVUQDISK_GRP=oinstall
# rpm -ivh cvuqdisk-1.0.10-1.rpm
Preparing...                ########################################### [100%]
  1:cvuqdisk               ########################################### [100%]
#
```

2. ASMLib

ASMLib 是自动存储管理的支持库。这个库为 ASM 使用的设备提供了一个抽象层。ASMLib 库还允许 Oracle 数据库使用 ASM 更有效地访问正在使用的磁盘组。

ASMLib 主要由三个 RPM 组成。

- **内核库**：oracleasm-`uname–r`.rpm。
- **Oracle 支持工具库/RPM**：oracleasm-support-`uname –r`.rpm。
- **oracleasmlib**：`uname–r`.rpm。

Oracle 已停止为 Red Hat 6.0 及更高版本提供内核库，但 Oracle 的 UEK 包含了内核库，UEK/Oracle Linux 6.0 及更高版本的内核则不需要内核库。对于基于 Red Hat 的操作系统，必须联系 Red Hat 支持人员，他们将通过交付渠道提供内核库。然后，可以从 Oracle OTN 网站下载其余两个 RPM。

从上述网址下载 ASM 库 oracleasmlib-2.0 和 Oracle ASM 实用程序 oracleasmsupport-2.0，并将它们作为 root 用户安装在每个集群节点上。以下是在 Linux 计算机上安装 ASM 库的示例：

```
# rpm -ivh oracleasm-support-2.1.3-1.el5x86_64.rpm \
oracleasmlib-2.0.4-1.el5.x86_64.rpm
```

3. 使用 Oracle ASM 磁盘组的指南

如果只配置一个 ASM 磁盘组，Oracle 将把 OCR、表决文件、数据库和恢复文件都放在该磁盘组上。通过创建多个磁盘组，可以选择将不同的文件放在不同的磁盘组上。

安装 Oracle Grid Infrastructure 时，可以创建一个或两个 ASM 磁盘组。稍后，可以使用 Oracle 自动存储管理配置助手(ASMCA)。

在 Oracle Grid Infrastructure 安装期间，最好创建两个 ASM 磁盘组。以下是数据库使用这两个 ASM 磁盘组的目的：

- 第一个 ASM 磁盘组将存储 OCR 文件以及 Oracle ASM 密码文件。
- 第二个 ASM 磁盘组将存储 GIMR(Grid Infrastructure 管理存储库)数据文件和 OCR 备份文件，Oracle 强烈建议将这些文件存储在与 OCR 文件不同的磁盘组上。

稍后，在安装 Oracle Grid Infrastructure 之后安装 Oracle Database 时，可以让数据库文件使用与 Oracle 集群软件文件相同的磁盘组，也可为数据库文件创建新的磁盘组。

4. 设置 GIMR

GIMR 是一个多租户数据库，每个集群的 GIMR 都有一个可插拔数据库(PDB)，该数据库称为 Grid Infrastructure 管理存储库数据库(MGMTDB)。

GIMR 存储以下集群信息：

- 集群健康监视器收集的性能数据
- 由集群健康顾问收集的诊断数据
- 用于服务质量(QoS)管理的 CPU 架构数据
- 用于 rapid home provisioning 的元数据

在 Oracle 独立集群中，GIMR 作为带有一个 PDB 的多租户数据库托管在 Oracle ASM 磁盘组上。在 Oracle 域服务集群中，将拥有一个全局 GMIR，并且客户端集群(数据库的 Oracle 成员集群)使用这个远程 GIMR。GIMR 的远程托管减少了在作为 Oracle 域服务集群成员的单个集群上运行管理数据库的开销。

在安装过程中，如果选择配置 Oracle 域服务集群，将提示为 GIMR 配置专用 ASM 磁盘组(使用默认名称 MGMT)。

5. 配置 ASM

在 Oracle Grid Infrastructure 和 Oracle RAC 数据库使用 ASM 存储之前，必须配置 ASM。这涉及配置 ASM 库驱动程序和创建 ASM 设备。

必须在集群中的所有节点上配置 ASM 库驱动程序。配置 ASM 库驱动程序时，请选择 grid 用户和 asmdba 组作为 ASM 驱动程序的所有者，因为 grid 用户拥有 Oracle RAC 的 Oracle 集群软件和 ASM 组件。

Oracle 根据配置在系统启动时加载并运行 ASM 库驱动程序。以下是在 Linux 机器上配置 ASM 的示例：

```
#/etc/init.d/oracleasm configure
Configuring the Oracle ASM library driver.
This will configure the on-boot properties of the Oracle ASM library driver.
The following questions will determine whether the driver is loaded on boot
and what permissions it will have. The current values will be shown in
brackets ('[]'). Hitting <ENTER> without typing an answer will keep
that current value. Ctrl-C will abort.
Default user to own the driver interface []: grid
Default group to own the driver interface []: asmdba
Start Oracle ASM library driver on boot (y/n) [n]: y
Scan for Oracle ASM disks on boot (y/n) [y]: y
Writing Oracle ASM library driver configuration: done
Initializing the Oracle ASMLib driver: [ OK ]
Scanning the system for Oracle ASMLib disks: [ OK ]
```

在集群中的每个节点上重复上述步骤。如果不执行上述步骤，Oracle ASM 服务将不会在集群节点上启动，也无法将 Oracle ASM 用作 Oracle RAC 数据库的共享存储。

在每个集群节点上配置 Oracle ASM 库驱动程序后，下一步是在第一个集群节点上标记共享磁盘分区，并扫描集群中其他节点上标记的磁盘分区。标记共享磁盘分区也称为“创建 Oracle ASM 设备”。

在第一个集群节点上执行以下步骤，只是为了将所有候选磁盘分区标记为与 Oracle ASM 一起使用。这确保将磁盘头擦除干净，因为 ASM 如果找到任何卷管理器或文件系统的卷目录(VTOC)信息，就不会选择设备作为候选设备了。

```
#dd if=/dev/zero of=/dev/sda1 bs=1M count=10
10+0 records in
10+0 records out
10485760 bytes (10 MB) copied, 0.400074 seconds, 26.2 MB/s
# dd if=/dev/zero of=/dev/sdb1 bs=1M count=10
10+0 records in
10+0 records out
10485760 bytes (10 MB) copied, 0.431521 seconds, 24.3 MB/s
# dd if=/dev/zero of=/dev/sdc1 bs=1M count=10
10+0 records in
10+0 records out
10485760 bytes (10 MB) copied, 0.414814 seconds, 25.3 MB/s
```

一旦将磁盘头擦除干净，下一步就是在设备上标记 ASM 头信息。以下操作将设备标记为 ASM 磁盘：

```
# /usr/sbin/oracleasm init
Creating /dev/oracleasm mount point: /dev/oracleasm
Loading module "oracleasm": oracleasm
Mounting ASMlib driver filesystem: /dev/oracleasm
[# /usr/sbin/oracleasm createdisk DISK1 /dev/sda1
Writing disk header: done
Instantiating disk: done
[
# /usr/sbin/oracleasm createdisk DISK2 /dev/sdb1
Writing disk header: done
Instantiating disk: done
# /usr/sbin/oracleasm createdisk DISK3 /dev/sdc1
Writing disk header: done
Instantiating disk: done
```

将所有候选磁盘分区标记为 Oracle ASM 的候选磁盘后，扫描集群中其他节点上新标记的磁盘，因为不需要在每个集群节点上标记候选磁盘分区。下面是扫描集群中其他节点上标记的磁盘的示例：

```
# /usr/sbin/oracleasm scandisks
Scanning system for ASM disks [ OK ]
# /usr/sbin/oracleasm scandisks
Reloading disk partitions: done
Cleaning any stale ASM disks...
Scanning system for ASM disks...
# /usr/sbin/oracleasm listdisks
DISK1
DISK2
DISK3
```

使用 ASMLib 设备进行 ASM 时，确保不要使用/dev/oracleasm/disk/*的发现字符串。相反，使用 ORCL:*(如果需要的话)；否则，Oracle 将不会使用底层的 ASMLib 库，而是进行传统的 I/O 调用。这会导致系统无法从 ASMLib 提供的优势中获益。

注意： 在多路径设备上使用 Oracle ASM 设备时，在集群的所有节点上，分别使用预期的扫描顺序和多路径排除设备，更新/etc/sysconfig/oracleasm 文件中的 ORACLEASM_SCANORDER 和 ORACLEASM_SCANEXCLUDE 变量。可以参考 My Oracle Support Note 394956.1，里面详细解释了这个过程。

4.2.8 配置安全 shell 和用户限制

Oracle Universal Installer(OUI)在一个节点上安装二进制文件，然后将文件传播到集群中的其他节点。安装程序在安装过程中主要使用后台的 ssh 和 scp 命令来运行远程命令，并将文件复制到集群中的其他节点。

这需要跨节点进行非交互式文件复制。必须配置 SSH，这样这些命令就不会提示输入密码。通过设置 SCP 可以跨节点启用此功能。还需要关闭 SSH 的标记。与 Oracle RAC 的早期版本不同，不需要为 Oracle 软件所有者手动配置用户等效性，因为 Oracle 允许在安装 Oracle Grid Infrastructure 期间配置用户等效性。

如果要配置 SSH(这是集群验证实用程序成功所必需的)，可以使用 Oracle 12*c* 安装介质中../grid/sshsetup/sshusersetup.sh 下提供的 sshUserSetup.sh 脚本。下面是一个例子：

```
# ./sshUserSetup.sh -user grid -hosts "oltracn01 oltracn02" -advanced -verify
-noPromptPassphrase
```

注意：Oracle 建议禁用 Transparent HugePages，而是使用标准的 HugePages。

4.2.9 设置用户限制

Oracle 软件所有者的默认硬限制不足以安装和配置 Oracle Grid Infrastructure。应该编辑/etc/security/limits.conf 文件，如下所示：

```
grid soft nproc 2047
grid hard nproc 16384
grid soft nofile 1024
grid hard nofile 65536
oracle soft nproc 2047
oracle hard nproc 16384
oracle soft nofile 1024
oracle hard nofile 65536
```

如果尚未添加以下行，那么还需要将其添加到/etc/pam.d/login 配置文件中：

```
session required pam_limit.so
```

上述设置导致用户登录进程加载 PAM 的 pam-limits.so 模块，以进一步强制或设置/etc/security/limits.conf 配置文件中定义的登录用户硬限制，因为/etc/security/limits.conf 是 PAM 中 pam-limits.so 模块的配置文件。

可插拔认证模块(PAM)

PAM 是 Sun 发明的，在 Linux 操作系统中，它提供库模块，以提供灵活的身份验证机制。诸如 login 和 su 这样的程序可以使用这些模块进行身份验证。可以将更新的身份验证方案添加到 PAM 模块中，而不是更改依赖于身份验证的程序。每个 PAM 模块都有自己的文本配置文件，PAM 在为应用程序执行任何与安全相关的操作之前，会咨询这些文本配置文件。简而言之，PAM 提供账户、身份验证和会话管理。

4.2.10 配置内核参数

使用 root 用户，更新两个节点上/etc/sysctl.conf 文件中的内核参数。如果已经配置了这些参数，请确保它们至少被设置为以下值(即便设置的值更高，也没有问题)：

```
kernel.shmmni = 4096
kernel.sem = 250 32000 100 128
fs.file-max = 512 x processes (for example 6815744 for 13312 processes)
net.ipv4.ip_local_port_range = 9000 65500
net.core.rmem_default = 262144
net.core.rmem_max = 4194304
net.core.wmem_default = 262144
net.core.wmem_max = 1048576
```

注意：在安装 Oracle 数据库之前，有关已更新的先决条件(内核、内存、交换、操作系统包等)的最新信息，始终可以参阅 Oracle My Support Note 169706.1。Oracle 会定期更新 My Oracle Support Note，其中涵盖了支持 Oracle RAC 数据库的每个平台的系统和软件需求。

4.2.11 运行集群验证实用程序

部署 Oracle RAC 是一项多阶段操作，由于每一层的不同依赖性，组件在任何阶段都可能发生故障。在进入下一阶段之前，每个阶段都需要进行测试和验证。Oracle 提供了一个工具，可用于在每个阶段验证集群设置，这个工具就是集群验证实用程序，又称为 cluvfy。

集群验证实用程序是一个独立工具，用于验证格式良好的 Oracle RAC 集群。它可以用于任何阶段——预安装、配置或操作，因为它会验证整个集群堆栈，不会在集群或 Oracle RAC 操作中更改任何配置。

在 Oracle RAC 安装过程中，可以使用 cluvfy 逐阶段验证进度，因为在 Oracle RAC 部署过程中，每个阶段都包含一组操作，每个阶段都有自己的进入(预检查)和/或退出(后检查)标准集。

在 Oracle RAC 安装过程中，Oracle 在内部运行 cluvfy，以验证先决条件，并为可修复的问题提供修复脚本。在安装 Oracle Grid Infrastructure 之前，运行 cluvfy 实用程序来验证先决条件是很好的选择，但不是必需的。Oracle 在安装介质中包含了这个工具，但我们强烈建议从 Oracle Technology Network(OTN)下载最新版本，网址为 http://www.oracle.com/technetwork/database/options/clustering/downloads/cvu-download-homepage-099973.html。

集群验证实用程序阶段

以下是 Oracle RAC 部署中的 14 个阶段，可以在其中运行集群验证实用程序。请注意，该实用程序会自动检查指定的所有节点，因此只需要从一个节点运行该实用程序。该实用程序在 Oracle Grid Infrastructure 软件介质中可用，名为 runcluvfy.sh。

```
[oracle@rac2 grid_1]$  ./runcluvfy.sh stage -list
USAGE:
runcluvfy.sh stage {-pre|-post} <stage-name> <stage-specific options>
  [-verbose]
Valid Stages are:
     -pre cfs          : pre-check for CFS setup
     -pre crsinst      : pre-check for CRS installation
     -pre acfscfg      : pre-check for ACFS Configuration.
     -pre dbinst       : pre-check for database installation
     -pre dbcfg        : pre-check for database configuration
     -pre hacfg        : pre-check for HA configuration
     -pre nodeadd      : pre-check for node addition.
     -pre appcluster   : pre-check for Oracle Clusterware Application Cluster Installation
     -post hwos        : post-check for hardware and operating system
     -post cfs         : post-check for CFS setup
     -post crsinst     : post-check for CRS installation
     -post acfscfg     : post-check for ACFS Configuration.
     -post hacfg       : post-check for HA configuration
     -post nodeadd     : post-check for node addition.
     -post nodedel     : post-check for node deletion.
     -post appcluster  : post-check for Oracle Clusterware Application Cluster Installation
[oracle@rac2 grid_1]
```

在为 Oracle RAC 安装准备硬件的第一个阶段，可以使用 cluvfy 检查硬件的基本网络连接和常见的操作系统要求，还要检查软件所有者的权限以及从两个节点访问共享存储的权限。可以使用以下命令行选项调用 cluvfy。输出(为清晰和简单起见做了修订)如下所示：

```
oracle@rac1 grid_1]$ ./runcluvfy.sh stage -post hwos -n rac1,rac2 -verbose
Verifying Node Connectivity ...
  Verifying Hosts File ...
  Node Name                              Status
  ------------------------------------   ------------------------
  rac1                                   passed
  rac2                                   passed
  Verifying Hosts File ...PASSED
Interface information for node "rac1"
…
Interface information for node "rac2"
…
```

```
Check: MTU consistency on the private interfaces of subnet "192.168.10.0"
  Node             Name         IP Address         Subnet          MTU
  ---------------- ------------ ------------------ --------------- ----------------
  rac1             eth1         192.168.10.1       192.168.10.0    1500
  rac2             eth1         192.168.10.2       192.168.10.0    1500
  Verifying Check that maximum (MTU) size packet goes through subnet ...PASSED
  Verifying subnet mask consistency for subnet "192.168.56.0"       ...PASSED
  Verifying subnet mask consistency for subnet "192.168.10.0"       ...PASSED
Verifying Node Connectivity ...PASSED
Verifying Multicast check ...
Verifying ASM Integrity ...
Verifying Node Connectivity ...
Verifying ASM Integrity ...PASSED
Verifying Users With Same UID: 0 ...PASSED
Verifying Time zone consistency ...PASSED
Verifying Shared Storage Discovery ...
  ASM Disk Group                       Sharing Nodes (2 in count)
  ------------------------------------ ------------------------
  DATA                                 rac1 rac2
Verifying Shared Storage Discovery ...PASSED
Verifying DNS/NIS name service ...PASSED
Post-check for hardware and operating system setup was successful.
CVU operation performed:          stage -post hwos
Date:                             Apr 25, 2017 5:48:13 PM
CVU home:                         /u01/app/12.2.0.1/grid_1/
User:                             oracle
[oracle@rac1 grid_1]$
```

Oracle RAC 集群的单个子系统或模块在实用程序中称为组件。还可以使用集群验证实用程序来验证组件级别。可以验证任何单个集群组件的特定属性，例如可用性、完整性、活跃性和健全性。

使用 cluvfy comp –list 命令可以显示集群组件：

```
[oracle@rac2 bin]$ pwd
/u01/app/12.2.0.1/grid_1/bin
[oracle@rac2 bin]$ ./cluvfy comp -list
USAGE:
cluvfy comp  <component-name> <component-specific options>  [-verbose]
Valid Components are:
        nodereach           : checks reachability between nodes
        nodecon             : checks node connectivity
        ssa                 : checks shared storage accessibility
        space               : checks space availability
        sys                 : checks minimum system requirements
        clu                 : checks cluster integrity
        clumgr              : checks cluster manager integrity
        ocr                 : checks OCR integrity
        olr                 : checks OLR integrity
        ha                  : checks HA integrity
        freespace           : checks free space in CRS Home
        crs                 : checks CRS integrity
        nodeapp             : checks node applications existence
        admprv              : checks administrative privileges
        peer                : compares properties with peers
        software            : checks software distribution
        acfs                : checks ACFS integrity
        asm                 : checks ASM integrity
        gpnp                : checks GPnP integrity
        gns                 : checks GNS integrity
        scan                : checks SCAN configuration
        ohasd               : checks OHASD integrity
        clocksync           : checks Clock Synchronization
        vdisk               : checks Voting Disk configuration and UDEV settings
        healthcheck         : checks mandatory requirements and/or best practice recommendations
        dhcp                : checks DHCP configuration
```

```
       dns                  : checks DNS configuration
       baseline             : collect and compare baselines
[oracle@rac2 bin]$
```

验证完硬件、操作系统和网络相关组件后，集群就可以安装 Oracle Grid Infrastructure 了。

Oracle 集群就绪服务(CRS)是 Oracle Grid Infrastructure 的基础。通过为集群验证实用程序指定以下选项，可以检查集群是否准备好安装 CRS。应该使用操作系统用户 grid 调用这个命令，并将集群节点作为命令行参数列出(注意，为了清晰起见，对输出已经做了修订)。

```
[oracle@rac1 bin]$ ./cluvfy stage -pre crsinst -n rac1,rac2 -r 12.2


Verifying Physical Memory ...PASSED
Verifying Free Space:
 rac2:/usr,rac2:/var,rac2:/etc,rac2:/u01/app/12.2.0.1/grid_1,
 rac2:/sbin,rac2:/tmp ...PASSED
Verifying User Existence: oracle ...
Verifying Users With Same UID: 54321 ...PASSED
Verifying User Existence: oracle ...PASSED
Verifying Group Existence: oinstall ...PASSED
Verifying Group Membership: oinstall(Primary) ...PASSED
Verifying Run Level ...PASSED
Verifying Hard Limit: maximum open file descriptors ...PASSED
Verifying OS Kernel Version ...PASSED
Verifying ASM Filter Driver configuration ...PASSED

CVU operation performed:        stage -pre crsinst
Date:                           Apr 25, 2017 5:53:22 PM
CVU home:                       /u01/app/12.2.0.1/grid_1/
User:                           oracle
[oracle@rac1 bin]$
```

如果集群验证实用程序没有报告任何错误，那么说明已经成功地为 Oracle Grid Infrastructure 安装设置了集群。如果检查发现错误，则必须在启动 Oracle Grid Infrastructure 安装之前修复错误。

如果集群验证实用程序报告成功，那么下一步就是在集群节点上安装 Oracle Grid Infrastructure。

4.2.12 使用 OUI 安装 Oracle Grid Infrastructure

安装 Oracle Grid Infrastructure 是安装 Oracle RAC 数据库的基础。Oracle Grid Infrastructure 是安装剩余部分的主干，因为多个数据库可以共享相同的 Oracle Grid Infrastructure 基础。

需要使用操作系统用户 grid 从集群的一个节点运行 Oracle Universal Installer(OUI)，安装程序使用 scp 命令将所有必需的文件传播到其他节点。

安装程序在后台工作，有时似乎挂在前台。为了解安装程序的神秘操作，我们将在下面的小节中跟踪 OUI。

1. 跟踪通用安装程序

OUI 是一个简单的 Java 程序，它将文件从分阶段区域复制，并与操作系统库重新链接，以便创建和更新 Oracle 信息库。分阶段区域可以是 CD-ROM/DVD 或文件系统中的本地装入点。

OUI 在日志文件 installations_<timestamp>.log 中列出了有关安装选项和进度的最少细节。此日志文件通常存储在$ORACLE_HOME/orainventory 目录中。但是，它不包含调试安装问题的详细操作。

可使用命令行中的 DTRACING(或 Java 跟踪)选项调用 OUI：

```
$ runInstaller -debug  -J-DTRACING.ENABLED=true -J-DTRACING.LEVEL=2
-DSRVM_TRACE_LEVEL=2
```

可以选择将跟踪输出重定向到输出文件。启动安装程序时，总是打开跟踪功能，所以不管发生任何故障，都不需要重新启动跟踪功能。下面的例子显示了如何将跟踪输出重定向到输出文件：

```
$ script /tmp/install_screen.'date +%Y%m%d%H%M%S'.out
$ runInstaller -debug -J-DTRACING.ENABLED=true -J-DTRACING.LEVEL=2
```

```
-DSRVM_TRACE_LEVEL=2
```

安装完毕后，只需要键入 exit 以关闭输出文件。此跟踪选项在 Oracle RAC 安装期间很有用，在安装过程中，使用 scp 命令将文件复制到远程节点。跟踪通过提供安装操作的详细跟踪，说明安装程序在某个时间点都在做什么。但是，有限的信息也会写入跟踪文件<installations_timestamp>log，但这些信息非常“高级”，没有涉及安装人员面临的实际问题。

2. OUI 命令行选项和退出代码

在安装过程中，Oracle Universal Installer 还支持一些命令行参数。可以使用 runinstaller -help 命令显示命令行选项及说明的完整列表，以及显示命令行变量的用法。

安装完毕后，OUI 还会发送退出代码，这在无人参与安装时很有用。下面总结了 OUI 退出代码及含义。

代码	说明
0	所有安装都成功
1	所有安装都成功，但某些可选配置工具失败
-1	至少有一个安装失败

4.3　安装 Oracle Grid Infrastructure

到目前为止，这是一条漫长而艰难的道路，但我们已经准备好开始安装 Oracle Grid Infrastructure。由于我们花了相当多的时间来研究先决条件，学习如何满足它们，因此安装应该是顺利的(在大多数情况下)。

从 Oracle Grid Infrastructure 12*cR*2(12.2)开始，Oracle Grid Infrastructure 软件可以作为镜像文件提供下载和安装。要安装 Oracle Grid Infrastructure，必须以 oracle 用户身份运行以下内容。转到 Grid Control 主目录并运行该目录中的 gridSetup.sh 脚本，如下所示：

```
$ cd /u01/app/app/12.2.0.1/grid
$ ./gridSetup.sh
```

下面将一步一步地完成 Oracle Grid Infrastructure 的安装过程。安装过程将分成若干步骤，以便容易理解。

4.3.1　选择安装选项并命名集群

Oracle Grid Infrastructure 安装过程中的第一个屏幕提供了软件配置选项，如图 4-2 所示。

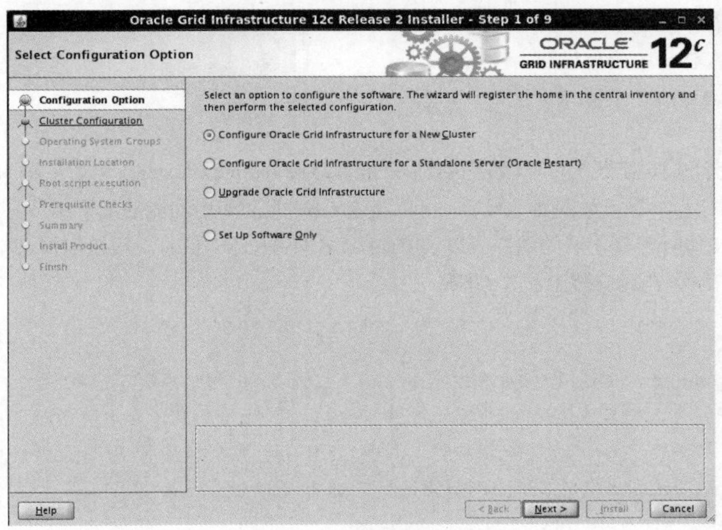

图 4-2　软件配置选项

- **Configure Oracle Grid Infrastructure for a New Cluster：**此选项(默认)为当前安装过程安装并配置 Oracle Grid Infrastructure。
- **Configure Oracle Grid Infrastructure for a Standalone Server(Oracle Restart)：**此选项在独立服务器上安装和配置 Oracle Grid Infrastructure。如果要创建 Oracle RAC 单节点数据库，此选项非常有用，因为在安装和配置之前，需要在服务器上安装和运行 Oracle Grid Infrastructure。
- **Upgrade Oracle Grid Infrastructure：**此选项升级安装集群节点上现有的 Oracle Grid Infrastructure。
- **Set Up Software Only：**此选项仅在当前节点上安装 Oracle Grid Infrastructure 二进制文件。很少使用此选项，因为它不会执行远程操作或任何其他集群配置，例如配置虚拟 IP、本地监听器或 SCAN 监听器。

选择其中一个配置选项后，单击 Next 按钮。

进入集群配置界面，如图 4-3 所示，可以从以下集群类型中选择：

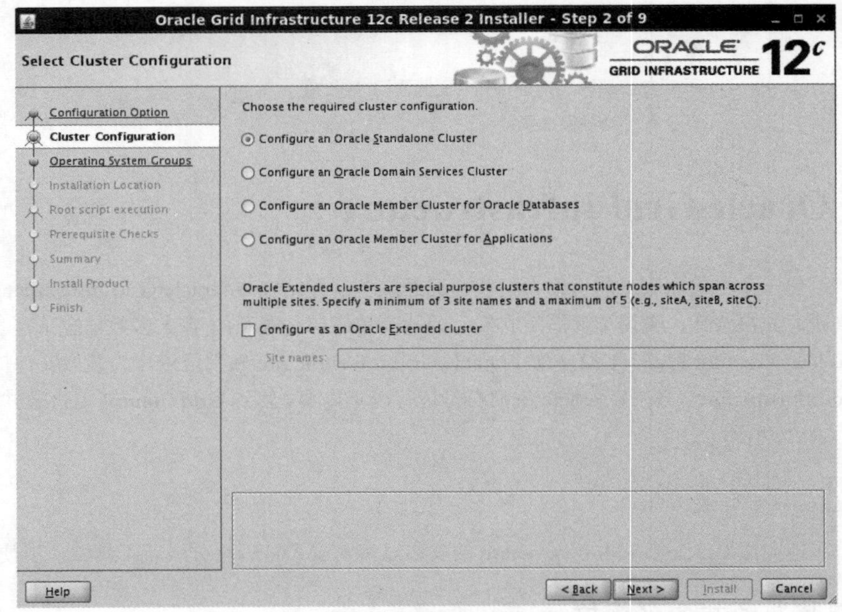

图 4-3 集群配置界面

- Oracle 独立集群
- Oracle 域服务集群
- Oracle 数据库的 Oracle 成员集群
- 应用程序的 Oracle 成员集群
- Oracle 扩展集群

在这种情况下，我们选择第一个选项 Configure an Oracle Standalone Cluster，然后单击 Next 按钮。

进入网格即插即用信息界面，如图 4-4 所示，可以指定 Grid 即插即用功能的配置细节。在此界面上，指定集群的名称、SCAN、SCAN 侦听器要使用的端口号以及 Grid 命名服务(GNS)信息。应该取消选中此界面上的 Configure GNS 复选框，因为我们不会在此安装中配置 GNS。

Grid 即插即用

Oracle Grid Infrastructure 的 Grid 即插即用功能提供了动态添加和删除集群节点的能力，简化了大型 Grid 系统的管理。Oracle 需要一个动态命名方案来实现这个特性；为此，它使用 GNS(Grid 命名服务)。GNS 使用 DHCP 服务器动态分配虚拟 IP，以提供这样的动态命名方案。由于 GNS 动态地提供虚拟 IP 分配并解析服务器名称，因此节点在现有集群中添加或删除之前，将消除对 IP 和服务器名称的任何手动配置。

注意：确保集群名称在网络中是唯一的，因为如果网络中存在另一个同名集群，Oracle Grid Control 将不会发现并允许添加集群。

Oracle Grid Infrastructure 12c Release 2 Installer - Step 3 of 16
Grid Plug and Play Information
ORACLE GRID INFRASTRUCTURE 12c
Configuration Option
Cluster Configuration
Grid Plug and Play
Cluster Node Information
Network Interface Usage
Storage Option
Grid Infrastructure Managemen
Create ASM Disk Group
ASM Password
Operating System Groups
Installation Location
Root script execution
Prerequisite Checks
Summary
Install Product
Finish
Single Client Access Name (SCAN) allows clients to use one name in connection strings to connect to the cluster as a whole. Client connect requests to the SCAN name can be handled by any cluster node.
Cluster Name: rac-cluster
SCAN Name: rac-scan.localdomain
SCAN Port: 1521
Configure GNS
Configure nodes Virtual IPs as assigned by the Dynamic Networks
Create a new GNS
GNS VIP Address:
GNS Sub Domain:
Use Shared GNS
GNS Client Data:
Browse...
Help
< Back
Next >
Install
Cancel

图 4-4　网格即插即用信息界面

4.3.2　指定集群节点并验证 SSH 连接

接下来进入集群节点信息界面，如图 4-5 所示，必须在其中指定集群中所有节点的名称。对于每个节点，必须指定公共和虚拟节点名称。

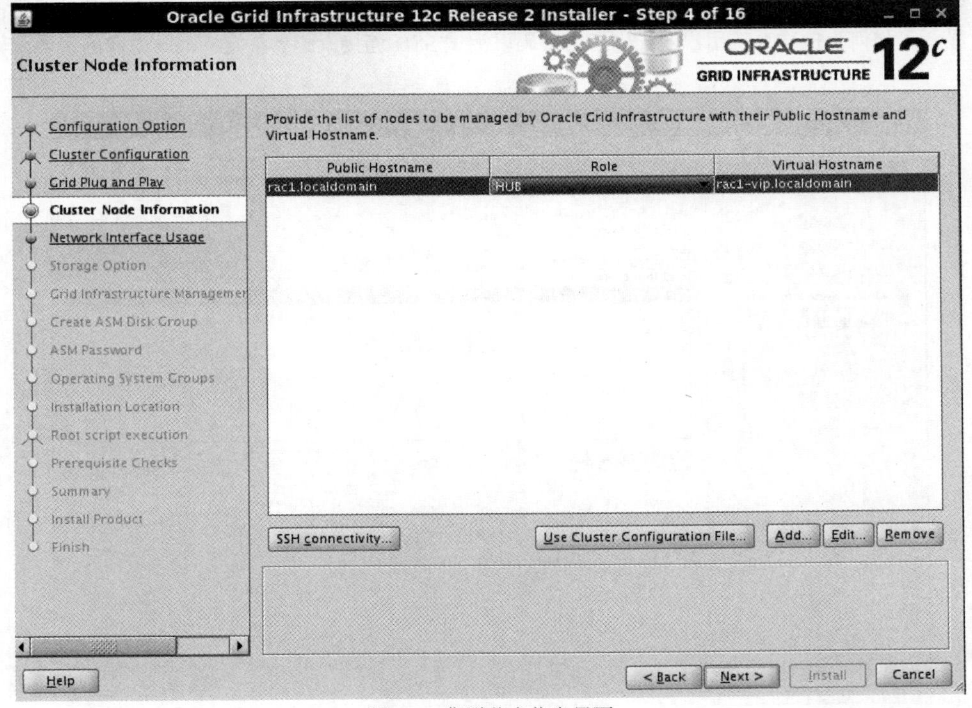

图 4-5　集群节点信息界面

注意：如果在 Grid 即插即用信息界面中配置和选择了 GNS，那么 Oracle 会自动分配虚拟 IP 和虚拟节点名称。

可以单击 Add、Edit 或 Remove 按钮来分别添加、修改或删除节点名称。图 4-6 显示了如何为要添加到集群中的节点指定节点范围表达式，从而添加单个节点或某个范围内的多个节点。在本章的例子中，我们选择将单个节点 rac2 添加到已有的节点 rac1 中，使集群共有两个节点。

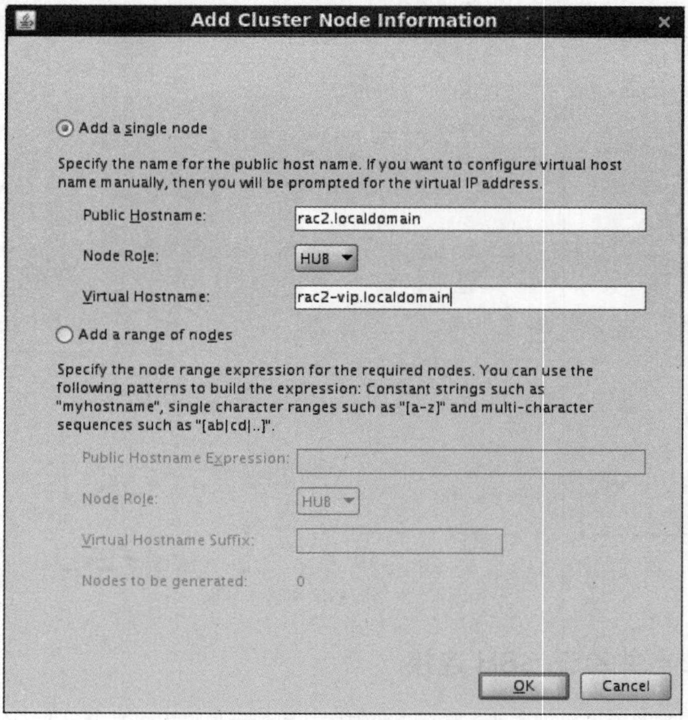

图 4-6　向集群中添加节点

在这个界面上，还可以单击 SSH connectivity 按钮，为 Oracle Grid 软件所有者在指定的节点之间配置无密码连接。图 4-7 显示了如何为操作系统用户 oracle 指定密码以测试 SSH 连接。一旦指定 oracle 用户的密码，就单击 Test 按钮。

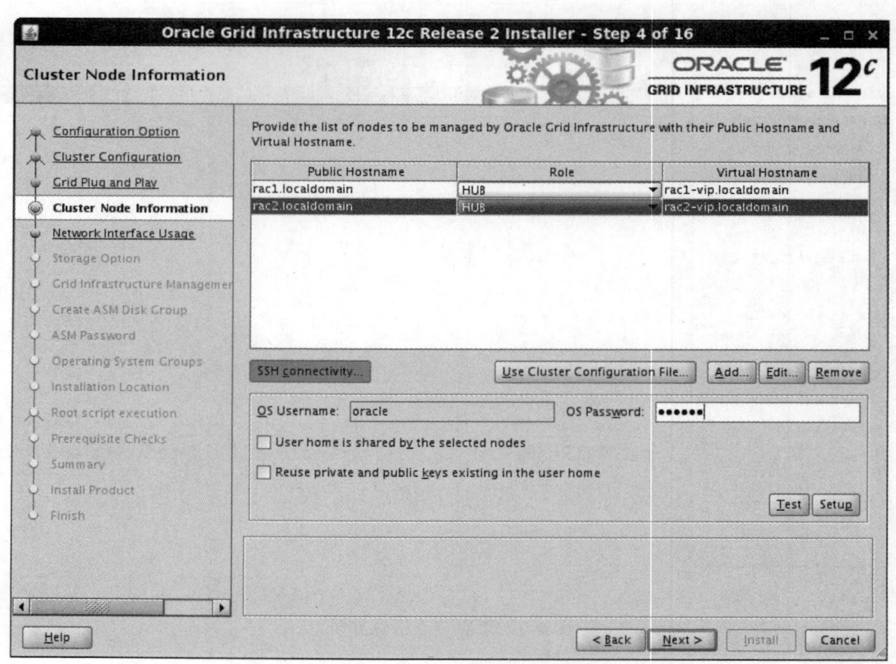

图 4-7　测试 SSH 连接

图 4-8 显示在所选节点之间成功建立了无密码的 SSH 连接。

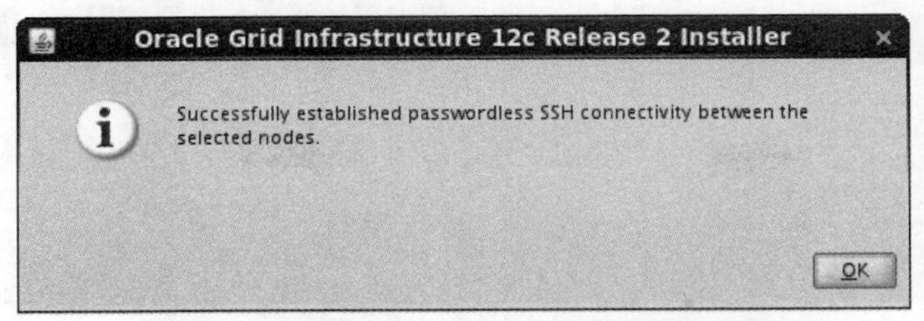

图 4-8　在集群节点之间建立无密码的 SSH 连接

指定集群节点名称并测试集群所有节点之间的 ssh 连接之后，单击 Next 按钮。

高可用 IP(HAIP)

高可用 IP 是 Oracle Grid Infrastructure 配置的专用虚拟 IP，用于为 Oracle Grid Infrastructure 12*c* 中的专用互连提供冗余。Oracle 可以为每个集群服务器配置最多 4 个 HAIP，以实现专用网络冗余。

Oracle 利用 IP 范围 169.254.0.0 和专用网络上的多播来实现这种冗余；因此，一定要在专用接口上启用多播，并且不在网络上使用 IP 范围 169.254.0.0。否则，将 Oracle Grid Infrastructure 12*c* 安装或升级到 Oracle 12*c* 的操作将失败。

请参阅 My Oracle Support Bulletin 1212703.1 中的“由于多播要求，Oracle Grid Infrastructure 安装或升级可能会失败”，以获取更多细节和验证需求的测试程序。借助这个功能，不必使用任何第三方或操作系统级的绑定即可提供冗余。

可以在安装过程中或随后使用 oifcfg 命令定义多个专用网络适配器。HAIP 允许在所有活动的互连接口之间负载均衡流量，相应的 HAIP 地址将透明地故障转移到其他可用、已配置的网络适配器。如果在安装过程中使用多个接口，或者稍后使用 oifcfg 进行配置，你将在 ASM 和 RDBMS 实例的警报日志中注意到如下条目：

```
Cluster communication is configured to use the following interface(s)
 for this instance
  169.254.92.149
  169.254.239.6
cluster interconnect IPC version: Oracle UDP/IP (generic)
IPC Vendor 1 proto 2
```

安装程序会创建额外的虚拟 IP 地址，每个接口一个，如下所示：

```
eth1:1      Link encap:Ethernet  HWaddr 08:00:27:97:DD:10
            inet addr:169.254.92.149  Bcast:169.254.127.255  Mask:255.255.128.0
            UP BROADCAST RUNNING MULTICAST  MTU:1500  Metric:1

eth2:1      Link encap:Ethernet  HWaddr 08:00:27:A2:6A:CB
            inet addr:169.254.239.6  Bcast:169.254.255.255  Mask:255.255.128.0
            UP BROADCAST RUNNING MULTICAST  MTU:1500  Metric:1
```

4.3.3　指定网络接口

接下来进入指定网络接口的使用情况界面，如图 4-9 所示，可以指定每个网络接口的计划使用情况。如果节点中有许多网卡，可以指示 Oracle Grid Infrastructure 必须将哪些网卡用于公共流量，哪些网卡用于专用网络流量，哪些网卡用作 ASM 网络。

在这里，可以指定接口名称和子网。还可以指定公用网络和专用网络，并且必须将 VIP 接口设置为 Do Not Use。如果不希望 Oracle 使用特定的网络接口，可以选择 Do Not Use。

如果网络 IP 地址以 10.x 或 192.x 开头，则默认情况下它是专用网络。从 Oracle 11*gR*2(11.2.0.2)开始，可以选择多个私有接口，Oracle 将使用高可用 IP(HAIP)集群资源，自动配置私有互连以实现冗余。

为 ASM 指定单独的网络是 Oracle 12*c* 中的一个新功能，它定义了一个专用网络，以提供将 ASM 的内部网络流量与其他专用网络流量隔离的功能。Oracle 将专门使用此网络作为数据库实例和 ASM 实例之间所有通信的通信路径，ASM 实例通常是元数据和扩展映射。

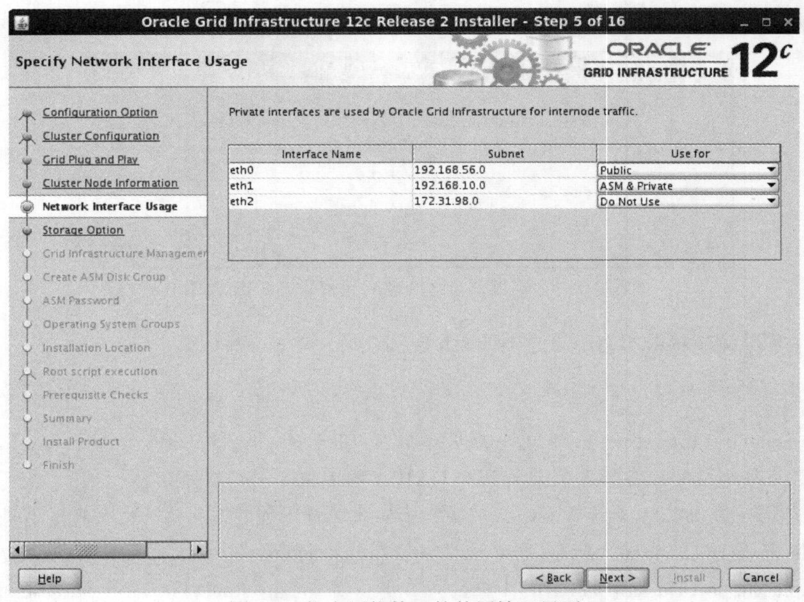

图 4-9 指定网络接口的使用情况界面

如果选择 ASM & Private 选项，则表示 OUI 希望使用 Oracle Flex ASM 进行存储。如果使用的是本地 ASM，请选择 Private。在这个界面中，我们将两个接口用于 ASM & Private 网络。因此，我们利用 HAIP 特性而不是使用操作系统级别的连接。选择正确的网络后，单击 Next 按钮。

4.3.4 选择存储选项

Oracle ASM 为数据库中的实例提供共享存储，这是 Oracle RAC 数据库的主要要求。图 4-10 显示了安装程序显示的下一个界面，即存储选项选择界面，其中要求在块设备上或 NFS 位置配置 Oracle ASM。

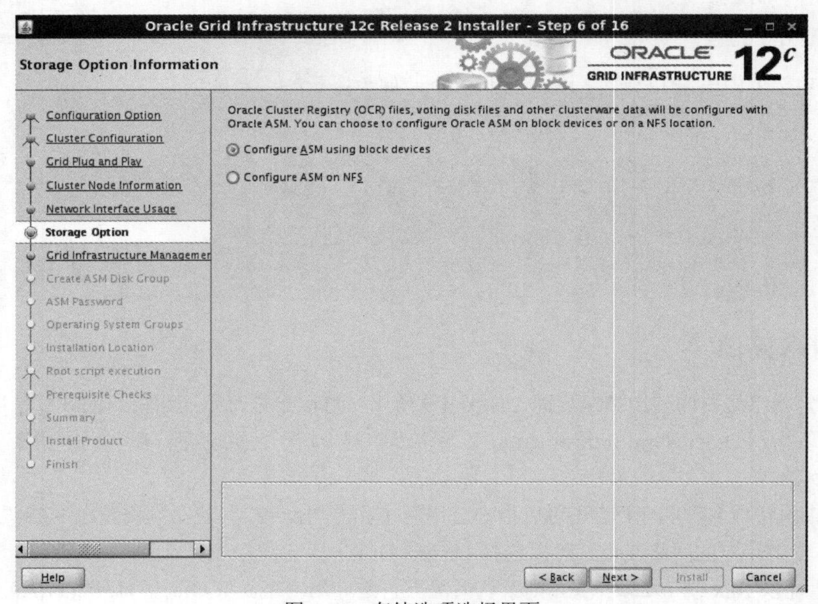

图 4-10 存储选项选择界面

提示：请仔细选择集群名称，因为安装后更改集群名称的唯一方法是重新安装 Oracle Grid Infrastructure。

图 4-10 显示 Oracle Universal Installer 不允许为共享存储指定原始设备，因为 Oracle RAC 数据库不再支持原始设备。Oracle 仅支持 ASM 和集群文件系统，用于与 Oracle RAC 一起使用的共享存储。对于 Oracle 11*g*R2，如果从

以前的版本升级，那么 OUI 允许使用原始设备，但当前的版本不再允许，而需要从原始设备移动到受支持的存储。选择 Configure ASM using block devices 选项。然后单击 Next 按钮。

下一个界面如图 4-11 所示，这是 Oracle 12*c* 新添加的界面，它允许选择是否为强制的 Grid Infrastructure 管理存储库(GIMR)数据创建单独的 ASM 组。我们不这样做，因此单击 Next 按钮继续安装过程。

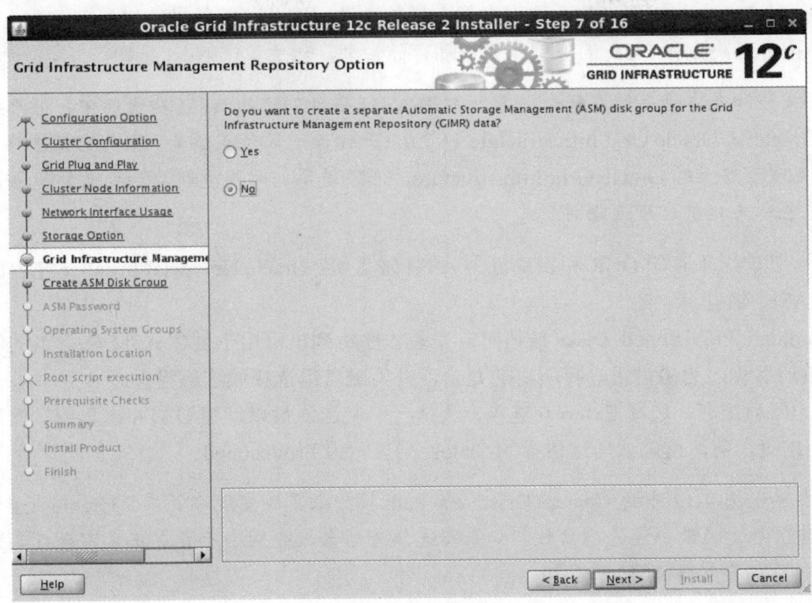

图 4-11　GIMR 选项界面

OCR 包含有关集群配置的关键信息，包括公用和专用网络的配置细节。OCR 和表决盘的最小建议大小为 280MB，因为重新配置 OCR 和表决盘可能会影响整个集群，尽管这些文件中的实际信息相对较少。表决盘由集群同步服务(CSS)用来解决网络分裂，通常称为脑裂。它被用作配置节点状态的最终仲裁者(向上或向下)，并传递逐出通知。它包含 kill 块，在节点收回期间由另一个节点格式化。

Oracle 允许镜像 OCR 和表决盘。如果决定选择镜像，请选择 Normal 选项并提供镜像设备的位置。否则，选择 External 选项，参见图 4-12。

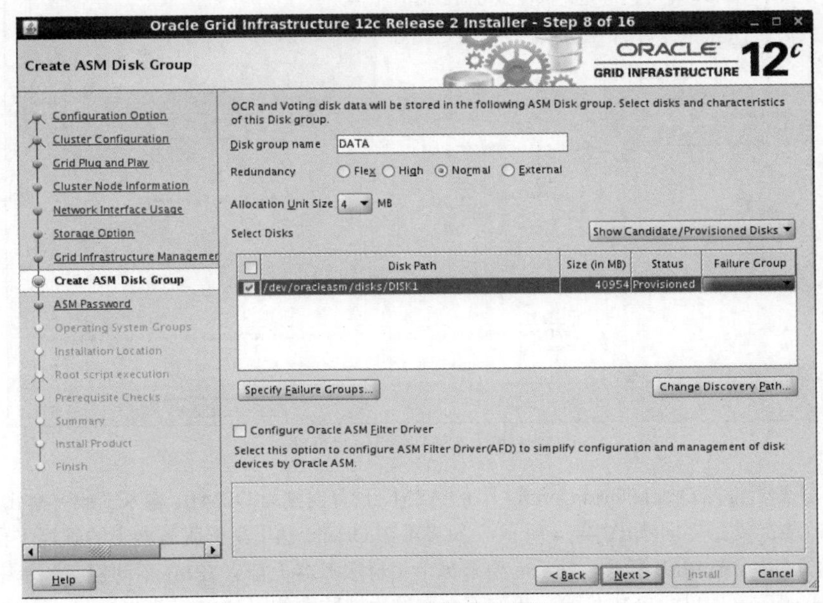

图 4-12　ASM 磁盘组创建界面

OCR 的位置可以是集群文件系统或 ASM。如果使用 ASM 存储 OCR 和表决盘，Oracle 将根据用于存储 OCR 和表决盘的 ASM 磁盘组的配置，来决定 OCR 和表决盘的数量。

ASM 磁盘组中的表决盘数量基于 ASM 磁盘组的冗余级别。Oracle 为正常冗余分配三个表决盘，为高冗余 ASM 磁盘组分配五个表决盘。

OCR 文件被视为 ASM 中与任何其他数据库文件一样的文件；因此，无须做特别处理。

在图 4-12 中，指定表决盘和 OCR 的位置作为自动存储管理，然后单击 Next 按钮。

注意：将 OCR 文件和表决盘存储在一个由 5 个 1GB ASM 磁盘创建的 ASM 磁盘组中，对于正常大小的网格环境来说是足够的。Oracle 从 Oracle Grid Infrastructure 11.2.0.2 开始改进了节点隔离，因为它试图终止能够执行 I/O 操作的进程，并停止失败节点上的 Oracle Grid Infrastructure，而不是第一时间重新启动失败的节点，以阻止向数据文件发送 IO 请求，这也称为非重启节点隔离。

在图 4-12 中，可创建用于存储 OCR 和表决盘的 ASM 磁盘组。Oracle Universal Installer 在内部执行 ASMCA 工具，以创建和配置 ASM 磁盘组。

单击 Show Candidate/Provisioned Disks 按钮时，安装程序将列出可用于创建 ASM 磁盘组的所有候选磁盘。可以键入 ASM 磁盘组的名称，为磁盘组选择所需的冗余，并为磁盘组选择候选磁盘。

将 DATA 指定为磁盘组名，选择 External 选项，选择一个候选磁盘以创建 DATA 磁盘组，然后单击 Next 按钮。但是，在单击 Next 按钮之前，请确认所选磁盘的 Status 列显示为 Provisioned。

注意：可能需要单击图 4-12 中的 Change Discovery Path 按钮来更改发现字符串。Oracle 还会验证为 OCR 和表决盘创建 ASM 磁盘组所选的最小候选磁盘数，如果所选候选磁盘数分别小于具有正常冗余或高冗余的 ASM 磁盘组的三个或五个，则不允许创建 ASM 磁盘组。

在接下来的如图 4-13 所示的 ASM 密码指定界面中，可以为 SYS 和 ASMSNMP 用户指定密码。我们将选择 Use same passwords for these accounts 选项，因为我们将对这些用户使用相同的密码。

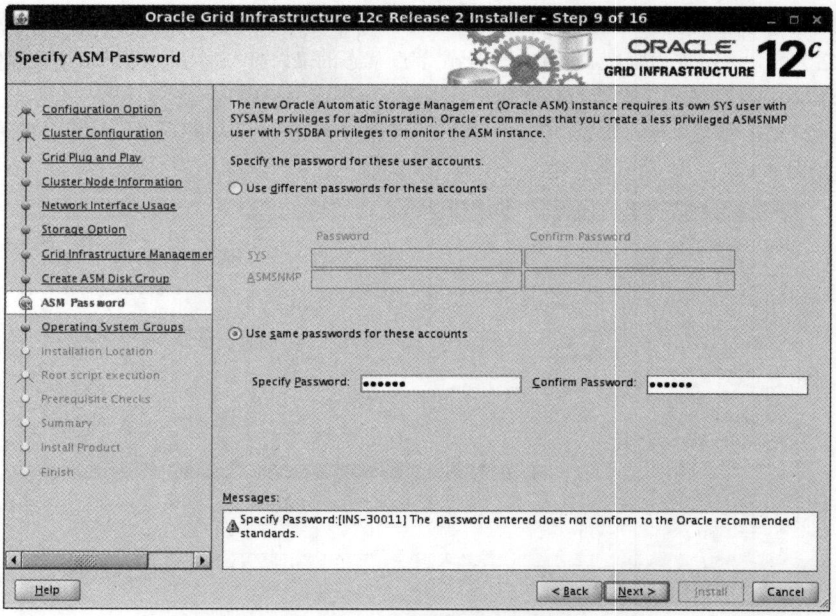

图 4-13 ASM 密码指定界面

ASMSNMP 用户需要监视 Oracle Grid Control 中的 ASM 目标(也称为 OEM)。输入密码并单击 Next 按钮。

接下来进入失败隔离支持界面(如图 4-14 所示)，如果希望 Oracle 利用集群服务器上的智能平台管理接口(IPMI)在发生故障时关闭，可以指定 IPMI 凭据。Oracle 要求每个集群服务器上都有 IPMI 驱动程序和基带管理控制器，以便将 Oracle Grid Infrastructure 与 IPMI 集成。我们不会在这次安装中使用 IPMI，所以选择 Do Not Use Intelligent Platform Management Interface (IPMI)，然后单击 Next 按钮。

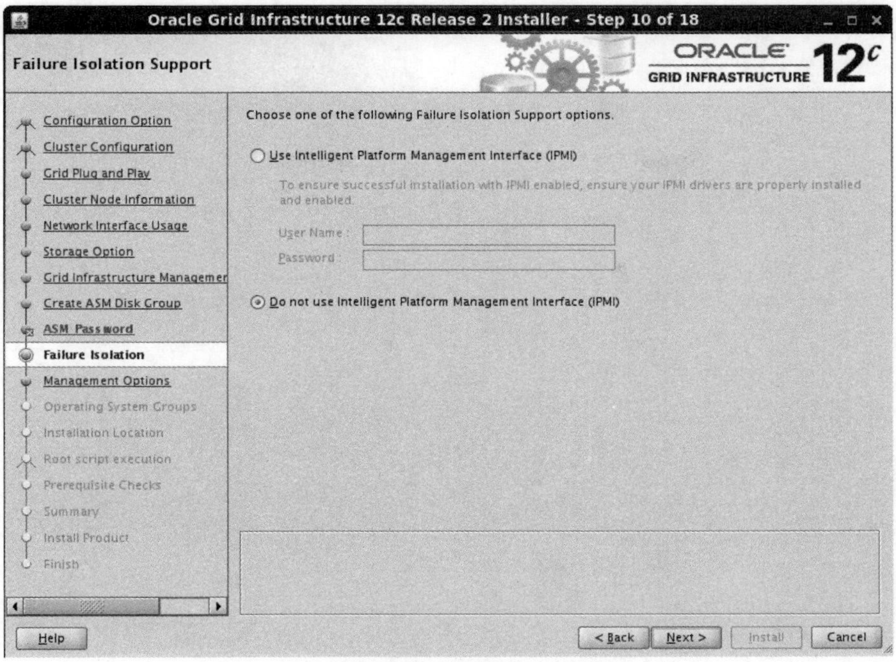

图 4-14　失败隔离支持界面

4.3.5　指定管理选项和特权 OS 系统组

接下来进入管理选项指定界面，如图 4-15 所示，该界面允许通过 Enterprise Manager Cloud Control 配置 Oracle Grid Infrastructure 和 Oracle ASM 的管理。此时不执行此操作，因此单击 Next 按钮。

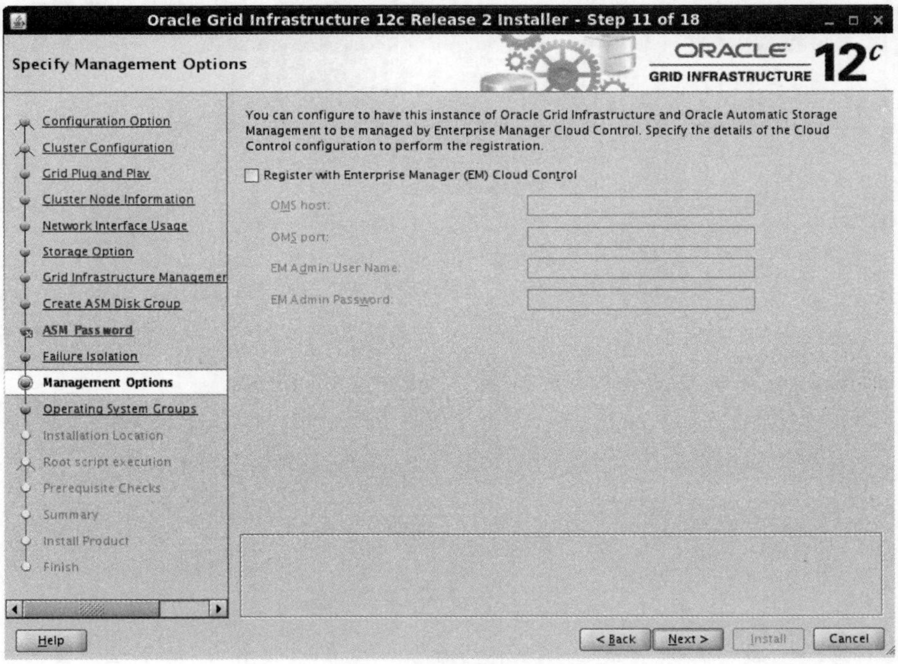

图 4-15　管理选项指定界面

进入特权 OS 系统组界面，如图 4-16 所示，可以选择用于 ASM 操作系统身份验证的操作系统组。可以在此界面上为 OSDBA 组选择 asmdba，为 OSOPER 组选择 asmoper，为 OSASM 组选择 asmadmin，然后单击 Next 按钮(为了简单起见，为 OSASM 和 OSDBA 组选择 dba 作为 OS 组)。

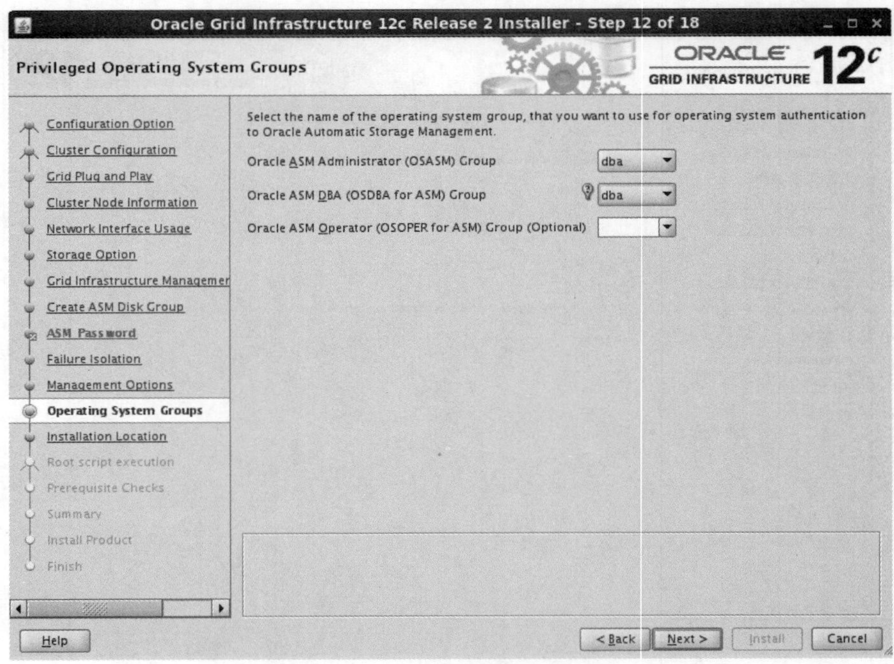

图 4-16 特权 OS 系统组界面

进入如图 4-17 所示的安装位置指定界面，必须为 Oracle 库和软件安装指定存储位置。应该为每个软件所有者使用单独的 Oracle 库位置。

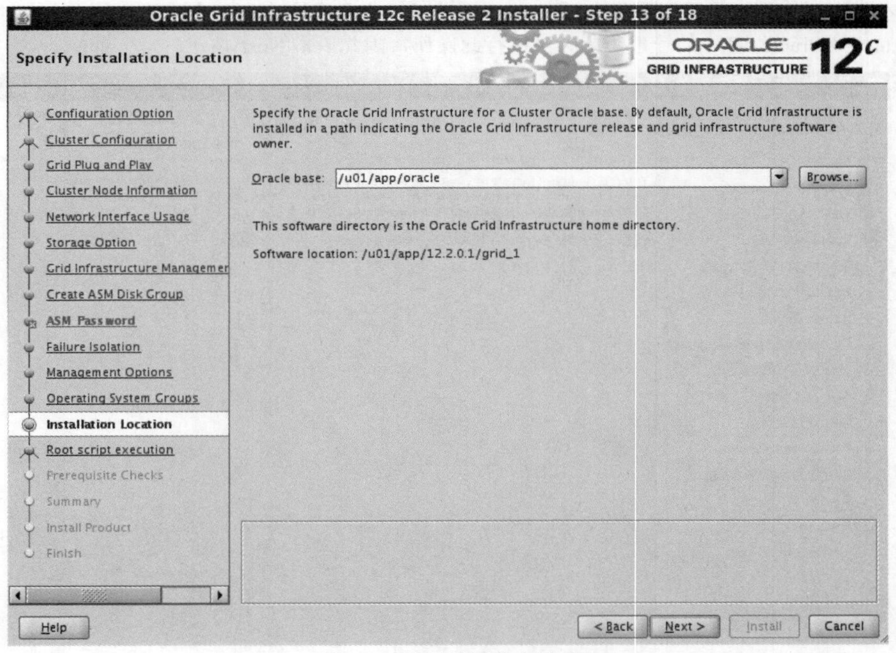

图 4-17 安装位置指定界面

必须确保软件位置不在为 Oracle 库指定的路径内。指定/u01/app/oracle 作为 Oracle 基本位置，然后单击 Next 按钮。安装程序会显示将用作 Oracle Grid Infrastructure 主目录的软件目录：/u01/app/12.2.0.1/grid_1。我们通常在路径的末尾指定 Oracle Grid Infrastructure 所有者(grid)的名称，但这里选择指定值 grid_1。

接下来的目录创建界面(如图 4-18 所示)允许为安装元数据文件配置一个目录，该目录名为 orainventory。oninstall OS 系统组的成员具有此目录的写入权限。指定一个位置，如/u01/app/orainventory，然后单击 Next 按钮。

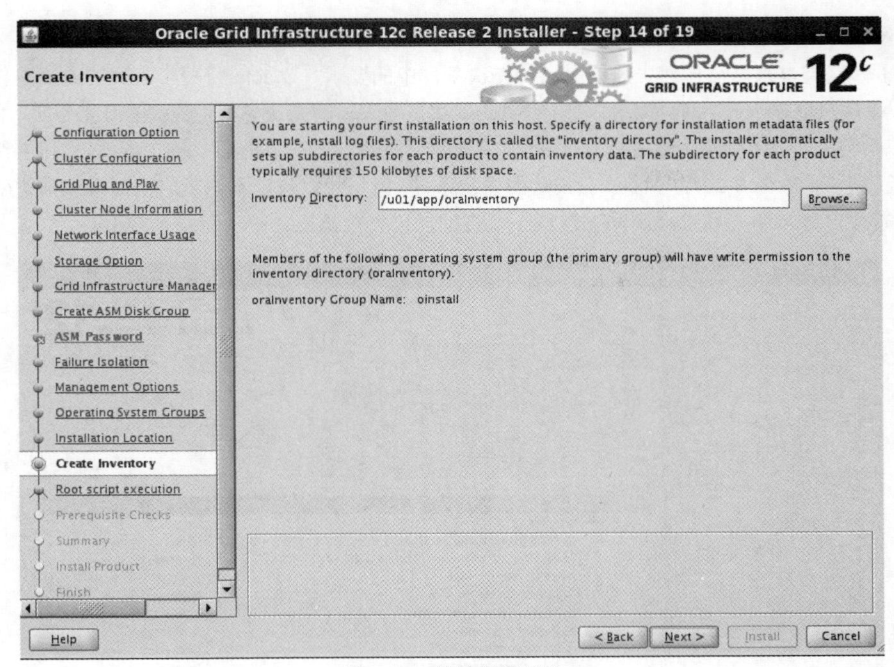

图 4-18　目录创建界面

安装程序现在显示一个新的界面(参见图 4-19)。此界面允许决定是否希望安装程序在集群的所有节点上自动执行所需的 root.sh 和 rootupgrade.sh 脚本。如果有多个节点，这是一个有用的功能。可以指定根密码或为具有 sudo 权限的 OS 用户指定凭据。注意，根密码在集群中的所有节点上都必须相同。尽管图 4-19 显示选中了 Automatically run configuration scripts 复选框，但在进行此次安装时，我们选择手动执行根脚本，单击 Next 按钮。

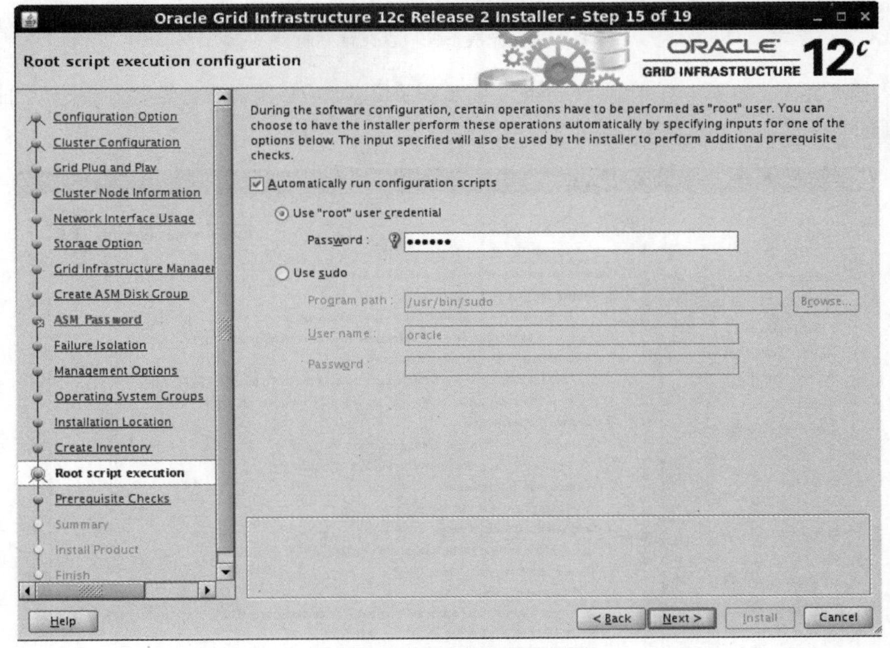

图 4-19　根脚本执行配置界面

4.3.6　执行先决条件检查

进入先决条件检查执行界面，如图 4-20 所示，Oracle Universal 安装程序会验证安装 Oracle Grid Infrastructure 的最低要求。Oracle Universal 安装程序在内部执行集群验证实用程序，以验证操作系统和硬件先决条件。根据集群验证实用程序执行的验证测试的结果，Oracle 在此界面上显示失败的先决条件。

OUI 提供了修复脚本来修复任何失败但灵活的先决条件中的要求。Oracle 将每个失败的先决条件的 Fixable 状态标记为 Yes，该状态也显示在界面上。可以选择 Fixable 状态为 Yes 的先决条件，然后单击此界面上的 Fix & Check Again 按钮，以修复并再次验证先决条件。安装程序成功验证所需的先决条件后，单击 Next 按钮继续。

注意，对于这个例子，图 4-20 显示了一些失败的先决条件，但是我们决定不修复它们而继续前进(选择 Ignore All 选项)。当然，在生产环境中，在选择忽略安装程序检查的任何失败验证之前，需要非常小心。

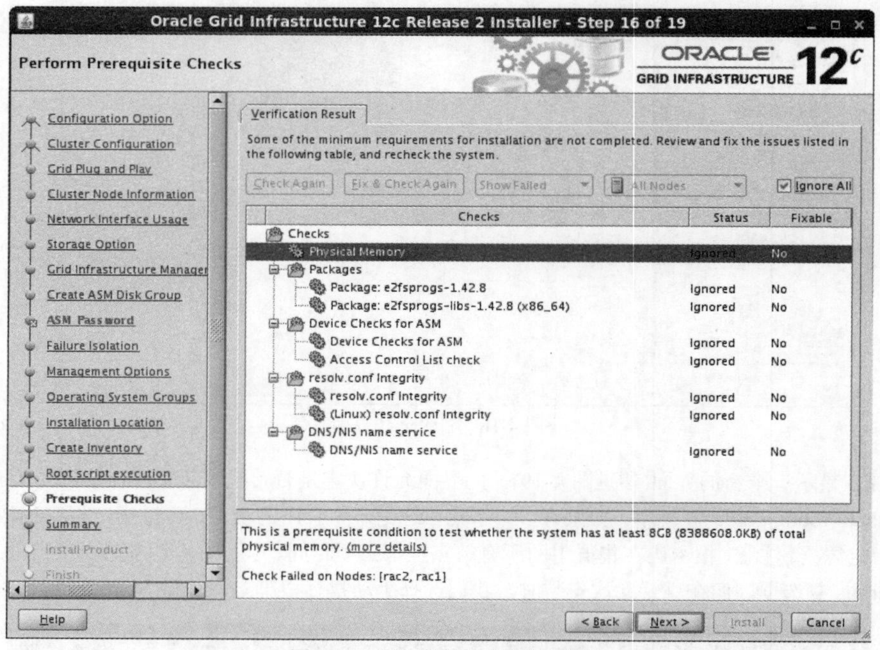

图 4-20　先决条件检查执行界面

接下来进入摘要界面，如图 4-21 所示，Oracle 将显示安装信息。应该验证这些信息。如果显示的信息正确，请单击 Install 按钮开始安装。

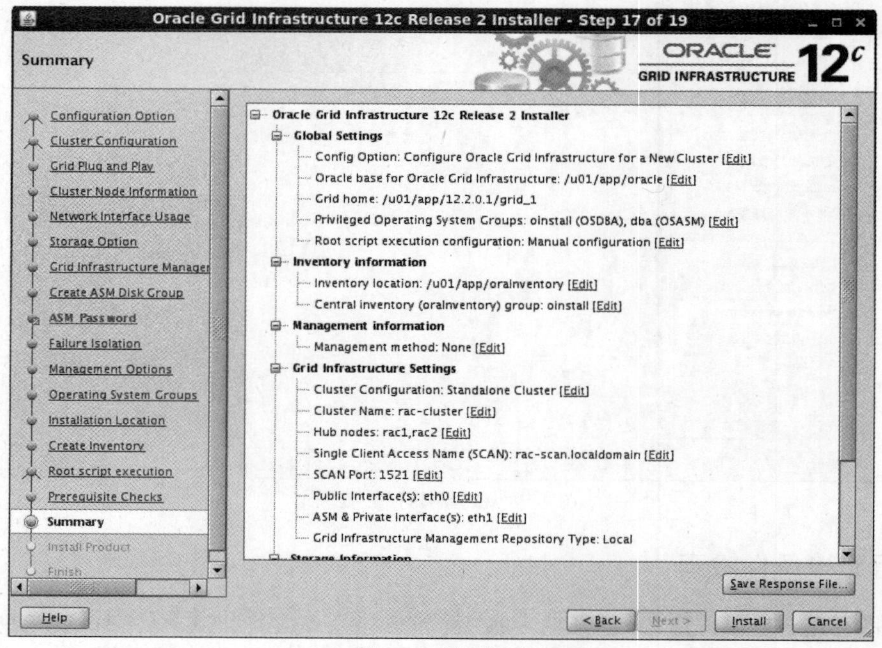

图 4-21　摘要界面

根据硬件配置和集群中节点的数量，安装 Oracle Grid Infrastructure 可能需要至多 30 分钟。安装程序将把所有必需的文件复制到 Oracle Grid Infrastructure 主目录，并将这些文件与操作系统库链接起来。在本地节点上完成安装和链接后，安装程序将把文件复制到远程节点。在整个过程中，可以在产品安装界面的进度条中查看状态(参见图 4-22)。

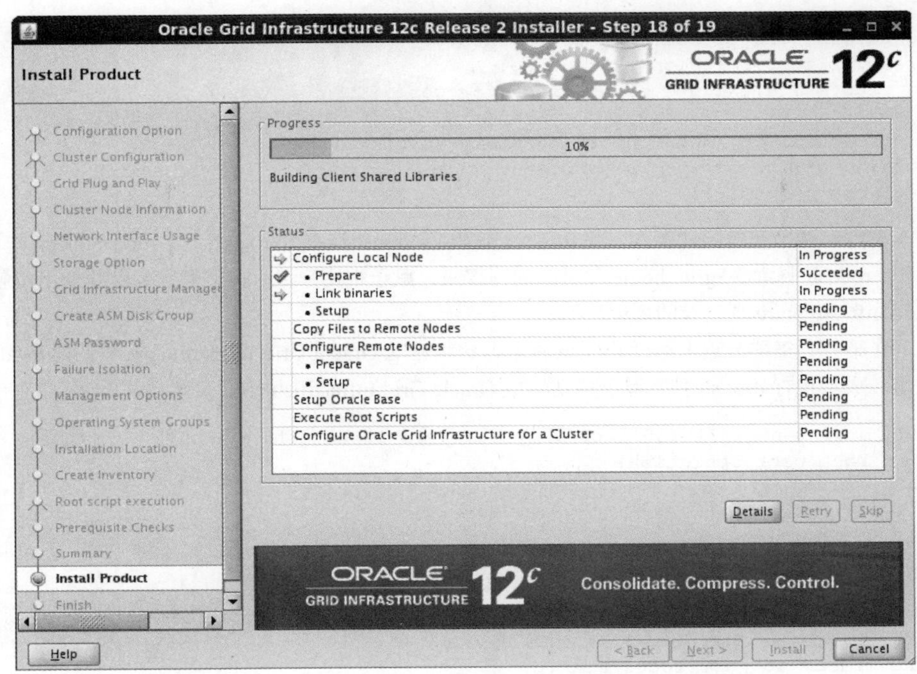

图 4-22　显示了 Oracle Grid Infrastructure 安装进度的产品安装界面

4.3.7　运行根脚本

因为我们选择了在所有节点上手动运行 root.sh 脚本的选项，所以在所有节点上安装二进制文件之后，会弹出一个对话框，如图 4-23 所示，提示会在集群中的所有节点上以 root 用户身份运行以下两个脚本：

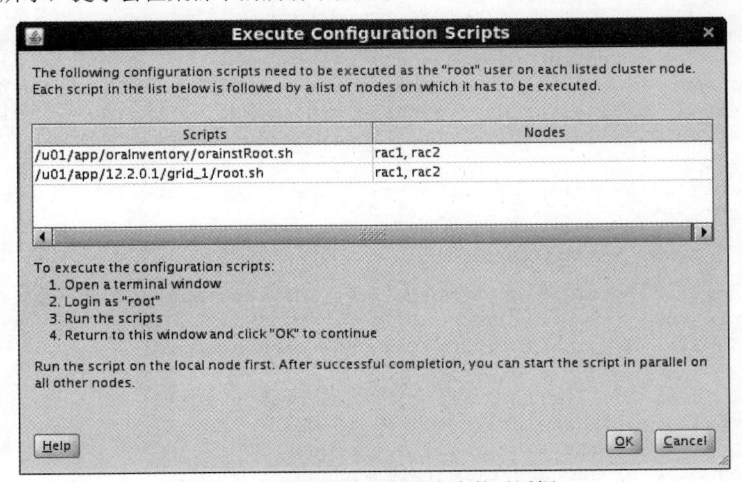

图 4-23　提示会执行配置脚本的对话框

```
/u01/app/orainventory/orainstRoot.sh
/u01/app/12.2.0/grid_1/root.sh
```

必须首先在本地节点上运行脚本。在本地节点上成功运行完脚本后，可以在所有其他节点中并行运行脚本。如果尝试在所有节点上并行运行脚本，那么非本地节点上的脚本将进行失败。

第一个脚本 orainstRoot.sh 用于库存设置。第二个脚本 root.sh 用于为 Oracle Grid Infrastructure 主目录中的文件设置权限、配置集群并在集群节点上启动 Oracle Clusterware。

以下是运行 orainstRoot.sh 脚本后的输出：

```
[root@rac2 grid_1]#
[root@rac1 oraInventory]# ./orainstRoot.sh
Changing permissions of /u01/app/oraInventory.
Adding read,write permissions for group.
Removing read,write,execute permissions for world.

Changing groupname of /u01/app/oraInventory to oinstall.
The execution of the script is complete.
[root@rac1 oraInventory]#
```

root.sh 脚本在内部调用其他配置脚本，如 rootmacro.sh、rootinstall.sh 和 rootcrs.pl。rootcrs.pl 脚本完成大部分安装后的配置操作。root.sh 脚本将$grid_home 父目录的写权限只赋予根用户。这就是为什么最好使用单独的存储位置作为 Oracle Grid Infrastructure 主目录的原因。

如下所示，在第一个集群节点上运行 root.sh 脚本，这将启动 Oracle Grid Infrastructure 守护进程和 ASM，并装载 DATA 磁盘组。成功执行 root.sh 脚本对于成功完成 Oracle Grid Infrastructure 的安装至关重要。

```
[root@rac1 oraInventory]# /u01/app/12.2.0.1/grid_1/root.sh
Performing root user operation.

The following environment variables are set as:
    ORACLE_OWNER= oracle
    ORACLE_HOME=  /u01/app/12.2.0.1/grid_1

Enter the full pathname of the local bin directory: [/usr/local/bin]:
   Copying dbhome to /usr/local/bin ...
   Copying oraenv to /usr/local/bin ...
   Copying Creating /etc/oratab file...

Entries will be added to the /etc/oratab file as needed by
Database Configuration Assistant when a database is created
Finished running generic part of root script.
Now product-specific root actions will be performed.
Relinking oracle with rac_on option

Using configuration parameter file: /u01/app/12.2.0.1/grid_1/crs/install/crsconfig_params
The log of current session can be found at:
  /u01/app/oracle/crsdata/rac1/crsconfig/rootcrs_rac1_2017-04-16_01-46-02PM.log
2017/04/16 13:48:47 CLSRSC-363: User ignored prerequisites during installation
2017/04/16 13:48:47 CLSRSC-594: Executing installation step 3 of 19:
'CheckFirstNode'.
'CreateOHASD'.2017/04/16 13:50:18 CLSRSC-594: Executing installation step 12 of
19: 'ConfigOHASD'.
CRS-2791: Starting shutdown of Oracle High Availability Services-managed resources
on 'rac1'
CRS-2793: Shutdown of Oracle High Availability Services-managed resources on
'rac1' has completed
CRS-4133: Oracle High Availability Services has been stopped.

CRS-4123: Oracle High Availability Services has been started.
CRS-2672: Attempting to start 'ora.crsd' on 'rac1'
CRS-2676: Start of 'ora.crsd' on 'rac1' succeeded
CRS-4266: Voting file(s) successfully replaced
##  STATE    File Universal Id                    File Name Disk group
--  -----    -----------------                    --------- ---------
 1. ONLINE   a2edb1b05c394ff9bf67311128832ffb (/dev/oracleasm/disks/DISK1) [DATA]
Located 1 voting disk(s).
CRS-2672: Attempting to start 'ora.storage' on 'rac1'
2017/04/16 13:57:28 CLSRSC-343: Successfully started Oracle Clusterware stack
2017/04/16 13:57:28 CLSRSC-594: Executing installation step 18 of 19: 'ConfigNode'.
```

```
CRS-2672: Attempting to start 'ora.ASMNET1LSNR_ASM.lsnr' on 'rac1'
CRS-2676: Start of 'ora.ASMNET1LSNR_ASM.lsnr' on 'rac1' succeeded
CRS-2672: Attempting to start 'ora.asm' on 'rac1'
CRS-2676: Start of 'ora.asm' on 'rac1' succeeded

2017/04/16 14:02:58 CLSRSC-594: Executing installation step 19 of 19: 'PostConfig'.
2017/04/16 14:05:59 CLSRSC-325: Configure Oracle Grid Infrastructure
for a Cluster ... succeeded
[root@rac1 oraInventory]#
```

可以退出安装程序，并在 orainventory 主目录中查找 installActions.log 文件。如果启用了安装跟踪程序，还可以获得有关安装程序操作的详细信息。如果选择配置 Grid Infrastructure Repository，可在最后一个节点上执行 root.sh 脚本时配置它。

orainstRoot.sh 脚本会创建/etc/oracle 目录和 oratab 文件条目。这些条目由 Oracle Grid Infrastructure 代理使用，在操作系统启动和关闭期间执行。

打开终端窗口，以根用户身份登录，然后运行两个根脚本。当两个根脚本在所有非本地节点上完成运行后，会返回图 4-23 所示的对话框，单击 OK 按钮继续。

4.3.8　产品安装

可以单击图 4-22 所示界面中的 Details 按钮，查看日志安装文件中的最新条目，如图 4-24 所示。或者，也可以跟踪安装的日志文件。

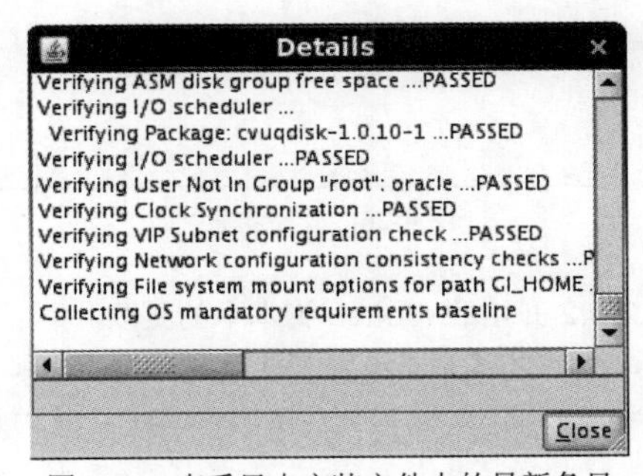

图 4-24　查看日志安装文件中的最新条目

完成所有集群软件的配置后，单击图 4-22 所示界面上的 Next 按钮，查看安装进度如图 4-25 所示。

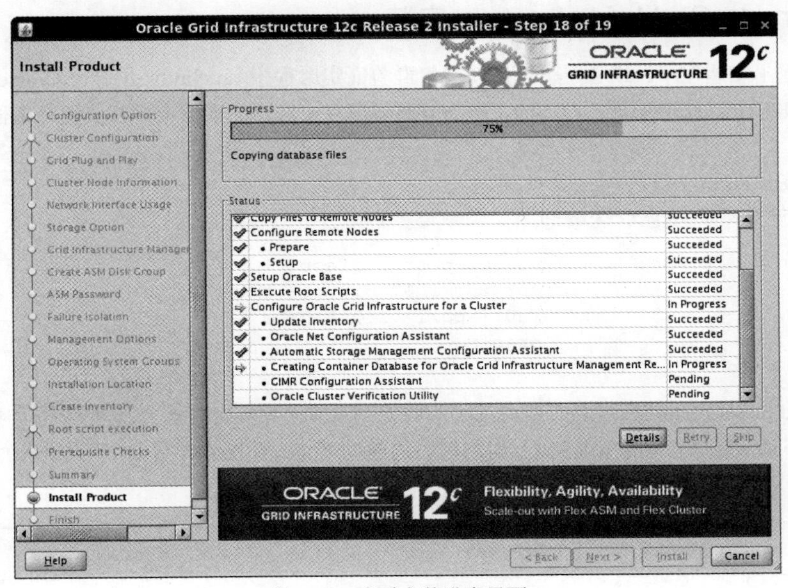

图 4-25　查看安装进度界面

安装程序将显示安装结束界面(参见图 4-26)，提示 Oracle Grid Infrastructure 配置成功。在本例中，因为选择了忽略某些次要的先决条件，所以会提示一些配置助手失败、被取消或跳过。但是，因为我们知道这是什么意思，所以没有必要担心。单击 Close 按钮，结束 Oracle Grid Infrastructure 的安装。

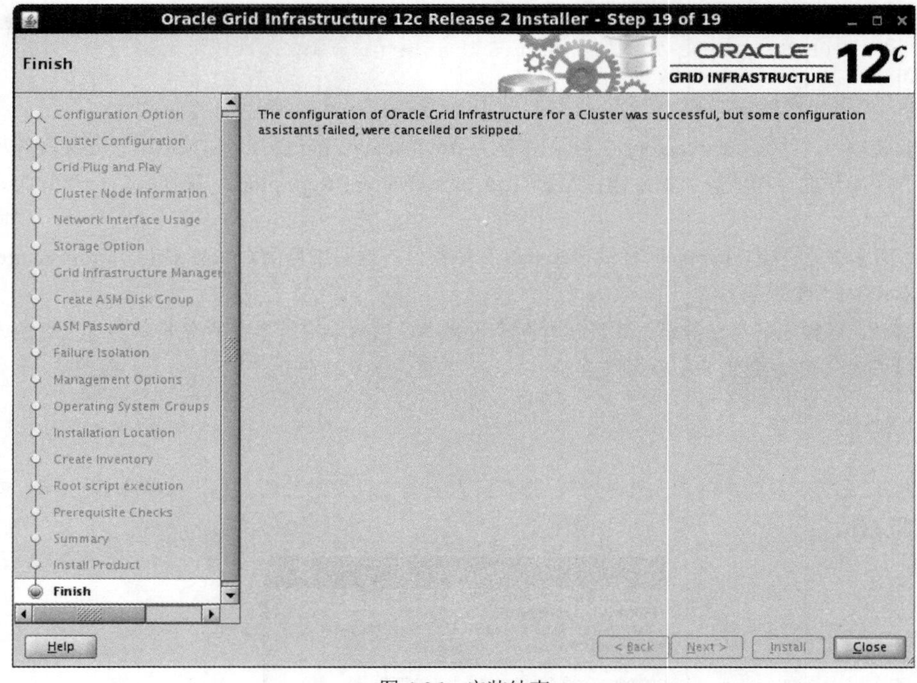

图 4-26 安装结束

从 Oracle Grid Infrastructure 11.2.0.2 开始的 root.sh 脚本中的更改

在失败的集群节点上重新启动 root.sh 脚本之前，不需要取消集群节点的配置。只要修复导致失败的问题，就可以从脚本在节点上失败的位置重新启动安装。Oracle 在内部记录 root.sh 执行的检查点，并在重新启动时使用它来了解 root.sh 脚本执行的起始点。

Oracle 还支持在集群节点上并行执行 root.sh 脚本，但集群中的第一个和最后一个节点除外。

4.3.9 验证 Oracle Grid Infrastructure 安装

完成安装后，退出安装程序。或者，也可以使用集群验证实用程序(runcluvfy.sh)验证 Oracle Grid Infrastructure 安装，如下所示。实际上，这个步骤是自动的，因为安装程序在安装开始和结束时都会运行集群验证实用程序。

```
[oracle@rac1 grid_1]$ ./runcluvfy.sh stage -post crsinst -n rac1,rac2
Verifying Node Connectivity ...
  Verifying Hosts File ...PASSED
…
CVU operation performed:        stage -post crsinst
Date:                           Apr 25, 2017 5:58:49 PM
CVU home:                       /u01/app/12.2.0.1/grid_1/
User:                           oracle
[oracle@rac1 grid_1]$
```

验证 Oracle Grid Infrastructure 安装是否成功的另一种方法是显示集群资源状态。你应该看到集群资源已经启动，状态是 ONLINE。下面演示了如何在 CRSCTL 实用程序的帮助下完成此操作：

```
[oracle@rac1 bin]$ ./crsctl status resource -t
--------------------------------------------------------------------------------
Name           Target  State        Server                   State details
--------------------------------------------------------------------------------
Local Resources
```

```
--------------------------------------------------------------------------------
ora.ASMNET1LSNR_ASM.lsnr
            ONLINE  ONLINE       rac1                     STABLE
            ONLINE  ONLINE       rac2                     STABLE
ora.DATA.dg
            ONLINE  ONLINE       rac1                     STABLE
            ONLINE  ONLINE       rac2                     STABLE
ora.LISTENER.lsnr
            ONLINE  ONLINE       rac1                     STABLE
            ONLINE  ONLINE       rac2                     STABLE
ora.chad
            ONLINE  ONLINE       rac1                     STABLE
            ONLINE  ONLINE       rac2                     STABLE
ora.net1.network
            ONLINE  ONLINE       rac1                     STABLE
            ONLINE  ONLINE       rac2                     STABLE
ora.ons
            ONLINE  ONLINE       rac1                     STABLE
            ONLINE  ONLINE       rac2                     STABLE
ora.proxy_advm
            OFFLINE OFFLINE      rac1                     STABLE
            OFFLINE OFFLINE      rac2                     STABLE
--------------------------------------------------------------------------------
Cluster Resources
--------------------------------------------------------------------------------
ora.LISTENER_SCAN1.lsnr
     1      ONLINE  ONLINE       rac1                     STABLE
ora.LISTENER_SCAN2.lsnr
     1      ONLINE  ONLINE       rac2                     STABLE
ora.LISTENER_SCAN3.lsnr
     1      ONLINE  ONLINE       rac2                     STABLE
ora.MGMTLSNR
     1      ONLINE  ONLINE       rac2                     169.254.239.38 192.1
                                                          68.10.2,STABLE
ora.asm
     1      ONLINE  ONLINE       rac1                     Started,STABLE
     2      ONLINE  ONLINE       rac2                     Started,STABLE
     3      OFFLINE OFFLINE                               STABLE
ora.cvu
     1      ONLINE  ONLINE       rac2                     STABLE
ora.mgmtdb
     1      ONLINE  ONLINE       rac2                     Open,STABLE
ora.orcl.db
     1      ONLINE  ONLINE       rac1                     Open,HOME=/u01/app/o
                                                          racle/product/12.2.0
                                                          /dbhome_1,STABLE
     2      ONLINE  ONLINE       rac2                     Open,HOME=/u01/app/o
                                                          racle/product/12.2.0
                                                          /dbhome_1,STABLE
ora.qosmserver
     1      ONLINE  ONLINE       rac2                     STABLE
ora.rac1.vip
     1      ONLINE  ONLINE       rac1                     STABLE
ora.rac2.vip
     1      ONLINE  ONLINE       rac2                     STABLE
ora.scan1.vip
     1      ONLINE  ONLINE       rac1                     STABLE
ora.scan2.vip
     1      ONLINE  ONLINE       rac2                     STABLE
ora.scan3.vip
     1      ONLINE  ONLINE       rac2                     STABLE
--------------------------------------------------------------------------------
[oracle@rac1 bin]$
```

在总结本章关于 Oracle Grid Infrastructure 安装的内容之前，请注意，从 Oracle Database 12*cR*2(12.2)开始，可以

使用-executeConfigTools 选项 执行 Oracle 产品的安装后配置。Oracle 数据库的安装也是如此，这是下一章的主题。

4.4 本章小结

Oracle Grid Infrastructure 是 Oracle RAC 部署的基础，当适当配置了底层存储和网络组件时，安装过程简单明了。Oracle Grid Infrastructure 是一个软件层，它与操作系统紧密集成，为一组服务器上的 RAC 数据库提供集群和高可用性功能。在网络和存储层配置冗余组件，可以实现基础结构的高可用性。

Oracle 提供的集群验证实用程序在准备和验证 Oracle Grid Infrastructure 方面有很大帮助，并提供了许多选项来验证各个阶段的安装过程。安装程序还提供了修复脚本，以帮助重新配置内核参数和所需的设置，从而消除安装过程中准备集群节点时的常见任务和人为错误。

从 Oracle Grid Infrastructure 11*gR*2 版开始，Oracle 通过新的 Grid 网格即插即用功能、典型的安装类型和可重新启动的根脚本，在安装和配置方面做出了重大改进。Oracle Universal Installer 执行各种先决条件检查，并为可修复的问题提供修复脚本，使最终用户更容易安装 Oracle Grid Infrastructure。

如果要在两个以上的节点上安装 Oracle RAC，可在多个节点上自动执行 root.sh 或 rootupgrade.sh 脚本而无须手动干预，这是一个很好的功能。

下一章将使用 Oracle RAC 选项安装 Oracle 12*cR*2(12.2.0.1)数据库。

第5章
安装Oracle RAC并创建Oracle RAC数据库

你在第 4 章学习了如何安装 Oracle Grid Infrastructure，这是 Oracle RAC 的基础。本章将回顾 Oracle Database 12*cR*2(12.2.0.1) RAC 的安装过程。安装 Oracle RAC 数据库软件是安装 Oracle Grid Infrastructure 后的下一个逻辑步骤，创建 Oracle 12.2 数据库是该过程的最后一步。

由于我们已经完成了安装数据库所需的大部分基础工作，作为上一章中 Oracle Grid Infrastructure 安装准备工作的一部分，本章要做的工作很简单。安装 Oracle RAC 软件与执行单实例 Oracle 数据库软件安装非常相似。在内部，Oracle Universal Installer(OUI)在单个节点上安装二进制文件，并使用底层的文件传输机制将文件传播到其他节点，将它们与相应的操作系统二进制文件重新链接。

如果以前使用过 Oracle 11*gR*2，就可能注意到，Oracle 开始以整套软件的形式提供补丁集，而不仅仅是更新。换句话说，它们是完整的版本。这有助于数据库的异地升级，也避免了先安装 Oracle Base Release 二进制文件，再升级到最新的补丁集。如果计划升级在早期版本上运行的数据库，就应在另一个 Oracle 主目录中安装 Oracle 12*c* RAC 二进制文件。不建议将 Oracle 12*c* RAC 二进制文件安装到现有的 Oracle 主目录中，尽管可以这样做。

在执行 Oracle 12*cR*1 RAC 安装之前，确保有一个版本相同或更高的可操作 Oracle Grid Infrastructure 堆栈。

Oracle RAC One Node 是一个单实例 Oracle RAC 数据库，运行在预先配置了 Oracle Grid Infrastructure 的单台计算机上，提供了一种主动/被动功能。有了 Oracle RAC One Node，单实例 RAC 数据库在集群的单个节点上便可随时运行。

Oracle RAC One Node

使用集群技术，Oracle RAC One Node 数据库允许按需将数据库实例迁移到其他服务器，转换到 Oracle RAC 而不需要停机，以及实现单实例数据库的滚动修补程序。Oracle RAC One Node 还为单实例数据库提供了高可用性。

Oracle 内部使用事务关闭方法一边在不影响当前事务的情况下在线迁移单实例数据库，但 Oracle 可以确保两个服务器不同时提供相同的服务。这确实是一个很好的功能，因为它允许大型组织在一个地方合并较小的单实例数据库，同时允许他们在组织内标准化 Oracle 数据库的部署，并通过升级到 Oracle RAC 数据库来增加单实例数据库的可扩展性，并且不需要停机。

尽管不是必需的，但是可以使用集群验证实用程序(cluvfy)进行数据库安装前的检查。可以在预安装模式下运行集群验证实用程序，以验证 Oracle 集群软件的基本节点的可访问性和完整性，同时还检查了基本的内核参数和所需的操作系统库。最后，集群验证实用程序检查 Oracle 集群软件守护程序的状态和网络基础架构问题。要确认硬件上的安装就绪情况，请(以用户 grid 身份)运行 cluvfy，如下所示：

```
[oracle@rac1 grid_1]$ ./runcluvfy.sh stage -pre dbinst -n rac1,rac2 -osdba dba
…
Verifying Physical Memory ...PASSED
Verifying Group Membership: oinstall(Primary) ...PASSED
Verifying Group Membership: dba ...PASSED
Verifying Run Level ...PASSED
CVU operation performed:       stage -pre dbinst
Date:                          Apr 25, 2017 6:04:58 PM
CVU home:                      /u01/app/12.2.0.1/grid_1/
User:                          oracle
[oracle@rac1 grid_1]$
```

就是这样！现在，在确定数据文件的存储位置后，可以开始安装 Oracle RAC 了。如果当前使用原始设备或块设备作为存储，则应计划迁移到受支持的共享存储之一，如 ASM、CFS 或 NFS，因为 Oracle 12*c* 不再支持原始设备，即使升级期间也是如此。

在安装数据库之前，无须使用 Oracle 数据库二进制文件安装和配置 ASM，因为 ASM 是使用 Oracle Grid Infrastructure 安装和配置的。因为我们将使用 Oracle ASM 来构建这个 Oracle RAC 数据库，所以需要创建 Oracle ASM 磁盘组来存储 Oracle 数据和备份。这可以使用 ASMCA 实用程序来完成，该实用程序在 Oracle Grid Infrastructure 主目录中运行。

在安装之前，可以调整最喜欢的 shell 的环境设置，并在启用跟踪选项的情况下启动安装程序(详见前一章)。跟踪将帮助获得安装程序的当前阶段，并在出现故障和/或挂起时调试安装。

下面的内容首先描述 Oracle RAC 集群的安装。接下来，演示如何使用 Oracle 数据库配置助手(DBCA)创建 Oracle RAC 数据库。

5.1　安装 Oracle RAC 集群

与安装 Oracle Grid Infrastructure 一样，可以使用 Oracle Universal Installer(OUI)安装 Oracle RAC 二进制文件。OUI 将在第一个节点上安装 Oracle RAC 二进制文件，然后将它们复制到集群中的其他服务器上。

可以运行 cluvfy 实用程序，进行数据库安装前的配置检查，如下所示。必须以 oracle 用户的身份运行该实用程序。

```
[oracle@rac1 grid_1]$ ./runcluvfy.sh stage -pre dbcfg -n rac1,rac2 -d orcl
Verifying Physical Memory ...PASSED
Verifying User Existence: oracle ...PASSED
Verifying Group Existence: dba ...PASSED
```

```
Verifying CRS Integrity ...PASSED
Verifying DNS/NIS name service 'rac-scan ...
Verifying ASM Integrity ...
Verifying Node Connectivity ...PASSED

CVU operation performed:      stage -pre dbcfg
Date:                         Apr 25, 2017 6:08:53 PM
CVU home:                     /u01/app/12.2.0.1/grid_1/
User:                          oracle
[oracle@rac1 grid_1]$
```

不一定非要运行 cluvfy 实用程序来检查先决条件，因为 Oracle Universal 安装程序将在安装 Oracle RAC 12*cR*2 之前，在内部运行 cluvfy 来验证所有先决条件。

如前所述，只要满足先决条件，Oracle RAC 安装就和单实例环境一样简单明了。可以从安装介质(CD-ROM 或 DVD)或临时区域(假设已将软件提取到磁盘)安装二进制文件。

仅在集群中的第一个节点上对客户端执行以下步骤。

(1) 首先调用 Oracle Universal Installer(OUI)，如下所示：

```
$ cd /u01/stage/12c/database
$ ./runInstaller
```

OUI 将显示 Configure Security Updates 界面，如图 5-1 所示，该界面允许指定在 Oracle My Support 注册的电子邮件地址和密码，以便 Oracle 在有新的安全更新可用时发出通知。

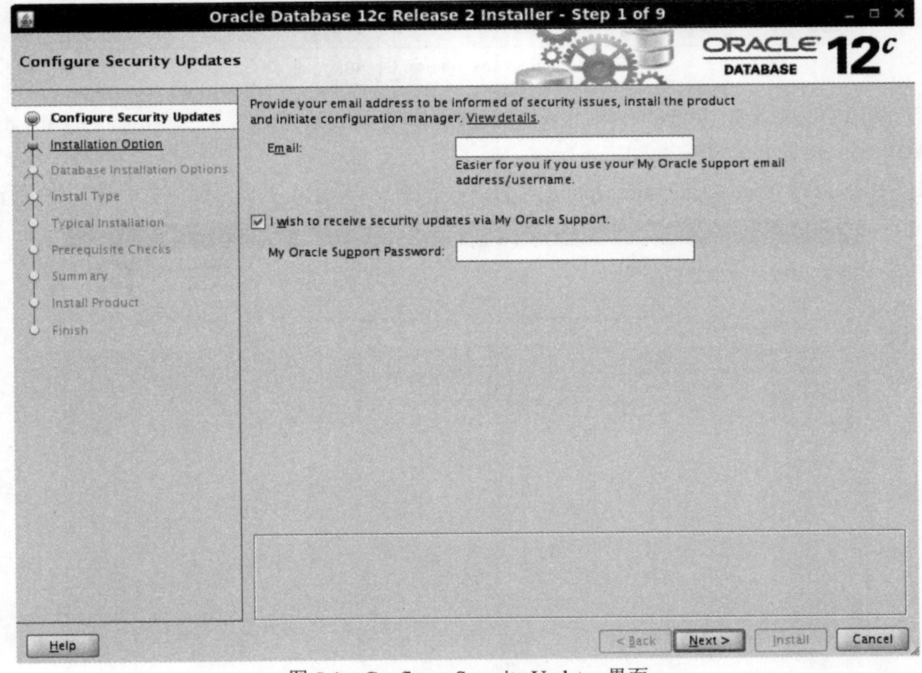

图 5-1　Configure Security Updates 界面

请注意，这要求数据库服务器连接到 Internet，并且出于安全原因，大多数数据中心不会将数据库服务器暴露到公共网络中。在这个界面上取消选中 I wish to receive security updates via My Oracle Support 复选框。单击 Next 按钮。

(2) OUI 将显示 Select Installation Option 界面，如图 5-2 所示，其中指定了当前安装所需的安装和配置选项：

- Create and configure a database(创建和配置数据库)：这是默认安装选项，用于安装 Oracle RAC 二进制文件，基于预配置的模板创建数据库。这个选项对初学者特别有用，因为 Oracle 为不同类型的工作负载(如 OLTP 和决策支持系统)提供了单独的模板。
- Install database software only(仅安装数据库软件)：此选项仅在集群中的所有服务器上安装 Oracle RAC 软件。

数据库管理员大多使用此选项，这允许他们在安装 Oracle RAC 二进制文件后，使用数据库配置助手(DCA)创建数据库时具有更大的灵活性。

- Update an existing database(更新现有数据库软件)：此选项升级集群中现有的 Oracle RAC 数据库。

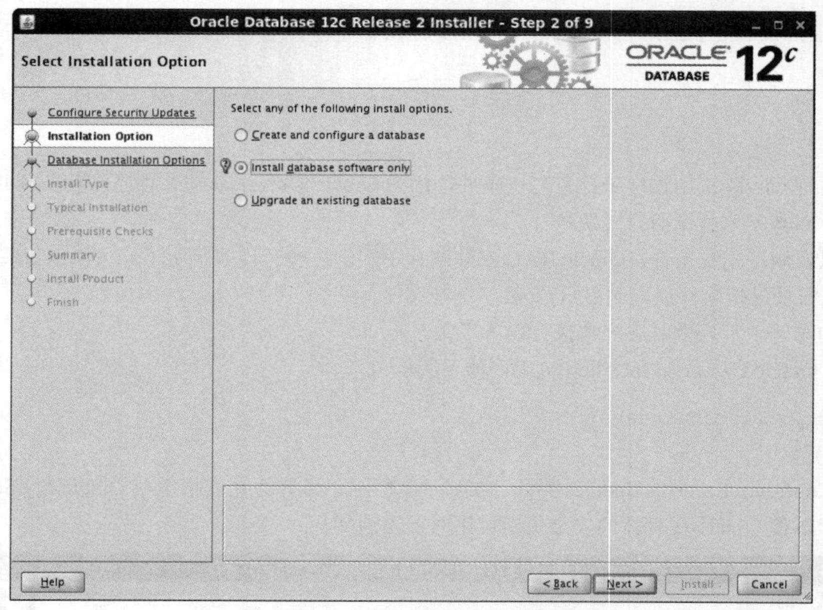

图 5-2 Select Installation Option 界面

因为稍后将使用 Oracle 数据库配置助手(DBCA)创建数据库，所以选择第二个选项 Install database software only (仅安装数据库软件)，然后单击 Next 按钮。

在接下来的 Select Database Installation Option 界面中，如图 5-3 所示，可以从以下三个选项中进行选择：

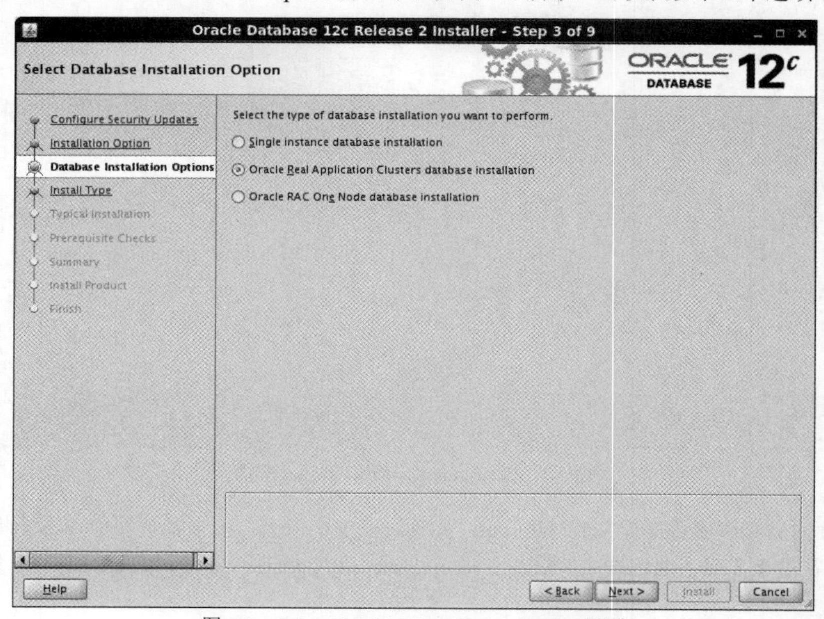

图 5-3 Select Database Installation Option 界面

- Single instance database installation(单实例数据库安装)：此选项仅允许在本地节点上安装单实例数据库软件。
- Oracle Real Application Clusters database installation：此选项允许在集群中选定的节点上选择和安装 Oracle RAC 二进制文件。
- Oracle RAC One Node database installation：此选项在所选节点上安装 Oracle RAC One Node 数据库二进制文件。

在这里，选择 Oracle Real Application Clusters database installation 选项，然后单击 Next 按钮。

(4) 进入 Select List of Nodes 界面，如图 5-4 所示，从中选择要安装 RAC 二进制文件的节点。本地节点是预先选择的。在本例中，本地节点是 rac1。再选择名为 rac2 的附加节点。单击 Next 按钮。

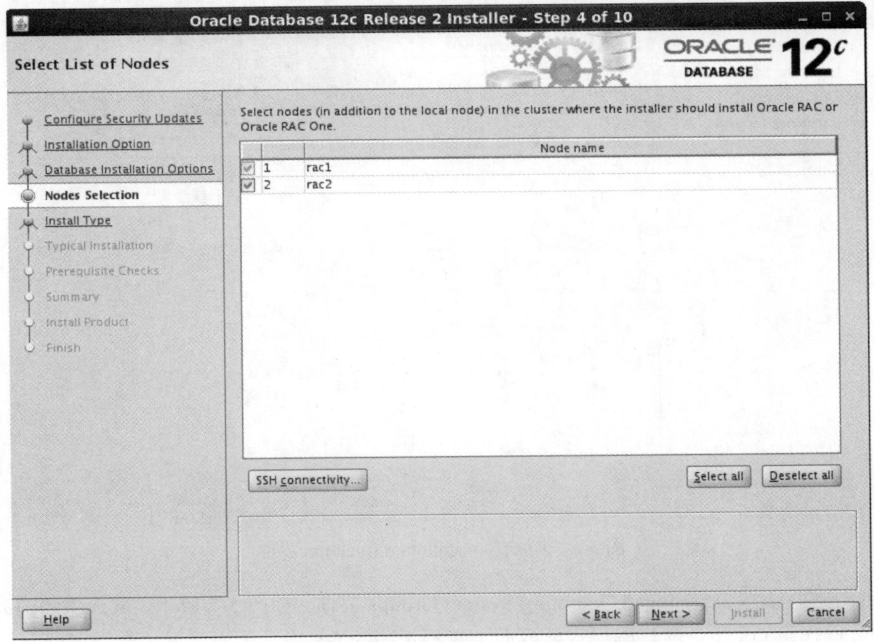

图 5-4　Select List of Nodes 界面

(5) 现在 OUI 显示 Select Database Edition 界面，如图 5-5 所示，可以在 Oracle RAC 数据库的企业版和标准版之间选择。根据购买的许可证仔细选择。本例选择企业版。单击 Next 按钮。

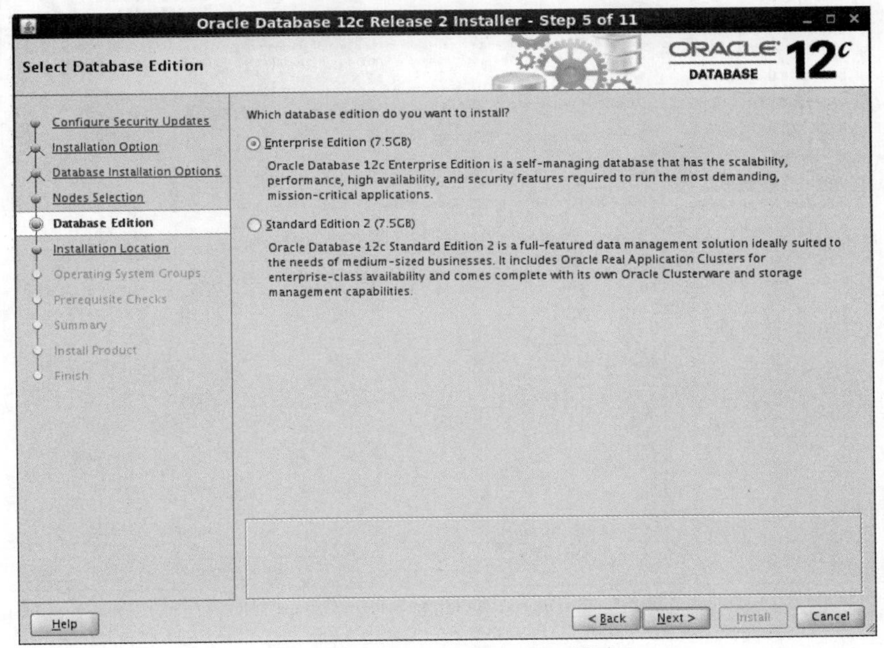

图 5-5　Select Database Edition 界面

(6) 接下来进入如图 5-6 所示的 Specify Installation Location 界面，指定 ORACLE_BASE 和 ORACLE_HOME 的存储位置。ORACLE_HOME 的存储位置始终是唯一的。Oracle 基础位置是/u01/app/oracle，ORACLE_BASE 位置下的软件目录是/u01/app/oracle/product/12.2.0/dbhome_1。

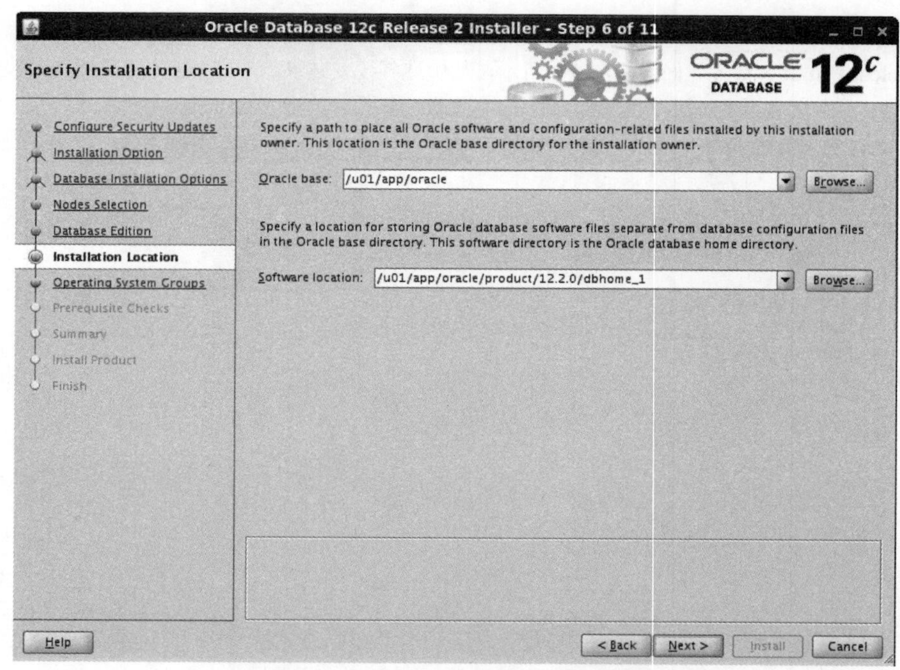

图 5-6 Specify Installation Location 界面

(7) 单击 Next 按钮，进入 Privileged Operating System Groups 界面，如图 5-7 所示，从提供的值列表中选择数据库管理员和数据库操作员 OS 组。应该确保在此界面上选择正确的 OS 组，因为错误的选择可能会干扰 Oracle RAC 数据库软件的操作。为了简单起见，选择与所有组的值相同的组名(dba)。

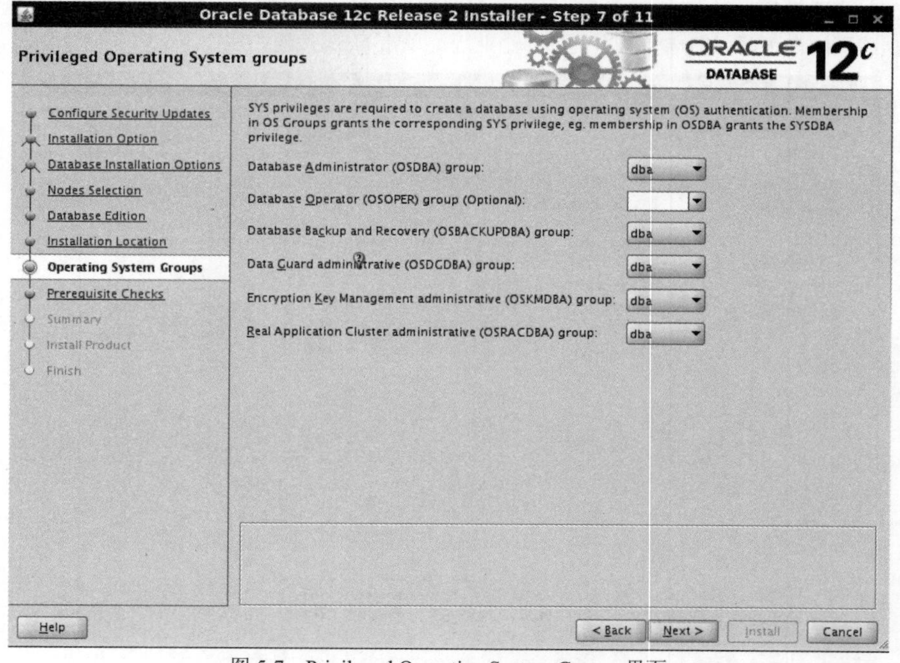

图 5-7 Privileged Operating System Groups 界面

(8) 单击 Next 按钮，进入 Perform Prerequisite Checks 界面，如图 5-8 所示，Oracle Universal 安装程序验证安装 Oracle RAC 数据库软件的最低要求。Oracle Universal 安装程序在内部执行集群验证实用程序，以验证操作系统和硬件先决条件。根据实用程序执行的验证测试的结果，Oracle 在此界面上显示失败的先决条件。因为在启动安装程序之前运行了集群验证实用程序，所以在这个阶段我们不期望有任何意外。

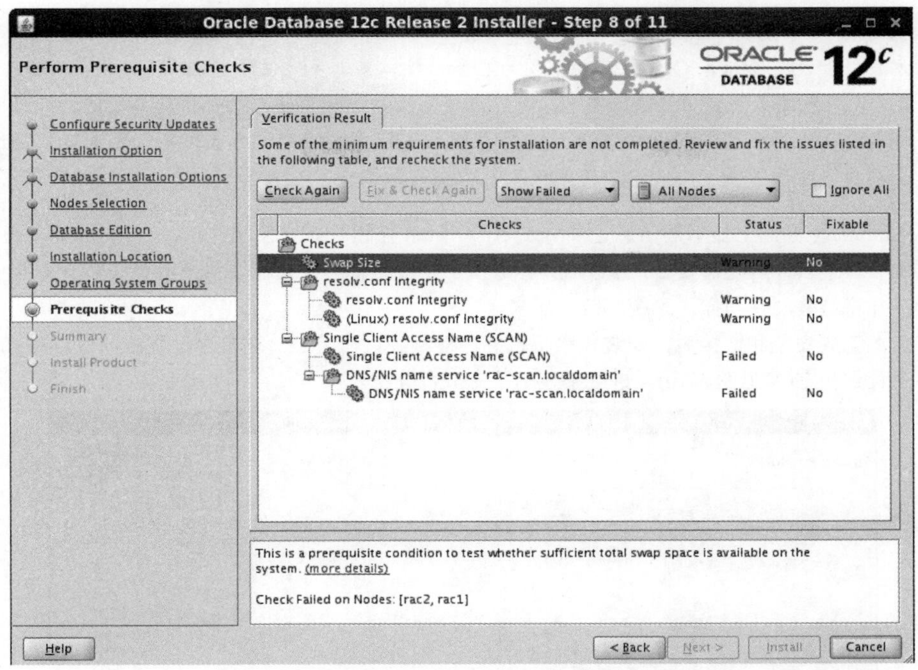

图 5-8　Perform Prerequisite Checks 界面

OUI 提供所谓的“修复”脚本，用于修复失败但可修复的先决条件要求。对于可以通过修复脚本进行修复的每个失败的先决条件，Oracle 会将其 Fixable 标记为 Yes，修复脚本也会显示在界面上。可以选择 Fixable 标记为 Yes 的失败先决条件，然后单击此界面上的 Fix & Check Again 按钮，以修复并再次验证先决条件。安装程序成功验证所需的先决条件后，单击 Next 按钮继续。

(9) 进入 Summary 界面，如图 5-9 所示，Oracle 显示了安装信息。应该验证这些信息，还可以保存为响应文件，以便使用静默安装方法进行大规模部署。请参阅 Oracle Universal Installer 指南，了解如何使用响应文件运行 Oracle Universal Installer 以进行自动部署。逐步安装过程也称为交互式安装过程。

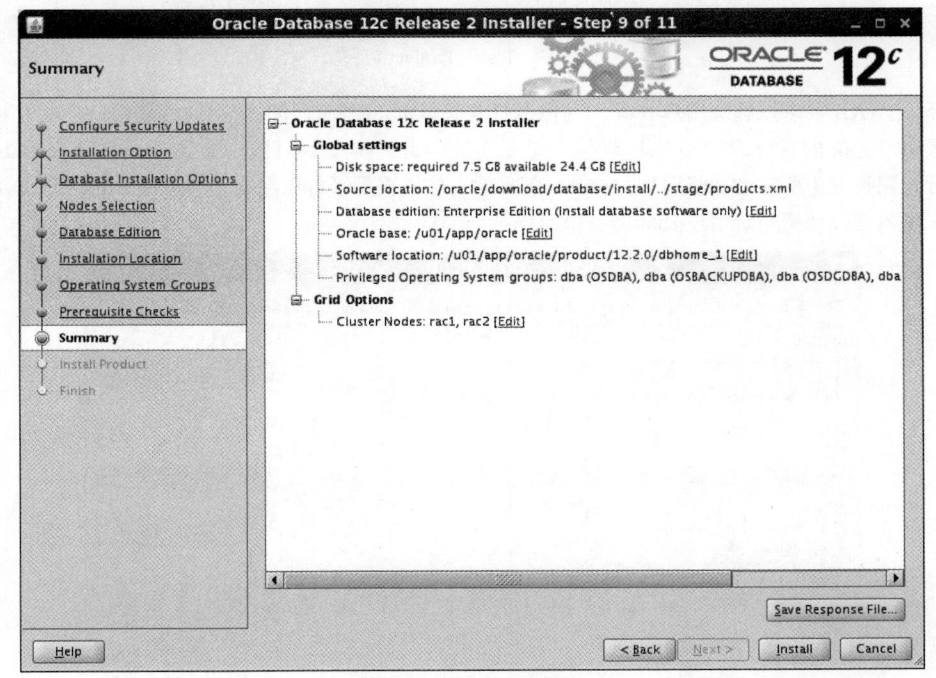

图 5-9　Summary 界面

Oracle 静默安装

静默安装方法用于大规模部署 Oracle 产品，因为在多台计算机上多次使用交互式方法安装 Oracle 软件既耗时又容易出错。此外，静默安装还提供了一个选项，可以在整个组织中使用统一的部署模式。这样可以确保组织中的多个用户使用标准安装选项来安装 Oracle 产品。这对内部 Oracle 支持团队有很大帮助，因为他们已经知道在每台服务器上安装了哪些组件和选项，以及它们的环境设置，包括各种跟踪文件的位置。

(10) 确认 Summary 界面上显示的信息正确后，单击 Install 按钮开始安装软件。

安装 Oracle RAC 软件可能需要 30 分钟，具体取决于硬件配置。安装程序将把所有必需的文件复制到 Oracle 数据库主目录，并将这些文件与操作系统库链接起来。

在本地节点上完成安装和链接后，安装程序将把文件复制到远程节点。在整个过程中，可以在 Install Product 界面的进度条中看到状态(参见图 5-10)。进度条显示了完成百分比。

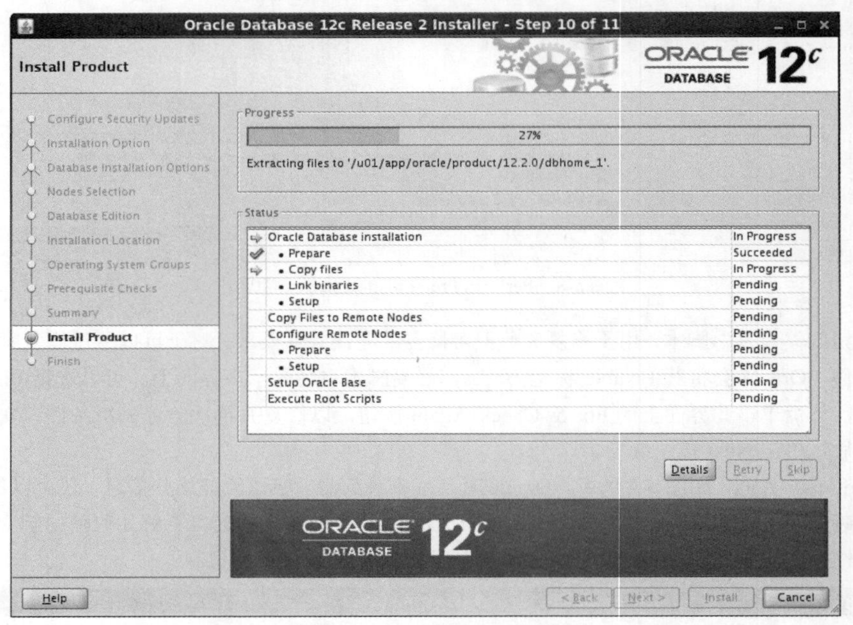

图 5-10 Install Product 界面

(11) 接下来，OUI 要求以超级用户 root 的身份运行安装脚本。需要打开一个新的终端窗口，并在集群中的所有节点上以超级用户 root 的身份运行 root.sh 脚本(参见图 5-11)。此脚本在/etc 目录下创建 oraenv 和 oratab 文件，并将 Oracle 可执行权限设置为所有者和组级别。oratab 条目的文件位置是平台特定的，通常位于/etc 或/var/opt/oracle 目录中。root.sh 脚本必须使用超级用户 root 的身份运行。

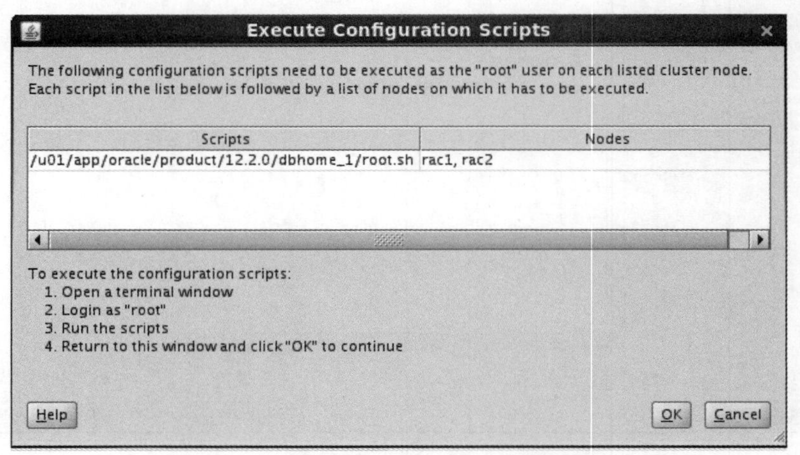

图 5-11 Execute Configuration Scripts 对话框

(12) 执行完 root.sh 脚本后，返回安装程序，单击 OK 按钮以显示 Finish 界面(参见图 5-12)。

(13) 单击 Finish 界面中的 Close 按钮，关闭 Oracle Universal 安装程序。

现在已经成功安装了 Oracle Database 12*c* 软件，可以创建一个 Oracle RAC 数据库了。

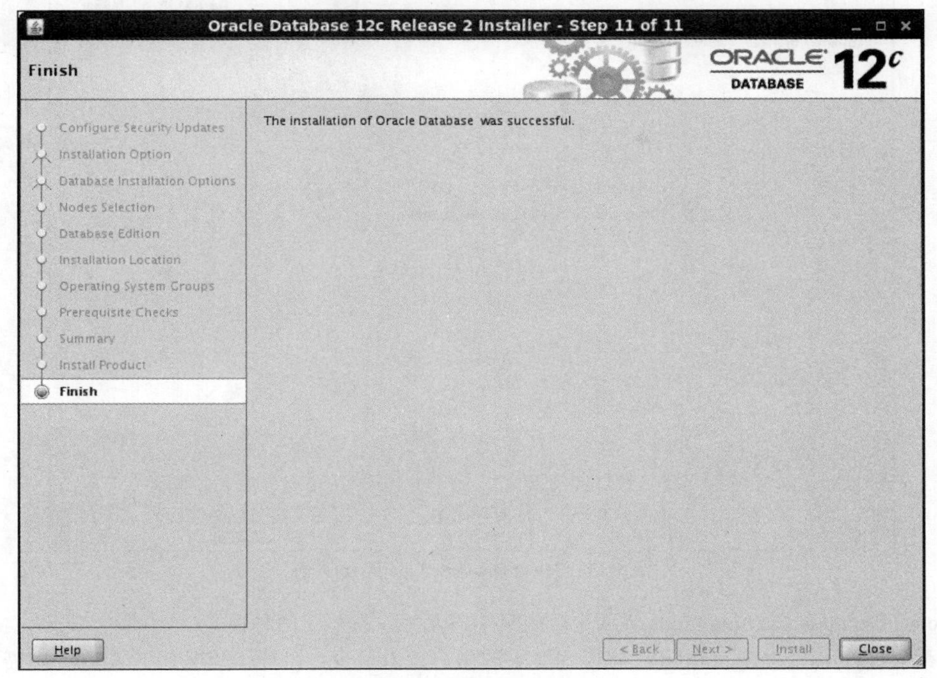

图 5-12　Finish 界面

5.2　创建 Oracle RAC 数据库

在 Oracle RAC 环境中创建 RAC 数据库与在单实例环境中创建数据库一样简单。使用 DBCA 创建数据库过程中的唯一变化是在 Database Identification 界面中选择节点。或者，也可以使用 DBCA 生成脚本，并稍后运行它们。

要使用基于 ASM 的数据文件存储创建数据库，请执行以下步骤(根据选择的存储选项，步骤的数量可能会有所不同。但是，数据库创建过程与在 ASM 环境中创建数据库相同)。

(1) 创建将用于存储数据文件的 ASM 磁盘组。使用自动存储管理配置助手(ASMCA)创建和管理 ASM 实例、卷、集群文件系统和磁盘组。

可以 grid 用户身份从$GRID_HOME/bin 目录启动 ASMCA。我们使用上一章在安装 Oracle Grid Infrastructure 时创建的 DATA 磁盘组，但是创建 ASM 磁盘组的典型步骤包括标记 ASM 要使用的磁盘，然后使用任何 ASM 客户端(如 ASMCA、ASMCMD 或 SQL*PUS)创建 ASM 磁盘组。下一章会讨论更多的细节，届时会涵盖 Oracle ASM。

(2) 启动数据库配置助手(DBCA)作为用户 oracle。导航到$ORACLE_HOME/bin 目录。如果要启用跟踪，则需要自定义 Java 运行时环境来获取跟踪信息。

```
$./dbca
```

DBCA 允许创建、配置或删除集群数据库，并管理数据库模板。

(3) 在第一个名为 Select Database Operation 的界面中，可以从以下选项中进行选择，如图 5-13 所示：

- 创建数据库(Create a database)
- 配置现有数据库(Configure an existing database)
- 删除数据库(Delete database)
- 管理模板(Manage templates)
- 管理可插拔数据库(Manage Pluggable databases)

- Oracle RAC 数据库实例管理(Oracle RAC database instance management)

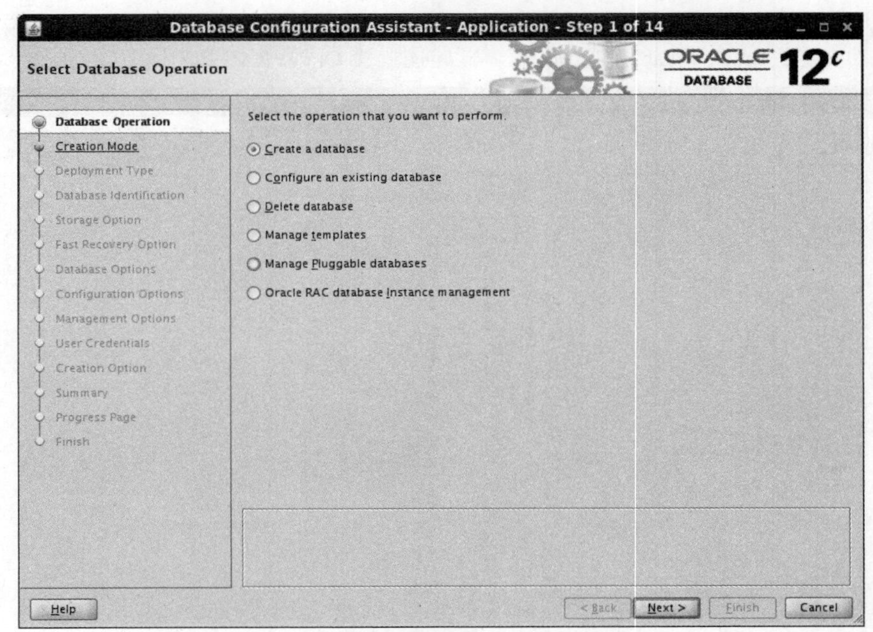

图 5-13 Select Database Operation 界面

(4) 在 Select Database Creation Mode 界面中，如图 5-14 所示，提供了两种模式。

- 典型配置(Typical configuration)：此模式要求的用户输入最少。如果已经配置了 ASM，则需要提供全局数据库名称和存储详细信息(如果在配置 Oracle Grid Infrastructure 时使用了 ASM，则可能是这样，如第 4 章所述)。所需字段是自动生成的。如果将数据库配置为容器数据库，请输入密码并填写可插拔数据库名称。
- 高级配置(Advanced configuration)：可以通过选择此模式来自定义数据库配置。此模式提供了自定义数据库创建的各种选项，例如数据库配置类型——策略管理(这是 Oracle 12*c* 中的默认设置)或管理员托管。

我们选择高级配置模式，单击 Next 按钮。

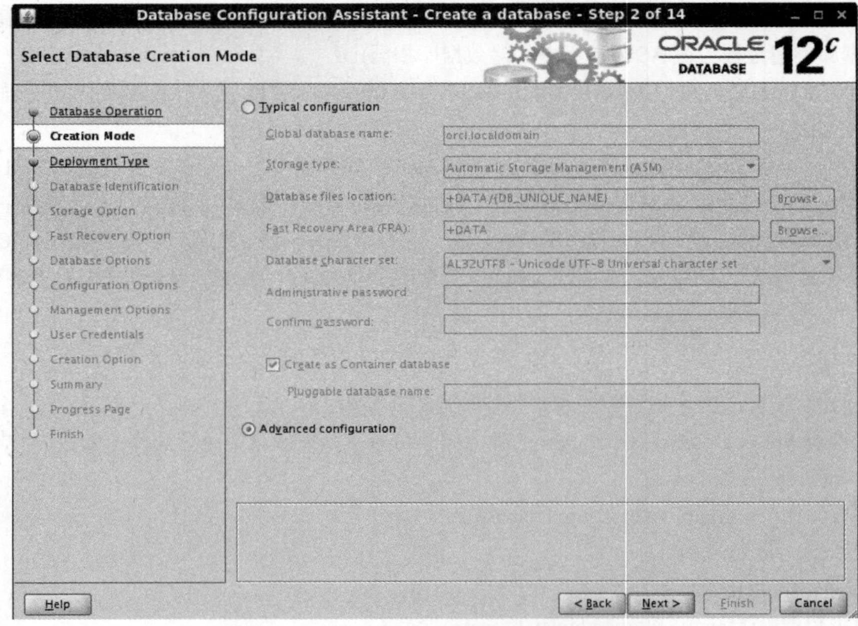

图 5-14 Select Database Creation Mode 界面

(5) 在 Select Database Deployment Type 界面(如图 5-15 所示)中，可以选择是使用 Oracle RAC 数据库、非 RAC 数据库还是 Oracle RAC One Node 数据库。当然，我们选择创建 Oracle RAC 数据库。

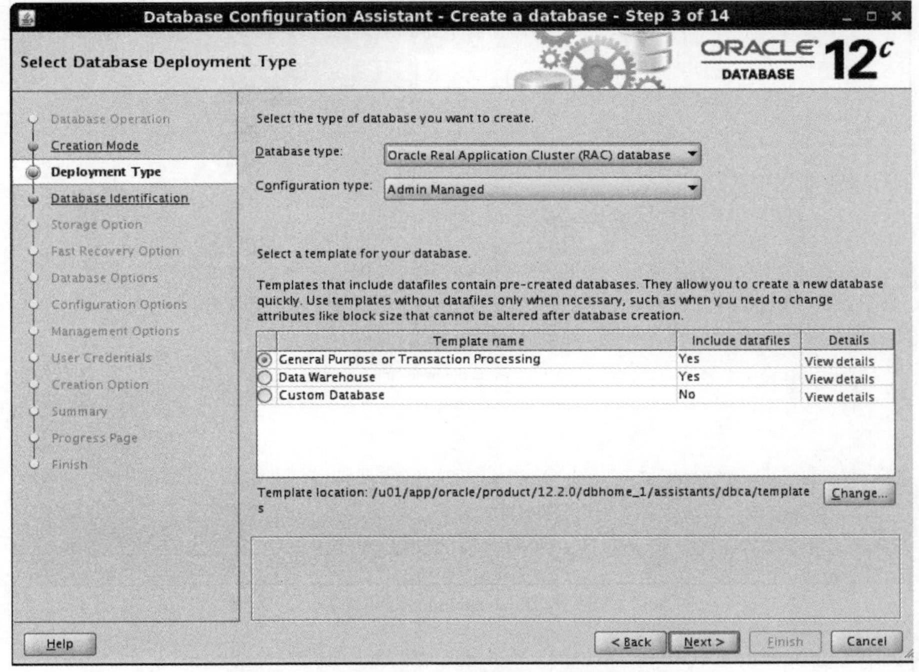

图 5-15　Select Database Deployment Type 界面

选择数据库类型(在本例中是 Oracle RAC 数据库)后，还需要在两种配置类型之间进行选择：管理员托管(Admin Managed)或策略管理 Policy Managed。为配置类型选择 Admin Managed 选项。

Oracle 提供了几个预定义的数据库配置模板，以简化数据库的创建过程。在 Select Database Deployment Type 界面中，Oracle 提供了一些预定义的模板，可以使用这些模板根据预期的工作负载类型创建新的数据库。

Oracle 提供的模板随数据文件一起提供，但如果要自定义数据库属性(如块大小)，则可以在不使用数据文件的情况下使用这些模板。图 5-15 所示界面显示了三个选项：

- 一般用途或交易处理(General Purpose or Transation Processing)
- 数据仓库(Data Warehouse)
- 自定义数据库(Custom Database)

每个选项都为新数据库提供预配置的参数/属性，Custom Database 选项允许在这些属性和参数中进行选择。无论在此界面上选择什么，都可以在以后的步骤中自定义数据库。选择此界面上的 General Purpose or Transaction Processing 选项，然后单击 Next 按钮。

(6) 在 Select List of Nodes 界面中，选择要在创建集群数据库的节点，然后单击 Next 按钮。

(7) 在如图 5-16 所示的 Specify Database Identification Details 界面中，选择这个集群数据库的全局名称以及作为数据库服务标识符的前缀。

注意：Global database name 和 SID Prefix 文本框中的值必须以字母字符开头，但后面可以跟字母数字字符。

在此界面上，安装程序还要求指定是否要将新数据库创建为容器数据库。如果选择这样做，还可以指定 PDB 的名称和编号。

(8) 在 Select Database Storage Option 界面中，选择 ASM 作为数据库文件的存储类型，然后选择存储数据库文件的位置。还可以指定是否使用 Oracle-Managed File(OMF)来命名数据文件。

(9) 在 Select Fast Recovery Option 界面中，选择 Specify Fast Recovery Area 选项以及 Enable Archiving 选项。

(10) 现在可以忽略 Select Oracle Data Vault Config Option 界面中提供的选项。

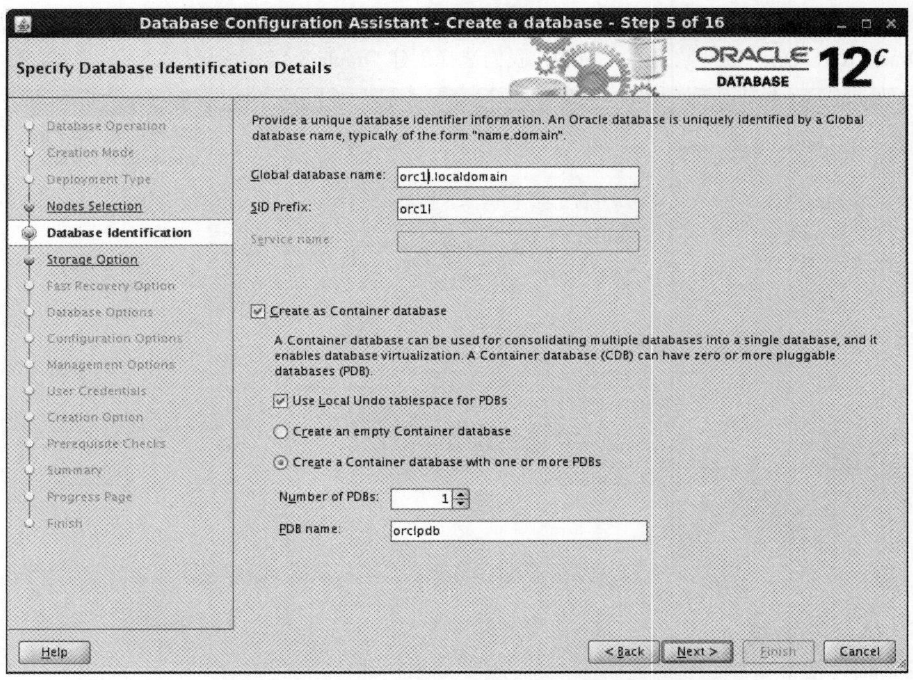

图 5-16 Specify Database Identification Details 界面

(11) 在 Specify Configuration Options 界面中选择 Automatic Memory Management。

(12) 在 Specify Configuration Options 界面中可以为数据库指定各种管理选项，例如定期运行集群验证实用程序以进行检查。

(13) 在 Specify Database User Credentials 界面中上，为用户账户(如 SYS、SYSTEM 和 PDBADMIN)指定密码。

(14) 在 Select Database Creation Option 界面(如图 5-17 所示)中，可以选择是现在创建数据库，还是生成数据库创建脚本供以后使用。生成脚本以查看正在运行的内容并使这些脚本可供将来参考，始终是很好的实践方案。可以选择将脚本放在本地目录中的任何位置。默认情况下，它们存储在$ORACLE_BASE/admin 目录下。单击 Next 按钮时，OUI 将执行所有必需的先决条件检查和验证。

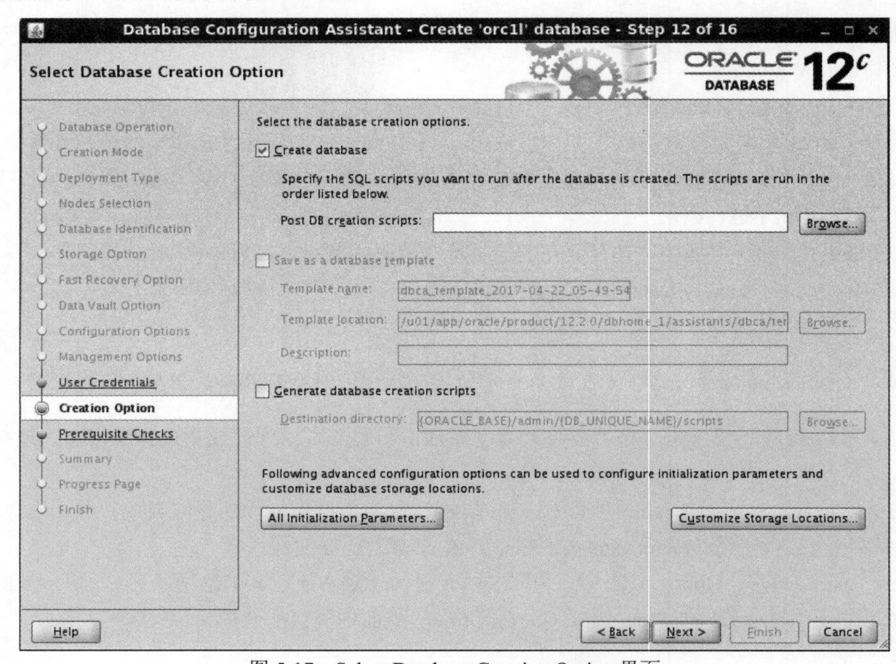

图 5-17 Select Database Creation Option 界面

通过单击此界面上的 All Initialization Parameters 按钮，可以修改任何 Oracle 初始化参数的默认值。

管理员托管或策略管理的 Oracle RAC 数据库

管理员托管的 Oracle RAC 数据库是一种传统的配置方法，可以指定集群中要运行 Oracle RAC 数据库实例的服务器，还可以针对给定的数据库服务确定首选和可用的 Oracle RAC 数据库实例。在策略管理的 Oracle RAC 数据库中，没有决定集群中哪个服务器要运行 Oracle RAC 数据库实例的灵活性。Oracle 将根据 Oracle RAC 数据库的基数，开始设定服务器池中服务器上的 Oracle RAC 数据库实例数量。

在管理员托管的 RAC 数据库中，数据库服务与 Oracle RAC 数据库实例之间存在关系/关联，而在策略管理的 Oracle RAC 数据库中，数据库服务与服务器池之间存在关系，因为 Oracle 将自动决定 RAC 数据库实例，从而为给定的数据库提供服务。服务器池是集群中不同服务器的池，Oracle 使用服务器池自动承载数据库实例。服务器池中的服务器数应始终大于基数中指定的 Oracle RAC 数据库实例数。CTSCTL 和 SRVCTL 实用程序可用于在 Oracle RAC 数据库中创建和管理服务器池。

快速恢复区

快速恢复区是 Oracle 用于存储所有与数据库备份相关的文件的专用存储位置，以便在数据库恢复时，Oracle 可以从专用存储位置快速恢复备份片，而不是从慢速磁带库中提取。可以使用两个数据库初始化参数配置存储：DB_RECOVERY_FILE_DEST 和 DB_RECOVERY_FILE_DEST_SIZE。Oracle 管理此存储区域，并根据备份保留策略自动清除过时的备份。

(15) 现在显示 Summary 界面(参见图 5-18)。单击 Finish 按钮，启动脚本生成和数据库创建过程。

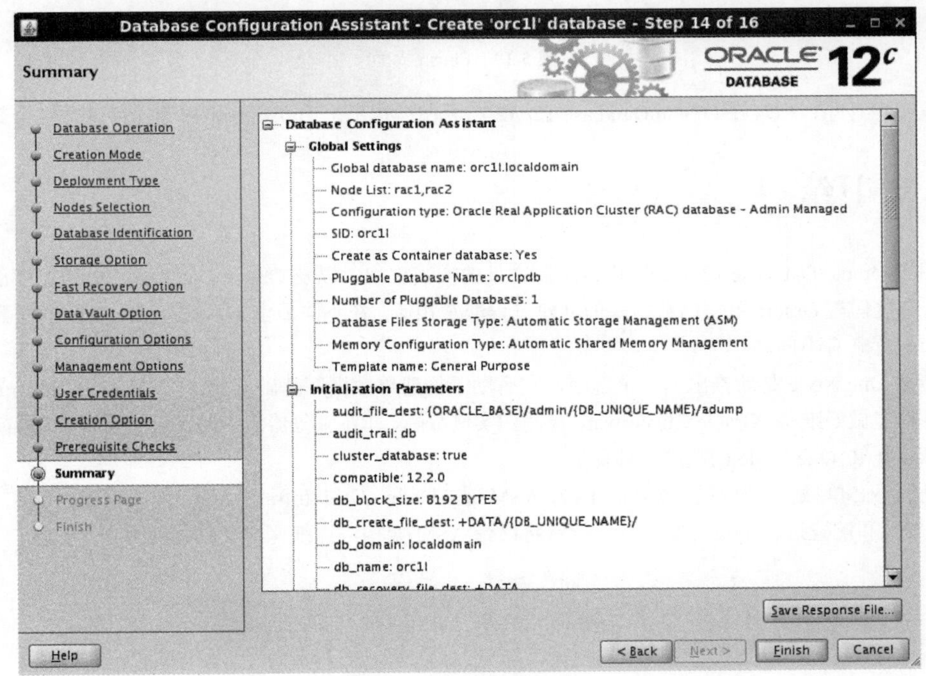

图 5-18　Summary 界面

(16) 一旦 DBCA 创建了数据库，就将提供一个界面，其中包含刚刚创建的数据库的摘要(参见图 5-19)。单击 OK 按钮。安装程序创建新的 Oracle RAC 数据库并自动启动。此数据库已准备好首次使用。

运行以下 SRVCTL 命令，可以检查新 Oracle RAC 数据库的两个实例的状态：

```
[oracle@rac1 bin]$ pwd
/u01/app/oracle/product/12.2.0/dbhome_1/bin

[oracle@rac1 bin]$ ./srvctl status database -d orcl
```

```
Instance orcl1 is running on node rac1
Instance orcl2 is running on node rac2
[oracle@rac1 bin]$
```

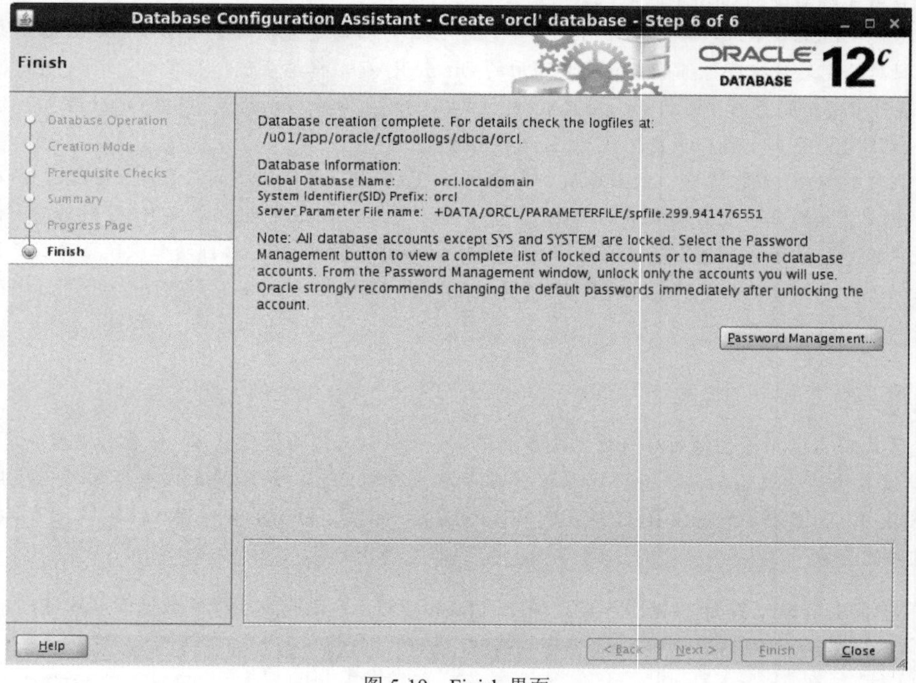

图 5-19　Finish 界面

这个旅程有点乏味，但现在 Oracle Database 12*cR*2 已经在运行了。第 6 章开始讨论如何管理这个数据库。

5.3　本章小结

本章介绍了 Oracle Database 12*cR*2 RAC 二进制文件的安装过程，以及 Oracle Database 12*c* 数据库的创建过程。如前所述，这个过程与 Oracle 单实例数据库的创建过程非常相似。在不同需求下，安装过程中的步骤数可能会根据选择的选项和配置略有不同。

Oracle RAC One Node 是新推出的一个选项，它有助于构建单数据库基础架构，为 Oracle Grid Infrastructure 提供的高可用性功能做好准备。Oracle Clusterware 检测到实例故障，并在服务器池中的另一台服务器上自动重新启动，从而确保 Oracle RAC One Node 的故障转移保护。

注意，我们不必单独安装和配置 ASM。因为 ASM 是 Oracle Grid Infrastructure 的一部分，已在 Oracle Grid Infrastructure 安装和配置过程中设置好了。下一章将讨论 ASM 架构，详细探讨其功能。

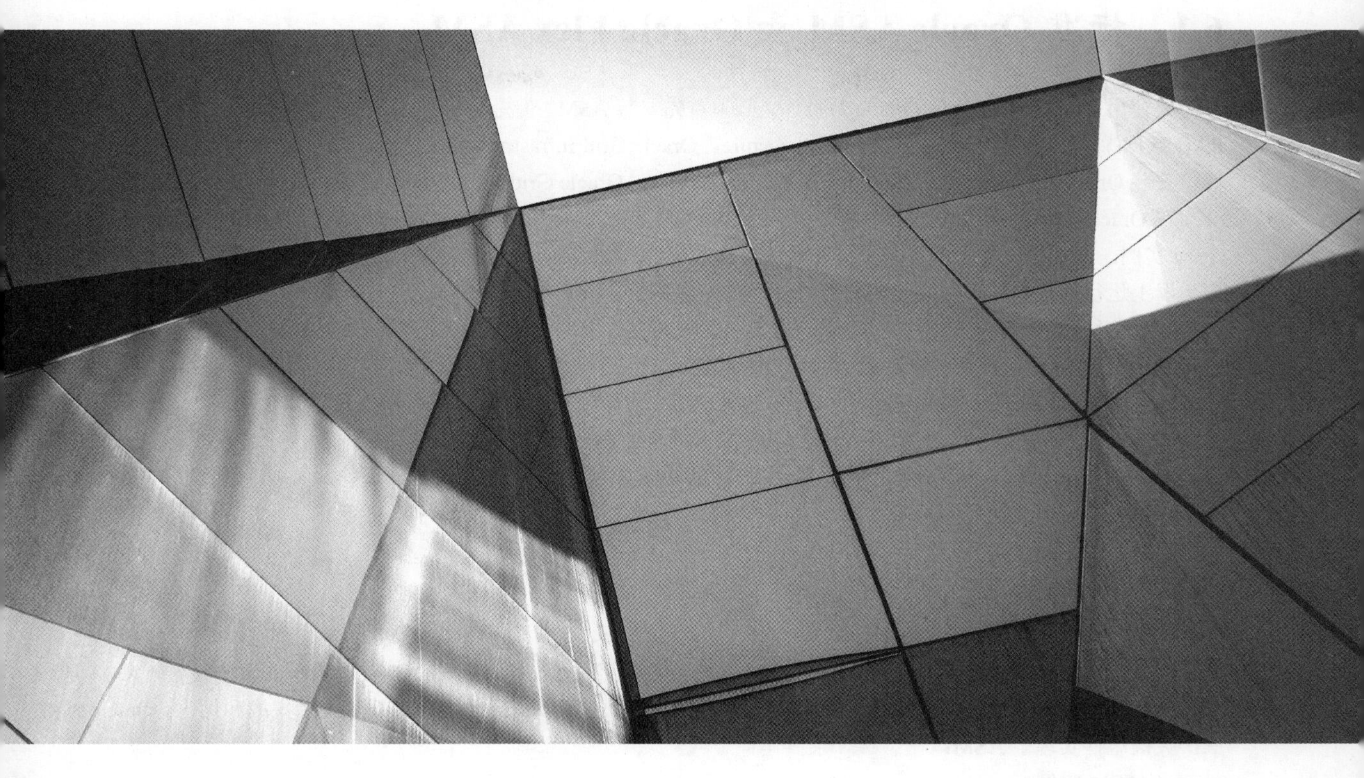

第6章
自动存储管理

管理存储是 DBA 最复杂、最耗时的任务。由于数据库的整合以及业务随时间的增长，数据规模以指数级速度增长。业务需求要求数据库存储系统具有持续可用性，存储的维护时间从几小时缩短到几分钟。法律和合规性要求增加了更多的负担，因为越来越多的组织需要长时间保留数据(我们知道一些站点可以在七年或更长时间内存储数百兆字节的活动数据)。

Oracle 自动存储管理(Oracle ASM)、Oracle ASM 集群文件系统(Oracle ACFS)和 Oracle ASM 动态卷管理器(Oracle ADVM)是 Oracle RAC 存储管理的关键组件。过去几年中，存储管理发生了显著变化。现在，基于 ASM 的远程系统可以为共享存储使用某种形式的 NFS(网络文件系统)，也可以使用诸如 Oracle Data Appliance 之类的设备，后者使用基于 NFS 的机制来向虚拟机(VM)提供 ASM/ACFS。此外，一些基于云的存储解决方案(如 Amazon EC2/S3 和 Microsoft Azure)目前还不能承载基于 Oracle RAC 的系统，但人们正在努力使这在此类环境中成为可能。如果无法分配本地存储，也可以使用 Oracle 的公共云。

现代技术能帮助 DBA 轻松地管理大量数据，而没有大量的管理开销。目前正在开发的新工具与 RDBMS 内核密切合作，使数据管理和数据整合更加容易。自动存储管理是 Oracle 的革命性解决方案之一。自从在 Oracle Database 10*g* 中引入之后，Oracle 已将自动存储管理增强到随后的 Oracle Database 版本之上，以提供内置在 Oracle 数据库软件中的完整卷管理器。Oracle ASM 文件系统经过高度优化，可以避免与传统文件系统相关的各类开销，从而提供原始磁盘性能。

6.1 标准 Oracle ASM 和 Oracle Flex ASM

要使用 Oracle ASM 管理 Oracle 数据库，必须首先安装 ASM。但是，不需要单独安装 ASM，因为在安装 Oracle RAC 数据库之前要安装 Oracle Grid Infrastructure。Oracle Grid Infrastructure 由 Oracle Clusterware 和 Oracle ASM 组成。安装 Oracle Grid Infrastructure 时，安装程序会自动在 Oracle Grid Infrastructure 主目录中安装 Oracle ASM。

在 Oracle Database 12*c* 发布之前，使用 ASM 的唯一方法是在运行 Oracle RAC 实例的每个节点上运行 Oracle ASM 实例。同一服务器上的多个数据库实例可以共享同一个 Oracle ASM 实例，但与 Oracle RAC 一样，在不同的服务器上运行的数据库实例需要在集群的每个服务器上运行一个单独的 ASM 实例。

这种传统的 ASM 配置现在称为标准 Oracle ASM 配置，其中每个数据库实例都依赖于一个单独的 ASM 实例来管理存储。ASM 实例失败意味着服务器上运行的任何实例也将失败。

Oracle Database 12*c* 引入了新的 Oracle Flex ASM 配置，其中 Oracle 数据库实例可以使用运行在远程服务器上的 Oracle ASM 实例。这意味着 Oracle ASM 实例的失败不会导致它所服务的数据库实例的失败，因为数据库实例将继续由 Oracle Flex ASM 集群中的其余 ASM 实例提供服务。本章将解释标准 Oracle ASM 配置和 Oracle Flex ASM 配置。

6.2 自动存储管理简介

Oracle ASM 是 Oracle 推荐的存储管理解决方案，可以替代传统的卷管理器、文件系统和原始设备。ASM 是一种存储解决方案，提供了卷管理器和文件系统功能，这些功能为 Oracle 数据库进行了紧密集成和优化。Oracle 通过三个关键组件实现了 ASM：

- ASM 实例
- ASM 动态卷管理器(ADVM)
- ASM 集群文件系统(ACFS)

ASM 动态卷管理器为 ASM 集群文件系统提供卷管理器功能。ASM 集群文件系统首先在 Oracle Grid Infrastructure 11*gR*2 中可用。

ACFS 可帮助客户降低总体的 IT 预算成本，因为它消除了对第三方集群文件系统的需求，这是集群应用程序最常见的需求。因为 ACFS 被构建为真正的集群文件系统，所以它也可以用于非 Oracle 企业级应用程序。

ASM 允许在线重新配置和重新平衡 ASM 磁盘，从而简化了存储管理。ASM 针对 Oracle 数据库进行了高度优化，因为它将 I/O 操作分发到磁盘组中的所有可用磁盘上，并提供原始设备性能。

简而言之，ASM 环境通过简单的文件系统管理提供了原始设备 I/O 的性能。它不需要直接管理数千个 Oracle 数据库文件，简化了数据库管理。

6.2.1 ASM 的物理限制

自 Oracle 7 以来，每个数据库的数据文件数一直在增加，其中每个数据库只能使用 1022 个数据文件。当前的 Oracle 版本支持每个表空间最多有 65 533 个数据文件，在多数据库环境中管理数千个文件是一项极大挑战。ASM 允许将所有可用存储划分为磁盘组，从而简化了存储管理。可以根据不同的性能要求创建单独的磁盘组。例如，可以使用低性能硬盘创建 ASM 磁盘组来存储存档数据，而使用高性能磁盘的 ASM 磁盘组可以用于活动数据。

可以管理一小部分磁盘组，ASM 可自动将数据库文件放置在这些磁盘组中。使用 ASM，可以有 511 个磁盘组，其中包含 10 000 个 ASM 磁盘，每个 ASM 磁盘最多可以存储 32PB 数据。磁盘组可以处理一百万个 ASM 文件。

Oracle Database 12*c* 中数据文件支持的最大文件大小为 128TB，而 ASM 对整个存储系统最多支持 320EB。图 6-1 对传统的数据存储框架与 ASM 进行了比较。

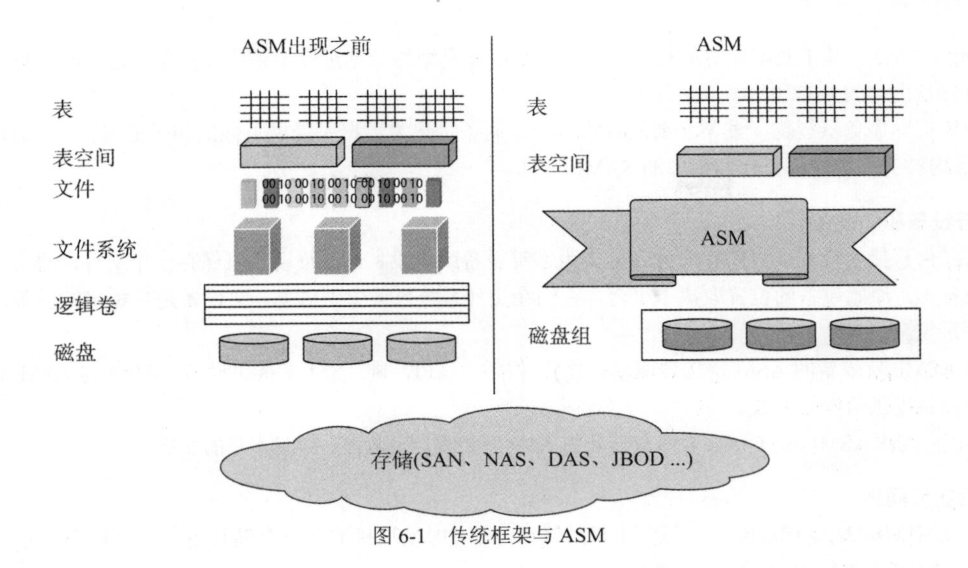

图 6-1 传统框架与 ASM

6.2.2 运行中的 ASM

Oracle ASM 使用磁盘组存储数据文件。在每个磁盘组中，ASM 为数据库文件公开一个文件系统接口。ASM 将文件分成多个部分，并将这些部分均匀地分布在所有磁盘上，这与其他卷管理器不同，后者将整个卷分布到不同的磁盘上。这是 ASM 与传统条带化技术的关键区别，传统条带化技术使用数学函数条带化完整的逻辑卷，独立于文件或目录。条带化在开始时需要仔细地进行容量规划，因为添加新的卷需要重新平衡和停机。

使用 ASM，无论何时添加或删除存储，ASM 都不会重新条带化所有数据，而只是移动与添加或删除的存储量成比例的数据量，以便均匀地重新分布文件，在磁盘之间保持平衡的 I/O 负载。当数据库处于活动状态，并且过程对数据库和最终用户的应用程序透明时，就会发生这种情况。

Oracle Database 12*c* 中新的磁盘重新同步增强功能允许从实例故障中快速恢复。磁盘重新同步检查点功能允许重新同步操作从停止重新同步进程的位置恢复，而不是从头恢复，从而实现了实例的快速恢复。

ASM 支持与 Oracle 数据库一起使用的所有文件(pfile 和密码文件除外)。从 Oracle 11*gR*2 开始，ACFS 可以用于非 Oracle 应用程序文件。ASM 还支持 Oracle RAC，无须使用集群逻辑卷管理器或第三方集群文件系统。

将 ASM 与 Oracle Clusterware 集成，可以从扩展集群的镜像数据副本中读取数据，并在使用扩展集群时提高 I/O 性能(扩展集群是 Oracle RAC 中的专用架构，其中节点在地理上是分开的) 。

ASM 提供了用于创建数据库结构(如表空间、控制文件、重做日志和归档日志文件)的 SQL 接口。根据磁盘组指定文件位置；然后，ASM 创建和管理关联的基础文件。其他接口也与 ASM 交互，如 ASMCMD、OEM 和 ASMCA。SQL*Plus 是 DBA 用来管理 ASM 的最常用工具。但是，系统和存储管理员倾向于使用 ASMCMD 实用程序来管理 ASM。

1. 条带化 ASM

条带化是一种在多个磁盘驱动器之间分散数据的技术。大数据段被分成更小的单元，这些单元分布在可用的设备上。数据库用来分解数据的单元大小也称为数据单元大小或条带大小。

条带大小有时也称为块大小，指写入每个磁盘的条带大小。可以同时写入或读取的平行条带数称为条带宽度。条带化可以加速从磁盘存储中检索数据的操作，因为它扩展了总 I/O 带宽的能力。这优化了性能和磁盘利用率，所以不需要手动调整 I/O 性能。

ASM 支持两个级别的条带化：细条纹和粗条纹。细条纹使用 128KB 作为条纹宽度，粗条纹使用 1MB 作为条纹宽度。细条纹可以用于通常执行较小读写操作的文件。例如，在线重做日志和控制文件是细条纹的最佳选择，因为它们在读写时粒度很小。

2. 条带化和镜像所有数据

Oracle 的 Stripe and Mirror Everything(SAME)策略是一种用于管理大量数据的简单而高效的技术。ASM 实现了

Oracle SAME 的方法，其中数据库对所有可用驱动器上所有类型的数据进行条带化和镜像。这有助于数据库在磁盘组中的所有磁盘上均匀分布和平衡 I/O 负载。

镜像为数据库服务器提供了非常必要的容错能力，而条带化为数据库提供了性能和可扩展性。ASM 实现了在 ASM 动态卷内对文件进行条带化和镜像的 SAME 方法。

3. 字符设备和块设备

可以将任何直接连接或联网的存储设备分类为字符设备或块设备。字符设备只保存一个文件。通常，原始文件放在字符设备上。原始设备的位置取决于平台，它们在文件系统目录中不可见。块设备是一种字符设备，但它保存着整个文件系统。

如果将 ASMLib(或新的 ASM 筛选器驱动程序)用作磁盘 API，则 ASM 支持块设备。ASM 将 ASM 动态卷设备文件作为块设备提供给操作系统。

Oracle 正在淘汰 ASMLib，Oracle 建议使用新的 ASM 过滤器驱动程序，详见本章的介绍。

4. 存储区域网络

存储区域网络(SAN)是通过唯一标识的主机总线适配器(HBA)连接的网络存储设备。存储被划分为逻辑单元号(LUN)，每个 LUN 在逻辑上表示为操作系统的单个磁盘。

在自动存储管理中，ASM 磁盘是 LUN 或磁盘分区。它们在逻辑上表示为 ASM 的原始设备。原始设备的名称和路径取决于操作系统。例如，在 Sun 操作系统中，原始设备的名称为 cNtNdNsN。

- cN 是控制器编号。
- tN 是目标 ID(SCSI ID)。
- dN 是磁盘号，即 LUN 描述符。
- sN 是切片号或分区号。

因此，当你在 Sun 操作系统中看到列为 c0t0d2s3 的原始分区时，就应该知道原始设备是连接到第一个控制器的第一个 SCSI 端口的第二个磁盘中的第三个分区。HP-UX 不公开原始设备中的切片号。相反，HP 对原始分区使用 cNtNdN 格式。请注意，没有指定切片的概念，因为 HP-UX 不支持切片(HP-UX Itanium 确实支持切片，但 HP 不支持使用此功能)。必须将整个磁盘提供给 ASM。

典型的 Linux 配置使用直接磁盘。原始功能是后来才想到的。然而，Linux 有 255 个原始设备的限制，这是开发 Oracle 集群文件系统(OCF)和使用 ASMLib 的原因之一。原始设备通常存储在/dev/raw 中，并命名为 raw1～raw255。

6.2.3　ASM 构建块

ASM 是一种特殊的 Oracle 实例，具有相同的结构，还有自己的系统全局区域(SGA)和后台进程。ASM 中的其他后台进程管理存储和磁盘重新平衡操作。可以考虑接下来讨论的各种作为 ASM 构建块的组件。

1. ASM 实例

ASM 实例负责管理用于磁盘组、ADVM(ASM 动态卷管理器)和 ACFS(ASM 集群文件系统)的元数据。元数据是指 Oracle ASM 用于管理磁盘组的信息，例如属于磁盘组的磁盘和磁盘组中的可用空间。ASM 将元数据存储在磁盘组中。所有元数据修改都由 ASM 实例完成，以隔离故障。可以使用 Oracle Universal Installer(OUI)或 Oracle ASM 配置助手(ASMCA)安装和配置 ASM 实例。

可以使用 spfile 或传统 pfile 配置 Oracle ASM 实例。Oracle ASM 实例按以下顺序查找初始化参数文件：

(1) Grid 即插即用(GPnP)配置文件中指定的初始化参数文件位置。

(2) 如果尚未在 GPnP 配置文件中设置位置，Oracle ASM 实例将从以下位置查找参数文件。

- Oracle ASM 实例主目录中的 spfile。
- Oracle ASM 实例主目录中的 pfile。

注释：可以使用 SQL*Plus、ASMCA 和 ASMCMD 命令管理 Oracle ASM 初始化参数文件。

将数据库实例连接到 ASM 实例以创建、删除、调整大小、打开或关闭文件，数据库实例可以直接读写由 ASM 实例管理的磁盘。在 Oracle RAC 集群中，每个节点只能有一个 ASM 实例。有时，这可能是大型 Oracle RAC 集群(如

8 节点 Oracle RAC)的一个缺点，在这种集群中，除了 8 个“用户”实例之外，还需要维护 8 个单独的 ASM 实例)。ASM 实例失败将终止本地节点中相关的数据库实例。

ASM 实例就像 Oracle 数据库实例一样，由系统全局区域(SGA)和后台进程组成。与 Oracle 数据库实例中的缓冲区缓存一样，ASM 实例有称为 ASM 缓存的特殊缓存，用于在重新平衡操作期间读取和写入块。

除了 ASM 缓存之外，ASM 实例的系统全局区域还有共享池、大型池和可用内存区域。Oracle 内部使用自动内存管理，几乎不需要调整 Oracle ASM 实例。

ASM 实例使用内存和后台进程的方式与常规 Oracle 实例相同，但 ASM 的 SGA 分配是最小的，不会对运行 ASM 实例的服务器造成很大开销。ASM 实例的任务是装载磁盘组，从而使数据库实例可用于 Oracle ASM 文件。

Oracle ASM 实例不维护数据字典，因此只能通过系统权限 SYSDBA、SYSADM 和 SYSOPER 连接到 ASM 实例，这些权限由安装 Oracle Grid Infrastructure 时提供给 Oracle Universal Installer 的 Oracle Grid Infrastructure 所有者的操作系统组实现。

2. ASM 监听器

ASM 监听器类似于 Oracle 数据库监听器，是一个负责在数据库服务器进程和 ASM 实例之间建立连接的进程。ASM 监听器进程 tnslsnr 在$GRID_HOME/bin 目录中启动，与 Oracle 网络监听器类似。

ASM 监听器还监听在同一台计算机上运行的数据库服务，因此无须为数据库实例配置和运行单独的 Oracle 网络监听器。默认情况下，Oracle 在端口 1521 上安装和配置 ASM 侦听器，在安装 Oracle Grid Infrastructure 时，可以将其更改为非默认端口。

3. 磁盘组

磁盘组由数据库作为单个存储单元一起管理的磁盘组成，是 Oracle ASM 管理的基本存储对象。作为 ASM 的主存储单元，这个 ASM 磁盘集合是自描述的，独立于相关的媒介名称。

Oracle 提供了各种 ASM 实用程序，如 ASMCA、SQL 语句和 ASMCMD，以帮助创建和管理磁盘组以及其中的内容和元数据。

磁盘组与 Oracle 托管文件集成，支持三种冗余类型：external、normal 和 high。图 6-2 显示了磁盘组的架构。

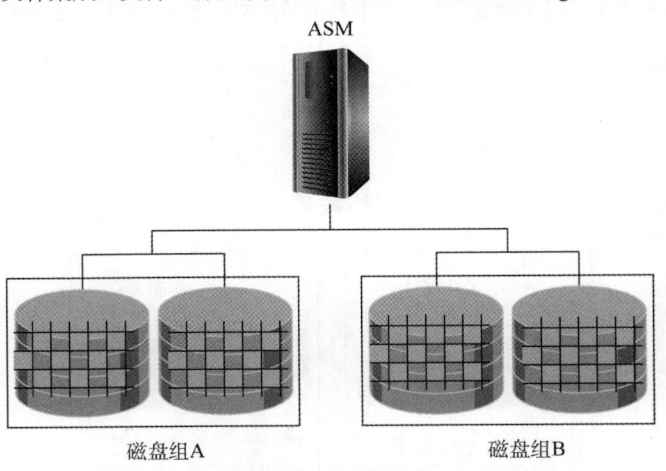

图 6-2　磁盘组的架构

磁盘组中的磁盘称为 ASM 磁盘。在 ASM 中，磁盘是磁盘组的持久化存储单元，可以是存储阵列或整个磁盘的磁盘或分区，也可以是磁盘组的分区。磁盘甚至可以是作为网络文件系统(NFS)一部分的逻辑卷或网络附加文件。

典型数据库集群中的磁盘组是远程共享磁盘子系统的一部分，例如 SAN 或网络连接存储(NAS)。存储可以通过正常的操作系统接口访问，并且必须可以访问所有节点。

即使集群中的一个或多个服务器发生故障，Oracle 也必须具有对所有磁盘的读写访问权。在 Windows 操作系统平台上，ASM 磁盘始终是分区。在所有其他平台上，ASM 磁盘可以是逻辑单元号(LUN)或任何 NAS 设备的分区。

注意：在 Oracle 11g*R*2 以后的版本中，Oracle 不支持将原始设备或块设备作为 Oracle RAC 的共享存储。

4. 分配单元

ASM 磁盘被划分为多个单元或存储块，这些单元或存储块很小，不会使整个磁盘成为热点盘。存储的分配单元足够大，可以进行有效的顺序访问。分配单元的大小默认为 1MB。

Oracle 建议将 4MB 作为大多数配置的分配单元。ASM 允许更改分配单元的大小，但通常不需要这样做，除非 ASM 承载了非常大的数据库(VLDB)。不能更改现有磁盘组的分配单元的大小。

1MB 在 ASM 中的意义

日志写入器将非常重要的重做缓冲区写入日志文件。默认情况下，这些写入是顺序的、同步的。在大多数平台上，任何 I/O 请求的最大单位都设置为 1MB。重做日志读取是连续的，并在恢复期间由 LogMiner 或日志转储发出。在大多数平台上，每个 I/O 缓冲区的大小都限制为 1MB。在任何时候都有两个异步 I/O 挂起用于并行化。

DBWR(数据库写入器)是一个主要的服务器进程，它在大批量操作中提交异步 I/O。大多数 I/O 请求的大小等于数据库块大小。DBWR 还试图尽可能合并磁盘中最大容量为 1MB 的相邻缓冲区，并将它们作为一个大型 I/O 提交。内核顺序文件 I/O(ksfq)支持顺序磁盘/磁带访问和缓冲区管理。默认情况下，ksfq 分配四个顺序缓冲区。缓冲区的大小由 DB_FILE_DIRECT_IO_COUNT 参数确定，默认设置为 1MB。一些 ksfq 客户端是数据文件、重做日志、RMAN、归档日志文件、数据泵、Oracle Data Guard 和文件传输包。

5. 卷分配单元

与 ASM 磁盘组的分配单元一样，卷分配单元是 ASM 为 ASM 动态卷内的空间分配的最小存储单元。ASM 以卷分配单元的倍数分配空间。卷分配单元的大小与 ASM 磁盘组的分配单元的大小有关。默认情况下，ASM 在创建的 ASM 磁盘组内创建 64MB 的卷分配单元，默认分配单元大小为 1MB。

6. 故障组

故障组定义了共享常见潜在故障机制的 ASM 磁盘。故障组是磁盘组中的一个磁盘子集，依赖于公共硬件资源，数据库必须容忍这些资源的故障。故障组仅与正常或高冗余配置相关。相同数据的冗余副本放在不同的故障组中。例如，条带集中的成员可能共享同一个 SCSI 控制器的一组 SCSI 磁盘。故障组用于确定应使用哪些 ASM 磁盘来存储数据的冗余副本。默认情况下，每个磁盘都是一个单独的故障组。图 6-3 说明了故障组的概念。

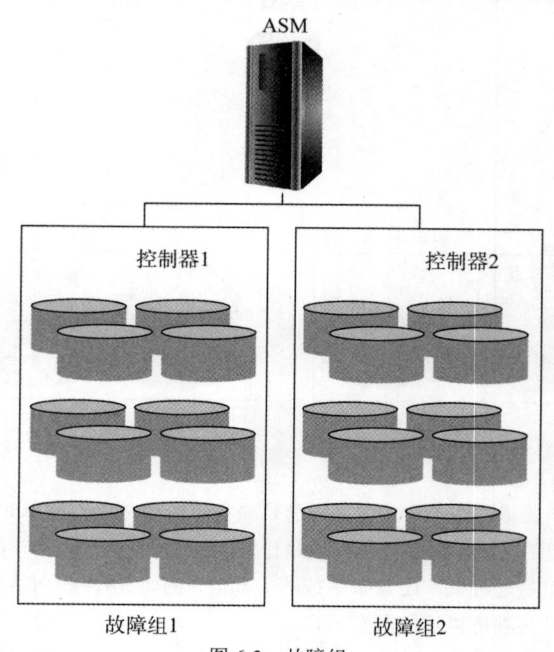

图 6-3 故障组

注意：故障组仅适用于正常和高冗余磁盘组，不适用于外部冗余磁盘组。

例如，如果为文件指定了双向镜像，ASM 会自动将文件扩展数据块的冗余副本存储在单独的故障组中。创建或更改磁盘组时，可以在磁盘组中定义故障组。

7. 镜像、冗余和故障组选项

ASM 镜像比操作系统镜像更灵活，因为 ASM 镜像允许以每个文件为基础而不是以卷为基础指定冗余级别。在内部，镜像在扩展级别进行。

如果一个文件被镜像，则根据为该文件设置的冗余级别，每个数据块都有一个或多个镜像副本，并且镜像副本总是保存在不同故障组中的不同磁盘上。

在创建或更改磁盘组时，为磁盘组配置故障组。基于冗余级别的五种磁盘组是外部冗余磁盘组、正常冗余磁盘组、高冗余磁盘组、灵活冗余磁盘组和扩展冗余磁盘组。其中，故障组适用于普通冗余磁盘组、高冗余磁盘组、灵活冗余磁盘组和扩展冗余磁盘组。

表 6-1 描述了 ASM 基于每个文件支持的可用镜像选项。

表 6-1 ASM 提供的可用镜像选项

ASM 冗余级别	镜像级别	描述
外部冗余	没有镜像(未保护)	没有来自 ASM 的镜像。在存储或硬盘级别设置镜像时可以使用此选项
正常冗余	双重镜像	每个扩展块有一个镜像副本放在不同的故障组中
高冗余	三重镜像	每个扩展块有两个镜像副本放在不同的故障组中
灵活冗余	双重镜像三重镜像和不保护	如果有五个或更多个故障组，数据库可以容忍两块磁盘发生故障。如果有三个或四个故障组，可容忍一块磁盘发生故障
扩展冗余	双重镜像三重镜像和不保护	如果站点有五个或更多个故障组，站点的数据库可以容忍两块磁盘发生故障。如果有三个或四个故障组，站点可容忍一块磁盘发生故障

ASM 不需要外部卷管理器或外部集群文件系统进行磁盘管理；不建议这样做，因为 ASM 提供的功能将与外部卷管理器冲突。

选择创建的故障组数将决定数据库在不丢失数据的情况下可以容忍多少失败。

Oracle 提供了 Oracle 托管文件(OMF)，数据库会自动创建和管理这些文件。ASM 扩展了 OMF 功能。使用 ASM，可以获得其他好处，如镜像和条带化。

ASM 如何处理磁盘故障

根据配置的冗余级别和定义故障组的方式，当 ASM 托管文件系统中的一个或多个磁盘发生故障时，将发生以下情况之一：

- Oracle 将它们离线并删除，以保持磁盘组的安装和可用性。因为数据是镜像的，所以没有数据丢失，数据继续可用。删除完磁盘以后，Oracle ASM 将重新平衡磁盘组，为故障磁盘上的数据提供原始冗余。
- Oracle 将卸除磁盘组，导致数据不可用。Oracle 建议正常冗余磁盘组至少有三个故障组，高冗余磁盘组至少有五个故障组，以维护伙伴状态表(PST)的必要副本数。这也提供了针对存储硬件故障的保护。

8. 磁盘组的均匀读取

从 Oracle Database 12.1 开始，默认情况下启用均匀读取功能。顾名思义，即使是磁盘组的读操作，也会将数据均匀地分布在磁盘组中的所有磁盘上。数据库将每个读取请求定向到负载最少的磁盘。

9. ASM 文件

Oracle 数据库在 ASM 磁盘(属于 ASM 磁盘组的一部分)上写入的文件称为 ASM 文件。每个 ASM 文件只能属于一个 Oracle ASM 磁盘组。Oracle 可以将以下文件存储在 ASM 磁盘组中：

- 数据文件
- 控制文件
- 临时文件
- 在线和归档的重做日志文件
- 闪回日志

- RMAN 备份
- spfile
- 数据泵转储设置

ASM 文件名通常以加号(+)开头。尽管 ASM 会自动生成名称，但是可以为 ASM 文件指定有意义的、友好的别名。每个 ASM 文件完全包含在一个磁盘组中，并均匀地分布在磁盘组中的所有 ASM 磁盘上。

表决文件和 Oracle 集群注册表(OCR)是 Oracle 集群软件的两个关键组件。可以将 OCR 和表决文件存储在 Oracle ASM 磁盘组中。

Oracle 将每个 ASM 磁盘划分为多个分配单元(AU)。分配单元是磁盘组中的基本存储分配单元。文件盘区由一个或多个分配单元组成，每个 ASM 文件由一个或多个文件盘区组成。创建磁盘组时，通过指定 AU_SIZE 属性来设置磁盘组的 AU 属性，值可以是 1MB、2MB、4MB、8MB、16MB、32MB 或 64MB。较大的 AU 大小有利于顺序读取使用大数据块的应用程序。

不能更改数据盘区的大小，因为当 ASM 文件的大小增加时，Oracle 将自动增加数据盘区(可变盘区)的大小。Oracle 分配数据盘区的方式与使用自动分配模式时管理本地托管理表空间中数据盘区大小的方式类似。可变盘区的大小取决于 AU 大小。如果磁盘组的 AU 大小小于 4MB，则盘区大小与前 20 000 个盘区集的磁盘组 AU 大小相同。在接下来的 20 000 个盘区集中，盘区大小达到 4*AU 大小那么大；对于任何超过 40 000 个盘区的大小，盘区大小将为 16*AU 大小那么大。如果磁盘组的 AU 大小至少为 4MB，则使用应用程序的块大小计算盘区容量(大小是磁盘组的 AU 大小、4*AU 大小或 16*AU 大小)。

10. 磁盘伙伴

磁盘伙伴限制了两个独立磁盘因故障导致虚拟盘区的两个副本都丢失的可能性。每个磁盘都有有限数量的磁盘伙伴，并且在磁盘伙伴上分配冗余副本。

ASM 会自动选择磁盘伙伴，并将这些磁盘伙伴放在不同的故障组中。在 Oracle Exadata 和 Oracle 数据库设备中，都有固定的合作关系。在其他情况下，合作不是固定的，而是根据磁盘在故障组中的放置方式来决定的。磁盘伙伴的大小、容量和性能特征应该相同。

11. ASM 动态卷管理器和 ASM 集群文件系统

ASM 集群文件系统(ACFS)是一种通用的集群文件系统，支持非 Oracle 应用程序文件。ACFS 扩展了 ASM 功能以支持所有客户文件，包括数据库文件、应用程序文件、可执行文件、警报日志和配置文件。Oracle ASM 动态卷管理器是 ACFS 的基础。

ASM 磁盘组是创建 ACFS 的基本元素，因为磁盘组包含 ASM 动态卷设备文件，ASM 动态卷管理器(ADVM)向操作系统提供这些文件。一旦这些文件呈现给操作系统，就可以使用传统的 mkfs 实用程序在 ASM 动态卷设备文件(也就是块设备)上构建和装载 ASM 集群文件系统。

ADVM 支持 ext3、ACFS 和 NTFS 文件系统，用户可以在 Windows 系统上使用 advmutil 实用程序在 ADVM 上构建文件系统。

ADVM 作为 Oracle Grid Infrastructure 安装的一部分，安装在 Oracle Grid Infrastructure 主目录中，Oracle Clusterware 在系统重新启动时自动加载 oracleadvm、oracleoks 和 oracleacfs 模块。这些模块在支持 Oracle ASM 的 ADVM 和 ACFS 功能方面发挥着关键作用。可以使用 ASMCA、ASMCMD、Oracle Enterprise Manager 和 SQL*Plus 等 ASM 工具来创建 ASM 动态卷。可以将 ASMCA 用于所有 ASM 管理操作。

ACFS 的使用有一些限制；例如，不能使用 ACFS 创建根目录或引导目录，因为 ACFS 驱动程序由 Oracle Clusterware 加载。同样，不能使用 ACFS 存储 Oracle Grid Infrastructure 软件。可以在 ACFS 文件系统上执行 I/O，就像在任何其他第三方文件系统上一样。

将 Oracle ACFS 与集群同步服务集成。如果出现故障，集群同步服务会将失败的集群节点与活动集群隔离，以避免任何可能的数据损坏。

Oracle 使用各种后台进程来提供 ADVM。

一旦创建了磁盘组并将它们装载到 ASM 实例上，就可以使用 Oracle ASMCMD 卷管理命令管理 ADVM。例如，可以使用 volcreate 命令在磁盘组中创建 ADVM 卷，使用 voldelete 命令删除 ADVM 卷，使用 volinfo 命令显示了有关 ADVM 卷的信息。下面的示例演示了如何使用 volcreate 命令创建 ADVM 卷：

```
ASMCMD [+] > volcreate -G DGA -S 10g --WIDTH 1m --COLUMN 8 VOLUME1
```

创建 ADVM 卷后，可以使用与动态卷关联的卷设备承载 Oracle ACFS 文件系统。

可以使用 ALTER DISKGROUP VOLUME 语句来管理 ADVM 卷，例如添加、修改、禁用、启用和删除 ADVM 卷。以下示例显示了如何发出 ALTER DISKGROUP VOLUME 语句来管理 ADVM 卷：

```
SQL> ALTER DISKGROUP data ADD VOLUME volume1 SIZE 10G;
Diskgroup altered.
SQL> ALTER DISKGROUP data RESIZE VOLUME volume1 SIZE 15G;
Diskgroup altered.
SQL> ALTER DISKGROUP data DISABLE VOLUME volume1;
Diskgroup altered.
SQL> ALTER DISKGROUP data ENABLE VOLUME volume1;
Diskgroup altered.
SQL> ALTER DISKGROUP ALL DISABLE VOLUME ALL;
Diskgroup altered.
SQL> ALTER DISKGROUP data DROP VOLUME volume1;
Diskgroup altered.
```

要调整承载 Oracle ACFS 文件系统的 ADVM 卷的大小，必须使用 acfsutil resize 命令而不是 ALTER DISKGROUP VOLUME 语句。

12. ACFS 快照

与 ACFS 捆绑在一起的一个令人兴奋的特性是能够创建 ASM 动态卷的快照；这允许用户从删除的文件中恢复，甚至恢复到过去的某个时间点。

ACFS 快照是 ASFS 文件系统的时间点副本，是只读的且联机拍摄的。要执行时间点恢复，甚至恢复已删除的文件，需要知道当前数据以及对文件所做的更改。创建快照时，ASM 将元数据(如目录结构和文件名)存储在 ASM 动态卷中。与元数据一起，ASM 存储文件(从未存储任何数据)中所有数据块的位置信息以及数据的实际数据块。

创建快照后，为了保持快照的一致性，ASM 通过记录文件的更改来更新快照。从 Oracle Grid Infrastructure 12.1 开始，可以从以前创建的 ACFS 快照中创建快照。

ASM 集群文件系统支持 POSIX 和 X/Open 文件系统 API，可以使用传统的 UNIX 命令，如 cp、cpio、ar、access、dir、diff 等。ACFS 支持标准操作系统的备份工具、Oracle 安全备份和第三方工具，如存储阵列快照技术。

6.3　管理 Oracle ASM 文件和目录

如前所述，ASM 支持 Oracle 数据库所需的大多数文件类型，如控制文件、数据文件和重做日志文件。此外，可以在 ASM 中存储 RAC 特定的文件，如 Oracle 集群注册表文件和表决文件。还可以将 Oracle ASM 动态卷管理器卷存储在 ASM 中。

6.3.1　ASM 文件名

可以使用完全限定的文件名或别名来引用 Oracle ASM 文件。

1. 使用完全限定的文件名

Oracle 为新的 ASM 文件提供由 Oracle 托管文件(OMF)生成的文件名，称为完全限定的文件名。此文件名代表 ASM 文件系统中文件的完整路径。

完全限定的 ASM 文件具有以下形式：

```
+diskgroup/dbname/filetype/filetypetag.file.incarnation
```

下面是一个例子：

```
+daa/orcl/controlfile/current.123.653486242
```

Oracle 使用默认模板在 ASM 中创建不同类型的文件。这些模板提供用于创建特定类型文件的属性。因此，有用于创建数据文件的 DATAFILE 模板、用于创建控制文件的 CONTROLFILE 模板和用于创建存档日志文件的 ARCHIVELOG 模板。

2. 为 Oracle ASM 文件名指定别名

可以使用 Alias Oracle ASM 文件名来引用 ASM 文件或创建文件，而不是使用完全限定的名称。别名以文件所属磁盘组的名称开头，前面加上加号，如下所示：

```
+data/orcl/control_file1
+fra_recover.second.dbf
```

当选择在内部使用文件别名创建 ASM 文件时，Oracle 会为 ASM 文件提供完全限定的文件名。可以使用 ALTER DISKGROUP 命令为具有完全限定的系统生成的 ASM 文件添加别名：

```
SQL> ALTER DISKGROUP data ADD ALIAS '+data/orcl/second.dbf'
       FOR '+data/orcl/datafile/mytable.123.123456789';
```

6.3.2 创建和引用 ASM 文件

可以通过使用 Oracle 托管文件功能指定磁盘组位置来创建 ASM 表空间和文件，也可以在文件创建语句中显式指定文件名。

1. 使用默认文件位置(基于 OMF)

可以使用 OMF 功能指定磁盘组作为创建 ASM 文件的默认位置。可以配置以下初始化参数，指定创建各种文件的默认磁盘组位置：

- DB_CREATE_FILE_DEST 指定数据和临时文件的默认磁盘组位置。
- DB_CREATE_ONLINE_LOG_DEST_*n* 指定重做日志文件和控制文件的默认磁盘组位置。
- DB_RECOVERY_FILE_DEST 指定快速恢复区域的默认磁盘组。
- CONTROL_FILES 指定用于创建控制文件的磁盘组。

可以使用其中一个初始化参数配置默认磁盘组，如下所示，设置参数 data 作为创建数据文件和临时文件的默认磁盘组：

```
SQL> ALTER SYSTEM SET DB_CREATE_FILE_DEST ='+data';
```

一旦配置了与 OMF 相关的初始化参数，就很容易创建一个使用 ASM 文件的表空间，如下所示：

```
SQL> CREATE TABLESPACE mytblspace;
```

假设已将 DB_CREATE_FILE_DEST 参数设置为指向 ASM 磁盘组 data。ASM 将自动为磁盘组 data 中 ASM 磁盘上的 mytblspace 表空间创建数据文件。

2. 显式指定 Oracle ASM 文件名

另一种创建 ASM 文件的方法是在创建文件时指定文件名。下面是一个例子：

```
SQL> CREATE TABLESPACE mytblspace DATAFILE '+data' SIZE 2000m AUTOEXTEND ON;
```

上述语句将创建表空间 mytblspace，其中一个数据文件存储在磁盘组 data 中。

3. 从磁盘组中删除 ASM 文件

可使用 ALTER DISKGROUP 命令从磁盘组中删除文件。在下面的示例中，通过别名来引用文件，也可以使用完全限定的文件名：

```
SQL> ALTER DISKGROUP data DROP FILE '+data/payroll/compensation.dbf'
```

6.3.3 管理磁盘组目录

ASM 磁盘组使用分层目录结构(由 Oracle 自动生成)存储 ASM 文件，如下所示：

```
+DATA/ORCL/controlfile/Current.123.123456789
```

以下是对上述完全限定的文件名的解释：

- +符号表示 ASM 文件系统的根目录。
- DATA 目录是 data 磁盘组中文件的父目录。
- ORCL 目录是 ORCL 数据库中所有文件的父目录。
- controlfile 目录将所有控制文件存储在 ORCL 数据库中。

1. 创建目录

要存储别名，可以创建自己的目录层次结构。在磁盘组级别创建目录，在创建子目录或别名之前必须确保父目录存在。下面是一个例子：

```
SQL> ALTER DISKGROUP data ADD directory '+DTA/ORCL';
```

2. 删除目录

可以使用 ALTER DISKGROUP 语句删除目录：

```
SQL> ALTER DISKGROUP data DROP DIRECTORY '+DATA/MYDIR' force;
```

使用 force 选项可删除包含别名的目录。请注意，不能删除系统生成的目录。

提示： DBMS_FILE_TRANSFER 包中包含的过程允许在数据库之间复制 ASM 文件或传输二进制文件。

6.4 ASM 管理

管理 ASM 实例类似于管理数据库实例，但涉及的任务较少。ASM 实例不需要运行数据库实例来管理。ASM 实例没有数据字典，因为元数据未存储在字典中。ASM 元数据很小，Oracle 将它们存储在 ASM 磁盘头中。ASM 实例管理磁盘组元数据，并向 Oracle 实例提供 ASM 中数据文件的布局。

ASM 存储在磁盘组中的元数据包括以下类型：

- 属于每个磁盘组的磁盘相关信息。
- 每个磁盘组中的文件名。
- 磁盘组中可用的空间量。
- 每个磁盘组中扩展块的位置。
- 与 Oracle ASM 卷有关的信息。

可以使用 SQL*Plus 以与普通 RDBMS 实例相同的方式执行所有 ASM 管理任务。

注意： 要使用 SQL*Plus 管理 ASM，必须在启动 SQL*Plus 之前将 ORACLE_SID 环境变量设置为 ASM SID。单实例数据库的默认 ASM SID 为+ASM，Oracle RAC 节点上的默认 ASM SID 为+ASMnode#。ASM 实例没有数据字典，因此必须使用操作系统身份验证，并以 SYSASM 或 SYSOPER 身份进行连接。通过 Oracle Net Services 进行远程连接时，必须使用密码文件进行身份验证。

可以使用 Cluster Verification Utility(CVU)检查集群中 Oracle ASM 的完整性，如下所示：

```
$ cluvfy comp asm all
```

上述命令会检查集群中的所有节点。可以检查单个节点或一组节点，而不是将 all 参数替换为[-n node_list]。

6.4.1 管理 ASM 实例

ASM 实例被设计和构建为数据库实例的逻辑扩展，和数据库实例共享相同的实例管理机制。

与数据库实例的参数文件一样，ASM 实例有一个名为注册表文件的参数文件，存储在指定的用于在安装 Oracle Grid Infrastructure 期间存储 OCR 和表决盘的 ASM 磁盘组的<集群名称>/ASMPARAMETERFILE 目录中。

ASM 实例的 SID 对于单实例数据库默认为+ASM，对于 Oracle RAC 节点默认为+ASMnode#。应用于数据库初始化参数文件的文件名、默认位置和搜索顺序规则也适用于 ASM 初始化参数文件。但是，ASM 实例附带一组单独的初始化参数，不能为数据库实例设置这些参数。

1. 管理 ASM 实例

启动 ASM 实例的方式与启动 Oracle 数据库实例的方式类似。使用 SQL*Plus 连接到 ASM 实例时，必须将 ORACLE_SID 环境变量设置为 ASM SID。

ASM 实例的初始化参数文件(可以是服务器参数文件，也称为 ASM 参数文件)必须包含参数 INSTANCE_TYPE = ASM，以向 Oracle 可执行文件发出信号：ASM 实例而不是数据库实例正在启动。

除了由 ASM_DISKGROUPS 初始化参数指定的磁盘组外，ASM 还将自动装载用于存储表决盘、OCR 和 ASM 参数文件的磁盘组。

启动模式：STARTUP 命令使用一组内存结构启动一个 ASM 实例，并装载由初始化参数 ASM_ DISKGROUPS 指定的磁盘组。如果将 ASM_DISKGROUPS 参数的值保留为空，ASM 实例将启动并警告未装入任何磁盘组。然后，可以使用 ALTER DISKGROUP MOUNT 命令(类似于 ALTER DATABASE MOUNT 命令)装载磁盘组。

表 6-2 介绍了 ASM 实例的各种启动模式。

表 6-2 ASM 实例的启动模式

启动模式	说明
NOMOUNT	启动 ASM 实例而不装载任何磁盘组
MOUNT	启动 ASM 实例并装载磁盘组
OPEN	装载磁盘组并允许从数据库进行连接，这是默认的启动模式
FORCE	在 SHUTDOWN ABORT 之后启动 MOUNT

其他 STARTUP 子句对 ASM 实例的解释与对数据库实例的解释类似。例如，RESTRICT 禁止数据库实例连接到 ASM 实例。OPEN 对 ASM 实例无效。NOMOUNT 在不装载任何磁盘组的情况下启动 ASM 实例。

注意：ASM 实例没有任何数据字典，连接到 ASM 实例的唯一可能方法是通过操作系统特权(如 SYSDBA、SYSASM 和 SYSOPER)进行连接。

在 Oracle Grid Infrastructure 安装期间，可以指定操作系统组 OSASM、OSDBA 和 OSOPER，这些操作系统组为 Oracle ASM 实例实现了 SYSASM、SYSDBA 和 SYSOPER 特权。Oracle 允许使用基于密码的身份验证连接到 ASM 实例，这要求将 ASM 初始化参数 REMOTE_LOGIN_PASSWORDFILE 设置为非 NONE 值。

默认情况下，Oracle Universal 安装程序为 ASM 实例创建密码文件，新用户将自动添加到密码文件中。然后，用户可以使用 Oracle 网络服务通过网络连接到 ASM 实例。

通过 ASMCMD 连接时，Oracle 作为 SYSDBA 连接到 ASM 实例。可以使用 SQL*Plus 连接到实例并运行简单的 SQL 命令，例如 show sga 和 show parameter <参数名称>。下面是一个例子：

```
SQL> show sga
Total System Global Area     283930624 bytes
Fixed Size                   2225792 bytes
Variable Size                256539008 bytes
ASM Cache                    25165824 bytes
```

可以查询 V$PWFILE_USERS 动态视图以列出密码文件中的用户。在密码文件中列出用户的另一种可能方法是使用 lspwusr，这是来自 ASMCMD 命令提示符的命令。ASMCMD 可用于手动创建和管理密码文件。

关闭 ASM 实例：关闭 ASM 实例与关闭任何其他 Oracle 数据库实例的方式类似。但是，必须首先使用 ASM 实例关闭数据库实例，然后才能关闭 ASM 实例。

发出 NORMAL、IMMEDIATE 或 TRANSACTIONAL 关闭命令时，ASM 会等待任何正在进行的 SQL 完成。完成所有 ASM SQL 后，将卸除所有磁盘组，并按顺序关闭 ASM 实例。如果有任何数据库实例连接到 ASM 实例，SHUTDOWN 命令将返回错误并使 ASM 实例保持运行。

发出 SHUTDOWN ABORT 命令时，ASM 实例立即终止。ASM 实例不会有序地卸除磁盘组。下一次启动需要恢复 ASM，类似于恢复 RDBMS，以使磁盘组进入一致状态。ASM 实例还包含类似于“撤销”和“重做”的组件(详细信息将在本章后面讨论)，这些组件支持崩溃恢复和实例恢复。

如果有任何数据库实例连接到ASM实例，数据库实例将终止，因为无法访问由ASM实例托管的存储系统。

可以使用SQL*Plus、ASMCA、ASMCMD和SRVCTL实用程序启动和停止ASM实例。SRVCTL使用OCR中注册的启动和关闭选项来启动或停止ASM实例。以下示例使用SRVCTL实用程序启动和停止集群节点racnode01上的ASM实例+ASM1。

注意：要管理ASM实例，请使用Oracle Grid Infrastructure主目录中的SRVCTL可执行文件。不能使用位于Oracle RAC或Oracle数据库主目录中的SRVCTL可执行文件来管理ASM。

使用以下命令在集群中的所有节点上启动ASM实例：

```
$srvctl start asm
```

使用以下命令在集群中的单个节点(在本例中为racnode01节点)上启动ASM实例：

```
$ srvctl start asm -node racnode01
```

以下命令显示了如何停止集群中所有活动节点上的ASM实例：

```
$ srvctl stop asm
```

可以使用以下命令停止特定节点上的ASM实例：

```
$ srvctl stop asm -node racnode1
```

除了启动和关闭ASM实例外，SRVCTL实用程序还允许执行其他管理任务，如以下示例所示。

使用以下命令添加ASM实例：

```
$ srvctl add asm
```

使用以下命令删除ASM实例：

```
$ srvctl remove asm
```

使用以下命令检查ASM实例的配置：

```
$ srvctl config asm -node node_name
```

使用以下命令显示ASM实例的状态：

```
$ srvctl status asm [-node node_name]
```

可以使用SQL*Plus启动和停止ASM实例，就像对常规Oracle数据库实例那样。要连接到ASM实例，确保将ORACLE_SID环境变量设置为ORACLE ASM SID。在RAC节点上，ASM的默认SID是+ASM_node_number，其中node_number是承载ASM实例的节点的编号。以下是使用SQL*Plus启动ASM实例的方法：

```
$ sqlplus /nolog
$ startup
```

上述命令将装载ASM磁盘组。因此，MOUNT是默认选项。还可以使用STARTUP命令指定FORCE、NOMOUNT或RESTRICT参数。

实例一旦启动，就可以使用ALTER DISKGROUP…MOUNT命令装载磁盘组。此命令可装载由ASM_DISKGROUPS初始化参数指定的所有磁盘组。

要使用SQL*Plus实用程序关闭ASM实例，请使用以下命令：

```
$ sqlplus /nolog
$ shutdown
```

仅使用SHUTDOWN命令而不使用任何选项的效果与SHUTDOWN NORMAL命令相同。还可以使用SHUTDOWN命令指定IMMEDIATE、TRANSACTIONAL或ABORT选项。

请注意，必须首先停止所有连接到ASM实例的数据库实例，否则将收到错误消息，ASM实例将继续运行。同样，如果在Oracle ADVM卷中装载了任何Oracle ACFS文件系统，则必须首先卸载这些文件系统，然后关闭ASM

实例。

可以使用ASMCMD命令行实用程序启动和停止ASM实例。以下是使用ASMCMD启动和停止ASM实例的示例。

使用以下命令在装载状态下启动ASM实例：

```
ASMCMD
ASMCMD >startup --mount
```

使用以下命令立即关闭ASM实例：

```
ASMCMD
ASMCMD >shutdown --immediate
```

注意：如果OCR和表决盘存储在ASM磁盘组中，则不能在Oracle RAC数据库系统中单独启动或关闭ASM实例。必须使用crsctl命令启动或停止CRS，这也将启动/停止ASM实例。

2. 用于磁盘组的Oracle ASM文件访问控制

可以配置Oracle ASM文件访问控制，以将对ASM磁盘组的访问限制为以SYSDBA身份连接的特定ASM客户端。此处的客户端通常是使用ASM存储的数据库。

通过使用访问控制，ASM可以确定必须给Oracle ASM实例上作为SYSDBA进行身份验证的数据库授予的附加权限。

设置ASM文件访问控制：必须设置ACCESS_CONTROL_ENABLED磁盘组属性(默认值为false)和ACCESS_CONTROL_UMASK磁盘组属性(默认值为066)，才能为磁盘组设置Oracle ASM文件访问控制。ACCESS_CONTROL_UMASK属性决定创建ASM文件时屏蔽哪些权限，这些权限适用于文件的所有者、与所有者位于同一用户组中的用户以及其他用户，该属性适用于磁盘组中的所有文件。

下面的示例演示了如何为名为data1的磁盘组启用ASM文件访问控制，以及如何将umask权限设置为026，这意味着给所有者设置读写权限，给组中的用户设置读写权限，对于与所有者不在同一组中的其他用户不设置访问权限：

```
ALTER DISKGROUP data1 SET ATTRIBUTE 'access_control.enabled' = 'true';   = 'true';
ALTER DISKGROUP data1 SET ATTRIBUTE 'access_control.umask' = '026';   = '026';
```

管理Oracle ASM文件访问控制：包括添加和删除用户组、添加和删除成员、添加和删除用户以及其他相关任务。可以使用ALTER DISKGROUP语句来执行所有这些任务。这里展示一些典型的访问控制管理任务。

可以使用以下ALTER DISKGROUP命令将ASM用户组添加到磁盘组。在运行该命令之前，确保磁盘组中存在使用MEMBER子句指定的OS用户。

```
SQL> SELECT group_number, os_name FROM V$ASM_USER;
GROUP_NUMBER          OS_NAME
------------          ---------
           1          oracle1
           1          oracle2
...
SQL> ALTER DISKGROUP data ADD USERGROUP 'test_grp1'
     WITH MEMBER 'oracle1','oracle2';
```

可以使用以下命令将用户添加到用户组：

```
SQL>ALTER DISKGROUP data MODIFY USERGROUP 'test_grp2'  ADD MEMBER 'oracle2';
```

还可以将OS用户添加到ASM磁盘组，以使用户对磁盘组具有访问权限：

```
SQL>ALTER DISKGROUP data ADD USER 'oracle1';
```

可以修改ASM文件的权限：

```
SQL>ALTER DISKGROUP data SET PERMISSION OWNER=read write, GROUP=read only, OTHER=none FOR FILE
'+data/controlfile.f';
```

3. 与ASM相关的动态性能视图

ASM尽管没有数据字典，但却提供了存储在内存中的动态性能视图，可用于从ASM实例中提取元数据信息。

下面介绍一些重要的动态性能视图。有关 ASM 动态性能视图的完整列表，请参阅 Oracle 文档。

- **V$ASM：**显示所连接的 ASM 实例的实例信息。
- **V$ASM_DISK：**显示 ASM 实例在查询时执行磁盘发现程序后发现的所有磁盘。
- **V$ASM_DISKGROUP：**显示在 ASM 中创建的磁盘组以及元数据信息，如可用空间、分配单元大小和磁盘组的状态。
- **V$CLIENT：**显示使用 ASM 实例管理的磁盘组的数据库。
- **V$ASM_FILE：**显示在 V$ASM_DISKGROUP 视图中列出的磁盘组中创建的文件。
- **V$ASM_ALIAS：**显示 V$ASM_FILE 视图中列出的 ASM 文件的便于阅读的名称。此视图在标识 ASM 文件的确切名称时很有用，因为 V$ASM_FILE 视图仅列出文件号。
- **V$ASM_DISK_IOSTAT：**显示 V$ASM_DISKGROUP 视图中列出的每个磁盘的磁盘 I/O 性能统计信息。
- **V$ASM_ACFSVOLUMES：**显示 ASM 动态卷的元数据信息。
- **V$ASM_OPERATION：**显示当前(长时间运行的)操作，例如在 V$ASM_DISKGROUP 视图中列出的磁盘组上发生的任何重新平衡。此视图可用于监视 ASM 中的重新平衡操作。
- **V$ASM_USER：**显示已连接数据库实例的操作系统用户名和文件所有者的名称。
- **V$ESTIMATE：**显示执行 ASM 磁盘组重新平衡和重新同步操作所涉及工作的估计情况，而不实际执行这些操作。

4. ASM 后台进程

由于 ASM 是使用 RDBMS 框架构建的，因此软件架构与 Oracle RDBMS 类似。ASM 实例是使用各种后台进程构建的，其中一些特定于 ASM 实例的进程管理 ASM 中的磁盘组、ASM 动态卷管理器和 ASM 集群文件系统。下面显示了 SID 为 ASM 的 ASM 实例的后台进程：

```
oracle   3419    1  0 19:36 ?        00:00:00 asm_pmon_+ASM1
oracle   3421    1  0 19:36 ?        00:00:00 asm_psp0_+ASM1
oracle   3435    1  4 19:36 ?        00:01:12 asm_vktm_+ASM1
oracle   3439    1  0 19:36 ?        00:00:00 asm_gen0_+ASM1
oracle   3441    1  0 19:36 ?        00:00:00 asm_mman_+ASM1
oracle   3445    1  0 19:36 ?        00:00:01 asm_diag_+ASM1
oracle   3447    1  0 19:36 ?        00:00:00 asm_ping_+ASM1
oracle   3461    1  0 19:36 ?        00:00:04 asm_dia0_+ASM1
oracle   3463    1  0 19:36 ?        00:00:04 asm_lmon_+ASM1
oracle   3465    1  0 19:36 ?        00:00:03 asm_lmd0_+ASM1
oracle   3467    1  0 19:36 ?        00:00:09 asm_lms0_+ASM1
oracle   3471    1  0 19:36 ?        00:00:01 asm_lmhb_+ASM1
oracle   3473    1  0 19:36 ?        00:00:00 asm_lck1_+ASM1
oracle   3475    1  0 19:36 ?        00:00:00 asm_dbw0_+ASM1
oracle   3477    1  0 19:36 ?        00:00:00 asm_lgwr_+ASM1
oracle   3484    1  0 19:36 ?        00:00:00 asm_ckpt_+ASM1
oracle   3492    1  0 19:36 ?        00:00:00 asm_smon_+ASM1
oracle   3500    1  0 19:36 ?        00:00:00 asm_lreg_+ASM1
oracle   3513    1  0 19:36 ?        00:00:00 asm_pxmn_+ASM1
oracle   3515    1  0 19:36 ?        00:00:00 asm_rbal_+ASM1
oracle   3522    1  0 19:36 ?        00:00:00 asm_gmon_+ASM1
oracle   3524    1  0 19:36 ?        00:00:00 asm_gcr0_+ASM1
oracle   3526    1  0 19:36 ?        00:00:00 asm_mmon_+ASM1
oracle   3528    1  0 19:36 ?        00:00:00 asm_mmnl_+ASM1
oracle   3552    1  0 19:36 ?        00:00:00 asm_lck0_+ASM1
oracle   3650    1  0 19:36 ?        00:00:00 asm_asmb_+ASM1
```

仔细观察后台进程，你会发现 RDBMS 实例管理中使用的进程与 smon 和 pmon 类似。但是，其他进程(如 rbal 和 gmon)是特定于 ASM 实例的。

让我们仔细看看 ASM 特定的进程。在 ASM 实例中创建 ASM 动态卷时，将看到其他后台进程，如 VDBG、VBG*n* 和 VMB。下面将解释一些重要的 ASM 后台进程。

- RBAL：这是重新平衡的后台进程，负责重新平衡操作，并协调 ASM 磁盘识别过程。
- GMON：这是群组监控后台进程，通过将磁盘组标记为“脱机”甚至删除来管理磁盘组。

- ARB*n*：虽然 RBAL 进程协调磁盘组的重新平衡，但 ARB*n* 进程实际上执行重新平衡操作。
- VMB：这是卷成员身份后台进程，负责与 ASM 实例建立集群成员身份。ASM 实例在创建 ASM 动态卷时启动此后台进程。
- VDBG：这是卷驱动程序后台进程，负责与动态卷驱动程序一起提供卷扩展块的锁定和解锁。这是一个至关重要的进程，如果意外终止，就将关闭 ASM 实例。
- VBG*n*：这是卷后台进程。来自 ASM 实例的 VBG*n* 进程负责与操作系统卷驱动程序通信，处理 ASM 和操作系统之间的消息传递。
- XDMG：这是 Exadata 自动管理进程，负责监视所有配置的 Exadata 单元的状态更改，例如更换坏磁盘。它的主要任务是监视不可访问的磁盘和单元，当它们再次可访问时，启动 ASM ONLINE 联机操作。

5. 数据库实例中的 ASM 进程

使用 ASM 的每个数据库实例都有两个后台进程：ASMB 和 RBAL。ASMB 后台进程在数据库实例中运行，并连接到 ASM 实例中的前台进程。通过此连接，定期交换消息以更新统计信息并验证这两个实例是否正常。描述打开文件的所有扩展块映射都通过 ASMB 后台进程发送到数据库实例。如果重新定位打开文件的扩展块或更改磁盘的状态，ASMB 后台进程将在受影响的数据库实例中接收消息。

对于需要 ASM 干预的操作，例如通过数据库前台进程创建文件，ASMB 后台进程直接连接到 ASM 实例以执行该操作。每个数据库实例都维护到 ASM 实例的连接池，以避免每次文件操作都重新连接的开销。

0001～0010 扩展块范围内的一组从属进程建立到 ASM 实例的连接，这些从属进程用作数据库进程的连接池。数据库进程可以使用从属进程向 ASM 实例发送消息。例如，打开一个文件时，会通过从属服务器将打开请求发送到 ASM 实例。但是，数据库不会将从属服务器用于长时间运行的操作，例如用于创建文件的操作。从属服务器连接消除了短请求登录 ASM 实例的开销。这些从属服务器在不使用时自动关闭。

6. 数据库和 ASM 实例之间的通信

ASM 就像 Oracle 数据库的卷管理器，为 Oracle 数据库文件提供文件系统。ASM 实例使用两个数据结构——活动变更目录和连续操作目录(COD)来管理其中包含的元数据事务。

当创建新的表空间或只是向现有表空间中添加新的数据文件时，Oracle 数据库实例请求一个 ASM 实例，以创建 Oracle 数据库实例可以使用的新的 ASM 文件。在接收到新的文件创建请求时，ASM 实例会在 COD 中添加一个条目，并为 ASM 磁盘组中的新文件分配空间。ASM 创建扩展块，然后与数据库实例共享扩展块映射；事实上，数据库实例中的 ASMB 后台进程接收了扩展块映射进程。

一旦数据库实例成功打开文件，ASM 实例就提交新的文件创建请求，并从 COD 中删除条目，因为新的文件信息现在存储在磁盘头中。以下内容必须牢记：大多数人认为数据库 I/O 被重定向到 ASM 实例，ASM 实例代表数据库实例执行 I/O；但这是不正确的；Oracle 数据库实例直接对 ASM 文件执行 I/O 操作，但当 ASM 实例与数据库实例确认已提交新文件时，必须重新打开新创建的 ASM 文件一次。

> **活动变更目录(ACD)和连续操作目录(COD)**
>
> 活动变更目录(Active Change Directory，ACD)是一种日志记录机制，提供类似于 Oracle 数据库中重做日志的功能。ACD 记录 ASM 实例中决定在操作失败或实例崩溃导致意外失败时前滚所需的所有元数据更改。ACD 作为文件存储在其中一个 ASM 磁盘中。
>
> ASM 元数据是三重镜像的(高冗余)，当添加新的实例时，可以在磁盘组中增长。Oracle 还镜像磁盘组中不同部分的 ASM 头元数据。ASM 的事务原子性由 ACD 保证。
>
> 连续操作目录(Continuous Operations Directory，COD)是 ASM 实例中的一种内存结构，用于维护活动 ASM 操作和更改的状态信息，例如重新平衡、添加新磁盘和删除磁盘。此外，来自客户端(如 RDBMS 实例)的文件创建请求使用 COD 来保护完整性。在 ASM 操作成功或失败时，将提交或回滚 COD 记录。COB 类似于 Oracle 数据库中的 Undo 表空间；但是，用户不能向前或向后滚动数据。

6.4.2 ASM 初始化参数

与数据库实例一样，ASM 实例使用强制和可选的初始化参数。可以在数据库和 ASM 实例中设置 ASM 初始化参数，但某些初始化参数仅对 ASM 实例有效。

可以在 ASM 实例中设置以下初始化参数。在数据库实例中不能指定以 ASM_开头的参数。可以使用 pfile 或 spfile 作为 ASM 实例参数文件。如果使用 spfile，则必须放在磁盘组或集群文件系统中。Oracle 建议使用 spfile 并存储在磁盘组中。默认情况下，ASM 实例的 spfile 存储在 Oracle Grid Infrastructure 主目录($ORACLE_HOME/dbs/spfile+ASM.ora)中。

- **INSTANCE_TYPE**：提示 Oracle 可执行文件有关实例类型的信息。对于 ASM 实例，必须将此参数设置为 ASM(INSTANCE_TYPE=ASM)。对于 Oracle Grid Infrastructure 主目录中的 ASM 实例，此参数是可选的。在 Oracle Database 12*c* 中，此参数具有第三个值：ASMPROXY。对于 ASM 代理实例，必须将此参数设置为 ASMPROXY。
- **ASM_POWER_LIMIT**：设置磁盘重新平衡的强度限制。此参数默认为 1，对于兼容性设置为 11.2.0.2 或更高的磁盘组，有效值为 1～1024。当然，将此参数设置为 0 将禁用重新平衡，这是不推荐的！此参数是动态的，可以使用 SQL 语句(例如 alter diskgroup data online disk dta_000 power 100)动态修改。使用 ALTER DISKGROUP…REBALANCE 语句手动重新平衡磁盘时，POWER 子句的值不能超过 ASM_POWER_LIMIT 参数的值。本章后面将详细讨论磁盘重新平衡。
- **ASM_DISKSTRING**：以逗号分隔的字符串列表，限制 ASM 发现的磁盘集。可以使用通配符，只查找与其中一个字符串匹配的磁盘。字符串格式取决于正在使用的 ASM 库和操作系统。ASM 的标准系统库支持全局模式匹配。如果使用 ASMLib 创建 ASM 磁盘，则默认路径为 ORCL:*。例如，在 Linux 服务器上，若不使用 ASMLib 或新的 Oracle ASM 过滤器驱动程序(Oracle ASMFD)，则可以通过以下方式设置此参数：ASM_DISKSTRING = /dev/rdsk/ mydisks/*。这将限制发现过程仅包括/dev/rdks/mydisks 目录中的磁盘。

注意：*许多 DBA 在需要正确配置 ASM_DISKSTRING 参数时会遇到问题。必须限制为 ASM 磁盘组所在的较小磁盘集而不是/dev/*，因为 ASM 实例将强制遍历该位置的所有磁盘。这里的许多设备不是磁盘，因此磁盘发现过程将比需要的时间长得多。*

- **ASM_DISKGROUPS**：ASM 实例在启动时或使用 ALTER DISKGROUP ALL MOUNT 语句时要装入的磁盘组的名称列表。如果未指定此参数，则除了存储 spfile、OCR 和表决盘的 ASM 磁盘组外，不会装入任何磁盘组。此参数是动态的，当使用服务器参数文件(spfile)时，不需要更改这个参数值。下面是一个例子：ASM_DISKGROUPS = DATA, FRA。
- **ASM_PREFERRED_READ_FAILURE_GROUPS**：此参数允许扩展集群配置中的 ASM 实例(其中每个站点都有自己的专用存储)，从本地磁盘而不是从主磁盘读取数据。在 Oracle 11*g* 之前，ASM 总是从主副本读取数据，而不管本地磁盘上的可用扩展块如何。此功能对于提高 Oracle 扩展集群的性能非常有用。在为扩展集群配置 ASM 时，应该仔细选择故障组的数量，因为这将直接影响 ASM 的读取性能。
- **DIAGNOSTIC_DEST**：将此参数设置为要在其中存储 ASM 实例诊断信息的目录。此参数的默认值是 $ORACLE_ BASE。与数据库诊断目录设置一样，在主诊断目录下找到诸如 alert、trace 和 incident 的目录。

默认情况下，对于所有 ASM 实例，将启用自动内存管理。但是，不需要设置 MEMORY_TARGET 参数，因为默认情况下，Oracle ASM 会为这个参数启用适用于大多数环境的值。如果要显式控制 ASM 的内存管理，可以在 ASM spfile 中设置此参数。

6.5 管理 ASM 磁盘组

Oracle 提供了多种不同的 ASM 工具，例如 ASMCA、ASMCMD、Oracle Grid Control 和 SQL*Plus 等，用于帮助在 ASM 实例中创建并管理磁盘组。

在创建 ASM 磁盘组之前，充分理解 ASM 磁盘组的性能与可用性需求是很重要的(例如，ASM 磁盘组的冗余级别)。如果底层存储没有使用 RAID 配置进行保护，就应选择合适的 ASM 磁盘组冗余级别，以使用 ASM 镜像技术。

ASMCA 是一个图形化工具，其功能不言自明，也不需要什么太专业的知识，但应单击 Show Advanced Options 按钮来修改 ASM 磁盘组的不同属性。ASMCMD 则使用了 XML 风格的标签，以指定 ASM 磁盘组的名称、磁盘位置及属性。可以指定 XML 标签作为内联 XML，也可以使用 ASMCMD 内置的 mkdg 命令来创建 XML 文件。

使用 SQL*Plus，可以在 ASM 实例中使用 CREATE DISKGROUP 命令来创建磁盘组。在创建磁盘组之前，ASM 实例会检查要添加到磁盘组的磁盘/原始分区是否为可寻址的。如果是可寻址的，并且没有被其他磁盘组使用，ASM 就会将特定的信息写入磁盘或原始分区的第一个块，从而用于创建磁盘组。

可以为 ASM 磁盘组设置不同的属性，从而影响其性能与可用性。可以使用 ALTER DISKGROUP 或 CREATE DISKGROUP 语句，并使用 ATTRIBUTE 子句设置磁盘组的属性，如下所示：

```
SQL> CREATE DISKGROUP data NORMAL REDUNDANCY
       FAILGROUP controller1 DISK
       '/devices/diska1' NAME diska1,
...
       ATTRIBUTE
       'compatible.asm' = '12.1.0.1',
       'content.type' = 'recovery',
...
SQL> ALTER DISKGROUP data SET ATTRIBUTE 'content.type' = 'data';
```

也可以使用 ASMCMD 中的 setattr 和 mkdg 命令，或者通过 ASMCA 来设置磁盘组的属性。然后通过 V$ASM_ATTRIBUTE 动态性能视图来查询磁盘组的属性设置。当然，还可以使用 ASMCMD 中的 lsattr 命令来实现这一目的。以下是可能会用到的 ASM 磁盘组的重要属性。

- **AU_SIZE**：用于设置要创建的 ASM 磁盘组中分配单元的大小。对于现有的磁盘组而言，该属性无法修改。因此，在创建 ASM 磁盘组时，需要确保设置了正确的分配单元大小。默认情况下，Oracle 设置的分配单元大小为 1MB，但是大部分用户都设置为 4MB。
- **DISK_REPAIR_TIME**：该属性与磁盘组的性能及可用性有关。在 ASM 磁盘离线将要被删除以及磁盘组将要被再平衡时，该属性定义了 ASM 要等待的时间长度。
- **COMPATIBLE.ADVM**：如果打算将 ASM 磁盘组用于创建 ASM 动态卷，该属性就是必需的。
- **CELL_SMART_SCAN_CAPABLE**：该属性只对 Oracle Exadata Grid 磁盘有效，它能够启用智能扫描以预测卸载处理。
- **THIN_PROVISIONED**：该属性指定在对磁盘组执行再平衡操作后，是否丢弃剩余的未使用存储空间。默认情况下，该属性的值为 false，表示保留未使用的存储空间。如果要丢弃未使用的存储空间，可以将该属性设置为 yes。
- **PHYS_META_REPLICATED**：用于启用 Oracle 对磁盘组复制状态的跟踪。如果 Oracle ASM 磁盘组的兼容性参数为 12.1 或更高，Oracle 会复制每一片数据的物理元数据——也就是说，会在磁盘中心点生成元数据的副本(备份)，例如磁盘头信息以及空闲空间表块信息。如果一个磁盘组中所有磁盘的物理元数据都已复制，则 Oracle 会自动将该属性设置为 true。当然，该属性还可取 false 值，但是无法设置或修改该属性的值。在执行 CREATE DISKGROUP 命令时，ASM 会自动挂载磁盘组，并将磁盘组的名称添加到 spfile 的 ASM_DISKGROUPS 参数中。这样，此后 ASM 实例重启时，新创建的磁盘组就会被挂载。

如果想让 ASM 镜像文件，那么在创建 ASM 磁盘组时就要设置冗余级别。Oracle 提供了两种冗余级别：正常冗余以及高冗余。在正常冗余级别，每个扩展块都有一个镜像副本；在高冗余级别，不同磁盘组中的每个扩展块均有两个镜像副本。

同一个磁盘组中的磁盘，应该有相似的容量和性能特征。通常建议为不同类型的磁盘创建不同的磁盘组。同一个磁盘组中的所有磁盘，必须有相同的容量，从而避免故障组中的磁盘空间被浪费。所有用来创建磁盘组的磁盘，都应该能够通过 ASM_DISKSTRING 参数指定的路径访问到，以免出现磁盘发现方面的问题。

6.5.1 创建磁盘组

下面的例子创建了一个名为 DGA 的磁盘组，它有两个故障组 FLGRP1 和 FLGRP2，使用了 4 个原始分区 /dev/diska3、/dev/diska4、/dev/diska5 以及/dev/diska6：

```
SQL> CREATE DISKGROUP DGA NORMAL REDUNDANCY
  2  FAILGROUP FLGRP1 DISK
  3 '/dev/diska3',
```

```
4 '/dev/diska4',
5  FAILGROUP FLGRP2 DISK
6 '/dev/diska5',
7 '/dev/diska6',
```

在创建磁盘组之后，可能需要根据业务需求来修改磁盘组的属性。Oracle 允许在创建磁盘组之后，在磁盘组上执行 create、drop/undrop、resize、rebalance、mount/dismount 等操作。

在创建磁盘组时，也可以选择设置 SECTOR_SIZE 属性。为该属性设置的值决定了磁盘组中磁盘的扇区大小。只有在创建磁盘组时，才能设置扇区的大小。如果磁盘支持的话，可以将 SECTOR_SIZE 设置为 512 或 4096。扇区大小的默认值取决于操作系统平台。

6.5.2　向磁盘组添加磁盘

无论何时向磁盘组添加磁盘，Oracle 都会在内部执行 I/O 负载的再平衡操作。下面的例子展示了如何向已有的磁盘组添加磁盘。Oracle 使用 ADD 子句向现有的磁盘组添加磁盘或故障组。下面这个例子向现有的 DGA 磁盘组添加了/dev/diska7 原始分区：

```
ALTER DISKGROUP DGA ADD DISK
  '/dev/diska7' NAME disk5;
```

在上述语句中，并没有定义故障组，因此数据库将磁盘分配给自有的故障组。也可以使用 ASMCA 命令来添加磁盘，如下所示：

```
asmca -silent -addDisk -diskGroupName  mydg
         -disk '/devices/disk04'
         -disk  '/devices/disk05'
```

上述命令向磁盘组 mydg 添加了 disk04 和 disk05 两块磁盘。

6.5.3　对磁盘组中的磁盘执行 drop、undrop、resize 以及 rename 操作

Oracle 提供了 DROP DISK 子句，可以与 ALTER DISKGROUP 命令联合使用，以删除磁盘组中的磁盘。在此操作期间，Oracle 会在内部进行文件的再平衡。如果磁盘组中的其他磁盘上没有足够的空间，则删除操作失败。

要执行磁盘组中磁盘的添加和删除操作，建议先添加，后删除。这两个操作应该在同一条 ALTER DISKGROUP 命令中进行，从而降低数据库花在数据再平衡上的时间。

Oracle 在删除磁盘组中的磁盘时，提供了 force 选项，即便 ASM 已经无法对这些磁盘进行读写访问。但是对于外部冗余磁盘组，无法使用 force 选项。

1. 对磁盘组中的磁盘执行 undrop 操作

如果删除磁盘的操作被挂起，可以使用 ALTER DISKGROUP…UNDROP DISK 语句来取消删除动作，如下所示：

```
SQL> ALTER DISKGROUP DGA UNDROP DISK;
```

2. 替换磁盘组中的磁盘

当磁盘损坏或丢失时，通常需要执行一个两步骤的操作，先删除受影响的磁盘，再使用新磁盘代替。但是，从 Oracle 12*c* 开始，可以合并这两步，在一条命令中完成对受损或丢失磁盘的替换操作。下面的例子展示了如何使用 disk6 磁盘代替 disk5 磁盘：

```
SQL> ALTER DISKGROUP DGA REPLACE DISK
     DISK5 WITH DISK6;
```

也可以在 RELPALCE DISK 命令中使用 POWER 子句，使用方式与磁盘再平衡命令中的一样。

3. 执行磁盘的重置大小操作

在使用 ALTER DISKGROUP 命令时，Oracle 提供了 RESIZE 子句，这样就可以重置磁盘组的大小、任意磁盘的大小以及特定故障组中磁盘的大小。

重置大小操作对于重用磁盘空间非常有用。例如，在创建磁盘时，定义的磁盘容量往往小于磁盘的真实容量，如果此后又想使用磁盘的全部容量，就可以执行该操作，而无须给定任意的容量设置。Oracle 会接收操作系统返回的容量大小。例子如下：

```
ALTER DISKGROUP DGA RESIZE DISK '/dev/raw/raw6' SIZE 500M;
```

4. 重命名磁盘组

在集群中可以先将所有节点上的磁盘组全部卸载，再使用 renamedg 命令对 ASM 磁盘组执行重命名操作。下面的例子展示了如何重命名一个磁盘组。

(1) 使用 renamedg 命令将磁盘组 dgroup1 重命名为 dgroup2：

```
$ renamedg dgname=dgroup1 newdgname=dgroup2
  asm_diskstring='/devices/disk'*' verbose=true
```

(2) 由于 renamedg 命令不会更新数据库中对这些磁盘的引用信息，因此在执行上述命令之后，原有的磁盘组并不会自动删除。可以使用如下命令检查旧磁盘组的状态：

```
$ crsctl status res -t
```

(3) 使用如下命令手动删除旧的磁盘组资源：

```
$ srvctl remove diskgroup dgroup1
```

(4) 使用如下命令重命名磁盘组中的磁盘：

```
SQL> ALTER DISKGROUP dgroup2 MOUNT RESTRICTED;
SQL> ALTER DISKGROUP dgroup2 RENAME DISKS ALL;
```

6.6 管理 ACFS

我们无法使用 ASM 工具(例如 ASMCA、ASMCMD、OEM 或 SQL*Plus 等)创建并管理 ACFS。创建 ASCF 文件系统与使用传统的卷管理器创建文件系统类似。在传统的卷管理器中，要首先创建卷组，然后创建卷，最后才创建文件系统并挂载。

与 ASM 磁盘组中的分配单元类似，卷分配单元是 ASM 动态卷中可以分配的最小存储单元。ASM 在每个卷分配单元中分配条带，并且每个条带都与卷的扩展块大小相同。这就与底层 ASM 磁盘组中的分配单元直接联系起来了。默认情况下，对于 1MB 的磁盘组分配单元来说，卷扩展块的大小是 64MB。当创建 ASM 动态卷时，需要设置条带的数量(也称为条带列)和宽度，因为 Oracle 在内部使用 SAME(Stripe And Mirror Everything，条带镜像一切)方法来对数据进行条带化和镜像处理。然后，Oracle 将存储在 ACFS 中的文件划分为块(chunk)，每个卷扩展块中的条带宽度为 128KB(默认条带宽度)。

例如，假设要创建一个大小为 400MB 的 ASM 动态卷，并使用默认设置存储 1MB 的文件，此时 Oracle 会创建一个大小为 64MB 的卷扩展块，每个卷的分配单元为 256MB(条带数乘以卷扩展块大小)。因为 Oracle 按照卷分配单元大小的倍数分配空间，所以虽然请求了 400MB 空间，但是为 ASM 动态卷分配了 512MB 空间。ASM 动态卷也可以在稍后进行扩展。ASM 会将文件分配到 8 个 128KB 的块中，并将它们存储在卷扩展块中。ASM 以相同的方式在 ASM 磁盘组中的可用磁盘上对卷扩展块进行条带化，因而能够提供非常高效的 I/O 操作。

可以使用 ASM 实例的 V$ASM_ACFSVOLUMES 和 V$ASM_FILESYSTEM 动态性能视图来显示 ACFS 文件系统的信息。

6.6.1 创建 ACFS

如下步骤展示了如何创建 ASM 集群文件系统。

(1) 创建 ASM 磁盘组，属性 COMPATIBLE.ADVM 为最小值 11.2 或更高(Oracle 自 11*g* *R*2 版本引入了 ACFS)，设置该属性就是为了告诉 ASM，磁盘组可以存储 ASM 动态卷。如果没有设置该属性，就无法在磁盘组中创建 ASM 动态卷。可以使用 ASMCA、ASMCMD 或 SQL*Plus 等工具来创建 ASM 磁盘组。如果使用的是 ASMCA，那么可以通过单击 Show Advanced Options 按钮来设置磁盘组的属性。其他 ASM 工具则允许在命令行中设置属性。

(2) 一旦 ASM 磁盘组创建完毕，就需要在磁盘组中创建 ASM 动态卷。该任务可以使用 ASMCMD 中的 volcreate 命令来完成，如下所示：

```
$ ASMCMD [+]> volcreate -G data -s10G volume1
```

(3) 创建需要的 OS 目录，以挂载新创建的 ASM 动态卷。

(4) OS 目录创建完毕后，需要使用操作系统命令 mkfs 来创建 ACFS 文件系统。确保使用如下命令在 ASM 动态卷上创建 ACFS 类型的文件系统：

```
$ /sbin/mkfs -t acfs /dev/asm/volume1-123
```

(5) 作为可选步骤，可以使用 acfsutil registry 命令注册新创建的文件系统：

```
$ /sbin/acfsutil registry -a /dev/asm/volume1-123 /acfsmounts/acfs1
```

在该例中，/acfsmounts/acfs1 是上面步骤(3)中创建的 OS 目录，用于挂载新创建的 ASM 动态卷。尽管这是纯粹的可选步骤，但是以此种方式注册文件系统能够带来两个好处。首先，无须在每个集群成员上手动挂载新的文件系统。其次，当 Oracle 集群软件或服务器重启时，新的文件系统会自动挂载。

(6) 现在，使用 mount 命令挂载新创建的文件系统。确保使用 ACFS 文件系统类型来挂载。例子如下：

```
$ /bin/mount -t acfs /dev/asm/volume1-123 /acfsmounts/acfs1
```

(7) 一旦挂载完新的文件系统，就需要确保在该文件系统上设置了正确的访问权限，从而使需要访问它的用户能够进行访问。例如，可以如下方式为 oracle 用户设置权限：

```
$ chown -R oracle:dba /acfsmounts/acfs1
```

6.6.2　创建 ACFS 快照

可以使用 ASM 工具创建并管理 ACFS 快照。可以使用 ASMCMD 中的 acfsutil 命令，通过命令行界面创建并管理快照。如下是一个创建 ACFS 快照的例子：

```
acfsutil snap create acfs_snap_01 /app/oracle/myfirstacfs
```

快照创建过程会创建一个隐藏的目录(.ACFS)，并在该隐藏目录中创建目录结构 snaps/<快照名称>。在上面的例子中，ASM 会创建如下目录结构：

```
.ACFS/snaps/acfs_snap_01
```

ACFS 除了令人激动的特性之外，也有很多限制，在使用 ACFS 之前，需要注意这些限制。尽管可以在 ASM 动态卷上创建其他的文件系统，但是，Oracle 在 ASM 动态卷上只支持 ACFS 作为集群文件系统，不支持对 ASM 动态卷进行分区，因此无法使用 fdisk 命令对 ASM 动态卷设备进行分区。此外，也无法在 ASM 动态卷上使用 ASMLib，因为 Oracle 不支持这种配置。可以使用多路径设备来创建 ASM 磁盘组，但是在 ASM 动态卷上使用多路径是禁止的。

ASM 快速镜像再同步

在 Oracle 11g 之前，只要 ASM 无法向 ASM 磁盘写入数据扩展块，ASM 就会让 ASM 磁盘离线。此外，进一步的读操作也是禁止的，ASM 会使用其他 ASM 磁盘上的镜像副本来重建这些扩展块。如果将磁盘添加回磁盘组，ASM 会进行再平衡操作，以便重构所有的数据扩展块。这种再平衡操作非常耗时，也会影响 ASM 磁盘组的响应时间。

从 Oracle 11g 开始，Oracle 不会再删除离线的 ASM 磁盘，并等待和跟踪数据扩展块的修改信息，直到为磁盘组设置的 ASM_DISK_REPAIR 属性所指定的时间为止。如果故障在此时间段内被修复，ASM 便只重构被修改过的数据扩展块，而不是进行完整的全磁盘组数据再平衡。这让再平衡操作变得更快、更高效。

6.7　ASM磁盘再平衡

在存储的配置或重配置阶段，ASM 无需任何停机时间——也就是说，可以修改存储配置，而不用让数据库离线。在为磁盘组添加或删除磁盘之后，ASM 会自动完成文件数据在所有磁盘之间的重分布。这种称为磁盘再平衡的操作，对于数据库来说是透明的。

再平衡操作会将每个文件的内容均衡地分布到磁盘组中所有可用的磁盘上。该操作由空间使用而非这些磁盘的 I/O 统计信息状况驱动。需要时，该操作会被自动调用，在此操作期间，无需人工介入。也可以选择手工执行该操作，或是修改正在执行的再平衡操作。

增加进行磁盘再平衡操作的后台从属进程的数量能够加速这一操作。在进行存储重配置期间，后台进程 ARBx 负责完成磁盘再平衡操作。为了动态增加从属进程的数量，可以使用 init.ora 文件中的参数 ASM_POWER_LIMIT。推荐在 Oracle RAC 中只使用一个节点来进行磁盘再平衡操作。关闭任意未使用的 ASM 实例就可以完成这个任务。图 6-4 展示了 ASM 磁盘再平衡功能。

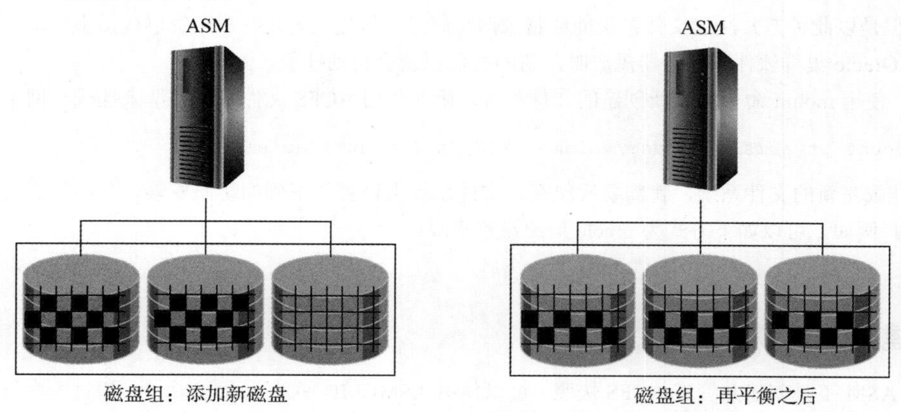

图 6-4　ASM 磁盘再平衡

如果在 ALTER DISKGROUP 命令中没有指定 POWER 子句，或者在添加和删除磁盘时隐式调用了再平衡操作，再平衡操作就会默认使用 ASM_POWER_LIMIT 初始化参数的设置。可以对该参数进行动态调整。

ASM_POWER_LIMIT 参数的值越高，再平衡操作就能够越快地完成。值越低，再平衡操作耗时越长，但是使用的进程数量就会越少，消耗的 I/O 资源也就越少。这样剩余的资源就可为其他应用所用，例如数据库。该参数的默认值为 1，这会最小化对其他应用的影响。如何为该参数设置合适的值，取决于硬件配置以及性能与可用性需求。

如果由于磁盘被手动或自动删除而导致的再平衡操作正在进行，那么增加再平衡操作的进程数量会缩小再平衡操作的时间窗口。此时被删除磁盘上的数据冗余副本会被重构到其他磁盘上。

V$ASM_OPERATION 视图提供了一些信息，可帮助校正 ASM_POWER_LIMIT 参数的设置，从而影响再平衡操作使用的进程。

V$ASM_OPERATION 视图还会提供估算的时间(EST_MINUTES 列)，用于描述完成再平衡操作还需要多少时间。观察估算时间可以了解调整再平衡进程带来的影响。EST_WORK 列展示了再平衡需要操作的分配单元数量的估计值。对于每一次再同步或再平衡操作，数据库都会更新 PASS 列，该列显示的值可以是 RESYNC、REBALANCE 或 COMPACT。

6.7.1　手工进行磁盘组再平衡

也可以使用 ALTER DISKGROUP 命令中的 REBALANCE 子句来手工再平衡磁盘组中的文件。一般情况下无须这么做，因为 ASM 会在配置发生变化时自动进行磁盘组再平衡。但如果想控制再平衡操作的速度，就可能需要进行一次手工再平衡操作，否则建议使用自动的再平衡操作。

ALTER DISKGROUP…REBALANCE 语句中的 POWER 子句用于设置并行度。这样可以加速再平衡操作。可以设置扩展块为 0~1024(默认值为 1)。值为 0，会挂起再平衡操作，直到语句被隐式或显式地再次调用。默认的再平衡并行度由ASM_POWER_LIMIT初始化参数设置。可以使用ALTER DISKGROUP命令中的REBALANCE子句进行ASM磁盘的添加、删除或重置大小操作。

注意：如果在创建磁盘组时使用了REBALANCE POWER 0，那么ASM会自动禁用再平衡特性。此时，如果为磁盘组添加更多磁盘，ASM就不会将数据分布到新添加的磁盘上。另外，当将磁盘从磁盘组移出时(DROP DISK)，磁盘组的状态会保持为DROPPING，直到将REBALANCE POWER的值设置为大于0。建议不要设置为0。

输入带有新的并行度的 REBALANCE 语句，会改变正在进行的再平衡操作的并行度。默认情况下，ALTER DISKGROUP…REBALANCE语句会立即返回，这样就可以在后台异步执行再平衡操作时发出其他命令。

可以查询V$ASM_OPERATION视图来获取再平衡操作的状态。也可以在ASMCMD命令行提示符中使用lsop命令列出ASM操作。下面的例子显示了如何使用lsop命令：

```
ASMCMD> lsop
Group_Name  Pass  State  Power  EST_WORK  EST_RATE  EST_TIME
ASMCMD>
```

如果希望ALTER DISKGROUP…REBALANCE命令在再平衡操作完成之后才返回，可以将WAIT关键字添加到REBALANCE子句中。这在编写脚本时尤其有用。该命令也可以接收NOWAIT关键字，这将会调用异步执行再平衡操作的默认行为。在大多数平台上，可以使用 Ctrl+C 来中断等待模式下运行的再平衡操作。这会导致命令立即返回，并显示错误消息"ORA-01013：用户请求取消当前操作"，然后继续执行异步的再平衡操作。

对于再平衡操作，有如下额外规则：

- ALTER DISKGROUP…REBALANCE命令在一个节点上执行，并使用该节点上的资源。
- ASM在一个实例上于同一时刻只能执行一个再平衡操作。
- 再平衡操作可以跨越失败的ASM实例而继续进行。
- 在使用ALTER DISKGROUP命令进行磁盘添加、删除或大小重置操作时，也可以使用REBALANCE子句(包括POWER或WAIT/NOWAIT关键字)。

下面的例子展示了如何对磁盘组dgroup2进行再平衡操作：

```
ALTER DISKGROUP dgroup2 REBALANCE POWER 5;
```

上述命令会立即返回，再平衡操作则会在后台异步执行。

为 REBALANCE 子句指定 WAIT 关键字，可以让再平衡命令在再平衡操作执行完毕后才返回。下面的命令手工执行磁盘组dgroup2的再平衡操作。该命令直到再平衡操作完毕后才返回：

```
ALTER DISKGROUP dgroup2 REBALANCE POWER 5 WAIT;
```

可以通过提交带有MODIFY POWER子句的再平衡命令来改变正在运行的再平衡操作的并行度，如下所示：

```
ALTER DISKGROUP data2 REBALANCE MODIFY POWER 10;
```

也可以按照如下方式将并行度改回默认设置：

```
ALTER DISKGROUP data2 REBALANCE MODIFY POWER;
```

6.7.2 再平衡阶段选项

当为磁盘组执行再平衡操作时，可以通过指定 WITH 或 WITHOUT 关键字来选择不同的阶段选项。如下是可以选择的阶段选项。

- **RESTORE：**该阶段通常都需要执行，不能排除。该阶段包含如下操作：
    - **RESYNC：**该操作会同步数据库正要将其恢复为在线状态的磁盘上的过期数据区。
    - **RESILVER：**只适用于Exadata系统。该操作用于将数据从一个镜像拷贝到另一个镜像，后者包含过期数据。
    - **REBULD：**还原强制磁盘的冗余数据(强制磁盘是使用force选项删除的磁盘)。
- **BALANCE：**该阶段还原磁盘组中所有磁盘上的冗余数据，并在磁盘之间实现扩展块分布的均衡。

- **PREPARE**：该阶段只适用于 FLEX 或 EXTENDED 冗余磁盘组，完成的工作与 SQL 操作中的“准备”阶段相关。
- **COMPACT**：该阶段完成所有扩展块的碎片整理和压缩动作。

如果没有指定任何选项(RESTORE、BALANCE、PREPARE 或 COMPACT)，Oracle 默认会完成所有的再平衡阶段。下面的两个例子展示了在进行磁盘再平衡时如何指定阶段选项：

```
ALTER DISKGROUP data2 REBALANCE WITH BALANCE COMPACT;
ALTER DISKGROUP data3 REBALANCE WITHOUT BALANCE;
```

6.7.3 再平衡操作的性能监控

可以查询 V$ASM_DISK_STAT 和 V$ASM_DISKGROUP_STAT 视图来获取性能方面的统计信息。这些视图，包括 V$FILESTAT，能够提供关于磁盘组和数据文件的性能方面的大量信息。可以执行如下查询来获取磁盘组级别的性能统计信息：

```
SELECT PATH, READS, WRITES, READ_TIME, WRITE_TIME,
READ_TIME/DECODE(READS,0,1,READS)"AVGRDTIME",
WRITE_TIME/DECODE(WRITES,0,1,WRITES) "AVGWRTIME"
FROM V$ASM_DISK_STAT;
PATH                    READS   WRITES   READ_TIME WRITE_TIME   AVGRDTIME  AVGWRTIME
--------------        -------- -------- ---------- ---------- ---------- ----------
ORCL:DISK1              50477    67683       20.86 724.856718 .000413258 .010709583
ORCL:DISK2             418640   174842     100.259 802.975526 .000239487 .004592578
```

在 Oracle Database 12*c* 中，可以在一条再平衡命令中对多个磁盘组进行再平衡操作。

6.7.4 优化磁盘再平衡操作

可以查询 V$ASM_OPERATION 视图来检查再平衡操作的状态。正如可以使用 EXPLAIN WORK 语句来创建 Oracle SQL 语句的执行计划一样，在提交再平衡命令之前，也可以确定一次再平衡操作所包含的工作量。

一旦提交了 EXPLAIN WORK 语句，就可以在 V$ASM_ESTIMATE 视图中查看 Oracle 对于再平衡操作的评估信息。如下例子展示了如何使用 EXPLAIN 特性：

```
SQL> EXPLAIN WORK FOR ALTER DISKGROUP DISKGROUP DGA DROP DISK data_01;
Explained.
```

一旦执行完上述 EXPLAIN WORK 语句，就可以查询 V$ASM_ESTIMATE 视图了，如下所示：

```
SQL> SELECT est_work FROM V$ASM_ESTIMATE;
EST_WORK
4211
```

V$ASM_ESTIMATE 视图可以显示 ASM_POWER_LIMIT 的调整效果，以及随之对再平衡操作的影响。尽管这里只提交了一条 DROP DISK 命令而不是再平衡命令，但是在删除或添加 ASM 磁盘时，也同样会有隐式的再平衡操作。V$ASM_ESTIMATE 视图也会显示再平衡操作的潜在影响。

V$ASM_ESTIMATE 视图中的 EST_WORK 列用于评估再平衡操作期间，Oracle 将会移动的 ASM 分配单元的数量。可以查询 V$ASM_ESTIMATE 视图来获取执行计划中所涉及工作量的评估，无论是磁盘组再平衡操作，还是再同步操作。

擦洗(scrub)磁盘组

从 Oracle Database 12*c* 开始，无论是正常冗余还是高冗余磁盘组，都可以检测或修复逻辑损坏。因为擦洗进程会使用镜像磁盘来检测并修复逻辑损坏，所以对磁盘 I/O 并不会带来什么值得注意的影响。

如下例子展示了如何为磁盘组 DGA 指定 SCRUB 选项来检测逻辑损坏：

```
SQL> ALTER DISKGROUP DGA SCRUB POWER LOW;
```

SCRUB 子句会检测并报告已有的任意逻辑损坏问题。如下例子展示了如何使用 SCRUB 子句和 REPAIR 子句

来自动修复磁盘损坏:

```
SQL> ALTER DISKGROUP DGA SCRUB FILE
'+DGA/ORCL/DATAFILE/example.123.456789012' REPAIR POWER HIGH;
```

与再平衡命令一样，也可以在擦洗磁盘组、磁盘或特定文件时选择使用 WAIT 或 FORCE 子句。

6.8　ASM 中的备份与恢复

ASM 实例不会进行备份，因为 ASM 实例自身并不包含文件，它只是管理 ASM 磁盘的元数据而已。ASM 元数据是三路镜像的，它能够保护元数据免受一些典型故障的影响。如果发生了足够多的故障，从而导致元数据丢失，则磁盘组就需要重建。ASM 磁盘上的数据需要使用 RMAN 进行备份。在出现故障时，一旦磁盘组创建完毕，就可以使用 RMAN 对数据(例如数据文件)进行还原。

每个磁盘组都是自描述的，磁盘组自身就包含了文件目录、磁盘目录以及其他数据，例如元数据的日志信息等。ASM 使用镜像技术来自动保护元数据，即便是外部冗余磁盘组也是如此。ASM 实例将信息缓存在自身的 SGA 中。ASM 元数据用于描述磁盘组和文件，由于是在磁盘组中存储的，因此 ASM 元数据也是自描述的。元数据在块中维护，每个元数据块的大小为 4KB，并且是三路镜像的。

由于多个 ASM 实例会加载同样的磁盘组，因此如果某个 ASM 实例出现故障，其他 ASM 实例会自动恢复由故障实例引起的瞬时元数据变化。这种情况称为 ASM 实例恢复，由 GCS(Global Cache Service，全局缓存服务)自动检测并处理。

如果多个 ASM 实例加载了不同的磁盘组，或者在单个 ASM 实例配置的情况下，ASM 实例在打开元数据进行更新时出现了故障，那么当前未被其他 ASM 实例加载的磁盘组将无法恢复，直到它们被重新加载为止。当 ASM 实例加载一个故障磁盘组时，它会读取磁盘组日志并恢复所有的瞬时更改，这种情况称为 ASM 崩溃恢复。

因此，当使用 ASM 集群实例时，建议所有 ASM 实例总是挂载相同的磁盘组集合。但是，在本地附加的磁盘上可以有一个磁盘组，该磁盘组仅对集群中的一个节点可见，并且仅将该磁盘组挂载在附加磁盘的节点上。

ASM 支持标准的操作系统备份工具 OSB(Oracle Secure Backup)以及第三方备份解决方案，例如使用存储阵列镜像技术备份 ACFS 文件系统。第 9 章将介绍 ASM 元数据备份的相关内容。

6.9　Oracle Flex ASM 集群

Oracle Database 12*c* 引入了 Oracle Flex ASM 集群，允许 ASM 实例运行在不同于数据库服务器的服务器上。在此版本之前，必须在运行数据库实例的每个服务器上运行 ASM 实例。Oracle Flex ASM 集群不需要配置 ASM 和 Oracle 数据库实例，因此允许集群中运行的一小组 ASM 实例为大量数据库实例提供服务。ASM 集群中默认的最小实例数是 3。

引入 Oracle Flex ASM 集群背后的关键理念在于提升数据库的可用性，因为在传统的 ASM 部署模式下，集群中的每个节点上都需要一个 ASM 实例，一个本地 ASM 实例出现故障，就意味着服务器上运行的所有数据库实例都将出现故障。

如果服务器上的一个 Oracle Flex ASM 实例出现故障，运行在服务器上的数据库实例仍然会继续运行，而不会出现问题。如果一个 Oracle Flex ASM 实例出现故障，则 ASM 实例会简单地将故障转移到集群中的其他节点上。与此同时，数据库实例会继续运行，并使用集群中任意其他节点上的 Oracle Flex ASM 实例进行不受影响的操作。这样就可以让数据库实例不依赖于本地 ASM 实例，从而明显提升了数据库的可用性。此外，新的 ASM 部署方式大大削减了 ASM 实例消耗的资源。

集群会提供组成员关系服务，它由一组节点组成，并且至少包含一个 hub 节点。hub 节点已连接到集群中的所有节点，并能够直接访问共享存储系统。因此，只有 hub 节点能够访问 ASM 磁盘。由 ASM 实例管理的单一 ASM 磁盘组集合是整个集群的组成部分。

在 Oracle Flex ASM 下允许将所有的存储集成为单一的更易管理的磁盘组集合。每个集群都有两个网络——公共与私有网络——此外还有一个最小的 Oracle ASM 网络。可以将私有网络作为 Oracle ASM 网络来完成双重职责。

这两个网络需要分布在不同的子网上。

注意：Oracle Flex ASM 是 Oracle Flex 集群的必需组件，也是 Oracle Database 12*c* 中的新特性(参见第 7 章)。因此，它在安装 Oracle Flex 集群时默认处于启用状态。

6.9.1 在 Oracle Flex ASM 中配置 Oracle ASM

可以使用如下方式在 Oracle Flex ASM 中配置 Oracle ASM。

本地 ASM 客户端直接访问 ASM：在此模式下——从技术上讲，其实这并不是真正的 Oracle Flex 模式，因为根本没有使用 Oracle Flex ASM——数据库客户端和 ASM 实例运行在同一个服务器上。只能在 hub 节点上这样做。数据库实例运行为本地 ASM 客户端，并直接访问 ASM 磁盘。

Flex ASM 客户端直接访问 Oracle ASM：在此模式下，hub 节点上的数据库客户端直接访问 ASM 磁盘，并且会远程访问 ASM 实例以便获取 ASM 元数据。数据库实例与 ASM 实例并不运行在同一服务器上。它们运行在远程 hub 节点上。

ACFS 通过 ASM 代理实例进行访问：ASM 代理实例运行在 hub 节点上，并带有直接的 ASM 客户端。ASM 代理实例可以使用 ACFS 和 ADVM。可通过设置 ASM 的初始化参数 INSTANCE_TYPE 为 ASMPROXY 来使用该模式。

6.9.2 创建 Oracle Flex ASM

创建 Oracle Flex ASM 其实很容易。在新的安装操作期间，OUI(Oracle Universal Installer)允许选择常规的 Oracle ASM 集群或 Oracle ASM Flex 部署。如果选择了 Oracle Flex ASM，那么也需要选择 Oracle ASM 网络。每个集群至少有一个公共网络和一个私有网络。如果打算使用 ASM 作为存储选项，则集群至少还需要一个 Oracle ASM 网络。Oracle 会为新的 Oracle ASM 网络创建 ASM 监听器，并自动在集群中的所有节点上启动。

如果升级了 Oracle 数据库，则原有的 Oracle ASM 可以继续使用，和早期数据库版本中的一样。但是，在 Oracle Database 12*c* 中，必须考虑启用 Oracle Flex ASM，以便从 ASM 的新功能中获益。Oracle Flex ASM 能够免受计划外停机时间(故障)和计划内停机时间(维护)带来的影响，例如 OS 升级、打补丁等。

如果当前使用标准的 Oracle ASM 配置，就可以使用 ASMCA 来启用 Oracle Flex ASM。在转换为 Oracle Flex ASM 配置之前，必须确保当前标准 ASM 配置中的 OCR、spfile 以及 ORAPWD 文件都存储在一个磁盘组中。

在 ASMCA Configure ASM: ASM Instances 页面中单击 Convert to Oracle Flex ASM 按钮，然后在 Convert to Oracle Flex ASM 页面中，需要指定监听器、端口和网络接口。

一旦输入网络和接口信息并单击 OK，就会出现 ASM Conversion 对话框，显示名为 convertToFlexASM.sh 的脚本文件所在的路径，该脚本必须以授权用户的身份在运行 ASMCA 工具的节点上执行。也可以在静默方式下运行 ASMCA 工具，将常规的 Oracle ASM 转换为 Oracle Flex ASM，如下所示：

```
asmca -silent
      -convertToFlexASM
      -asmNetworks eth1/10.10.10.0
      -asmListenerPort 1521
```

可以使用标准工具 ASMCA、CRSCTL、SRVCTL 以及 SQL*Plus 来管理 Oracle Flex ASM。也可以使用 asmcmd showclustermode 命令来查看是否启用了 Oracle Flex ASM：

```
$ asmcmd showclustermode
ASM cluster : Flex mode enabled
```

除了 ASMCMD 工具之外，也可以使用 ASMCA、CRSCTL、SRVCTL 以及 SQL*Plus 来管理 Oracle Flex ASM。如下命令能确定 Oracle Flex ASM 配置下实例的状态：

```
# srvctl status asm -detail
ASM is running on prod1, prod2
ASM is enabled.
```

如下例子展示了如何确定 ASM 实例的个数，作为 Oracle Flex ASM 配置的一部分：

```
$ srvctl config asm
ASM instance count: 3
```

config asm 命令显示：3 个 ASM 实例是 Oracle Flex ASM 配置的一部分。也可以使用 modify asm 命令修改配置中的实例个数，如下所示：

```
$ srvctl modify asm -count 4
```

在这个例子中，名词 count 至关重要。它意味着当有一个实例失败时，Oracle 会在其他节点上启动另一个实例，以保持实例的个数一直为 4。如果一个 ASM 实例出现故障，Oracle 会自动将客户端转移连接到集群中的其他 ASM 实例。也可以手工进行这样的客户端转移，如下所示：

```
SQL> ALTER SYSTEM RELOCATE CLIENT 'client-id';
```

在这个例子中，client-id 的格式为“实例名称:数据库名称”(instance_name:db_name)。

6.9.3　管理 ASM 弹性磁盘组

ASM 弹性磁盘组就是支持 ASM 文件组和 quota 组的 AM 磁盘组，能进行简单的配额管理。ASM 文件组就是隶属一个数据库的文件集合，允许在文件组或数据库级别进行存储管理。

注意： *弹性磁盘组既可以在数据库粒度上管理存储，也可以在磁盘组级别进行管理。*

1. 关键特性

如下是 ASM 弹性磁盘组的关键特性：

- 每个数据库都有自己的文件组。
- 可以从正常冗余或高冗余磁盘组迁移到弹性磁盘组。
- 一个弹性磁盘组至少需要 3 个故障组。
- 可以将弹性磁盘组的冗余级别设置为 FLEX REDUNDANCY。弹性磁盘组中的每个文件组都有自己的冗余设置。
- 弹性磁盘组的文件组描述数据库文件。
- 弹性磁盘组中的文件有弹性冗余设置。
- 弹性磁盘组可以容忍其中两个镜像出现故障，这与高冗余磁盘组一样。

2. 创建并迁移到弹性磁盘组

可以使用 CREATE DISKGROUP 命令创建弹性磁盘组：

```
SQL> CREATE DISKGROUP flex_data FLEX REDUNDANCY DISK my_disk_discovery_path;
```

然后使用 ALTER DISKGROUP 语句将正常冗余磁盘组迁移到弹性磁盘组：

```
SQL> ALTER DISKGROUP data MOUNT RESTRICTED;
SQL> ALTER DISKGROUP data CONVERT REDUNDANCY TO FLEX;
```

6.9.4　理解 ASM 文件组与 ASM 配额组

ASM 弹性磁盘组支持 ASM 文件组和配额组。弹性磁盘组支持数据库级别的存储管理。文件组由一组 ASM 文件组成。配额组由一个或多个文件组构成。弹性磁盘组可以有多个配额组。

1. ASM 配额组

可以使用 ASM 配额组配置分配给 ASM 文件组集合的配额。配额是一种物理空间限制，在创建 ASM 文件或者重置其大小时，数据库会强制遵守该配额。配额组是同一个磁盘组中一个或多个文件组的总存储空间。配额组允许控制不同数据库使用的总存储空间，尤其是在多租户环境下。

如果有两个磁盘组——磁盘组 1 和磁盘组 2，就可以在每个磁盘组中创建配额组 QGRP1 和 QGRP2。然后为每个配额组分配特定的配额。在每个配额组中，可以有一个或多个文件组。

如下是理解配额组的要点。

- 一个文件组只能属于一个配额组。
- 一个配额组不能跨越多个磁盘组。
- 一个配额组有两个值：限制空间和当前已使用空间。
- 可以将文件组从一个配额组移动到另外一个配额组。

可以按照如下方式将配额组添加到磁盘组：

```
SQL> ALTER DISKGROUP DiskGroup_2 ADD QUOTAGROUP Quotagroup_QGRP3
SET 'quota' = 100m;
```

了解了配额组后，接下来看看如何在配额组中创建文件组。

2. ASM 文件组

ASM 文件组由一组具有相同属性和特征的文件组成，属性包括冗余、再平衡操作的并行度限制、条带、配额组以及访问控制列表。可以使用文件组为共享同一磁盘组的数据库设置不同的可用性特征。

磁盘组由一个或多个文件组构成，它可以存储属于多个数据库的文件。每个数据库都有各自的文件组。

如下是理解磁盘组与文件组的要点：

- 一个磁盘组最少包含一个文件组，称为默认文件组。
- 如果一个磁盘组包含一个文件组，其冗余级别要么是 FLEX，要么是 EXTENDED。
- 一个数据库在磁盘组中只能有一个文件组。
- 文件组可以描述单个数据库，例如 PDB(可插拔数据库)、CDB(容器数据库)或集群。
- 一个文件组只能属于一个配额组。

如下例子展示了如何创建文件组。注意，在将文件组分配给配额组之前，必须先创建配额组：

```
SQL> ALTER DISKGROUP DiskGroup1 ADD FILEGROUP FileGroup_PDB1
DATABASE PDB1
SET 'quota group' = 'QutoaGroup_QGRP1';
```

3. 在多租户环境下使用配额组和文件组

在多租户环境下，为多个 PDB 分配存储并限制使用空间时，Oracle ASM 文件组和配额组非常有用。图 6-5 展示了在多租户环境中，3 个 PDB 如何使用存储在多个文件组、配额组和磁盘组中的 ASM 文件。

图 6-5 展示了 Oracle ASM 文件组和配额组的架构，总结如下：

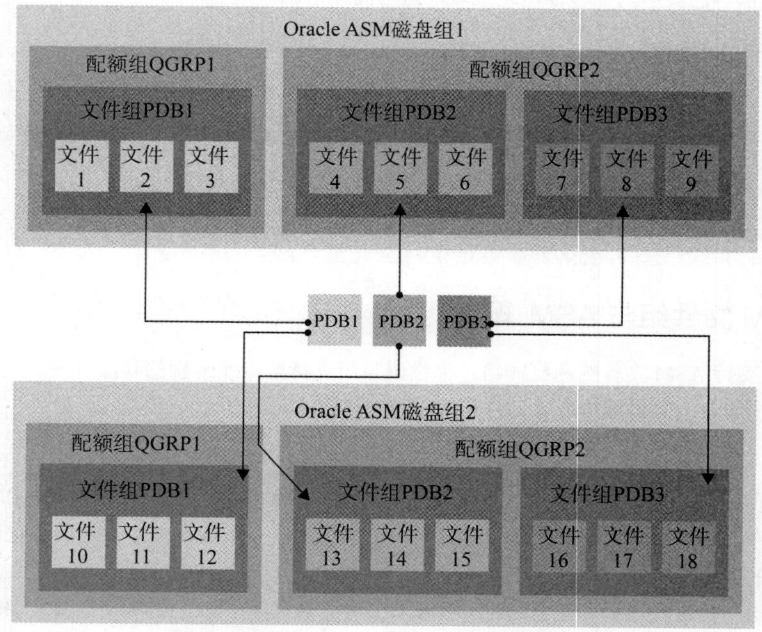

图 6-5 Oracle ASM 文件组、配额组以及磁盘组

- 这里有两个ASM磁盘组：磁盘组1和磁盘组2。
- 每个磁盘组都包含两个配额组：QGRP1和QGRP2。
- 配额组QGRP1包含文件组PDB1，配额组QGRP2包含文件组PDB2。

该例中有3个PDB：PDB1、PDB2和PDB3。下面说明这三个数据库是如何在两个配额组中使用文件组的：

- 文件组PDB1(磁盘组1和磁盘组2)专用于PDB1。
- 文件组PDB2(磁盘组1和磁盘组2)专用于PDB2。
- 文件组PDB3(磁盘组1和磁盘组2)专用于PDB3。

6.9.5 ASM扩展磁盘组

ASM扩展磁盘组与弹性磁盘组类似，它们在扩展集群中比较有价值。扩展集群中的节点在物理上分布于不同的站点上。如下是扩展磁盘组的一些关键特性。

- 必须将扩展磁盘组的冗余级别设置为EXTENDED。

注意：扩展磁盘组除了能够容忍故障组级别的故障之外，也能容忍站点级别的故障。

- 扩展磁盘组能够承受整个站点的数据丢失，还可以承受其他站点上两个故障组的数据丢失。
- 需要为每个站点(而不是每个磁盘组)设置冗余。
- 扩展集群中的配额组有磁盘空间限制，这种限制指的是跨越所有站点的所有副本使用的总存储空间。一个集群如果有两个站点，还有一个大小为10MB的文件，冗余级别为MIRROR，则会使用40MB的配额限制。
- 最小的分配单元(AU)为4MB。

如下例子展示了如何创建一个扩展磁盘组：

```
SQL> CREATE DISKGROUP extended_site_data EXTENDED REDUNDANCY
      SITE TX FAILGROUP fg1  DISK  '/devices/disks/disk01'
           FAILGROUP    fg2  DISK  '/devices/disks/disk02'
           FAILGROUP    fg3  DISK  '/devices/disks/disk03'
      SITE CA FAILGROUP fg4  DISK  '/devices/disks/disk04'
           FAILGROUP    fg5  DISK  '/devices/disks/disk05'
           FAILGROUP    fg6  DISK  '/devices/disks/disk06'
      SITE QM QUORUM
           FAILGROUP    fg7  DISK  '/devices/disks/disk07';
```

6.10 ASM工具

ASM工具，例如ASM命令行接口和ASM文件传输工具，在ASM文件系统中模拟了UNIX操作环境。尽管ASMCMD工具在内部调用SQL*Plus接口来查询ASM实例，但是它十分有助于系统管理员和存储管理员，因为它提供了UNIX shell接口的外观和操作方式。

6.10.1 ASMCA：ASM配置助手

ASM配置助手是一个GUI工具，可用来安装并配置ASM实例、磁盘组、卷和ACFS。与DBCA一样，ASMCA也可以在静默方式下使用。OUI在内部以静默方式使用ASMCA来配置ASM磁盘组，以存储OCR和表决文件。ASMCA能够管理完整的ASM实例及相关的ASM对象。从Oracle 11g开始，DBCA不再允许创建并配置ASM磁盘组，Oracle未来的方向是提升ASMCA的使用率，因为它是一个完整的ASM管理工具。

6.10.2 ASMCMD：ASM命令行工具

ASMCMD是一个命令行工具，允许通过命令行界面访问ASM文件及相关信息。这可以简化ASM的管理，方便DBA的使用。Oracle为ASMCMD提供了多个管理特性，从而帮助用户在命令行上管理ASM实例和ASM对象，例如磁盘组、卷和ASM集群文件系统。

使用ASMCMD时，可以连接到ASM实例或Oracle数据库实例，这取决于想执行什么活动。为了登录到

ASMCMD，请确保ORACLE_HOME、PATH和ORACLE_SID环境变量指向ASM实例。然后，执行位于Oracle Grid Infrastructure主目录(与Oracle ASM 主目录相同)中的asmcmd命令。要连接到数据库实例，请从Oracle Database主目录的bin目录运行ASMCMD实用程序。

ASMCMD使用cd、ls、mkdir、pwd、lsop、dsget等命令，为DBA提供了与大多数UNIX风格的系统相似的外观和操作方式。从Oracle 11*g*开始，Oracle添加了许多新命令来管理完整的ASM实例及对象。现在，可以在命令行界面上全面管理ASM实例，包括启动/停止，管理磁盘组、卷和ASM集群文件系统，备份和恢复元数据，甚至访问ASMCMD中的GPnP配置文件和ASM参数文件。可以参考命令行帮助来了解特定ASMCMD命令的解释和示例用法，因为ASMCMD命令行帮助为这些命令提供了足够的信息。下面的几个例子展示了如何使用ASMCMD管理ASM。

下面展示了列出所有磁盘组的方式：

```
ASMCMD> ls
BACKUP/
DATA/
ASMCMD>

List all disks.
ASMCMD> lsdsk
Path
/dev/oracleasm/disks/DISK1
/dev/oracleasm/disks/DISK2
ASMCMD>
```

下面的ASMCMD命令展示了如何使用熟悉的OS命令，例如cd、pwd和ls等，查看数据库中存储在ASM里的所有数据文件名：

```
ASMCMD> cd +DATA
ASMCMD> pwd
+DATA
ASMCMD> ls
ASM/
ORCL/
_MGMTDB/
orapwasm
rac-scan/
ASMCMD> cd ORCL
ASMCMD> ls
CONTROLFILE/
DATAFILE/
ONLINELOG/
PARAMETERFILE/
PASSWORD/
TEMPFILE/
ASMCMD> cd DATAFILE
ASMCMD> pwd
+DATA/orcl/DATAFILE
ASMCMD> ls
EXAMPLE.285.854663633
SYSAUX.277.854663311
SYSTEM.278.854663405
UNDOTBS1.280.854663501
UNDOTBS2.286.854664353
USERS.279.854663501
ASMCMD>
```

也可以非交互方式运行ASMCMD命令，也就是在命令行中提交命令而不调用ASMCMD。如下例子展示了如何列出所有磁盘组的状态及名称：

```
$ asmcmd ls -l
State        Type     Rebal     Name
MOUNTED      EXTERN   N         BACKUP/
```

```
MOUNTED      EXTERN   N          DATA/
$
```

既然能够以非交互方式运行 ASMCMD 命令，这也就意味着可以在 shell 脚本中使用它。

6.10.3　ASM FTP 工具

Oracle ASM 支持 ASM FTP，传统的操作使用常见的 FTP 协议来处理文件，能够以类似的方式操作 ASM 文件和目录。典型的应用案例就是可以将 ASM 文件从一个数据库拷贝到另一个数据库中。

Oracle 数据库使用了 XML DB 的虚拟文件夹结构，提供了一种通过 XML DB 协议(例如 FTP、HTTP 或可编程 API 等)来访问 ASM 文件和目录的方法，ASM 虚拟文件夹在 XML DB 结构中挂载为/sys/asm。文件夹是“虚拟的”，因为在 XML DB 中物理上什么都不存储，所有的操作都由底层的 ASM 组件完成。

虚拟文件夹是在安装 XML DB 的过程中默认创建的。如果数据库没有配置为使用自动存储，则虚拟文件夹为空，不允许执行操作。/sys/asm 虚拟文件夹包含目录和子目录，具备 ASM 完全限定的命名结构。图 6-6 显示了 ASM 虚拟文件夹的层次结构。

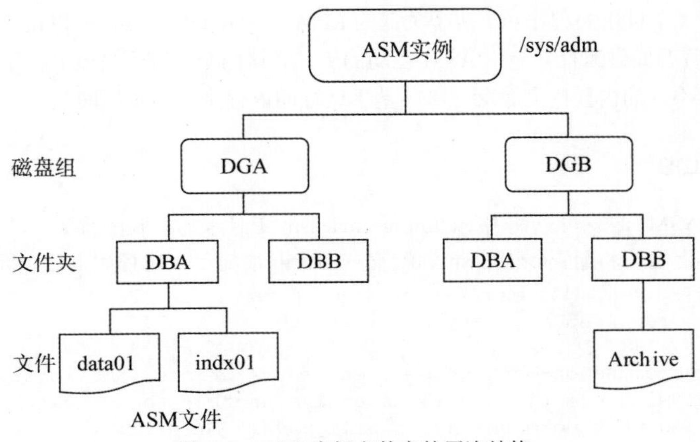

图 6-6　ASM 虚拟文件夹的层次结构

如图 6-6 所示，虚拟文件夹在 ASM 实例挂载的每个磁盘组上都有一个子文件夹。每个磁盘组文件夹为每个使用该磁盘组的数据库包含一个子文件夹。数据库文件夹包含一个文件类型子文件夹，文件类型子文件夹则包含 ASM 文件。这些文件一般是二进制文件。尽管访问 ASM 文件的方式类似于在传统的 FTP 应用中访问普通文件，但是这里有一些使用/访问限制。在查看/sys/asm 虚拟文件夹的内容时，DBA 权限是必需的。

下面的例子展示了如何使用虚拟文件夹访问 ASM 文件。这个例子假设我们位于 oracle 用户的主目录/home/oracle 中。然后使用 FTP 连接到 ASM 实例所在的服务器。ASM 实例位于 racnode01 服务器上。磁盘组为 DGA，数据库名称为 dba，使用了 DGA 磁盘组。

首先，打开 FTP 连接并输入登录信息。只有具备 DBA 权限的用户才能访问/sys/asm 虚拟文件夹。连接之后，将当前目录切换到/sys/asm 虚拟文件夹，并列出文件夹中的内容。将子文件夹 DGA 用于 DGA 磁盘组。然后切换到 DGA 目录，并查看带有数据库名称的另一个子文件夹，在这里是 dba。然后列出 dba 目录中的内容，其中包含了与 dba 数据库相关的 ASM 二进制文件。最后，下载 data01 文件到本地目录/home/oracle。

```
ftp> open racnode01 7777
ftp> use system
ftp> passwd manager
ftp> cd /sys/asm
ftp> ls
DGA
ftp> cd DGA
ftp> ls
dba
ftp> ls
data01.dbf
indx01.dbf
```

```
ftp> bin
ftp> get data01.dbf
```

6.11 ASMLib

ASMLib 是一个存储管理接口，可帮助简化 OS(操作系统)到数据库的接口。ASMLib API 由 Oracle 开发并支持，它提供了一个支持 ASM 内核的可选接口来识别和访问块设备。ASMLib 接口被用于代替标准 OS 接口，从而允许存储和 OS 供应商提供一些优势，例如与其他数据库平台相比更好的性能和集成性。

6.11.1 安装 ASMLib

Oracle 为 Linux 操作系统提供了 ASM 二进制驱动文件。在安装 Oracle 数据库软件之前，需要先安装 ASM 二进制驱动文件。此外，推荐在使用 OUI 进行数据库安装之前，先创建并配置好数据库所需的 ASM 磁盘设备。ASMLib 软件可以从 Oracle Technology Network(OTN)免费下载。

每个 Linux 平台都有 3 个可用的程序包。两个关键的 RPM 包是 oracleasmlib 包和 oracleasm-support 包，前者提供真正的 ASM 库文件，后者提供配置并启用 ASM 驱动的工具。这两个包都需要安装。第 3 个包提供 ASM 库文件的内核驱动。每个包都为不同的内核提供驱动。必须基于运行的内核来安装合适的包。

6.11.2 配置 ASMLib

这些包安装完毕后，ASMLib 就可以使用/etc/init.d/oracleasm 工具来加载和配置了。对于 Oracle RAC 集群来说，必须在集群中所有的节点上安装和配置 oracleasm。配置 ASMLib 很简单，执行如下命令即可：

```
[root@racnode01/]# /etc/init.d/oracleasm configure
  Configuring the Oracle ASM library driver.

  This will configure the on-boot properties of the Oracle ASM library
  driver. The following questions will determine whether the driver is
  loaded on boot and what permissions it will have.  The current values
  will be shown in brackets ('[]'). Hitting  without typing an
  answer will keep that current value.  Ctrl-C will abort.

  Default user to own the driver interface []: oracle
  Default group to own the driver interface []: dba
  Start Oracle ASM library driver on boot (y/n) [n]: y
  Fix permissions of Oracle ASM disks on boot (y/n) [y]: y
  Writing Oracle ASM library driver configuration                [  OK  ]
  Creating /dev/oracleasm mount point                            [  OK  ]
  Loading module "oracleasm"                                     [  OK  ]
  Mounting ASMlib driver filesystem                              [  OK  ]
  Scanning system for ASM disks                                  [  OK  ]
```

注意，ASMLib 的挂载点并不是 OS 命令可以访问的标准文件系统，只有与 ASM 驱动通信的 ASM 库文件才能使用它。ASM 库文件被动态链接到 Oracle 内核，如果部署了多个 ASMLib，则可以同时链接到同一个 Oracle 内核。每个 ASM 库文件都可以访问不同的磁盘组和 ASMLib 功能。

ASMLib 的目标是为管理磁盘和 ASM 存储的 I/O 处理提供一种更顺畅、更有效的机制。ASM API 提供了一些需要以分层方式实现的独立功能。这些功能依赖于实现相关功能的后台存储方案。从实现的角度看，这些功能分为三个功能组。

每个功能组都依赖于现有的低层次组。设备发现功能是最低层次的功能，必须在所有 ASMLib 库文件中实现。I/O 处理功能为调度 I/O 操作和管理 I/O 操作完成事件提供了一个优化的异步接口。这些功能实际上扩展了 OS 接口。因此，I/O 处理功能必须在 OS 内核中实现为设备驱动。性能与可靠性功能是最高级别的功能，依赖于 I/O 处理功能。这些功能使用 I/O 处理控制结构，在 Oracle 数据库与后台存储设备之间传输元数据。性能与可靠性功能也启用了后台存储的部分智能功能。这是在通过 ASMLib API 传输元数据时实现的。

1. 设备发现功能

设备发现功能标识和命名由高级功能操作的存储设备。设备发现功能不需要任何操作系统代码，可以实现为独立的库，由 Oracle 数据库调用并动态链接。设备发现功能使 ASM 可以使用磁盘的特性。通过 ASMLib 发现的磁盘不需要通过正常的 OS 接口即可使用。例如，存储供应商可能提供一种更有效的方法，以发现和定位由自己的接口驱动程序管理的磁盘。

2. I/O 处理功能

当前的标准 I/O 模型增加了很多操作系统开销，部分原因是模式和上下文切换。通过使用更有效的 I/O 调度和调用处理机制，ASMLib 的部署减少了从内核到用户模式的状态转换次数。一个对 ASMLib 的调用可以提交和收获多个 I/O。这大大减少了执行 I/O 时的 OS 调用数量。此外，一个实例中的所有进程可以使用一个 I/O 句柄访问同一个磁盘。这去除了多个打开调用和多个文件描述符。

ASMLib I/O 接口的一个关键方面是，提供了异步 I/O 接口增强性能，并在后端存储设备上启用与数据库相关的智能。至于后端存储中的附加智能，I/O 接口支持将元数据从数据库传递到存储设备。存储阵列固件的未来发展可能允许将与数据库相关的元数据传输到后端存储设备，并在存储设备中启用与数据库相关的新智能。

6.11.3　Oracle ASM 过滤器驱动

Oracle Database 12*c* 提供了 Oracle ASM 过滤器驱动(Oracle ASMFD)作为 ASMLib 的替代，这样就不需要在系统重启时重新绑定 ASM 设备了。ASMFD 是一个内核模块，它通过拒绝无效的 I/O(比如非 Oracle I/O)来验证对 ASM 磁盘的 I/O 请求，无效的 I/O 可能会覆盖 ASM 数据。

在安装 Oracle Grid Infrastructure 时，可以选择是否配置新的 Oracle ASMFD。如果已经使用了 ASMLib，也可以迁移到 Oracle ASMFD。

Oracle 安装程序自动使用 Oracle Database 12*c* 安装 Oracle ASMFD。因此，如果是迁移到 Oracle Database 12*c*，那么升级之后将安装 Oracle ASMFD。如果希望继续使用当前的 ASMLib 设置，那么不需要执行任何操作——ASMFD 可执行文件将被安装，但 Oracle 不会自动使用它。另一方面，如果希望从 ASMLib 迁移到 ASMFD，则必须删除 ASMLib，配置 ASM 设备以使用 ASMFD。以下是需要遵循的步骤。

(1) 升级 ASM 磁盘发现字符串，让它发现 ASM 过滤器驱动磁盘。可以按照如下方式升级，也就是将 ASMFD 磁盘标签名添加到发现字符串：

```
ASM_DISKSTRING = 'AFD:DISK0', 'AFD:DISK2', /dev/rdsk/proddisks/*'
```

可以通过指定 'AFD:*' 来使用通配符，而不是写上多个磁盘的路径。另一种升级磁盘发现字符串的方法是执行 asmcmd dsset 命令，如下所示：

```
$ asmcmd dsset 'AFD:*', '/dev/rdsk/prodisks/*'
```

可以通过使用 asmcmd dsget 命令来检查当前的 ASM 磁盘发现字符串值。

(2) 执行 olsnodes -a 命令，列出所有的节点及其角色，然后在每个 hub 节点上执行命令。

(3) 首先使用 crsctl stop crs 命令停止 Oracle 集群软件，然后按照如下方式配置 ASMFD：

```
$ asmcmd afd_configure
```

如果 afd_configure 命令返回 NOT AVAILABLE，则意味着没有配置 Oracle ASMFD。如果 ASMFD 配置成功，则上述命令显示状态 configured。此时，Oracle ASM 实例会使用 Oracle ASM 过滤器驱动进行注册。

(4) 检查 ASMFD 的状态：

```
$ asmcmd afd_state
```

(5) 在节点上启动 Oracle 集群软件栈(crsctl start crs)，并设置 Oracle ASMFD 的磁盘发现字符串为原始的 ASM 磁盘发现字符串值：

```
$ asmcmd afd_dsset old_diskstring
```

从现在开始，ASMFD 就可以代替 ASMLib 对磁盘进行管理了。

6.12 本章小结

ASM(自动存储管理)是为 Oracle 数据库管理数据存储的最佳框架。ASM 实现了 Stripe And Mirror Everything (SAME)方法来管理存储堆栈，且 I/O 容量适用于最常见 Oracle I/O 客户端，从而提供了巨大的性能优势。

Oracle 增强、改进了 ASM，非 Oracle 企业级应用程序也支持 ASM，可以存储应用程序数据。ASM 提供了用于管理 ASM 实例及关联对象的 GUI 工具 ASMCA 和 OEM。ASM 集群文件系统是建立在 ASM 基础上的真正的集群文件系统，使企业集群应用程序不需要第三方集群文件系统。ACFS 还具有丰富的功能，比如快照和加密。

命令行工具，如 SQL*Plus、ASM FTP 和 ASMCMD，也可以提供命令行界面来设计和构建供应脚本。新增的 ACFS 和 ACFS 快照特性有助于使管理大量存储不再成为一项涉及大量规划和日常管理问题的复杂任务。

第Ⅲ部分

Oracle RAC管理

第7章

Oracle RAC基本管理

管理 Oracle RAC 数据库类似于管理单实例数据库，需要完成诸如管理用户、数据文件、表空间、控制文件和 undo 表空间等任务，与在单实例环境中管理这些任务类似。

本章假设你熟悉单实例数据库的管理，并关注与单实例数据库不同的 Oracle RAC 数据库的各个方面。本章介绍 Oracle RAC DBA 在日常工作中执行的常见任务。

本章将重点介绍以下关键数据库管理领域：

- Oracle RAC 的初始化参数
- 启动和停止实例
- 常见的 SRVCTL 管理命令
- Oracle RAC 数据库中 undo 表空间的管理
- 临时表空间的管理
- 在线联机日志的管理
- 启用闪回区
- 使用 SRVCTL 管理数据库配置
- 为集群中的实例终止会话
- 管理数据库对象
- 管理服务器池

7.1 Oracle RAC 的初始化参数

Oracle 是一种高度灵活且功能丰富的 RDBMS，可以由单个用户在笔记本电脑上使用，也可以用于世界上最强大的计算机系统，并由成千上万个用户访问。Oracle 如何提供这种灵活性？最终用户如何选择使用哪些功能并优化数据库以供预期使用？答案在于 Oracle 的参数文件，参数文件包含一组参数，允许终端用户自定义和优化 Oracle 数据库实例。当一个 Oracle 实例启动时，它会读取这些参数，这些参数依次定义数据库使用的特性、实例使用的内存大小、用户与数据库的交互以及其他基本信息。在 Oracle RAC 环境中，DBA 可以使用由所有实例共享的参数文件，每个实例都可以有自己的专用参数文件。强烈建议使用共享的 spfile 来管理 Oracle RAC 环境中的实例。

注意：在 Oracle RAC 环境中，建议使用多实例共享的 spfile。因此，应该将 spfile 存储在可共享的磁盘子系统上，比如集群文件系统或自动存储管理(ASM)。

在 spfile 中，句点(.)之前的值会告诉你参数值是否适用于特定的实例或集群中的所有数据库实例。如果星号(*)在句点之前显示，则意味着所有实例中的参数值都是相同的。

下面的例子意味着 open_cursors 参数在数据库内被设置为 500，除 prod2 实例外，open_cursors 参数的值被 DBA 明确设置为 1000：

```
*.OPEN_CURSORS=500
prod2.OPEN_CURSORS=1000
```

运行以下命令不会将 prod2 实例的 open_cursors 参数值提高到 1500，即使指定了星号*，值也仍然保持为 1000，因为之前 DBA 已经明确地将这个参数的值设置为 1000。

```
SQL> ALTER SYSTEM SET OPEN_CURSORS=1500 sid='*' SCOPE=SPFILE;
```

为了将 prod2 实例的 open_cursors 参数值重置为 1500，必须发出以下命令：

```
SQL> ALTER SYSTEM SET OPEN_CURSORS=1500 SCOPE=SPFILE SID='prod2';
```

Oracle RAC 环境中的 Oracle 实例参数被划分为三个主要类别：

- **唯一的参数** 这些参数对于每个实例都是唯一的。该类别中的参数可确定一个实例使用的资源。如下是这种类型参数的几个例子：INSTANCE_NAME、THREAD 和 UNDO_TABLESPACE。
- **相同的参数** 对于 Oracle RAC 环境中的所有实例，该类别中的参数必须是相同的，用于定义数据库特征、实例间通信特征的参数属于这一类，例如 MAX_COMMIT_PROPOGATION_DELAY、COMPATIBLE、DB_NAME 和 CONTROL_FILE。可以使用 V$PARAMETER 视图中的 ISINSTANCE_MODIFIABLE 列来判断参数是否为此类参数，例如：

  ```
  select name, ISINSTANCE_MODIFIABLE
  from v$parameter
  where ISINSTANCE_MODIFIABLE='FALSE'
  order by name;
  ```

- **“应该”相同的参数** 这个类别包含不属于前两种类型的初始化参数。定义实例性能特征的初始化参数通常属于这个类别。如下是这种类型参数的几个例子：DB_CACHE_SIZE、LOCAL_LISTENER 和 GCS_SERVER_PROCESSES。

7.1.1 实例特有的参数

在 Oracle RAC 集群中，你了解到了所有实例中常见的初始化参数。除了这些之外，还有几个初始化参数对于每个实例都是唯一的。下面解释这些独特的参数。

1. INSTANCE_NAME

这个参数定义 Oracle 实例的名称。Oracle 使用 INSTANCE_NAME 参数将重做日志组分配给一个实例。尽管不是必需的，但这个参数与在操作系统级别定义的环境变量 ORACLE_SID 相同。

这个参数的默认值也是环境变量 ORACLE_SID 的值。在单实例环境中，实例名通常也用作数据库名。在 ORACLE RAC 环境中，实例名是通过附加一个后缀到数据库的每个实例来构造的(例如，一个名为 prod 的数据库，实例名一般为 prod1、prod2、prod3 等)。

这个参数的值通常不在参数文件中设置，因此默认值是 SID。不建议修改这个参数，保留默认设置即可。

请注意，包含列 INSTANCE_NAME 或 INST_NAME 的动态性能视图(超过 30 个)是从环境变量 ORACLE_SID 中派生出值。

查看下面的 SQL 会话：

```
$echo $ORACLE_SID
PROD1
$grep instance_name initPROD1.ora
instance_name=xyz
. . .
SQL>
SQL> select instance_name from v$instance ;
INSTANCE_NAME
----------------
PROD1
SQL> show parameter instance_name
NAME                                 TYPE        VALUE
------------------------------------ ----------- ---------------
instance_name                        string      xyz
```

2. INSTANCE_NUMBER

这个参数的值比 0 大且比创建数据库时指定的 MAX_INSTANCE 参数值小，Oracle 在内部使用它来标识实例。通过这种方式，可以在启动时区分集群中的多个实例。GV$视图(如 GV$LOGFILE)中的 INST_ID 列对应于实例中该参数的值。通常，该参数的值与 THREAD 参数的值相同，以简化管理。

下面的例子将 prod1 实例的 INSTANCE_NUMBER 参数值设置为 1：

```
prod1.instance_number=1
```

3. GCS_SERVER_PROCESSES

这个参数指定 Global Cache Service(GCS)的初始服务器进程数量，并处理实例间的通信工作。可以在集群的多个实例中将该参数设置为不同的值。可将该参数的最小值设置为 2，并且默认值是根据 CPU 的数量来确定的。如果系统中有 2 到 8 个 CPU，那么该参数将被设置为 2。对于拥有超过 8 个 CPU 的系统，GCS 进程的数量应是 CPU 的数量除以 4。

该参数还指定实例用于 Cache Fusion 通信的 Lock Manager Server(LMS)后台进程的数量。尽管可以将这个参数的值从默认值改为 2，但是请注意，LMS 进程的数量需要在实例上保持一致，以便在集群中进行适当的平衡通信。这是一个对性能有很大影响的关键参数。

4. THREAD

这个参数说明了在线联机日志文件用在哪个实例上，每个实例都有自己的一组重做日志。每个 redo thread 至少包含两个组，每个组有一个或多个成员(文件)。如果没有指定 THREAD 参数，那么所有 thread 默认为 1。因此，只有第一个实例才会启动。

INSTANCE_NUMBER 参数的值应该和 THREAD 参数的值相同。下面的例子将实例 prod2 中的 THREAD 参数赋值为 2。

```
prod2.thread = 2
```

在 Oracle 中，最好的做法是使用 INSTANCE_NUMBER 参数为实例指定重做日志组。

5. UNDO_TABLESPACE

这个参数指定实例使用的 undo 表空间的名称。实例使用自己的 undo 表空间来为事务编写撤销数据。然而，也可以读取其他实例的 undo 表空间。下面的例子指定了实例 prod1 的 undo 表空间 UNDOTBS1：

```
prod1.undo_tablespace='UNDOTBS1'
```

要想获取有关管理 undo 表空间的更多信息，请参阅本章的 7.5 节。

6. CLUSTER_INTERCONNECTS

只有当 Oracle 实例不能自动为实例间通信选择正确的互连时，才使用这个可选参数。这个参数还可以用来指定用于 Oracle RAC 流量的多个网络互连，以及指定用于 Cache Fusion 通信的网络的 IP 地址。在下面的例子中，10.0.0.1 是用于集群通信的私有互连的 IP 地址。

```
prod1.cluster_interconnects = "10.0.0.1"
```

下面的例子为 Oracle RAC 网络通信指定了两个 IP 地址。

```
prod1.cluster_interconnects = "10.0.0.1:10.0.0.2"
```

当多个网卡/互连被用于 Oracle RAC 通信时，建议使用 OS-level 技术配置所需的故障转移和通信共享特性。

由于可以在安装过程中指定私有互连，另外，数据库也应该自动检测用于私有互连的网络；因此不需要使用这个参数，可将这个参数用作指定网络互连的最后手段。

注意：可通过 CLUSTER_INTERCONNECTS 参数使缓存融合(Cache Fusion)通信在所有互连中分布来指定多个互连。然而，如果任何一个互连中断，Oracle 将会假定网络已经关闭，因此无法提供冗余和高可用性。

7. ASM_PREFERRED_READ_FAILURE_GROUPS

这个可选参数指定首选故障磁盘组的名称，以便故障组中的磁盘成为首选的读磁盘，这样实例就可以从离它更近的磁盘进行读取。这是实例特有的参数。首选读故障组用于一种特殊类型的集群配置，称为扩展集群或 metro 集群。第 14 章将讨论扩展集群的实现考虑和安装策略。

7.1.2　相同的参数

使用以下查询语句，可以确定有 131 个参数属于相同的参数类别：

```
select name, ISINSTANCE_MODIFIABLE
from v$parameter
where ISINSTANCE_MODIFIABLE='FALSE'
order by name;
NAME
                                                                 ISINSTANCE_
------------------------------------------------                ----------------
DBFIPS_140
                                                                      FALSE
O7_DICTIONARY_ACCESSIBILITY
                                                                      FALSE
active_instance_count
                                                                      FALSE

131 rows selected.
SQL>
```

这里仅讨论常用的参数。有关其他参数的信息，请参阅 Oracle 数据库参考手册。

我们将初始化参数划分为两组：

- Oracle RAC 特有的参数。
- 数据库典型的参数(实例间相似的参数)。下面是一个例子。

```
*.cluster_database = TRUE
```

1. Oracle RAC 特有的初始化参数

下面是 Oracle RAC 特有的初始化参数。

CLUSTER_DATABASE

这是一个布尔类型的参数，它的值为 true 或 false。对于所有实例而言，这个参数的值应该设置为 true。值为 true 说明了实例在启动时使用共享模式挂载控制文件。如果在启动实例前将此参数设置为 false，那么它将会以独占模式挂载控制文件，这将阻止启动所有后续实例。

在以下运维工作中，必须使用 cluster_database = false 启动一个实例。

- 从非归档模式转换为归档模式，反之亦然。
- 启动数据库的闪回特性。
- 在升级期间。
- 对 system 表空间进行介质恢复。
- 从 Oracle RAC 数据库转换为单实例数据库，反之亦然。

这个参数的默认值为 false。在 Oracle RAC 环境中启动实例时，该参数必须设置为 true。

CLUSTER_DATABASE_INSTANCES

此参数说明了将访问数据库的实例的数量。对于使用管理员托管模式的集群数据库来说，此参数的默认值基于集群数据库中配置的数据库实例的数量；而对于使用策略管理的集群数据库来说，此参数的默认值为 16(如果希望集群数据库中有超过 16 个的数据库实例，则应该将此参数的值设置为高于 16)。Oracle 使用这个参数的值来计算其他一些参数的默认值，例如 LARGE_POOL_SIZE。

这个参数的值应该设置为加入集群的最大实例数。

2. 指定数据库特性的参数(在各实例间是相同的)

以下参数在各实例之间应该是相同的。这些参数与单实例环境中的完全相同，有关这些参数的更多信息，请参阅 Oracle Database 11*gR*2 参考手册。

- COMPATIBLE
- CLUSTER_DATABASE
- CONTROL_FILES
- DB_BLOCK_SIZE
- DB_DOMAIN
- DB_NAME
- DB_RECOVERY_FILE_SIZE
- DB _RECOVERY_FILE_DEST_SIZE
- DB_UNIQUE_NAME
- INSTANCE_TYPE
- PARALLEL_EXECUTION_MESSAGE_SIZE
- REMOTE_LOGIN_PASSWORDFILE
- UNDO_MANAGEMENT

7.1.3　“应该”相同的参数

除了我们刚刚描述的一组相同的初始化参数外，Oracle RAC 还建议对下面的初始化参数使用相同的设置，尽管这不是必需的。出于多方面考虑，例如最小化开销、提高性能和增强集群的稳定性等。

- ARCHIVE_LAG_TARGET
- CLUSTER_DATABASE_INSTANCES
- LICENSE_MAX_USERS
- LOG_ARCHIVE_FORMAT
- SPFILE
- TRACE_ENABLED
- UNDO_RETENTION

7.1.4　管理参数文件

在 Oracle RAC 环境中，DBA 可以使用所有实例共享的参数文件，并且每个实例都可以拥有自己的专用参数文件。以下是包含多个实例参数的共享参数文件的语法：

```
<instance_name>.<parameter_name>=<parameter_value>
```

如前所述，星号(*)或无值意味着参数值对所有实例都有效。这里有一个例子：

```
inst1.db_cache_size = 1000000
*.undo_management=auto
```

如果一个参数在参数文件中出现多次，那么指定的最后一个值就是有效值，除非这些值在连续的行中。在这种情况下，连续行中的值是连接在一起的。

可以通过 ALTER SYSTEM SET 命令使用 SPFILE 更改 Oracle 实例的初始化参数。以下是该命令的完整语法：

```
alter system set <parameter>=<value>
scope=<memory/spfile/both>
comment=<'comments'>
deferred
sid=<sid, *>
```

- **scope=memory** 表明应该只为当前的实例修改参数，这些修改会在实例下次重启的时候失效。如果参数只能针对本地实例进行修改，则会出现错误“ORA-32018:在另一个实例的内存中无法修改参数”。
- **scope=spfile** 表明只在文件中修改，新值将会在实例重新启动后生效。参数改动并不会影响当前实例的运行。如果实例并未用 spfile 启动并且尝试使用 spfile 进行启动，会出现错误“ORA-32001:写入 SPFILE 请求，但在启动时没有指定 SPFILE”。
- **scope=both** 意味着参数的更改对当前实例是有效的，并且实例重新启动不会对参数有影响。
- **comment** 允许声明与参数更改相关的注释。
- **deferred** 表明更改仅对发出命令后生成的会话有效。已经在使用的会话不受影响。
- **sid** 允许指定要进行参数更改的实例的名称。星号(*)表示要跨所有实例进行更改。这是个默认值。通常，在 Oracle RAC 环境中，可以更改远程实例的参数值，但有一些限制，这取决于远程实例的状态和参数的静态/动态性质。下面是一个例子：

  ```
  alter system set db_2k_cache_size=10m scope=spfile sid='prod2';
  ```

  当使用 alter system 命令更改参数时，Oracle 会在警告日志中记录该命令。

当使用 Database Configuration Assistant(DBCA)创建 Oracle RAC 数据库时，默认情况下，会在数据库的共享磁盘子系统上创建 spfile。如果出于某种原因 spfile 并未使用，则通常使用 create spfile 命令创建 spfile。

7.1.5　备份服务器参数文件

必须定期备份服务器参数文件，以便于恢复。简单地运行 create pfile 命令即可备份 spfile：

```
CREATE PFILE='/u01/oracle/dbs/test_init.ora'
FROM SPFILE='/u01/oracle/dbs/test_spfile.ora';
```

可以使用 Recovery Manager(RMAN)来备份服务器参数文件。将 CONTROLFILE AUTOBACKUP 语句添加到数据库备份命令中，以确保 RMAN 自动备份 SPFILE。

7.1.6　在 Oracle RAC 数据库中搜索参数文件的顺序

通过发出 srvctl config database 命令，可以找到 Oracle RAC 数据库的参数文件的位置。这里有一个例子：

```
[oracle@rac1 bin]$ srvctl config database -db orcl
Database unique name: orcl
Database name: orcl
Oracle home: /u01/app/oracle/product/12.2.0/dbhome_1
Oracle user: oracle
Spfile: +DATA/ORCL/PARAMETERFILE/spfile.299.941476551
Password file: +DATA/ORCL/PASSWORD/pwdorcl.282.941475837
Domain: localdomain
```

```
Start options: open
Stop options: immediate
Database role: PRIMARY
Management policy: AUTOMATIC
Server pools:
Disk Groups: DATA
Mount point paths:
Services:
Type: RAC
Start concurrency:
Stop concurrency:
OSDBA group: dba
OSOPER group:
Database instances: orcl1,orcl2
Configured nodes: rac1,rac2
CSS critical: no
CPU count: 0
Memory target: 0
Maximum memory: 0
Default network number for database services:
Database is administrator managed
[oracle@rac1 bin]$
```

Oracle RAC 数据库按照以下顺序在 Linux/UNIX 平台上搜索参数文件：

```
$ORACLE_HOME/dbs/spfilesid.ora
$ORACLE_HOME/dbs/spfile.ora
$ORACLE_HOME/dbs/initsid.ora
```

7.2　启动和停止实例

Oracle 实例可以在系统启动时自动启动。然而，许多单位选择不自动启动实例，因为实例可能由于特殊的原因而关闭(或被关闭)，并在节点驱逐期间关闭节点。

在 Oracle RAC 环境中，需要确认集群软件在数据库实例启动之前就已经启动，DBCA 配置的数据库实例会跟随系统启动 Cluster Ready Services(CRS)而自动启动。

7.2.1　使用 SRVCTL 启动/停止数据库和实例

由于 SRVCTL 提供了非常方便的方式，因此强烈推荐使用 SRVCTL 在 Oracle RAC 环境中启动/停止多个实例。

1. 启动数据库、实例和监听器

使用如下命令启动和数据库关联的所有实例：

```
srvctl start database -db prod
```

在这个例子中，数据库的名字是 prod，可以在任意节点上执行该命令。如果监听器在每个节点上尚未启动，该命令还会在每个节点上启动监听器。这个命令还会启动为 prod 数据库定义的服务。

如果只想评估 srvctl start 命令的影响，而不实际启动实例，那么可以运行以下 eval 命令：

```
srvctl start database -db prod eval
```

还可以使用-startoption 参数指定各种启动选项，例如 open、mount、nomount。下面的例子展示了如何在 Oracle RAC 数据库环境中挂载 Oracle 的所有实例：

```
srvctl start database -db prod -startoption mount
```

如下例子展示了如何将数据库启动到只读模式：

```
srvctl start database -db prod -startoption 'read only'
```

可以使用 srvctl start listener 命令来启动监听器：

```
$ srvctl start listener -listener LISTENER1
```

2. 检查服务的状态

可以通过发出以下命令来检查数据库实例的状态：

```
$ srvctl status database -db orcl
Instance orcl1 is running on node rac1
Instance orcl2 is running on node rac2
$
```

上述命令会显示 orcl 数据库的状态。

类似地，可以使用以下命令检查实例、监听器或磁盘组的状态。

srvctl status instance 命令的输出显示了节点 node10 上进行的实例 db00：

```
$ srvctl status instance -db db00 -node node10 -verbose
```

以下命令显示了节点 node2 上默认监听器的状态：

```
$ srvctl status listener -node node2
```

srvctl status diskgroup 命令显示了磁盘组在指定的一组节点上的状态：

```
$ srvctl status diskgroup -diskgroup dgrp1 -node "mynode1, mynode2" -detail
```

可以使用以下命令检查 Oracle 主目录下所有 Oracle 集群管理资源的状态：

```
$ srvctl status home -oraclehome /u01/app/oracle/product/12.1/dbhome_1 -statefile
~/state.txt -node stvm12
Database cdb1 is running on node stvm12
$
```

如果使用的是可插拔数据库(PDB)，那么可以检查这些数据库的状态，而非检查实例分配给 PDB 的服务的可用性，如下所示：

```
$ srvctl status service -db prod -service service1
```

在本例中，service1 是分配给名为 PDB1 的 PDB 的服务。

要启动管理员托管的数据库实例，输入以逗号分隔的实例名列表，如下所示：

```
$ srvctl start instance -db db_unique_name -instance instance_name_list
[-startoption start_options]
```

要启动策略管理的数据库，输入一个节点名，如下所示：

```
$ srvctl start instance -db db_unique_name -node node_name
[-startoption start_options]
```

3. 停止数据库、实例和监听器

可以停止一个数据库，或者只停止一个或多个实例。也可以通过执行 srvctl stop 命令来停止监听器。

停止一个数据库

要关闭与 prod 数据库关联的所有实例(即完全关闭 prod 数据库)，可以使用以下命令(或者使用 start 命令，可以添加 eval 参数来运行该命令，以评估命令的影响，而不是实际关闭数据库)。

```
srvctl stop database -db prod
```

上述命令仅关闭实例和服务，而不会停止监听器，因为监听器可能服务于同一台机器上运行的其他数据库实例。

可以使用-stopoption 选项来指定 startup/shutdown 选项。SRVCTL 静默调用 CRS 应用程序编程接口(API)来执行 start/stop 操作。由-stopoption 参数指定的选项被直接作为命令行选项传递给 start/stop 命令。例如，要使用 immediate 选项停止所有实例，请使用以下命令：

```
srvctl stop database -db prod -stopoption immediate
```

在停止数据库时，可以使用 drain_timeout 选项指定服务在停止数据库之前等待的最大时间(以秒为单位)。

```
$ srvctl stop database -db db1 -drain_timeout 50 -verbose
Draining in progress on services svc1,svc2.
Drain complete on services svc1.
Draining in progress on services svc2.
Draining in progress on services svc2.
Drain complete on services svc2.
$
```

停止一个实例

要正常关闭实例 prod3，可使用 srvctl stop instance 命令，如下所示：

```
srvctl stop instance -db prod -instance "prod3"
```

当关闭集群中的单个实例时，RAC 集群中的其他实例将继续正常工作。注意，还可以通过添加-node 参数替代-instance 参数来停止节点上运行的单个实例，如下所示：

```
$ srvctl stop instance -db prod -node node1
```

然而-instance 参数允许你停止一个或一组实例，如下所示：

```
srvctl stop instance -db prod -instance "prod1,prod2" -stopoption immediate
```

与 stop database 命令一样，可以将-stopoption 参数添加到 stop instance 命令中，以便为关闭命令指定各种选项，例如 normal、transactional、local、immediate 和 abort。

如果使用 abort 选项关闭实例，或者实例本身异常终止，则正在运行的实例之一将对关闭的实例进行实例恢复。如果此时没有其他实例运行，则打开数据库的第一个实例将对所有需要恢复的实例进行实例恢复。

需要了解的是，当停止服务或实例时，drain_timeout 是服务或实例在退出前等待的最长时间。下面是一个例子，演示了如何在停止实例时指定 drain_timeout 参数：

```
$ srvctl stop instance -db db1 -instance inst1 -drain_timeout 50 -verbose
Draining in progress on services svc1
Draining in progress on services svc1
Drain complete on services svc1
$
```

停止监听器和其他对象

可以使用 srvctl stop 命令停止监听器以及其他，例如磁盘组、节点应用程序、Oracle 通知服务(ONS)、扫描、服务、虚拟 IP 地址等。下面演示了如何停止节点上的所有监听器：

```
$ srvctl stop listener -node mynode1
```

只要运行 srvctl stop listener 命令，就可以在所有节点上停止监听器。

以下命令在节点 mynode1 和 mynode2 上停止名为 diskgroup1 的磁盘组：

```
$ srvctl stop diskgroup -diskgroup diskgroup1 -node "mynode1,mynode2" -force
```

使用 srvctl stop home 命令可以停止 Oracle 目录下运行的所有 Oracle 集群管理资源：

```
$ srvctl stop home -oraclehome /u01/app/oracle/product/12.1.0/db_1 -statefile
~/state.txt
```

7.2.2　管理 Oracle ASM 实例

可以使用 SRVCTL 命令 start asm、stop asm 和 status asm 来启动、停止和查看 Oracle asm 实例的状态。下面是这三个命令的语法：

```
srvctl start asm [-node node_name] [-startoption start_options]
srvctl stop asm [-node node_name] [-stopoption stop_options]
srvctl status asm [-node node_name]
```

使用 config asm 命令可以显示 ASM 实例的配置：

```
srvctl config asm -node node_name
```

7.2.3 使用 CRSCTL 停止数据库和实例

通过在每个节点上运行 crsctl stop crs 或 crsctl stop cluster -all 命令，可以分别停止单个节点或整个集群。这两个命令将自动关闭在节点上或整个集群中运行的所有数据库实例。

但是，当重新启动集群时，需要进行实例恢复，因为运行这些 CRSCTL 命令中的任何一个都类似于发出 SHUTDOWN ABORT 命令。

如果使用 SRVCTL 而不是 CRSCTL 命令手动关闭数据库或实例，则可以避免实例恢复过程。但是这也意味着必须首先启动 Oracle Clusterware，然后手动重新启动数据库实例。

7.2.4 使用 SQL*Plus 启动/停止实例

在单实例环境中，可以使用 SQL*Plus 分别启动/停止实例。确保为本地实例的环境变量 ORACLE_SID 设置了适当的值。这里有一个例子：

```
$sqlplus '/ as sysdba'
>shutdown immediate;
. . .
$ sqlplus '/ as sysdba'
. . .
>startup
```

如果想使用 SQL*Plus 启动或停止远程运行的实例，可以使用远程实例的 Oracle Net Service 连接字符串连接到远程实例，如下所示：

```
SQL> connect /#prod2 as sysdba
SQL> shutdown
```

因为通过 SQL*Plus 启动和停止实例需要实际登录到每个实例，所以不能通过 SQL*Plus 同时停止或启动多个实例。

可以通过发出以下命令来检查连接的实例的名称：

```
SQL> select instance_name from v$instance;
INSTANCE_NAME
-------------
orcl1
SQL>
```

注意，以/ as sysdba 身份进行连接需要 OS 身份验证，并且需要登录用户是 OSDBA 组的成员。

在 SQL*Plus 中，可以通过查询 V$ACTIVE_INSTANCES 视图检查正在运行的集群实例，如下所示：

```
SQL> select * from V$ACTIVE_INSTANCES;
INST_NUMBER          INST_NAME                    CON_ID
----------           ----------------------       -------
1                    rac1.localdomain:orcl1       0
2                    rac2.localdomain:orcl2       0
SQL>
```

如你所见，除了查询 CON_ID 列之外，还可以查询 INST_NUMBER 和 INST_NAME 列。在使用带有 CDB 和 PDB 的多租户数据库时，CON_ID 列是 Oracle Database 12*c* 中的新列，尽管可以通过 SQL*Plus 管理数据库实例，如这里所示，但 Oracle 建议不要使用 SQL*Plus 来管理 Oracle ASM 实例。Oracle Clusterware 会自动管理 ASM 实例，如果需要手动执行任何任务，尽量使用 SRVCTL 而不是 SQL*Plus。

7.3 常用的 SRVCTL 管理命令

管理员经常使用 SRVCTL 命令来管理 Oracle RAC 数据库。在本节中，我们将总结与数据库、实例和 Oracle 监听器相关的最常见的 SRVCTL 命令。

必须以想要管理的软件的所有者身份登录。如果想管理数据库，请以数据库软件所有者的身份登录。如果想管理属于网格基础结构的 Oracle ASM 实例，请以网格基础结构软件所有者的身份登录(通俗地讲，用 oracle 用户管理数据库，用 grid 用户管理 ASM 实例)。

注意：在 Linux 或 UNIX 系统中，一些 SRVCTL 命令需要以 root 身份执行。

OSDBA 操作系统组的成员可以启动和停止数据库；想要启动和停止 ASM 实例，则必须是 OSASM 操作系统组的成员。

要查看所有 SRVCTL 命令的帮助信息，请输入以下命令：

```
$ srvctl -help
```

要查看特定命令的使用信息，请发出如下命令：

```
$ srvctl config database -help
```

上述命令显示了 srvctl config 数据库命令的使用信息，以及可以配置的所有特性。

7.3.1　数据库相关的 SRVCTL 命令

在本节中，我们总结了最常用的与数据库相关的 SRVCTL 命令。

1. 添加数据库

可以使用 srvctl add database 命令向 Oracle 集群添加数据库配置。这里有一个例子：

```
$ srvctl add database -db crm -oraclehome /u01/oracle/product/12c/mydb
-domain  example.com
```

这个命令展示了如何添加管理员托管的数据库。

要添加策略管理的 Oracle RAC 数据库，需要使用不同结构版本的命令，如下面的示例所示：

```
$ srvctl add database -db crm -oraclehome /u01/oracle/product/12c/mydb
-domain example.com -spfile +diskgroup1/crm/spfilecrm.ora
-role PHYSICAL_STANDBY -startoption MOUNT -dbtype RAC -dbname crm_psd
-policy MANUAL -serverpool "svrpool1,svrpool2" -diskgroup "dgrp1,dgrp2"
```

2. 查看数据库的配置

可以运行 srvctl config database 命令来查看 Oracle RAC 数据库的配置。该命令还列出了用 Oracle 集群注册的所有数据库。这里有一个例子：

```
$ srvctl config database -d main

Database unique name: main
Database name:
Oracle home: /u01/app/oracle
Oracle user: salapati
Spfile:
Password file:
Domain:
Start options: open
Stop options: immediate
Database role: PRIMARY
Management policy: AUTOMATIC
Server pools:
Disk Groups:
Mount point paths:
Services: test
Type: RAC
Start concurrency:
Stop concurrency:
```

```
OSDBA group: dba
OSOPER group: oper
Database instances: main41,main42
Configured nodes: salapati_main4_0,salapati_main4_1
CSS critical: no
CPU count: 0
Memory target : 0
Maximum memory: 0
CPU cap: 0
Database is administrator managed
```

3. 启用/禁用数据库

可以启用或禁用数据库。使用 srvctl enable database 命令可以启用数据库。这里有一个例子：

```
$ srvctl enable database -db prod
```

这个命令会启用名为 prod 的数据库的所有实例。

使用 srvctl disable database 命令可以禁用数据库，如下所示：

```
$ srvctl disable database -db prod
```

启用或禁用数据库的同时也启用或禁用所有实例。

7.3.2 实例相关的 SRVCTL 命令

本节介绍几个实例级 SRVCTL 命令，例如 srvctl add instance。

1. 添加实例

运行 srvctl add instance 命令，将实例的配置添加到集群的数据库配置中，如下所示：

```
$ srvctl add instance -db crm -instance crm01 -node gm01
```

2. 启用/禁用实例

使用 srvctl enable instance 和 srvctl disable instance 命令分别启用/禁用实例：

```
$ srvctl enable instance -db crm -instance "crm1,crm3"
$ srvctl disable instance -db crm -instance "crm1,crm3"
```

如果启用或禁用集群的所有实例，也将启用或禁用数据库。

7.3.3 监听器相关的 SRVCTL 命令

可以使用 SRVCTL 命令来创建监听器，同样也可以禁用监听器。

可以运行 srvctl add listener 命令来创建 Oracle 数据库监听器、Oracle 监听器或叶监听器。下面的例子展示了如何在集群的三个不同节点上，为不同的端口添加监听器：

```
$ srvctl add listener -listener listener112 -endpoints "1341,1342,1345"
-oraclehome /u01/app/oracle/product/12.2.0/db1
```

1. 启用/禁用监听器

可以使用以下命令启用/禁用在节点上运行的监听器(本例中为 node2)：

```
$ srvctl enable listener -listener listener_crm -node node2
$ srvctl disable listener -listener listener_crm -node node2
```

2. 显示监听器的配置

使用 srvctl config listener 命令可以显示监听器的配置：

```
$ srvctl config listener listener_crm
```

7.3.4　设置、取消设置和显示环境变量

使用 setenv、getenv 和 unsetenv 选项运行 SRVCTL 命令，分别设置、显示和删除配置文件中环境变量的值。

可以为数据库、实例、服务和节点应用程序运行 srvctl setenv、srvctl getenv 和 srvctl unsetenv 命令。下面的一些示例展示了如何管理数据库和监听器的环境配置。

下面的示例了演示如何使用 setenv 命令设置数据库的语言环境配置：

```
$ srvctl setenv database -db crm -env LANG=en
```

类似地，可以使用 srvctl unsetenv 命令卸载数据库或监听器的集群配置。下面展示了如何删除数据库环境变量的环境配置：

```
$ srvctl unsetenv database -db crm -envs "CLASSPATH,LANG"
```

可以使用 srvctl getenv database 命令显示数据库环境变量的值：

```
$ srvctl getenv database -db crm
```

可以使用 srvctl getenv listener 命令显示监听器的环境变量：

```
$ srvctl getenv listener
```

7.3.5　更改数据库和实例的配置

当需要更改数据库实例、监听器或任何其他 Oracle 集群资源(如网络、节点应用、ONS、扫描、服务或服务器池)的配置时，不需要重新创建资源。简单地运行 srvctl modify <resource>命令便可修改 OCR 中的服务配置。当重新启动修改后的服务时，新的配置将生效。

1. 更改数据库

可以修改数据库的配置，例如分配给数据库的磁盘组或数据库的角色。在下面的示例中，我们将数据库的角色修改为逻辑备用，并展示如何为数据库指定 ASM 磁盘组：

```
$ srvctl modify database -db crm -role logical_standby
$ srvctl modify database -db racProd -diskgroup "SYSFILES,LOGS,OLTP"
```

2. 更改实例

可以运行 srvctl modify instance 命令，将实例的配置从当前节点更改为另一个节点，如下所示：

```
$ srvctl modify instance -db amdb -instance amdb1 -node mynode
```

对于策略管理的数据库，如下命令定义了在节点上运行数据库时要使用的实例名：

```
$ srvctl modify instance -db pmdb -instance pmdb1_1 -node mynode
```

下面的示例可取消前面命令的结果：

```
$ srvctl modify instance -db pmdb -instance pmdb1_1 -node ""
```

7.3.6　迁移服务

可以使用 relocate 命令迁移各种服务，例如 Oracle 单节点数据库、实例、扫描或虚拟 IP。通过运行这个命令，可以将服务移动到不同的节点。srvctl relocate database 命令将把 Oracle RAC One Node 数据库迁移到另一个节点。srvctl relocate instance 命令会迁移数据库实例。

7.3.7　删除目标的配置信息

srvctl remove 命令允许从 Oracle 集群中删除相关资源。可以删除数据库、实例、服务、ONS、节点应用、监听器、磁盘组、服务和服务器池等资源。

可以使用 srvctl remove database 命令删除数据库配置，如下所示：

```
$ srvctl remove database -db crm
```

可以使用 srvctl remove instance 命令删除实例的配置：

```
$ srvctl remove instance -db crm -instance crm01
```

7.3.8 预测故障产生的影响

可以使用 srvctl predict 命令查看资源故障的潜在影响。可以对数据库、服务、网络、监听器、磁盘组、扫描或虚拟 IP 执行此操作。让我们看一下 srvctl predict 命令的一些应用示例。

srvctl predict database 命令会显示如果数据库失败会发生什么：

```
$ srvctl predict database -db racdb
Database racdb will be stopped on nodes rac2,rac1
$
```

srvctl predict diskgroup 命令会显示 ASM 磁盘组故障的影响：

```
$ srvctl predict diskgroup -diskgroup data
Resource ora.DATA.dg will be stopped
$
```

类似地，srvctl predict listener 命令会预测监听器失败的后果：

```
$ srvctl predict listener -listener NODE3_CRMAPP_LISTENER
```

7.4 在 RAC 环境中管理可插拔数据库

Oracle 多租户选项允许多租户容器数据库(CDB)持有多个可插拔数据库(PDB)。除了一些细微的区别之外，还可以像管理非 CDB 一样管理基于 Oracle RAC 的多租户 CDB。部分管理任务适用于整个 CDB，部分适用于 CDB 中的部分 PDB。有些任务只适用于根容器。

当使用 PDB 时，CDB 是基于 Oracle RAC 的，并且可以让每个 PDB 在基于 RAC 的 CDB 的所有实例(或子集)上可用。要管理 PDB，需要管理动态数据库服务。应用程序将使用这些服务连接到 PDB，就像使用 Oracle Net Service 连接到常规的单实例 Oracle 数据库一样。

将数据库服务分配给每个 PDB，以帮助对这些数据库执行启动和停止操作，并将 PDB 跨实例放置在基于 RAC 的 CDB 中。

下面的示例展示了如何将名为 myservice1 的服务分配给名为 mypdb1 的 PDB。假设 PDB(mypdb1)是策略管理的，属于名为 mycdb 的 CDB，位于名为 mypool 的服务器池中。

```
$ srvctl add service -db mycdb -pdb mypdb1 -service myservice1 -serverpool mypool
```

数据库将在属于名为 mypool 的服务器池的所有节点上统一管理 myservice1 服务。

要打开名为 mypdb1 的 PDB，在我们的示例中，启动分配给 PDB 的服务，在本例中，也就是名为 myservice1 的服务。以下命令展示了如何做到这一点：

```
$ srvctl start service -db mycdb -service myservice1
```

可以使用以下命令停止服务：

```
$ srvctl stop service -db mycdb -service myservice1
```

尽管使用 start service 命令打开了 PDB mypdb1，但是 stop service 命令并没有关闭 PDB。要关闭服务，必须发出以下命令：

```
$ alter pluggable database mypdb1 close immediate;
```

srvctl status service 命令让你检查 PDB 的状态。

启动 PDB 是在 RAC 设置中自动进行的，非 CDB 数据库也是如此。一旦在服务器上重新启动 Oracle 集群，就将自动重新启动承载 PDB 的服务，前提是当 Oracle 集群关闭时服务处于 ONLINE 状态。

7.5　在 Oracle RAC 数据库中管理 undo 对象

Oracle 中存储原始数据的值被称为 undo 段。存储在 undo 段中的数据用于提供读一致性和回滚未提交的事务。Oracle 的闪回特性也使用了 undo 数据。

在 undo 自动管理下，Oracle 实例使用类型为 undo 的表空间来存储 undo/rollback 数据。实例在专用表空间中创建所需数量的 undo 段，并将它们分配给事务以存储 undo 数据。这些操作对于 DBA 和终端用户来说是完全透明的。

DBCA 自动配置数据库以使用 undo 自动管理。以下初始化参数支持 undo 自动管理：

```
undo_management = "auto"
undo_tablespace = undo_tbs1
```

另一个与 undo 自动管理相关的参数是 UNDO_RETENTION_TIME。它的默认值是 900，这意味着 Oracle 实例将尽最大努力在事务提交后 900 秒内不覆盖(重用)undo 块。这会确保运行 15 分钟的事务/查询不会得到 ORA-1555(快照过旧的错误)。如果实例要执行运行较长时间的事务/查询，DBA 需要相应地调整 undo 表空间的大小。可以使用平均 undo 生成速率来计算 undo 表空间所需的大小。

在 Oracle RAC 环境中，每个实例都将事务 undo 数据存储在专用的 undo 表空间中。DBA 可以通过设置 UNDO_TABLESPACE 参数为每个实例设置 undo 表空间。下面两行代码将把实例 prod1 的 UNDO_TABLESPACE 设置为 undo_tbs1，把 prod2 的设置为 undo_tbs2。

```
prod1.undo_tablespace= undo_tbs1
prod2.undo_tablespace= undo_tbs2
```

Oracle RAC 环境中的所有实例都使用 undo 自动管理，并且参数 UNDO_MANAGEMENT 需要在所有实例中保持相同。但是请注意，undo 表空间不能在实例之间共享，因此参数 UNDO_TABLESPACE 对于每个实例都必须是唯一的。

下列任何一种方法都可以用来增加 undo 表空间的大小：

- 为 undo 表空间添加另一个数据文件。
- 增加属于 undo 表空间的现有数据文件的大小。

可以更改实例的 undo 表空间。创建新的 undo 表空间，如下所示：

```
create undo tablespace undotbs_big
datafile '/ocfs2/prod/undotbsbig.dbf' size 2000MB;
```

下面的代码用于指示实例使用新创建的 undo 表空间：

```
alter system set undo_tablespace=undotbs_big scope=both;
```

实例将开始使用新的 undo 表空间来处理新的事务，但是在分配新的 undo 表空间之前，活动的事务将继续使用旧的 undo 表空间，直到完成为止。当提交使用 undo 表空间的所有活动事务并且 undo 保留时间已过期时，原来的 undo 表空间可以被删除或脱机。

7.6　管理临时表空间

可以在 Oracle RAC 数据库中创建传统的临时表空间以及新的(Oracle RAC Database 12.2)本地临时表空间。我们首先讨论传统表空间(全局临时表空间)的管理，然后讨论如何管理新的本地临时表空间。

7.6.1　管理传统(全局临时)表空间

Oracle 使用临时表空间(就好比使用“草稿”)来执行内存中无法执行的排序操作。Oracle 还使用临时表空间来创建临时表。

任何不为其指定临时表空间的用户都将使用默认的临时表空间。DBCA 会自动创建默认的临时表空间。当使用本地管理的系统表空间创建数据库时，必须指定默认的临时表空间。

还可以定义临时表空间组，在使用临时表空间的任何地方使用。在 Oracle RAC 环境中使用临时表空间组与单实例环境中类似。

我们建议在 Oracle RAC 环境中使用临时表空间组，因为当多个用户使用相同的用户名连接到数据库时，会为会话分配不同的临时表空间。这允许不同的会话使用不同的表空间来做排序活动——当管理打包应用程序(如 Oracle 应用程序)时，这是一个很有用的特性。

在 Oracle RAC 环境中，不管使用的是哪个实例，用户总是使用相同的临时表空间。每个实例会在自己使用的临时表空间中创建一个临时段。如果一个实例需要执行大型临时表空间的大型排序操作，那么可以回收大型临时表空间中其他实例的临时段所使用的空间。无法删除或脱机默认临时表空间，但是可以更改默认的临时表空间。请遵循以下步骤：

(1) 创建临时表空间。

```
create temporary tablespace temp2
tempfile '/ocfs2/prod/temp2.dbf' size 2000MB
autoextend on next 1M maxsize unlimited
extent management local uniform size 1M;
```

(2) 将新的临时表空间作为默认的临时表空间。

```
alter database default temporary tablespace temp2;
```

(3) 删除或脱机原来默认的临时表空间。

以下 V$视图包含关于临时表空间的信息：

- **GV$SORT_SEGMENT** 使用此视图可以查看当前和最大排序段使用的统计信息。
- **GV$TEMPSEG_USAGE** 使用此视图可以查看临时段的使用细节，如用户名、SQL 等。
- **V$TEMPFILE** 使用此视图可以找出用于临时表空间的临时数据文件。

注意：可以使用 GV$SORT_SEGMENT 和 GV$TEMPSEG_USAGE 视图来确定每个实例使用的临时表空间，使用列 INST_ID 分隔每个实例的数据。对于多租户数据库，在这两个视图中使用列 CON_ID。

在 Oracle RAC 环境中，所有实例共享同一个临时表空间。表空间的大小至少应该等于所有实例的并发最大需求。

如果一个实例需要更大的排序空间，可请求其他实例释放空间。反过来，当其他实例需要更多的排序空间时，它们会请求这个实例释放排序空间。频繁地请求其他实例释放临时空间可能会影响性能。注意观察 V$SORT_SEGMENT 视图的 FREED_EXTENTS 和 FREE_REQUEST 列，如果这两列的值是定期增长的，那么可以考虑增加临时表空间的大小。

7.6.2 管理本地临时表空间

可以在 Oracle Database 12*c*R2(12.2)数据库中创建本地临时表空间。Oracle 添加了这个功能来改进 I/O 操作，内存溢出到磁盘的计算被写入读取节点上的本地磁盘。管理本地临时表空间的方式与管理常规临时表空间的方式相同。

本地临时表空间的目的是通过利用本地存储上的 I/O，避免临时表空间的跨实例管理来改进只读实例中临时表空间的管理，并且还能通过消除磁盘空间元数据管理来帮助提高性能。但是对于某些 SQL 操作(如排序、哈希连接和星型转换)来说，可以将它们扩展到共享磁盘上的全局临时表空间中。

1. 创建临时表空间

与共享的全局临时表空间不同，共享的全局临时表空间为表空间提供临时文件，创建本地临时表空间时将在每个实例上创建本地临时文件。在创建本地临时表空间时，可以指定两个关键选项——FOR RIM 和 FOR ALL——这里会做详细解释。表空间都会将它们的临时文件存储在本地磁盘上。

- 使用 FOR RIM 选项可以为只读实例创建本地临时表空间。下面演示了如何创建这些表空间：

```
CREATE LOCAL TEMPORARY TABLESPACE FOR RIM local_temp_ts_for_rim TEMPFILE\
'/u01/app/oracle/database/12.2.0.1/dbs/temp_file_rim'\
```

```
EXTENT MANAGEMENT LOCAL UNIFORM SIZE 1M AUTOEXTEND ON;
```

- 使用 FOR ALL 选项可以将本地临时表空间创建为读写和只读实例。这里有一个例子：

```
CREATE LOCAL TEMPORARY TABLESPACE FOR ALL temp_ts_for_all TEMPFILE\
'/u01/app/oracle/database/12.2.0.1/dbs/temp_file_all'\
EXTENT MANAGEMENT LOCAL UNIFORM SIZE 1M AUTOEXTEND ON;
```

注意：可以将本地临时表空间指定为用户的默认临时表空间，还可以为用户配置两个默认的表空间：一个是本地临时表空间，连接到运行在读取节点上的只读实例；另一个是共享的临时表空间，连接到运行在中心节点上的读写实例。

2. 管理本地临时表空间

如前所述，管理本地临时表空间就像管理全局临时表空间一样。下面是一些演示如何管理本地临时表空间的示例。

- 运行以下命令使本地临时表空间脱机：

```
ALTER DATABASE TEMPFILE '/temp/temp_file_rim' OFFLINE;
```

- 使用 SHRINK SPACE 选项减小本地临时表空间的大小：

```
ALTER TABLESPACE temp_ts_for_rim SHRINK SPACE KEEP 20M
```

- 使用 AUTOEXTEND 选项修改本地临时文件的自动扩展属性：

```
ALTER TABLESPACE temp_ts_for_rim AUTOEXTEND ON NEXT 20G
```

- 声明 RESIZE 选项来调整本地临时文件的大小：

```
ALTER DATABASE TEMPFILE '/temp/temp_file_rim' RESIZE 1000M;
```

对于数据字典视图和本地临时表空间，DBA_TABLESPACES 和 USER_TABLESPACES 视图有一个名为 SHARED 的新列，用来说明临时文件是本地的还是共享的。类似地，DBA_TEMP_FILES 和 DBA_TEMP_FREE_SPACE 视图有名为 SHARED 和 INST_ID 的新列。

7.6.3 临时表空间的层次结构

当同时创建共享(全局)的临时表空间和本地临时表空间时，数据库将在指定的层次结构中使用它们

在只读实例中，下面的层次结构用于选择存储溢出的临时表空间：

(1) 用户的本地临时表空间。

(2) 默认的本地临时表空间。

(3) 用户的临时表空间。

(4) 数据库默认的临时表空间。

对于读写实例，数据库按照以下优先级分配临时表空间：

(1) 用户共享的临时表空间。

(2) 用户的本地临时表空间。

(3) 数据库默认的共享临时表空间。

(4) 数据库默认的本地临时表空间。

7.7 管理在线重做日志

Oracle 使用联机重做日志文件来记录对数据块所做的任何更改。每个实例都有自己的联机重做日志文件集。实例以循环方式使用的一组重做日志称为线程。一个线程至少包含两个在线重做日志。在线重做日志的大小与其他实例的重做日志大小无关，由本地实例的工作负载以及备份和恢复考虑因素决定。

每个实例都具有自己的联机重做日志文件的独占写访问权。如果另一个实例异常终止，那么可以读取另一个实例

的当前联机重做日志文件来执行实例恢复。因此，在线重做日志需要位于共享存储设备上，而不能位于本地磁盘上。

在重做日志文件上执行的添加、删除和镜像等操作与在单实例环境中执行的操作类似。使用动态视图 V$LOG 和 V$LOGFILE 可研究将日志文件分配给哪个线程、它们的大小、名称和其他特征。

在 Oracle RAC 环境中启用归档日志

如前所述，Oracle 以循环方式重用在线重做日志文件。为了方便介质恢复，Oracle 允许在重新使用联机重做日志文件之前复制它们。这个过程称为归档。

DBCA 允许在创建数据库时启用归档。如果数据库没有在归档日志模式下创建，请使用以下过程更改为归档日志模式：

(1) 将实例的 CLUSTER_DATABASE 设置为 false。

```
alter system set cluster_database=false scope=spfile sid= 'prod1';
```

(2) 关闭所有访问数据库的实例：

```
srvctl stop database -db prod
```

(3) 使用本地实例挂载数据库：

```
SQL> startup mount
```

(4) 启用归档：

```
SQL> alter database archivelog;
```

(5) 在实例 prod1 中将 CLUSTER_DATABASE 设置为 true。

```
alter system set cluster_database=true scope=spfile sid='prod1'
```

(6) 关闭本地实例：

```
SQL> shutdown;
```

(7) 启动所有实例：

```
srvctl start database -db prod
```

一旦进入归档日志模式，每个实例就可以自动归档重做日志。

7.8 开启数据库闪回区

Oracle 的闪回区允许将数据库回滚到最近的时间。闪回日志与归档日志不同，它们被保存在由闪回日志位置指定的单独位置。

启用闪回的过程与启用归档日志模式的过程类似——要求以独占模式挂载数据库。如果在共享模式下挂载/打开时试图启用闪回，Oracle 将发出错误信号。

可按以下步骤启用数据库的闪回模式。可以在任何节点上完成。

(1) 验证数据库是否在以归档日志模式运行(如果尚未启用，请使用前面的过程启用归档日志模式)：

```
SQL> archive log list
Database log mode    Archive Mode
Automatic archival   Enabled
Archive destination  /u01/app/oracle/11g/dbs/arch
Oldest online log sequence 59
Next log sequence to archive   60
Current log sequence 60
```

(2) 将 prod1 实例的 CLUSTER_DATABASE 参数设置为 false。

```
alter system set cluster_database=false scope=spfile sid= 'prod1';
```

(3) 如果还没有完成，设置 DB_RECOVERY_FILE_DEST_SIZE 和 DB_RECOVERY_FILE_DEST 参数。DB_RECOVERY_FILE_DEST 参数应该指向一个可共享的磁盘子系统，因为需要对所有实例进行访问。对于所有实例，DB_RECOVERY_FILE_DEST_SIZE 参数的值应该相同。

```
alter system set DB_RECOVERY_FILE_DEST_SIZE=200M scope=SPFILE;
alter system set DB_RECOVERY_FILE_DEST='/ocfs2/flashback' scope=SPFILE;
```

(4) 关闭所有访问数据库的实例：

```
srvctl stop database -db prod
```

(5) 使用本地实例挂载数据库：

```
SQL> startup mount
```

(6) 通过发出以下命令来启用闪回：

```
SQL> alter database flashback on;
```

(7) 将实例 prod1 的 CLUSTER_DATABASE 参数设置为 true：

```
alter system set cluster_database=true scope=spfile sid='prod1'
```

(8) 关闭实例：

```
SQL> shutdown;
```

(9) 开启所有实例：

```
$srvctl start database -db prod
```

注意：可以选择打开或关闭特定表空间的闪回日志记录，如下所示。

```
SQL> alter tablespace user_data flashback on;
SQL> alter tablespace user_data flashback off;
```

7.9 使用 SRVCTL 管理数据库配置

SRVCTL 是一个命令行实用程序，可以将 SRVCTL 的功能分为两大类：

- 数据库配置任务。
- 数据库实例控制任务。

Oracle 将数据库配置信息存储在资料库中。文件本身应该位于共享存储设备上，以便可以从所有节点访问。资料库信息存储在安装 CRS 时创建的 Oracle 集群注册表(OCR)中，并且必须位于共享存储上。此外还有另一个资料库，称为 Oracle 本地资料库(OLR)，它在集群中的每个节点上存储 OCR 数据的本地副本。

输入 srvctl(不使用任何命令行选项)以显示 Usage 选项：

```
$ srvctl
Usage: srvctl <command> <object> [<options>]
commands: enable|disable|export|import|start|stop|relocate|status|add|remove|modify|getenv|
setenv|unsetenv|config|convert|update|upgrade|downgrade|predict
objects: database|instance|service|nodeapps|vip|network|asm|diskgroup|listener|srvpool|
server|scan|scan_listener|oc4j|home|filesystem|gns|cvu|havip|exportfs|rhpserver|
rhpclient|mgmtdb|mgmtlsnr|volume|mountfs
For detailed help on each command and object and its options use:
   srvctl <command> -help [-compatible] or
   srvctl <command> <object> -help [-compatible]
[oracle@rac2 dbs]$[oracle@rac2 dbs]$ srvctl
Usage: srvctl <command> <object> [<options>]
commands: enable|disable|export|import|start|stop|relocate|status|add|remove|modify|getenv|
setenv|unsetenv|config|convert|update|upgrade|downgrade|predict
objects: database|instance|service|nodeapps|vip|network|asm|diskgroup|listener|srvpool|
server|scan|scan_listener|oc4j|home|filesystem|gns|cvu|havip|exportfs|rhpserver|
```

```
rhpclient|mgmtdb|mgmtlsnr|volume|mountfs
For detailed help on each command and object and its options use:
    srvctl <command> -help [-compatible] or
    srvctl <command> <object> -help [-compatible]
$
```

正如上述输出中指明的，可以使用 srvctl 命令的-help 选项来显示帮助。让我们来看看其中一些命令。要显示资料库中注册的数据库，可以运行以下命令：

```
$srvctl config database
prod
test
```

上述命令的输出将显示系统中属于 Oracle 集群软件的所有已配置数据库。srvctl config database 命令还可以显示 Oracle RAC 数据库的配置。下面演示了如何显示名为 orcl 的数据库的配置细节：

```
$ [oracle@rac1 ~]$ srvctl config database -db orcl
Database unique name: orcl
Database name: orcl
Oracle home: /u01/app/oracle/product/12.1.0/dbhome_1
Oracle user: oracle
Spfile: +DATA/ORCL/PARAMETERFILE/spfile.289.854664583
Password file: +DATA/ORCL/PASSWORD/pwdorcl.276.854663243
Domain: localdomain
Start options: open
Stop options: immediate
Database role: PRIMARY
Management policy: AUTOMATIC
Server pools:
Disk Groups: DATA
Mount point paths:
Services:
Type: RAC
Start concurrency:
Stop concurrency:
OSDBA group: dba
OSOPER group: dba
Database instances: orcl1,orcl2
Configured nodes: rac1,rac2
Database is administrator managed
$
```

要将数据库 prod 的策略从自动更改为手动，请使用以下命令：

```
$ srvctl modify database -db PROD -policy MANUAL
```

下面的命令可以将数据库 prod 的启动选项从 open 更改为 mount：

```
$ srvctl modify database -db PROD -s mount
```

还可以使用 srvctl modify database 命令将管理员托管的数据库转换为策略管理的数据库。与我们在本章前面讨论的其他一些 SRVCTL 命令一样，可以在 srvctl modify database 命令中添加-eval 选项，以发现该命令的潜在影响，而无须实际运行该命令。要显示数据库 prod 的状态，请使用以下命令：

```
$ srvctl status database -db prod
Instance prod1 is running on node node_a
Instance prod2 is running on node node_b
Instance prod3 is running on node node_c
```

还可以通过运行以下命令来检查实例的状态：

```
$ srvctl status instance -db prod -instance "prod1, prod2" verbose
```

使用可选参数 verbose 可显示更多输出。另外，还可以使用 SQL*Plus 检查实例的状态，如下所示

```
SQL> CONNECT SYS/as SYSRAC
```

```
Enter password: password
SQL> SELECT * FROM V$ACTIVE_INSTANCES;
INST_NUMBER                INST_NAME
-----------                ------------------
1                          db1-sun:db1
2                          db2-sun:db2
3                          db3-sun:db3
```

下面演示了如何显示数据库 prod 中运行的服务的状态：

```
$ srvctl status service -db prod
Service prod_batch is running on instance(s) PROD1
Service prod_oltp is running on instance(s) PROD1
```

下面演示了如何将 prod 数据库的 PROD_BATCH 服务从实例 prod1 重新定位到 prod2：

```
$ srvctl relocate service -db PROD -service prod_batch -oldinst prod1 -newinst prod2
```

可以使用以下命令确定监听器的状态：

```
$ srvctl status listener -node prod1
```

上面的命令将会显示监听器是否在节点 prod1 上运行。要查找集群中所有节点上监听器的状态，可以使用以下命令：

```
$ srvctl  status listener
Listener LISTENER is enabled
Listener LISTENER is running on node(s): prod1,prod2
$
```

最后，使用以下命令检查节点上运行的节点应用程序：

```
$ srvctl status nodeapps
VIP rac1-vip.localdomain is enabled
VIP rac1-vip.localdomain is running on node: rac1
VIP rac2-vip.localdomain is enabled
VIP rac2-vip.localdomain is running on node: rac2
Network is enabled
Network is running on node: rac1
Network is running on node: rac2
ONS is enabled
ONS daemon is running on node: rac1
ONS daemon is running on node: rac2

$
```

还可以使用刚才的命令并添加-node node_name 选项来检查特定节点上运行的节点应用程序的状态，如下所示：

```
$ srvctl status  nodeapps -node rac1
VIP rac1-vip.localdomain is enabled
VIP rac1-vip.localdomain is running on node: rac1
Network is enabled
Network is running on node: rac1
ONS is enabled
ONS daemon is running on node: rac1
$
```

尽管对于终端用户和 DBA 来说，CRS(在 Oracle 10*g* 中引入)基本上是透明的，但是它已经改变了 SRVCTL 用于与数据库对接的机制。在 Oracle 10*g* 之后，OCR 用于存储所有信息，包括 SRVCTL 实用程序使用的数据库配置信息。SRVCTL 使用 CRS 进行通信，并在其他节点上执行启动和关闭功能。

SRVCTL 使用全局服务守护进程(GSD)执行实例启动和关闭操作。在使用 SRVCTL 之前，应该先启动 GSD。SRVCTL 将数据库信息存储在称为 Server Control Repository 的资料库中，该资料库必须在共享存储中，因为它需要被所有节点访问。

7.10 为集群中的实例终止会话

你或许通常使用 alter system kill 命令来终止 Oracle RAC 数据库实例中的会话，但是必须指定实例的 ID 以及会话的 SID 和 SERIAL#。

可按照以下步骤终止 Oracle RAC 数据库实例中运行的会话：

(1) 从 GV$SESSION 动态性能视图中找出 INST_ID 列的值。ISNT_ID 列标识了要终止的会话。

```
SQL> SELECT SID, SERIAL#, INST_ID FROM GV$SESSION WHERE USERNAME='SAM';
               SID     SERIAL#     INST_ID
        ----------  ----------  ----------
               120           8           2
```

(2) 发出 alter system kill 命令，使用步骤(1)中获得的 SID、序列号和实例 ID。

```
SQL> ALTER SYSTEM KILL SESSION '80, 6, @2';
System altered.
SQL>
```

请注意，需要在 INST_ID 属性的前面加上@字符前缀。

如果会话运行在当前执行 alter system kill 命令的实例上，则可以忽略 INST_ID。

如上命令会等待所有未完成的活动完成后才终止会话。如果想立即终止会话，可以通过在 alter system kill 命令中添加 IMMEDIATE 参数来实现：

```
SQL> ALTER SYSTEM KILL SESSION '80, 8, @2' IMMEDIATE;
System altered.
SQL>
```

7.11 管理数据库对象

在 Oracle RAC 环境中管理数据库对象类似于在单实例环境中管理它们。在本节中，我们将说明在 Oracle RAC 环境中需要特别注意的地方。

7.11.1 序列管理

对于多个实例中多并发会话使用的序列，增大缓存值是一种很好的方式，这将消除序列竞争的可能性。缓存序列的默认值是 20。但是根据使用程度，可以接受高达 2000 的缓存值。

使用非常高的缓存值的缺点是，在实例崩溃或刷新共享池时，未使用的序列号会丢失。在 Oracle RAC 环境中，在序列中使用 NOORDER(相对于 ORDER)是非常关键的。应用程序逻辑可能会阻止使用 NOORDER，但是默认情况下，最好的策略是使用 NOORDER。

7.11.2 表管理

Oracle RAC 环境不需要对表进行特定的处理。比如，在单实例环境中对非常大的表进行分区就足够了，对于 Oracle RAC 也是如此。

7.11.3 索引管理

在设计高可扩展的系统时，避免 b-tree 索引块上的争用是要面临的一个巨大挑战。好的应用程序设计，无论是针对单实例环境还是针对 Oracle RAC，都应该使用所有可用的技术来避免索引块争用。使用分区索引和反向键索引是避免索引块争用最常用的两种技术。在 Oracle 12*c* 数据库中，在分区维护操作期间保持全局索引的有效使用要更好一些，在分区维护活动完成之后能够维护它们。但是如果可能的话，最好还是使用本地索引。

7.11.4 SQL 命令的生效范围

尽管 Oracle RAC 数据库的管理类似于单实例数据库，但是必须小心命令的生效范围。一些命令只影响当前的实例，而另一些命令可能影响整个数据库。例如，RECOVERY 命令影响整个数据库，而 STARTUP 和 SHUTDOWN 命令只影响已连接的实例。

同样，一些 ALTER SYSTEM 命令只影响已连接的实例。例如，ALTER SYSTEM SWITCH LOGFILE 将在已连接的实例或本地实例上切换日志文件，而 ALTER SYSTEM SWITCH LOG CURRENT 将在所有实例上切换当前日志文件。

7.11.5 数据库连接

Oracle 11*g* 引入了单客户端访问名称(SCAN)，从而进一步简化了 Oracle RAC 数据库连接，因为同一集群中的所有数据库都可以通过使用 SCAN 而不是列出所有虚拟 IP 来访问正在运行的集群数据库实例。在 Oracle 12*c* 数据库中，可以指定 SCAN 监听器将接受注册的节点列表和子网。可以通过 SRVCTL 实现这一点，它将在 SCAN 监听器的配置文件中存储信息。

Oracle 12*c* 提供了与 Oracle RAC 数据库连接的不同方式。

下面演示了如何使用传统的 TNS 别名连接到数据库 prod：

```
prod =
(DESCRIPTION =
(ADDRESS = (PROTOCOL = TCP)(HOST = prod-scan)(PORT = 1701))
(CONNECT_DATA =
(SERVER = DEDICATED)
(SERVICE_NAME = PROD_OLTP)
)
)
```

在前面的连接字符串中，用户可以使用端口 1701 上的 SCAN prod-scan 连接到数据库 prod，监听并提供 PROD_OLTP 服务。

下面是一个使用 JDBC 字符串访问 prod 数据库的示例：

```
jdbc:oracle:thin:@(DESCRIPTION=(ADDRESS=(PROTOCOL=tcp)
(HOST=prod-scan)(PORT=1701))(CONNECT_DATA=(SERVICE_NAME=PROD_OLTP)))
```

EZConnect 是连接数据库的另一种简单方法，无须在传统的 tnsnames.ora 文件中查找服务名称。EZConnect 无须使用任何命名或目录系统。

数据库 prod 的 EZConnect 连接字符串如下：

```
$ sqlplus username/password@prod-scan:1701/PROD_OLTP
```

7.12 管理服务器池

可以使用以下两种模式之一创建 Oracle RAC 数据库：

- 在管理员托管模式下，将每个数据库实例配置在指定的节点上运行。通过指定首选和可用的名称，可以将数据库服务配置为数据库并在指定实例上运行。
- 在策略管理模式下，数据库服务以单独或统一的形式在跨服务器池的所有服务器上运行。数据库部署在一个或多个服务器池中。

策略管理的数据库运行在集群中创建的一个或多个数据库服务器池中，可以在不同的时间运行在不同的服务器上。每个服务器池必须至少有一个数据库服务。数据库实例运行在为数据库定义的服务器池中的服务器上。

服务器池只不过是服务器的逻辑分组，主要目的是为支持的应用程序提供增强的可扩展性和可用性。虽然 Oracle 集群负责创建的服务器池的可用性，但是可以通过配置服务器池来增强可用性，我们稍后将对此进行解释。

服务器池托管数据库和非数据库应用程序。可以使用 SRVCTL 来创建和管理支持 Oracle RAC 数据库的服务器池，也可以使用 CRSCTL 创建和管理支持非数据库应用程序的服务器池。

因为服务器是按数量而不是名称分配给服务器池的，所以必须将所有服务器配置为可以运行任何数据库。如果不能这样做，可以通过确定服务器池成员资格来限制服务器。

在创建或修改服务器池时，通过设置各种服务器池属性，服务器池是高度可配置的。当使用 CRSCTL 为非数据库应用程序配置服务器池时，可以配置所有服务器池属性。换句话说，当为托管 Oracle RAC 数据库的服务器配置服务器池时，只能配置属性的一个子集。

7.12.1 配置服务器池

在为托管 Oracle 数据库的服务器配置服务器池时，可以设置以下服务器池属性。

- **-category** 用于服务器池的服务器类别。默认情况下，该属性为空，可以自定义服务器类别。在 Oracle Flex ASM 集群中，可能的值是 hub 和 leaf。
- **-importance** 服务器池的重要性，可以设置的范围为 1～1000，默认值为 0。importance 属性允许对服务进行排序，使得不必在所有节点上运行服务以确保可用性。在启动集群、节点失败或节点被逐出时，将使用服务器池的 importance 属性。这个属性决定了哪些数据库首先启动，哪些数据库在服务器多次停机时仍然在线。
- **-min_size** 服务器池的最小大小。默认值为 0。
- **-max_size** 服务器池的最大大小。默认值是-1，这意味着大小是无限的。如果-max_size 参数的值大于-min_size 参数的值，就将其余的服务器部署到具有较高 importance 属性值的服务器池中。
- **–serverpool** 服务器池的名称。SRVCTL 将在指定的服务器名称前自动添加 ora.。
- **-servers** 以逗号分隔的候选节点名列表。注意，列表中的所有节点不一定都在服务器池中。-category 属性的值决定了将哪些服务器分配给服务器池。

除了这些属性外，还可以在创建服务器池时向 SRVCTL 命令添加-eval(查看执行 SRVCTL 命令的潜在影响)、-force 和-verbose 属性。下面的例子展示了如果重新定位服务器可能发生的情况：

```
$ srvctl relocate server -servers "rac1" -eval -serverpool pool2
Database db1
      will stop on node rod1
      will start on node prod5
      Service prodSrv1
           will stop on node rac1, it will not run on any node
      Service prodServ2
           will stop on node prod1
           will start on node prod4
Server rac1
      will be moved from pool prodPoolX to pool pool2
$
```

7.12.2 合并数据库

策略管理的数据库可以方便地合并。因为服务器池是动态可扩展的，所以可以根据业务需求增加或减少数据库实例。

策略管理的数据库允许使用同一组服务器运行多个数据库。这是可能的，因为数据库通过实例共享相同的服务器池，具有限制实例可以同时用于前台进程的 CPU 数量的能力。通过利用服务器池大小和 CPU_COUNT 初始化参数来满足工作负载需求，可以动态地增加或减少数据库。

当数据库实例或服务器失败时，策略管理的数据库不需要在每个服务器上保留空间来满足工作负载需求。

通过设置服务器池的 min_size、max_size 和 importance 属性，可以根据它们运行的工作负载的重要性对服务器池进行排序。

7.12.3 创建服务器池

使用 srvctl add srvpool 命令可以添加服务器池，如下所示：

```
srvctl add srvpool -serverpool SP1 -importance 1 -min 3 -max 6
```

本例创建了一个名为 SP1 的服务器池，importance 属性被设置为 1，服务器池中的最小和最大节点数分别被设置为 3 和 6。

1. 显示服务器池的配置

使用 srvctl config srvpool 命令可以显示 Oracle RAC 集群中特定服务器池的名称、最小和最大大小、重要性和服务器名称列表。这里有一个例子：

```
srvctl config srvpool -serverpool dbpool
```

2. 修改服务器池

使用 srvctl modify database 命令可修改集群中服务器池的配置。如果增加最小和最大大小，或者修改服务器池的 importance 属性，CRS 守护进程可能会尝试将服务器重新分配到服务器池，以满足为服务器池配置的新大小。

下面展示了如何将名为 srvpool1 的服务器池的 importance 属性更改为 0、更改最小大小为 2、更改最大大小为 6：

```
$ srvctl modify srvpool -serverpool srvpool1 -importance 0 -min 2 -max 6
```

建议先在评估模式下运行 srvctl modify srvpool 命令，因为该命令涉及许多更改，在统一设置中，这些更改可能会影响许多数据库、服务和服务器池。下面的示例可评估修改服务器池的影响：

```
$ srvctl modify srvpool -l 3 -g online -eval
Service erp1 will be stopped on node test3
Service reports will be stopped on node test3
Service inventory will be stopped on node test3
Service shipping will be stopped on node test3
Database dbsales will be started on node test3
Service orderentry will be started on node test3
Service billing will be started on node test3
Service browse will be started on node test3
Service search will be started on node test3
Service salescart will be started on node test3
Server test3 will be moved from pool backoffice to pool online
```

3. 将服务器重新定位到服务器池

可以通过运行 srvctl relocate server 命令将服务器重新部署到集群中的服务器池，如下所示：

```
$ srvctl relocate server -servers "server1, server2" -serverpool sp3
```

此命令将 server1 和 server2 从当前位置重新定位到名为 sp3 的服务器池中。

4. 移除服务器池

可以使用 srvctl remove srvpool 语句移除服务器池，如下所示：

```
$ srvctl remove srvpool -serverpool srvpool1
```

当运行上述命令时，将移除名为 servpool1 的服务器池，并且数据库将自己的服务器分配给其他服务器，前提是 min_size、max_size 和 im-portance 属性允许。数据库也可以将服务器返还到空闲的服务器池中。

5. 检查服务器池的状态

可以使用 srvctl status srvpool 命令检查服务器池的状态，并查看服务器池的名称、服务器池中的服务器数量以及这些服务器的名称：

```
$ srvctl status srvpool -serverpool srvpool1 -detail
```

detail 属性是可选的，并且会显示服务器池中服务器的名称。

7.12.4　将管理员托管的数据库转换为策略管理的数据库

将管理员托管的数据库转换为策略管理的数据库非常简单。以下是转换为策略管理的数据库所需执行的步骤：

(1) 为数据库创建服务器池：

```
$ srvctl add srvpool -serverpool mysrvpool1_pool -min 2 -max 6
```

在本例中，服务器池中服务器的最小数量是2，最大数量是6。

(2) 停止数据库：

```
srvctl stop database -db prod
```

(3) 运行 srvctl modify database 命令，使数据库位于新的服务器池中：

```
srvctl modify database -db prod -serverpool mysrvpool1
```

(4) 运行以下命令以确保更改是正确的：

```
srvctl config database -db db_unique_name
srvctl config service -db db_unique_name
```

7.13 本章小结

管理 Oracle RAC 数据库类似于管理单实例 Oracle 数据库。在管理 Oracle RAC 数据库时需要小心一点，因为不止一个实例正在访问同一组数据库对象。

为了管理初始化参数文件(spfile)，需要在 Oracle RAC 数据库中进行一些特殊处理，因为参数具有数据库范围的影响力。应该跨 Oracle RAC 实例设置一些相同的数据库参数，并且可以为 Oracle RAC 实例将特定于实例的参数设置为不同的值。强烈建议使用公共的 spfile 并带有特定实例 SID 前缀的参数。这是管理参数文件的最佳实践。

服务器控制实用程序(SRVCTL)能帮助有效地管理 Oracle RAC 数据库，可以作为管理 Oracle RAC 实例的核心管理工具。Oracle RAC 实例依赖于 Oracle CRS，我们将在下一章讨论 Oracle 集群软件的管理。

第 8 章 Oracle集群软件管理

在第 6 章和第 7 章中，我们讨论了 Oracle ASM 和 Oracle RAC 数据库的管理。本章深入研究 Oracle 集群软件的管理，它是 Oracle RAC 的基础。具体来说，我们将详细讨论以下几个方面：

- 配置和管理 Oracle 集群软件
- 角色分离的管理
- 基于权重的服务器节点回收
- SCAN 和 GNS 的管理
- 使用 CLUVFY 实用程序管理 Oracle RAC
- Oracle 集群软件的启动过程
- 使用 CRSCTL 管理集群软件
- 使用 CRSCTL 和其他实用程序(如 OCRCONFIG、OLSNODES、CLSCFG 和 IFCFG)管理 Oracle 集群软件
- Oracle 集群注册表(Oracle Cluster Registry，OCR)的管理
- Oracle 本地注册表(Oracle Local Registry，OLR)的管理
- 表决盘的管理

除了这些方面之外，Oracle RAC DBA 还必须精通一系列与工作负载管理相关的关键任务。这个领域非常重要，第 13 章将专门讨论与 RAC 相关的工作负载管理。

8.1　配置和管理 Oracle 集群软件

管理 Oracle 集群软件不仅涉及管理 Oracle 数据库，还涉及管理集群中运行的应用程序以及集群中的网络。可以两种不同的方式配置和管理集群：

- **管理员托管的集群**　这是一种传统的方法，可以手动分配资源并管理工作负载。可以确定哪些实例在哪些节点上运行，以及实例在其中一个节点上启动失败时会在哪些节点上重新启动。因此，可以确定哪些节点管理集群的工作负载。
- **策略管理的集群**　通过将工作负载配置为在服务器池中运行，可以使集群管理自动化。可以配置策略集，这些策略集规定如何在每个服务器池中管理工作负载。可以将重点放在管理服务器池和策略集上，而不必担心实例在其上运行的节点或实例上的工作负载。配置策略的同时处理实例位置和工作负载位置。

如果愿意，可以通过采用 Oracle 服务质量(QoS)来进一步实现自动化。

8.1.1　服务器池的好处

基于策略管理的服务器池提供了以下好处：

- 支持基于策略的在线服务器重新分配，以满足工作负载需求。
- 保证基于策略为关键工作负载分配资源。
- 确保隔离，以便为关键应用程序和数据库提供专用服务器。
- 根据应用程序需求和工作负载配置策略来更改服务器池，以便在需要时服务器池可以提供所需的容量。

8.1.2　服务器池和基于策略的管理

服务器池是服务器的逻辑分组。Oracle 集群软件管理的资源，如数据库实例、数据库服务、虚拟 IP 和应用程序组件，都包含在服务器池中。

注意：服务器池是承载应用程序、数据库或它们两者的服务器的逻辑分组。

服务器池允许在集群节点上运行特定类型的工作负载，它们提供了一种简单方法来管理工作负载。可以使用集群配置策略集动态管理集群策略。该策略集是一个文件，里面定义集群中所有服务器池的名称以及一个或多个配置策略。

可以创建多个集群配置策略，但是任何时候只能有一个策略有效。不过，可以选择在一天的不同时间配置不同的策略。

8.1.3　服务器池和服务器分类

服务器分类是一种根据一组服务器属性(如处理器类型和内存)将服务器分组的方法。可以配置服务器池来限制服务器池接受哪些服务器分类。可以通过配置 SERVER_CATEGORY 参数来创建服务器分类。

服务器分类使你能够创建由异构节点组成的集群。

8.1.4　服务器池的工作方式

服务器池在逻辑上划分了一个集群，并且服务器可以在给定的时间点位于任何一个服务器池中。服务器池中承载着应用程序(如数据库服务)或非数据库应用程序。服务器池是服务器的逻辑分组，其中承载着统一应用程序和单个应用程序。以下是两者的区别：

- 统一应用程序是工作负载分布在服务器池中的所有服务器上的应用程序。
- 单个应用程序在服务器池中的单个服务器上运行。

第 7 章展示了如何使用 SRVCTL 命令创建用于承载数据库或数据库服务器的服务器池。集群管理员使用 CRSCTL 命令创建和管理所有其他用于非数据库应用的服务器池，例如承载应用程序的服务器池。只有集群管理员才能创建逻辑上划分集群的顶级服务器池。

8.1.5 服务器池的类型

可以使用以下两种基本类型的服务器池：

- 默认服务器池(即通用服务器池和空闲服务器池)
- 用户创建的服务器池

下面将简要描述这两种类型的服务器池。

1. 默认服务器池

安装 Oracle 集群软件时，将在内部创建两个默认池，称为通用服务器池和空闲服务器池。所有服务器最初都被分配到空闲服务器池，但是在创建新的服务器池时，可以将它们分配到新的服务器池。空闲服务器池仅包含尚未分配给任何服务器池的服务器。不能编辑空闲服务器池的 SERVER_NAMES、MIN_SIZE 和 MAX_SIZE 属性。

通用服务器池用于管理非策略管理的应用程序(如管理员托管的数据库)的服务器。不能修改通用服务器池的配置属性，因为所有属性都是只读的。

2. 用户创建的服务器池

创建和分配数据库及其他应用程序的服务器池被命名为用户创建的服务器池。任何没有放入(用户创建的)服务器池中的服务器都将进入空闲服务器池。

8.1.6 创建服务器池

可以使用 SRVCTL 或 CRSCTL 为数据库和其他应用程序创建服务器池。在第 7 章，我们展示了如何使用 SRVCTL 创建服务器池。然而，SRVCTL 只允许配置服务器池的一个属性子集，包括以下内容：

- -category
- -importance
- -min
- -max
- -serverpool
- -servers

此外，SRVCTL 会在服务器池的名称前加上 ora.。

默认情况下，每个服务器池都具有以下属性。

- **MIN_SIZE** 服务器池中的最小服务器数量。如果服务器池中的服务器数量低于该属性的值，Oracle 集群软件就将服务器移动到服务器池中。
- **MAX_SIZE** 服务器池中的最大服务器数量。
- **IMPORTANCE** 在集群中的所有其他服务器池中对服务器池进行排序的一个数字(范围为 0～1000，0 最不重要)。

除了这三个强制属性之外，还可以根据集群配置策略添加其他属性，通常会添加一些属性(例如 SERVER_CATEGORY 和 EXCLUSIVE _POOLS)以增强集群性能。

作为 root 用户或 Oracle 集群软件安装所有者，可以运行 crsctl add serverpool 命令来创建服务器池。下面的例子展示了如何创建一个名为 testsp 的服务器池，其中最多有 5 个服务器：

```
# crsctl add serverpool testsp -attr "MAX_SIZE=5"
```

还可以使用文件来指定一组属性值。我们在下面的例子中创建了 sp1_attr 文件，其中列出了名为 sp1 的服务器池的一组属性值：

```
IMPORTANCE=1
MIN_SIZE=1
MAX_SIZE=2
SERVER_NAMES=node3 node4 node5
PARENT_POOLS=Generic
EXCLUSIVE_POOLS=testsp
ACL=owner:oracle:rwx,pgrp:oinstall:rwx,other::r--
```

接下来，可以通过指向 sp1_atr 文件来创建 sp1 服务器池：

```
$ crsctl add serverpool sp1 -file /tmp/sp1_attr
```

8.1.7 评估服务器池的添加

在对集群进行任何更改之前，可以通过运行 crsctl eval add serverpool 命令来查看添加服务器池的潜在影响：

```
[oracle@rac1 bin]$ crsctl eval add serverpool sp1 -explain
Stage Group 1:
--------------------------------------------------------------------------------
Stage  Required  Action
--------------------------------------------------------------------------------
1         E     Starting to look for server pools that will donate servers to be
                reallocated to the new pool 'sp1'.
--------------------------------------------------------------------------------
[oracle@rac1 bin]$
```

8.1.8 删除服务器池

可以使用 crsctl delete serverpool 命令删除服务器池：

```
$# crsctl delete serverpool sp1
```

8.2 角色分离的管理

默认情况下，安装 Oracle 集群软件的用户和 root 用户是永久的集群管理员。此外，组特权(例如 oinstall 组特权)允许 DBA 创建数据库。

角色分离管理是管理集群资源和工作负载的最新方法。在角色分离管理下，根据分配给用户和组的角色，创建操作系统用户和操作系统组来管理数据库等资源。可以根据访问控制列表(ACL)添加对资源和服务器池的权限。Oracle ASM 还允许通过角色分离来管理存储。

默认情况下，角色分离的管理并不是很有效，必须显式地进行设置。在多个用户和组争用集群资源的统一环境中，这一点尤其有用，而且还需要在操作系统组之间强制隔离。

8.2.1 管理集群管理员

对于策略管理的数据库，可以在创建服务器池之前启用角色分离。数据库将每个服务器池的访问权限存储在 ACL 属性中。使用访问控制列表(ACL)为集群定义管理员。只有集群管理员才能创建服务器池。要获得创建服务器池(或其他集群资源)的权限，用户所在的操作系统用户或操作系统组必须具有 ACL 属性中设置的读、写、执行权限。

8.2.2 配置角色分离

为了配置角色分离，必须首先确定以下内容：

- 需要的角色
- 每个角色将管理的资源和服务器池
- 每个角色所需的访问权限

接下来，可以使用 ACL 为组(如 oinstall 和 grid 组)特权创建(或修改)用户账户。

首先作为 root 或 grid 用户创建集群资源或服务器池。接下来，通过授予特定操作系统用户正确的权限，允许他们管理资源或服务器池。例如，假设创建了两个操作系统用户并将他们分配给 oinstall 组。然后可以创建两个服务器池，并将每个用户指定为所创建的两个服务器池的其中一个服务器池的管理员。这就是所有被允许管理两个服务器池的用户，因为其他所有用户都被排除在服务器池的管理特权之外。

8.2.3　使用 crsctl setperm 命令

可以创建 ACL 来分配集群资源或服务器池，从而强制角色分离。可以使用 crsctl setperm 命令创建 ACL，以下是具体语法：

```
crsctl setperm {resource | type | serverpool} name {-u acl_string |
-x acl_string | -o user_name | -g group_name}
```

有两件关键的事情需要知道：标志选项和 ACL 字符串。选项如下：

- **-u**　更新 ACL
- **-x**　删除 ACL
- **-o**　更改拥有者
- **–g**　更改实体的主组

ACL 字符串如下：

```
{user:user_name[:readPermwritePermexecPerm] |
group:group_name[:readPermwritePermexecPerm] |
other[::readPermwritePermexecPerm] }
```

在上述语法中，user 是 ACL 用户、group 是 ACL 组，other 表示 ACL 授予用户和组的访问，这些访问未显式授予任何访问权限。readPerm、writePerm 和 execPerm 属性分别表示读、写、执行权限的位置。

下面的示例显示了如何在名为 MyProgram(由用户 Sam 管理的应用程序)的资源上为组 crsadmin 设置 ACL：

```
# crsctl setperm resource MyProgram -u user:Sam:rwx,group:crsadmin:r-x,other:---:r--
```

在这个例子中，权限分配如下：

- 管理用户(Sam)具有读、写和执行权限。
- crsadmin 组的成员具有读取和执行权限。
- 其他用户只有读访问权，这意味着这些用户可以检查状态和配置，但不能修改任何配置。

8.3　基于权重的服务器节点回收

可以使用加权函数配置数据库实例和节点，以便当 Oracle 集群软件由于集群互连失败而需要终止或驱逐集群节点时，特定节点可以继续运行。这是一种防止 Oracle 集群软件驱逐承载关键资源的节点的方法。

注意：可以为特定节点、资源或服务分配权重，但只能在管理员托管的集群中进行。在策略管理的集群中不能这样做。

以下解释了如何为数据库实例、服务、服务器和非 ora.* 资源分配权重：

- 对于数据库实例和服务，在运行 srvctl add database/service 命令时指定-css_crtical yes 参数。在运行 srvctl modify database/service 命令时也可以这样做。
- 要为服务器分配权重，请在运行 crsctl set server 命令时指定-css_critical yes 参数。
- 要为非 ora.*资源分配权重，可以为 crsctl add resource 和 crsctl modify resource 命令指定-attr“CSS_CRITICAL=yes”参数。

在进行任何更改之后，必须重新启动节点上的 Oracle 集群软件堆栈。有些资源不需要重新启动堆栈。

Oracle 数据库服务质量管理

Oracle 数据库服务质量(QoS)管理是一种基于策略的自动化机制，可以帮助监视和管理应用程序之间的共享资源。QoS 管理能自动调整系统配置，以保持应用程序运行在所需的性能水平，并避免应用程序性能的波动。QoS 管理建议在发现瓶颈时采取行动恢复性能。对于管理员托管的数据库，QoS 管理调整数据库中运行的性能类的 CPU 份额，并调整相同服务器上运行的数据库的 CPU 数量。对于策略管理的数据库，QoS 管理涉及通过更改服务器池大小来扩展和收缩实例。

8.4 SCAN 的管理

第 3 章解释了 SCAN(单客户端访问名称)。SCAN 是注册了一到三个 IP 地址的域名，使用 DNS(域名命名服务)或 GNS(网格命名服务)。GNS 处理外部 DNS 服务器发送的请求，并对 RAC 配置中定义的主机名执行名称解析。使用 GNS 和动态主机配置协议(DHCP)，Oracle 集群软件可以为集群配置期间提供的 SCAN 配置虚拟 IP(VIP)地址。

在这个场景中，DHCP 服务器提供节点 VIP 和三个 SCAN VIP。Oracle 集群软件动态获取新加入集群的服务器的 VIP 地址，并通过 GNS 访问服务器。

作为 GNS 的替代方案，可以手动配置地址。在这个场景中，可配置以下地址集：

- 每个节点的公共地址和主机名。
- 每个节点的 VIP 地址。
- 集群的最大 SCAN 地址为三个。

SCAN 通过改变集群数据库配置，简化了对客户端网络连接文件的管理。可以使用 SRVCTL 管理许多与 SCAN 相关的操作。

8.4.1 启停 SCAN

可以使用以下命令停止正在运行的 SCAN VIP：

```
$ srvctl stop scan
```

上述命令将停止所有正在运行的 SCAN VIP。如果想停止特定的 SCAN VIP，可以使用以下命令：

```
$ srvctl stop scan -scannumber
```

在这个命令中，可以为 scannumber 参数指定一个 1 到 3 的值，以表示希望停止的特定 SCAN VIP。

8.4.2 显示 SCAN 的状态

要显示 SCAN VIP 的状态，请使用以下命令：

```
[root@alpha2 bin]# $GRID_HOME/bin/srvctl status scan
SCAN VIP scan1 is enabled
SCAN VIP scan1 is running on node alpha3
SCAN VIP scan2 is enabled
SCAN VIP scan2 is running on node alpha2
SCAN VIP scan3 is enabled
SCAN VIP scan3 is running on node alpha1
[root@alpha2 bin]#
```

上述命令将显示所有 SCAN VIP 的状态。要检查特定 SCAN VIP 的状态，请使用 srvctl status scan 命令指定 scannumber 参数。scannumber 参数的值必须在 1 和 3 之间。

下面显示 SCAN LISTENER 的状态：

```
[root@alpha2 bin]# $GRID_HOME/bin/srvctl status scan_listener
SCAN Listener LISTENER_SCAN1 is enabled
SCAN listener LISTENER_SCAN1 is running on node alpha3
SCAN Listener LISTENER_SCAN2 is enabled
SCAN listener LISTENER_SCAN2 is running on node alpha2
SCAN Listener LISTENER_SCAN3 is enabled
SCAN listener LISTENER_SCAN3 is running on node alpha1
[root@alpha2 bin]#
```

同样，上述此命令也可以包含 scannumber 参数，以检查特定 SCAN LISTENER 的状态。

下面演示了如何显示 SCAN 的现有配置：

```
[oracle@rac1 grid]$ $GRID_HOME/bin/srvctl config scan
SCAN name: rac-scan.localdomain, Network: 1
Subnet IPv4: 192.168.56.0/255.255.255.0/eth0, static
```

```
Subnet IPv6:
SCAN 0 IPv4 VIP: 192.168.56.91
SCAN VIP is enabled.
SCAN VIP is individually enabled on nodes:
SCAN VIP is individually disabled on nodes:
SCAN 1 IPv4 VIP: 192.168.56.92
SCAN VIP is enabled.
SCAN VIP is individually enabled on nodes:
SCAN VIP is individually disabled on nodes:
SCAN 2 IPv4 VIP: 192.168.56.93
SCAN VIP is enabled.
SCAN VIP is individually enabled on nodes:
SCAN VIP is individually disabled on nodes:
[oracle@rac1 grid]$
```

要检查三个 SCAN VIP 中特定 SCAN VIP 的状态，必须包含-scannumber 参数，值介于 1 和 3 之间，如下所示：

```
$ srvctl config scan -scannumber 1
```

使用 add scan 命令可以为想要的 SCAN 添加 Oracle 集群软件资源，创建的 SCAN VIP 资源的数量与 SCAN 解析到的 IP 地址的数量相同。

下面展示了如何添加 SCAN：

```
[root@alpha3 bin]# $GRID_HOME/bin/srvctl add scan -scanname prod-scan
```

下面展示了如何移除 SCAN：

```
[root@alpha3 bin]# $GRID_HOME/bin/srvctl remove scan
```

使用 remove scan 命令可以从 Oracle 集群软件资源删除所有 SCAN VIP。用户可以使用前面命令中的-force 选项强制删除 SCAN，而无须首先停止 SCAN。

下面展示了如何更改 SCAN：

```
[root@alpha3 bin]# $GRID_HOME/bin/srvctl modify scan -scanname new_scan
```

当 DNS 被修改为添加/更改/删除 IP 地址时，将修改 SCAN，使 SCAN VIP 与 DNS 中指定的 scan_name 返回的 IP 地址数量相匹配。例如，当前的 SCAN 可能解析到 DNS 中的单个 IP 地址。可以修改 SCAN 以解析到三个 IP 地址，然后运行 srvctl modify scan 命令来创建额外的 SCAN VIP 资源。

下面展示了如何添加 SCAN LISTENER：

```
[root@alpha3 bin]# $GRID_HOME/bin/srvctl add scan_listener
```

上述命令将添加一个带有默认端口的监听器，但是用户可以使用-endpoint 选项为监听器指定非默认端口。

下面展示了如何删除 SCAN LISTENER：

```
[root@alpha3 bin]# $GRID_HOME/bin/srvctl remove scan_listener
```

上述命令从 Oracle 集群软件中删除 SCAN LISTENER 资源。用户可以使用-force 选项强制删除 SCAN LISTENER。

最后，下面展示了如何更改 SCAN LISTENER 的端口：

```
[root@alpha3 bin]# $GRID_HOME/bin/srvctl modify scan_listener
-endpoints <port_number>
```

用户只能使用-u 选项来反映对当前 SCAN LISTENER 所做的更改。上述命令可以帮助你将 SCAN LISTENER 匹配到 SCAN VIP，或者修改 SCAN LISTENER 的端口。

8.4.3　网格命名服务(GNS)的管理

在集群服务器中可以使用 SRVCTL 命令启动和停止 GNS，如下所示(以 root 用户身份执行如下命令)：

```
# srvctl start gns
# srvctl stop gns
```

8.5 使用 CLUVFY 实用程序管理 Oracle RAC

在前几章中，你已经学习了如何使用集群验证实用程序(CLUVFY)对 Oracle 集群软件和 Oracle RAC 数据库执行各种安装前和安装后检查。Oracle 通用安装程序(OUI)在内部运行 cluvfy 命令来检查安装 Oracle 软件时的先决条件。还可以使用 CLUVFY 管理运行中的 Oracle RAC 系统的一些方面。在本节中，我们将展示如何使用 CLUVFY 对集群、数据库以及组件(如 RAC 系统中可用的空闲空间)进行关键的完整性检查。可以使用以下命令检查 Oracle ASM 集群文件系统(OCFS)的完整性：

```
$ [oracle@rac1 grid]$ cluvfy comp acfs
Verifying ACFS Integrity
Task ASM Integrity check started...
Starting check to see if ASM is running on all cluster nodes...
ASM Running check passed. ASM is running on all specified nodes
Disk Group Check passed. At least one Disk Group configured
Task ASM Integrity check passed...
Task ACFS Integrity check started...
Task ACFS Integrity check passed
UDev attributes check for ACFS started...
UDev attributes check passed for ACFS
Verification of ACFS Integrity was successful.
[oracle@rac1 grid]$
```

上述命令会验证所有集群节点上 Oracle ACFS 的完整性。请注意，其他 cluvfy 命令中的参数 comp 指的是集群组件(或子组件)，而在本例中指的是 OCFS。

可使用以下命令检查所有集群节点上 Oracle ASM 的完整性：

```
$ [oracle@rac2 ~]$ cluvfy comp asm
Verifying ASM Integrity
Task ASM Integrity check started...
Starting check to see if ASM is running on all cluster nodes...
ASM Running check passed. ASM is running on all specified nodes
Disk Group Check passed. At least one Disk Group configured
Task ASM Integrity check passed...
Verification of ASM Integrity was successful.
[oracle@rac2 ~]$
```

如你所见，上述命令检查集群所有节点上 ASM 的状态。要检查一个或多个节点的状态，请使用-n 参数指定节点(默认为 all)。

可以使用 cluvfy comp baseline 命令创建系统和集群配置的基线，该命令允许收集和比较基线。可以在 Oracle 集群软件升级之后保留基线，甚至作为标准 DBA 任务的一部分来维护配置信息的标准引用。如果在不同的时间点捕获多个基线，也可以对它们进行比较。要创建集群配置的基线，cluvfy comp baseline 命令可以使用以下关键参数：

- **-collect** 收集一个基线。
- **-compare** 比较两个基线。
- **-bestpractice** 只收集最佳实践建议的基线。
- **-mandatory** 只收集强制要求的基线。-bestpractice 和-mandatory 是互斥的。通过省略这两个参数，可以同时收集最佳实践建议和强制要求的基线。
- **<baseline1, baseline2>** 可以指定一个或多个基线以进行比较。
- **-deviations** 只报告与最佳实践建议和/或强制要求的基线(取决于-bestpractice 和-mandatory 参数)的偏差。
- **<all|cluster|database>** 可以收集集群软件、数据库或它们两者的相关基线。
- **<node_list>** 应该进行测试的非域限定节点名的逗号分隔列表。如果指定了 all，那么将使用集群中的所有节点进行验证。
- **<report_name>** 基线报告名称。
- **<save_dir>** 验证报告可以保存在选择的位置。

下面的示例展示了如何指定-collect、-compare 和-bestpractice 参数：

```
$ cluvfy comp baseline -collect all -n all -db prod -bestpractice -report bp_1
$ cluvfy comp baseline -compare bp_1, bp2
```

8.6 启动集群软件

理解 Oracle 集群软件的幕后操作非常重要。在本节中，我们将讨论 Oracle 集群软件的启动过程以及涉及的步骤。

8.6.1 Oracle 集群软件的启动过程

在 Oracle 集群软件(Oracle Grid Infrastructure)安装期间，OUI 在每个集群节点上将安装三个包装脚本 init.crsd、init.cssd 和 init.evmd。根据用户操作和 Oracle 集群软件的自动启动配置，这些包装脚本设置所需的环境变量并启动守护进程。Oracle 将这些包装脚本的每个条目放在 UNIX 和 Linux 系统的/etc/inittab 文件中，操作系统使用 init 守护进程启动这些包装脚本。

```
h1:35:respawn:/etc/init.d/init.evmd run >/dev/null 2>&1 </dev/null
h2:35:respawn:/etc/init.d/init.cssd fatal >/dev/null 2>&1 </dev/null
h3:35:respawn:/etc/init.d/init.crsd run >/dev/null 2>&1 </dev/null
```

这些包装脚本对于 Oracle 集群软件的启动非常关键，它们必须始终在集群节点上运行。因此，我们为这些包装脚本配置了复位操作，它们将在死亡时重新启动。init.cssd 包装脚本会传递关键的参数，导致集群节点在失败时重新启动。图 8-1 显示了来自 inittab 文件的启动流。

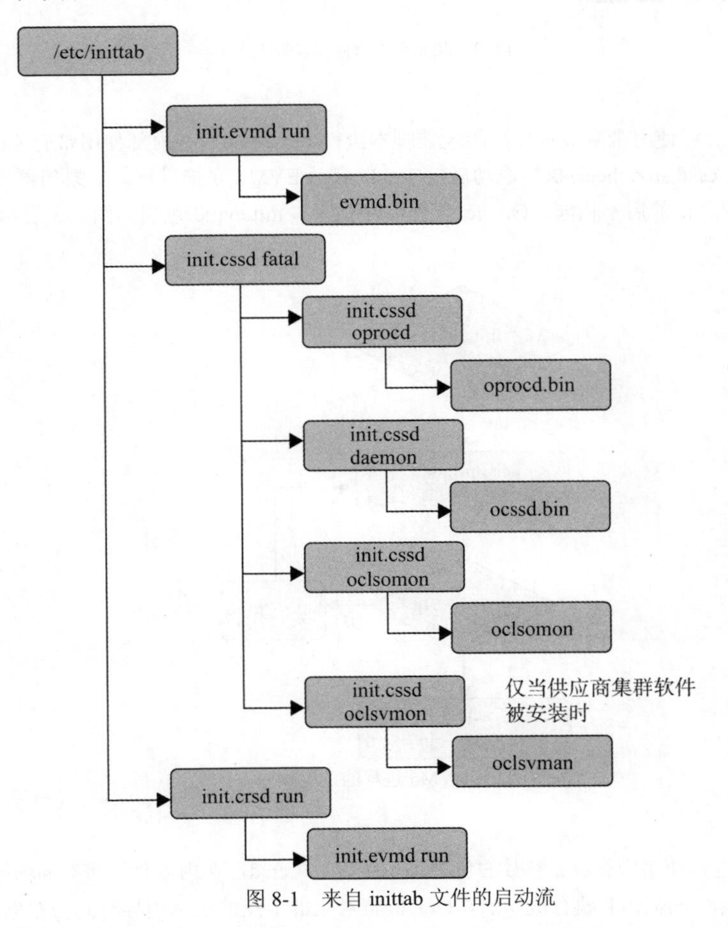

图 8-1　来自 inittab 文件的启动流

可以将 Oracle 集群软件配置为在集群节点启动时自动启动，你也可以自己启动它。Oracle 集群软件使用集群控制文件来维护不同 Oracle 集群软件守护进程的状态和运行时信息。Oracle 将这些集群控制文件存储在每个集群节点的<scls_dir>/root 目录下。<scls_dir>目录依赖于操作系统。

8.6.2 集群软件的启动顺序

如前所述，包装脚本持续运行，并负责启动 Oracle 集群软件守护进程。因此，理解这些包装脚本的流程非常重要。Oracle 在所有包装脚本中使用 startcheck 和 runcheck 调用 init.cssd。在启动状态检查(startcheck)期间，Oracle 检查包装脚本的运行状态、供应商集群的存在以及文件系统的依赖关系。另一方面，运行状态检查(runcheck)用于检查由自动启动或手动启动例程初始化的任何运行或关键脚本(evm/crs/css)的运行状态。检查应该非常快速且静默，因为在系统启动时将被定期调用。图 8-2 展示了集群软件的启动顺序。

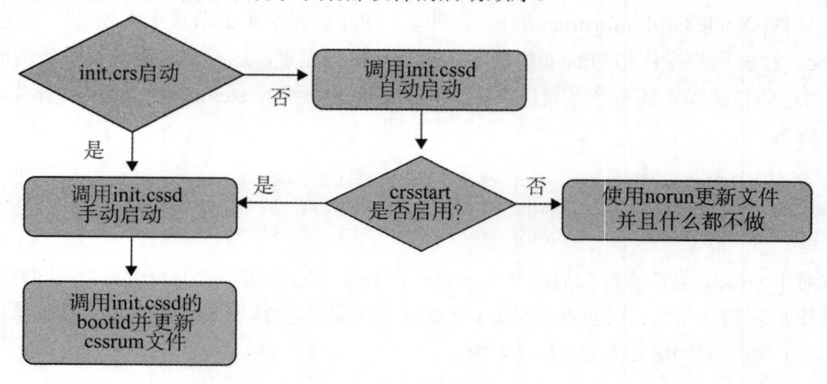

图 8-2 集群软件的启动顺序

1. EVMd 启动过程

操作系统的 init 守护进程使用带有 run 参数的包装脚本执行 init.evmd，在内部使用带有 startcheck 参数的包装脚本调用 init.cssd。在 init.cssd startcheck 执行成功后，Oracle 启动 EVMd 守护进程。如果集群节点的引导时间戳或主机名在启动 EVMd 守护进程前后不相同，Oracle 会禁止包装脚本 init.evmd 重启。图 8-3 展示了 EVMd 进程的启动顺序。

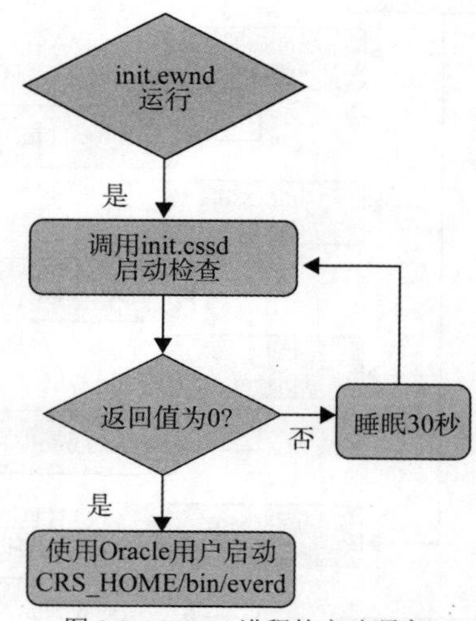

图 8-3 EVMd 进程的启动顺序

2. CRSd 启动过程

操作系统的 init 守护进程使用带有 run 参数的包装脚本执行 init.crsd，在内部使用带有 startcheck 参数的包装脚本调用 init.cssd。在 init.cssd startcheck 执行成功后，Oracle 将对集群节点的实际引导时间与存储在 crsdboot 集群控制文件中的引导时间戳进行比较。

如果引导时间戳不相同，Oracle 会将当前的引导时间戳存储在 crsdboot 集群控制文件中，并使用 reboot 标志启动 CRSd 守护进程；否则，CRSd 守护进程将使用 restart 标志启动。如果 CRSd 守护进程没有成功启动，Oracle 将在 crsdboot 集群控制文件中设置 stop ped 标记。

图 8-4 演示了 CRSd 启动期间的启动序列和相关验证。

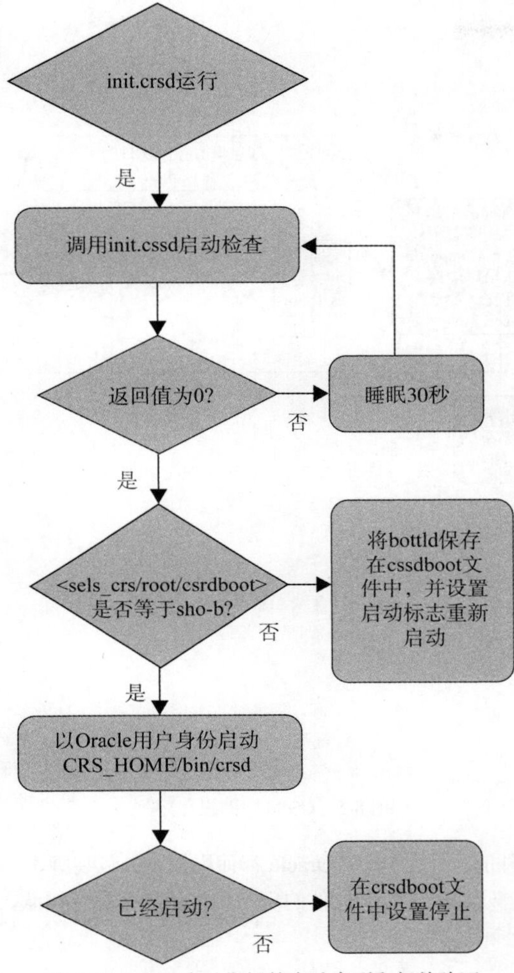

图 8-4　CRSd 启动期间的启动序列和相关验证

3. CSSd 启动过程

操作系统的 init 守护进程使用带有 fatal 参数的包装脚本执行 init.cssd，在内部使用带有 startcheck 参数的包装脚本调用 init.cssd。这个脚本负责启动四个不同的守护进程 CSSd、OPROCd、OCLSOMON 和 OCLSVMON。

在 init.cssd startcheck 执行成功后，Oracle 在<scls_dir>/root 目录下创建三个集群控制文件 noclsvmon、noclsomon 和 noprocd，以分别禁用 OCLSVMON、OCLSOMON 和 OPROCd 守护进程。之后，Oracle 将删除 noclsomon 文件，因为无论是否使用供应商集群，OCLSOMON 守护进程都会运行。

在集群软件启动期间，启动过程还对集群节点的实际启动时间与存储在 cssfboot 集群控制文件中的引导时间戳进行比较。如果引导时间戳相同，那么其他守护进程很可能已经在运行了，因为操作系统的 init 守护进程已经复位了这个包装脚本。Oracle 从 clsvmonid、clsomonpid、daemonpid 和 oprocpid 文件中提取正在运行的守护进程的 PID，并将它们存储在内存(环境变量)中。如果引导时间戳不相同，Oracle 将新的引导时间戳存储在 cssfboot 集群控制文件中。如果启用了 OPROCd 且没有安装供应商集群，则删除 noprocd 文件。

在集群软件启动期间，Oracle 检查 cssrun 集群控制文件的内容；如果其中包含 norun，则 init.cssd 关键脚本在不启动守护进程的情况下成功完成，假设 Oracle 集群软件是完全关闭的。如果 cssrun 文件中不包含 norun，Oracle 将启动 OPROCd(如果可以启用的话)或 OCLSOMON(如果不在运行的话)守护进程，最后通过调用 init.cssd 守护进程包装脚本启动 CSSd 守护进程。图 8-5 说明了 CSSd 中的操作序列。

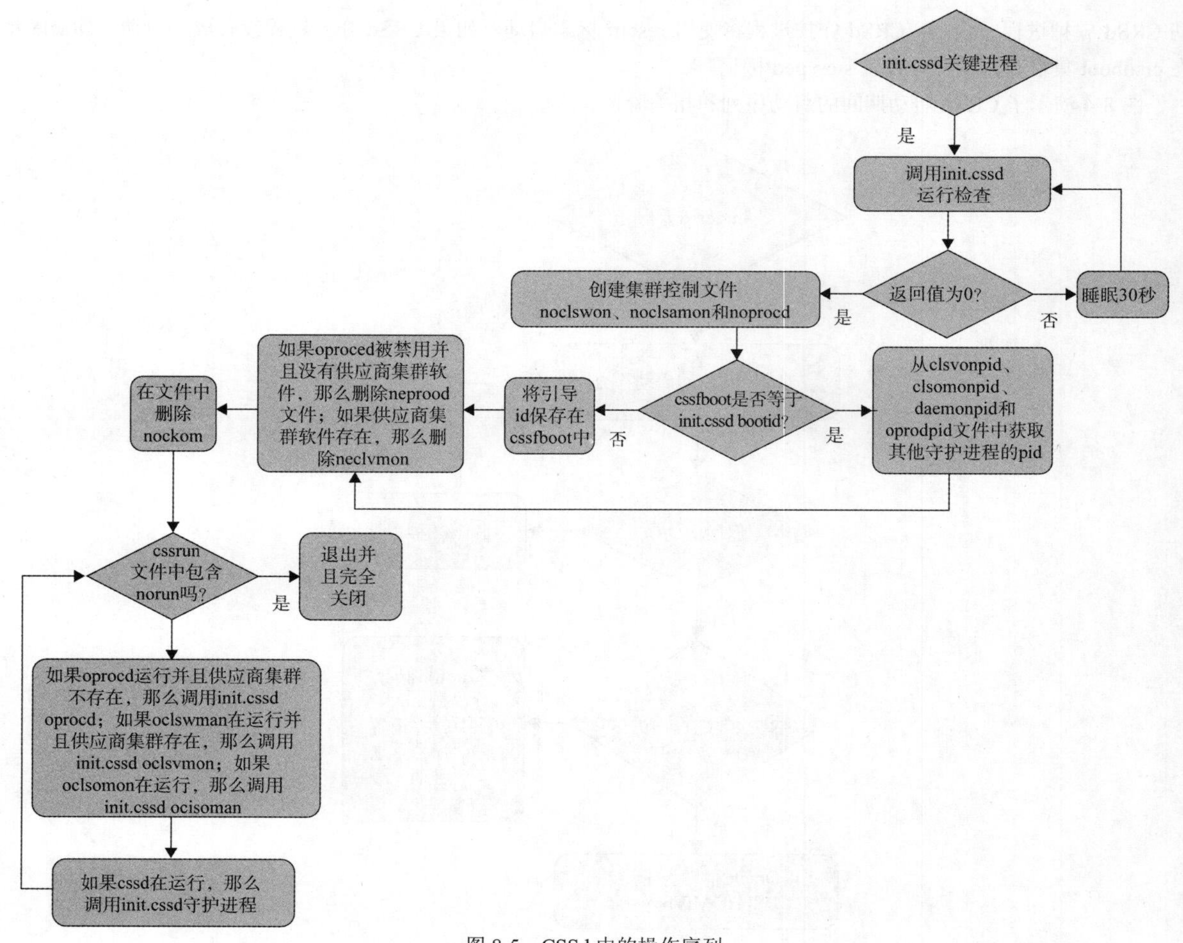

图 8-5 CSSd 中的操作序列

不管用于启动 Oracle 集群软件的方法是什么，Oracle 都使用描述的包装脚本。不同的 Oracle 集群软件启动方式会通过设置不同的集群控制文件，对 Oracle 集群软件的启动和包装脚本进行排队，读取这些集群控制文件，并采取适当的方式启动不同的守护进程。

8.6.3 自动启动 Oracle 集群软件

操作系统的 init 守护进程在操作系统启动时调用 init.crs start，在内部使用带有 autostart 参数的包装器脚本调用 init.cssd。Oracle 首先检查 crsstart 集群控制文件的内容，以确定是否启用了 Oracle 集群软件的自动启动功能。如果 crsstart 文件中包含 enable 字符串，Oracle 将带调用 manualstart 参数的 init.cssd 包装脚本，标识文件系统/proc 的完整时间戳，并在 cssrun 文件中设置此信息，为 Oracle 集群软件启动排队功能。

8.6.4 手动启动 Oracle 集群软件

Oracle 集群软件在手动启动时调用带 manualstart 参数的 init.cssd 包装脚本。Oracle 标识文件系统/proc 的完整时间戳，并在存储于<scls_dir>/run 目录下的 cssrun 文件中设置此信息。

操作系统的 init 守护进程通过使用 Oracle 集群软件包装脚本启动集群软件进程，这些脚本是在安装 Oracle 集群软件期间由 OUI 安装的。Oracle 会安装三个配置了复位功能的初始化包装脚本 init.crsd、init.evmd 和 init.cssd，以便在失败时重新启动(除了配置有 fatal 参数的 init.cssd 包装脚本，它会导致集群节点重新启动，以避免任何可能的数据损坏，本章后面将对此进行解释)。

8.7　使用 CRSCTL 管理集群软件

CRSCTL 是 CRS 控制工具，用于检查、启动、停止、获取由 CRS 控制的 CRS 组件和资源的状态：“启用 ”和“禁用”。还可以使用 CRSCTL 来管理 OCR 和表决盘，以及调试各种 CRS 组件。在下面的章节中，将介绍如何使用 CRSCTL 执行关键的管理任务，如停止 CRS、验证集群软件的状态，等等。

8.7.1　启动和停止 CRS

Oracle CRS 在系统启动时自动启动。一般不需要手动启动和停止 CRS，除非出现以下罕见情况：

- 当应用补丁集到 Oracle Grid Infrastructure 时
- 在 OS/系统维护的过程中
- 在调试 CRS 问题时

在 Oracle Database 12*c* 中，可以使用以下命令启动 CRS(Oracle 高可用性服务)：

```
#$GRID_HOME/bin/crsctl start crs
[root@alpha2 bin]# ./crsctl start crs
CRS-4123: Oracle High Availability Services has been started.
[root@alpha2 bin]#
```

上述命令仅在执行命令的本地节点上启动 Oracle 高可用性服务。必须以 root 用户的身份运行上述命令。

要停止 CRS，可以使用以下命令：

```
# $GRID_HOME/bin/crsctl stop crs
[root@alpha2 bin]# ./crsctl stop crs
CRS-2791: Starting shutdown of Oracle High Availability Services-managed
resources on 'alpha2'
<<OUTPUT TRIMMED>>
CRS-2673: Attempting to stop 'ora.gipcd' on 'alpha2'
CRS-2677: Stop of 'ora.diskmon' on 'alpha2' succeeded
CRS-2677: Stop of 'ora.gipcd' on 'alpha2' succeeded
CRS-2793: Shutdown of Oracle High Availability Services-managed resources on
'alpha2' has completed
CRS-4133: Oracle High Availability Services has been stopped.
[root@alpha2 bin]#
```

上述命令停止本地服务器上的 Oracle 高可用服务，同样必须以 root 用户的身份运行命令。如果发现在执行命令之后某些集群管理的服务仍然在运行，那么可以选择指定-f 参数以无条件地停止所有资源并停止 Oracle 高可用性服务。

8.7.2　集群化(集群感知)CRSCTL 命令

不必登录到每个节点就能单独启动或停止节点上运行的集群资源。可以在一个节点上运行所谓的集群化命令，在集群中的一个或所有节点上执行 Oracle 集群软件操作。这些操作被视为集群感知操作，也称为远程操作。远程操作依赖于 OHASD(Oracle 高可用性服务守护进程)。下面是可以使用的三个集群化命令。

crsctl check cluster

crsctl check cluster 命令能够从集群的任何节点检查 Oracle 集群软件堆栈的状态：

```
$ crsctl check cluster -all
**************************************************************
node1:
CRS-4537: Cluster Ready Services is online
CRS-4529: Cluster Synchronization Services is online
CRS-4533: Event Manager is online
**************************************************************
node2:
CRS-4537: Cluster Ready Services is online
CRS-4529: Cluster Synchronization Services is online
```

```
CRS-4533: Event Manager is online
**************************************************************
$
```

crsctl start cluster

可以在 Oracle RAC 集群中的任何节点上运行 crsctl start cluster 命令来启动 Oracle 集群软件堆栈，如下所示：

```
# $GRID_HOME/bin/crsctl start cluster
```

上述命令可以在集群中的任何节点上运行。如果想在特定节点上启动 Oracle 集群软件堆栈，可以发出以下命令：

```
# $GRID_HOME/bin/crsctl start cluster -n prod1
```

这里指定了-n 参数，仅在 prod1 的单个节点上启动堆栈。

还可以通过提供以空格分隔服务器名称的方式来指定服务器列表，如下所示：

```
# crsctl start cluster -n prod1 prod2
```

crsctl stop cluster

通过发出以下命令可以停止集群中所有服务器上的 Oracle 集群软件堆栈：

```
# $GRID_HOME/bin/crsctl stop cluster -all
```

同样，可以在集群中的任何节点上运行上述命令。如果既不使用-all 参数，也不使用-n 参数指定一个或多个服务名称，那么只停止在地节点上运行的 Oracle 集群软件堆栈。如果想在特定的服务器上停止 Oracle 集群软件堆栈，请运行以下命令：

```
# $GRID_HOME/bin/crsctl stop cluster -n prod1
```

8.7.3 验证 CRS 的状态

可以执行 CRSCTL 命令来验证集群和相关 CRS 守护进程的状态。如果想检查集群中所有节点上 Oracle 集群软件堆栈的状态，可以发出以下集群化命令：

```
# $GRID_HOME/bin/crsctl check cluster -all
```

使用 crsctl check cluster 命令可以仅在本地节点上检查 Oracle 集群软件的状态，还可以通过指定-n 参数来检查特定节点上 Oracle 集群软件堆栈的状态，如下所示：

```
# $GRID_HOME/bin/crsctl check cluster -n prod1
```

下面展示了如何检查本地节点上 Oracle 高可用性服务和 Oracle 集群软件堆栈的当前状态：

```
[oracle@rac1 grid]$ $GRID_HOME/bin/crsctl check crs
CRS-4638: Oracle High Availability Services is online
CRS-4537: Cluster Ready Services is online
CRS-4529: Cluster Synchronization Services is online
CRS-4533: Event Manager is online
[oracle@rac1 grid]$
```

可以通过以下方式检查 OHASD 守护进程的当前状态：

```
[root@alpha2 bin]# $GRID_HOME/bin/crsctl check has
CRS-4638: Oracle High Availability Services is online
[root@alpha2 bin]#
```

可以使用以下命令显示集群配置信息：

```
$ crsctl get cluster configuration
```

8.7.4 禁用和启用 CRS

默认情况下，CRS 将在系统重新启动时重新启动。如果正在进行系统维护，并且需要在系统重新启动时阻止

CRS 启动，那么可以禁用 CRS。此外，CRS 的 enable 和 disable 命令仅对节点以后的重新引导有效，不会影响当前运行的 CRS 及其组件的可用性。可以使用以下命令来启用/禁用 CRS 及其守护进程。

禁用所有 CRS 守护进程：

```
#$GRID_HOME/bin/crsctl disable crs
```

上述命令防止在服务器重新启动时 Oracle 高可用性服务自动启动，并且只影响本地服务器。因此，必须使用命令 crsctl start crs 来启动 Oracle 高可用性服务。

启用所有 CRS 守护进程：

```
#$GRID_HOME/bin/crsctl enable crs
```

上述命令不会启动 Oracle 高可用性服务。相反，可以确保 Oracle 高可用性服务在服务器重新启动后会自动启动。

注意：Oracle 曾经提供许多 CRS 实用程序来帮助管理 CRS，例如 crs_stat，用于显示 CRS 控制的资源的状态。这些实用程序在 Oracle 的 11*g* 和 12*c* 版本中已经被弃用。随着时间的推移，Oracle 已经将这些废弃的实用程序的功能整合到 CRSCTL 实用程序中。管理资源的一些功能(如 crs_profile 和 crs_register)已与 SRVCTL 实用程序合并。仍然可以在$GRID_HOME/bin 目录下找到所有废弃的 CRS 实用程序。所有 CRS 实用程序都位于$GRID_HOME/bin 目录中，其中一些实用程序在$ORACLE_HOME 目录中也可用。但是应该始终从$GRID_HOME/bin 目录执行 CRS 实用程序。

可以使用以下命令查看 Oracle 集群软件的版本：

```
[oracle@rac1 grid]$ $GRID_HOME/bin/crsctl query  crs softwareversion
Oracle Clusterware version on node [rac1] is [12.1.0.2.0]
[oracle@rac1 grid]$
```

类似地，用户可以使用带参数 activeversion 和 releaseversion 的 crsctl query crs 命令来查询现行版本和 Oracle 集群软件的发布版本。

8.7.5　CRSCTL EVAL 命令

刚才讨论了如何使用 CRSCTL 实用程序执行各种集群软件管理任务。Oracle 12*c* 数据库提供了一组全新的 Oracle 集群软件命令，称为 eval 命令，以允许模拟命令，而不必实际运行它们。这提供了一个很好的机会，可以在运行关键的集群命令之前查看潜在的更改。

例如，crsctl eval start resource 命令展示了运行 crsctl start resource 命令的效果。类似地，crsctl eval modify resource 命令展示了运行 crsctl modify resource 命令的预期效果。下面是一些可以在 Oracle 12*c* 数据库中使用的 CRSCTL EVAL 命令：

- **crsctl eval add serve**　模拟服务器的添加。
- **crsctl eval modify serverpool**　预测修改服务器池的影响。
- **crsctl eval add serverpool**　预测添加特定服务器池的效果。
- **crsctl eval relocate server**　预测重新定位服务器的效果。
- **crsctl eval delete server**　预测删除服务器的影响。

注意，还可以为 SRVCTL 命令指定-eval 选项，以评估命令的潜在影响。这在生产环境中尤其有用，在生产环境中，希望确保在不知道任何命令对系统的潜在影响的情况下不运行任何命令。本书将展示如何为 CRSCTL 和 SRVCTL 命令指定新的-eval 选项。

8.8　使用其他实用程序管理 Oracle 集群软件

前面通过几个示例说明了如何使用 CRSCTL 实用程序管理 Oracle 集群软件。CRS 中除了主要的 CRSCTL 实用程序之外，还需要熟悉其他相似的实用程序。本节简要描述这些实用程序。

8.8.1 使用 olsnodes 命令

olsnodes 命令提供关于 RAC 集群中所有节点的信息。可以使用 olsnodes 命令检查所有节点是否已加入集群。olsnodes 命令的语法如下所示：

```
Usage: olsnodes [ [-n] [-i] [-s] [-t] [<node_name> | -l [-p]] | [-c] ] [-a] [-g] [-v]
-n print node number with the node name
-p print private interconnect address for the local node
-i print virtual IP address with the node name
<node> print information for the specified node
-l print information for the local node
-s print node status - active or inactive
-t print node type - pinned or unpinned
-g turn on logging
-v Run in debug mode; use at direction of Oracle Support only.
-c print clusterware name
-a displays only active nodes in the cluster with no duplicates
```

可以不使用任何命令行选项执行上述命令来检查 Oracle CRS 的状态。输出应该是一个节点列表，确认 CRS 已经启动并正在运行，所有节点都可以通过 CRS 彼此通信。

```
[oracle@rac1 grid]$ $GRID_HOME/bin/olsnodes
rac1
rac2
[oracle@rac1 grid]$
```

也可以使用 olsnodes 命令打印出集群的名称，如下所示：

```
[oracle@rac1 grid]$ olsnodes -c
prod
[oracle@rac1 grid]$

The -i option will show information pertaining to each of the cluster nodes,
including the VIP address assigned to each node.
[oracle@rac1 grid]$ $GRID_HOME/bin/olsnodes -i
rac1  rac1-vip.localdomain
rac2  rac2-vip.localdomain
[oracle@rac1 grid]$
```

命令行选项-n 可显示每个节点的节点编号及名称。

最后，olsnodes -a 命令将显示每个节点的角色，如下所示：

```
$ [oracle@rac1 grid] $ $GRID_HOME/bin/olsnodes -s
rac1  Active
rac2  Active
[oracle@rac1 grid]$
```

可以使用 olsnodes -a 命令列出集群中每个节点的角色：

```
[root@node1]# olsnodes -a
node1    Hub
node2    Hub
node3    Leaf
node4    Leaf
```

8.8.2 GPnP 工具

接下来介绍用于管理网格即插即用配置文件的 Oracle 网格即插即用配置文件管理工具(GPNPTOOL)：

```
[root@alpha1 bin]# ./gpnptool
Oracle GPnP Tool

Usage:
"gpnptool <verb> <switches>", where verbs are:
```

```
create          Create a new GPnP Profile
edit            Edit existing GPnP Profile
getpval         Get value(s) from GPnP Profile
get             Get profile in effect on local node
rget            Get profile in effect on remote GPnP node
put             Put profile as a current best
find            Find all RD-discoverable resources of given type
lfind           Find local gpnpd server
check           Perform basic profile sanity checks
c14n            Canonicalize, format profile text (XML C14N)
sign            Sign/re-sign profile with wallet's private key
unsign          Remove profile signature, if any
verify          Verify profile signature against wallet certificate
help            Print detailed tool help
ver             Show tool version
```

下面展示了如何在本地节点 alpha1 上显示当前 GPnP 配置文件：

```
[root@alpha1 bin]# ./gpnptool get
```

8.8.3 集群健康监视器

集群健康监视器(CHM)是 Oracle 12*c* 数据库中的一种新的诊断工具，用于检测和分析 OS 和集群级别的资源故障和症状。CHM 收集的数据存储在新的 Oracle 网格基础设施管理资料库中，以便 Oracle 支持人员进行潜在的分析。

Oracle 提供了三个关键服务来支持集群健康监视器提供的功能，下面简要讨论它们。

1. 集群日志记录服务

集群日志记录服务(OLOGGERD)管理 Oracle RAC 集群中最多 32 个节点的数据。如果发生故障，OLOGGERD 服务将在另一个节点上自动重新启动。该服务从集群中的所有节点接收操作系统指标，并保存到 Oracle 网格基础设施管理资料库(MGMD)中，同时还管理数据库。

2. 系统监控服务

系统监视服务(OSYSMOND)存在于集群中的每个节点上，用于监视操作系统并收集要发送到集群日志记录服务的数据。

3. Oracle 网格基础设施管理资料库(MGMD)

MGMT 数据库是一个全新的 Oracle 12*c* 数据库，Oracle 使用它存储 CHM 收集的实时 OS 系统指标。该资料库存储了历史度量数据，这使得查看过去的性能和诊断事件非常容易。

MGMT 数据库是在安装或升级到 Oracle 12*c* 数据库时配置的，会自动为你安装。出于性能原因，Oracle 建议在与 OLOGGERD 服务相同的节点上运行 MGMT 数据库。请注意 MGMT 数据库的下列特性：

- 该数据库只在集群中的一个节点上运行。在发生节点故障时，必须将故障转移到其他节点。
- 数据库文件与 OCR 和表决文件一起存储在同一个 ASM 磁盘组中。
- 除了与 CHM 相关的数据之外，网格基础设施管理资料库还支持其他功能，如 Oracle Database QoS 管理和快速供应。

8.8.4 OCLUMON 工具

OCLUMON 工具是 Oracle 12*c* 数据库提供的新工具，可以用来管理集群健康监视器。不仅可以用来查询 CHM 数据库，还可以有来执行其他任务，如更改 MGMT 数据库的大小。下面是对 OCLUMON 命令的解释。

- **oclumon debug**　设置 CHM 服务的调试级别。
- **oclumon dumpnodeview**　允许查看 CHM 在某个时间点收集的所有指标。下面的示例展示了如何显示集群中所有节点的节点视图：

```
oracle@rac1 grid]$ /u01/app/12.1.0/grid/bin/oclumon
query> dumpnodeview
```

```
dumpnodeview: Node name not given. Querying for the local host
----------------------------------------
Node: rac1 Clock: '17-06-29 15.26.14 ' SerialNo:1124
----------------------------------------
SYSTEM:
#pcpus: 1 #vcpus: 1 cpuht: N chipname: Intel(R) cpu: 26.19 cpuq: 0
swaptotal: 3096572 hugepagetotal: 0 hugepagefree: 0 hugepagesize: 2048 ior: 119
iow: 82 ios: 23 swpin: 0 swpout: 0 pgin: 119 pgout: 56 netr: 36.274 netw: 37.222
procs: 302 procsoncpu: 1 rtprocs: 12 rtprocsoncpu: N/A #fds: 32704
#sysfdlimit: 6815744 #disks: 5 #nics: 4 nicErrors: 0
TOP CONSUMERS:
topcpu: 'mdb_vktm_-mgmtd(4467) 2.79' topprivmem: 'java(1874) 117372' topshm:
'ora_mman_orcl1(6203) 246500' topfd: 'crsd.bin(3772) 216'
topthread: 'console-kit-dae(1953) 64'
…
[oracle@rac1 grid]
```

- **oclumon manage** 允许更改 MGMT 数据库的保留时间和大小。下面的例子展示了如何更改存储库的大小：

```
$ oclumon manage -repos changereposize 6000
```

- **oclumon version** 获得正在使用的 CHM 版本，如下所示：

```
$ oclumon version
Cluster Health Monitor (OS), Version 12.2.0.1.0 - Production Copyright 2007,
2016 Oracle. All rights reserved.
$
```

至此，我们应该指出 Oracle 新的诊断收集工具名为 Oracle 跟踪文件分析器(TFA)，我们将在本章后面详细讨论，可以使用 OCLUMON 实用程序自动收集的所有数据。

8.8.5 Oracle 接口配置工具 oifcfg

Oracle 接口配置工具可帮助你在 Oracle RAC 环境中定义网络接口的使用，可用于管理主机名、数据中心迁移期间的 IP 地址更改以及需要将 IP 地址更改为集群成员的网络重新配置。下面是这个工具的一些使用示例。

oifcfg getif 命令应该返回 global public 和 global cluster_interconnect 的值。以下是一个示例：

```
[oracle@rac1 grid]$ $GRID_HOME/bin/oifcfg getif
eth0  192.168.56.0  global  public
eth1  192.168.10.0  global  cluster_interconnect
[oracle@rac1 grid]$
```

如果上述命令不返回 global cluster_interconnect 的值，则输入以下命令删除和设置所需的接口：

```
# oifcfg delif -global
# oifcfg setif -global <interface name>/<subnet>:public
# oifcfg setif -global <interface name>/<subnet>:cluster_interconnect
```

可以使用 iflist 关键字列出本地节点上所有可用接口的接口名和子网：

```
oifcfg iflist
eth0    172.19.141.0
eth1    172.21.65.0
```

8.8.6 集群配置实用程序 clscfg

clscfg 实用程序在 CRS 安装期间使用，但是，除非有 Oracle 支持服务(OSS)的指导，否则不应该使用。命令 clscfg -concepts 很好地描述了一些 CRS 概念，包括私有互连、主机名、节点名、表决盘、OCSSd、EVMd、CRSd 和 OCR。

集群配置实用程序提供了以下选项：

```
[root@rac1 oracle]# /u01/app/12.2.0/grid/bin/clscfg
clscfg: EXISTING configuration version 5 detected.
clscfg: version 5 is 12c Release 1.
clscfg -- Oracle cluster configuration tool
```

```
  This tool is typically invoked as part of the Oracle Cluster Ready
  Services install process. It configures cluster topology and other
  settings. Use -help for information on any of these modes.
  Use one of the following modes of operation.
  -install        - creates a new configuration
  -add            -     adds node specific configuration on the newly added node.
  -upgrade        - upgrades an existing configuration
  -localupgrade   - upgrades an existing configuration in OLR
  -downgrade      - downgrades an existing configuration
  -nodedowngrade  - downgrades the node specific configuration
  -local          - creates a special single-node configuration for ASM
  -localadd       - creates keys in OLR for HASD
  -patch          - patches an existing configuration
  -localpatch     - patches an existing configuration in OLR
  -concepts       - brief listing of terminology used in the other modes
  -trace          - may be used in conjunction with any mode above for tracing
WARNING: Using this tool may corrupt your cluster configuration. Do not
         use unless you positively know what you are doing.
[root@rac1 oracle]#
```

8.8.7　集群名称检查实用程序 cemutlo

cemutlo 实用程序显示集群名称信息，以下是使用语法：

```
#$ORA_CRS_HOME/bin/cemutlo [-n] [-w]
  where:
  -n prints the cluster name
  -w prints the clusterware version in the following format:
  <major_version>:<minor_version>:<vendor_info>
#$ORA_CRS_HOME/bin/cemutlo -n
prod
#$ORA_CRS_HOME/bin/cemutlo -w
2:1:
```

8.8.8　Oracle 跟踪文件分析器

Oracle 跟踪文件分析器(TFA)是 Oracle 12*c* 数据库中引入的一种全新的诊断工具，用于简化 Oracle 集群软件和 Oracle RAC 诊断数据的收集。

TFA 可以自动收集诊断数据，还可以收集、打包和集中存储数据。通过使用一个简单的命令并指定问题发生的大约时间，现在可以从 TFA 配置中的所有节点收集所有必要的文件，包括来自 Oracle 集群软件、ASM 和数据库的诊断数据。在决定是否使用跟踪文件分析器时，以下关键业务驱动程序发挥了作用：

- 可以通过压缩解决问题周期的长度来减少服务中断的时间。这样可以减少收集和上传诊断数据所花费的时间和精力。
- 可以降低在整个集群上处理诊断数据收集过程的复杂性。
- 通过减少 Oracle 客户对初始诊断数据传输的补充需求，可以使 Oracle 提供更高质量的支持服务。

TFA 将关于配置的元数据以及监视的目录和文件存储在自己专用的 Berkeley 数据库中，该数据库在集群中的每个节点上运行。TFA 是由 Java 虚拟机(JVM)实现的，JVM 作为守护进程在每个节点集群上运行。不需要安装 TFA，TFA 在安装或升级到 Oracle 12*c* 数据库后自动安装。可以使用 tfactl 命令行实用程序执行 TFA 支持的命令。在我们的服务器上，tfactl 实用程序位于如下目录：

```
/u01/app/12.2.0/grid/tfa/rac2/tfa_home/bin
```

TFA 守护进程在节点启动时自动启动，可以使用 init.tfa 启动、停止和重新启动守护进程，如下所示：

```
$ /etc/init.d.init.tfa start
$ /etc/init.d.init.tfa stop
$ /etc/init.d.init.tfa restart
```

可以通过以下方式确认 TFA 守护进程正在运行：

```
[root@rac2 oracle]# ps -ef|grep tfa
root      887  1 0 16:10 ? 00:00:00 /bin/sh /etc/init.d/init.tfa run
root     1691  1 0 16:11 ? 00:00:45 /u01/app/12.1.0/grid/jdk/jre/bin/java -Xms128m
-Xmx512m -classpath
/u01/app/12.1.0/grid/tfa/rac2/tfa_home/jlib/RATFA.
jar:/u01/app/12.1.0/grid/tfa/rac2/tfa_home/jlib/je-
5.0.84.jar:/u01/app/12.1.0/grid/tfa/rac2/tfa_home/jlib/ojdbc6.jar:/u01/app/12.1.0/
grid/tfa/rac2/tfa_home/jlib/commons-io-2.2.jar oracle.rat.tfa.TFAMain
/u01/app/12.1.0/grid/tfa/rac2/tfa_home
```

可以使用 tfactl 命令行实用程序启动诊断收集、清除诊断数据以及从 Berkeley 数据库打印数据。可以发出 tfactl 命令来查看可用的选项，如下所示：

```
[root@rac2 bin]# /u01/app/12.1.0/grid/tfa/rac2/tfa_home/bin/tfactl
Usage : /u01/app/12.1.0/grid/bin/tfactl <command> [options]
<command> =
          start                     Starts TFA
          stop                      Stops TFA
          enable                    Enable TFA Auto restart
          disable                   Disable TFA Auto restart
          print                     Print requested details
          access                    Add or Remove or List TFA Users and Groups
          purge                     Delete collections from TFA repository
          directory                 Add or Remove or Modify directory in TFA
          host                      Add or Remove host in TFA
          diagcollect               Collect logs from across nodes in cluster
          analyze                   List events summary and search strings in alert logs.
          set                       Turn ON/OFF or Modify various TFA features
          uninstall                 Uninstall TFA from this node
For help with a command: /u01/app/12.1.0/grid/bin/tfactl <command> -help
[root@rac2 bin]#
```

下面是一些使用 tfactl 命令的例子：

```
$ tfactl print config
$ tfactl print hosts
$ tfactl print status
$ tfactl purge -older 30d
```

默认情况下，tfactl 总是根据日志中的特定模式从数据库、ASM 和集群警报日志中收集诊断信息，还可以通过指定与特定事件或时间范围相关的各种参数来按需收集诊断数据。这里有一个例子：

```
$ tfactl diagcollect -all since 8h
```

这个命令从整个集群收集和压缩在过去 8 小时内更新的所有文件。

下一个示例展示了如何收集特定数据上更新的所有诊断数据文件，并从这些日志中创建.zip 文件：

```
$ tfactl diagcollect -for May/29/2017
```

最常用的选项(按时间顺序)是-since 1d。以下是一个示例：

```
[root@rac2 bin]# /u01/app/12.1.0/grid/tfa/rac2/tfa_home/bin/tfactl
                  diagcollect -since 1d
Collecting data for all nodes
Repository Location in rac2 : /u01/app/oracle/tfa/repository
2017/05/29 18:58:23 EST   : Running an inventory clusterwide ...
2017/05/29 18:58:23 EST   : Collection Name : tfa_Sat_Nov_29_18_58_16_EST_2014.zip
2017/05/29 18:58:23 EST   : Sending diagcollect request to host : rac1
2017/05/29 18:58:23 EST   : Waiting for inventory to complete ...
2017/05/29 18:58:43 EST   : Run inventory completed locally ...
2017/05/29 18:58:43 EST   : Getting list of files satisfying time range [05/28/2017
18:58:23 EST, 05/29/2017 18:58:43 EST]
2017/05/29 18:58:43 EST   : Starting Thread to identify stored files to collect

2017/05/29 18:58:43 EST   : Collecting extra files...
```

```
2017/05/29 18:58:43 EST   : Getting List of Files to Collect
2017/05/29 18:58:44 EST   : Trimming file :
/u01/app/oracle/diag/crs/rac2/crs/trace/crsd_1.trc with original file size : 10MB
2017/05/29 18:58:44 EST   : Trimming file :
/u01/app/oracle/diag/crs/rac2/crs/trace/crsd_oraagent_oracle.trc with original
file size : 8.7MB

2017/05/29 18:58:45 EST   : Trimming file :
/u01/app/oracle/diag/crs/rac2/crs/trace/crsd_orarootagent_root.trc with original
file size : 3.5MB

2017/05/29 18:58:45 EST   : Finished Getting List of Files to Collect
2017/05/29 18:58:45 EST   : Trimming file :
/u01/app/oracle/diag/crs/rac2/crs/trace/crsd_scriptagent_oracle.trc with original
file size : 3.7MB

2017/05/29 18:58:46 EST   : Trimming file :
/u01/app/oracle/diag/crs/rac2/crs/trace/evmd.trc with original file size : 2.4MB

2017/05/29 18:58:46 EST   : Trimming file :
/u01/app/oracle/diag/crs/rac2/crs/trace/gipcd.trc with original file size : 1.6MB

2017/05/29 18:58:46 EST   : Trimming file :
/u01/app/oracle/diag/crs/rac2/crs/trace/ocssd.trc with original file size : 21MB

2017/05/29 18:58:47 EST   : Trimming file :
/u01/app/oracle/diag/crs/rac2/crs/trace/octssd.trc with original file size : 6.4MB
2017/05/29 18:58:48 EST   : Trimming file : /u01/app/oracle/diag/crs/rac2/crs/trace/ohasd.trc
with original file size : 5.1MB
2017/05/29 18:58:48 EST   : Trimming file : /u01/app/oracle/diag/crs/rac2/crs/trace/ohasd_
cssdagent_root.trc with original file size : 4.2MB
2017/05/29 18:58:49 EST   : Trimming file : /u01/app/oracle/diag/crs/rac2/crs/trace/ohasd_
cssdmonitor_root.trc with original file size : 6.5MB
2017/05/29 18:58:49 EST   : Trimming file :
/u01/app/oracle/diag/crs/rac2/crs/trace/ohasd_oraagent_oracle.trc with original
file size : 3MB
2017/05/29 18:58:49 EST   : Trimming file : /u01/app/oracle/diag/crs/rac2/crs/trace/ohasd_
orarootagent_root.trc with original
file size : 7MB
2017/05/29 18:58:51 EST   : Trimming file :
/u01/app/oracle/diag/tnslsnr/rac2/listener/trace/listener.log with original file
size : 1MB
2017/05/29 18:58:52 EST   : rac2: Zipped 100 Files so Far
2017/05/29 18:58:52 EST   : Trimming file :
/u01/app/oracle/diag/tnslsnr/rac2/listener_scan1/trace/listener_scan1.log with
original file size : 1MB
2017/05/29 18:58:53 EST   : rac2: Zipped 200 Files so Far
2017/05/29 18:59:01 EST   : Collecting ADR incident files...
2017/05/29 18:59:01 EST   : Waiting for collection of extra files
```

对上述输出的回顾揭示了仅由这个简单命令启动的非常全面的诊断集合!

如果不希望 TFA 收集它所能收集的每个诊断数据，那么当然可以将数据收集的范围缩小到单个组件，例如数据库、ASM 或 CRS。可以通过发出以下命令查看完整的 TFA 使用语法及所有可用选项：

```
[root@rac2 bin]#/u01/app/12.1.0/grid/tfa/rac2/tfa_home/bin/tfactl diagcollect -h
```

8.9 OCR 的管理

Oracle 集群注册表(OCR)是 Oracle RAC 配置信息的资料库，用 于管理关于集群节点列表和实例到节点映射的信息。通过使用这个资料库，可以在组成 CRS 的进程和其他支持集群的应用程序之间共享信息。其中包括但不限于以下内容：

- 节点成员信息。
- 数据库实例、节点和其他映射信息。
- 服务特性。
- 由 CRS(10*g*R2 及以上 Oracle 版本)控制的任何第三方应用程序的特性。

OCR 的位置是在 CRS 安装过程中指定的。指示 OCR 设备位置的文件指针位于文件 ocr.loc 中，这个文件的位置依赖于平台。例如，在 Linux 系统中位于/etc/oracle，在 Solaris 系统中位于/var/opt/oracle。ocr.loc 中的内容如下：

```
#ocrconfig_loc=+ASMCCF1
local_only=FALSE
```

第一行提供了关于在 OCR 上执行的影响 ocr.loc 文件内容的最后一个操作的信息，可以在 Oracle 级别或 OS 级别镜像 OCR 以提供高可用性。

OCR 几乎不需要日常维护。然而，OCR 是 HA 框架的一个关键组件，因此如果 OCR 发生任何变化，那么应该准备立即采取纠正措施。下面的 Oracle 实用程序用于管理 OCR。在测试系统中练习这些命令，为 OCR 的任何可能情况做好准备：

- **ocrcheck** 对 OCR 执行快速健康检查并显示空间使用统计数据。
- **ocrdump** 将 OCR 的内容转储到 OS 文件中。
- **ocrconfig** 在 OCR 上执行导出、导入、添加、替换、删除、恢复和显示备份操作。

8.9.1 检查 OCR 的完整性

可以使用 OCRCHECK 实用程序在 OCR 上执行快速健康检查，以返回 OCR 版本、分配的总空间、使用的空间、空闲空间、每个设备的位置以及完整性检查结果。

```
[root@alpha2 bin]# $GRID_HOME/bin/ocrcheck
Status of Oracle Cluster Registry is as follows :
Version                                  :          4
Total space (kbytes)                     :     262120
Used space (kbytes)                      :       3400
Available space (kbytes)                 :     258720
ID                                       :  238319528
Device/File Name                         : +ASMCCF1
Device/File integrity check succeeded
Cluster registry integrity check succeeded
Logical corruption check succeeded
```

上述命令还会在目录$GRID_HOME/log/<hostname>/client 中创建一个日志文件，这个日志文件的内容反映了输出中显示的内容。

8.9.2 OCR 信息的转储

Oracle 提供的 OCRDUMP 实用程序将用于 OCR 的内容写入操作系统文件。默认情况下，是将内容转储到当前目录下名为 ocrdump 的文件中。可以指定目标文件，也可以 XML 格式转储信息。可以通过使用带有-help 选项的命令来查看命令行选项。

转储文件的内容通常由 Oracle 支持服务(OSS)用于检查 OCR 中的配置信息。转储文件是可以使用任何文本编辑器打开的 ASCII 文件，其中包含一组键名、值类型和键值信息。

下面展示了如何将 OCR 文件的内容转储到 XML 文件中：

```
# >/u01/app/12.1.0/grid/bin/ocrdump.bin -local -stdout -xml

<OCRDUMP>
<TIMESTAMP>11/29/2014 15:50:05</TIMESTAMP>
<COMMAND>/u01/app/12.1.0/grid/bin/ocrdump.bin -local -stdout -xml </COMMAND>
<KEY>
<NAME>SYSTEM</NAME>
<VALUE_TYPE>UNDEF</VALUE_TYPE>
```

```
<VALUE><![CDATA[]]></VALUE>
<USER_PERMISSION>PROCR_ALL_ACCESS</USER_PERMISSION>
<GROUP_PERMISSION>PROCR_READ</GROUP_PERMISSION>
<OTHER_PERMISSION>PROCR_READ</OTHER_PERMISSION>
<USER_NAME>root</USER_NAME>
…
$
```

8.9.3 使用 OCRCONFIG 实用程序管理 OCR

可以使用 OCRCONFIG 实用程序来执行许多 OCR 管理任务。要查看所有可用选项，请在命令行输入以下命令：

```
$ ocrconfig -help
```

OCRCONFIG 实用程序会在$GRID_HOME/log/<host_name>/client 目录中创建日志文件。

8.9.4 维护 OCR 镜像

Oracle 允许创建 OCR 的镜像副本，从而消除 OCR 单一故障点的问题，这也消除了使用 Oracle 外部方法(如存储或数组级镜像)镜像 OCR 的需要。

下面的命令可以将 ocmirror 文件添加/重新定位到指定的位置：

```
ocrconfig -replace ocrmirror '+ASMCCF1'
```

注意：使用 ocronfig -replace 是添加/重新定位 OCR 文件的唯一方法。将现有的 OCR 文件复制到新的位置，并手动添加/更改 OCR 中的文件，ocr.loc 文件不受支持且无法工作。

可以使用以下命令重新定位现有的 OCR 文件：

```
ocrconfig -replace ocr '+ASMCCF1'
```

只能在镜像 OCR 时重新定位 OCR。要将 OCR 或镜像重新定位到新的位置，OCR 的另一个副本应具有完整的功能。

注意：OCR 镜像的添加/重新定位操作可以在 CRS 运行时执行，因此不需要任何系统停机时间。

可以使用以下命令删除 OCR 或 ocrmirror 文件：

```
ocrconfig -replace ocr
```

或

```
ocrconfig -replace ocrmirror
```

不需要在命令行中将文件位置指定为选项。上述命令将检索文件位置并删除预期的文件。

8.9.5 将 OCR 迁移到 ASM

在 Oracle 12*c* 数据库中，默认情况下，OCR 被设计存储在 ASM 磁盘组中。如果正在从早期版本升级到 Oracle Database 12*c*，可以将 OCR 迁移到 ASM 存储，从而增强 OCR 文件的可管理性。可以使用 OCRCONFIG 实用程序将基于非 ASM 的 OCR 迁移到 ASM。以下是将数据库升级到 Oracle 12*c* 后，将 OCR 迁移到 ASM 存储所必须遵循的步骤：

(1) 确保 ASM 兼容性初始化参数文件被设置为至少 11.2.0.2。

(2) 在所有集群节点上启动 Oracle ASM 配置助手(ASMCA)。

(3) 创建至少具有正常冗余的磁盘组来保存 OCR 文件。

(4) 以 root 用户身份执行以下命令：

```
$ ocrconfig -add _+new_disk_group
```

上述命令的执行次数必须与 OCR 位置的数量相同。也就是说，如果有 5 个 OCR 位置，那么必须执行上述命令

5 次，每次指定一个不同的磁盘组。

(5) 移除旧位置的 OCR：

```
$ ocrconfig -delete /ocrdata/ocr_1
$ ocrconfig -delete /ocrdata/ocr_2
```

现在，可以在创建的 ASM 磁盘组中存储 OCR 备份。这简化了 OCR 管理，因为可以从集群中的任何节点访问这些备份，因为备份位于公共 ASM 存储上而不是特定的节点上。

8.10 Oracle 本地注册表的管理

Oracle 本地注册表(OLR)是特定于节点资源的本地注册表。因此，Oracle RAC 集群中的每个节点都有一个 OLR。OLR 的默认位置是$GRID_HOME/cdata/<host_name>.olr。

尽管所有用于管理 OCR 的命令对 OLR 都不可用，但 Oracle 本地注册表的管理方式仍然与我们管理 Oracle 集群注册表的方式类似。因此，可以使用 OCRCHECK、OCRDUMP 和 OCRCONFIG 实用程序，但是必须在这些命令中添加-local 选项。

要检查正在工作的节点上的 OLR 状态，可发出以下命令：

```
#[root@rac2 oracle]# /u01/app/12.1.0/grid/bin/ocrcheck -local
Status of Oracle Local Registry is as follows :
Version                    :         4
Total space (kbytes)       :    409568
Used space (kbytes)        :       972
Available space (kbytes)   :    408596
ID                         :  2049431744
Device/File Name           :    /u01/app/12.1.0/grid/cdata/rac2.olr
Device/File integrity check succeeded
Local registry integrity check succeeded
Logical corruption check succeeded
[root@rac2 oracle]#
```

如果想将 OLR 内容转储到文本终端，可发出如下 ocrdump 命令：

```
# ocrdump -local
```

可以发出以下命令来手动备份 OLR：

```
# ocrconfig -local-manualbackup
```

要在节点上还原 OLR，请按顺序发出以下命令：

```
# crsctl stop crs
# ocrconfig -local -restore <file_name>
# ocrcheck -local
# crsctl start crs
# cluvfy comp clr
```

8.11 表决盘的管理

在分区集群的情况下，Oracle 集群软件使用表决盘来解决集群成员问题。假设一个 8 节点的集群，节点之间的通信出现故障，其中 4 个节点不能与其他 4 个节点通信。这种情况会导致严重的数据完整性问题。表决盘或仲裁磁盘提供了一种解决此类问题的机制。在通信中断和分区集群中断的情况下，如果另一组节点出现故障，表决盘将帮助决定哪些节点集应该存活。

注意：在添加、删除、替换或恢复表决文件之前，首先运行 occheck 命令，因为在管理表决文件之前，需要一个有效的 OCR。

所有表决盘必须放在共享存储上，以便所有节点都可以访问。表决盘是一个小文件，通常几百兆字节大小。

你最多可以拥有 15 个表决文件。如果拥有多个表决盘，那么可以将表决盘作为单点故障删除，并且不需要在 Oracle 外部进行镜像。

Oracle 通用安装程序(OUI)允许在 Oracle 网格基础设施安装期间指定最多三个表决盘。如果拥有三个表决盘，那么当三个表决盘中的任何一个失败时，CRS 操作可以不间断地继续。为了让集群在 x 个表决盘失败后继续生存，需要配置$(2x+1)$个表决盘。

8.11.1　使用 ASM 存储管理表决文件

从 Oracle 11*g* 开始，表决盘可以位于 Oracle ASM 中。用户可以在 Oracle ASM、ASM 与非 ASM 文件系统之间添加、删除或迁移表决盘。不管任何配置发生更改，Oracle 都将备份 Oracle 集群注册表中的表决盘。Oracle 自动将表决盘数据恢复到新添加的表决盘。

当为表决文件选择 ASM 存储时，Oracle ASM 将集群表决文件存储在选择的磁盘组中。Oracle 会将每个表决文件存储在分配的磁盘组中各自的故障组中。

选择的磁盘组的冗余级别(可以是外部冗余、正常冗余或高冗余)将决定表决盘的数量。除此之外，无法选择磁盘组中表决文件的数量。因为 Oracle 本身是根据磁盘组的冗余级别来决定表决盘的数量的，所以不能对存储在 ASM 上的表决盘使用传统的 crsctl add/delete vote disk 命令。

8.11.2　备份表决盘

不需要担心备份表决盘，因为 Oracle 会在进行任何配置更改时自动备份 OCR 中的表决文件，此外还会将表决盘数据恢复到添加的任何表决文件中。

8.11.3　恢复表决盘

当所有表决盘都已损坏时，必须恢复表决盘。这可以通过执行以下步骤来实现。

(1) 如果 OCR 和所有表决盘一起损坏，首先恢复 OCR。

(2) 因为没有可用的表决盘，所以必须以独占模式启动 Oracle 集群软件堆栈，如下所示：

```
# crsctl start crs -excl
```

在独占模式下启动 CRS 堆栈不需要表决文件。

(3) 获取表决文件列表：

```
$ crsctl query css votedisk
##  STATE    File Universal Id                      File Name Disk group
--  -----    -----------------------------------   ----------------------
1. ONLINE   296641fd201f4f3fbf3452156d3b5881    (/ocfs2/host09_vd3) []
2. ONLINE   8c4a552bdd9a4fd9bf93e444223146f2    (/netapp/ocrvf/newvd) []
3. ONLINE   8afeee6ae3ed4fe6bfbb556996ca4da5    (/ocfs2/host09_vd1) []
Located 3 voting file(s).
```

如果表决盘存储在 ASM 上，可以使用 crsctl query css votedisk 命令显示表决盘(联机/脱机)、文件通用 ID(FUID)、文件名和磁盘组的状态。

(4) 如果将所有表决盘存储在了 ASM 中，可将它们迁移到新的 ASM 磁盘组：

```
$ crsctl replace votedisk +DGROUP2
```

(5) 如果表决盘没有存储在 ASM 上，可首先通过指定文件通用 ID(FUID)删除表决盘。

```
$ crsctl delete css votedisk FUID
```

(6) 添加新的表决盘文件：

```
$ crsctl add css votedisk <path_to_voting_disk>
```

(7) 停止并启动 Oracle 集群软件栈：

```
# crsctl stop crs
# crsctl start crs
```

8.11.4　添加和删除表决盘

本节展示如何添加和删除表决盘。要添加表决盘，请使用以下命令：

```
$ crsctl add css votedisk path_to_voting_disk
```

可以使用以下命令删除表决盘：

```
$ crsctl delete css votedisk (FUID|path_to_voting_disk)
```

如果想替换表决盘，那么必须先添加新的表决盘，再删除想替换的表决盘。如果想添加新的表决盘并删除现有的表决盘，请运行以下命令：

```
$ crsctl add votedisk path_to_voting_diskNew -purge
```

在本例中，*voting_diskNew* 代表新的表决盘，必须将 *path_to_voting_diskNew* 替换为新表决盘的实际路径名。注意，使用-purge 选项可删除现有的表决文件。

8.11.5　迁移表决盘

要将表决盘迁移到基于 ASM 的存储，请运行以下命令：

```
$ crsctl replace votedisk +DGROUP1
```

在本例中，DGROUP1 是存储表决盘的 ASM 磁盘组。

8.12　本章小结

可以使用两种方式之一来管理 Oracle 集群软件：传统的管理员托管方式以及新的策略管理方式。策略管理方式对于大多数管理员来说是新的，因此我们在本章中详细解释了这种方式。

对于使用 ACL 的管理员来说，角色分离是一个便于管理的新概念，我们介绍了 ACL，并展示了如何在 crsctl setperm 命令的帮助下创建它们。

管理 SCAN 是 Oracle 集群软件管理中的一个复杂领域，本章解释了管理 SCAN(和 GNS)的最重要命令。

Oracle 集群管理将需要经常使用 CRSCTL 实用程序，因此本章解释了许多 CRSCTL 命令。本章还展示了如何使用其他实用程序(如 OCRCONFIG、OLSNODES、CLSCFG 和 IFCFG)来管理 Oracle 集群软件环境。

最后，本章展示了如何管理两个重要的 Oracle 集群软件实体：Oracle 集群注册表(OCR)和 Oracle 本地注册表(OLR)，以及如何执行与表决盘管理相关的关键任务。

第9章

Oracle RAC备份与恢复

本章将讨论 Oracle RAC 数据库中备份与恢复操作的关键概念和内部原理。Oracle RAC 数据库的基本备份和恢复方法与单实例数据库的备份和恢复方法类似，但是在 Oracle RAC 中，有来自多个实例的归档重做日志的 redo 记录。Oracle RAC 不需要特别考虑介质恢复或任何其他高级恢复机制，因此本章不讨论通用备份(和恢复)机制。

但在本章中，我们将讨论 Oracle RAC 特有的恢复问题，从基础开始，然后深入研究基于 Oracle RAC 的备份和恢复以及其他不易获得或访问的信息。可以使用 Oracle 文档、*Database Backup and Recovery User's Guide, 12c* 和 *Database Backup and Recovery Reference, 12c* 作为备份和恢复操作的基本信息的补充参考资料。

本章讨论与 Oracle RAC 数据库环境中的备份、恢复和实例故障相关的下列主题：

- 备份概述
- Oracle 备份的基础知识
- Oracle RAC 中的实例恢复
- 崩溃恢复
- 实例恢复
- 动态重新配置和关联重新控制
- 备份与恢复表决盘和 OCR

9.1 备份概述

Oracle RDBMS 引擎的一个关键特性是能够从各种故障、灾难和人为错误中恢复。Oracle 备份与恢复机制已经发展为一种近乎容错的数据库引擎，相比任何其他数据库供应商的产品更能保证数据保护和可恢复性。事务恢复的关键在于重做日志。

Oracle 开发了自己的工具/实用程序(Recovery Manager 或 RMAN)，以最简单的方式备份和恢复数据库。Oracle 还为用户提供了在 RMAN 和其他工具之间进行数据备份和恢复的灵活性。只能通过 Oracle 接口(如 SQL*Plus 或 RMAN)进行恢复数据。

Oracle 备份选项

通常，可以根据用于实现备份的工具或技术对 Oracle 的备份选项进行分类。以下是了解当今行业内用于 Oracle 备份的各种工具的粗略指南。

1. 小型非关键数据库

这些数据库使用 Windows 用户可用的操作系统内置实用工具，如 tar 和 cpio。备份介质可以是磁带或磁盘。通常，Windows 系统没有单独的备份工具或框架。这种类型的备份几乎完全是封闭式的数据库备份，业务操作可以执行冷备份，即停止和关闭数据库以进行备份。

2. 大中型数据库

这些数据库也可以使用 tar 和 cpio 等公共实用工具。DBA 通常编写或借助自动化脚本来执行这些备份。服务器有一两个连接到数据库主机的快速磁带驱动器。大型组织使用自动磁带库。通常可以找到在数据库级别实现的备份工具，如 Veritas NetBackup、HP OmniBack 或 Storage Data Protector、IBM Tivoli 等。RMAN 也被广泛使用，但是与第三方备份工具的集成程度较低。

在许多类型的组织中，Oracle Data Guard 是灾难恢复的标准选择。从 Oracle 8*i* 开始，Oracle Data Guard 就提供了一种近乎实时的切换功能，这在以前的 Oracle 数据库中是不可能实现的。实现 Oracle Data Guard 需要额外的服务器硬件和磁盘存储(相当于主系统)。

3. 企业数据库

这些数据库属于开销巨大的大型公司，它们使用复杂的技术，如磁盘镜像、分割镜像以及远程地理镜像，这些技术可以与 Oracle RAC 等集群技术结合使用。这些公司还可能部署大型的自动化磁带库或带有大量磁带驱动器和冗余的机器人库。磁带库越来越难以跟上 Oracle 数据增长的速度。备份和恢复时间在这里非常关键。为了克服时间限制，大型企业使用磁盘镜像作为快速数据备份(有时称为快照)的方法，并将备份副本用于报告或作为备用数据库。这可能需要数百万美元的额外成本。

注意： 如果使用快照和分割镜像进行数据库备份，则应该要求备份集具有“崩溃一致性”，即磁盘的状态与突然关闭系统的灾难性故障导致的状态相同。从这样的卷影复制中进行恢复相当于在突然关机后重新启动。

9.2 Oracle 备份的基础知识

Oracle 备份可以在物理级别(热备或冷备)或逻辑级别进行。物理备份由以下内容组成：

- 数据文件
- 控制文件
- 归档重做日志文件(假设数据库处于归档模式)
- 参数文件(init.ora 和 spfile)

物理备份是通过获取这些文件的操作系统副本来执行的，也可以使用 RMAN 来完成数据库文件的备份(init.ora 文件除外)。众所周知，不管数据库处于归档模式还是非归档模式，都不需要备份联机重做日志。有关这话题和其他基础知识的详细信息，请参阅 *Database Backup and Recovery User's Guide, 12c*。

9.2.1　在 Oracle 中执行备份

Oracle 数据库以各种大小和形状存在。随着 TB 级数据库的普及，大型组织和公司不再依赖磁带库进行备份，复杂的磁盘镜像机制已经取而代之。Oracle 作为一家数据库公司，已经给出了优秀的解决方案，如 RMAN 和 Oracle Data Guard，甚至可以备份最大的数据库。备份方案需要仔细选择。有些人喜欢先备份到磁盘，再将数据推送到磁带，而另一些人则喜欢直接备份到磁带。

可以单独使用 RMAN 或与其他第三方备份工具(如 IBM Tivoli、Veritas NetBackup 和 HP Storage Data Protector)结合使用，以执行完整备份、增量备份和增量的合并备份。如果使用没有 RMAN 集成的第三方工具，则需要遵循将数据库置于备份模式并使用传统的备份方法。

9.2.2　Oracle RAC 数据库的 RMAN 备份

RMAN 能够处理 Oracle RAC 数据库，可以配置为执行 Oracle RAC 数据库备份。执行的大多数备份配置都是持久性的，因此只需要在设置阶段执行一次。

正如前面提到的，即使对于 Oracle RAC，也应该考虑将 RMAN 作为备份解决方案。唯一需要考虑的是，在使用磁带驱动器或磁带库时，为大型数据库(大于 500GB)执行备份所花费的时间与是否使用 Oracle RAC 是相同的。如果备份和恢复时间非常重要并且数据库大小达到 TB 级别，那么在这种情况下可以使用磁盘镜像技术。

对于 Oracle RAC 数据库，几乎所有 RMAN 命令和配置项的工作方式都和常规单实例数据库的工作方式相同。下面将重点讨论几个重要的领域，在这些领域中，需要对 RAC 数据库备份进行稍微不同的处理。

1. 为 RAC 数据库配置 RMAN 通道

可以通过以下方式配置 RMAN 通道来设置备份的自动负载均衡：

```
CONFIGURE DEVICE TYPE [disk | sbt] PARALLELISM number_of_channels;
```

如果希望每个 Oracle RAC 数据库实例使用单独的 RMAN 通道，请执行以下操作：

```
CONFIGURE CHANNEL DEVICE TYPE sbt CONNECT '@racinst1'
CONFIGURE CHANNEL DEVICE TYPE sbt CONNECT '@racinst2'
```

实例名 racinst1 和 racinst2 是放置在 tnsnames.ora 文件中的连接字符串。

2. 在 Oracle RAC 数据库中选择归档日志的目的地

在 Oracle RAC 数据库中配置归档的重做日志的目的地对于 DBA 来说是一个至关重要的决定。因为归档日志可以放在 ASM 和集群文件系统驱动器(共享)或本地驱动器(非共享)上，所以这个决定对备份和恢复策略有重大影响。

我们主要考虑的是确保在恢复期间，甚至在备份期间，无论是否使用 RMAN，都可以从每个节点读取所有归档的重做日志。

当使用集群文件系统归档模式时，每个节点在归档重做日志文件时将写入系统中的单个位置。每个节点还可以读取其他节点发送的归档重做日志文件。

RMAN 可以从集群中的任何节点备份归档日志，因为节点编写的文件可以被任何节点读取。因此，RMAN 备份和恢复脚本被大大简化了。由于文件系统是集群的，因此集群中每个节点的归档日志目录具有相同的名称，如下面的示例所示：

```
*.LOG_ARCHIVE_DEST_1="LOCATION=/arc_dest"
```

当数据库将重做日志归档到非集群文件系统时，集群中的每个节点将把归档的重做日志发送到唯一的本地目录。每个节点都写入自己运行时所在服务器上的目录，但也可以读取其他节点的远程目标中的归档重做日志文件。在恢复期间，必须配置正在执行恢复的节点，以便能够访问远程归档的重做日志目的地，例如使用网络文件系统(Network Files System, NFS)。

如果使用非集群文件系统进行本地归档，则必须配置执行恢复的节点，以便远程访问所有其他节点。这使恢复过程能够读取所有存档的重做日志文件。

需要理解的关键点是，当节点生成归档重做日志时，Oracle 总是在数据库的控制文件中记录归档日志的文件名。如果将 RMAN 与恢复目录一起使用，那么当发生重新同步时，RMAN 还将在恢复目录中记录归档的重做日志文件名。但是，归档日志文件路径名不包括节点名，因此 RMAN 希望在分配通道的节点上找到需要的文件。

使用的归档重做日志命名模式非常重要，因为当节点将文件系统(或 CFS)中的特定文件名写入日志时，任何需要访问归档重做日志以进行备份和/或恢复的节点都必须能够读取该文件。

注意： 在配置快速恢复区(FRA)时，FRA 在数据库中的位置和大小应该是相同的。FRA 简化了备份管理，强烈推荐用于 Oracle RAC 数据库。Oracle RAC 的推荐配置是使用自动存储管理(ASM)存储 FRA，为恢复集使用与数据文件不同的磁盘组。

选择的备份和恢复策略取决于如何为每个节点配置归档目的地。仅一个节点还是所有节点执行归档的重做日志备份并无太大关系，需要确保备份所有归档的重做日志。

如果使用集群文件系统，则所有实例都可以写入单个归档日志目的地。归档日志的备份和恢复很容易，因为所有日志都位于中央位置。如果集群文件系统不可用，Oracle 通常建议为每个实例使用本地归档日志目的地，并将网络文件系统(NFS)的挂载点读取到所有其他实例。这就是 NFS 方案的本地存档。在备份期间，可以从每台主机备份归档日志，也可以选择一台主机对所有归档日志执行备份。在恢复期间，实例可以从任何主机访问日志，而不必先将日志复制到本地目的地。无论使用何种方案，提供第二个归档目的地以避免单点故障仍然是至关重要的。ASM 一直是推荐的备份机制。NFS 有时会很脆弱，只有在没有共享存储的情况下，NFS 才是一种替代方案。

尽管所有节点都可以并行恢复归档的重做日志，但恢复过程的工作方式不同。在恢复期间，只有一个节点应用归档日志。如果在恢复期间使用 RMAN 并行性，执行恢复的节点必须能够访问恢复所需的所有归档重做日志。

通过在发出恢复命令时为 PARALLEL 子句设置一个值，可以在恢复期间配置并行线程的数量。如果不指定 PARALLEL 子句，Oracle 数据库将计算出要使用的最优并行线程数。多个节点可以并行恢复归档日志。但是，在恢复期间，只有一个节点应用归档日志。因此，执行恢复的节点必须能够访问恢复所需的所有归档日志。

3. Oracle Data Guard 和 Oracle RAC

Oracle Data Guard 完全支持 Oracle RAC 集群。意思是：主数据库可以是 Oracle RAC，备用数据库也可以是 Oracle RAC。这提供并扩展了目前 7×24 商业地点对数据库和其他系统的最大可用性需求。

Oracle Data Guard 还可以与 RMAN 无缝协作，这种集成有助于使用 DUPLICATE DATABASE 命令创建备用数据库。有关详细信息，请参阅 *Oracle Recovery Manager Reference*。

9.3 Oracle RAC 中的实例恢复

Oracle RAC 中的实例恢复与在单个实例上执行的恢复没有本质上的区别。需要执行一些额外的步骤，因为数据块的 redo 条目现在可以存在于任何 redo 线程中。因此，需要执行全局(集群范围)协调和同步来确保数据块的一致性和可靠性，就像单实例恢复中的 Oracle 恢复机制一样。

此时，理解实例恢复和崩溃恢复之间的细微差别非常重要。尽管它们在操作方面通常意味着相同的东西，但是存在一些细微的环境差异。

在单实例环境中，这两个术语是相同的。在 RAC 中，崩溃恢复意味着 Oracle RAC 数据库中的所有实例都失败了，因此必须或者可能需要恢复所有实例，这取决于它们正在执行的操作。在崩溃恢复期间，并不需要所有实例都参与。但是至少有一个实例需要参与。

实例恢复意味着集群数据库中的一个或多个实例失败，需要由另一个幸存实例恢复。线程恢复在这两种情况下都是适用的，因为正在恢复单个实例，这个术语通常描述集群数据库中单个线程(或实例)的恢复，并且在 Oracle RAC 数据库中比在单个实例场景中更相关。

稍后将介绍 Oracle RAC 数据库中恢复操作的关键概念。实例恢复和介质恢复涉及 Oracle RAC 环境中的其他步骤，因为多个 redo 流记录了数据库更改，并且应该在恢复期间按时间顺序无缝地应用到数据库中。以下结构确保了 Oracle RAC 数据库中的恢复操作。

9.3.1 redo 线程和 redo 流

由实例生成的 redo 信息称为 redo 线程。线程是实例中发生的一系列更改。该实例的所有日志文件都属于该线程。联机重做日志文件属于一个组，该组属于一个线程。

如果数据库以归档模式运行，那么线程就是所有归档的重做日志文件。控制文件中的记录描述了每个联机重做日志文件。日志文件组和线程关联详细信息存储在控制文件中。

redo 流由所有已记录的 redo 信息线程组成。流形成对数据库执行的更改的时间轴。在单实例数据库中，术语线程和流指的是同一件事，因为单个实例只有一个线程。Oracle RAC 数据库有多个 redo 线程，即每个活动实例有一个活动线程。在 Oracle RAC 中，线程是并行的时间线，一起构成流。

9.3.2 redo 记录和更改向量

当用户对数据库进行更改时，Oracle 将它们作为更改向量记录在重做日志文件中。每个更改向量是对单个变更的描述，通常是对单个块的描述。redo 记录的内容由一组更改向量组成。redo 记录包含一个或多个更改向量，由 redo 字节地址(RBA)定位，并指向重做日志文件(或线程)中的特定位置。它由三个组件组成：日志序列号、日志中的块号和块中的字节号。

9.3.3 检查点

检查点是同步数据库缓冲区缓存和数据文件的重要数据库事件。如果没有各种检查点机制，就不可能恢复数据。检查点用于确定应该从哪个位置或点开始恢复。这是检查点最重要的用途，在实例恢复(单实例和 Oracle RAC)中是不可缺少的。

简单但粗略地说，检查点是一种框架，允许根据系统提交号(SCN)和 RBA 验证算法将脏块写入磁盘。更重要的是，检查点限制了恢复所需的块的数量。

检查点确保已在重做日志中的某个点生成 redo 的数据块被写入磁盘。检查点信息存储在称为检查点结构的数据结构中，检查点结构定义(指向)给定重做日志文件中的特定位置。

检查点结构存储在数据文件头和控制文件中，它们通常由检查点 SCN、检查点 RBA、线程 ID、时间戳和其他一些控制信息组成。与 RBA 类似，这些结构用于找到为 redo 应用程序读取重做日志的起点。

检查点由许多事件(如日志切换、热备份和关机)触发，这些事件反过来又产生不同类型的检查点。下面将简要说明其中最重要的部分。

1. 线程检查点或本地检查点

线程检查点在指定的 SCN 之前收集实例中包含对任何在线数据文件的更改的所有脏缓冲区，并将它们写入磁盘。SCN 与日志中的特定 RBA 相关联，用于确定何时写入所有缓冲区。线程检查点可以发生在日志交换机上，也可以发生在满足任何线程检查点条件的情况下。

线程检查点将 SCN 之前的所有脏块都写入磁盘。在 Oracle RAC 数据库中，每个实例的线程检查点都是独立的，因为每个实例都有自己的 redo 线程。这些信息记录在名为线程检查点结构的结构中，以及多个控制文件记录和所有在线数据文件头中。

2. 数据库检查点或全局检查点

当需要触发数据库检查点时，Oracle 会寻找所有打开和启用线程的 SCN 最低的检查点(所有关闭线程的 SCN 最高的检查点)，该检查点本身就是数据库检查点。内存中包含在这个 SCN 之前且跨所有实例进行更改的所有块必须写到磁盘。对于单实例数据库，数据库检查点与线程检查点相同。这些信息记录在几个控制文件记录和所有在线数据文件头中。

3. 增量检查点

在缓冲区缓存中修改数据块时，它们被放置在名为检查点队列(CKPTQ)的队列中，以便 DBWR(数据库写进程)进行后台写入。CKPTQ 是在 Oracle 8 中引入的。这个队列由第一个日志记录的 RBA 排序以修改块，这只是该块的最早修改记录。最古老的脏块是队列中的第一个块，正在等待写入。Oracle 8*i* 引入了触摸计数机制，如果是活动缓冲区或热缓冲区，一些块可能仍然保留在缓冲区缓存中。

增量检查点背后的思想是减少在实例恢复期间必须读取的 redo，这允许 DBA 限定实例恢复时间。为此，大约每 3 秒更新一次内存中的检查点记录，并采取行动确保缓存中脏块的数量和时间是有限的。

CKPTQ 允许增量检查点以避免缓存中充满许多脏块，这些脏块在检查点发生时必须立即写入磁盘。因为脏块计数很低，所以在崩溃时需要恢复的块数更少，从而加快数据库恢复。CKPTQ 队列的长度指示了崩溃块需要恢复的块数。相关的信息在 V$INSTANCE_ RECOVERY 视图中可见。

日志历史的考量

控制文件始终维护为每个线程生成的归档日志文件的记录。这使正在执行介质恢复的实例能够标识它所需要的归档日志文件，而不管生成这些文件的是哪个实例。控制文件中维护的条目数量由 CREATE DATABASE 命令中设置的 MAXLOGHISTORY 值决定。

通常，DBA 会忽略或有时不太注意日志历史，直到出现以下情况：

- Oracle 在抱怨尝试创建日志文件时无法创建更多的在线重做日志文件。
- 无法在物理的 Oracle Data Guard 设置中创建备用重做日志文件。
- DBA 被要求生成关于 redo 生成速度的度量。

通常，建议 MAXLOGHISTORY 不小于在每个完整数据库备份之间跨所有实例生成的归档日志文件的总数。这使恢复实例能够识别在还原最新备份之后所需的归档日志文件。

如果在控制文件中没有足够的归档日志条目，那么在启动恢复过程时，将提示输入所需的文件名。当需要应用数百或数千个归档日志时，这可能很难做到。要增加 MAXLOGHISTORY 设置的大小，必须重新创建控制文件。

9.4 崩溃恢复

恢复的内部机制远远超出了本章的讨论范围，但重要的是掌握恢复单个实例(非 OPS 或 Oracle RAC)的一些重要特征。如前所述，实例恢复和崩溃恢复是指相同的恢复方面。唯一值得注意的区别是，在 Oracle RAC 中，崩溃恢复涉及所有实例。对于单个实例，崩溃恢复和实例恢复是相同的。其中一些要点也适用于 Oracle RAC 数据库，因为它们的机制基本相同。

9.4.1 崩溃恢复的步骤(单实例)

当发生实例故障(导致单实例数据库中的数据库崩溃)时，恢复过程如下：

(1) 块的磁盘版本是恢复的起点。Oracle 只需要考虑磁盘上的块，恢复过程非常简单。崩溃恢复是自动的，使用当前或活动的联机重做日志。

(2) 线程恢复的起点最多是最后一个完整检查点。起点在控制文件中提供，并与所有数据文件头中的相同信息进行比较。只需要应用来自单个 redo 线程的更改。

(3) 将重做日志中指定的块读入缓存。如果块的时间戳早于 redo 记录(满足 SCN 匹配)，则 redo 被应用。然后由日志交换机上的恢复检查点或在缓存过期时写入块。

9.4.2 Oracle RAC 中的崩溃恢复

Oracle 在检测到实例已经死亡时自动执行实例恢复。实例/崩溃恢复在数据库崩溃后第一次打开或 Oracle RAC 数据库的一个实例失败时自动执行。在 Oracle RAC 的情况下，存活的实例通过以下方法检测一个或多个失败实例是否需要执行实例恢复：

- 存活实例中的前台进程在尝试将块读入缓冲区缓存时检测“无效的块锁定”条件。这表明当锁覆盖的块在缓冲区缓存中处于可能的脏状态时，另一个实例死亡。
- “无效的块锁定”条件更像是需要解析的可疑锁，因为在被访问之前处于可疑状态，或者主服务器在实例崩溃中死亡，因此需要构造新的主服务器。前台进程向实例的系统监视器(SMON)进程发送一个通知，然后开始搜索死亡实例。

- 如果当前实例能够获取自己的 redo 线程锁(通常由打开的活动实例持有)，则另一个实例的死亡会被检测出来。

注意：在 Oracle RAC 中，使用存活实例中的 SMON 进程可以获得一个可靠的死亡实例列表和另一个无效的块锁列表。这些锁是无效的，因为锁定这些块的实例已经崩溃，它们的状态仍然是模糊的和/或未知的。后台进程 SMON 也会执行恢复。然后执行恢复的实例将清理这些锁，并在恢复和清理完毕后立即将它们用于正常用途。

9.5　实例恢复

从单实例崩溃故障以及 Oracle RAC 实例故障中恢复的过程称为实例恢复。

对于 Oracle 9*i* 和缓存融合阶段 II，在许多情况下需要避免磁盘 ping，因为持有实例会降低锁的级别(EXL→SHR)，保存块的“过去镜像”(从现在起，这个实例或任何其他实例都不能对其进行修改)，并将块通过互连发送到请求实例，在获得所需的并且兼容的锁之后，可以对块进行所需的更改。

Oracle RAC 在恢复中引入了一些很好的优化技术，其中之一就是线程合并机制。当在 Oracle RAC 中执行崩溃恢复或实例恢复时，将合并来自多个线程的 redo。这是因为来自多个实例的更改可能还没有修改到数据文件，这称为线程合并恢复。介质恢复也使用线程合并机制，其中来自所有线程的 redo 被合并并同时应用。redo 记录按 SCN 顺序进行合并。

9.5.1　崩溃恢复和介质恢复

表 9-1 列出了崩溃恢复和介质恢复之间的一些基本区别，以便完整地理解恢复结构。

表 9-1　崩溃恢复和介质恢复的区别

编号	崩溃恢复	介质恢复
1	自动过程。使用当前或活动的联机重做日志	手动过程。如果在线重做日志中有足够的信息，即使不处于归档模式也可以执行
2	除非块损坏(数据或 redo)被识别，否则不存在不完全恢复的概念。这里不讨论这种复杂情况	可以是完全恢复，也可以是不完全恢复。不完全恢复需要使用 RESETLOGS 来打开数据库

9.5.2　有界时间恢复

Oracle 的 two-pass recovery 机制与有界时间恢复的概念有很大关系。有界时间恢复是一种特性，允许使用预先确定的限制来控制崩溃恢复所需的时间。

9.5.3　块写记录(BWR)

Oracle 使用的优化恢复机制之一是将额外(也关键)的信息写入关于检查点的重做日志。通常，缓存老化和增量检查点系统会将大量块写入磁盘。当脏缓冲区写入器(DBWR)完成数据块写入操作时，还会添加一条 redo 记录(在重做日志文件中)，基本上是将数据块地址与 SCN 信息一起写入。DBWR 可以批量写入块写记录(BWR)，尽管是以一种“懒惰”的方式。

在 Oracle RAC 中，当实例写入由全局资源覆盖的块，或者当实例被告知持有的过去的镜像(PI)缓冲区不再需要时，BWR 就被写入。在此之前，不需要为块指示 redo 信息的恢复进程。BWR 的基本用途是使恢复更高效，实例在创建日志缓冲区之后不会强制刷新，因为对于确保恢复的准确性来说不是必需的。

9.5.4　过去的镜像(PI)

PI 是使用 Oracle RAC 缓存融合的原因，也是 Oracle RAC 中块缓存大小需要大得多的一个重要原因，特别是对于活动的、写得多的 Oracle RAC 数据库，它们也有很重的读取工作负载。

缓存融合消除了因为把块从一个节点的缓冲区缓存传输到另一个节点的缓冲区缓存而引发的写/写争用，因为传输不需要介质磁盘写，伴随而来的是 I/O 和网络性能下降。

简单地说，PI 是全局脏块的副本，并在数据库缓冲区缓存中维护。在将资源角色设置为全局之后，可以在将脏块传递到另一个实例时创建和保存脏块。

必须由实例维护 PI，直到将 PI 或块的后续版本写入磁盘为止。全局缓存服务(GCS)负责在另一个实例写入同一个块的更新(当前)版本后通知实例不再需要 PI。当 GCS 将某个特定块的最新且一致的版本发布到磁盘上的所有持有实例时，将丢弃 PI。

简单地说，PI 是一个在实例中修改的缓冲区，但在写入磁盘之前会被发送到另一个实例。因为 Oracle 需要缓冲区的副本来执行恢复，所以缓冲区被标记为 PI。一旦写入磁盘，就不再需要对缓冲区进行恢复，因此不再将其标记为 PI。

在缓存融合中，当实例需要编写一个块来满足检查点请求时，实例必须检查覆盖该块的资源的角色。如果角色是全局的，实例必须通知 GCS，需要将该块写入磁盘。GCS 负责查找最新的块镜像，并通知持有块镜像的实例执行块写入。然后，GCS 通知全局资源的所有持有者，他们可以释放块的 PI 副本，从而允许释放全局资源。

Oracle 12*c* RAC 数据库中的异步日志写入器特性使用了一种机制，在这种机制中，LGWR 强制会话在资源上排队而不是轮询，特别是在有太多的客户机时，并且它们在 redo 请求完成时被发布。这非常方便，因为不需要处理太多轮询的重载场景。在一体机的 flash log 特性下，写入与 LGWR 的写入大小一致，从而使 flash log 的写入速度更快，比如 15～50 ms 而不是 600 ms。

9.5.5 two-pass recovery

Oracle RAC 引入了 two-pass recovery 的概念，其中的恢复进程(SMON 或前台进程)执行一个两步的“读”过程。通过在日志(BWR)中记录更多信息，这限制了恢复所需的 I/O 读取次数。第一次读会构建重做日志中提到的块的列表(所有具有 redo 信息的数据块)。其中一些 redo 记录可以是 BWR 条目，表示提到的块在 redo 中是最新的。因此，恢复进程不需要恢复这个块，将它从正在构建的列表中删除。第一次传递的结果是一个具有 redo 信息但没有写入磁盘的块列表(因为实例失败)。这个列表又称为恢复集。

第二次读只处理这个列表或集合中的块，比第一次读时 redo 流中接触的块小。在这个阶段应用 redo，并且第二次读取和写入的数据块更少，从而弥补两次读取联机重做日志文件的成本。如果系统无法执行 two-pass recovery，将退回到 single-pass recovery，告警文件会显示 two-pass recovery 的结果。

Oracle RAC 中的 two-pass recovery 需要执行一些额外的步骤，因为多个实例(线程)可能已经失败或崩溃。这涉及从所有线程中读取和合并特定块的所有 redo 信息，称为日志合并或线程合并操作。

Oracle RAC 恢复中要面临的一个更大的挑战是，一个块可以在任何(死亡的或存活的)实例中被修改，但在 Oracle 并行服务器(OPS)中并非如此。因此，在 Oracle RAC 中，为了获取脏块的最新版本，需要一种智能且高效的机制，以完成对脏块的最新版本的标识并对脏块进行处理以实现恢复。PI 镜像和 BWR 的引入使得显著减少恢复时间和有效地从实例失败或崩溃中恢复成为可能。

1. 第一遍

不执行实际的恢复，而是合并和读取 redo 线程，以创建需要恢复的块的哈希表，并且不知道这些块是否已被写入数据文件。这就是增量检查点 SCN 的关键所在，因为重做字节地址(RBA)表示恢复的起点。当遇到 BWR 时，处理每个更改向量的文件、RBA 和 SCN，以限制下一次要恢复的块的数量。如果块的 BWR 版本大于任何缓存中出现的最新 PI，则不需要恢复块。

SCN 从每个线程的最后一个增量检查点的 RBA 开始读取和合并来自所有失败实例的 redo 线程。当在合并的 redo 流中遇到对数据块的第一次更改时，将在恢复集数据结构中添加块条目。恢复集中的记录被有序地存放哈希表中。

2. 第二遍

在这个阶段，SMON 从所有需要恢复的线程中重新读取合并的 redo 流(通过 SCN)，再次将重做日志条目与第一次构建的恢复集进行比较，任何匹配项都像 single-pass recovery 那样被应用于内存缓冲区。缓冲区缓存被刷新，每个线程的检查点 SCN 在成功完成时被更新。如果只执行一遍，那么就是 single-pass thread recovery。

9.5.6 缓存融合恢复

缓存融合恢复仅适用于 Oracle RAC，需要在现有恢复步骤的基础上进行额外的步骤——GRD(全局资源目录)重新配置、节点间通信等。存活实例的 SMON 将恢复失败的实例。如果前台进程检测到实例恢复，将发布 SMON。

崩溃恢复是所有实例都失败的实例恢复的唯一情况。然而，在这两种情况下，都需要合并来自失败实例的线程。唯一的区别是，在实例恢复中由 SMON 执行恢复，在崩溃恢复中于前台进程执行恢复。

现在让我们研究一下缓存融合恢复或实例恢复中涉及的主要步骤。缓存融合恢复的主要优点或特性如下：

- 恢复成本与故障的数量而不是节点的总数成正比。
- 消除了存在于幸存实例的缓存中的块的磁盘读取。
- 根据全局资源锁定状态删除恢复集。
- 在初始日志扫描之后，甚至在恢复读取完成之前，集群可用。

在缓存融合恢复中，块的恢复起点是块的最新 PI 版本。PI 可以位于任何存活的实例中，并且可以存在特定缓冲区的多个 PI 块。仅当没有 PI 可用时，才使用磁盘上的版本进行恢复。这个特性称为缓存融合恢复，因为从 Oracle 9*i* 以后，块的磁盘版本可能不是最新的副本，因为缓存融合允许使用 PI 概念在互连中传送当前块的副本。

9.6　动态重新配置和关联重新控制

“重新控制”这个术语用于描述尝试恢复的节点试图拥有的操作，或在失败之前控制另一个实例的资源。

当实例离开集群时，需要将实例的 GRD 组件重新分发到幸存的节点。类似地，当新实例进入集群时，需要重新分发现有实例的 GRD 部分，以创建新实例的 GRD 部分。

在重新配置期间，会发生冻结，当集群重新配置 GRD 时，对块的所有访问都会暂时冻结。随之而来的是断电，影响在线应用程序。根据系统全局区域(SGA)的大小、活动块的数量等，取消冻结可能需要一分钟或更长时间。这发生在计划和非计划的节点重新启动/实例事件期间。

作为实例恢复期间的优化特性，对所有资源的重新控制不会跨所有节点进行。Oracle RAC 使用一种称为 lazy remastering 的算法，在重新配置期间仅重新控制少量资源。重新控制资源的最小子集，以维护锁数据库的一致性。在构建恢复集的第一遍日志读取期间，这将并行发生。整个并行缓存管理(PCM)锁空间仍然无效，而 DLM(分布式锁管理器)和 SMON 完成以下两个关键步骤：

(1) 集成分布式锁管理器(IDLM)主节点丢弃死亡实例持有的锁，此操作回收的空间用于重新控制已死实例所在的幸存实例持有的锁。

(2) SMON 发出一条消息，指出已经获得执行恢复所需的缓冲区锁。

当锁域无效时，大多数 PCM 锁操作被冻结，这使得请求新锁或不兼容锁的用户无法使用数据库。不需要与 DLM 交互的操作可以在不影响重新控制操作的情况下继续进行。如果第二个实例失败，它的资源将在其他存活的实例上被平均地重新控制。在重新控制资源时，将清除对失败实例的任何引用。

此外，数据库可以根据资源与特定实例的关系自动调整和迁移 GRD 中的资源。如果将单个实例标识为表空间的唯一用户，那么表空间文件的块资源管理器将被延迟并动态地移动到该实例。

在这两种情况下，动态资源重新控制的使用提供了一个关键好处，即在不增加互连流量的情况下极大地增加本地缓存访问的可能性。延迟重新控制模式的另一个巨大优势是，实例在重新配置期间保留了许多锁/资源。由于这个概念，许多进程可以在重新配置期间恢复活动工作，因为它们的锁/资源不必移动或删除。

9.6.1　Oracle RAC 中的快速重新配置

快速重新配置旨在增加实例重新配置期间 Oracle RAC 实例的可用时间。开放 DLM 锁/资源的重新配置是在以下条件下进行的：

- 实例加入集群。
- 实例失败或离开集群。
- 停止一个节点。

Oracle RAC 使用了优化技术，重点是减少完成重新配置所需的时间，并允许某些流程继续(并行)工作在重新配置期间。

Oracle 使用 lazy remastering 算法在重新配置期间只重新控制少量锁/资源。对于即将离开的实例(预期的或未预期的)，Oracle RAC 试图确定如何最好地只分发即将离开的实例中的锁/资源，以及从幸存实例中分配最小数量的锁/资源。

图 9-1 展示了这种现象的一个简单示例，尽管实际的资源管理过程与这个简化的过程有很大的不同。

- 实例 A 控制了资源 1、3、5 和 7。
- 实例 B 控制了资源 2、4、6 和 8。
- 实例 C 控制了资源 9、10、11 和 12

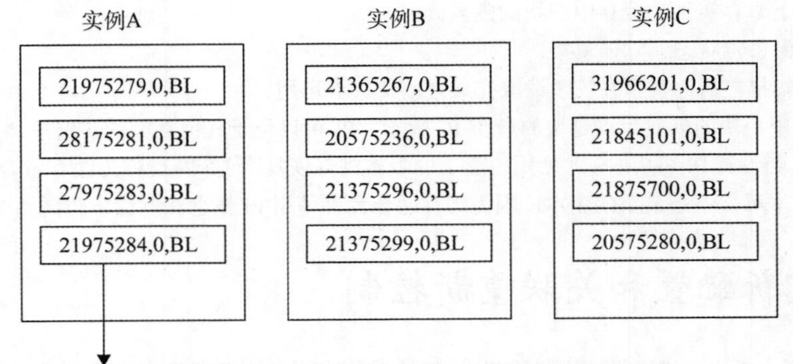

21975284：在V$BH的LOCK_ELEMENT_NAME列中用十进制表示锁元素的名称。X$KJBL.KJBLNAME2具有块的完整LE。
0：在V$BH的CLASS#列中找到块所属的类。
BL：PCM锁的关键字意思是Block。

图 9-1 资源控制示例

现在，假设实例 B 崩溃(参见图 9-2)。在这种情况下，资源 2、4、6 和 8 将受到实例失败的影响。实例 A 和实例 C 控制的资源不受实例 B 故障的影响。

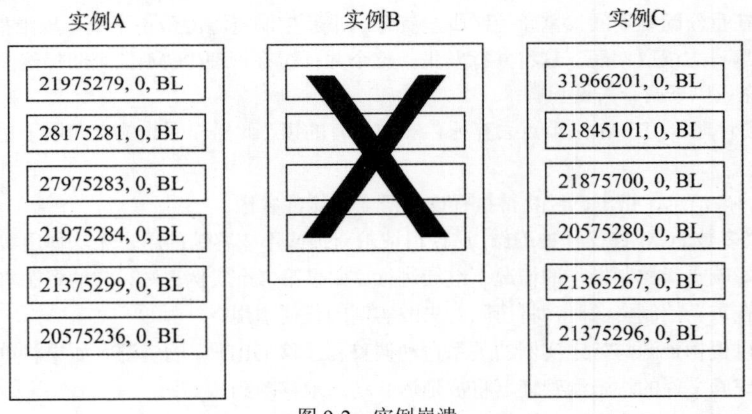

图 9-2 实例崩溃

现在，实例 A 和实例 C 重新控制它们的资源。在重新控制之后，DLM 数据库(GRD)可能是这样的(参见图 9-3)：

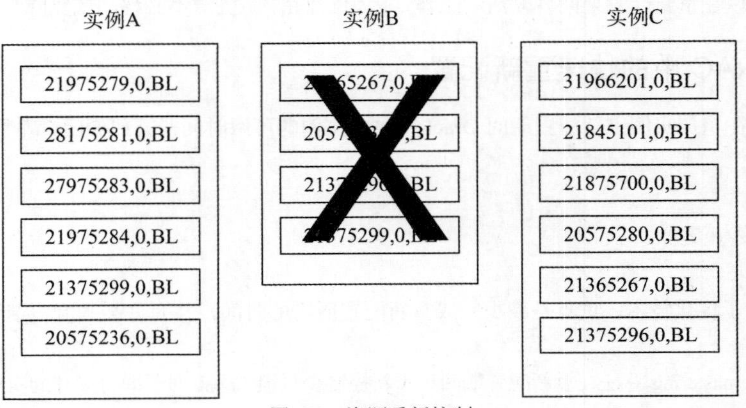

图 9-3 资源重新控制

- 实例 A 控制了资源 1、3、4、5、7 和 8。
- 实例 C 控制了资源 2、6、9、10、11 和 12。

因此，Oracle RAC 不会删除所有资源并跨实例均匀地重新控制它们，而是只重新控制必要的资源(在本例中，这些资源属于即将离开的实例)，从而使用一种更有效的重新配置方法。当新实例加入集群时，Oracle RAC 将把有限数量的资源从其他实例重新分配到新实例中。

假设实例 B 现在重新加入集群，将有少量资源从其他实例重新分配到实例 B。这比重新分配所有资源的行为快得多。下面是实例 B 重新加入 GRD 后的配置：

- 实例 A 控制了资源 1、3、5 和 7。
- 实例 B 控制了资源 2、4、6 和 8。
- 实例 C 控制了资源 9、10、11 和 12。

快速重新配置由 Oracle 未文档化的初始化参数__GCS_FAST_RECONFIG 控制，另一个参数_LM_MASTER_WEIGHT 控制哪个实例将持有或(重新)控制比其他实例更多的资源。类似地，_GCS_RESOURCES 参数用于控制实例一次将控制的资源数量。每个实例可以有不同的值。

有了延迟重新控制的概念，实例在重新配置过程中保留了许多锁/资源，而在以前的版本中，所有的锁都从所有实例中删除。由于这个概念，许多进程可以在重新配置期间恢复活动工作，因为它们的锁/资源不必移动或重新控制。

9.6.2　缓存融合恢复的内部结构

如前所述，在恢复 Oracle RAC 数据库时，由于存在集群和多个实例，需要执行额外的步骤。例如，当实例失败时，在一个两节点的 Oracle RAC 数据库中，幸存的实例检测到失败，然后执行以下恢复步骤，如图 9-4 所示。请注意，GRD 重新配置(重新控制)和 single-pass recovery 可以并行进行。

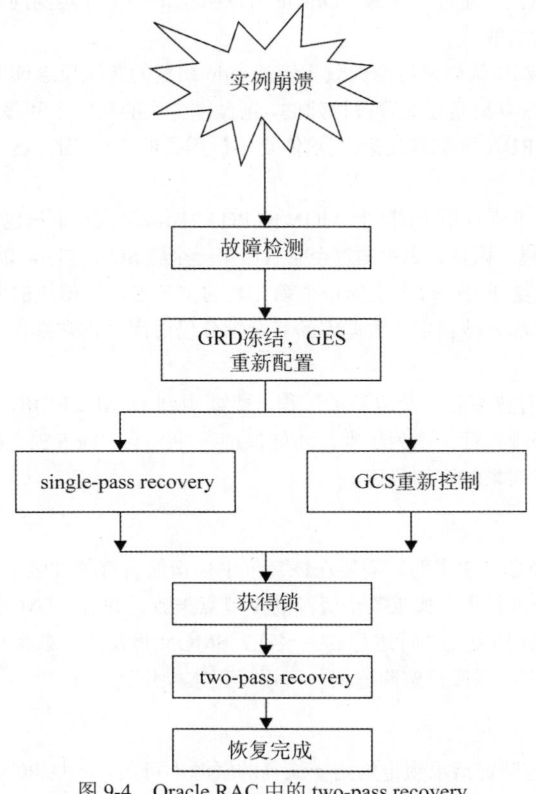

图 9-4　Oracle RAC 中的 two-pass recovery

GRD 重新配置的步骤如下：

(1) 集群管理器检测到实例死亡。

(2) 对 GRD 锁的请求被冻结。

(3) 重新配置队列并使其可用。

(4) 执行 DLM 恢复。

(5) 重新控制 GCS (PCM 锁)。

(6) 处理挂起的写入和通知。

single-pass recovery 恢复步骤如下：

(1) SMON 获取实例恢复锁(IR)。

(2) 准备和构建恢复集。内存空间是在 SMON 的程序全局区(PGA)中分配的。

(3) SMON 获取需要恢复的缓冲区上的锁。

two-pass recovery 恢复步骤如下：

(1) 启动第二遍。数据库是部分可用的。

(2) 块在恢复时可用。

(3) IR 锁由 SMON 释放。恢复就完成了。

(4) 系统是可用的。

1. 全局资源目录重新配置

集群管理器(集群组服务)检测到实例失败。DLM 重新配置过程将启动，失败实例拥有的所有锁将被重新主存。这时 PCM 锁数据库被冻结，没有实例可以获得 PCM 锁。重新配置阶段(在延迟模式下)可以与第一次读取过程并行进行。在此阶段，任何实例缓冲区缓存中的现有 PI 都被标识为潜在的恢复候选。DLM 的重新配置或恢复由 LMON(锁监视器)执行。

2. 第一次重做日志读取

SMON 获取 IR(实例恢复)队列。通过这样做，Oracle 可以防止多个幸存实例同时试图恢复失败的实例，从而避免造成严重的不一致性和更多的失败。

幸存实例的 SMON 进程获取 IR 队列来启动失败实例的 redo 线程的首次日志读取。然后 SMON 合并 SCN 的 redo 线程，以确保按顺序写入更改。恢复集是在此阶段构建的，包含每个块的第一个和最后一个脏版本信息(SCN, Seq#)。SMON 根据在 redo 流中找到的 RBA 调整恢复集(删除恢复不再需要的块)，因为这些 PI 块已经写入磁盘。BWR 有助于这种调整。

第一次读取日志的结果是一个恢复集(构建到 SMON 的 PGA 中)，该恢复集只包含失败实例修改的块，没有后续的 BWR 来指示稍后写入的这些块。恢复列表中的每个条目由第一个脏 SCN 排序，以指定获取实例恢复锁的顺序。

恢复 SMON 进程将通知恢复列表中每个块的每个锁元素的主节点，获得块的所有权并锁定以进行恢复。从逻辑上讲，只有需要恢复的数据库部分被锁定，数据库的其余部分仍可用于正常操作。注意，实际的锁定是在第二次读取期间执行的。

获取块缓冲区(及其锁)并进行恢复是一个复杂的过程，需要用到 DLM(GES)消息传递和协调。根据恢复期间每个缓冲区的锁状态，恢复过程必须执行一系列步骤，才能保持缓冲区上的独占锁。Oracle Support Note 144152.1 中讨论了各种锁状态并涵盖了最终结果的详细描述。

3. 恢复锁的要求

在这个阶段，SMON 向 DLM(GES)表明，需要在恢复集中标识的所有缓冲区上使用 IR 锁。SMON 继续获取所有缓冲区上的锁，直到运行整个恢复集。如果某个资源的主节点失败，并且 DLM 重新控制尚未完成，SMON 将等待该资源可用。这也意味着 DLM 恢复是并行进行的。现在，SMON 将发送一条集群范围的消息，指示缓冲区上所需的所有锁都已获得。DLM 锁定数据库已解除冻结，可用于正常操作。

4. 验证全局资源目录

DLM 完成重新配置后，前台锁定请求锁定的用于恢复的资源不可用。一旦 PCM 锁数据库被释放，其他前台进程只要不请求“恢复中”缓冲区，就可以继续获取缓冲区锁。GRD 被全局重新同步并标记为可用。

5. 第二次重做日志读取和 redo 应用程序

在此阶段，SCN 将再次读取和合并失败实例的 redo 线程。在数据库缓冲区缓存中分配用于恢复的缓冲区空间，并将以前读取重做日志时标识的资源声明为恢复资源。这样做是为了防止其他实例访问这些资源。然后，假设集群中的其他缓存中有要恢复的块的PI或当前镜像，那么最近的PI就是恢复的起点。

如果PI缓冲区和数据块的当前缓冲区都不在任何幸存实例的缓存中，SMON将执行失败实例的日志合并。然后对第一次恢复时标识的每个缓冲区的redo进行应用，直到SCN与第一次恢复时标识的最后一个脏SCN匹配为止。SMON恢复并发布DBWR来写入恢复缓冲区并清除缓冲区的恢复状态。写完之后不久，SMON就会释放恢复资源，以便在恢复过程中可以使用更多块。恢复时间由这个阶段决定。

在恢复所有块并释放恢复资源之后，系统再次完全可用。总之，恢复的数据库或数据库的恢复部分在整个恢复序列完成之前变得更早可用。这使系统更早可用，并使恢复更具可扩展性。

注意：日志合并的性能开销与失败实例的数量和每个实例的重做日志的大小成正比。

6. 缓存融合的联机块恢复

当实例缓存中的数据缓冲区损坏时，实例将启动联机块恢复。如果应用更改时前台进程死亡或在redo应用程序期间生成错误，也会发生块恢复。在第一种情况下，SMON启动块恢复；在第二种情况下，前台进程启动块恢复。联机块恢复包括查找块的前任，并从发生损坏的线程的联机日志中应用redo更改。融合块的前身是最近的镜像。如果没有过去的镜像，则磁盘上的块是前一个镜像。对于非融合块，磁盘副本总是前任。

如果需要恢复的块的锁元素(LE)处于XL0(独占、本地、无过往镜像)状态，则前一个锁元素将位于磁盘上。如果需要恢复的块的LE处于XG#(全局独占)状态，则前一个块将存在于另一个实例的缓冲区缓存中。具有块的最高SCN PI镜像的实例将向正在恢复的实例发送块的一致读取副本。

9.7 备份并恢复表决盘和OCR

表决盘和OCR是Oracle集群软件中的两个关键组件。在本节中，我们将讨论表决盘和OCR的备份与恢复。Oracle集群软件备份应该包括表决盘和OCR组件。表决盘是一个磁盘分区，用于存储关于节点状态和成员的信息。OCR是一个用于管理配置和服务细节的文件。我们建议使用Oracle提供的镜像技术镜像表决盘和OCR。可以在安装期间或稍后动态配置表决盘和OCR的镜像。

9.7.1 表决盘的备份和恢复

表决盘数据自动包含在OCR备份中。在成功地执行OCR恢复之后，可以简单地运行crsctl add css votedisk命令，在所需的位置创建新的表决盘。自Oracle 11*gR*2以来，不支持使用dd或任何复制命令手动备份表决盘。

9.7.2 OCR的备份和恢复

因为OCR(Oracle集群注册表)对Oracle网格基础设施的功能非常关键，所以集群软件每4小时自动创建OCR备份。在任何时候，Oracle总是在主节点中保留OCR的最后三个备份副本。

此外，创建备份的CRS守护进程(CRSd)还为每个全天和周末创建并保留OCR备份。在任何时候，都将拥有由集群软件自动创建的5个成功的OCR备份。

可以通过发出以下命令来找到备份位置：

```
$ ocrconfig -showbackuploc
```

可以使用以下命令查看哪些备份可用：

```
$ ocrconfig -showbackup
```

在基于UNIX的系统上生成备份的默认位置是GRID_HOME/cdata/<cluster_name>，其中<cluster_name>是集群的名称。基于Windows的默认用于生成备份的位置使用相同的路径结构。默认情况下，第二个节点被选择为主节点，OCR被备份并存储在主节点中。

除了自动备份之外，还可以使用ocrconfig命令手动备份OCR，无须等待计划的自动备份：

```
ocrconfig -manualbackup
```

Oracle 本地注册表(OLR)被排除在自动备份机制之外，手动备份是 OLR 的唯一选项。为了备份 OLR，可以使用与前面相同的命令，但是需要添加-local 选项，如下所示：

```
ocrconfig -local -manualbackup
```

使用 ocrconfig -showbackup 命令可以显示备份位置、时间戳和原始节点名称，并且列出手动备份和自动备份。可以仅通过指定-showbackup manual 或-showbackup auto 来查询手动备份或自动备份。

```
ocrconfig -showbackup
```

可以使用以下命令更改 OCR 存储备份的位置：

```
$ ocrconfig -backuploc Grid_home/cdata/cluster1
```

如果使用 ASM 存储 OCR 文件，可以在–backuploc 命令中为 file_name 参数指定 ASM 磁盘组名，如下所示：

```
$ ocrconfig -backuploc +bkupdg
```

当 OCR 中出现损坏或 OCR 设备丢失时，OCR 恢复是有保证的。在尝试恢复 OCR 之前，应该考虑重新启动资源或从中删除资源，然后将资源添加回 OCR，因为 OCR 会要求 Oracle 网格基础设施的停机时间。在尝试 OCR 恢复之前，可以使用 occheck 命令检查 OCR 的状态。

要恢复 OCR，应该从所有节点停止 Oracle 集群软件。这可以通过在所有节点中执行 crsctl stop crs 来实现。如果命令由于 OCR 损坏而失败或者返回任何错误，可以使用 crsctl stop crs -f 强制停止 CRS。

一旦 CRS 守护进程在所有节点中停止，下面的命令将恢复 OCR：

```
ocrconfig -restore <file_name>
```

要还原本地 OCR 文件，只需要将-local 参数添加到前面的命令中。通过重新启动每个节点或运行以下命令，可以在集群中的所有节点上重新启动 Oracle 集群软件：

```
crsctl start crs
```

恢复完成后，可以通过运行以下 cluvfy 命令检查所有节点的 OCR 完整性：

```
$ cluvfy comp ocr -n all -verbose
```

OCR 也可以导出和导入。这可以作为 OCR 的替代恢复机制。可以使用以下命令导出 OCR 的内容：

```
ocrconfig -export <file_name>
```

这将创建 OCR 的二进制副本。使用文本编辑器无法编辑此文件。关于 OCR 的可读信息，可以通过使用 ocrdump 命令获得。此命令会将 OCR 的内容转储到当前目录下的文本文件中。

要导入 OCR，请通过执行 crsctl stop crs 来停止 Oracle CRS。在所有节点中停止 CRS 守护进程后，可以使用以下命令导入 OCR：

```
ocrconfig -import <file_name>
```

也可以运行集群验证实用程序来验证作为集群一部分配置的所有集群节点的完整性：

```
$ cluvfy comp ocr -n all -verbose
```

注意：在 ocrconfig -backup 和 ocrconfig -export 中，备份还原操作的文件格式和兼容性是完全不同的。首先是 OCR 内容的逐字节复制，其次是 OCR 的逻辑复制。如果想从手动或自动备份中恢复，需要使用 ocrconfig -restore 选项。如果想从先前导出的 OCR 导入 OCR，请使用 ocrconfig -import 选项。在恢复 OCR 时应特别小心。

9.7.3 验证 OCR 备份

OCR 备份可以通过 ocrdump 实用程序进行验证。这个实用程序通常用于将 OCR 的内容转储到文本文件中。这同样可以用来验证 OCR 备份的内容和结构完整性：

```
ocrdump -backupfile <backup_file_name>
```

注意：建议从其他节点手动备份 OCR，因为，集群启动的自动 OCR 备份过程只备份主节点的 OCR。如果主节点宕机且无法重新启动，OCR 备份将丢失。因此，将 OCR 备份过程与常规备份计划集成起来非常重要。

9.8　本章小结

Oracle RAC 的备份和恢复过程与单实例数据库的备份和恢复过程相同，只是线程合并和 two-pass recovery 概念不同。

在本章，我们讨论了 Oracle RAC 恢复操作的概念和内部工作原理。Oracle RAC 引入了 two-pass recovery 来优化介质恢复。通过将资源从失败节点分配到幸存节点，快速重新配置有助于提高实例恢复效率，这还有助于减少成员加入或离开集群时的重新配置时间。

我们还讨论了 Oracle 集群软件的两个关键组件的备份和恢复操作，这两个关键组件是 Oracle 集群软件资料库和表决盘。当 Oracle 集群软件运行时，这些文件会自动备份。最后，我们讨论了这两个关键组件的手动备份和恢复操作。

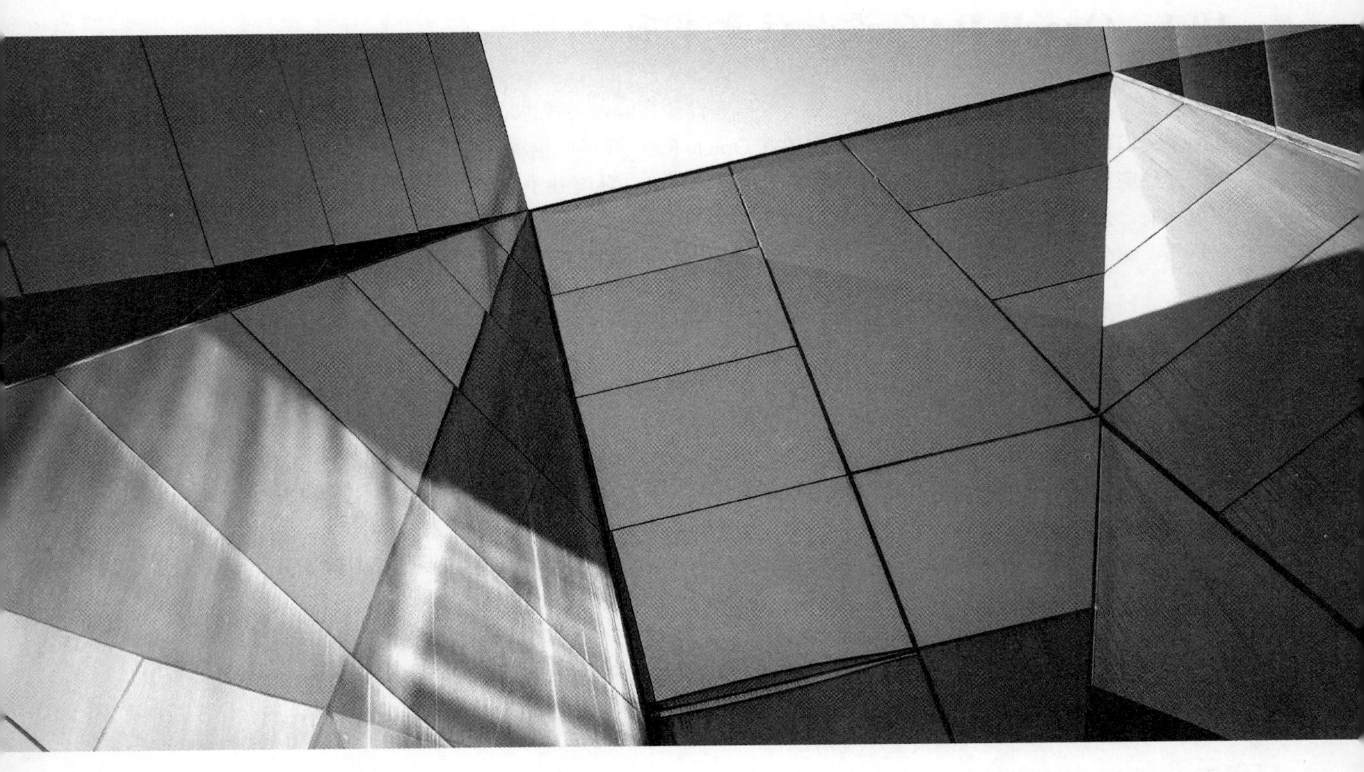

第 10 章

Oracle RAC性能管理

本章将讨论在 Oracle RAC 环境中优化性能的过程和注意事项，Oracle RAC 环境由多个实例打开的数据库组成。实例间的协调和可靠的通信是保持数据完整性和其他数据库特性所必需的。这需要 CPU、网络带宽和内存资源。但是，对额外系统资源的需求不应该影响最终用户的事务处理时间。本章提到的技术将帮助你识别和处理用户响应时间问题，并对 Oracle RAC 环境中的性能进行优化。

传统上，可以通过添加硬件或使用更高容量的系统替换现有系统来提高数据库层的性能。Oracle RAC 提供了另一种选择，允许水平扩展数据库层，向现有的计算机中添加一个或多个数据库服务器。还允许使用低成本的服务器，包括运行 Linux 操作系统的服务器，从而降低总成本。

总的来说，Oracle RAC 数据库实例的调优过程与单实例数据库的调优过程类似。SQL 调优的原则(确定热点和调优争用点)同样适用于 Oracle RAC 环境。用于监视 Oracle 实例和系统使用情况的工具也是相同的。

在调优 Oracle RAC 时，还需要考虑调优集群互连和缓存同步延迟。

因为在 Oracle RAC 环境中，缓冲区高速缓存和共享池组件是全局的，所以另一个关键问题是，一个实例产生的任何问题都可能影响其他实例。然而好消息是，增强的等待事件模型和全局缓存层的广泛框架数据收集机制提供了大量关于它们如何在底层工作的信息。

自动工作负载资料库(AWR)和 STATSPACK 报告包含调优 Oracle RAC 实例和数据库所需的额外信息。

10.1 Oracle RAC 设计注意事项

适用于单实例数据库的最佳应用程序、数据库设计和编码实践也适用于 Oracle RAC。在对称多处理(SMP)机器上的单实例环境中调优良好的应用程序应该在 Oracle RAC 环境中也运行良好。

如果应用程序存在性能问题，那么迁移到 Oracle RAC 环境并不能解决这些问题。在基本设计或代码问题得到解决之前，最多只能得到暂时缓解。在最坏的情况下，实际上会降低性能，因为 Oracle RAC 可能会放大现有的性能缺陷。那么可以做些什么来让应用程序在 Oracle RAC 环境中更好地运行呢?下面讨论这个问题。

10.1.1 Oracle 设计最佳实践

让我们快速回顾一下 Oracle 设计应用程序和数据库布局的最佳实践。

- 优化连接管理。确保连接到数据库的中间层和程序在连接管理中是有效的，并且不重复登录或关闭。在单实例环境中，不保留数据库连接会产生影响。但是在 Oracle RAC 环境中，影响要大得多。
- 确保 SQL 执行得到了良好调优。优化执行计划和数据访问路径。有许多参考书专门讨论这个问题，并且有很多工具可以自动调优 SQL。大多数的数据库性能问题都是由于低效的 SQL 执行计划造成的。诸如自动数据库诊断监视器(ADDM)以及 SQL Tuning Advisor 等工具，在指出要优化哪些 SQL 语句以及如何优化方面发挥了很大作用。
- 确保应用程序使用绑定变量最小化解析。初始化参数 cursor_sharing 在这方面很有帮助。使用绑定变量对于在线事务处理(OLTP)应用程序非常关键。对于数据仓库应用程序，使用绑定变量可能并不可取。
- 使用包和存储过程代替无特征的 PL/SQL 块和大型 SQL 语句。包和存储过程被编译并存储在数据库中，可以在没有运行编译的情况下重用。
- 如果一个序列经常被多个并发会话使用，请确保为该序列配置一个大型缓存。缓存序列的默认值是 20。
- 避免在正常业务运行时间的生产环境中使用 DDL(数据定义语言)语句。使用 DDL 会增加已解析 SQL 语句的失效率，并且在重用之前需要重新编译它们。DDL 还会增加缓存中缓冲区的失效率，这是产生性能问题的另一个来源。
- 在单实例环境中，索引叶块争用是导致缓冲区繁忙等待的最大原因，并且会在 Oracle RAC 环境中导致缓冲区缓存争用(gc buffer busy)。索引很有用，因为它们在大多数情况下能帮助你更快地检索数据。但是它们却成为 DML(数据操作语言)语句的累赘，因为数据库需要在插入、更新和删除操作期间更新索引。考虑使用反向键索引和唯一索引表。使用有效的分区表和索引是减少争用的另一种有效方法。
- 通过避免数据块中有太多行的小表来优化数据块上的争用。可以使用 alter table 命令的 minimize_records_per_block 子句来限制每个块的行数。

10.1.2 Oracle RAC 设计最佳实践

以下是一些应用程序设计注意事项，可以帮助你在 Oracle RAC 环境中优化性能：

- 不要仅仅为了验证数据而重新读取最近修改/插入的数据。不需要读取和比较数据来确认插入或提交了什么。内置的检查和平衡有助于确保数据的完整性和避免数据损坏。
- 如果业务没有其他要求，则考虑使用应用程序分区。
- 考虑将 DML 集中的用户限制为集群中的一个用户。如果少数用户对某些数据集执行 DML 操作，则允许这些用户访问相同的实例。虽然没有必要，但这种策略有助于减少缓存争用。
- 将只读数据分组，并放入只读表空间(或表空间)中。只读表空间只需要很少的资源和锁协调。将只读和读集中数据与 DML 集中型数据分离将有助于优化 Oracle RAC 缓存融合性能。
- 避免在 Oracle RAC 环境中进行不必要的审计。审计会导致很多负面的作用，因为会创建更多的共享库缓存锁。此外，如果需要，在应用层实现审计。
- 少使用全表扫描，因为这会导致全局缓存服务为大量块请求提供服务。调优低效的 SQL 查询并收集系统统计信息以便对优化器使用 CPU 有所帮助。V$SYSSTAT 中的 table scans(long tables)统计数据提供了实例执行的全表扫描的数量。

- 如果应用程序产生了大量新的会话登录风暴，则增加 sys.audses$序列的缓存值。以下是一个示例：

```
alter sequence sys.audses$ cache 10000;
```

10.2 工作负载分区

在工作负载分区中，数据库在实例上执行某种类型的工作负载，也就是说，分区允许访问同一组数据的用户从同一实例登录。这限制了实例之间共享的数据量，因此节省了用于消息传递和缓存融合数据块传输的资源。

分区还是不分区？通过在 Oracle RAC 环境中实现工作负载分区，可以节省系统资源。如果系统的处理资源被充分利用，分区可能会有所帮助。但是，如果系统有足够的空闲资源，则可能不需要分区。

在实现工作负载分区之前，请考虑以下事项：

- Oracle RAC 可以处理缓冲区缓存争用，如果系统 CPU 资源和私有互连带宽足够，就不需要分区。
- 有时添加额外的 CPU 或互连带宽可能比实现工作负载分区方案更容易、更经济。
- 不需要考虑对用户工作负载进行分区，除非有证据表明争用正在影响性能，并且对工作负载进行分区将提高性能。第 14 章将更详细地讨论这个话题。
- 建立有和没有工作负载分区的基线统计数据。如果比较后发现分区能带来显著的性能改进，那么可以考虑实现工作负载分区。

10.3 可扩展性和性能

可扩展性和高可用性是 Oracle RAC 提供的两个最重要的优势。如果一个系统的响应时间保持不变，那么不管它服务多少用户，这个系统就是完全可扩展的。

考虑一个真实的例子。如果高速公路是 100%可扩展的，那么不管高速公路上有一辆车还是数百万辆车，从 A 点到 B 点的旅行时间将始终保持不变。高速公路是完全可扩展的吗？并不是！

一条设计合理的四车道高速公路能容纳数百辆甚至数千辆汽车，但如果汽车数量超过限制，司机将不得不减速以避免事故。一条可容纳数千辆汽车的高速公路，允许家用汽车以每小时 80 公里的速度行驶，但在这种速度下，可能无法支持相同数量的卡车。因此，系统的可扩展性不仅取决于用户数量，还取决于工作负载的类型。可以合理地预期，同一条高速公路不能容纳一万辆混合车辆(轿车、卡车、自行车等)。

以下是一些需要注意的地方：

- 现实生活中没有一个系统是完全可扩展的。
- 每个系统都有一个限制，超过这个限制，就可能无法在不影响响应时间的情况下支持其他用户。
- 对于某种类型的特定数量的用户，可扩展的系统可能无法支持不同类型的相同数量的用户。

然而，在实践中，只要系统的响应时间没有降低(或保持在服务级别协议中)以满足预期的最大用户数量，系统就被认为是完全可扩展的。关于 Oracle RAC，通常讨论的可扩展性是指在添加与现有节点相同的节点时支持额外用户工作负载的能力。例如，参考以下数据：

3000 =3 个节点每秒处理的用户事务数

4000 =4 个节点每秒处理的用户事务数

可扩展性= ((4000−3000)/ 3000 / 3)100 = 100%

下面是为这个例子提出的假设：

- 所有节点具有相同的硬件配置。
- 响应时间和用户工作负载特征保持不变，只增加了用户事务的数量。

现实生活中的系统由多个组件组成。要使系统具有可扩展性，每个组件都需要支持增加的用户工作负载，也就是说，所有组件都需要具有可扩展性。要使 Oracle RAC 系统具有完全的可扩展性，需要具备以下所有组件的可扩展性：

- 应用程序

- 网络
- 数据库
- 操作系统
- 硬件

如果任何组件不能为预期的用户数量执行，系统将不可扩展。

特定应用程序的可扩展性可能取决于几个因素。通常，应用程序的可扩展性是通过避免任何序列化点在设计过程中构建的。如果所有实例经常需要相同的数据块，那么应用程序在 Oracle RAC 环境中的可扩展性可能会受到限制，从而增加缓存融合活动。例如，如果每个事务在更新一行时还维护运行的总数，那么每个事务需要更新包含该行的块，从而导致块在实例之间移动。

10.4 为 Oracle RAC 数据库选择块大小

大多数操作系统都有缓冲区缓存，用于将经常使用的数据保存在内存中，以最小化磁盘访问。为了优化 I/O 效率，第一种选择是使 Oracle 块大小等于文件系统缓冲区大小。如果不可接受，Oracle 块大小应该设置为 OS 文件系统缓存块大小的倍数。

例如，如果文件系统缓冲区是 4KB，那么首选的 Oracle 块大小将是 4KB、8KB、16KB 等。

如果操作系统缓冲区缓存没有被使用，或者所使用的操作系统没有缓冲区缓存(就像在 Windows 中那样)，那么可以选择任意块大小，而不会影响 I/O 效率。可以通过使用共享文件系统或自动存储管理(ASM)来实现这一点。因此，在为 Oracle RAC 选择块大小时，不需要考虑文件系统缓冲区的大小。

Oracle 支持数据库中存在多个块大小。因此，不同的表空间可以有不同的块大小。参数 db_block_size 表示数据库的标准块大小，系统表空间、临时表空间、辅助表空间以及在创建表空间时没有指定不同块大小的任何其他表空间都使用 db_block_size。

大多数应用程序对数据库使用 8KB 块大小。如果正在设计决策支持系统(DSS)/数据仓库系统，请考虑加大块的大小。对于大多数只读或使用全表扫描检索的数据，大块是有帮助的。

当行大小较大时，大块也很有帮助——例如，在使用大对象(LOB)存储文档、图像时。对索引使用较小的块有时是有帮助的，因为减少了索引分支块上的争用。类似地，对于行较小的表，使用较小的块将减少争用。

等待事件——buffer busy waits、global cache busy、buffer busy global cr 等——是块级争用的标识，将争用高的索引/表移动到块较小的表空间将有助于减少争用。

10.5 V$和 GV$视图

动态性能视图(V$视图)包含数据库统计信息，通常用于性能分析和调优。在 Oracle RAC 环境中，全局(GV$)视图对应于每个 V$视图。V$视图包含实例的统计信息，而 GV$视图包含来自所有活动实例的信息。每个 GV$视图包含类型为 NUMBER 的 INST_ID 列，该列标识与行数据关联的实例。

10.5.1 并行查询从属项

当对 GV$视图发出查询时，实例使用并行查询机制从远程实例获取统计信息。数据库为这类任务指定了特殊的并行查询从属项。这些任务被命名为 pz98、pz99 等，以区别于一般的并行查询从属任务。这里有一个例子：

```
$ ps -ef | grep PROD
oracle   6810    1  0 Jun07 ?       00:00:59 ora_pmon_PROD2
oracle   6812    1  0 Jun07 ?       00:00:00 ora_diag_PROD2
oracle   6824    1  0 Jun07 ?       00:01:17 ora_dbw0_PROD2
<<<unwanted lines deleted from here>>>
oracle   7168    1  0 Jun07 ?       00:01:41 ora_pz99_PROD2
oracle  25130    1  0 Jun29 ?       00:00:07 ora_pz98_PROD2
```

大多数性能调优工具(包括 Oracle Enterprise Manager、AWR 和 ADDM)和脚本都使用 GV$视图。

10.5.2 V$视图包含缓存融合统计信息

通常，AWR 报告应该足以分析 Oracle RAC 环境中的性能。AWR 报告包含 7 或 8 个特定于 Oracle RAC 的段(在本章后面描述)，并提供关于缓存融合性能的统计信息。请参阅附录 A，其中讨论了一些重要的 V$视图，这些视图可用于在 Oracle RAC 环境中管理性能。

10.6 Oracle RAC 等待事件

事件可以定义为 Oracle 内核代表用户会话或自己的后台进程执行的操作或特定函数。

向数据文件写入和读取数据块、从其他实例的内存接收数据以及等待从资源管理器读取和获取数据块的权限等任务被称为数据库事件，它们有特定的名称。但是，为什么这些事件被称为等待事件呢？

访问 Oracle 数据库实例的所有会话都需要资源来并发且独立地执行它们的任务。资源可以是数据缓冲区、闩锁、队列(锁)或是一段要单独执行的代码。

其中一些资源可通过访问序列化，在任何时候只有一个进程可以拥有独占访问权，需要资源的其他成员必须在序列中等待。每当会话必须等待某件事时，将跟踪等待时间并将计入与等待相关的事件。

例如，一个会话需要一个块，它不在当前实例的缓存中，这个会话从另一个实例的缓存发出对操作系统的读调用并等待该块。等待时间则记入等待会话的账户。

如果从磁盘读取块，等待时间被记为请求实例的 db file sequential read 等待事件。如果块来自另一个实例的缓存，等待时间由 global cache 等待事件负责。

另一个会话可能已经完成了最后一条指令，现在正在等待用户输入。这通常称为空闲等待，等待时间被记为 SQL*Net message from client 事件。简而言之，当一个会话不使用 CPU 时，它可能正在等待一个资源，为了完成一个动作，或者只是为了做更多的工作。与所有此类等待关联的事件称为等待事件。

可以按类型——集群、用户 I/O、系统 I/O 和网络对等待事件进行分类。表 10-1 列出了不同的等待类和等待类中等待事件的数量。虽然在 Oracle Database 12*c*R2 中有超过 1000 个等待事件，范围超过 13 个类别，但是在分析 Oracle RAC 的性能时，通常只能处理不到 50 个事件。

表 10-1 Oracle Database 12*c*R2 中的等待类

等待类	等待类中等待事件的数量
Commit	2
Scheduler	7
Queuing	9
Application	17
Configuration	24
System I/O	30
Concurrency	32
Network	35
User I/O	45
Cluster	50
Administrative	54
Idle	94
其他等待类	719

理解集群等待事件

当会话请求以 CR/CUR(一致读/当前)模式访问数据块时，它会向 lockmaster 发送请求以获得适当的授权。在请求得到满足之前，会话是通过缓存融合机制接收块，还是获得从磁盘读取的权限，都是未知的。

有两个占位符事件——gc cr request 和 gc current request——用于跟踪会话在这种状态下花费的时间。例如，在一个双节点集群中，当会话发送对 CR 块的请求时，它的等待时间根据 gc cr request 计算。让我们假设 lockmaster 将锁授予请求者，从而授权它从磁盘读取块，因此所有等待时间现在都记录在等待事件 gc cr grant 2-way 中。

类似地，如果请求实例从主服务器接收到块的 CR 副本，那么等待时间将被记录到等待事件 gc cr grant 2-way 中。最后，不应该对这两个占位符事件记录任何等待时间。

1. two-way 和 three-way 等待事件

Oracle RAC 数据库仅通过请求者和实例/持有者之间的 two-way 通信来跟踪是否满足锁请求。在 two-way 事件中，主实例也是块的当前持有者，能够通过缓存融合将所需的块 CR/CUR 副本发送给请求者。这是双节点集群环境中的典型情况。

在 three-way 事件中，主实例将请求转发给持有者。持有者按请求者的要求依次发送块的 CR/CUR 副本。在具有两个以上节点的集群中，可以看到 three-way 等待和消息。无论集群中节点的数量有多少，任何类型的消息传递和块传输最多只能在三个跳跃点中完成。

图 10-1 解释了全局缓存等待的典型处理过程及其基于任何其他实例缓存中的块状态的潜在结果。根据缓存状态/可用性，等待的结果将是块传输或消息授予。

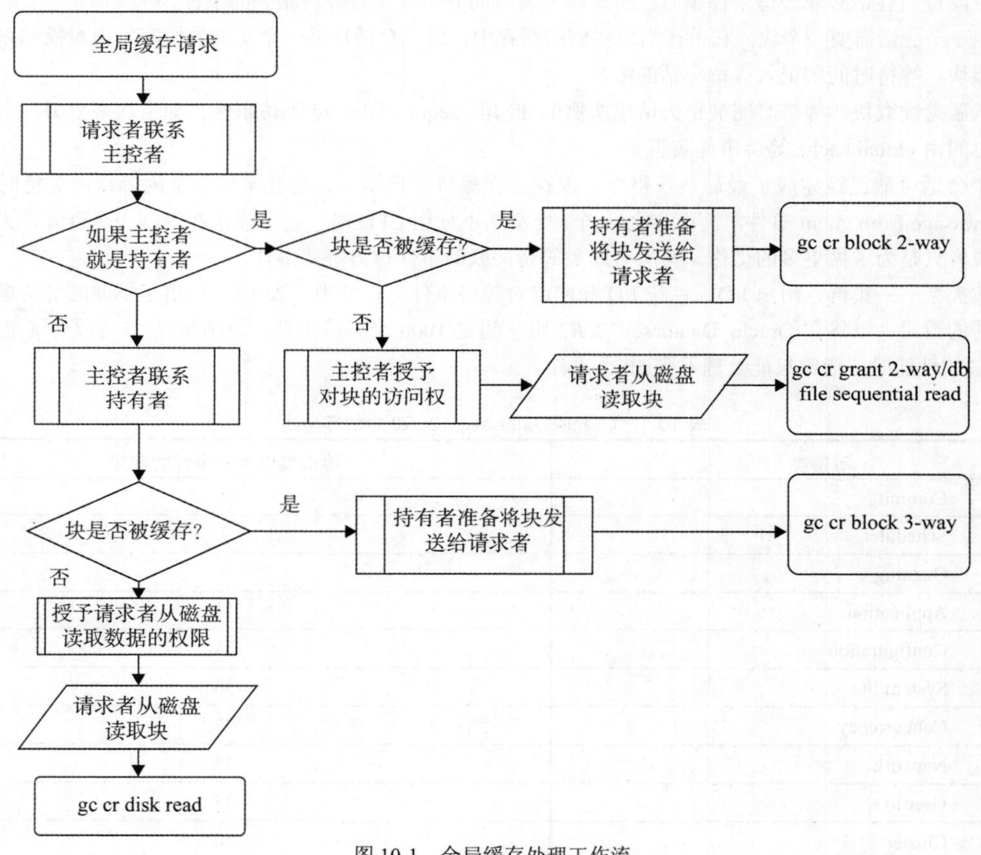

图 10-1　全局缓存处理工作流

集群等待事件属于以下类别之一：

- 面向块的等待
- 面向消息的等待
- 面向内容的等待
- 面向负载的等待

2. 面向块的等待

面向块的等待是集群等待事件中最常见的等待事件。面向块的等待事件统计数据表明，请求的块是从另一个实例提供服务的。在双节点集群环境中，消息被传输到块的当前持有者，持有者将块发送给请求者。在具有两个以上节点的集群环境中，对块的请求通过资源主实例发送到块的持有者，并包含一条附加消息。

在没有块争用的情况下，这些通常是最常见的事件，等待的时间长短取决于在物理网络上花费的时间、在服务实例中处理请求的时间以及请求进程在块到达后唤醒花费的时间。

应该考虑平均等待时间和总等待时间，当这些特定的等待对性能问题有很大影响时，应该在收到警报时考虑这些问题。通常可以发现些根本原因——互连或加载问题，或者对大型共享工作集执行 SQL。

以下是最常见的面向块的等待：

- gc current block 2-way
- gc current block 3-way
- gc cr block 2-way
- gc cr block 3-way

3. 面向消息的等待

面向消息的等待事件统计数据表明没有收到任何块，因为没有缓存在任何实例中。相反，提供全局授权，允许请求实例从磁盘读取或修改块。这些等待之后通常会出现磁盘读取事件，例如 db file sequential read 或 db file scattered read。

如果这些事件消耗的时间很长，那么可能是由于频繁执行的 SQL 导致大量的磁盘 I/O(在 cr grant 事件下)或工作负载插入大量数据，需要频繁地查找和格式化新块(在 current grant 事件下)。

以下是最常见的面向消息的等待：

- gc current grant 2-way
- gc current grant 2-way
- gc cr grant 2-way
- gc cr grant 3-way

4. 面向内容的等待

面向内容的等待事件统计数据表明，接收到的块被会话固定在另一个节点上，由于更改尚未刷新到磁盘而延迟，或者由于高并发性而延迟，因此不能立即发送。这通常发生在索引块上的并发 DML 中，当索引块在持有者中处于繁忙状态时，另一个实例正在等待当前块添加索引条目。在这种情况下，面向内容的等待 gc current block busy 的后面是 gc current split 或 gc buffer busy 事件。

当会话已经启动缓存融合操作，并且当同一节点上的另一个会话试图读取或修改相同的数据时，缓冲区可能在本地处于繁忙状态。当前台进程正在等待 antilock 广播更新一个以读为主的对象时，可能会发生这些等待。下一章将讨论以读为主的锁和分流优化。

全局缓存中交换的块的高服务时间可能会加剧争用，这可能是由于对相同数据的频繁并发读写访问造成的。

以下是最常见的面向争用的等待：

- gc current block busy
- gc cr block busy
- gc current buffer busy

等待事件 block busy 表明，单个会话(由于前面提到的各种原因)需要访问远程节点上被视为繁忙的特定块。buffer busy 表示多个会话正在等待一个远程节点上被认为繁忙的块。换句话说，处理 buffer busy 等待事件涉及多个会话争用同一个块，需要进行类似于处理 buffer busy waits 或 read by other sessions 的调优，尽管是在 Oracle RAC 环境中。

5. 面向负载的等待

面向负载的等待事件表明 GCS 中出现了处理延迟，这通常是由高负载或 CPU 饱和引起的，必须通过添加 CPU 或使用负载均衡，将进程分流到不同的时间或新的集群节点以解决延迟。对于提到的事件，等待时间包括从会话启动块请求后开始等待直到块到达的整个往返时间。

在进程间通信(IPC)层之后，当任何块传输或消息传输请求在内部队列中等待超过 1 ms 时，将考虑系统“超负荷”。这通常发生在 LMS 进程(全局缓存服务进程，用于为全局缓存服务和缓冲区缓存资源维护锁定数据库)无法跟上到达速度，消息被排队等待 LMS 处理的情形下。

在平衡良好的集群环境中，应该很少看到拥挤的等待。以下是最常见的面向负载的等待，这些等待的存在表明系统超负荷或动力不足：

- gc current block congested
- gc cr block congested
- gc current grant congested
- gc cr grant congested

当等待事件出现在 AWR 报告的 Top 5 Timed Wait Events(Top 5 计时事件)中时，我们将描述重要的 Oracle RAC 等待事件和可能的操作计划。我们还将研究一些重要的全局缓存等待事件期间的消息和数据流。

gc current block 2-way

如图 10-2 所示，实例请求在当前模式下访问某个块的授权，以修改该块。控制相应资源的实例接收请求。主实例拥有块的当前版本，并通过缓存融合机制将块的当前副本发送给请求者。此事件表示写入/写入争用。

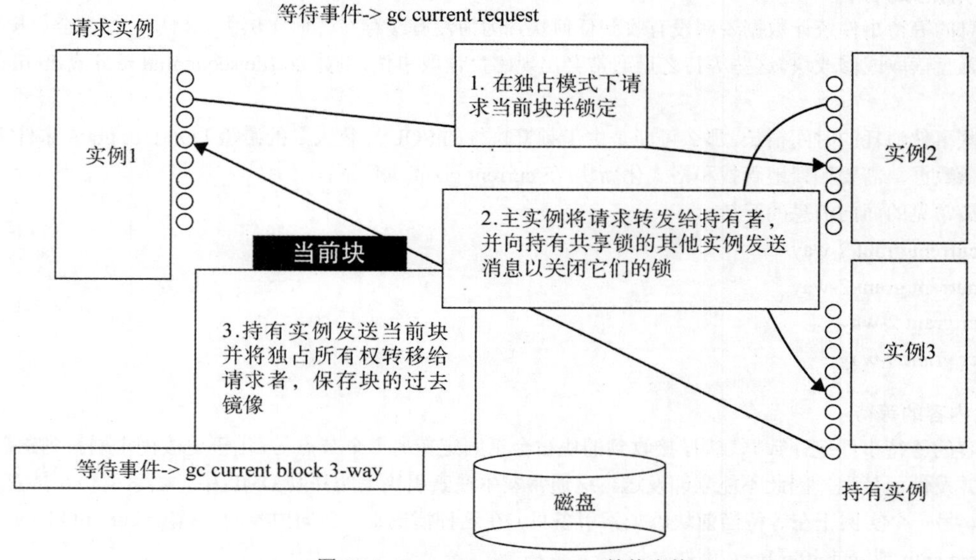

图 10-2　gc current block 2-way 等待事件

注意： 在 Top 5 计时事件中出现的 gc current block 2-way 事件以及下面的三个事件并不一定表示性能问题，而仅仅表示实例正在访问彼此缓存中存在的数据副本，并且使用缓存融合机制在实例之间传输数据副本。但是，如果每个事件的平均等待时间非常长，那么可能会影响性能，需要进一步分析。

如果这个等待事件出现在 Top 5 计时事件中，则执行以下操作：

- 分析争用。AWR 报告中的 Current Blocks Received 部分应该有助于识别最有争议的对象。
- 确保对最有争议的对象遵循良好的数据库对象设计实践、数据库对象布局和空间管理实践。
- 使用适当的应用程序分区方案优化应用程序争用。
- 查看本节后面的“避免 Oracle RAC 等待事件的提示”部分。

gc current block 3-way

图 10-3 显示了这个等待事件。实例请求在当前模式下访问块的授权。掌握相应资源的实例接收请求并将消息转发给当前持有者，告诉它放弃所有权。持有者通过缓存融合机制向请求者发送块的当前版本的副本，并将独占锁传输到请求实例。此事件表示写入/写入争用。

如果这个等待事件出现在 Top 5 计时事件中，那么操作计划应该类似于 gc current block 2-way 事件。

gc cr block 2-way

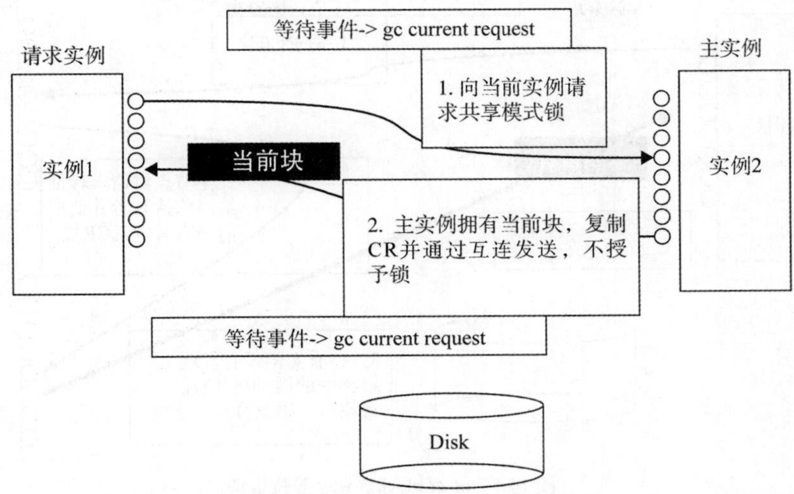

图 10-3　gc current block 3-way 等待事件

图 10-4 形象地显示了这个等待事件。实例请求在 CR 模式下访问块的授权。控制相应资源的实例接收请求。主实例具有块的当前版本，它使用当前块和撤销数据生成一个 CR 副本，并通过互连将块的 CR 副本发送给请求者。此事件表示写/读争用。

如果这个等待事件出现在 Top 5 计时事件中，那么执行以下操作：

- 分析争用。AWR 报告中的 Segments by CR Blocks Received 部分将有助于识别最具有争议的对象。
- 使用适当的应用程序分区方案来优化应用程序争用。
- 查看本节后面的“避免 Oracle RAC 等待事件的提示”部分。

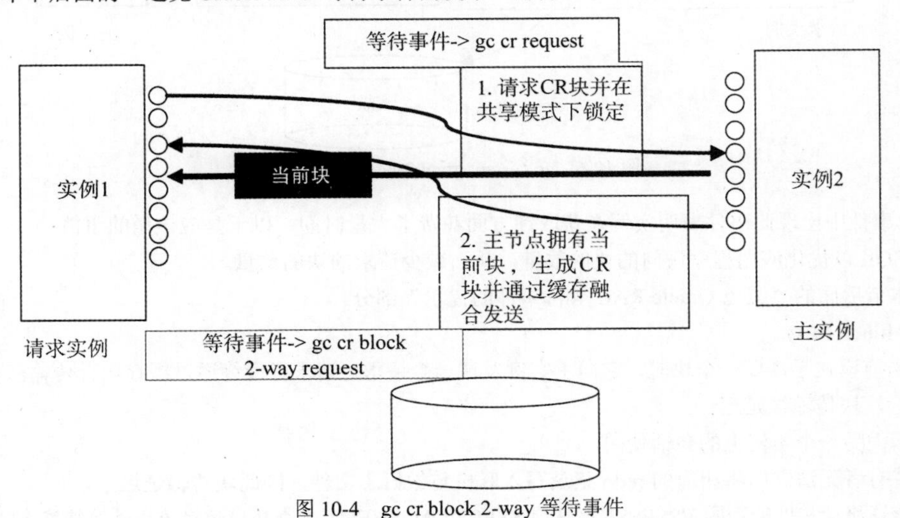

图 10-4　gc cr block 2-way 等待事件

gc cr block 3-way

图 10-5 形象地显示了这个事件。实例请求在 CR 模式下访问块的授权。控制相应资源的实例接收请求。主实例将请求转发给块的当前持有者。持有者通过缓存融合机制向请求者发送块的 CR 副本。此事件表示写/读争用。

如果这个等待事件出现在 Top 5 计时事件中，那么操作计划应该类似于 gc current block 2-way 事件。

gc current grant 2-way

图 10-6 形象地显示了这个事件。当实例在当前模式下需要一个块时，它将请求发送到主实例。主实例发现当前没有实例(包括主实例自己)对请求的块有任何锁。它将消息发送回请求实例，授予块上的共享锁。然后，请求实例从磁盘读取块。此事件不表示任何争用。

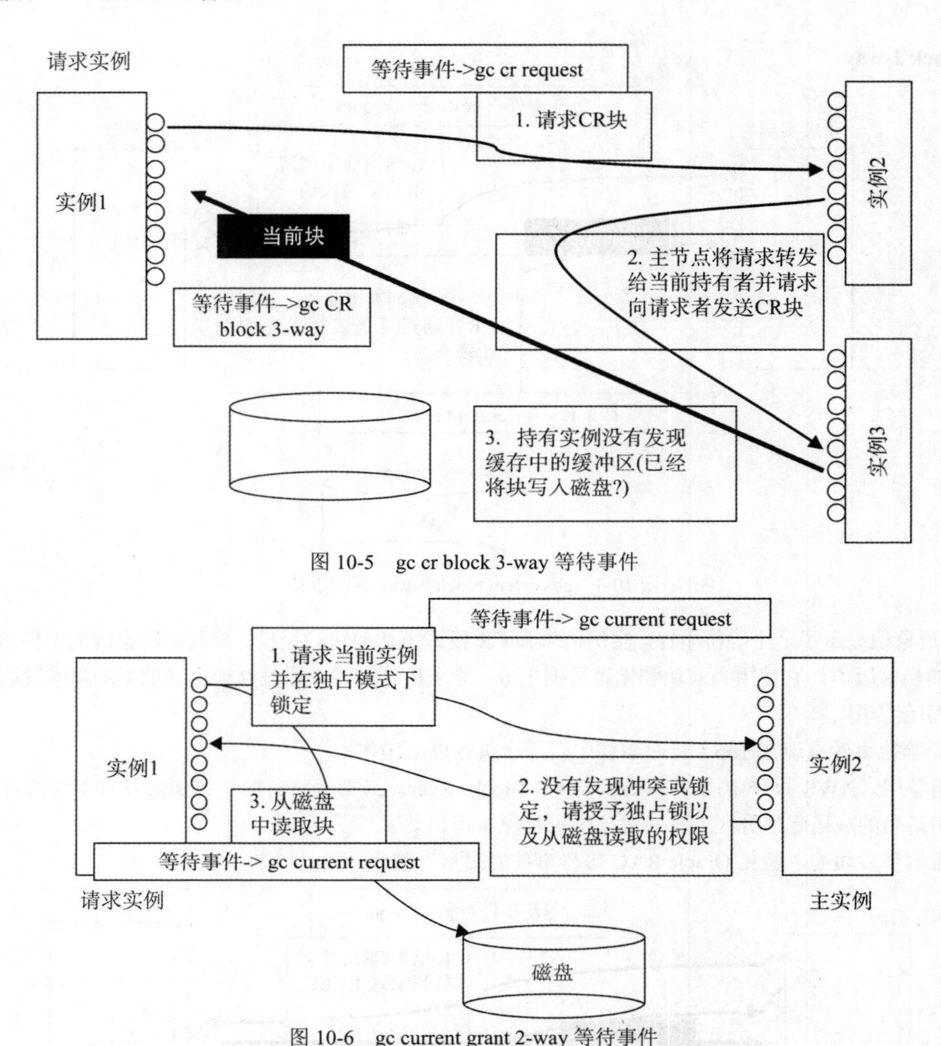

图 10-5　gc cr block 3-way 等待事件

图 10-6　gc current grant 2-way 等待事件

Top 5 计时事件中出现此事件表明实例在获取锁方面花费了大量时间。以下是应该做的事情：

- 调优 SQL 以优化应用程序访问的块的数量，从而减少请求的块的数量。
- 查看本节后面的“避免 Oracle RAC 等待事件的提示”部分。

gc current block busy

当请求在当前模式下需要一个块时，它向主实例发送一个请求。请求者最终通过缓存融合传输获得块。然而由于以下原因之一，块传输被延迟：

- 该块正由另一个实例上的会话使用。
- 由于持有者无法立即将相应的 redo 记录写入联机重做日志文件，因此块传输延迟了。

可以使用会话级动态性能视图 V$SESSION 和 V$SESSION_EVENT 来查找导致对该事件等待最多的程序或会话：

```
select e.sid, e.time_waited, s.program, s.module
from v$session_event e, v$session s
where s.sid=e.sid
and e.event='gc current block busy'
order by e.time_waited;
```

可以使用以下查询进一步找出模块或程序级别的详细信息：

```
select st.sid, st.value, s.program, s.module
from v$sesstat st, v$session s, v$statname n
where s.sid=st.sid
and st.statistic#=n.statistic#
```

```
and n.name = 'gc CPU used by this session'
order by st.value;
```

在解释这个查询的结果时应该小心，因为会话运行的时间越长，总的等待时间和统计数据的值就越大。为了消除这种潜在的谬误，应该每间隔几秒就查询几次，并比较差异。在确定导致性能问题的一些候选会话之后，分析应该集中于这些会话的所有等待事件和统计信息。

此事件表示重要的写/写争用。如果事件出现在 AWR 报告的 Top 5 计时事件中，请执行以下操作：

- 确保对日志写入器(LGWR)进行了调优。有关 LGWR 性能调优的信息，请参阅《Oracle 数据库性能调优指南》。
- 使用适当的应用程序分区来避免争用。
- 查看本节后面的“避免 Oracle RAC 等待事件的提示”部分。

gc cr disk read

图 10-7 形象地显示了这个事件。当实例接收到发送 CR 缓冲区的请求，但 CR 缓冲区不在本地缓存时，将返回此等待事件。请求者等待 gc cr 请求，当返回读磁盘状态时，请求者从磁盘读取请求的块。这通常发生在运行查询中，这些查询在拥有 undo 块的实例的本地缓存中或全局缓存的任何其他缓存中都找不到 undo 块。

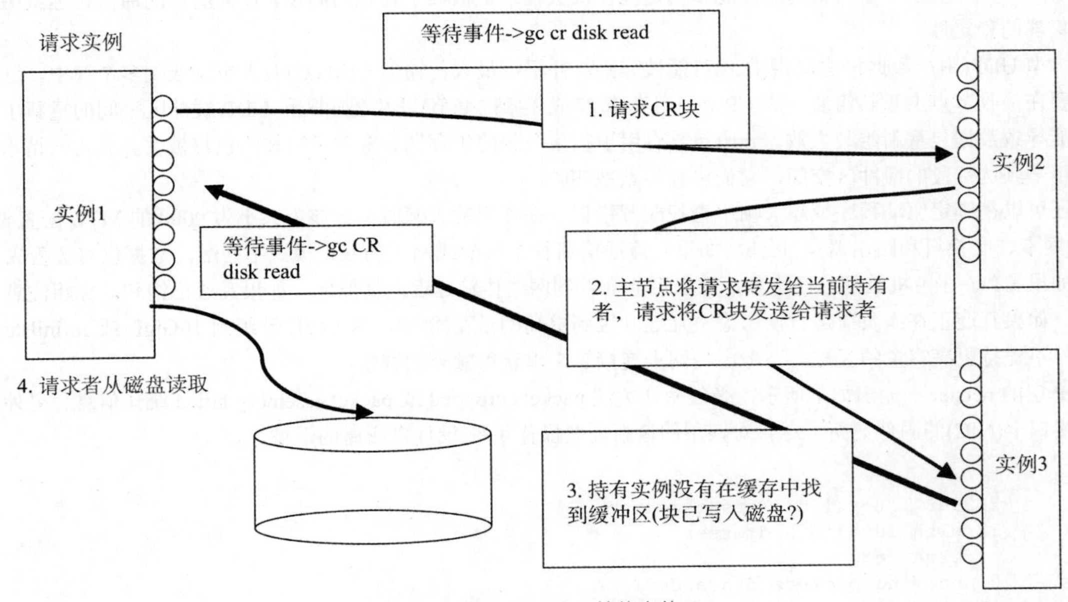

图 10-7 gc cr disk read 等待事件

当我们希望能够服务于 CR 块的节点在缓存中没有 CR 块时，我们就会获得这个事件——可能是因为它仍然在从磁盘读取 CR 块，或是因为 CR 块刚刚从缓存中推出。然而，这是非常罕见的情况，不是常见的性能问题。

要获得关于此事件的进一步信息，可以将 10708 事件设置为第 5 级。应该转储覆盖资源和其他信息的锁元素，这样就可以找到是哪些对象导致这个事件，以及最终是如何命中这个事件的。通常建议将事件设置在进程级或会话级，而不是实例级，因为这种跟踪将生成大量跟踪文件。

buffer busy global cr

当实例需要生成当前块的 CR 版本时，该块可以位于本地缓存或远程缓存中。对于后者，另一个实例上的 LMS 将尝试创建 CR 块；对于前者，执行查询的前台进程将生成 CR 块。创建 CR 版本时，实例需要从块的活动事务表中引用的回滚/撤销段读取事务表和 undo 块。下一章将讨论 CR 块的制作细节以及事务表的作用。

有时，这种清理/回滚过程可能会导致本地及远程 undo 头和 undo 块的多次查找。查找远程 undo 头和 undo 块将导致全局缓存 cr 请求。因为 undo 头经常被访问，所以缓冲区等待也可能发生。在生成 CR 镜像之前，进程将等待事件缓冲区繁忙的全局 CR。

gc cr failure

集群通信中不允许出现故障，因为丢失的消息或块可能会触发节点的驱逐。当从块的持有者请求 CR 块并从请求者接收到失败状态消息时，将触发此等待事件。

只有在发生不可预见的事件时，例如丢失了块或校验和、无效的块请求或持有者无法处理块请求，才会发生这种情况。在接收 gc cr failure 事件之前，将看到占位符等待的多个超时(例如 gc cr request)。

这也是在生产环境中很少注意到的事件之一。如果看到了，就应该立即注意到它们。可以查询系统统计视图 V$SYSSTAT 中的 gc block lost 或 gc claim blocks lost。

全局缓存层发生块故障的最常见原因有以下几种，然而 Oracle 并不知道这些块丢失的原因。需要研究硬件和网络层(例如使用 netstat 或 OS 日志)来寻找线索。

- 传输过程中丢失的块
- 校验和错误
- 块中的无效格式或 SCN

如果经常注意到 gc block lost 等待事件，那么应该请系统管理员和网络管理员调查硬件和网络层。下面的讨论列出了在研究这个问题时要考虑的一些潜在问题领域。

6. 互连相关问题

Oracle 全局缓存和全局队列的性能和稳定性在很大程度上依赖于互连的同步。任何潜在的通信延迟或中断都会影响集群的稳定性。

大型 UDP(用户数据报协议)数据包可能被分割，并根据最大传输单元(MTU)的大小发送到多个帧中。这些分段包需要在接收节点上重新组装。高 CPU 利用率(持续或频繁的峰值)以及缓冲区和 UDP 缓冲区空间的重新组装不充分可能导致数据包重新组装失败。分段包具有用于重新组装的生存期。未重新组装的包将被丢弃并再次请求。如果没有用于到达片段的缓冲区空间，它们将被静默地删除。

还可以在绑定驱动程序或超大帧中查找配置错误。在使用超大帧时，应该为大小为 9000 的 MTU 配置整个 I/O 路径(网卡、交换机和路由器)。此外，如果互连通信路径不匹配或网卡的双工模式不匹配，数据包将会丢失。

如果 CPU 在主机级别已经饱和，那么可能会看到网络传输延迟。类似地，如果互连已饱和，你将注意到丢失的包。如果互连正在满负荷运行，考虑将互连升级到更高的带宽(例如，从 GigE 升级到 10GigE 或 InfiniBand)。如果硬件不支持更高容量的互连，请考虑将网卡连接起来以获得额外的容量。

IP 层的 netstat -s 输出如下所示，必须密切关注 packets dropped 或 packet assembly failed 统计信息。另外，检查网络接口卡(NIC)的固件更新，尽管对该层的诊断需要操作系统/硬件供应商的干预。

```
IP:
        26290871 total packets received
        12 with invalid addresses
        0 forwarded
        0 incoming packets discarded
        19983565 incoming packets delivered
        18952689 requests sent out
        8 fragments dropped after timeout
        6924738 reassemblies required
        766457 packets reassembled ok
        8 packet reassembles failed
        522626 fragments received ok
        3965698 fragments created
```

注意：在某些平台上，内部视图 X$KSXPIF 提供了互连的扩展统计信息。这个视图包含接口级别的接口统计信息，如 send_errors、receive_errors、packets_ drop ped 和 frame_errors。可以使用这些信息来分析网络错误。

gc cr block busy

此事件与 gc current block busy 事件相同，除非请求实例以 CR 模式请求块。

gc current buffer busy

此事件也类似于 gc current block busy 事件。在这种情况下，会话不等待并不是因为来自另一个实例的传输延迟，而是因为同一个实例上的另一个会话已经启动了锁请求，并正在等待来自主实例的响应。因此，本地实例上的多个会话同时访问同一个块。此事件表示块的本地争用。

如果这个等待事件出现在 AWR 报告的“Top 5”计时事件中，那么应优化应用程序接触的块的数量以调优 SQL

语句，从而减少请求的块的数量。

gc current block congested

当实例在当前模式下需要一个块时，它将请求发送到主实例。请求者通过缓存融合机制获取块，然而由于集群组服务(GCS)上存在大量工作负载，块传输过程发生延迟。如前所述，如果任何消息或块传输在被 LMS 进程接收之前在 IPC 队列中等待超过 1 ms 的时间，将会看到拥挤的等待情景。

此事件不表示块级别的任何并发或争用。但是，它确实表明 GCS 上的负载很重，与工作相关的后台进程需要更多的 CPU 时间。持有实例上缺少 CPU 资源可能会导致这种情况发生。添加更多 LMS 进程有时也有助于避免这种情况。

如果这个等待事件出现在 AWR 报告的“Top 5”计时事件中，请参考下面关于“避免 Oracle RAC 等待事件的提示”部分。

gc cr block congested

此事件与 gc current block congested 事件相同，除了请求实例以 CR 模式请求块这种情况。

7. 避免 Oracle RAC 等待事件的提示

以下是一些通用的快速检查，以避免在全局缓存上等待过多：

- 确保系统有足够的 CPU 资源。监视平均运行队列长度，保持在 1 以下，以避免关键的 Oracle RAC 相关进程(如 LMS)发生 CPU 不足的情况。
- 互连网络的传输速度和带宽不应影响缓存融合数据传输。查看一下 AWR 报告，包括每个实例生成的网络流量。确保整个网络流量远低于私有互连网络的带宽。
- 如果在每个节点上运行多个 Oracle RAC 数据库实例，则根据所有实例生成的流量总和计算网络带宽。请参阅本章末尾的 10.7 节“集群互连优化”。
- 确保正确配置了套接字发送和接收缓冲区。请参考 Oracle 提供的平台/协议信息。

10.7　全局缓存统计信息

全局缓存统计信息在整个集群级别都要考虑。与经过良好审计的财务报表一样，源实例提供的块的所有编号都应该等于目标实例接收的块。统计数据还包括故障期间丢失的块和重新传输的块。

在本节中，我们将仔细研究最常见的 Oracle RAC 相关系统统计数据及其在性能分析问题中的意义。

gc current blocks received

表示通过互连从其他实例接收到的当前块的数量。当对当前块或 global cache cr request 的请求导致在另一个实例中传送当前块时，此计数器由前台或后台进程递增。另一方面，发送方增加 gc current blocks served 计数器。

gc current blocks served

当 GCS 指示 LMS 进程将当前块发送到请求实例时，将增加此计数器。当请求当前块时，持有者接收 BAST(异步系统阻塞陷阱)来释放块的所有权，并发送数据块。然而，当某些关键操作(如块清理)挂起时，持有者可以忽略请求并继续处理块，直到_gc_defer_time。

这为响应请求提供了额外的缓冲时间，同时允许本地进程完成任务。但是，持有者必须将块上挂起的 redo 刷新到磁盘，并将块写记录(BWR)写入磁盘。第 9 章讨论了块写记录。

gc cr blocks served

表示实例所服务的 CR 块请求的数量。当请求 CR 块时，持有者将缓冲区克隆到本地缓冲区缓存中，应用 undo 信息使缓冲区成为时间点副本，然后将块发送到请求实例。

由于 undo 块是本地缓存的，因此构建持有者的 CR 版本。CR 块的使用通常非常快，不会被阻塞。但是，如果为 CR 提供了当前块，那么有时可能包括将挂起的 redo 刷新到磁盘。

在某些情况下，完整块的 CR 版本可能需要从磁盘或其他实例的缓存中读取数据或 undo 块。在这些情况下，不完整的副本被发送给请求者。请求者将获得包含所有更改的块版本，这些更改可以在持有者一端展开，然后可以恢复 CR 块创建本身。

我们将在第 11 章中讨论 CR 块的制作过程。

gc cr blocks received

当搜索特定块的一致读版本，但未能找到具有所需数据快照的本地缓冲区时，在前台或后台进程中递增此计数器。它还意味着特定块的当前版本不在本地缓存中。因此，尝试从远程实例获取块。持有者可以发出 CR 或块的当前版本，接收者将其复制为 CR 缓冲区。如果块最近在另一个实例中被修改过，那么可以使用独占访问权限缓存它，或者使用共享访问权限缓存它。

gc prepare failures

启动远程缓存请求时，请求句柄和缓冲区 ID(BID)分配在请求者的程序全局区域(PGA)中。此外，在系统全局区域(SGA)中为远程直接内存访问(DMA)分配一个缓冲区。可以分配的缓冲区数量是特定于端口的，这取决于底层 IPC 协议的特性。如果因为已经分配了太多缓冲区而无法分配缓冲区，则立即再次尝试分配。在正常情况下，缓冲区一直处于准备和未准备状态，因此失败的概率非常低。

像 SMON 和 PMON 这样的后台进程可以分别为事务或实例恢复准备大量缓冲区。故障的发生率通常很低，但在大型恢复集的恢复过程中有时会出现故障。通常不需要干预。

gc blocks lost

这是一个非常重要的计数器，应该是 0 或接近 0。当块的消息到达而实际块尚未到达时，将递增此计数器。当网络中存在争用或网络层中的硬件产生错误时，可能会发生这种情况。当公共网络用于集群通信时，有时会注意到这个错误。

gc blocks corrupt

在数据库发送一个块之前，计算校验和并存储在缓冲区头中。当接收到块时，将重新计算校验和并与存储值进行比较。如果校验和不匹配，块将被忽略，请求被取消，接收缓冲区被释放("未准备")，并且统计量增加。然后重试请求。

损坏块的出现表明块在传输过程中被损坏，通常是由于网络传输或适配器问题。可尝试重试。默认情况下，将计算校验和。为了节省 CPU 资源，有时使用以下设置关闭校验和函数：

```
_interconnect_checksum = FALSE
```

只有在基准测试中并且使用可靠的 IPC 协议(如 RDG(可靠数据报)协议)时，才建议关闭校验和函数。不要在生产环境中禁用互连校验和。

全局缓存统计信息摘要

表 10-2 总结了到目前为止讨论的全局缓存统计信息、它们的相关统计信息和等待事件，以及包含影响统计信息行为的附加细节和初始化参数的 V$视图。

表 10-2 全局缓存统计信息及相关的等待事件和参数

全局缓存统计信息	相关的统计信息和等待事件	相关的视图和初始化参数
gc current blocks received	gc current blocks served gc current block 2-way gc current block 3-way gc current block busy gc current block congested gc current block receive time	V$INSTANCE_CACHE_TRANSFER V$SEGMENT_STATISTICS V$SQLAREA _gc_global_lru
gc current blocks served	gc current blocks received gc current block busy	V$CURRENT_BLOCK_SERVER _gc_defer_time
gc cr blocks served	gc cr block flush time gc cr block build time gc cr block send time	V$CR_BLOCK_SERVER _fairness_threshold _cr_grant_local_role
gc cr blocks received	gc cr blocks received gc cr block 2-way gc cr block 3-way gc cr block busy gc cr block congested	V$CR_BLOCK_SER VERV$SEGMENT_STATISTICS V$SQLAREA V$INSTANCE_CACHE_TRANSFER

(续表)

全局缓存统计信息	相关的统计信息和等待事件	相关的视图和初始化参数
gc blocks lost	cr request retry	gcs_server_processes _lm_lms OS 实用程序，比如 netstat
gc blocks corrupt		_interconnect_checksum _reliable_block_sends

10.8　全局缓存服务时间

全局缓存服务层还跟踪与块传输相关的大部分服务时间的各种延迟。计时机制得到了很好的利用，并提供了大量关于全局级缓存融合性能的信息。在本节中，我们将讨论全局缓存层中最重要的服务时间及其在管理 Oracle RAC 性能方面的意义。

gc current block receive time

与任何其他 Oracle 内核调用一样，当一个实例请求资源时，内核启动一个计时器来测量服务时间。每个单独的请求从发出请求时开始计时，直到请求完成。此计时器表示当前块请求的累计端到端运行时间或延迟。

请求的开始时间存储在全局缓存结构中，表示缓存数据块的状态。当前块的平均请求时间(当前块接收的平均端到端往返时间)可由以下公式求得：

```
当前块的平均请求时间(ms) = (gc current block receive time /
gc current blocks received)
```

注意： Oracle 内核以厘秒(百分之一秒)为单位测量时间，我们将这个数字除以 10，从而转换为毫秒(千分之一秒)。

与在 AWR 报告的 Cache Fusion Statistics 部分使用的计算相同，显示为 Avg global cache current block receive time (ms)。

gc cr block receive time

表示请求从其他实例的缓存接收 CR 块的端到端累积运行时间或延迟。因为 CR 请求从未被阻塞，延迟组件只是处理和传递时间。

平均请求时间(CR 块接收的平均端到端往返时间)可由以下公式求得：

```
CR 块的平均请求时间(ms) = (gc cr block receive time /gc cr blocks received) * 10
```

gc current block flush time

gc current block flush time 是当前块处理时间的一部分。当有来自主实例的当前块请求(通常是 BAST)时，在 LMS 将块发送给请求者之前，LGWR 必须将挂起的 redo 刷新到日志文件中。但是该操作是异步的，因为 LMS 会对请求进行排队、发布 LGWR 并继续处理。LMS 会将检查日志刷新队列的完成情况，然后发送块或者进入睡眠状态，由 LGWR 发布。重做日志写入的性能和重做日志同步时间的性能会显著影响整个服务时间。

通过以下公式可以得到 gc current block flush time 的平均时间：

```
gc current block flush time 的平均时间(ms)= (gc current block flush time /
V$CURRENT_BLOCK_SERVER.(FLUSH1+FLUSH10+FLUSH100+FLUSH1000+FLUSH1000) ) *10
```

注意： 并非所有当前块传输都需要日志刷新。如果块没有被修改或者 redo 已经写到磁盘，那么可以直接发送块到另一个实例。

gc current block pin time

表示处理 BAST 需要多少运行时间，不包括刷新时间和发送时间，但是包括延迟发布时间。通常，非常高的平均时间表明当前块上存在争用，需要进行调优以减少块级并发。在某些情况下，这与延迟热块的块传递(有时延迟到 _gc_defer_time)的高发生率有关，通常在索引块上可以观察到这种情况。

gc current block pin time 的平均时间(ms)可由下式求得：

```
gc current block pin time 的平均时间(ms) = (gc current block pin time /
gc current blocks served) *10
```

gc current block send time

发送时间是在将块交给要发送的 IPC 层时测量的。请求在完成队列中排队，发送时间从传递块到 IPC 层，再到系统调用返回完成为止。平均延迟通常很小，预计在微秒范围内。

gc cr block flush time

CR 块刷新时间是 CR 缓冲区服务时间的一部分，与当前缓冲区的处理类似。正常的 CR 缓冲处理不包括 gc cr block flush time，因为 CR 处理的效率最高。然而，在某些情况下，当从挂起 redo 的当前缓冲区克隆 CR 缓冲区时，需要对 CR 块传输进行日志刷新。较高的百分比表示热块具有频繁的读写访问。

gc cr block flush time 的平均时间(ms)可由下式求得：

```
gc cr block flush time 的平均时间(ms) = ( gc cr block flush time /
V$CR_BLOCK_SERVER.FLUSHES) *10
```

gc cr block build time

表示从数据库缓存层收到 CR 请求通知，直到发送请求或需要等待 CR 块的日志刷新为止的累计时间。这是查找或构造块的读一致性版本要花费的时间。构建时间主要是用于扫描缓存以获取块的 CR 版本和/或创建 CR 副本的 CPU 时间。

构建或查找块的过程永远不应该被阻塞，永远不需要非本地内存或磁盘访问。这就是所谓的“轻工规则”。此外，如果实例被要求提供太多相同 CR 块的副本，那么可以拒绝发送 CR 块。在这种情况下，实例将放弃 CR 块的所有权，请求者可以在从主实例获得适当的授权后从磁盘读取 CR 块。第 11 章将提供更多关于 CR 块制作和轻工规则的细节。

全局缓存服务时间摘要

表 10-3 总结了到目前为止讨论的全局缓存服务时间统计信息、它们相关统计信息和等待事件，以及包含影响这些统计信息行为的附加细节和初始化参数的 V$视图。

表 10-3 全局缓存服务统计信息及相关的等待事件和参数

全局缓存服务统计信息	相关的统计信息和等待事件	相关的视图和初始化参数
gc current block receive time	gc current block pin time gc current block flush time gc current block send time	V$CURRENT_BLOCK_SERVER _gc_defer_time
gc cr block receive time	gc cr block flush time gc cr block build time gc cr block send time	V$CR_BLOCK_SERVER
gc current block flush time	redo write time log file sync	V$CURRENT_BLOCK_SERVER
gc current block pin time		V$CURRENT_BLOCK_SERVER
gc current block send time	msgs sent queue time on ksxp (ms) msgs sent queued on ksxp	
gc cr block flush time	redo write time msgs sent queue time on ksxp (ms) msgs sent queued on ksxp gc cr block busy log file sync	
gc cr block build time	gc cr block ship time log file sync	V$CR_BLOCK_SERVER _fairness_threshold

10.9　在 Oracle RAC 中进行队列优化

Oracle RDBMS 在使用 GCS 的同时使用相同的数据块保持用户数据的完整性。除了数据块之外，终端用户还可以并发访问许多其他共享资源。Oracle 使用队列机制来确保正确使用这些共享资源。在 Oracle RAC 环境中，全局队列服务(Global Enqueue Service，GES)保护和规范对这些共享资源的访问。

队列等待是会话等待共享资源所花费的时间。如果用户会话花费很长时间等待共享资源(或队列)，那么可能会对用户的响应时间产生负面影响，从而影响数据库性能。

等待更新控制文件(CF 队列)、单独行(TX 队列)和表上的独占锁(TM 队列)都是队列等待的示例。

在 Oracle RAC 环境中，一些队列与它们的单实例副本类似，只需要在实例级进行协调。然而许多队列需要进行全局协调。GES 负责协调全局队列。由于全局协调，一些队列在 Oracle RAC 环境中可能具有更高的性能影响。

实例启动期间分配的队列资源数量可如下计算，其中 *N* 为 Oracle RAC 实例的数量。

```
GES 资源 = DB_FILES + DML_LOCKS + ENQUEUE_RESOURCES
+ 进程数 + 事务数 + 200) × (1 + (N - 1) / N)
```

动态性能视图 V$RESOURCE_LIMIT 包含队列的 initial_allocation、current_utilization、max_utilization 和 limit_value 统计信息。下面的 SQL 会话输出显示了来自 V$RESOURCE_LIMIT 的队列相关统计信息：

```
SQL> column current_utilization heading CURRENT
SQL> column MAX_UTILIZATION heading MAX_USAGE
SQL> column  INITIAL_ALLOCATION heading INITIAL
SQL> column resource_limit format a23
SQL>select * from v$resource_limit;
RESOURCE_NAME                  CURRENT  MAX_USAGE       INITIAL   LIMIT_VALU
-----------------------     ---------- ----------    ----------   ----------
processes                           35         44           150          150
sessions                            40         49           170          170
enqueue_locks                       16         35          2261         2261
enqueue_resources                   16         52           968    UNLIMITED
ges_procs                           33         41           320          320
ges_ress                             0          0          4161    UNLIMITED
ges_locks                            0          0          6044    UNLIMITED
ges_cache_ress                     346       1326             0    UNLIMITED
ges_reg_msgs                        46        225          1050    UNLIMITED
ges_big_msgs                        22        162           964    UNLIMITED
ges_rsv_msgs                         0          0           301          301
gcs_resources                     7941      10703         13822        13822
<<<output lines not relevant are deleted >>>>
```

10.10　Oracle AWR 报告

自动工作负载资料库(AWR)是 Oracle 用于收集和保存对性能分析有用的统计信息的机制。后台进程 MMON(可管理性监视器)执行生成 AWR 报告所需的工作。

每隔 15 分钟，MMON 后台进程会对性能调优和诊断所需的统计信息生成快照。数据库自动清除超过一周的快照。快照数据存储在 SYSAUX 表空间的一组表中，这些表属于 SYS。

AWR 完全支持 Oracle RAC，默认情况下在所有实例上都是活动的，其中一个 MMON 进程充当主进程并协调所有活动实例上的快照。AWR 对存储在 AWR 资料库中具有相同 snap_id 的所有实例及其统计数据并发地生成快照。数据库使用 inst_id 列将不同实例的统计信息与相同快照区分开来。

DBMS_WORKLOAD_REPOSITORY 包可用于手动管理快照。可以使用此包创建、删除和修改快照，还可以使用此包来建立基线快照。现在我们来看看使用这个包的一些示例命令。

下面的命令获取一个即时快照并将数据归档到资料库中：

```
sql> execute DBMS_WORKLOAD_REPOSITORY.CREATE_SNAPSHOT ();
```

要将快照保留间隔从默认的 7 天更改为 30 天(43 200 分钟)，可以使用以下命令：

```
sql> execute DBMS_WORKLOAD_REPOSITORY.MODIFY_SNAPSHOT_SETTINGS
( retention => 43200);
```

还可以将默认快照间隔 60 分钟更改为任何其他期望的值。以下命令将快照间隔更改为 4 小时(240 分钟)：

```
sql> execute DBMS_WORKLOAD_REPOSITORY.MODIFY_SNAPSHOT_SETTINGS
( interval => 240);
```

基线快照是当数据库实例和应用程序运行在最佳性能级别时获取的快照。基线快照用于比较分析。要将一组快照标记为基线快照，请使用以下命令：

```
sql> execute DBMS_WORKLOAD_REPOSITORY.CREATE_BASELINE
(start_snap_id => 20, end_snap_id => 25, baseline_name => 'normal baseline');
```

基线快照在正常清除操作中不会被删除，需要使用 DROP_BASELINE 过程手动删除，如下所示：

```
sql> execute DBMS_WORKLOAD_REPOSITORY.DROP_BASELINE
(baseline_name => 'optimal baseline', cascade => FALSE);
```

虽然 AWR 是支持 Oracle RAC 的，并且在所有活动实例上同时拍摄快照，但是需要在单个实例级别进行报告和分析。脚本$ORACLE_HOME/rdbms/admin/awrrpt.sql 用于创建 AWR 报告。下面是一个能够生成 AWR 报告的示例会话：

```
SQL> @awrrpt.sql
Current Instance
~~~~~~~~~~~~~~~~
   DB Id            DB Name            Inst Num  Instance
-----------         ------------       --------  ------------
3553717806          PROD                      2  PROD2
Specify the Report Type
~~~~~~~~~~~~~~~~~~~~~~~
Would you like an HTML report, or a plain text report?
Enter 'html' for an HTML report, or 'text' for plain text
Defaults to 'html'
Enter value for report_type:text

<<<lines for other snapshots deleted from here>>>
                               1384 30 Jul 2005 10:00      1
                               1385 30 Jul 2005 11:00      1
Specify the Begin and End Snapshot Ids
~~~~~~~~~~~~~~~~~~~~~~~~~~~~~~~~~~~~~~
Enter value for begin_snap: 1384
Begin Snapshot Id specified: 1385
Specify the Report Name
~~~~~~~~~~~~~~~~~~~~~~~
The default report file name is awrrpt_2_1384_1385.txt. To use this
name, press <return> to continue, otherwise enter an alternative.

Enter value for report_name:PROD2_SAT_JULY3005_10to11.txt
```

提示：可以为报告文件指定名称，包括实例名称、日期和生成报告的时间间隔，而不是使用报告文件的默认名称。这将使报告更容易比较和跟踪。

10.10.1 解读 AWR 报告

Oracle RAC 环境中生成的 AWR 报告包含以下特定于 Oracle RAC 的部分，这些部分不会出现在单实例数据库环境中生成的 AWR 报告中。

- 实例数
- 实例全局缓存负载配置文件
- 全局缓存效率百分比

- GCS 和 GES 工作负载特征
- GCS 和 GES 消息统计
- 服务统计
- 服务等待类统计
- TOP 5 CR 和当前块段

1. 实例数部分

这部分列出了 AWR 报告间隔的开始和结束时的实例数量：

```
RAC Statistics  DB/Inst: PROD/PROD1  Snaps: 2239-2240
Begin   End
----- -----
Number of Instances:      3      3
```

2. 全局缓存负载配置文件部分

这部分包含关于实例间缓存融合数据块和消息传递流量的信息：

```
Global Cache Load Profile
~~~~~~~~~~~~~~~~~~~~~~~~~~                    Per Second       Per Transaction
                                              -----------      ---------------
Global Cache blocks received:                 312.73                12.61
Global Cache blocks served:                   230.60                 9.30
GCS/GES messages received:                    514.48                20.74
GCS/GES messages sent:                        763.46                30.78
DBWR Fusion writes:                            22.67                 0.91
```

前两个统计数据表示传输到或从这个实例传输的块的数量。如果数据库不包含具有多个块大小的表空间，则可以使用这些统计数据计算实例生成的网络流量。假设数据库块大小为 8KB，可以这样计算这个实例发送的数据量：

230 × 8192 = 1 884 160 B/s = 1.9 MB/s

还可以计算这个实例接收到的数据量：

313 × 8192 = 2 564 096 B/s = 2.5 MB/s

为了确定由于消息传递而生成的网络流量，首先需要找到平均消息大小。可以使用以下 SQL 查询来查找平均消息大小：

```
select sum(kjxmsize*(kjxmrcv+kjxmsnt+kjxmqsnt))/sum((kjxmrcv+kjxmsnt+kjxmqsnt))
from x$kjxm
where kjxmrcv > 0 or kjxmsnt > 0 or kjxmqsnt >0 ;
```

对于提取示例报告的系统，平均消息大小大约为 300 字节。

可以像下面这样计算网络上的消息流量：

300 (763 + 514) = 383 100 = 0.4 MB

如果正在分析报告的系统无法确定平均消息大小，那么可以添加 10%～12%的数据流量来估计消息流量。假设报告来自一个双节点 Oracle RAC 环境，可以像下面这样计算缓存融合活动生成的总网络流量：

= 1.9 + 2.5 + 0.4 = 4.8 MB/s

= 4.8 × 8 = 38.4 Mbit/s

要估计由两个或多个节点组成的 Oracle RAC 环境中生成的网络流量，首先需要为相同的时间间隔从所有实例生成一个 AWR 报告。然后计算缓存融合活动产生的总网络流量：

= Σ Block Received + Σ Msg Recd × Avg Msg size

需要注意的是：Σ Block Received = Σ Block Served，Σ Msg Sent = Σ Msg Recd。这些计算需要在相同的时间间隔内从所有实例获得一个 AWR 报告。

注意：AWR 报告包含一行代码，以指示由实例 Estd Interconnect traffic (KB)生成的互连流量。对所有实例的统计数据进行快速汇总将提供总体互连流量，从而避免计算上的麻烦。

DBWR Fusion writes 统计数据表明了由于远程实例，本地 DBWR 被迫将一个块写入磁盘的次数。这个数字应该很低，最好将它作为总体 DBWR 写操作的一部分进行分析，DBWR 写操作在报告的 Load Profile 部分的 Physical writes 统计数据中可用：

```
Load Profile
~~~~~~~~~~~~                          Per Second           Per Transaction
                                      -----------          ---------------
            Redo size:                700,266.45            28,230.88
            Logical reads:             17,171.74               692.27
            Block changes:              2,394.61                96.54
            Physical reads:               208.42                 8.40
            Physical writes:              215.54                 8.69
            User calls:                   275.03                11.09
            Parses:                        22.06                 0.89
```

在这种情况下，DBWR Fusion writes 大约占总体物理写入的 10.5%。当性能良好时，建立基线百分比，可以通过确保实例不会相互影响数据或应用程序的分区来微调这个数字。

3. 全局缓存效率百分比部分

报告的这一部分显示了实例如何获得它需要的所有数据块：

```
Global Cache Efficiency Percentages (Target local+remote 100%)
~~~~~~~~~~~~~~~~~~~~~~~~~~~~~~~~~~~~~~~~~~~~~~~~~~~~~~~~~~~~~~
Buffer access -  local cache %:   97.19
Buffer access - remote cache %:    1.82
Buffer access -         disk %:    0.99
```

最理想的方法是从本地缓冲区缓存中获取数据，然后从远程实例缓存中获取数据，最后从磁盘获取数据。前两行之和给出了实例的缓存命中率。远程缓存命中的值通常应该小于 10%。如果大于 10%，则考虑实现应用程序分区方案。

4. GCS 和 GES 工作负载特征

报告的这一部分包含全局队列和全局缓存的时间统计信息。统计信息可进一步细分为以下四类：

- 获取队列的平均时间(以毫秒 ms 为单位)。
- 实例在以一致读(CR)模式或当前模式接收块之前必须等待的时间。
- 实例处理 CR 请求的时间/延迟量。
- 实例处理当前块请求的时间/延迟量。

```
Global Cache and Enqueue Services - Workload Characteristics
~~~~~~~~~~~~~~~~~~~~~~~~~~~~~~~~~~~~~~~~~~~~~~~~~~~~~~~~~~~~
                     Avg global enqueue get time (ms):    951.5

           Avg global cache cr block receive time (ms):      3.9
      Avg global cache current block receive time (ms):      3.0

             Avg global cache cr block build time (ms):     0.7
              Avg global cache cr block send time (ms):     0.3
       Global cache log flushes for cr blocks served %:    50.5
             Avg global cache cr block flush time (ms):    10.1

          Avg global cache current block pin time (ms):      1.4
         Avg global cache current block send time (ms):      0.3
  Global cache log flushes for current blocks served %:      1.4
        Avg global cache current block flush time (ms):      4.4
```

根据经验，与 CR 块相关的所有计时应该小于 5 ms，与当前块处理相关的所有计时应该小于 10 ms。然而，由于网络速度更快，现在接近 1.5 ms 被认为是可以接受的，但这些数字是保守的。在诸如 Oracle Exadata 数据库一体机这样的高性能系统中，我们看到这些数字不到 1ms。

5. GCS 和 GES 消息统计部分

这部分又可细分为两部分，第一部分包含与发送消息相关的统计信息，通常所有这些统计信息都应该小于 1ms。

第二部分详细介绍了直接消息和间接消息的拆分。

```
Global Cache and Enqueue Services - Messaging Statistics
~~~~~~~~~~~~~~~~~~~~~~~~~~~~~~~~~~~~~~~~~~~~~~~~~~~~~~~~
          Avg message sent queue time (ms):           0.5
 Avg message sent queue time on ksxp (ms):            1.7
     Avg message received queue time (ms):            0.2
        Avg GCS message process time (ms):            0.5
        Avg GES message process time (ms):            0.2

                % of direct sent messages:       52.22
              % of indirect sent messages:       46.95
            % of flow controlled messages:        0.83
```

直接消息是由实例前台进程或用户进程发送到远程实例的消息，而间接消息则是不紧急的消息，它们被汇集起来，然后发送。间接消息是低优先级消息。这些统计数据通常依赖于实例之间工作负载的性质，无法对它们进行大量的微调。可在正常用户工作负载期间为它们设置一条基线。另外，在用户工作负载发生重大变化后观察这些统计数据，并在发生任何变化后建立新的基线。

6. 服务统计部分

这部分统计数据显示了所有服务实例所支持的资源：

```
Service Statistics  DB/Inst: PROD/PROD1  Snaps: 2239-2240
-> ordered by DB Time
-> us - microsecond - 1000000th of a second
                                                        Physical         Logical
Service Name                 DB Time (s)   DB CPU (s)      Reads           Reads
------------------------  ------------  ------------  ----------  --------------
PROD                       1,198,708.4      17,960.0     491,498   9,998,798,201
SYS$USERS                      3,903.3         539.7     245,724       2,931,729
SYS$BACKGROUND                    29.3           4.8       7,625       4,801,655
```

实例 PROD1 服务于使用服务 PROD 连接的工作负载。除了 DBA.SYS$BACKGROUND 定义的应用程序服务之外，所有后台进程还使用两个内部服务。SYS$USERS 是与应用程序服务无关的用户会话默认服务，例如使用 sqlplus / as sysdba 进行连接。

7. 服务等待类统计部分

这部分总结每个服务的不同类别的等待。如果服务响应不可接受，这些统计数据可以显示服务正在等待的位置。

```
Service Wait Class Stats  DB/Inst: PROD/PROD1  Snaps: 2239-2240
-> Wait Class info for services in the Service Statistics section.
-> Total Waits and Time Waited displayed for the following wait
classes:  User I/O, Concurrency, Administrative, Network
-> Time Waited (Wt Time) in centisecond (100th of a second)

Service Name
----------------------------------------------------------------------------
 User I/O  User I/O   Concurcy  Concurcy     Admin    Admin     Network  Network
 Total Wts  Wt Time  Total Wts   Wt Time Total Wts  Wt Time   Total Wts  Wt Time
--------- --------- --------- --------- --------- --------- --------- ---------
PROD
   2227431   4136718   3338963  95200428         0         0   1660799    15403
SYS$USERS
   2 59502   188515       274       486         0         0      1676        3
SYS$BACKGROUND
     10412     1404      4135     12508         0         0         0        0
          ------------------------------------------------------------------
```

8. TOP 5 CR 和当前块段部分

这部分包含有争议的排名前 5 的段(索引或表)。如果表或索引的 CR 和当前块传输的百分比非常高，则需要分析使用模式、数据库布局特征和其他可能导致争用的参数。

```
Segments by CR Blocks Received  DB/Inst: PROD/PROD1  Snaps: 2239-2240
                                                                  CR
            Tablespace                            Subobject  Obj.      Blocks
Owner          Name        Object Name              Name      Type     Received   %Total
--------------------  ---------------------  ---------------  ------------  -------
ES_MAIL    ESINFREQID  ES_INSTANCE                      TABLE      136,997    58.65
ES_MAIL    ESINFREQID  ES_INSTANCE_IX_TYPE              INDEX       21,037     9.01
ES_MAIL    ESFREQTBL   ES_FOLDER                        TABLE       14,616     6.26
ES_MAIL    ESFREQTBL   ES_USER                          TABLE        6,251     2.68
ES_MAIL    ESSMLTBL    ES_EXT_HEADER                    TABLE        2,467     1.06
           -------------------------------------------------------------
```

```
Segments by Current Blocks Received  DB/Inst: PROD/PROD1  Snaps: 2239-2240
                                                                    Current
          Tablespace                      Subobject   Obj.           Blocks
Owner        Name      Object Name            Name    Type          Received    %Total
---------- ---------- ------------------- ---------- ---------------- -------
ES_MAIL    ESINFREQID  ES_INSTANCE              TABLE           602,833     80.88
ES_MAIL    ESSMLTBL    ES_EXT_HEADER            TABLE            18,527      2.49
ES_MAIL    ESINFREQID  ES_INSTANCE_IX_TYPE      INDEX            13,640      1.83
ES_MAIL    ESFREQTBL   ES_FOLDER                TABLE            11,242      1.51
ES_MAIL    ESINFREQID  ES_INSTANCE_IX_FOLDE     INDEX             5,026       .67
           -------------------------------------------------------------
```

还可以在部分找到以下信息：

```
-> Total Current Blocks Received:              2,328
-> Captured Segments account for               93.1% of Total
```

额外的信息允许将顶层段的活动与该类别中的整个系统活动进行比较。

10.10.2 ADDM

自动数据库诊断和监视(ADDM)是 Oracle 提供的一个强大工具，有助于数据库的自调优。ADDM 包含以下基础设施组件：

- **MMON** 可管理性监视器是一个新的后台进程，用于完成 ADDM 所需的所有工作。
- **AWR** 自动工作负载资料库是一组用于收集和存储数据库性能统计数据的数据库对象。
- **包** DBMS_ADVISOR 包可用于管理 ADDM。
- **参数** 应该将 STATISTICS_LEVEL 初始化参数设置为 TYPICAL 或 ALL，以便 ADDM 发挥作用。需要设置 DBIO_EXPECTED 参数来表示数据库块的平均读取时间，默认值是 10 000(10ms)，可以使用以下命令设置此参数：

  ```
  Sql> execute DBMS_ADVISOR.SET_DEFAULT_TASK_PARAMETER
  ('ADDM','DBIO_EXPECTED'. 30000)
  ```

- **辅助表空间** 使用辅助表空间(SYSAUX)作为工具为其他组件(AWR、ADDM 等)提供存储空间。默认情况下，辅助表空间是在数据库创建过程中创建的。

ADDM 的目标是优化数据库用于服务用户工作负载的时间。它的唯一目标是减少 DB Time，包括以下两部分：

- **等待时间** 用户会话在等待任何资源时花费的时间。
- **CPU 时间** 处理用户工作时用户会话花费的时间。

MMON 分析存储在 AWR 资料库中的数据，并使用预定义的内置规则建议如何减少 DB Time。它会生成一个包含建议的报告，但不会自动实现它们。调查结果包括：

- **系统容量问题** 分析 CPU 和 I/O 子系统的使用情况。
- **实例管理** 分析实例内存管理参数，如 SGA、重做日志缓冲区和缓冲区缓存，并对其他初始化参数进行优化分析。
- **Java、SQL 和 PL/SQL 调优** 分析高资源消耗的 Java、SQL 和 PL/SQL 语句，以及是否使用了最佳数据访问路径。

- **争用**　在单实例环境中，在单实例以及 Oracle RAC 环境中对争用进行分析，这将考虑 buffer_busy_wait 和所有与全局缓存相关的等待事件。
- **数据库结构**　分析联机重做日志文件的大小。
- **杂项**　分析应用程序连接模式。

10.11　ASH 报告

可以查看 Oracle RAC 的活动会话历史(ASH)报告，以了解 Oracle RAC 集群的性能。ASH 报告提供了关于 Oracle 数据库中会话活动的宝贵统计信息。Oracle 数据库收集关于 Oracle RAC 数据库的所有实例的活动会话的所有信息，并将数据存储在系统全局区域(SGA)中。因为 ASH 报告只包含活动会话的统计信息，所以这些报告可以帮助你了解数据库如何处理工作负载。

ASH 报告有多个部分，但是对于评估 Oracle RAC 数据库的性能，最重要的部分如下：

- **Top Cluster Events**　顶级集群事件部分被折叠到顶级事件报告中。这部分显示集群等待类事件中的会话活动。可以从这部分了解哪些事件和实例负责大多数集群等待事件。
- **Top Remote Instance**　ASH 报告的顶级远程实例部分包含在特定于 Oracle RAC 的顶级负载配置文件报告中。这部分展示集群等待事件和负责大多数集群等待的实例。

10.12　优化集群互连

Oracle 使用集群互连来发送消息以协调数据块访问，并将数据块的副本从一个实例缓存发送到另一个实例缓存，从而优化磁盘 I/O。因此，集群互连性能对 Oracle RAC 性能至关重要。它的配置和正常运行是 Oracle RAC 性能调优中最重要的部分之一。

10.12.1　验证是否使用了私有互连

可以在配置 CRS 时指定私有互连，确保私有互连用于缓存融合流量，还要确保私有互连不被集群节点之间的其他网络密集型函数(例如 ftp 和 rcp)使用，因为这可能会影响 Oracle RAC 的性能。

可以使用以下命令来验证预期的私有互连正在用于缓存融合通信流：

```
SQL> oradebug setmypid
Statement processed.
SQL> oradebug ipc
Information written to trace file.
SQL> oradebug tracefile_name
/u02/app/oracle/diag/rdbms/alpha/alpha1/trace/alpha1_ora_3766.trc
```

这将把跟踪文件转储到 user_dump_dest。输出是这样的：

```
SSKGXPT 0xb466a1e0 flags  sockno 13 IP 10.1.0.201 UDP 42773
SKGXPGPID Internet address 10.1.0.201 UDP port number 42773
```

这表明使用 UDP 协议的 IP 10.1.0.201 用于缓存融合流量。此外，集群互连信息打印在 alert.log 中。

```
Interface type 1 eth1 10.1.0.0 configured from GPnP Profile for use
as a cluster interconnect
Interface type 1 eth0 10.1.1.0 configured from GPnP Profile for use
as a public interface
```

可以查询内部视图 X$KSXPIA，以找到用于缓存融合流量的网络接口。此外，该视图还列出了信息的来源(从中选择 IP 地址，如 OCR 或 cluster_interconnected 参数)。如果从 Oracle 集群注册表中选择 PICKED_KSXPIA，那么列值为 OCR。如果通过 cluster_interconnections 初始化参数选择地址，那么列值应为 CI。

```
SELECT INST_ID,PUB_KSXPIA,PICKED_KSXPIA,NAME_KSXPIA,IP_KSXPIA
FROM X$KSXPIA;
```

```
INST_ID  PUB_KS  PICKED   NAME_KSXPIA      IP_KSXPIA
-------  ------  ------   ---------------- ----------------
      1  N       OCR      eth1             10.1.0.201
      1  Y       OCR      eth0             10.1.1.201
```

10.12.2 互连延迟

后台进程 ping 定期测量网络统计数据。定期(大约每 5 秒)唤醒 ping 进程，测量消息传输和块传输产生的延迟。在每次唤醒时，向所有集群节点发送两条消息(分别为 500 字节和 8192 字节)，计算往返延迟，并在内部维护信息。AWR 还使用此信息显示报告的“互连 Ping 延迟统计信息”部分。内部数据通过 X$KSXPPING 公开。

预先警告，所观察到的延迟可能包括运行 ping 命令的操作系统的清除延迟。对这些数据持保留态度，因为当存在较长的调度延迟或由于主机负载导致的高 IPC 延迟时，可能会产生较长的延迟。因为 ping 不是集群运行的强制进程，而仅仅是诊断进程，所以并没有计划实时运行。实时调度 ping 进程可能会克服上述问题，但是由于流程的重要性(或不重要性)，不建议这样做。建议在默认的分时调度模式下运行 ping 进程。

与往常一样，最好在集群正常运行时建立基线统计信息，并在注意到性能问题时比较 X$KSXPPING 的互连延迟。

注意：*如果发现* ping *进程消耗了大量* CPU，*那么可以通过将参数* ksxp_ping_ enable *设置为* FALSE *来关闭*。

内部视图 X$KSXPCLIENT 提供了 Oracle 11*g* RAC 环境中其他诊断进程生成的网络流量的总体概况。可以使用以下 SQL 查询 ping 进程生成的网络流量：

```
select * from X$KSXPCLIENT where name ='ping';

ADDR                  INDX  INST_ID NAME BYTES_SENT  BYTES_RCV
----------------    ------  ------- ---- ---------- ----------
00000000907CC0E8         9        1 ping     650904     650904
```

10.12.3 验证网络互连未饱和

如前所述，可以使用 AWR 报告分析以下内容：

- Oracle 实例生成的网络流量。确保任何时候生成的流量都不会使私有互连饱和。
- 如 AWR 报告所示，无论网络延迟是否过多，都可以使用 OEM 来监视互连流量。

当看到互连流量达其理论容量的 50%左右时，考虑将网络互连升级到更高的容量。

10.13 本章小结

Oracle RAC 环境中的性能调优类似于单实例环境中的调优，但是对于 Oracle RAC 有一些额外的考虑事项。应用程序分区和性能特性(如 ASM)在 Oracle RAC 中也有很大帮助。缓存常用的序列和选择正确的块大小都对性能有很大的正面影响。

Oracle RAC 等待事件和系统统计信息提供了关于块传输和实例间消息传递的细粒度诊断信息。新的优化技术和改进的统计数据收集指标在全局缓存和队列服务层将性能分析提升到更高的级别。

自动工作负载资料库(AWR)是 Oracle 数据库的性能仓库，AWR 报告提供了大量与 Oracle RAC 性能相关的信息。AWR、ADDM 和 ASH 报告是开始分析 Oracle RAC 性能的好地方。这些工具简化了对 Oracle RAC 性能的分析。

在下一章中，我们将研究 Oracle RAC 环境中的资源管理。

第IV部分

Oracle RAC高级概念

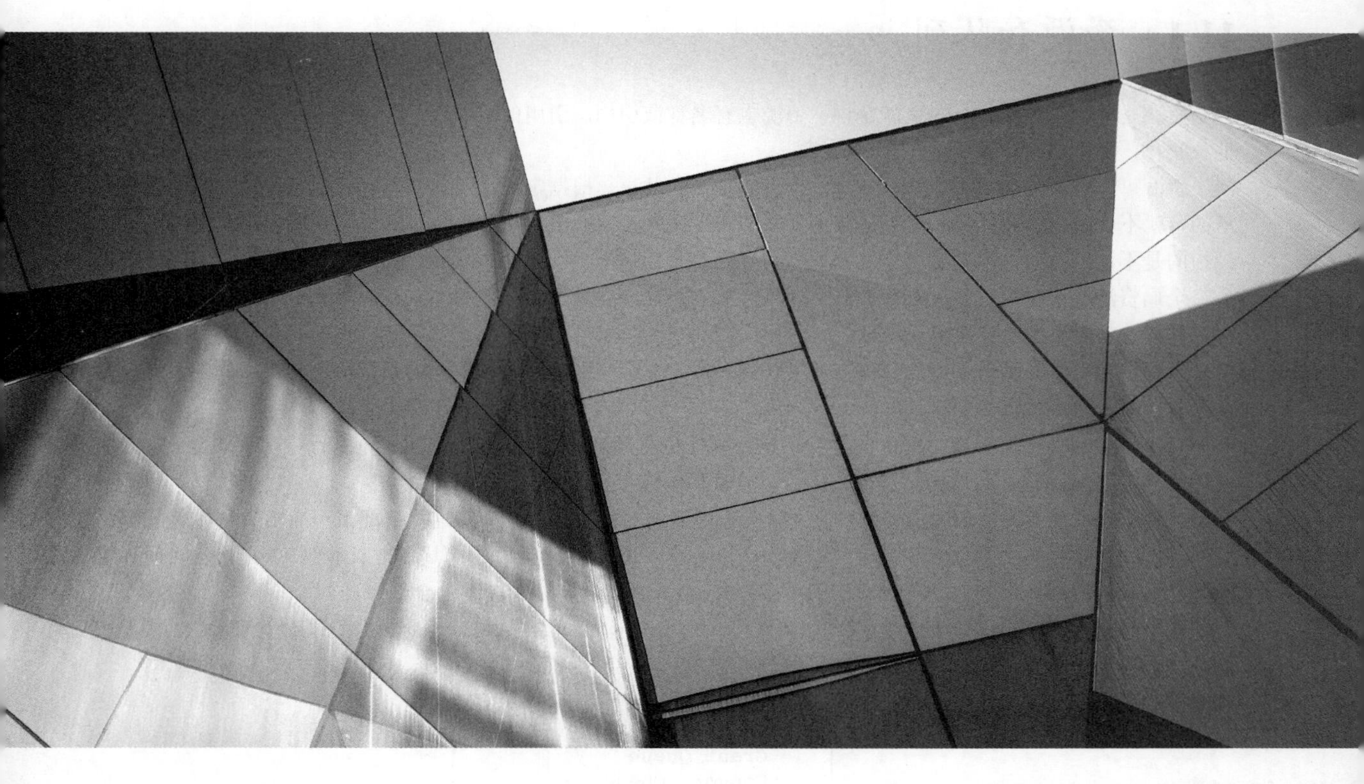

第 11 章

全局资源目录

欢迎来到并行计算环境中的资源管理和实施领域。本章详细讨论资源管理和锁定的问题，以及集群中发生的实例间协调活动。了解锁的内部工作原理将有助于构建 Oracle RAC 解决方案和管理 Oracle RAC 环境。

Oracle RAC 环境包含大量资源，例如不同模式的缓冲区缓存中数据块缓冲区的多个版本。Oracle 在集群中使用不同类型的锁定和队列机制来协调锁资源、数据和实例间的数据请求。我们将研究 Oracle 如何协调这些资源来维护共享数据和资源的完整性。

集群中并发任务的协调称为同步。数据块和锁等资源必须在节点之间同步，因为集群中的节点经常获得和释放它们的所有权。全局资源目录(GRD)提供的同步维护了集群范围内资源的并发性，从而确保了共享数据的完整性。同步所需的数量取决于资源的数量以及在这些资源上工作的用户和任务的数量。协调少量并发任务可能不需要太多的同步，但是对于许多并发任务则需要大量的同步。

缓冲区缓存管理也需要同步，因为它被划分为多个缓存，每个实例负责管理自己本地版本的缓冲区缓存。数据块的副本可以在集群中的节点之间交换。这个概念也称为全局缓存，尽管每个节点的缓冲区缓存是独立的，并且块的副本是通过传统的分布式锁定机制交换的。

全局缓存服务(GCS)跨缓冲区缓存资源维护了缓存的一致性。全局队列服务(GES)控制跨集群的非缓冲区缓存的资源管理。

11.1　资源和队列

资源是可识别的实体——也就是说，资源也有名称或引用。引用的实体通常是内存区域、磁盘文件、数据块或抽象实体，资源的名称就是资源。

资源可以在不同的状态中拥有或锁定，例如独占和共享。根据定义，任何共享资源都是可锁定的。如果不是共享的，就不会发生访问冲突。如果资源是共享的，数据库必须解决访问冲突，通常方法是使用锁。虽然术语锁和资源指的是不同的对象，但是这两个术语通常可以互换使用。

全局资源是可见的，并在整个集群中使用。本地资源只由一个实例使用，并且有可能用锁来控制实例的多个进程的访问，但是不能从实例外部访问。

每个资源可以有消费者列表，称为授予队列。每一个客户机都希望以不同的锁定模式使用相同的资源。转换队列是等待锁定资源的客户机进程队列。

转换是将锁从当前持有的模式更改为另一种模式的过程。即使模式为空，也会被视为持有锁，而不会对资源产生任何利益冲突。有时，当某人持有某物的空锁时，也称为反锁。

转换意味着优化，比如读取器锁，它允许人们对资源进行只读访问，在这种情况下不需要启用完整的全局锁资源。在诸如 TX(事务)这样的队列中也可以使用相同的概念，其中可以使用全局 TX 或本地 TX。默认队列资源的大小是针对本地调用的，当多个用户访问同一资源时，TX 锁就会膨胀为完整的全局资源。

图 11-1 显示了数据块及其结构的授予和转换队列表示形式。数据块资源也称为并行缓存管理(PCM)资源，使用以下格式标识：

```
[0x10000c5][0x1],[BL]
Grant Queue
Convert Queue
Lock Value Block
```

图 11-1　授予队列和转换队列

```
[LE] [Class] [BL]
[0x10000c5][0x1],[BL]
Grant Queue
Convert Queue
Lock Value Block
```

- **LE**　表示数据块地址的锁元素，在 V$BH.LOCK_ELEMENT_ADDR 中可见。
- **Class**　块所属的类，在 V$BH.CALSS#(data,undo,temp 等)中可见。
- **BL**　缓冲区缓存管理锁(或缓冲区锁)。

数据缓冲区缓存块是最明显、最常用的全局资源。集群中的其他数据资源也是全局的，比如事务队列、库缓存和共享池数据结构。

GCS(并行缓存管理或 PCM)处理数据缓存块。GES(非并行缓存管理或非 PCM)处理非数据块资源。全局资源管理器(GRM)在集群中保持锁信息的有效性和正确性。

11.1.1　授予和转换

数据库将锁放在资源授予或转换队列上。如果锁模式发生更改，数据库将在队列之间移动锁。如果授予队列上存在多个锁，那么它们必须是兼容的。相同模式的锁不一定彼此兼容。

注意：第 2 章讨论了锁会话和 DLM 锁的兼容性矩阵，本章稍后将讨论 GES 锁的管理。

锁会在下列任何条件下离开转换队列：

- 进程请求终止锁(即删除锁)。
- 进程取消转换，锁将在前一模式下移回授予队列。
- 请求模式与授予队列中最严格的锁以及转换队列的所有先前模式兼容，并且锁位于转换队列的头部。

图 11-2 显示了锁的转换机制。转换请求以先入先出(FIFO)方式处理。

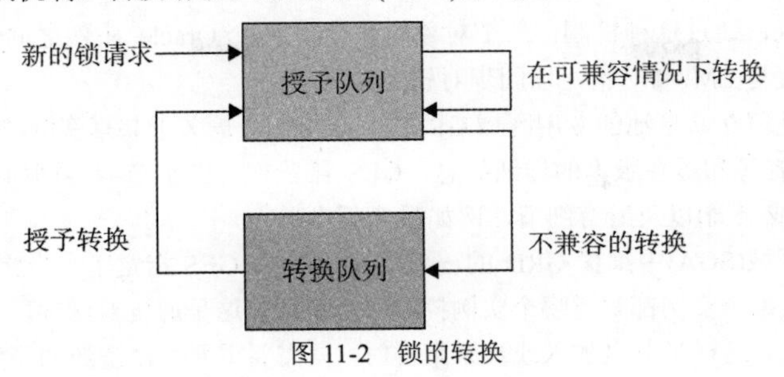

图 11-2　锁的转换

授予队列和转换队列与 GES 管理的每个资源相关联。下面的示例详细讨论了有关锁模式兼容性的操作序列。这是数据库在资源的授予队列或资源队列上放置锁的一个例子：

(1) 数据库授予一个可共享的读锁。

(2) 数据库授予另一个可共享的读锁。这两个读锁是兼容的，可以驻留在授予队列中。

(3) 将另一个可共享的读锁放在授予队列上。

(4) 将其中一个锁转换为 share NULL。这种转换可以在适当的地方完成，因为这是一种简单的降级。

(5) 另一个锁尝试转换为独占写锁。锁必须放在转换队列上。

图 11-3 显示了在所有五个阶段中感兴趣资源的授予和转换队列操作。

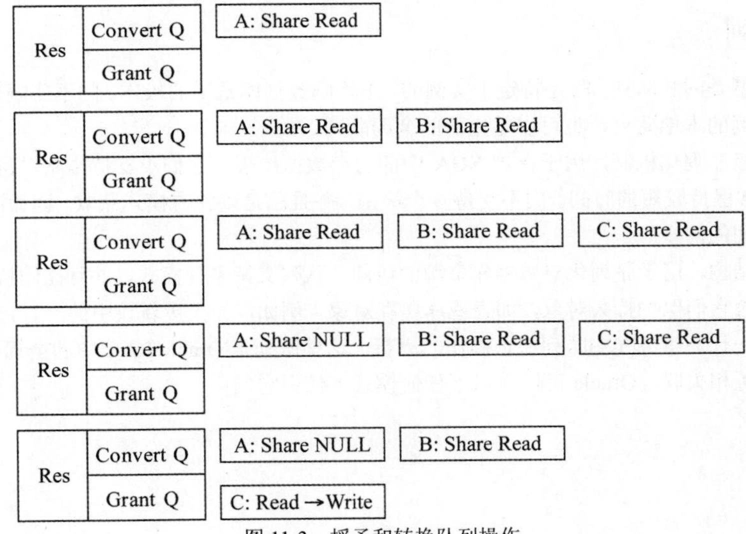

图 11-3　授予和转换队列操作

11.1.2　锁和队列

队列是支持排队机制的锁，可以在不同的模式下获得。队列可以由一个进程以独占模式保存，其他进程可以根据类型以非独占模式保存。

除了作用域外，Oracle RAC 数据库中的队列与 Oracle RDBMS 的单个实例中使用的队列相同。一些队列是实例的本地队列，另一些是全局队列。TX 队列保护事务，不管是针对单个实例还是集群环境。然而，临时表空间队列是其所在实例的本地表空间。

11.2　缓存一致性

在缓存一致性方面，不同节点上缓存的内容相对于彼此处于明确定义的状态。缓存一致性标识资源的最新副本。在节点失败的情况下，不会丢失任何重要信息(例如提交的事务状态)，并维护原子性。这需要额外的日志记录或数据复制，但不是锁定系统的一部分。

缓存一致性是一种机制，通过这种机制，一个对象的多个副本在 Oracle 实例之间保持一致。后台进程 LCKx 负责这项重要任务。此进程与 LMD0 对话，以同步对资源的访问。

例如，锁和资源结构驻留在共享池的专用区域 GRD 中。GRD 维护关于共享资源(如数据块)的信息。

GCS 维护关于数据块资源和缓存版本的详细信息。GES 维护额外的细节——例如最新版本的位置、缓冲区的状态、数据块的角色(本地或全局)以及所有细节，例如最新版本。

每个实例在系统全局区域(SGA)中维护 GRD 的一部分。GCS 和 GES 指定了一个实例(称为资源主实例)来管理关于特定资源的所有信息。每个实例都知道哪个实例控制哪个资源。这是通过对缓冲区的数据块地址使用简单的哈希函数来确定主地址完成的，这样当节点加入或离开集群时，只需要重新存储资源的子集。GCS 通过使用缓存融合算法来保持缓存的一致性。

GES 管理所有非缓存融合实例间的资源操作，并跟踪所有 Oracle 队列机制的状态。GES 控件的主要资源是字典缓存锁、库缓存锁和标准队列。GES 还对所有死锁敏感的队列和资源执行死锁检测。

11.3 全局队列服务

GES 协调所有全局队列(任何非缓存资源)的请求，在 Oracle RAC 中与锁管理单线接触，还涉及死锁检测和请求超时。在正常操作期间，GES 管理缓存并在集群重新配置期间执行清理操作。

11.3.1 闩和队列

本地锁的两种类型是闩和队列。闩是特定于实例的，不影响数据库范围的操作。闩不影响集群环境的全局操作。然而队列既可以是实例的本地队列，也可以是集群的全局队列。

闩是轻量级的低级序列化机制，用于保护 SGA 中的内存数据结构。它们不支持排队，也不保护表或数据文件等数据库对象。闩通常保持较短的时间。闩不支持多个级别，并且总是以独占模式获取。因为闩是在节点内同步的，所以它们不促进节点间的同步。

队列是一种共享结构，用于序列化对数据库资源的访问。队列支持多种模式，并且比闩持有的时间更长。它们具有数据库范围，因为它们保护持久对象，如表或库缓存对象。例如，如果更新块中的一行，则任何其他实例中的任何人都不能更新同一行。事务(TX)队列保护操作的更新，这种队列是 Oracle RAC 中的全局锁。

队列与会话或事务相关联，Oracle 可以在以下任何模式下使用它们：

- 共享或保护读
- 独有的
- 保护写
- 并发读
- 并发写
- NULL

根据对资源的操作，数据库获得资源上的队列锁。以下列表为相关操作提供了最常见的锁定模式：

```
Operation                        Lock Mode   LMODE   Lock Description
-------------------------        ---------   -----   ----------------
 Select                          NULL        1       null
 Lock For Update                 SS          2       sub share
 Select For update               SS          2       sub share
 Insert/Delete/Update            SX          3       sub exclusive
 Lock Row Exclusive              SX          3       sub exclusive
 Create Index                    S           4       share
 Lock Share                      S           4       share
 Lock Share Row Exclusive        SSX         5       share/sub exclusive
 Alter/Drop/Truncate table       X           6       exclusive
 Drop Index                      X           6       exclusive
 Lock Exclusive                  X           6       exclusive
 Truncate table                  X           6       exclusive
```

当会话正在等待特定的排队等待事件时，也正在等待另一个用户(或会话)持有的 Oracle 锁，锁的模式与请求的模式不兼容。下面是队列模式的兼容性矩阵：

兼容性	NULL	SS	SX	S	SSX	X
NULL	Yes	Yes	Yes	Yes	Yes	Yes
SS	Yes	Yes	Yes	Yes	Yes	No
SX	Yes	Yes	Yes	No	No	No
S	Yes	Yes	No	Yes	No	No
SSX	Yes	Yes	No	No	No	No
X	Yes	No	No	No	No	No

队列可在各种锁模式下获得。表 11-1 总结了每种锁模式，并给出了详细描述；此信息对于单实例和多实例数据库都是通用的。

注意：有关锁的基本原理的完整和详细讨论，请参阅 Oracle 文档 *Oracle Database Concepts* (*Oracle 12c Release 2*)，具体参见里面的第 9 章中关于 Oracle 数据库锁机制的概述。

表 11-1　锁模式概要

模式	概要	描述
NULL	空模式，资源上没有锁	传递没有访问权限。通常，在这个级别持有一个锁，以指示进程对某个资源感兴趣，或者将其用作占位符。一旦创建了 NULL 锁，NULL 锁将确保请求者始终对资源具有锁；当需要进行访问时，DLM 不需要不断地创建和销毁锁
SS	子共享模式(一致读)	相关资源可以不受保护的方式读取，其他进程可以对相关资源进行读写。这种锁也称为 RS(行共享)表锁
SX	共享独占模式(一致写)	相关资源可以不受保护的方式读写，其他进程可以读写资源。这种锁也称为 RX(行独占)表锁
S	共享模式(保护读取)	单个进程不能写入相关的资源，但是多个进程可以读取它们。这是传统的共享锁。任意数量的用户都可以同时对资源进行读访问。共享访问适合于读操作
SSX	子共享独占模式(保护写)	在这个级别，只有一个进程可以持有锁。这允许一个进程修改资源，而不允许其他进程同时修改资源。其他进程可以执行不受保护的读取。这种传统的更新锁也称为 SRX(共享行独占)表锁
X	独占模式	在此级别持有锁时，授予持有进程对资源的独占访问权。其他进程不能读写资源。这是传统的独占锁

11.3.2　全局锁数据库和结构

每个节点都包含一组资源的目录信息。要定位资源，目录服务使用资源名称上的哈希函数来确定哪个节点持有资源的目录树信息。数据库将锁请求直接发送到持有节点。GRD 还存储关于资源锁、转换器和授予队列的信息。当进程请求同一节点拥有的锁时，将在该节点的本地创建上述结构。在本例中，目录节点与主节点相同。

Oracle RAC 中的 GES 层在集群中的所有活动实例之间同步全局锁。全局锁主要有两种类型。

- GCS 用于缓冲区缓存管理的锁，这些锁称为并行缓存管理(PCM)锁。
- 全局锁，如全局队列，Oracle 在集群内同步以协调非 PCM 资源。数据库使用这些锁来保护队列结构，它们由 GES 管理。全局锁称为非 PCM 锁。非 PCM 锁的典型例子是 RMAN 在备份过程中需要获得的控制文件队列。

GES 跟踪所有 Oracle 锁及相应资源的状态。全局锁是在实例启动期间分配和创建的，每个实例拥有或掌握一组资源或锁。

集群实例中的后台进程(而不是事务)持有全局锁。当资源进入实例的 SGA 时，实例拥有一个全局锁来保护资源，例如数据块或数据字典条目。GES 只管理由多个实例访问的资源的锁。在下面的内容中，我们只讨论非 PCM 协调(非

PCM 锁)。

1. GES 锁

有许多非 PCM 锁可以控制对数据文件和控制文件的访问，并序列化实例间通信。它们还控制库缓存和字典缓存。这些锁保护的是数据文件，而不是文件内的数据文件块。这些示例包括 DML(数据操作语言)队列(表锁)、事务队列和 DDL(数据定义语言)锁或字典锁。系统更改号(SCN)和挂载锁都是全局锁而不是队列。

事务锁或行级锁

Oracle 的行级锁是 RDBMS 中最复杂的特性之一，也是最难理解的话题之一。行级锁在事务期间保护数据块中选定的行。事务为每一行获取一个全局队列和一个独占锁，每一行都可以通过以下语句之一修改：INSERT、UPDATE、DELETE 或带有 UPDATE 子句的 SELECT 语句。

数据库将这些锁存储在块中，每个锁都引用全局事务队列。因为数据库在块级别存储锁，所以它们在数据库级别的范围更广。事务开始第一次更改时，将以独占模式获取事务锁，并且一直保持到事务提交或回滚。SMON 还在恢复(撤销)事务时以独占模式获取事务。数据库使用事务锁作为进程的排队机制，等待由正在进行的事务锁定的对象的释放。

行级锁的内部实现

Oracle 数据库在数据文件中创建每个数据块(临时段和回滚段除外)，并使用预定义的事务槽数(undo 段有不同类型的事务槽，称为事务表)。这些事务插槽称为感兴趣的事务列表(ITL)，由 INITRANS 参数控制。INITRANS 的默认值 2 指的是表，3 指的是索引段。

每个事务槽占用数据块头部变量部分的 24 字节空闲空间。最大事务槽数由 MAXTRANS 参数控制。但是数据块头部的大小不能超过数据块大小的 50%。这限制了数据块中事务槽的总数。

每个影响数据块的 DML 锁都会获得 ITL 插槽。ITL 包含事务 ID(XID)，XID 是指向回滚段的事务表中条目的指针。另一个事务总是可以从回滚段读取数据。如果新事务想要更新数据，它们必须等到当前事务提交或回滚。

任何对获取属于数据块的行上的 DML 锁感兴趣的事务都必须在继续之前获得一个 ITL 插槽。ITL 条目由 XID、undo 字节地址(UBA)、指示事务状态的标志和锁计数器(Lck)组成，锁计数器显示事务在块中锁定的行数和更新事务的 SCN。XID 唯一地标识事务，并提供关于事务的 undo 信息。图 11-4 显示了块和 ITL 以及事务表之间的关系链接。

事务表

事务表是回滚段中的数据结构，用于保存使用回滚段事务的事务标识符。事务表中的行数等于回滚段中的事务槽数，并且可以通过内部视图 X$KTUXE(仅在以 SYS 身份登录时可用)查看。

事务 ID(XID)由三部分组成：撤销段号、撤销段槽号和撤销段中的换行号(USN.SLOT#. WRAP #)。可以查询动态性能视图 V$TRANSACTION，以获得关于特定事务的更多细节。

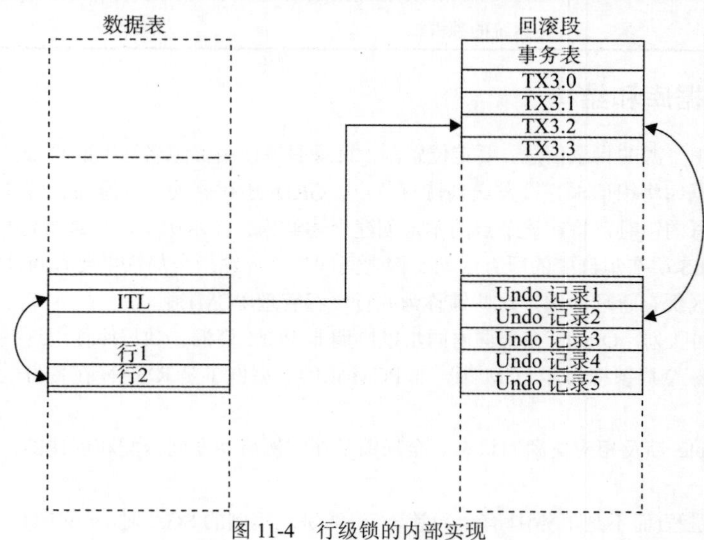

图 11-4 行级锁的内部实现

当提交事务时，Oracle 完成事务提交操作的最低要求，从而优化系统以获得更高的吞吐量。这涉及更新回滚段中的事务表中的标志，并且不会重新访问数据块。这个过程称为快速提交。在此期间，数据块中的 ITL(称为 open ITL)仍然指向对应回滚段中的事务表。如果实例在提交(或回滚)事务之前崩溃，则在下一次由回滚段中的数据打开数据库时执行事务恢复。

如果在同一时间或稍后的某个时间，另一个事务访问数据块(其中有一个 open ITL)以获得一致读取的副本(CR)，将查找事务表以查找事务的状态。如果事务未提交，则第二个事务在内存中创建数据或索引块的副本，从 ITL 获取 UBA，从 undo 块读取数据，并使用它们回滚撤销定义的更改。如果 undo 没有使用 SCN 填充 ITL，或者 SCN 太旧，则会生成数据块的另一个副本，并再次从 undo 块读取数据，以撤销下一个更改。事务表中的 UBA 用于由于 rollback 命令、进程失败或 shutdown immediate 命令而回滚整个事务。

如果提交了数据表中事务的状态，则视为提交了事务。现在行不再被事务锁定，但是直到数据库下一次对块执行 DML 操作时，才会清除行头中的锁字节。锁字节清除与 DML 操作一起使用。

由于快速提交(称为延迟块清除)，块清除被某个离散时间间隔延迟。此清除操作将关闭已提交事务的 open ITL 并生成 redo 信息，因为块清理可能涉及使用新的 SCN 更新块。这就是为什么会看到一些 SELECT 语句的 redo 生成的原因。

2. 表锁

表锁(TM)是保护整个表的 DML 锁。当表被以下语句之一修改时，事务将获得表锁：INSERT、UPDATE、DELETE、带有 FOR UPDATE 子句的 SELECT 或 LOCK TABLE 语句。表锁可通过以下任何一种模式持有：null(N)、row share(RS)、row exclusive(RX)、share lock(S)、share row exclusive(SRX)或 exclusive(X)。

11.3.3 Oracle RAC 中的消息传递

实现节点间并行处理的同步工作时，理想的方法是使用连接并行处理器的高速互连。对于单个节点内的并行处理，不需要消息传递；数据库使用共享内存。DLM 处理节点之间的消息传递和锁定。当多个进程希望在单处理器体系结构中使用处理器时，将使用中断。共享内存和信号量用于多个进程在对称多处理(SMP)系统中进行通信。

在 Oracle RAC 中，GES 使用消息传递进行实例间通信。进程间/节点间通信的实现由消息和异步陷阱(AST)完成。数据库使用消息传递进行实例内通信(同一节点上相同实例的进程之间的通信)和实例间通信(其他节点上进程之间的通信)。

实例的 LMON 进程与其他服务器上的其他 LMON 进程通信，并使用相同的消息传递框架。类似地，来自实例的 LMD 进程使用消息与其他 LMD 进程通信。任何进程的锁，客户端都执行直接发送。

虽然 GRD 是 RDBMS 内核的一部分，但是需要资源上的锁句柄的进程并不直接访问资源目录。这是由请求实例的 LMD 到主实例的后台消息完成的。

接收到消息后，GRD 中的锁句柄将使用新信息进行更新。返回的消息用于确认为资源上的一组操作授予了权限。这有助于死锁检测和避免。可以从固定视图 V$GES_MISC 获取消息传递流量信息。

1. 三方锁消息

GES 使用消息传递或实例间和进程间通信。实例间消息传递用于在来自一个实例的 LMON 进程和另一个实例的 LMON 进程之间传递消息。实例内或进程间通信用于 LMON 希望与 LMD 进程通信时。

在实例间消息传递中，最多涉及三方。让我们回顾一种典型的三方通信。三方锁消息最多涉及三个节点，即主(M)实例、持有(H)实例和请求(R)实例。图 11-5 显示了消息序列，其中请求实例 R 对持有实例 H 中的块 B1 感兴趣。

(1) 实例 R 从 GRD 获取关于资源的所有权信息，GRD 维护锁所有权和当前状态等细节。然后实例 R 将消息发送给主实例 M，请求访问资源。数据库通过直接发送方式发送此消息，因为它很重要。

(2) 实例 M 接收消息并将请求转发给实例 H。消息也通过直接发送方式发送。消息被称为阻塞异步陷阱(BAST)。

(3) 实例 H 将资源发送给实例 R，并使用高速互连传输资源。数据库将资源复制到请求实例的内存中。

(4) 实例 R 在接收到资源并锁定资源的句柄后，向实例 M 发送确认消息。这不是关键信息，这个过程称为捕获异步陷阱(AAST)。

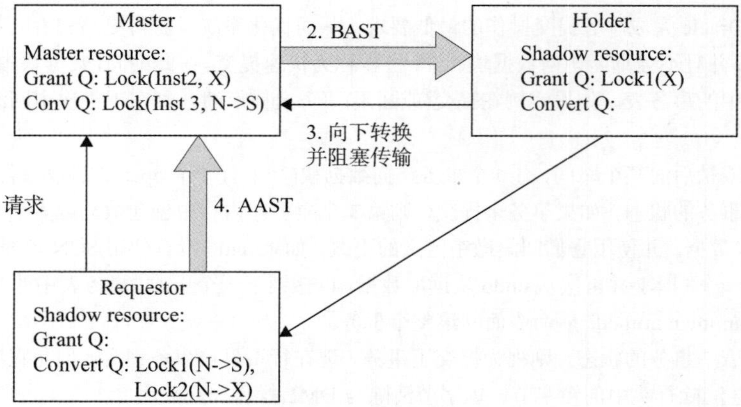

Master
Master resource:
Grant Q: Lock(Inst2, X)
Conv Q: Lock(Inst 3, N->S)
2. BAST
Holder
Shadow resource:
Grant Q: Lock1(X)
Convert Q:
3. 向下转换
并阻塞传输
1. 请求
4. AAST
Requestor
Shadow resource:
Grant Q:
Convert Q: Lock1(N->S),
Lock2(N->X)

图 11-5 三方锁消息

2. 异步陷阱

当进程请求资源上的锁时，GES 发送阻塞 AST(BAST)来通知持有者，持有者是当前在不兼容模式下拥有资源锁的另一个进程。当持有者从请求者那里接收到 BAST 时，锁的所有者可以放弃它们，以允许请求者访问。

当请求进程获得锁时，发送获取 AST(AAST)来告诉请求者现在拥有锁。LMD 或 LMS 向提交锁请求的进程交付 AST。这是通过将所有消息发送到远程节点上的 LMD 来完成的，然后 LMD 将消息转发到早期版本中实际的等待进程。

3. TX 队列关联优化

通过掌握这些资源，启动事务的实例将控制 TX 队列。此优化旨在减少运行活动事务的节点上的 TX 排队等待。这种资源主控权优化是基于哈希的资源主控权的例外。

优化目前使用 16 个节点，当超过 16 个节点时，优化将被关闭。但是可以通过将参数_lm_tx_delta 增加到更大的值来实现这一点，以适应实例总数。当事件 enq: TX contention 是 Oracle RAC 环境中最常见的等待事件之一时，可能是因为事务正在等待远程控制的 TX 队列。

默认情况下，TX 队列应该在本地分配，但在某些情况下，数据库不会强制执行这种优化。当前，当 cluster_database_instances >_lm_tx_delta 值时，TX 优化将被禁用。因为_lm_tx_delta(未文档化的)初始化参数的值默认为 16，所以如果超过 16 个实例或将 cluster_database_instances 设置得太高，系统可能会经历这种等待。但是，在 Oracle RAC 11.2 版本中，这应该不是问题，因此可能没有必要为 Oracle RAC 12*c* 增加这个参数的值。

4. 消息传递死锁

如果一个进程(A)正在等待向另一个进程(B)发送 BAST 以获取锁，而另一个进程(B)正在等待等待进程持有的锁，则可能发生死锁。在这种情况下，第一个进程(A)不会检查 BAST，因此它看不到自己阻塞了另一个进程。因为太多的编写器试图发送消息(称为 BAST-only 消息)，而没有人读取消息来释放缓冲区空间，所以会发生死锁。

5. 消息流量控制器(TRFC)

GES 依赖于用于资源管理的消息。这些消息通常很小(128 字节)，如果消息数量很高(取决于资源数量)，那么互连将发挥很大的作用。理想情况下，互连应该是轻量级的或低延迟的，以便减少死锁。为了简化消息流并避免死锁，消息流量控制器引入了一种票务机制来保证消息流的流畅。

通常，发送消息时使用消息序列号和控制消息流的票务。通过这种方式，接收方确保从发送方接收到所有消息。TRFC 控制集群中所有节点之间的 DLM 流量，方法是缓冲发送方发送的数据(在网络拥挤的情况下)，使发送方等待，直到网络带宽足够大以容纳流量。

消息流量控制器将在预留池中保留预定义数量的票务。票务池的大小取决于网络发送缓冲区大小的函数。

发送消息的任何进程都应该在发送消息之前获取票务，然后在消息发送后将票务返回到池中。数据库根据远程接收方接收到的报告中的消息数量，将接收方(LMS 或 LMD)使用的票务释放回池中。这类似于数据块中的事务插槽条目，任何 DML 锁都应该在修改数据块之前获得 ITL 插槽。

如果没有可用的票务，数据库将缓冲发送方的消息，并在票务可用时发送它们。可以使用隐藏的初始化参数

_lm_tickets 控制票务的数量。通常不需要调整此参数，除非大型发送队列影响了系统性能。

可以从 V$GES_TRAFFIC_CONTROLLER 视图获得票务的可用性并发送队列详细信息。节点依赖于从远程节点返回的消息来释放可重用的票务。这种票务机制允许消息的流畅流动。

以下查询提供了票务使用细节的快照：

```
SQL> SELECT LOCAL_NID LOCAL ,REMOTE_NID REMOTE,TCKT_AVAIL AVAILABILITY,
  2 TCKT_LIMIT LIMIT,SND_Q_LEN SEND_QUEUE,TCKT_WAIT WAITING
  3 FROM V$GES_TRAFFIC_CONTROLLER;

     LOCAL     REMOTE  AVAILABILITY      LIMIT  SEND_QUEUE    WAITING
----------  ----------  ------------  ----------  ----------  ----------
         0          1           750        1000           0         NO
         0          1           750        1000           0         NO
         0          1           750        1000           0         NO
```

Oracle RAC 数据库使用另一种机制来帮助避免票务用光。如果可用票务的数量低于 50，则启用 active send back 功能来进行积极的消息传递。这有助于交通管制员保持速度。可以通过_lm_ticket_active_sendback 参数配置触发活动发送回票务的数量。

可以运行前面的查询来监视票务的使用情况和可用性。需要特别注意 TCKT_WAIT 列，它在消息等待票务时显示 YES。如果正在等待票务，需要检查 TCKT_LIMIT 和 TCKT_AVAIL 列，它们分别显示当时的票务限制和票务可用性。

在极端情况下，前面的查询可能会挂起，因为要获得关于票务的可用性信息，票务是必需的。在这些条件下，会话将等待 KJCTS: client waiting for tickets 等待事件。另外，对 oradebug 使用 lkdebug -t 选项也可以将票务信息转储到跟踪文件中：

```
oradebug setmypid
oradebug unlimit
oradebug lkdebug -t
```

11.4　全局缓存服务

GCS 还使用锁来协调多个实例的共享数据访问。这些与 GES 使用的队列锁不同。这些 GCS 锁只保护全局缓存中的数据块。

GCS 锁可以在共享模式或独占模式下获得。每个锁元素都可以将锁的角色设置为本地或全局的。如果锁的角色是本地的，则可以按照单个实例中的处理方式处理块。如果在缓冲区缓存中没有看到块，则使用本地模式从磁盘读取块，当持有锁模式 X 时，可以将块写入磁盘。

在全局角色中，可以使用三种锁模式——共享模式、独占模式和 null 模式。实例只能使用独占模式(X)修改块。如果锁的角色是全局的，实例将不能像在单实例模式中那样从磁盘读取块，必须经过主实例，并且只能在主实例的指令下读写磁盘。否则，必须等待来自另一个实例的缓冲区。

GCS 在 SGA 中维护锁和状态信息。GCS 存储在名为锁元素的内部数据结构中，此外还拥有由相应的锁元素覆盖的缓存缓冲区链。锁元素在固定表视图 V$LOCK_ELEMENT 中公开，其中显示了锁元素、缓冲区类和缓冲区的状态。

11.4.1　锁的模式和角色

锁模式描述对资源的访问权限。兼容性矩阵是集群范围的。例如，如果资源在实例上有 S 锁，那么资源的 X 锁就不能存在于集群中的任何其他位置。锁的角色描述如何处理资源。如果块只驻留在一个缓存中，则处理方法会有所不同。

缓存融合改变了 Oracle 服务器中 PCM 锁的使用，并将这些锁通过 IPC 系统传送块联系起来。目标是将锁的模式与分配给锁的持有者的角色分开，并维护关于整个系统中块的过去镜像版本的知识。

1. 全局锁模式

GCS 锁使用以下模式：独占模式(X)、共享模式(S)和 null 模式(N)。实例可以获得一个全局锁，根据需要的访问类型，可以共享或独占模式覆盖一组数据块。

独占模式在更新或任何 DML 操作期间使用。DML 操作要求块处于独占模式。如果一个实例需要更新由另一个实例以不兼容模式拥有的数据块，则第一个实例要求 GES 请求第二个实例放弃全局锁。

共享模式允许实例读取(SELECT)块。多个实例可以在共享模式下拥有全局锁，只要它们正在读取数据。所有实例都可以读取数据块，而不需要更改其他实例的锁状态。这意味着实例不必放弃全局锁以允许另一个实例读取数据块。换句话说，读取不需要任何显式的锁定或锁转换，无论是单个实例还是 Oracle 的集群实现。

null 模式允许实例在没有任何权限的情况下保留锁。使用 null 模式无须不断创建和销毁锁。锁只是从一种模式转换到另一种模式。

2. 锁的角色

锁的角色处理缓存融合功能。锁的角色可以是本地的，也可以是全局的。如果块仅在本地缓存中是脏的，那么锁的角色是本地的。如果块在远程缓存或多个缓存中是脏的，那么锁的角色变为全局的。

最初，块是在没有过去镜像的本地角色中获取的。如果在本地修改了块，并且其他实例对块有兴趣，那么持有块的实例将保存过去镜像(PI)并提供块的副本，然后角色将成为全局的。

PI 表示脏缓冲区的状态。修改块的节点会保留 PI，因为锁的角色在另一个实例对这个块有兴趣后变为全局的。PI 块用于跨集群的高效恢复，可用于满足远程或本地的 CR 请求。

节点必须保存一个 PI，直到收到来自主节点的通知，表明对磁盘的写操作已经完成，覆盖了旧版本。然后节点记录块写记录(BWR)。BWR 对于正确性恢复是不必要的，所以不需要进行刷新。

当新的当前块到达一个节点时，之前的 PI 保持不变，因为其他节点可能需要。当块从一个包含 PI 和当前版本的节点中脱离出来时，它们可能组合成一个 PI，也可能不组合成一个 PI。在执行 ping 命令时，主实例会告诉持有者是否正在进行覆盖旧 PI 的写操作。如果写操作没有进行，现有的当前块将替换旧的 PI。如果写入正在进行，并且合并向未完成，那么现有的当前块将成为另一个 PI。可以存在数量不定的 PI。

3. 本地和全局角色

在本地角色中，只允许 S 和 X 模式。所有更改都在磁盘版本上发生，除了任何本地更改(X 模式)。当主实例请求时，持有实例将块的副本提供给其他实例。如果块是全局清除的，那么锁的角色仍然是本地的。如果实例通过脏数据修改了这个块并传递，则保留一个 PI，锁的角色变为全局的。如果块不在缓存中，锁模式将从磁盘读取数据。如果锁模式为 X，则可以向块写入数据。

本地角色声明了可以类似于在单实例模式中处理块的方式处理块。在本地角色中，锁模式从磁盘读取脏块，并在磁盘因老化而不再执行任何 DLM 活动时将脏块写回磁盘。

在全局角色中，可能的锁模式是 N、S 和 X。如果一个块的锁角色是全局的，那么该块在任何实例中都可能是脏的，磁盘上的版本可能已经过时。因此，感兴趣的进程只能使用 X 模式修改块。实例不能从磁盘读取，因为不知道磁盘副本是否为当前的。持有实例可以在主实例的指示下将副本发送给其他实例。实例可以在 X 模式或 PI 中写入块，并且写请求必须发送给主机。

4. 锁元素

锁元素(LE)保存锁状态信息(转换、授予等)。LE 由锁进程管理，以确定锁的模式。LE 还拥有一条由 LE 覆盖的缓存缓冲区链，允许 Oracle 数据库跟踪必须写入磁盘的缓存缓冲区，以防需要降级 LE(模式)(X→N)。

图 11-6 显示了 LE 和哈希链。

LE 保护缓冲区缓存中的所有数据块。下面描述 Oracle 数据块所属的类，这些数据块由 LE 使用 GCS 锁来管理。锁元素所属的类被直接映射到 X$BH.CLASS。X$BH 的列状态可以包含以下值之一：

- 0 或 FREE
- 1 或 EXLCUR
- 2 或 SHRCUR
- 3 或 CR

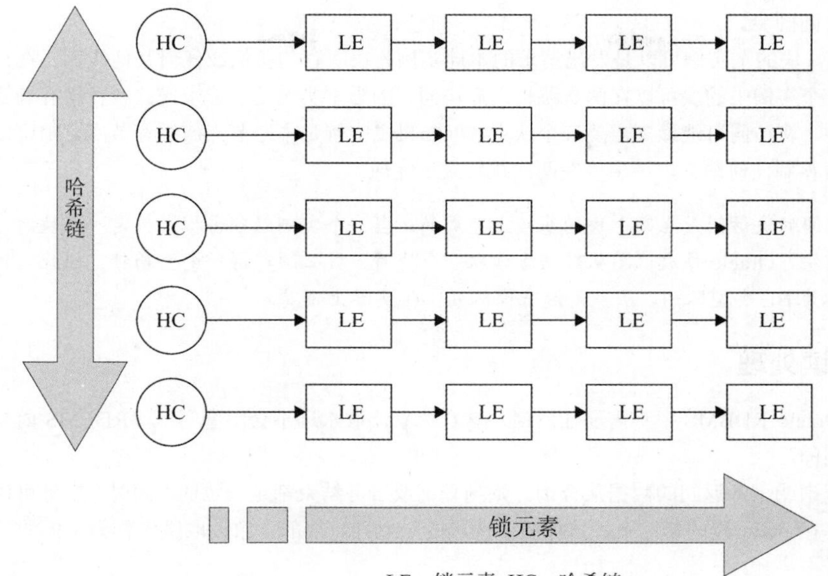

LE：锁元素 HC：哈希链
哈希桶数=哈希链数= LPRIM(_db_block_buffers)
图 11-6　锁元素和哈希链

- 4 或 READING
- 5 或 MRECOVERY
- 6 或 IRECOVERY
- 7 或 WRITING
- 8 或 PI

GCS 管理 GRD 中的 PCM 锁。PCM 锁管理全局缓存中的数据块。由于缓冲区缓存是全局的，如果在本地缓存中没有找到缓冲区，那么块可能缓存在其他实例的缓冲区缓存中。GCS 如果没有在任何实例中找到块，它将指示请求实例进行磁盘读取。

GCS 监视并维护所有实例中块的列表和模式。根据请求和可用性，GCS 要求持有实例将块发送给请求实例，或者指示请求实例从磁盘读取块。所有类型的块都以一致的方式在实例之间复制，并且可以请求写或读。

共享数据库中的数据库块可以缓存到应用程序使用的任何实例的缓存中。本地缓存未命中，将咨询 GCS 以确定请求的块是否由另一个实例缓存。如果块在缓存中，GCS 将通知实例哪个节点持有请求块上的锁(潜在的持有者)。如果节点的缓存中仍然有块，就向请求者发送块的副本。如果块不在节点的缓存中，GCS 将授予请求者访问权限，将块从磁盘读取到请求者的缓存中。这些事件的频率和分布取决于应用程序。

每个数据库块都有一个主实例，其中块的完整锁状态是已知的。每个实例都是一些数据块的主实例。资源实例和主实例具有一对一的关系。一个资源不能掌握在多个实例中，但是一个实例可以掌握多个资源。

尽管 Oracle RAC 中可能有多个实例使用同一组资源，但是只允许一个实例修改一个块。GCS 要求实例在修改或读取数据库块之前获得锁，从而确保缓存的一致性。不要将 GCS 锁与单实例环境中的行级锁混淆。行级锁仍然与 PCM 锁一起使用。

行级锁独立于 GCS 锁。GCS 锁确保块只被一个实例使用，行级锁在行级管理块。GCS 确保当前模式缓冲区对一个实例来说是独占的，并且允许共享模式下的其他实例使用预镜像。

如果另一个实例需要读取块，那么块的当前版本可能驻留在共享锁下的许多缓存中。因此，所有 SGA 中块的最新副本包含所有实例对块所做的所有更改，而不管这些实例上是否提交了任何事务。

同时，如果在一个缓冲区缓存中更新了块，那么在其他缓冲区缓存中缓存的副本将不再是当前的。修改操作完成后可以获得新的副本。这就是所谓的 CR block fabrication。通常，当以这种模式为查询请求块时，就会发生 CR 构建。简单地说，如果查询需要修改块的副本，就会构建一个 CR 副本。在单实例环境中，这个过程非常简单直观，因为可以在本地缓存中找到所需的所有信息。在 Oracle RAC 中，需要进行额外的处理和消息传递，以便使缓冲区缓存在所有节点之间同步。

在 CR 构建中，块的主实例可以是发出请求的本地实例、块缓存的实例或任何其他实例。在只有两个节点的集群中，缓存在另一个实例中的块可以在两次跳转之后访问，因为主实例处于请求模式或在缓存节点上。在具有两个以上节点的集群中，块访问可能最多需要三个跃点，但如果主实例是本地节点或缓存节点，则可以在两个跃点中完成。如果块没有缓存到任何地方，请求将在两次跳转之后完成。

注意： 实例之间的块访问是在每个块的基础上完成的。当一个实例以独占模式锁定一个块时，其他实例不能以相同的模式访问该块。Oracle 每次试图从数据库读取一个块时，就必须获得一个全局锁。因此，锁的所有权被分配给实例。块锁也称为 BL 类型队列，虽然看起来像队列，但实际上不是。

11.4.2 一致读处理

SELECT 在 Oracle RDBMS 中不需要任何锁，这意味着读取永远不会阻塞写入。RDBMS 内核中的一致读(CR)机制是支持跨实例的。

一致读确保查询或事务返回的数据从查询开始到查询或事务结束都是一致的。同时，事务可以看到自己提交的和未提交的更改。在 undo 段的帮助下，这保证了读取的一致性。块的一致读取版本称为 CR 块，相应的处理称为 CR 处理。

在查询或事务开始时，数据库获取 Snap SCN(在特定时间点的块的 SCN)和 UBA。在事务期间，当其他感兴趣的会话正在寻找 CR 缓冲区时，数据库在特定的时间点从 undo 段获得块版本。

感兴趣的进程克隆缓冲区并扫描 undo 链，以便在某个时间点构造缓冲区的 CR 副本。有时，进程必须循环才能将缓冲区带回所需的时间点。可以从 undo 段获得返回到以前时间点的信息。对于单个实例和 Oracle RAC，CR 构建过程是相同的。

在 CR 处理期间，数据库每次扫描一个 ITL，并将 undo 记录应用到克隆的缓冲区。应用 undo 信息有时涉及块清除。一旦块被清除或没有列出 open ITL，或者当 Snap SCN 小于或等于查询的 SCN 时，块就被认为是有效的，并且缓冲区作为 CR 缓冲区返回。

数据库实现了一些规则，使 CR 构建在单实例数据库和 Oracle RAC 中都有效。例如，缓冲区不能被无限次地克隆，因为内置机制限制了每个 DBA 复制的 CR 数量，从而控制填充缓冲区缓存的热对象的 CR 版本。隐藏参数 _db_block_max_cr_dba 限制每个 DBA 在缓冲区缓存中的 CR 副本数量。但是对于 Oracle 11.2 以后的版本，不需要这个参数。

在多实例环境中，当缓存融合传输期间将缓冲区传输到另一个实例时，过去的镜像缓冲区将保存在主实例中。在 CR 加工期间，还可以在 PI 缓冲区上应用 undo 记录。CR 处理不会生成任何 redo 信息。

当块保存在其他实例的缓存中时，这个过程会变得有点复杂。当请求者需要一个 CR 副本时，它向块的持有者发送一条消息。在收到 CR 请求后，持有者遍历 undo 块，构造 CR 副本，并将 undo 块发送给请求实例。图 11-7 显示了 CR 块的制作过程。

有时，为 Snap SCN 创建 CR 块可能涉及持有者太多的工作(例如，返回的时间太长或从磁盘读取块)；在这种情况下，持有者可能不会构造 CR 块，因为太昂贵。持有者通过构造并发送 CR 块来帮助请求者。持有者只是将块发送到请求实例，然后在请求实例中进行 CR 制造。

如果总是使用一个实例进行查询，那么请求实例的 CR 副本的构造有时会影响实例之间的平衡。在这种情况下，读取实例总是有权将所有必需的块获取到缓存中，因为 CR 制造是由另一个实例完成的。CR 制造可能会很昂贵，因为制造人必须扫描 undo 块链并从磁盘读取块。为此，数据库使用了一些优化来避免 CR 请求超负荷。其中一种技术是轻工规则，可以阻止 LMS 进程在响应 CR 请求数据、undo 或 undo 段的块头时进入磁盘。轻工规则可以阻止 LMS 进程完成对 CR 请求的响应。

1. 轻工规则和公平阈值

当某个特定缓冲区收到太多 CR 请求时，持有者可以取消缓冲区上的锁，并将块写入磁盘。然后，请求者可以在获取对象上所需的锁之后从磁盘读取块。从技术上讲，放弃对块的所有权的过程称为公平向下转换。

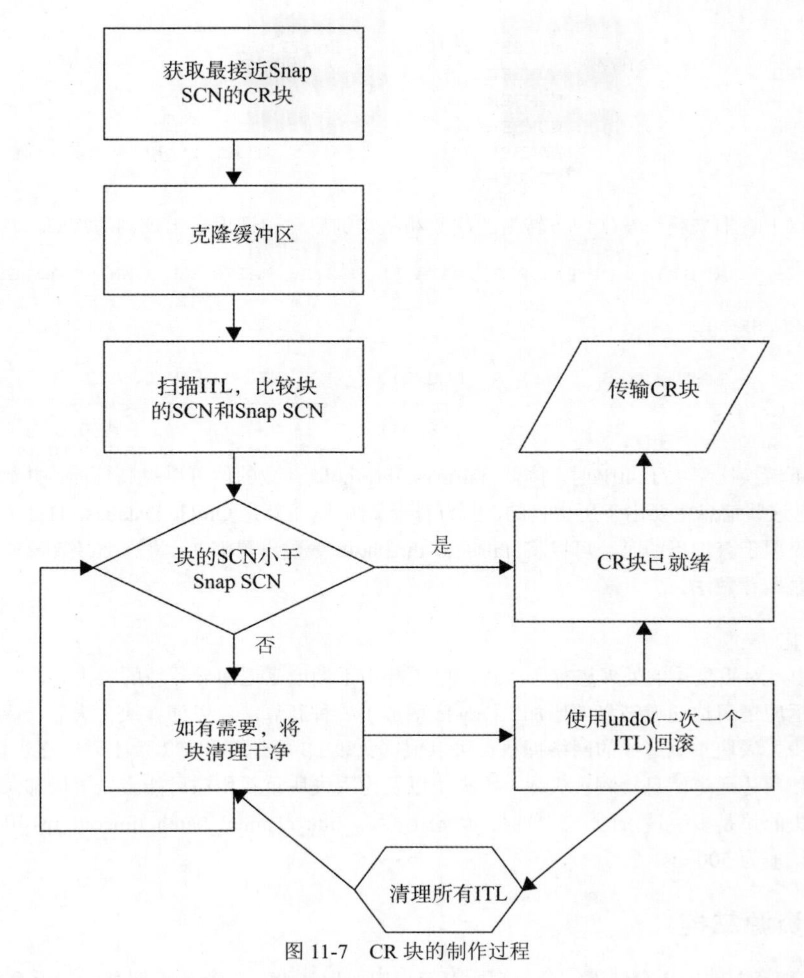

图 11-7　CR 块的制作过程

可以通过_fairness_threshold 参数配置持有者转换锁元素后的连续请求数量。这个参数的默认值为 2，这对于大多数实例来说已经足够了。但是当集群中的一个实例总是用于查询时，就需要进行特殊设置。这个参数已经被用作一些 bug 的解决方案，但是最近(从 Oracle Database 11.2.0.4 开始)，没有必要设置或更改这个参数。

当 CR 构造涉及太多的工作，并且缓存中没有当前块或 PI 块可用来清除块时，就会调用轻工规则。任何为 CR 块提供服务的额外磁盘 I/O 都将取消轻工规则。轻工统计数据记录在 X$KCLCRST.LIGHT1 中，然而当缓冲区处于实例恢复模式时，X$KCLCRST. LIGHT2 将递增。

实例执行公平向下转换和调用轻工规则的次数显示在 V$CR_BLOCK_SERVER 视图中。V$CR_BLOCK_SERVER 视图还列出了关于 CR 请求处理和块请求分发的详细信息。

```
$CR_BLOCK_SERVER
Name                          Type        Notes
----------------------------  ---------   ------------------------
CR_REQUESTS                   NUMBER      CR+CUR =Total Requests
CURRENT_REQUESTS              NUMBER
DATA_REQUESTS                 NUMBER
UNDO_REQUESTS                 NUMBER
TX_REQUESTS                   NUMBER      DATA+UNDO+TX= CR+CUR
CURRENT_RESULTS               NUMBER
PRIVATE_RESULTS               NUMBER
ZERO_RESULTS                  NUMBER
DISK_READ_RESULTS             NUMBER
FAIL_RESULTS                  NUMBER
FAIRNESS_DOWN_CONVERTS        NUMBER      # of downconverts from X
FAIRNESS_CLEARS               NUMBER      # of time Fairness counter cleared
FREE_GC_ELEMENTS              NUMBER
```

```
FLUSHES                          NUMBER              Log Flushes
FLUSHES_QUEUED                   NUMBER
FLUSH_QUEUE_FULL                 NUMBER
FLUSH_MAX_TIME                   NUMBER
LIGHT_WORKS                      NUMBER              # of times light work rule evoked
ERRORS                           NUMBER
```

可以通过执行以下查询来获得发生向下转换的次数和从实例启动中调用轻工规则的次数。

```
SQL> SELECT CR_REQUESTS, LIGHT_WORKS ,DATA_REQUESTS, FAIRNESS_DOWN_CONVERTS
  2 FROM
  3 V$CR_BLOCK_SERVER;

  CR_REQUESTS    LIGHT_WORKS     DATA_REQUESTS   FAIRNESS_DOWN_CONVERTS
  -----------    -----------     -------------   ----------------------
        80919           5978             80918                    17029
```

当数据请求向下转换比率大于40%时，降低_fairness_threshold参数的值可以提高性能，并显著减少CR消息的互连流量。我们提供这些信息主要出于历史目的，因为对于新版本(尤其是Oracle Database 11.2.0.4之后的版本)不需要这样做。当系统仅用于查询目的时，可以将_fairness_threshold参数设置为0。将这个参数设置为0将禁用向下转换的公平性，这不是推荐做法。

2. 丢失块的优化

在Oracle 11*g*中，对丢失块的处理进行了改进，以消除由于调度延迟而导致块的丢失。此外，Oracle还改进了边通道批处理，以适应逻辑边通道消息的增加。Oracle增加了一种新算法，以便在块丢失后，磁盘读取优于CR服务。这可以快速减少丢失块重试造成的网络拥塞。可以根据负载、I/O速率和CR接收时间逐步切换回CR服务。

全局缓存服务使用边通道消息检测丢失块。丢失块以及为丢失块重新传输可能会显著增加负载，特别是当系统已完全加载并且丢失的块是多块请求的一部分时。初始化参数_side_channel_batch_timeout_ms用于控制边通道批处理的超时时间，默认值为500 ms。

11.4.3 GCS资源掌控

GRD类似于锁和资源的中央存储库，分布在所有节点中，但是没有一个节点拥有关于所有资源的信息，一个节点只维护关于一个资源的完整信息，这个节点被称为该资源的主节点，其他节点只需要维护该资源上本地持有的锁的信息。维护有关资源的信息的过程被称为锁掌握或资源掌控。

GCS资源和锁在GRD中共享一对多关系。对于全局缓存中出现的每个数据块地址(DBA)，都有一个初始化的“资源”，并且可以为该资源分配多个锁。每个在缓存中拥有块副本的实例都可以对资源持有一个锁。

换言之，GCS锁结构在物理上位于对数据块感兴趣的集群的每个节点上。资源锁仅在主节点中分配。主节点负责将资源上的访问同步到其他节点，资源的主节点又称为资源主节点。

1. 资源权重

可以将实例的权重定义为实例愿意掌握的资源数量。默认情况下，这个权重是实例相对于其他实例在SGA中可以容纳的资源数量。数据库在启动期间计算权重，然后将它们广播给成员节点，并将它们发布到LMON跟踪文件中。这种讨论纯粹出于学术目的，因为Oracle RAC会自动无缝地处理资源分配。下面的内容摘自LMON跟踪文件，显示了资源权重的发布。

```
Name Service frozen
kjxgmcs: Setting state to 0 1.
kjxgrdecidever: No old version members in the cluster
kjxgrssvote: reconfig bitmap chksum 0x6694d07e cnt 1 master 1 ret 0
kjfcpiora: published my fusion master weight 39280
kjfcpiora: published my enqueue weight 64
kjfcpiora: publish my flogb 3
kjfcpiora: published my cluster_database parameter=0
kjfcpiora: publish my icp 1
```

注意：本节中出现的所有计算都是为了理解数据库而执行的幕后工作。不建议再设置初始化参数并锁定这里显示的设置和值，因为数据库会自动完成这些操作。

下面的公式可帮助计算 GCS 资源。如果计算得出的资源数量小于 2500，则共享池中至少分配了 2500 个资源：

```
nres = (pcmlocks + pcmlocks/10);
        if (nres <= 2500)
          nres = 2500;
```

可以查询 GV$RESOURCE_LIMIT 视图来了解关于 GCS 资源的详细信息：

```
SQL> SELECT RESOURCE_NAME,LIMIT_VALUE
    FROM GV$RESOURCE_LIMIT
    WHERE RESOURCE_NAME='gcs_resources';
```

可以使用以下函数描述默认的相对权重，相对权重的值在 0 和 1 之间：

```
                         SizeInBlocksOfCache(Local)
Relative Weight (i) =   ----------------------------
                        ∑ SizeInBlocksOfCache(Global)
```

如果所有实例的 SGA 初始化参数相同，则所有实例的相对权重相同。当相对权重相同时，GCS 层中的资源被均匀地掌握。如果缓冲区缓存和共享池设置彼此不同，则相对权重不同，它们所掌握的资源数量也将不同。

资源属主

数据库使用整型 HASH*MAP 组合函数作为规则，将数据块地址(DBA)与实例号关联起来。正常情况下，集群的每个活动实例都将获得与权重成正比的若干资源的主控权，如下所示：

```
Instance = MAP(HASH(M,RESOURCE)) = n
```

在本例中，*M* 是 *n* 的倍数，*n* 是实例的最大数量，由初始化参数 cluster_database_instances 指定。MAP 是由数组指定的离散函数。

2. 修改主控权分布

通常，预先分配的资源“槽”的数量与为本地缓存定义的缓存缓冲区的数量成正比。这个简单的规则保证了全局预先分配足够的资源槽，以容纳活动期间用于保护全局缓存中存在的 DBA(数据块地址)的所有资源。实际上，资源总数比全局缓存中定义的缓冲区总数大 10%。在修改默认发行版时，需要考虑到这一点，以避免过度依赖共享池中的自由列表。

可以强制节点发布资源槽的数量，从而使用参数_gcs_resources 重新调整权重函数，否则默认为缓存中本地缓冲区的数量。将_gcs_resources 设置为 0 可完全禁用节点的资源控制。

11.4.4　以读为主的锁定

从 Oracle 11*g* 开始，一种新的、改进的锁定机制可以帮助优化应用程序的性能，并且很少出现读写争用。通过预先授予对所有块的读访问权，数据库可以处理对象(或分区)上的大多数锁请求。这将减少与共享读访问相关的锁定开销，并且减少了与块授予相关的消息传递和 CPU 成本。

然而，当前对这些对象的块(写)访问由协议控制，并且开销将略高于标准缓存融合传输，这种优化称为以读为主的锁定。

1. 已读为主的锁定的内部结构

全局缓存层维护共享和独占锁请求的对象级统计信息，并为标准动态资源掌控协议的对象调用以读取为主的策略。

理论上，基于访问，一个对象可以在 10 分钟内转换为一个以读为主的对象，如果访问模式发生变化，则可以在接下来的 10 分钟内将这个对象从以读为主的状态中取出。如果是标准的只读对象，最好将它放入只读表空间。将对象放在常规只读表空间中可以消除 GCS 锁定开销，并产生相比以读为主的锁定更好的性能。

当一个对象变为以读为主时——大多数情况下，任何实例都可以直接读取属于该对象的块，而不需要等待主节点的授权，因为该对象上的共享访问权是预先授予所有节点的。这减少了该对象上的锁请求、授予消息和阻塞传输。当对象上有写请求时，对象的以读为主状态将被解除，这是通过名为 anti-lock 的锁元素完成的。

当对以读为主的对象发出写请求时，GCS 向所有实例广播一条消息，要求它们打开对象上的 anti-lock。当对象上出现 anti-lock 时，对块的所有访问都将通过标准缓存融合协议进行控制，即使对象是以读为主的。当对象退出以读为主状态时，anti-lock 被解除。

请记住，当对象处于以读为主状态时，你将看到磁盘 I/O 的增加，因为对象上的块总是从磁盘读取，尽管它们缓存在另一个实例的缓冲区缓存中。因此，如果系统是 I/O 绑定的，那么以读为主的锁定将使情况变得复杂，因此建议关闭以读为主的特性。通过将参数_gc_read_mostly_locking 设置为 FALSE，可以禁用以读为主的特性。这是针对数据库挂起的几个已知问题的有效解决方案。

2. 资源关联和动态资源重分配

全局资源目录包含一个名为资源关联的特性，该特性允许控制本地节点上经常使用的资源，并且使用动态资源重分配来移动资源主节点的位置。这种技术针对数据库总是在一个实例上执行某些事务的情况优化系统。这发生在应用程序分区环境或基于活动的负载平衡环境中。

当活动转移到另一个实例时，资源关联将相应地转移到新实例。如果活动没有本地化，资源所有权将被公平地分配给实例。

动态资源重分配是 Oracle RAC 在运行的实例之间移动资源所有权而不影响可用性的能力。

与其他节点相比，当 Oracle RAC 集群中的一个节点频繁访问资源时，由频繁请求的实例控制资源会更好。

在正常情况下，只有在实例重新配置期间才能控制资源，这种情况会在实例加入或离开集群时发生。除了加入或离开集群的节点之外，还可以根据使用频率将所有权从一个节点重新映射到另一个节点(在重新配置的管辖范围之外)。这种在线的资源主控更改称为动态资源重分配。

一些应用程序执行应用程序分区，这意味着数据库总是将一组请求指向一个特定的节点。在实现应用程序分区时，以及使用一些第三方负载平衡器根据用户或应用程序类型路由连接时，都会发生这种情况。

在这两种情况下，节点可能总是请求特定的资源子集。在这些情况下，在同一实例中掌握这些资源将是有益的。这减少了互连消息传递流量，因为资源由请求实例控制。根据 Oracle 版本，资源可以是对象或文件。

当前重分配发生在对象级别，这有助于细粒度对象的重新分配。例如，表分区将具有不同的对象 ID，并且可以重新分配到不同的实例。图 11-8 显示了动态资源重分配。

在重新分配之前，资源A在实例1中被控制

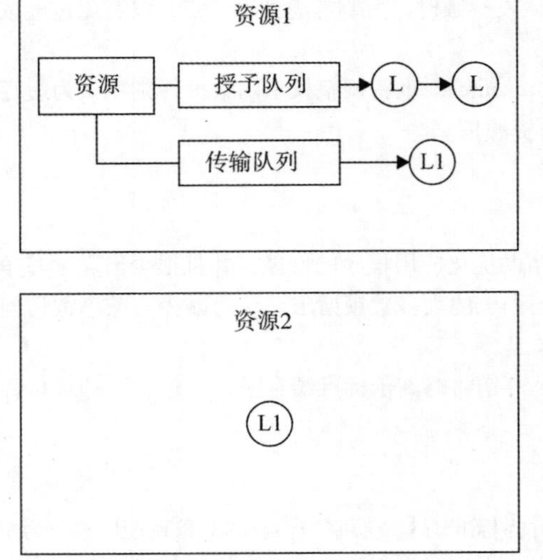

在重新分配之后，资源A在实例2中被控制

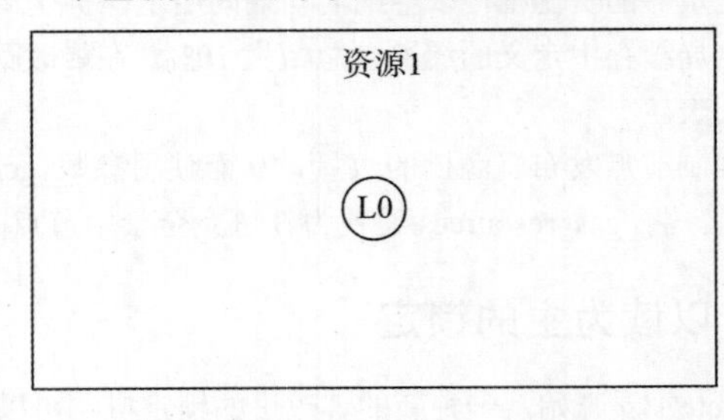

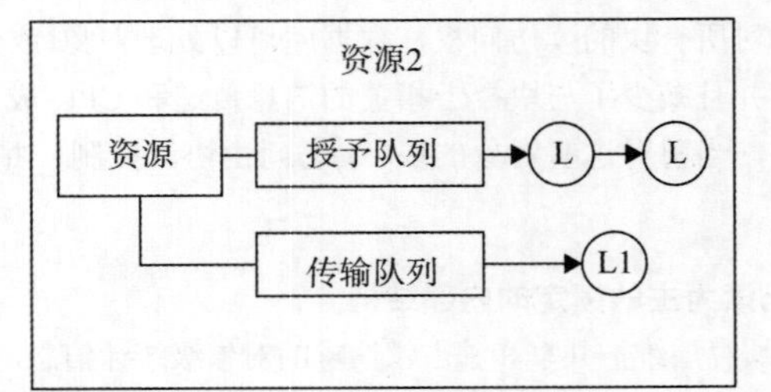

图 11-8 动态资源重分配

3. 动态资源控制策略

Oracle RAC 只在非常严格的条件下执行动态资源重分配。数据库以预定义的时间间隔评估资源及其访问模式。

数据库只考虑将那些被大量访问的资源作为资源掌控的候选资源。一旦将资源标识为热资源或经常使用的资源，这些资源就有资格进行重新分配评估。以下参数会影响动态资源控制协议。

- **_gc_policy_time**　用于选择动态控制窗口。在_gc_policy_time 的每个窗口中，采样对象级统计信息，以选择要重新分配的候选对象。数据库在此间隔分析访问模式，并将对象移动到 DRM(动态资源管理器)队列中。数据库还评估在此期间建立或解除以读为主锁定的决策。这个参数默认为 10 分钟，这对于大多数系统来说通常都很好。但是，如果注意到动态资源重分配太频繁，请考虑增加到更高的值。将此参数设置为 0 将禁用对象关联和以读取为主的策略，这将在实际中禁用动态资源重分配。
- **_gc_affinity_ratio**　在对象选择期间用作筛选条件。要进入选择队列，节点访问对象的次数必须超过此参数指定的次数。此参数的默认值为 50，这意味着节点访问对象的次数应该是其他节点的 50 倍，以控制感兴趣的资源。这模拟了资源目录下的应用程序分区。
- **_gc_policy_minimum**　在对象选择期间，该参数与_gc_affinity_ratio 一起工作。该参数定义了每分钟全局缓存操作的最小数量，以符合关联或以读为主的选择。默认为每分钟 2400 个全局缓存操作(打开、转换和关闭)，这有助于在 GRD 中选择热对象。根据 GRD 中对象的访问分布，你可能希望增加或减少该参数的默认值，提高该参数的值会减少为动态资源重分配评估的对象数量。
- **_gc_read_mostly_locking**　默认为 true，这意味着数据库将在 DRM 窗口期间考虑以读为主的策略评估。应该仔细地对该参数的任何更改进行基准测试。
- **_gc_transfer_ratio**　该参数与_gc_read_mostly_locking 一起工作。当块传输的数量少于磁盘读取数量的 50%时，对象已读为主。该参数的默认值为 2(即 50%)，更改为较低的值通常会降低对象被读取的可能性。
- **_lm_drm_max_requests**　在动态资源重分配策略评估区间，如果为关联或以读为主选择的对象小于 100，数据库将在单个批处理中处理它们。如果有超过 100 个对象排队等待计算，那么数据库将分批处理它们，并且这个初始化参数会限制每批对象的数量。这个参数的默认值为 100，除非 Oracle Support 建议这样做，否则不需要更改。

4. 对象关联数据

GRD 在 SGA 中维护对象级别的统计信息，可以查询 X$OBJECT_POLICY_STASTICS 视图来检查统计信息。可以随时查询它们，以找出特定对象上的全局缓存操作。LCK0 维护这些统计数据，数据库主要将它们用于以读为主和对象关联评估。

数据库每隔 10 分钟刷新一次信息。因此，当查询 X$OBJECT_POLICY_STATISTICS 视图时，看到的值是来自上一次策略评估的对象关联统计信息，值小于或等于 10 分钟。可以查询视图 V$GCSPFMASTER_INFO 来列出 DRM 协议(关联和以读为主)下的对象。下面显示了一些用于 DRM 分析的有趣的列：

```
Name                            Null?    Type
------------------------------- -------- -----------
INST_ID                                  NUMBER
FILE_ID                                  NUMBER
DATA_OBJECT_ID                           NUMBER
GC_MASTERING_POLICY                      VARCHAR2(11)
CURRENT_MASTER                           NUMBER
PREVIOUS_MASTER                          NUMBER
REMASTER_CNT                             NUMBER
```

可以将 DATA_OBJECT_ID 与 DBA_OBJECTS.DATA_OBJECT_ID 连接起来以获取 object_name 的值。当把初始化参数_gc_undo_affinity 和_gc_undo_affinity_locks 设置为 TRUE(默认值)时，数据库还会在这个视图中列出 undo 段。undo 段的对象 ID 为 4294950912+USN。例如，8 号 undo 段会在 DATA_OBJECT_ID 列中包含对象 ID 4294950920。

GC_MASTERING_POLICY 列将包含控制策略的类型(关联或以读为主)。CURRENT_MASTER 和 PREVIOUS_MASTER 列分别列出了对象的当前主机和以前的主机。当 CURRENT_MASTER 列的值为 32767 时，对象往往已经在最近的策略评估期间删除了关联或以读为主策略。PREVIOUS_MASTER 列的值为 32767 意味着对象在计算期间从未出现在对象关联表中。

REMASTER_CNT 列会列出对象重分配的次数。由于不保存已删除对象的记录，因此当从对象关联表中删除这些统计信息时，将重置这些统计信息。

动态资源重分配需要在独占级别获取 RM(重新分配)队列。RM 队列是单线程队列，每个数据库只有一个 RM 队列。因此，在任何时候，只有一个节点可以执行动态资源重分配操作，而另一个节点必须等待当前节点完成此操作。

一旦节点获得 RM 队列，就将消息传播给所有其他节点，基于投票算法选择资源并开始重新分配。如果 RM 队列中有太多资源等待重新分配，则会分批进行重新分配。在获取 RM 队列之后，最多选择 100 个资源进行重新分配。来自所有实例的 LMD 进程请求相应实例上的 LMON 进程重新映射资源，数据库更新 GRD 以反映当前的资源所有权。

图 11-9 解释了动态资源重分配的过程。

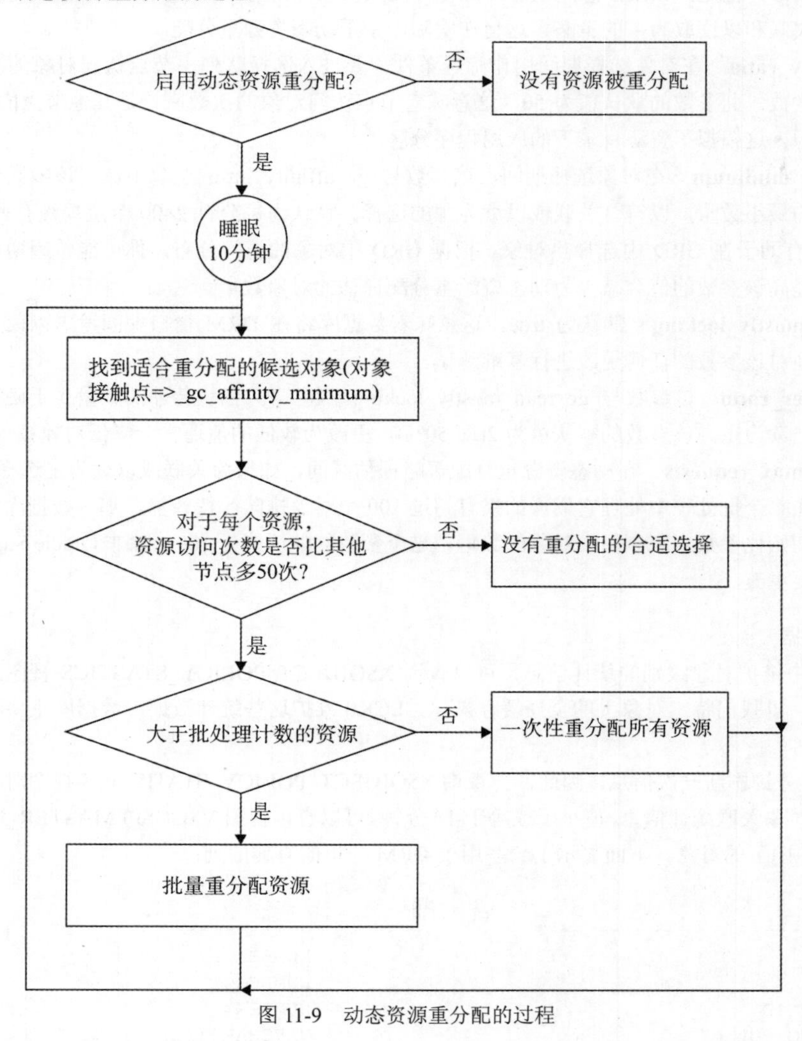

图 11-9　动态资源重分配的过程

Oracle RAC 数据库最初基于一种简单的哈希算法将资源重新映射到实例。在繁忙的集群中，就消息而言，资源重分配非常昂贵，并且资源所有权会转移到其他实例。

对于基准测试，以及在不需要动态资源重分配的应用程序分区环境中，可以通过将_gc_policy_time 初始化参数设置为 0 来禁用动态资源重分配。

11.5　本章小结

全局资源目录由全局队列服务和全局缓存服务组成，是 Oracle RAC 资源管理中的核心内容。

消息传递在锁管理和转换操作中扮演着关键角色。资源被放置在授予和转换队列中，并且流量控制器使用票务机制避免了消息流量死锁。本章讨论了 Oracle 行级锁的实现以及 CR 块的制造过程。

动态资源重分配中的关联机制和以读为主策略能帮助 GCS 控制与操作相关的资源。本章首先探讨了动态资源重分配的算法、内部工作原理和参考文献。接下来对缓存融合做了深入研究，这是 Oracle RAC 系统实现高性能的基础。

第12章 进一步了解缓存融合

可扩展的高性能系统应该尽可能少地花费时间去传输消息，并使用最有效的通信方法进行I/O处理。缓存融合使这成为可能。在本章中，我们将了解缓存融合的基本原理，以理解发生在实例之间的各种块传输的内部操作。理解块传输的内部操作将有助于理解构建在RAC组件中的智能，并帮助你设计可扩展的数据库应用程序。

我们还将了解Oracle RAC环境中的数据块如何以及为什么要从一个实例移动到另一个实例。我们还解释了与缓存融合技术密切相关的概念，并尽可能提供相关的数据库实例统计信息。

Oracle RAC似乎要合并多个实例的数据库缓冲区缓存，以便最终用户只看到一个大的缓冲区缓存。在现实中，每个节点的缓存都是独立的；数据块的副本通过分布式锁定和消息传递操作得以共享。实例的缓冲区缓存中存在的数据块可以通过高速互连复制到另一个实例的缓冲区缓存中，从而消除由其他实例从磁盘进行的重复读取。图12-1描述了分散在集群节点之间的所有数据库实例中单个大型缓存的概念。

在Oracle Database 8.1.5中，Oracle引入了使用节点之间的私有互连共享数据的概念，在以前的版本中，这种实体仅用于消息传递目的。这个协议被称为缓存融合协议。与消息类似，数据块通过网络传送，从而将最昂贵的数据传输组件(磁盘I/O)减少到数据共享。

使用私有互连大大提高了性能和可扩展性，同时保留了经典的实现共享磁盘体系结构的可用性优势，其中磁盘是数据共享的介质。简单而言，虽然基本的数据共享和一致性机制在很大程度上保持不变(分布式锁和消息传递)，但是现在可以通过高速网络跳点将数据块的副本从一个节点传递到另一个节点，而不是磁盘ping所需的两个相对较慢的跳点。

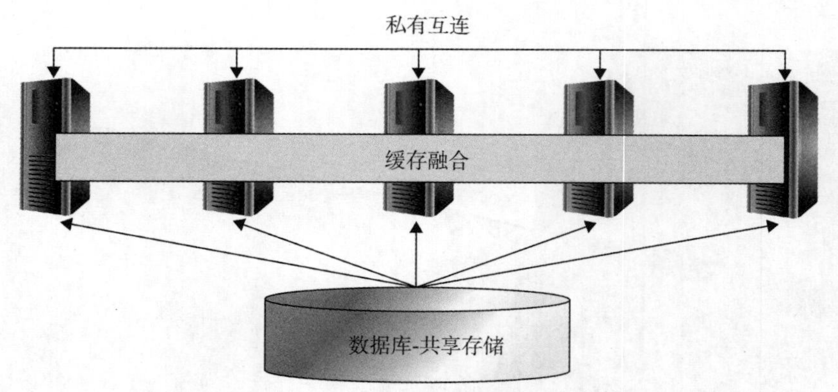

图 12-1 缓存融合创建参与实例的合并缓存

缓存融合技术已经得到了改进，可以在不对应用程序进行任何特定更改的情况下高效地运行应用程序。正如人们所期望的那样，随着 Oracle RDBMS 的每一个新版本的发布，Oracle 会引入更新的概念并提高效率。

12.1 缓存融合中的关键组件

下面将介绍讨论缓存融合时使用的一些术语和概念。简单地说，全局缓存中的每个资源(如数据块、索引块和撤销块)可能最多处理三个方面。在启动时，一种简单的哈希算法用于将资源的管理角色划分为可用的实例，每个实例控制对资源的访问，作用是充当资源的“主人”。任何获得权限(读取或修改)的实例都是资源当前的“所有者”。请求访问资源的其他人可以是资源的请求者。虽然这种解释过于简单化，但却与我们的讨论有关。

12.1.1 ping

将数据块从一个实例的缓冲区缓存传输到另一个实例的缓冲区缓存的过程称为 ping。每当实例需要一个块时，就向资源的主人发送一个请求，以获得所需模式下的锁。如果同一块上有另一个锁，主锁将要求当前锁的持有者降级/释放当前锁。正如你在前一章中了解到的，这个过程被称为阻塞异步陷阱(BAST)。当实例接收到 BAST 时，它会尽快降级锁。然而，在降级锁之前，可能必须将相应的块写入磁盘。这个操作序列称为磁盘 ping 或硬盘 ping。

注意：本书中使用的 AST 和 BAST 的定义基于 Oracle 上下文。不同的实现(如 VMS)对 AST 和 BAST 使用不同的定义。

从 Oracle 9*i* 开始，磁盘 ping 减少了，因为在许多情况下，块可以通过私有互连从一个实例的缓冲区缓存转移到另一个实例的缓冲区缓存。这种类型的传输称为缓存融合块传输。Oracle RAC 环境中的某些块传输是健康的，因为可以指示实例之间共享数据，并将磁盘 I/O 最小化。然而过多的块传输会影响性能，消耗 CPU 和网络资源。

12.1.2 延迟 ping

Oracle 使用各种机制来减轻 ping。当实例接收到 BAST 时，可能会延迟发送块或将锁降级几十毫秒。这些额外的时间可能允许持有实例完成活动事务并适当地标记块头。这将消除接收实例在接收/读取一个块后立即检查事务状态的任何需要。

检查活动事务的状态是一项昂贵的操作，可能需要访问(和 ping)相关的 undo 段头和 undo 数据块。可以使用隐藏的 Oracle 初始化参数_gc_defer_time 来定义实例延迟降级锁的持续时间。

12.1.3 过去的镜像(PI)块

PI 块是本地缓存中块的副本。每当一个实例需要将最近修改过的块发送到另一个实例时，就会保留块的副本，并标记为 PI。

实例必须保存 PI，直到块的当前所有者将块写入磁盘为止。数据库在将块的最新版本写入磁盘后丢弃 PI。当数据库将一个块写入磁盘并具有全局角色时，表示在其他实例的缓存中存在 PI，全局缓存服务(GCS)通知持有者丢弃它们。

通过使用缓存融合，数据库可以将一个块写入磁盘以满足检查点请求，而不是通过磁盘将块从一个实例转移到另一个实例。

当实例需要写入一个块来满足检查点请求时，实例会检查覆盖这个块的资源的角色。如果角色是全局的，则实例必须将写需求通知 GCS。GCS 负责查找当前的块镜像，并通知持有该镜像的实例执行块写入。然后 GCS 通知全局资源的所有持有者，它们可以释放包含块的 PI 副本的缓冲区，从而允许释放全局资源。

当实例写入一个被全局资源覆盖的块时，或者当实例被告知可以释放一个 PI 缓冲区时，数据库会在实例的重做日志缓冲区中放置块写记录(BWR)。恢复过程表明在此之前，块的重做信息不需要用于恢复。尽管 BWR 提高了恢复的效率，但是实例不会在创建日志缓冲区之后强制刷新日志缓冲区，因为这对于准确的恢复不是必需的。

可以查询固定表 X$BH，找出缓冲区缓存中 PI 块的数目：

```
SQL> select state, count(state) from X$BH group by state;
     STATE      COUNT(STATE)
 ----------     -----------
         1      403
         2      7043
         8      15
         3      659
```

X$BH 表的 STATE 列(值为 8)显示有 15 个 PI 块。

12.1.4　锁的控制

GCS 用于保存数据块使用信息(和其他可共享资源)的内存结构称为锁资源。数据库有跟踪锁的职责并分配给所有实例，所需的内存也来自参与实例的系统全局区域(SGA)。

由于资源所有权的分布式特性，每个锁资源都有一个主节点。主节点维护关于锁资源的当前用户和请求者的完整信息。主节点还包含有关块的 PI 信息。

每当实例需要数据块时，就必须与数据块对应锁资源的控制者联系。所需锁资源的主实例可以是本地的，也可以是远程的。如果是本地的，数据库需要通过互连发送更少的消息或不发送消息，以获得数据块所需的锁(更多信息详见第 11 章)。

12.1.5　争用类型

当两个或多个实例需要相同的资源时，会发生资源争用。如果一个实例正在使用一个资源，例如一个数据块，而同时另一个实例也需要该资源，它们就会争用该资源。

数据块有三种争用类型。

- **读/读争用**　由于共享磁盘系统，读/读争用从来都不是问题。其他实例可以读取由另一个实例读取的块，而不需要 GCS 的干预。此外，当对象以读为主时，任何实例都可以读取块，而不需要 GCS 的额外消息。
- **写/读争用**　写/读争用可通过一致读来解决。持有实例(大多数时候)构造 CR 块，并使用互连交付给请求实例。
- **写/写争用**　缓存融合技术解决了写/写争用问题。在某些情况下，数据库使用集群互连在需要同时修改相同数据块的实例之间传送数据块。

需要注意的是，尽管互连是要传输的当前块的路由，但是数据库将锁定信息存储在 GRD 中，以避免由于访问冲突而损坏内存中的块。不需要为此进行用户级或应用程序级调优或修改。

在接下来的内容中，我们将介绍这些组件如何在实际环境中无缝地工作。我们将探讨在引入缓存融合之前如何解决这些问题，以及它们如何与缓存融合一起工作。

12.2　缓存融合 I 或一致读取服务器

Oracle 在 8.1.5 版本中引入了缓存融合 I(Cache Fusion I，也称为一致读取服务器)。Oracle 保存了最近更改的块的事务列表。数据库保存包含在undo段中的块的原始数据，数据库使用undo段向其他读取实例提供块的一致读版本，或者在实例或进程崩溃后恢复未提交的事务。

当数据库提交事务时，服务器进程在undo段头中放置一个标志，指示事务状态为“已提交”。为了节省时间，不会用提交标记来标记修改的每个块。因此，将来每当另一个进程读取块并在其中找到活动事务时，读取实例会引用相应的undo段头来确定是否提交了事务。

如果undo段头指明事务已提交，那么读取实例使用块事务层中的系统提交号(SCN)更新块，以表示提交，然后继续读取块。但是，如果事务尚未提交，那么读取实例定位存储原始数据的undo块，并生成块的一致读取镜像供使用。

上述讨论使我们做出猜想：

- 当读取实例读取最近修改的块时，可能会在块中找到活动事务。
- 读取实例需要读取undo段头来决定是否提交了事务。
- 如果事务没有提交，就使用块中的数据和存储在undo段中的数据在缓冲区缓存中创建块的一致读(CR)版本。
- 如果undo段显示事务已提交，那么必须重新访问块，清除块并为更改生成redo。

在Oracle RAC环境中，如果读取块的进程不在修改块的实例上，那么必须从磁盘中读取以下块。

- **数据块** 获取数据和/或事务ID以及undo字节地址(UBA)。
- **undo段头块** 查找用于整个事务的最后一个undo块。
- **undo块** 获取实际的undo记录以构造CR镜像。

在读取这些块之前，修改这些块的实例必须将它们写入磁盘。这将导致至少6个磁盘I/O操作。如果实例需要最近修改的块的CR副本，构造块的CR副本并发送给请求实例，从而优化I/O操作的数量。数据块、undo段头块和undo块很可能仍然在这个实例的缓冲区缓存中。因此，复制并通过私有互连发送CR，数据库可能使用互连上的单个数据块传输替换6个磁盘I/O操作。

在缓存融合之前，每当一个实例需要修改最近被另一个实例修改过的数据块时，就会发生图12-2一系列所示的一系列操作。

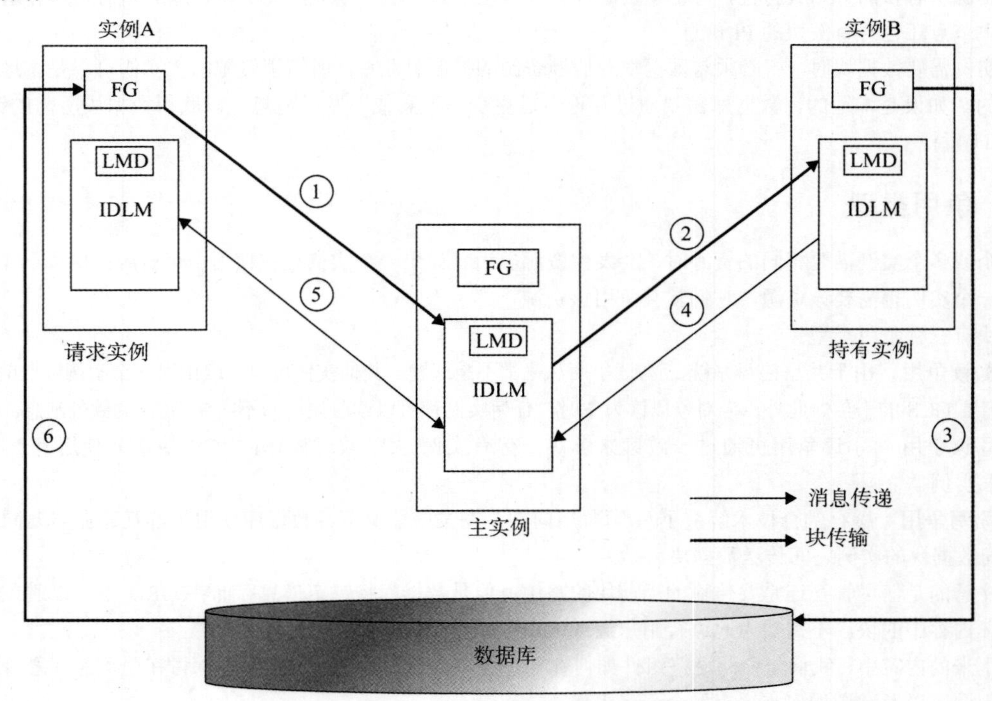

图12-2 缓存融合之前的写/读争用

① 实例向锁管理器发送一条消息，请求共享块上的锁。

② 以下是全局缓存中可能发生的情况。

- 如果块没有当前用户，锁管理器就将共享锁授予请求实例。

- 如果另一个实例在块上有独占锁，那么锁管理器将请求拥有独占锁的实例降级锁。

③ 根据研究结果，以下两种情况都有可能发生。

- 如果锁被授予，请求实例将从磁盘读取块。
- 拥有块的实例将块写入磁盘并取消对资源的锁定。

④ 拥有锁的实例释放锁时还会通知锁管理器和请求实例。

⑤ 请求实例现在已被授予锁。锁管理器与资源新的持有者更新集成分布式锁管理器(IDLM)。

⑥ 请求实例从磁盘读取块。如果正在寻找块的以前版本，则可以在自己的缓冲区缓存中继续常规的 CR 块制作过程。

当 undo 信息缓存在远程节点中时，CR 制作可能是一项昂贵的操作。请求实例必须执行一些额外的磁盘 I/O 操作，以便将这些块放到自己的缓存中。由于磁盘用作数据传输介质，当数据没有跨实例分区时，将会出现延迟问题，应用程序的可扩展性和性能也会下降。

如果 CR 块在持有实例中生成，则可以避免一部分磁盘 I/O，因为数据块和 undo 块是实例的本地块。undo 块制作后，持有实例可以将处理后的块发送给请求实例。通过在持有实例中构建 CR，可以避免读/写争用，这是缓存融合的第一阶段。

下面是在 Oracle 8*i* 中实现 CR 服务器引擎的操作顺序。新引入的后台进程——块服务器进程(BSP)在持有者的缓存中制作 CR，并通过互连传输块的 CR 版本。操作序列如图 12-3 所示。

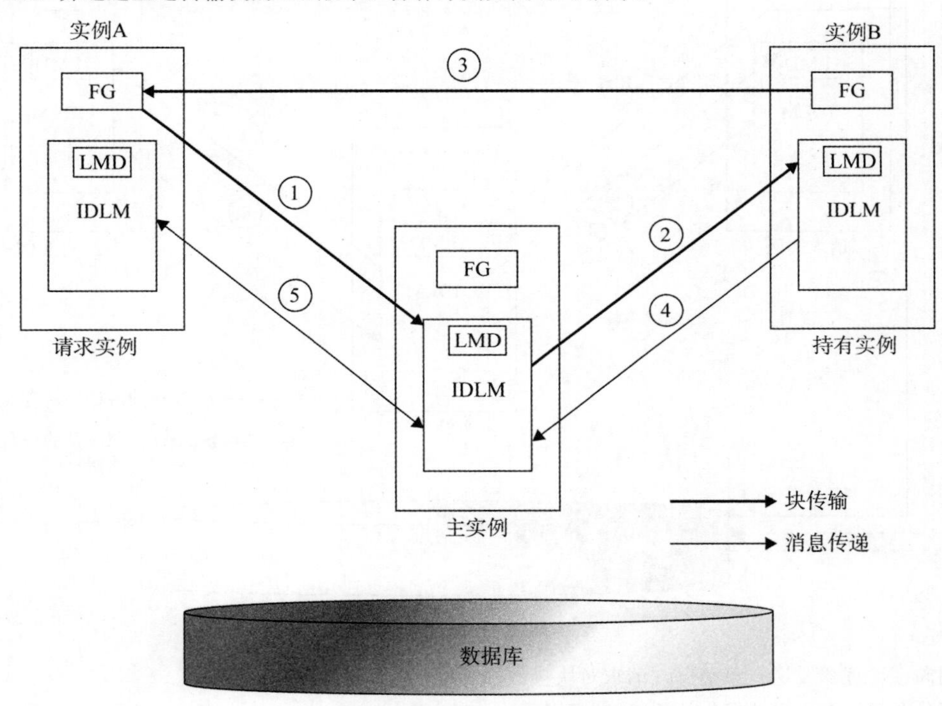

图 12-3　缓存融合中的 CR 块传输

① 实例向锁管理器发送一条消息，请求共享块上的锁。

② 以下是全局缓存中可能发生的情况。

- 如果块没有当前用户，锁管理器就将共享锁授予请求实例。
- 如果另一个实例在块上有独占锁，那么锁管理器将要求拥有独占锁的实例构建一个 CR 副本并发送给请求实例。

③ 根据研究结果，以下两种情况都有可能发生。

- 如果锁被授予，请求实例将从磁盘读取块。
- 实例在自己的缓冲区缓存中创建一个 CR 版本的缓冲区，并通过互连发送给请求实例。

④ 拥有块的实例还会通知锁管理器和请求实例自己已经提供了块。

⑤ 请求实例现在已被授予锁。锁管理器与资源新的持有者更新 IDLM。

在制作另一个实例所需的 CR 副本时，如果发生下列情况之一，持有 CR 副本的实例可能拒绝这样做。

- 在缓冲区缓存中找不到任何需要的块。不再执行磁盘读取来为另一个实例生成 CR 副本。
- 被反复要求发送同一个块的 CR 副本。将同一个块的 CR 副本发送四次后，将自动放弃锁，将该块写入磁盘，并让其他实例从磁盘获取块。隐藏参数_fairness_threshold 可控制提供的 CR 副本的数量。

在降低锁的级别并将块写入磁盘时，持有实例将发送构造的块的 CR 副本，请求实例将继续构造所需的 CR 副本。这就是所谓的轻工法则。第 11 章对轻工法则和公平阈值进行了详细讨论。

12.3　缓存融合 II 或写/写缓存融合

CR 服务器在缓存融合的第一阶段处理读/写争用。Oracle 9*i* 中引入的缓存融合的第二阶段，实现了当前块传输框架并用于写/写争用。在 Oracle 9*i* 之前，每当一个实例需要修改最近被另一个实例修改过的数据块时，都会执行以下操作序列，如图 12-4 所示。

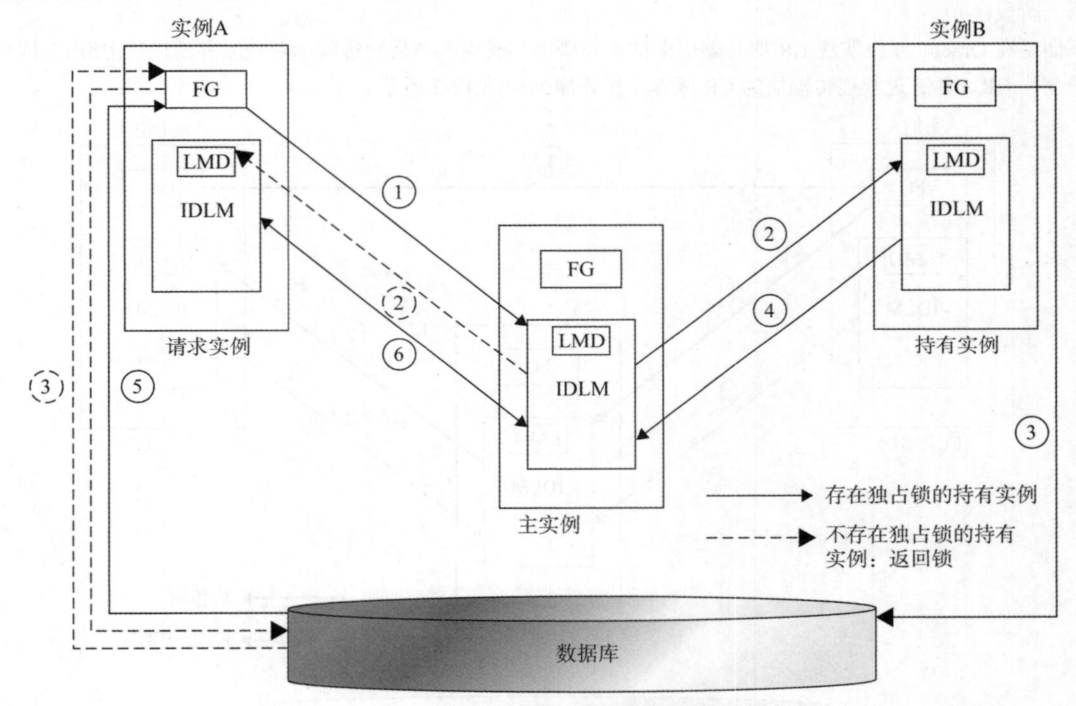

图 12-4　预缓存融合中的写/写争用

① 实例向锁管理器发送一条消息，请求对块执行独占锁。

② 以下是全局缓存中可能发生的情况。

- 如果块没有当前用户，锁管理器就将独占锁授予请求实例。
- 如果另一个实例在块上有独占锁，那么锁管理器将请求拥有独占锁的实例释放锁。

③ 根据研究结果，以下两种情况都有可能发生。

- 如果锁被授予，请求实例将从磁盘读取块。
- 拥有块的实例将块写入磁盘并取消对资源的锁定。

④ 拥有锁的实例在释放锁时还会通知锁管理器和请求实例。

⑤ 请求实例现在拥有独占锁。可以从磁盘读取块并继续对块进行预期的更改。

⑥ 锁管理器使用有关持有实例的当前信息更新资源目录。

通常，请求实例会在块的活动事务列表中找到活动事务，可能需要相应的 undo 块头和 undo 块来清除块。因此，请求实例在修改块之前可能需要多个磁盘 I/O。缓存融合使得该操作更加高效、快速，如图 12-5 所示。

① 实例向锁管理器发送一条消息，请求块上的独占锁。

② 以下是基于是否有其他用户持有锁的全局缓存中可能发生的情况。

- 如果块没有当前用户，锁管理器就将独占锁授予请求实例。
- 如果另一个实例在块上有独占锁，那么锁管理器将请求拥有独占锁的实例释放锁。

③ 根据研究结果，以下两种情况都有可能发生。

- 如果锁被授予，请求实例将从磁盘读取块。
- 实例通过高速互连将当前块发送给请求实例。为了保证在实例死亡时恢复，实例将为块生成的所有 redo 记录写入在线重做日志文件。保留块的过去镜像，并通知主实例已将当前块发送给请求实例。

④ 锁管理器使用有关持有实例的当前信息更新资源目录。

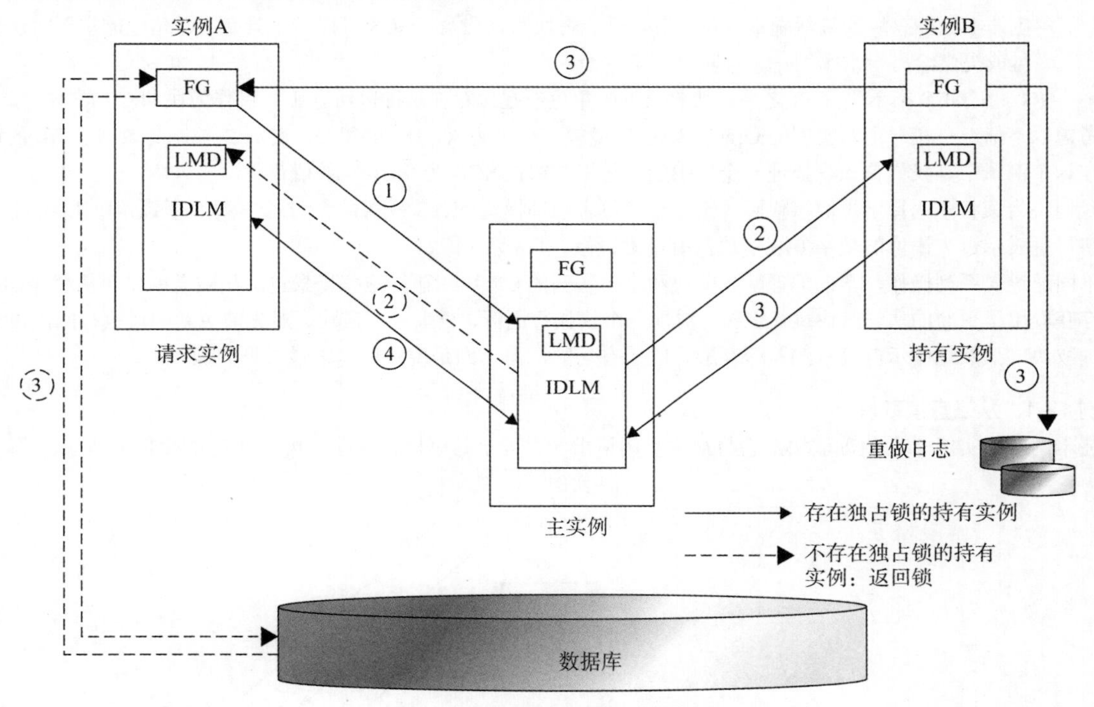

图 12-5　缓存融合中的当前块传输

12.3.1　缓存融合操作

在我们执行缓存融合操作之前，先简要介绍一下 GCS 资源角色和模式。GCS 资源可以是本地的，也可以是全局的。如果可以在不咨询其他实例的情况下进行操作，则 GCS 资源是本地的；如果不能在不咨询或不通知远程实例的情况下进行操作，则 GCS 资源是全局的。数据库使用 GCS 作为消息传递代理来协调对全局资源的操作。

根据实例打算对块(资源)执行的操作类型，实例将以共享或独占模式获取块。当实例需要一个块来满足查询请求时，要求块处于一致读模式或共享模式。当实例需要一个块来满足 DML(更新、插入、删除)请求时，需要处于独占模式的块。null(N)模式表示实例当前不以任何模式保存资源。这是每个实例的默认状态。

具有本地角色的资源的实例可以 X、S 或 N 模式拥有资源。表 12-1 显示了资源的不同状态。

表 12-1　资源的不同状态

模式/角色	本地	全局
N	NL	NG
S	SL	SG
X	XL	XG

- **SL** 当一个实例拥有 SL 模式的资源时，它可以将块的副本提供给其他实例，并且可以从磁盘读取块。因为没有修改块，所以不需要写入磁盘。
- **XL** 当一个实例拥有 XL 模式的资源时，它对资源拥有唯一的所有权，还拥有修改块的独占权。对块的所有更改都在实例的本地缓冲区缓存中，可以将块写入磁盘。如果另一个实例需要该块，它将通过 GCS 与该实例联系。
- **NL** NL 模式用于保护 CR 块。如果一个块处于 SL 模式，而另一个实例希望它处于 X 模式，则当前实例将该块发送给请求实例，并将角色降级为 NL。
- **SG** 在 SG 模式中，一个块存在于一个或多个实例中。实例可以从磁盘读取块并将其提供给其他实例。
- **XG** 在 XG 模式中，一个块可以有一个或多个 PI，这表示该块在多个实例中缓存的多个副本。具有 XG 角色的实例拥有块的最新副本，并且最有可能将块写入磁盘。GCS 可以请求具有 XG 角色的实例将块写入磁盘或提供给另一个实例。
- **NG** 在 GCS 指示丢弃 PI 之后，块将与 NG 角色一起保存在缓冲区缓存中，仅作为块的 CR 副本。

考虑以下情况：在一个四实例的 Oracle RAC 环境中，有实例 A、B、C 和 D。实例 D 控制着数据块 BL 的锁资源。在这个例子中，我们首先只处理一个块(BL)，它将驻留在 SCN 为 987654 的磁盘上。

我们将为锁状态选择字母数字代码：第一个字母表示锁模式(N、S 或 X)，第二个字母表示锁角色(L 或 G)。第三个字母是表示过去镜像的数字(0 表示块没有过去镜像，1 表示 PI 块)。

下面通过一系列操作，帮助你理解当前块和来自实例的 CR 块传输。这些场景包括从磁盘读取、从缓存读取、从缓存获取用于更新的块、对块执行更新、对同一个块执行更新、读取全局脏块、对先前更新的块执行回滚以及提交后读取块。虽然这些示例没有涵盖缓存融合的所有功能，但它们是现实环境中最常见的操作。

例 12-1：从磁盘读取块。

在本例中，实例 C 希望读取块，它将从主实例请求一个处于共享模式的锁，执行过程如图 12-6 所示。

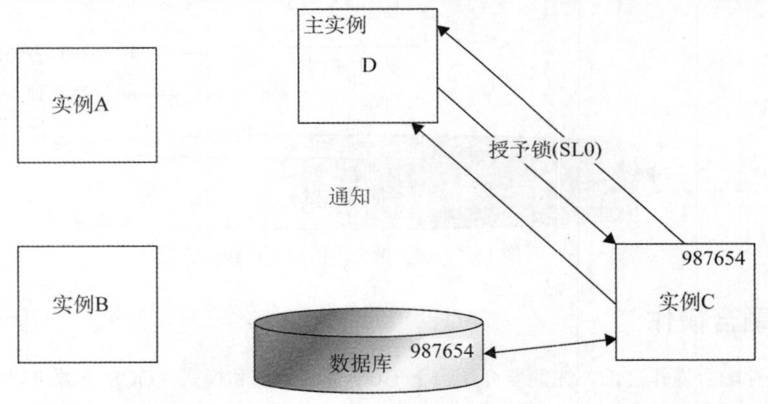

图 12-6 例 12-1 的执行过程

(1) 实例 C 通过向主实例 D 发送共享锁请求(S, C)来请求块。

(2) 块从未被读入任何实例的缓冲区缓存，并且没有被锁定。主实例 D 将锁授予实例 C。授予的锁是 SL0，表示本地的共享锁，并且不存在块的过去镜像。

(3) 实例 C 将块从共享磁盘读入缓冲区缓存。

(4) 实例 C 使块处于共享模式。锁管理器更新资源目录。

例 12-2：从缓存中读取块。

我们从例 12-1 的末尾开始。实例 B 希望读取缓存在实例 C 中的相同的块，执行过程如图 12-7 所示。

(1) 实例 B 向主实例 D 发送共享锁请求 Lock Req (S, B)。

(2) 实例 D 的锁管理器知道实例 C 中可能有块可用，因此向实例 C 发送 ping 消息。

(3) 实例 C 通过互连将块发送给实例 B。除了块之外，实例 C 还指示实例 B 应该接收实例 C 的当前锁定模式和角色。

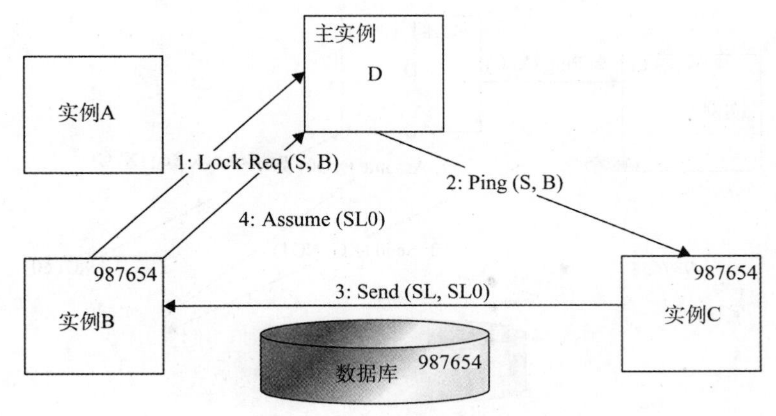

图 12-7　例 12-2 的执行过程

(4) 实例 B 向实例 D 发送一条消息，假定块具有 SL 锁。这条消息对于锁管理器来说并不重要；因此，消息是异步发送的。

例 12-3：获取(缓存)干净的块用于更新。

我们从例 12-2 的末尾开始。实例 A 希望修改实例 B 和实例 C 中已缓存的相同的块，执行过程如图 12-8 所示。

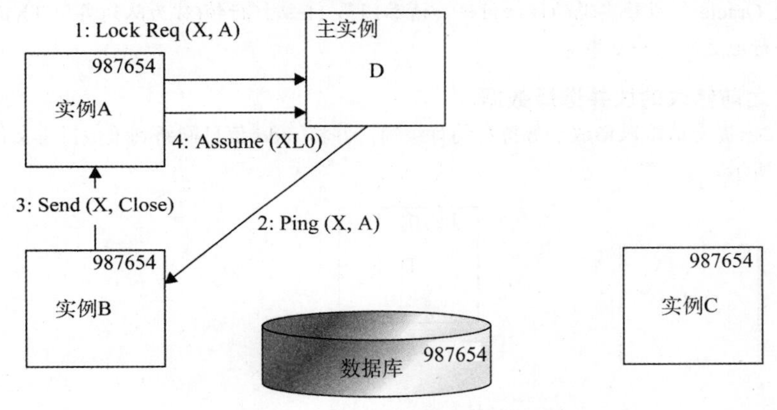

图 12-8　例 12-3 的执行过程

(1) 实例 A 向主实例 D 发送独占锁请求 Lock Req (X, A)。

(2) 实例 D 的锁管理器知道块在实例 B 中处于 SCUR 模式，在实例 C 中处于 CR 模式，块可能是可用的。向共享锁的持有者发送 ping 消息。最近访问的是实例 B，实例 D 向实例 B 发送一条 BAST 消息。

(3) 实例 B 通过互连将块发送给实例 A，并关闭共享锁。块仍然在作为 CR 使用的缓冲区中，但是会释放任何锁。

(4) 实例 A 现在让块处于独占模式，并假设向实例 D 发送一条消息。实例 A 以 XL0 模式持有锁。

(5) 实例 A 修改缓冲区缓存中的块。更改未提交，且块尚未写入磁盘；因此，磁盘上的 SCN 保持为 987654。

例 12-4：获取(缓存)修改块用于更新和提交。

这个例子从例 12-3 的末尾开始。实例 C 现在想要更新 BL 块。注意，实例 A 已经更新了块，并且块上有一个打开的事务。如果实例 C 试图更新同一行，它将等待前一个更新的提交或回滚。然而在本例中，实例 C 更新了另一行，更新之后才发出提交，请求执行过程如图 12-9 所示。

(1) 实例 C 向主实例 D 发送独占锁请求 Lock Req (X, C)。

(2) 实例 D 的锁管理器知道实例 A 持有块上的独占锁，因此向实例 A 发送 ping 消息。

(3) 实例 A 通过互连将脏块发送给实例 C，并将缓冲区上的锁从 XCUR 降级为 NULL。保留块的 PI 版本，并且尚未拥有缓冲区上的任何锁。在传送块之前，实例 A 必须创建 PI，并在块更改期间刷新 redo。实例 A 上的块模式现在是 NG1。

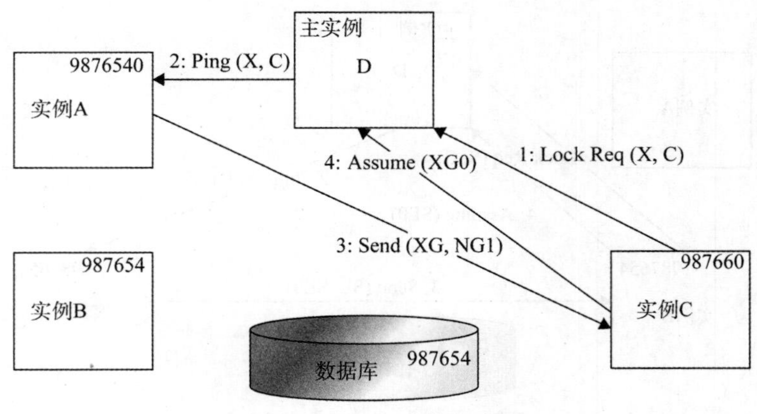

图 12-9 例 12-4 的执行过程

(4) 实例 C 向实例 D 发送一条消息，表明块现在处于独占模式。块的角色 G 表明块处于全局模式，如果需要将块写入磁盘，就必须将块与具有过去镜像的其他实例进行协调。实例 C 修改块并发出提交请求。这将使 SCN 变为 987660。

注意：行级锁和块锁在 Oracle RAC 环境中独立运行。在本例中，我们在两个不同的实例中更新相同的块，但不是在同一行。有关 Oracle 行级锁实现的详细讨论，请参阅第 11 章。行锁(称为队列类型 TX)和 GCS 缓冲锁(称为队列类型 BL)可以并行地运行同一个事务。

例 12-5：提交之前修改的块并选择数据。

现在，实例 A 发出提交请求以释放事务持有的行级锁，并将 redo 信息刷新到重做日志文件，资源的全局锁保持不变，如图 12-10 所示。

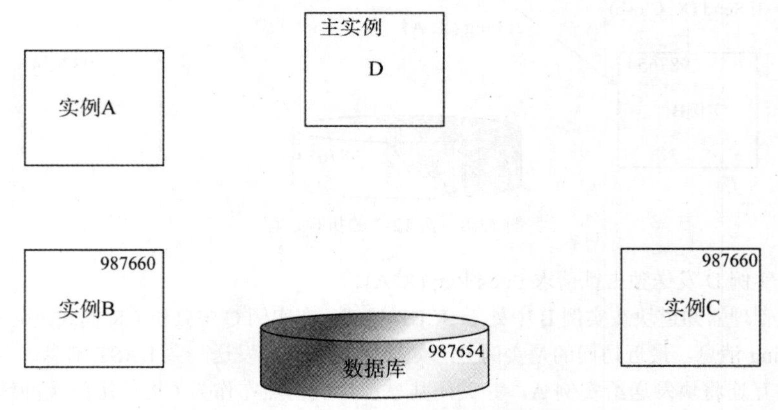

图 12-10 例 12-5 的执行示意图

实例 A 希望提交更改。提交操作不需要对数据块进行任何同步修改。锁保持与前一个锁状态相同，提交的更改向量被写入重做日志。

例 12-6：由检查点将脏缓冲区写入磁盘。

继续例 12-5，实例 B 从缓冲区缓存中由检查点写入脏块，执行过程如图 12-11 所示。

(1) 实例 B 使用必要的 SCN 向主实例 D 发送写请求。

(2) 实例 D 的锁管理器知道块的最新副本可能在实例 C 中可用，因此向实例 C 发送一条请求写入的消息。

(3) 实例 C 发起磁盘写，并将 BWR 写入重做日志文件。

(4) 实例 C 获取写操作已完成的通知。

(5) 实例 C 通知主实例写操作已经完成。

(6) 在收到来自实例 C 的通知后，主实例 D 告诉所有 PI 持有者丢弃它们的 PI，实例 C 的锁将修改后的块写入磁盘。

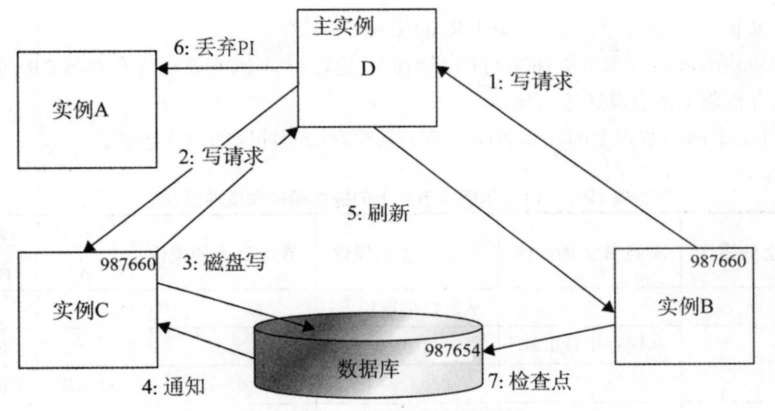

图 12-11 例 12-6 的执行过程

(7) 所有先前修改过该块的实例也必须编写 BWR。实例 C 的写请求现在已经得到满足，实例 C 现在可以像往常一样使用检查点继续。

例 12-7：主实例崩溃。

继续例 12-6，执行过程如图 12-12 所示。

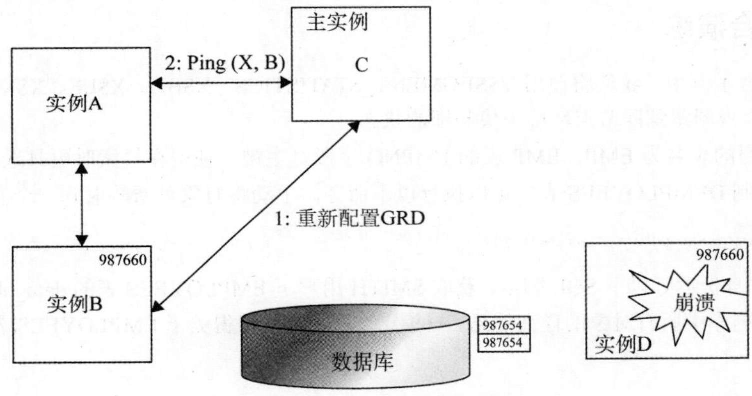

图 12-12 例 12-7 的执行过程

(1) 主实例 D 崩溃。

(2) 全局资源目录(GRD)将暂时冻结，主实例 D 持有的资源将均匀地分布在幸存的节点中。

注意： 第 11 章给出了 GRD 模式的细节，第 9 章讨论了 GRD 和节点故障后的快速重构。

例 12-8：从实例 A 中选择行。

现在实例 A 查询表中的行，以获得最新的数据，执行过程如图 12-13 所示。

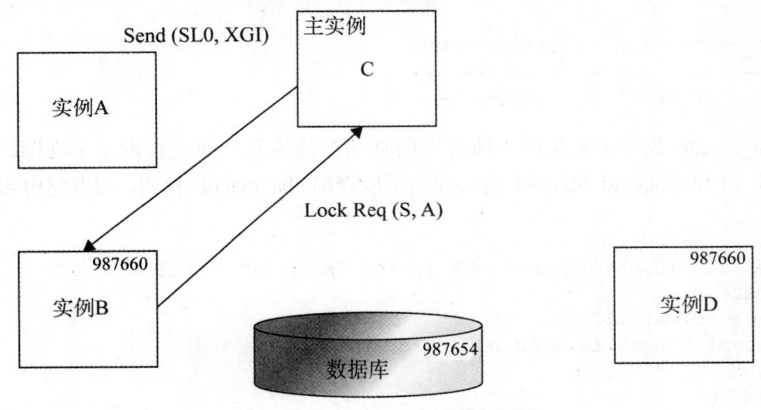

图 12-13 例 12-8 的执行过程

(1) 实例 A 向主实例 C 发送共享锁请求 Lock Req (S, A)。

(2) 主实例 C 知道块的最新副本可能在实例 C(即当前主进程)中，因而要求持有者将 CR 块发送给实例 A。

(3) 实例 C 通过互连将 CR 块发送给实例 A。

表 12-2 列出了以上示例中节点上的操作顺序以及不同缓存中缓冲区的对应模式。

表 12-2 以上示例中节点上的操作顺序和缓冲区状态

示例	节点 A 上的操作	节点 B 上的操作	节点 C 上的操作	节点 D 上的操作	缓冲区状态			
					A	B	C	D
例 12-1			从磁盘读取块				SCUR	
例 12-2		从缓存中读取块				CR	SCUR	
例 12-3	更新锁				XCUR	CR	CR	
例 12-4			更新相同的块		PI	CR	XCUR	
例 12-5	提交变更				PI	CR	XCUR	
例 12-6		触发检查点				CR	XCUR	
例 12-7				实例崩溃				
例 12-8	选择行				CR		XCUR	

12.3.2 缓存融合演练

在下面的缓存融合示例中，我们将使用 V$SEGMENT_STATISTICS、X$BH、X$LE、X$KJBL、V$DLM_RESS 和 V$GES_ENQUEUE 视图跟踪四节点环境中块和锁的状态。

我们在本例中使用的表名为 EMP，EMP 表的 EMPNO 字段是主键，使得在检索时更具选择性。出于演示的目的，我们用实例 D 控制 DEMPLOYEES 表。可以执行以下命令，手动将对象重新映射到一个实例：

```
oradebug lkdebug -m pkey <objected>
```

以任何 DBA 用户身份运行以下 SQL 脚本，获取 SMITH 用户下 EMPLOYEES 表的 data_object_id。数据字典视图 dba_objects 包含数据库中所有对象的详细信息。查询这个视图，以获得关于 EMPLOYEES 表的 data_object_id 的详细信息。

```
REM We get the object id of the EMPLOYEES table
column owner format a10
column data_object_id format 999999
column object_name format a15
select owner, data_object_id, object_name
from dba_objects
where owner='SMITH'
and object_name='EMPLOYEES';

SQL> @GET_OBJECT_ID

OWNER      DATA_OBJECT_ID     OBJECT_NAME
---------- -------------- ---------------
SMITH               51151       EMPLOYEES
```

数据字典视图 dba_extents 保存了数据库中所有段的详细存储信息。通过查询这个视图，我们可以获得关于 EMPLOYEES 表的 file_id 和 block_id 的详细信息。我们可以查询 dba_extents 视图，或者使用 dbms_rowid 包来获取详细信息。

```
REM We get the File ID, Starting Block ID for EMPLOYEES table
col owner format a8
col segment_name format a12
select owner,segment_name,file_id,block_id,blocks
from dba_extents
where owner='SMITH'
and segment_name='EMPLOYEES'
```

```
OWNER          SEGMENT_NAME        FILE_ID     BLOCK_ID     BLOCKS
--------       ------------      ----------  ----------   ----------
SMITH          EMPLOYEES            4           25          8
```

我们也可以使用以下方法从 EMPLOYEES 表中获得关于文件号和行块号的详细信息。rowid 是数据库中行的物理地址，用于唯一地标识数据库中的行。

```
SQL> select rowid,empno,ename from SMITH.employees where empno in(7788,7876);
ROWID                                 EMPNO   ENAME
------------------                 ----------  ----------
AAAMfPAAEAAAAAgAAH                     7788   SMITH

AAAMfPAAEAAAAAgAAK                     7876   ADAMS

SQL> select
  2  dbms_rowid.rowid_block_number('AAAMfPAAEAAAAAgAAH') Block_no
  3  from dual;
  BLOCK_NO

----------
        32

 SQL> select
   2  dbms_rowid. rowid_relative_fno('AAAMfPAAEAAAAAgAAH') File_no
   3  from dual;
  FILE_NO
----------
        4
```

1. 查询锁和缓冲区的状态信息

下面简要说明如何查询锁和缓冲区的状态信息。可以运行以下四个查询，但必须在以 sysdba 身份登录的会话中运行它们。

GET_SEGMENT_STATS.SQL

动态性能视图 V$SEGMENT_STATISTICS 包含每个段的统计信息，例如读、写、行锁等待和 ITL 等待的数量。可以通过这个视图来了解实例是如何接收 EMPLOYEES 表中数据块的信息的。

```
column stat format a35
column value format 99999
select STATISTIC_NAME stat, value val
from v$segment_statistics
where value > 0
and OWNER='SMITH' and OBJECT_NAME='EMPLOYEES';
```

GET_BUFFER_STAT.SQL

内部视图 X$BH 包含缓冲区缓存中块的状态。可以通过这个视图来获取缓冲区缓存中任何缓存的状态。谓词 obj=51151 用于限制 EMPLOYEES 表。要获得包含 EMPNO 7788 和 7369 的行块的状态，可以使用 dbablk=32。谓词中的最后一个条件 class=1 用于获取关于 EMPLOYEES 表中数据块的详细信息。

```
SELECT
state, mode_held, le_addr, dbarfil, dbablk, cr_scn_bas, cr_scn_wrp
FROM x$bh
WHERE obj=51151
AND dbablk=32
AND class=1;
```

X$BH 视图的 STATE 列包含有关缓冲区缓存中块的模式信息，还可以查询 V$BH 以获得相同的信息。然而在生产环境中，查询 V$BH 可能是一项昂贵的操作，因为需要访问所有缓冲区(与 X$LE 连接)并可能循环消耗大量 CPU。因此，在访问缓冲区缓存信息时，最好查询 X$BH 视图。

下面列出了缓冲区缓存中各种块状态的信息。

状态	说明
0	缓存是空闲的，未使用。
1	当前缓冲区锁的模式是 X。
2	当前缓冲区锁的模式是 S。
3	缓冲区一致读。
4	缓冲区被读。
5	介质恢复下的缓冲区。
6	实例恢复下的缓冲区。
7	克隆缓冲区的写
8	过去的镜像(PI)缓冲区。

状态值 1、2、3 和 8 代表缓冲区缓存中最常见的缓冲区模式，我们将在演示示例中使用这些值。

获取 GCS 资源名称

可以通过首先运行以下查询来获得 GCS 资源名称，以便之后使用。

```
column hexname format a25
column resource_name format a15
select
b.kjblname hexname,b.kjblname2 resource_name,
b.kjblgrant,b.kjblrole,b.kjblrequest
from
X$LE a, X$KJBL b
where a.le_kjbl=b.kjbllockp
and a.le_addr=(select le_addr from
x$bh where dbablk=32 and obj=51151
and class=1 and state! =3);
HEXNAME                    RESOURCE_NAME    KJBLGRANT   KJBLROLE  KJBLREQUE
-------------------------  ---------------  ----------------------  ---------
[0x20][0x40000],[BL]       32,262144,BL     KJUSEREX           0  KJUSERNL
```

内部视图 X$KJBL 中的 KJBLNAME 列以十六进制格式提供 GCS 资源名称，KJBLNAME2 列以十进制格式提供 GCS 资源名称。我们将使用十六进制格式([id1]，[id2]，[type])来查询 V$GC_ELEMENT 和 V$DLM_RESS 视图中的资源。

监控资源分配

可以运行以下查询来监控从 EMPLOYEES 表中分配给数据块的资源。

```
column resource_name format a22
column state format a8
column mast format 9999
column grnt format 9999
column cnvt format 9999
select
a.resource_name,b.state,a.master_node mast,a.on_convert_q cnvt ,
a.on_grant_q grnt,b.request_level,b.grant_level
from v$dlm_ress a,
V$ges_enqueue b
where upper(a.resource_name)=upper(b.resource_name1)
and a.resource_name like '%[0x20][0x40000],[BL]%';

RESOURCE_NAME           STATE         MAST  CNVT  GRNT    REQUEST_    L GRANT_LEV
----------------------  --------     -----  ----- -----   ---------   ---------
[0x20][0x40000],[BL]    GRANTED          3  0         1   KJUSERNL    KJUSERPR
[0x20][0x40000],[BL]    GRANTED          3  0         1   KJUSERNL    KJUSERPR
```

2. 演示操作细节

下面执行演示操作。在每个 SQL 操作结束时，我们将使用前面提到的四个查询获取快照，以监视实例中块和锁的状态变化。语句应该以 SMITH 用户的身份运行，监视查询应该以 SYS 用户的身份运行，因为需要引用内部视图。

操作步骤如下：

(1) 实例 C 从 EMPLOYEES 表中查询 EMPNO=7788 的行。

```
SELECT EMPNO, ENAME, SAL from EMP where EMPNO=7788;
```

(2) 在实例 B 中选择相同的行进行查询。

```
SELECT EMPNO, ENAME, SAL from EMP where EMPNO=7788;
```

(3) 在实例 A 中更新该行。

```
UPDATE EMP SET SAL=SAL+1000 where EMPNO=7788;
```

(4) 在实例 C 中更新一行(EMPNO=7369)。

```
UPDATE EMP SET SAL=SAL*2 where EMPNO=7369;
```

(5) 在实例 A 中提交更改。

```
COMMIT;
```

(6) 实例 B 中的检查点将发生的更改写入磁盘。

```
ALTER SYSTEM CHECKPOINT;  ALTER SYSTEM SWITCH LOGFILE;
```

(7) 主节点发生崩溃。

(8) 从实例 A 中选择数据来验证当前主机的状态。

```
SELECT EMPNO,ENAME,SAL FROM EMP WHERE EMPNO IN (7788,7369)
```

在本例的开头，缓冲区缓存中不包含属于 EMPLOYEES 表的任何块。

```
Lock status queries run on instance A at the beginning
$sqlplus '/as sysdba'

SQL> @GET_SEGMENT_STATS
no rows selected
SQL>@GET_BUFFER_STAT
no rows selected
SQL> @GET_RESOURCE_NAME
no rows selected
SQL>@GET_RESOURCE_STAT
no rows selected

Lock status queries run on instance B at the beginning
$sqlplus '/as sysdba'
SQL> @GET_SEGMENT_STATS
no rows selected
SQL>@GET_BUFFER_STAT
no rows selected
SQL> @GET_RESOURCE_NAME
no rows selected
SQL>@GET_RESOURCE_STAT
no rows selected

Lock status queries run on instance C at the beginning
$sqlplus '/as sysdba'
SQL> @GET_SEGMENT_STATS
no rows selected
SQL>@GET_BUFFER_STAT
no rows selected
SQL> @GET_RESOURCE_NAME
no rows selected
SQL>@GET_RESOURCE_STAT
no rows selected

Lock status queries run on instance D at the beginning
```

```
$sqlplus '/as sysdba'

SQL> @GET_SEGMENT_STATS
no rows selected
SQL>@GET_BUFFER_STAT
no rows selected
SQL> @GET_RESOURCE_NAME
no rows selected
SQL>@GET_RESOURCE_STAT
no rows selected
```

正如你所看到的，缓冲区缓存不包含属于表 EMP 的任何块。因为缓冲区缓存中没有块，所以不需要使用任何资源来跟踪它们。因此，查询不会返回任何行。表 EMP 由实例 D 控制，表 EMP 上的每个请求都将通过实例 D。

例 12-9：从磁盘检索数据。

从磁盘检索数据，并监视主实例和持有实例之间资源的移动。首先，查询实例 C 上的 EMPLOYEES 表。以 SMITH 用户身份连接并运行以下查询，将缓冲区从磁盘加载到实例 C 的缓冲区缓存。实例 D 掌控资源。可以查询 X$KJBR.KJBRMASTER 视图，查找资源的主节点。

```
REM Let us query the EMP data from instance C
REM This query is run as user SMITH

SQL> select empno,ename,sal from employees
  2  where empno=7788;
    EMPNO       ENAME          SAL
----------  ----------  ----------
     7788       SMITH        3000
```

现在，在实例 C 上查询锁的状态。由于查询的是内部表，因此以 SYS 用户身份对查询进行监视。这些查询产生以下结果：

```
REM #### Result of lock queries on instance C,
REM after a select from EMPLOYEES table on instance C
REM This query is run as user SYS
SQL> @get_segment_stats
OBJECT_NAM  STAT                                         VALUE
----------  ------------------------------------ -------
EMP         physical reads                                   1

SQL> @get_resource_name
HEXNAME                            RESOURCE             _NAME      KJBLGRANT      KJBLROLE
                                   KJBLREQUE
-------------------------          ----------------     --------- ----------      ---------
[0x20][0x40000],[BL]               32,262144,BL         KJUSERPR           0      KJUSERNL
SQL> @get_resource_stat
no rows selected
SQL> @get_buffer_stat
STATE       MODE_HELD          FILE#          BLOCK#     SCN_BASE      SCN_WRAP
-----     ----------      ----------      ----------   ----------    ----------
   2               0               4              32            0             0
```

通过观察可以发现：

- 块是从磁盘中检索的，用 V$SEGMENT_STATISICS 视图中的 physical reads 段表示。
- 块以共享模式保存，因为 X$BH 表的 STATE 列的值是 2。
- 主节点为节点 3(看实例 D，节点编号从 0 开始)。
- KJUSERPR 的值说明在资源上授予了受保护的读锁(共享读)。
- 行数据位于数据库中的 4 号文件的 32 号块中。来自块转储的摘录显示：EMPLOYEES 表的所有 14 行都位于同一个块中。为了简洁起见，我们已经编辑了块的转储输出。

```
Start dump data blocks tsn: 4 file#: 4 minblk 32 maxblk 32
buffer tsn: 4 rdba: 0x01000020 (4/32)
```

```
scn: 0x0000.000adca3 seq: 0x01 flg: 0x04 tail: 0xdca30601

Block header dump:  0x01000020
 Object id on Block? Y
 seg/obj: 0xc7cf  csc: 0x00.adca2  itc: 2  flg: E  typ: 1 - DATA
     brn: 0  bdba: 0x1000019 ver: 0x01 opc: 0
     inc: 0  exflg: 0

Itl           Xid                  Uba          Flag  Lck        Scn/Fsc
0x01   0x0014.017.00000102  0x01400239.0023.06  C---    0  scn 0x0000.000a9cb9
0x02   0x000a.012.000001ea  0x0080118f.00d1.11  C-U-    0  scn 0x0000.000ad663
data_block_dump,data header at 0x64c6664
===============
tsiz: 0x1f98
hsiz: 0x2e
pbl: 0x064c6664
bdba: 0x01000020
     76543210
flag=--------
ntab=1
nrow=14
```

在上述块转储中，nrow=14 表示所有 14 行都存储在同一个块中。数据块地址(bdba)为 0x01000020，这将在稍后用于验证重做日志中的块写记录。

块转储属于 EMPLOYEES 表，块的对象 ID 显示为 seg/obj:0xc7cf，其中对象 ID 51151 表示为 0xc7cf。

下面是在实例 A 上从 EMPLOYEES 表中进行选择后，对主实例 D 进行锁查询的结果。

```
REM Lock status on the Master Node D
SQL> @get_segment_stats
no rows selected
SQL> @get_buffer_stat
no rows selected
SQL> @get_resource_name
no rows selected
SQL> @get_resource_stat
RESOURCE_NAME              STATE     MAST   CNVT    GRNT     REQUEST    L GRANT_LEV
---------------------- -------- -----  -----    -----   ---------   ---------
[0x20][0x40000],[BL]       GRANTED      3      0       1     KJUSERNL    KJUSERPR
```

通过观察可以发现：

- 主节点中的 EMPLOYEES 表上没有物理读或逻辑读。V$SEGMENT_STATISTICS 上的查询 GET_SEGMENT_STATS 确认了这一点。
- 因为 EMPLOYEES 表上没有读操作，所以在主节点中不会缓存来自 EMPLOYEES 表的块。
- 因为没有缓存块，所以没有分配资源来保护实例 D 中的块。
- 通过查询 GET_RESOURCE_STAT 可以发现，资源是在受保护的读取级别进行授予的。

例 12-10：从缓存中读取块。

从例 12-9 继续，我们在实例 B 上运行相同的查询。数据已经缓存在实例 C 中，我们应该从实例 C 获取块。磁盘版本和缓存版本是相同的，因为没有对实例 C 进行任何修改。

```
REM Execute the following query on instance B: (User SMITH's session)
SQL> select empno,ename,sal from employees
  2 where empno=7788;
     EMPNO  ENAME             SAL
---------- ----------  ----------
      7788  SMITH            3000
#### Result of lock queries on instance B,
after a select from EMPLOYEES table on instance B
SQL> @get_segment_stats
OBJECT_NAM  STAT                                 VALUE
----------  ----------------------------------   -------
```

```
EMP            gc cr blocks received                        1

SQL> @get_buffer_stat
     STATE       MODE_HELD           FILE#          BLOCK#     SCN_BASE    SCN_WRAP
----------    ----------    ----------    ----------   ----------   ----------
         3             0             4            32       665905            0
SQL> @get_resource_name
no rows selected
SQL> @get_resource_stat
no rows selected
```

通过观察可以发现：

- 块是从缓存中检索的，而不是从磁盘中检索的，用 V$SEGMENT_STATISICS 视图中的 gc cr block received 段表示。
- 块以共享模式保存，因为 X$BH 表的 STATE 列的值是 3。
- 因为缓冲区处于 CR 状态，所以不需要任何锁来保护，并且在主节点中没有为缓冲区分配任何资源。
- 主节点为节点 3(上面运行着实例 D，节点编号从 0 开始)。

现在，我们将查看主实例 D 以及为块提供服务的实例 C 中锁状态的变化。

下面是主实例中的锁统计数据。

```
SQL> @get_resource_stat
RESOURCE_NAME                STATE       MAST     CNVT     GRNT   REQUEST_L   GRANT_LEV
-------------------------  ---------    -----    -----    -----  ----------  ----------
[0x20][0x40000],[BL]         GRANTED        3        0        1    KJUSERNL    KJUSERPR

#### Result of lock queries on instance C
after a select from EMPLOYEES table on instance B

SQL> @get_buffer_stat
STATE   MODE_HELD        FILE#         BLOCK#      SCN_BASE       SCN_WRAP
-----  ----------   ----------     ----------    ----------     ----------
   2            0            4             32             0              0
SQL> @get_resource_name
HEXNAME                       RESOURCE_NAME     KJBLGRANT   KJBLROLE   KJBLREQUE
-------------------------  ---------------  ---------  ----------  ---------
[0x20][0x40000],[BL]         32,262144,BL     KJUSERPR          0    KJUSERNL
```

通过观察可以发现：

- 主实例授予对实例 C 的共享访问权。
- SCUR 锁模式与另一种 CR 模式兼容，没有任何冲突。
- 实例 C 按照主实例 D 的指示通过互连将块发送给实例 B。
- 列 KJBLGRANT 显示了实例 C 中 SCUR 模式下锁的 KJUSERPR。
- 不需要额外的锁来保护实例 A 中的 CR 缓冲区，因此主实例中锁状态没有更改。
- 在 CR 模式下，缓冲区缓存中的块可以由查询实例本地使用，但是不能用于更新，也不能提供给其他实例，因此块不需要锁。

在例 12-10 的末尾，全局缓存的两个缓存中有两个缓冲区副本。实例 C 的缓冲区处于 SCUR 模式，实例 B 的缓冲区处于 CR 模式。缓冲区仍然在本地角色中，还没有人更新块，任何缓存中都没有过去的镜像。

例 12-12：更新实例 A 中的行。

保存用户 SMITH 的数据块(EMPNO=7788)现在缓存在实例 B 和实例 C 中。实例 C 从磁盘读取块，并通过互连提供给实例 B。然后实例 A 更新数据并使缓冲区不兼容。实例 A 不提交更改。

现在让我们更新实例 A 上的块。

```
REM Let us update DML on instance A:

UPDATE EMP SET SAL=SAL+1000 WHERE EMP=7788;
```

```
#### Result of lock queries on instance A

SQL> @get_segment_stats
OBJECT_NAM STAT                                              VALUE
---------- ------------------------------------------     -------
EMP  gc current blocks received                                 1

SQL> @get_buffer_stat
STATE        MODE_HELD      FILE#      BLOCK#     SCN_BASE    SCN_WRAP
-----       ---------- ---------- ----------  ----------  ----------
   1              0          4          32           0           0

SQL> @get_resource_name
HEXNAME                    RESOURCE_NAME     KJBLGRANT    KJBLROLE    KJBLREQUE
------------------------- ---------------   ---------   ----------  ---------
[0x20][0x40000],[BL]       32,262144,BL      KJUSEREX             0  KJUSERNL
SQL> @get_resource_stat
no rows selected
```

通过观察可以发现：

- X$BH 中的 STATE 列的值为 1，这表示当前状态下由实例 A 以独占模式持有块。
- 统计数据 gc current blocks received 表明块是通过缓存融合从全局缓存中获得的，而不是从磁盘中获得的。
- 列 KJBLGRANT 的值为 KJUSEREX，表示实例对资源具有独占锁。
- 实例 A 已将锁从 N 模式升级为 X 模式。

```
REM Lock and Block statistics from node B and C

REM Buffer Status in Node B (After Instance A updated the Block)
SQL> @get_buffer_stat
  STATE    MODE_HELD       FILE#      BLOCK#      SCN_BASE    SCN_WRAP
  -----   ---------- ---------- ----------  ----------  ----------
      3            0          4          32      669341           0
SQL> @get_resource_name
no rows selected

SQL> @get_resource_stat
no rows selected

REM  Buffer Status from Node C
SQL> @get_buffer_stat
STATE  MODE_HELD      FILE#     BLOCK#       SCN_ BASE    SCN_WRAP
----- ---------- ---------- ----------      ----------  ----------
    3          0          4         32         669340            0
SQL> @get_resource_name
no rows selected

SQL> @get_resource_stat
no rows selected

REM Resource Statistics from Master Node
SQL> @get_resource_stat
          RESOURCE_NAME        STATE        MAST     CNVT       GRNT  REQUEST_L   GRANT_LEV
----------------------      --------       -----    -----      -----  ---------   ---------
  [0x20][0x40000],[BL]      GRANTED            3        0          1   KJUSERNL    KJUSEREX
```

请注意以下几点：

- 实例 C 将锁从 SCUR 模式降级为 N 模式，并且只将缓冲区设置为 CR 模式。
- 实例 C 中的缓冲区状态值从 2(SCUR)更改为 3(CR)。
- 实例 B 和实例 C 对资源不再有任何锁。实例可以在本地使用 CR 模式下缓存中的块进行查询。但是块不能用于更新，也不能提供给其他实例，因此不需要任何锁。
- 主实例以独占模式授予覆盖资源的锁。

- 实例 A 的缓冲区缓存中有最近使用的块。现在，任何请求该块的实例都将由实例 A 提供服务。

例 12-12：在实例 C 中更新一行(在同一个块中)。

从例 12-11 继续，我们从另一个实例更新相同的块，但在这里更新不同的行。更新相同的行会导致等待 TX 队列，因为我们使用的是单个实例。缓冲区的 32 号块仅由实例 A 持有，并由 BL 队列保护。Oracle RAC 实例中行级锁的操作类似于单个实例中的锁。在本例中，我们更新了相同的块，但是更新了不同的行。

```
REM On instance C's SMITH session:
UPDATE EMP SET SAL = SAL*2 WHERE EMPNO=7369;
COMMIT;

Result of lock queries on instance C, after an update to EMPLOYEES
table on instance C

SQL> @get_segment_stats
OBJECT_NAM    STAT                                        VALUE
----------    -----------------------------------       -------
EMP           physical reads                                  1
EMP           gc current blocks received                      1

SQL> @get_buffer_stat
 STATE      MODE_HELD       FILE#      BLOCK#      SCN_BASE      SCN_WRAP
 -----     ----------    ----------  ----------   ----------    ----------
     1            0            4          32            0             0
SQL> @get_resource_name
HEXNAME                         RESOURCE_NAME  KJBLGRANT  KJBLROLE   KJBLREQUE
-------------------------     ---------------  ---------  ----------  ---------
[0x20][0x40000],[BL]            32,262144,BL  KJUSEREX          0     KJUSERNL

SQL> @get_resource_stat
no rows selected
```

通过观察可以发现：

- 统计数据 gc current blocks received 表明实例通过 GCS 从远程实例接收了一个属于这个段(表)的块。
- 在实例 C 上，X$BH 视图的 STATE 列的值为 1，这表示块是当前块，仅由实例 C 锁定。
- 资源以独占模式保存，如第三个查询中的 KJUSEREX 所示。

现在查询主节点，查看锁的统计信息。

```
REM Statistics from Master Node (Instance D)

SQL> @get_resource_stat
RESOURCE_NAME              STATE     MAST    CNVT       GRNT  REQUEST_L   GRANT_LEV
-------------------------- --------  -----   -----      -----  ---------   ---------
[0x20][0x40000],[BL]   GRANTED         3       0          1   KJUSERNL    KJUSEREX
[0x20][0x40000],[BL]   GRANTED         3       0          1   KJUSERNL    KJUSERNL
```

现在回到提供块的实例，实例 A 将当前块服务给实例 C。

```
REM Resource statistics in node A
SQL> @get_buffer_stat
     STATE  MODE_HELDFILE#BLOCK#SCN_BASESCN_WRAP
-----------------------------------------------------------
8  043200

SQL> @get_resource_name
HEXNAME                    RESOURCE_NAME     KJBLGRANT        KJBLROLE   KJBLREQUE
------------------------- ---------------    ---------       ----------  ---------
[0x20][0x40000],[BL]       32,262144,BL      KJUSERNL                0   KJUSERNL
```

请注意以下几点：

- 实例 A 将块从 XCUR 转换为 PI(STATE 等于 8)。
- KJUSERNL 表明是使用 N 模式保护 PI。

- 主节点 D 将覆盖实例 C 的锁显示为独占锁(KJUSEREX)，并将覆盖实例 A 的锁显示为 PI 镜像的独占锁(KJUSEREX)。
- 主进程在缓冲区缓存中跟踪 PI 镜像。一旦将当前块写入磁盘，就要求所有这些实例丢弃 PI 副本。

如果仔细查看例 12-11 和例 12-12，就会理解缓冲区锁与行级锁无关。当在实例 C 中更新块时，将在块中放置行级锁。当再次更新块时，将在块中放置另一个行级锁。

块级存储参数 INITRANS 可以控制在块上获取的行级锁的初始数量。随着需求的增长，只要块有足够的空间来记录事务信息，块中行级锁的数量就会增长。请参阅第 11 章，以更好地理解 Oracle 内部行级锁的实现。

例 12-13：提交实例 A 中的块并选择行。

现在，实例 A 上的进程决定提交更改。就事务锁而言，Oracle RAC 环境中的提交操作与单实例环境中的提交操作相同。在全局缓存中，提交不会对锁管理层中的锁状态进行任何更改。现在，我们将在实例 A 中发出提交请求之后研究查询结果。

```
REM Let us commit our update done in example 3
REM In SMITH's session, we will issue a commit.
COMMIT;
```

下面是实例 A 发出提交请求后的结果。

```
Resource statistics in node A
SQL> @get_buffer_stat
    STATE    MODE_HELD          FILE#         BLOCK#       SCN_BASE    SCN_WRAP
 ----------  ----------    ----------    ----------    ---------- ----------
        8            0              4            32             0          0
SQL> @get_resource_name
HEXNAME                        RESOURCE_NAME      KJBLGRANT      KJBLROLE    KJBLREQUE
-------------------------     ---------------    ---------    ----------    ---------
[0x20][0x40000],[BL]           32,262144,BL       KJUSERNL              0    KJUSERNL

SQL> @get_segment_stats
OBJECT_NAM STAT                                         VALUE
---------- -----------------------------------        -------

EMP        gc current blocks received                       1

REM Resource Statistics in  Instance C
SQL> @get_segment_stats

OBJECT_NAM STAT                                         VALUE
---------- -----------------------------------        -------

EMP        physical reads                                   1
EMP        gc current blocks received                       1

SQL> @get_buffer_stat
STATE      MODE_HELD           FILE#          BLOCK#          SCN_BASE       SCN_WRAP
-----    ----------      ----------      ----------        ----------     ----------
   1             0               4              32                 0              0
SQL> @get_resource_name
HEXNAME                     RESOURCE_NAME      KJBLGRANT      KJBLROLE  KJBLREQUE
-------------------------  ---------------    ---------    ----------  ---------
[0x20][0x40000],[BL]        32,262144,BL       KJUSEREX              0  KJUSERNL

REM Statistics from Master Node  (Instance D)
SQL> @get_resource_stat
RESOURCE_NAME         STATE       MAST      CNVT    GRNT    REQUEST_L    GRANT_LEV
--------------------- --------   -----     -----   -----    ---------    ---------
[0x20][0x40000],[BL]  GRANTED        3         0       1    KJUSERNL     KJUSEREX
[0x20][0x40000],[BL]  GRANTED        3         0       1    KJUSERNL     KJUSERNL
```

通过观察可以发现，提交不会对全局缓存锁做任何重大更改。

例 12-14：由于检查点导致的磁盘写操作。

从例 12-13 继续，由于检查点的存在，实例 C 上修改的缓冲区被写入磁盘。我们将在检查点完成之后研究资源统计。

```
REM Let us trigger a checkpoint in Instance C
SQL> alter system checkpoint global;
System altered.

REM Resource Statistics in Instance A
SQL> @get_buffer_stat
STATE   MODE_HELD          FILE#          BLOCK#        SCN_BASE    SCN_WRAP
-----  ----------     ----------      ----------      ----------   ----------
   3          0              4              32          669387          0
SQL> @get_resource_name
no rows selected
SQL> @get_resource_stat
no rows selected

REM Resource Statistics in  Instance C
SQL> @get_segment_stats
OBJECT_NAM STAT                                          VALUE
---------- -----------------------------------        -------

EMP        physical reads                                     1
EMP        gc current blocks received                         1

SQL> @get_buffer_stat
STATE   MODE_HELD        FILE#         BLOCK#       SCN_BASE      SCN_WRAP
-----  ----------   ----------     ----------     ----------    ----------
   1          0            4             32             0             0
SQL> @get_resource_name
HEXNAME                      RESOURCE_NAME      KJBLGRANT  KJBLROLE   KJBLREQUE
-------------------------   ---------------    -------------------   ---------
[0x20][0x40000],[BL]         32,262144,BL       KJUSEREX           0  KJUSERNL

Statistics from Master Node (Instance D)

SQL> @get_resource_stat
RESOURCE_NAME              STATE       MAST     CNVT    GRNT   REQUEST_L  GRANT_LEV
----------------------    --------    -----    -----   -----   ---------  ---------
[0x20][0x40000],[BL]      GRANTED         3        0       1    KJUSERNL   KJUSEREX
```

通过观察可以发现：

- 从实例 C 到主节点的检查点请求不会更改当前节点中的任何锁状态。
- 丢弃节点 A 的 PI，并将缓冲区更改为 CR 模式。因此，缓冲区的 STATE 从 8 更改为 3。
- 因为 PI 缓冲区被更改为 CR，所以不需要主进程来保护资源。KJUSERNL 锁被摧毁。
- 实例 C 还生成了 BWR 并被写入重做日志文件。BWR 转储如下所示：

```
Block Written Record Dump in Redo Log File of Instance C

CHANGE #1 MEDIA RECOVERY MARKER SCN:0x0000.00000000 SEQ:  0 OP:23.1
 Block Written - afn: 4 rdba: 0x01000020 BFT:(1024,16777248) non-BFT:(4,32)
                 scn: 0x0000.001778e1 seq: 0x01 flg:0x00

REDO RECORD - Thread:1 RBA: 0x000006.00004d4a.0010 LEN: 0x0070 VLD: 0x06
SCN: 0x0000.00178185 SUBSCN:  1 08/19/2010 22:36:35
CHANGE #1 MEDIA RECOVERY MARKER SCN:0x0000.00000000 SEQ:  0 OP:23.1
```

例 12-15：实例崩溃。

此时，实例 D(我们感兴趣的 EMP 资源的主实例)崩溃。下面是实例 A 的警告日志中的重新配置信息：

```
Reconfiguration started (old inc 8, new inc 10)
```

```
List of instances:
 1 2 3 (myinst: 1)
 Global Resource Directory frozen
 * dead instance detected - domain 0 invalid = TRUE
 Communication channels reestablished
* domain 0 not valid according to instance 3
 * domain 0 not valid according to instance 2
 Master broadcasted resource hash value bitmaps
 Non-local Process blocks cleaned out

LMS 0: 1 GCS shadows cancelled, 0 closed, 0 Xw survived
 Set master node info
 Submitted all remote-enqueue requests
 Dwn-cvts replayed, VALBLKs dubious
 All grantable enqueues granted
 Post SMON to start 1st pass IR

Instance recovery: looking for dead threads

Setting Resource Manager plan DEFAULT_MAINTENANCE_PLAN via parameter
Beginning instance recovery of 1 threads
 Submitted all GCS remote-cache requests
 Post SMON to start 1st pass IR
 Fix write in gcs resources
Reconfiguration complete
```

例 12-16：从实例 A 中选择数据。

实例重新配置后，我们从实例 A 中选择数据。下面是主节点的资源统计数据：

```
SQL> @get_segment_stats
OBJECT_NAM STAT                                    VALUE
---------- ----------------------------------- -------
EMP        gc cr blocks received                     1
EMP        gc current blocks received                1

SQL> @get_buffer_stat

STATE  MODE_      HELD          FILE#        BLOCK#      SCN_BASE     SCN_WRAP
 ---------- ----------        ----------   ----------   ----------   ----------
          3          0                4           32       670125            0
SQL> @get_resource_name
no rows selected
SQL> @get_resource_stat
no rows selected
```

实例恢复后，EMPLOYEES 表在实例 C 中重新存储。我们使用资源名查询 X$KJBR 并确认资源在实例 C 中重新存储。也可以使用 oradebug lkdebug -a <pkey>来确定关于资源的主节点的详细信息。

```
REM Resource Statistics from the (new) master node
SQL> @get_master_info
  INST_ID KJBRNAME                           KJBRROLE   KJBRMASTER
---------- ---------------------- ---------- ----------

         3 [0x20][0x40000],[BL]                   0           2


SQL> @get_resource_stat
RESOURCE_NAME          STATE       MAST  CNVT  GRNT  REQUEST_L  GRANT_LEV
---------------------- --------  ----- ----- -----  ---------  ---------
[0x20][0x40000],[BL]   GRANTED       3     0     1   KJUSERNL   KJUSEREX
```

通过观察可以发现：

- 实例 C 的 ID 为 3，因为 INST_ID 的实例号从 1 开始。KJBRMASTER 显示为 2，因为对于 KJBR，编号从 0 开始。

- 在主实例崩溃时，资源被平均分配给幸存的节点，并将示例对象(obj=51151)重分配到实例 C。

12.3.3 资源掌控和重分配

如果已经仔细阅读了缓存融合的概念，那么下面的内容你应该很清楚。

- GCS 跟踪资源使用情况(包括数据块上的锁)。GCS 的资源和职责在所有实例中平均分配。
- 每个资源都有主人，并且主实例在任何时候都知道资源完整的锁状态。
- 当实例需要资源时，发送一条消息，从主实例请求所需的锁。
- 根据资源的当前状态，主实例授予对资源的访问权，或者要求持有者放弃针对资源的锁。
- 如果一个实例比其他实例更频繁地访问资源，那么掌握该实例的资源将有助于减少所有权转移的消息数量。
- 在任何时候，不管实例的数量如何，一个资源最多可以访问三次，因为在任何资源管理操作中只涉及三个方面。
- 如果应用程序的数据访问模式是一组数据块只由一个实例访问，那么让本地实例成为这些资源的主实例可以优化发送到远程实例的消息数量。Oracle 通过实例跟踪数据块访问模式，并重新映射资源以优化消息传递。默认情况下，Oracle 内核每 10 分钟调用一次重新分配算法。
- 具有大量读锁请求的对象使用以读为主的锁协议进行特殊处理。对象之间的关联可以通过_gc_affinity_locking 参数来控制。此参数默认为 true，并且支持以读为主的对象定期重新分配验证。
- 默认情况下会启用 undo 关联和对象关联。可以通过设置_gc_undo_affinity=false 来禁用 undo 关联，还可以通过设置_gc_affinity_locking=false 来禁用对象关联。但是，可以通过设置_gc_affinity_locks=false 来禁用 undo 和对象关联的关联锁。
- 未文档化的初始化参数_gc_read_mostly_locking 可以定期控制以读为主的策略的评估。设置_gc_read_mostly_locking=false 可以禁用以读取为主的策略。可以手动强制读取对象——主要使用以下命令：

  ```
  oradebug lkdebug -m pkey_readmostly <obj#>
  ```

  还可以使用如下命令来解除对象的读取状态：

  ```
  oradebug lkdebug -m dpkey <obj#>
  ```

12.4 后台进程和缓存融合

下面描述每个后台进程执行的与 GCS 相关的功能。

12.4.1 LMON：锁监控进程器

LMON 后台进程维护 GCS 内存结构，处理进程和实例的异常终止。LMON 进程在实例加入或离开集群时处理锁和资源的重新配置。在实例重新配置期间发生的活动由 LMON 在跟踪文件中跟踪。

LMON 每 10 分钟执行一次动态锁重分配。它被称为全局队列服务监视器。

12.4.2 LMS：锁管理器服务器

LMS 是 Oracle RAC 后台进程中最活跃的进程，可以变得非常活跃并消耗大量的 CPU 时间。Oracle 建议通过增加进程的优先级来分配必要的 CPU 时间。

Oracle 实现了一个特性，以确保 LMS 进程不会遇到 CPU 不足的情况。LMS 进程也称为全局缓存服务(GCS)进程，负责接收远程消息并执行所需的 GCS 请求，其中包括以下操作。

- 从 LMD 队列执行请求锁操作的服务器队列中检索请求。
- 为远程实例请求一致读取的任何块回滚任何未提交的事务。
- 从持有实例的缓冲区缓存复制块，并在要放入缓冲区缓存的请求实例上，将块的 CR 副本发送到请求的前台进程。

LMS 还向没有用户进程的远程实例发送消息。每个 Oracle RAC 实例可以有两个或多个 LMS 进程。内部视图 X$KJMSDP 包含实例中每个 LMS 进程工作的统计信息。

还可以使用初始化参数 GCS_SERVER_PROCESSES 设置 LMS 进程的数量。Oracle 一直在优化默认的 LMS 进程数量，每个 Oracle 版本的 LMS 进程数量各不相同。在大多数版本中，默认值如下：

```
MIN(CPU_COUNT/2, 2))
```

然而，在单 CPU 机器中，Oracle 只启动一个 LMS 进程。如果全局缓存活动率非常高，可以考虑增大该参数的值。

12.4.3　LMD：锁管理器守护进程(LMDn)

LMD 进程对全局锁的死锁进行检测，还监视锁转换超时。LMD 管理锁管理器对 GCS 资源的服务请求，并将它们发送到服务队列，由 LMSn 进程处理。这个过程主要处理全局队列资源的锁请求。内部视图 X$KJMDDP 包含实例中每个 LMD 进程工作的统计信息。

12.4.4　LCKn：锁进程(LCK0)

锁进程管理共享资源中的实例资源请求和跨实例调用。在实例恢复期间，锁进程会构建一个无效锁元素的列表，并验证锁元素。

12.4.5　DIAG：诊断守护进程(DIAG)

诊断守护进程是可诊断性框架的一部分，可定期监视实例的健康状况，还可检查实例挂起和死锁。最重要的是，可以捕获重要的诊断数据，例如实例和进程故障。

12.5　本章小结

缓存融合有助于提高 Oracle RAC 数据库的极限性能。在本章中，你看到了缓存融合如何工作的示例，以及如何“在底层”实现会话和连接应用程序的透明性。理解缓存融合的工作原理将有助于理解缓存融合的功能，并使你能够设计高度可扩展的系统架构。

在高并发环境中，过去的镜像(PI)块和块写记录(BWR)优化了实例之间的块传输，保证了在实例失败时能够更快地恢复块。动态资源重分配和以读为主的关联算法根据特定的规则减少了主实例和请求实例之间的消息传递。

后台进程锁管理器守护进程(LMD)和全局缓存服务(GCS)处理实例间块和锁的传输，并在实现实例之间的缓存融合中发挥关键作用。DIAG 进程提高了可诊断性，LCK 进程在缓存融合恢复中发挥着重要作用。

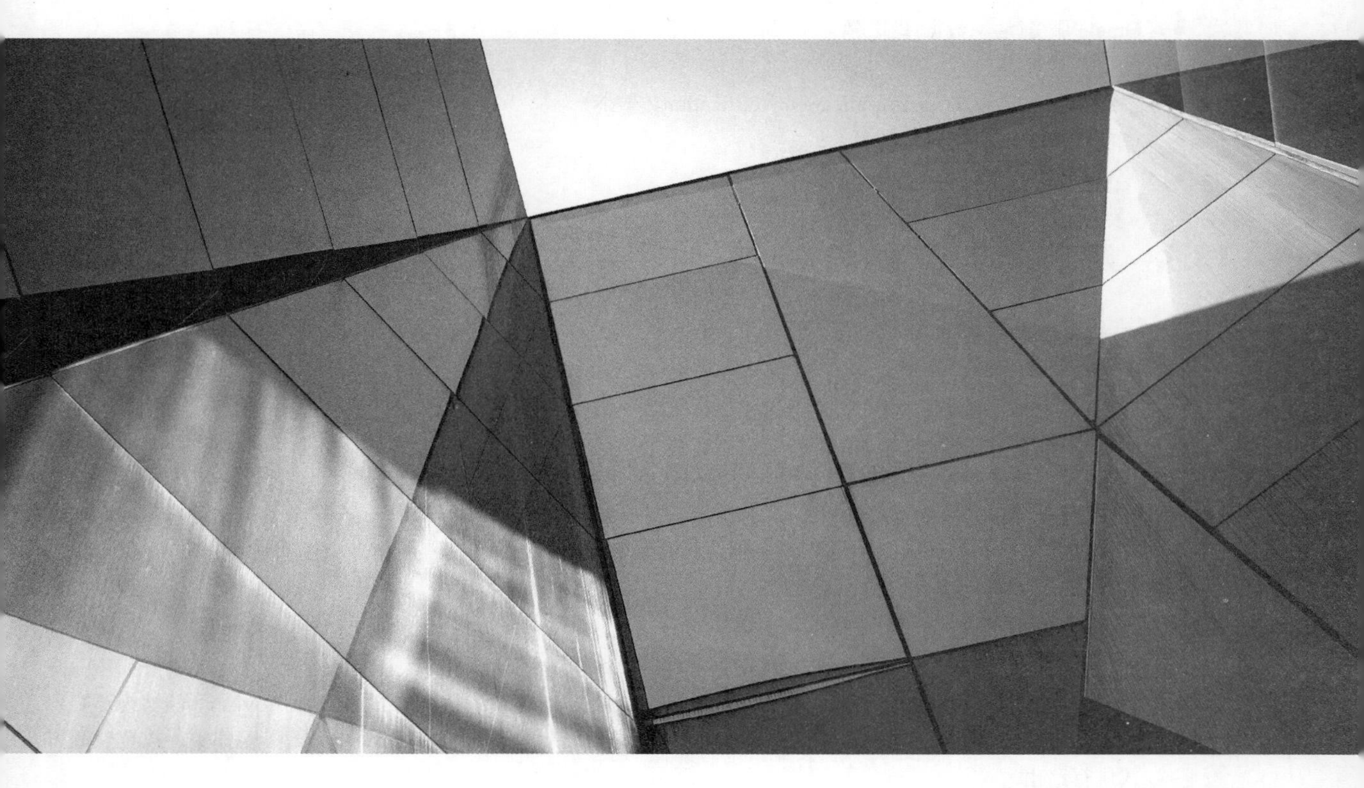

第13章 工作负载管理、连接管理与应用程序连续性

在 Oracle RAC 环境中管理不同类型的工作负载是一项颇具挑战性的任务，但是 Oracle RAC 允许定义服务，进而大大简化这一过程。可以对工作负载进行拆分，并将它们分布在多个可用的实例上。可以创建服务，并将其赋予不同的应用程序，从而实现对服务的管理，并对应用程序进行分组。因此，如果 Oracle RAC 数据库中同时有在线用户和批处理任务，那么可以为服务设置不同的属性，并将其赋予在线用户和批处理任务。

服务与 Oracle 的资源管理器紧密集成，使用服务，可以在 Oracle RAC 数据库中实现分布式事务。另外，Oracle RAC 还可以在实例之间重新部署服务，从而应对计划内或计划外的停机事件。这极大地提升了 Oracle RAC 的可用性和可扩展性。

使用服务是 Oracle 强烈推荐的做法之一，可以用来优化应用程序的性能，并实现工作负载的自动管理。当然，这样做并不是必需的。理想情况下，应该创建服务，这样有着同样服务等级需求的所有用户，就可以共享这些服务。

另外，服务也被称为动态数据库服务，是 Oracle RAC 数据库进行工作负载管理的基础。Oracle 提供了很多重要的特性，使你能够维护一个足够健壮的 Oracle RAC 数据库。其中有些特性是 Oracle 12*c* 新引入的。

本章将介绍如下与 Oracle RAC 中工作负载管理相关的关键主题，它们可以为应用程序提供高可用性和可扩展性：

- Oracle 服务(动态数据库服务)
- 连接负载管理
- 快速应用程序通知(Fast Application Notification，FAN)
- 事务守护(Transaction Guard)
- 分布式事务处理

13.1 理解动态数据库服务

数据库服务(或者简单地说服务)是一个逻辑抽象概念，用于帮助你在 Oracle 数据库中管理工作负载，可通过共同的属性、服务级别阈值以及优先级等信息来描述不同的工作负载。

服务可以帮助你在 Oracle RAC 环境中对工作负载进行管理。服务提供了一种逻辑方法，从而对工作负载进行分组。这样，使用相同的数据集、功能，并且有着同样的服务级别需求的用户，就会被分到同一组，从而使用同样的服务。例如，可以为那些执行小的、生命周期较短的事务的用户，定义联机事务处理(Online Transaction Processing，OLTP)服务；可以为那些执行长时间的批处理事务的用户定义 BATCH 服务；至于那些使用带有数据仓库特征的数据的用户，则可以为他们定义 DW 服务；以此类推。另外一种有用的方式，就是根据不同的功能对用户进行分组，例如销售、人力资源、订单录入等。

在 Oracle 数据库中，一个数据库服务可以横跨多个实例，从而能够在集群中实现工作负载的均衡。它能够提供高可用性，并实现工作负载的全透明分布。如下是服务的部分关键特性：

- 可以使用服务来高效地分布工作负载。Oracle RAC 的负载均衡指导(Load Balancing Advisory)能够为监听器和中间层服务器提供工作负载如何高效执行以及系统资源的可用信息，从而将流入的工作负载以优化的方式进行路由。
- 可以对服务进行配置，从而提供高可用性。可以配置多个实例来提供同样的服务。如果一个实例或节点发生故障，工作负载就可以重新分布到存活的其他实例上。
- 服务为指向工作负载提供了一种透明的方法。在很多情况下，用户甚至不会注意到服务究竟是由哪个实例、节点或机器提供的。
- 可以在基于策略(policy-based)或基于管理员(administrator-based)的数据库中定义服务。
- 服务与 Oracle 资源管理器紧密集成，因此消费者组(consumer group)会基于会话的服务而被自动赋予某个会话。
- 服务与调度器密切集成，这意味着调度器能够为任务提供更好的工作负载管理。
- 服务允许捕捉工作负载的不同度量指标，这意味着能够度量某一工作负载或应用程序使用的资源数量。这些可以在动态视图 V$SERVICEMETRIC 和 V$SERVICE_STATS 中得到。

要管理工作负载，可以定义服务，并将其赋予特定的应用程序或应用程序操作的子集。也可以在服务之下对其他类型的工作进行分组。例如，在线用户可以是一个服务，然后批处理是另一个服务，报表则可以是其他服务，等等。如果所有的用户都有着同样的服务级别要求，则推荐这些用户共享一个服务。可以为服务设置不同的特征，并且每一个服务都是工作的不同单元。通过建立服务，能够将工作分解成不同的逻辑工作负载。

服务使得应用程序能够从集群中冗余的部分获得可靠性方面的益处。服务通过向客户端提供单一的系统镜像来管理工作，从而屏蔽了集群的复杂性。

每一个描述工作负载的服务都包含如下内容：

- 全局唯一的名称
- 公共服务级别策略——性能、高可用以及其他
- 公共优先级
- 公共功能与足迹(footprint)

服务可以提供多种好处。服务为管理那些互相竞争的应用程序提供了单一的系统镜像，并能够将不同的工作负载在同一个单元内进行隔离管理。通过在 DBCA、NetCA、SRVCTL 以及 OEM 中使用服务相关的标准用户接口，可以配置、管理、启用或禁用工作负载，就像对待单一的实体那样。OEM 支持将服务作为整体进行查看和操作，

当然，如果有需要，也提供了下钻到实例级别的能力。在全局集群中，一个服务可以分散在一个数据库中的多个实例上，也可以跨越多个数据库。同时，一个实例也可以支持多个服务。提供服务的实例数量，对于应用程序来说是完全透明的。

服务实现了工作的自动恢复，这一点是通过业务规则达成的。当出现停机事件后，服务会在存活的实例上被快速自动恢复。当实例在稍晚被修复时，CRS 守护进程会将那些因实例故障而未运行的服务重新自动地快速还原。这样服务就能够快速将状态从关闭切换到运行，相应的通知就会被发送给应用程序，告知应用程序可以使用服务了，从而触发即时的恢复与负载均衡动作。

服务是动态的，并且与 Oracle 的资源管理器紧密集成。当负载增加时，分配给服务的资源也可以增加；而当负载下降时，资源也会减少。这种动态的资源分配能力，使得系统在出现不同的资源需求时，能够提供相当划算的解决方案。例如，服务会被自动度量，其性能指标会拿来与服务等级阈值做比较。从而当出现性能问题时，这种状况就会被报告给 OEM，然后执行自动的或是已调度好的解决方案。

RDBMS 提供了大量的特性来支持服务。AWR 会收集服务的性能度量信息，记录服务的性能表现，包括 SQL 的执行时间、等待事件的分类以及服务消耗的资源。当执行的工作负载超过服务响应时间阈值时，AWR 就会发出告警信息。如下一些与服务相关的动态视图，可以帮助你监控处于运行状态的服务的各个方面：

- **V$SERVICES**　显示当前数据库中服务的相关信息。
- **V$SERVICEMETRIC**　对于当前正在运行的服务，会显示出最近一段时间间隔内的度量指标。
- **V$SERVICE_STATS**　显示最小的性能统计信息数据集。例如，作为服务的一部分，某一节点在处理 SQL 调用时的性能表现。
- **V$SERVICE_EVENT**　显示与所有的等待事件统计信息相关的汇总等待次数和等待时间。

全局数据服务(Global Data Service，GDS)是一种新的数据库服务，自 Oracle 12*c* 引入。GDS 将传统的服务概念扩展到了全局复制的环境中。这种环境包含了 Oracle RAC 数据库、单实例数据库、Oracle ADG 以及 OGG(Oracle GoldenGate)的任何组合。

当使用 GDS 时，应用程序就会将复制的数据库集合看作单一数据源。这样做是为了让你在全局的配置环境中，可以在任意地方部署服务，从而为工作负载提供负载均衡、高可用性以及区域亲和力(regional affinity)特性。GDS 基于动态工作负载管理机制，除了通过 Oracle ADG 以及 OGG 进行复制之外，也带来了服务。

全局服务扩展了传统的数据库服务，但是也依然支持传统数据库服务的所有属性。此外，也可以配置诸如全局服务放置(global service placement)、复制延迟以及区域亲和力等特性。无论是通过 Oracle ADG 还是 OGG 实现的复制环境，GDS 都可以在多数据库之间提供负载均衡与服务的故障转移能力。

13.1.1　服务特性

服务具备高可配置能力，使得你能够在 Oracle RAC 环境中创建复杂而又高效的工作负载管理策略。如下是在配置服务时可以用到的一些特性：

- 服务名
- 服务版本(service edition)
- 数据库在服务中的角色
- 服务的优先实例
- 服务管理策略
- 服务器池分配(server pool assignment)
- 服务的负载均衡
- 连接时负载均衡目标

在下面的内容中，我们将探讨创建服务时可以定义的服务特性。

服务名

在创建服务时，必须为其赋予唯一的名称。客户端在访问 RAC 数据库时，会使用服务名来连接实例。

服务版本

Oracle 的基于版本的重定义特性，能够让你在对象处于使用状态时改变结构。可以在创建或修改服务时设置服务版本特性。服务会使用设置的服务版本作为初始的会话版本。默认情况下，初始的会话版本就是数据库的版本。

数据库在服务中的角色

可以在服务中为数据库指定角色，这样，当 Oracle DG 环境中某一数据库的角色与创建服务时设置的其中一个角色相匹配时，服务就会自动启动。在创建服务并为服务中的数据库设置角色时，可以使用 role 参数。如下内容展示了在使用 srvctl add service 命令时如何设置 role 参数：

```
-role "[PRIMARY] [, PHYSICAL-STANDBY]
     [, LOGICAL_STANDBY] [, SNAPSHOT_STANDBY]
```

服务的优先实例

当使用了管理员托管(administrator-managed)的数据库时，通过将实例设置为优先实例或可用实例，可以设置哪个实例将会提供服务。当服务启动时，优先实例就会服务用户。可用实例就是备份实例，当优先实例发生故障时，服务才会在这些备份实例上启动。

要查看服务在高可用方面的设置，可以使用 srvctl 命令：

```
[oracle@alpha3 ~]$ srvctl config service -database PROD -service PROD_OLTP
Service name: PROD_OLTP
Service is enabled
Server pool: PROD_PROD_OLTP
Cardinality: 1
Disconnect: false
Service role: PRIMARY
Management policy: AUTOMATIC
DTP transaction: false
AQ HA notifications: false
Failover type: NONE
Failover method: NONE
TAF failover retries: 0
TAF failover delay: 0
Connection Load Balancing Goal: LONG
Runtime Load Balancing Goal: NONE
TAF policy specification: NONE
Preferred instances: PROD1
Available instances: PROD2, PROD3
```

注意： *用户只能在管理员托管的数据库中设置服务的可用实例和优先实例。*

对于基于策略管理的 Oracle RAC 数据库，无须定义可用实例及优先实例，因为 Oracle 会自动管理服务在实例上的分布。

可以使用 DBCA、SRVCTL 或 OEM 等工具，在管理员托管的 Oracle RAC 数据库中定义可用实例及优先实例。在定义过程中会创建一系列的高可用资源，这些资源均由集群软件管理，从而保证服务的可用性。对于服务来说，DBCA 以及 SRVCTL 会要求管理员输入服务优先部署的实例列表，以及额外作为可用实例的实例列表，这样在出现计划外或计划内的停机事件时，这些可用实例就能够提供服务了。一旦服务被创建，数据库的资源管理器就可以用来创建消费者组，从而控制服务的优先级。

在管理员托管的 Oracle RAC 数据库中定义服务时，也就同时定义了服务在正常情况下是由哪些实例提供的。这些实例就被称为优先实例。也可以定义一些其他实例，当服务的优先实例出现故障时，这些实例可以用来提供服务，这些实例就被称为可用实例。

指定了优先实例后，也就指定了服务起初将会在哪些实例上运行。例如，在三节点的集群中，Payroll 服务的优先实例为实例 1，而 ERP 服务的优先实例为实例 2 和实例 3。

优先实例的数量对应服务的初始基数(cardinality)。这就意味着当服务启动时，至少要在与优先实例数量相同的实例上运行。例如，如果一个服务被配置为有两个优先实例，Oracle 集群软件就会将该服务的基数设置为 2。也就是说，当有优先实例出现故障时，Oracle 会尽量保持该服务一直在两个数据库实例上运行。

然后，由于实例的可用性会出现问题，或是基于事先规划好的服务重分布策略，服务可能会在可用实例上运行。服务转移到可用实例上之后，Oracle 不会再将该服务重新移回优先实例上，即便优先实例已经恢复到在线状态。这是因为服务已经在足够数量的实例上运行了。上述所有这些功能，都是为了保证能够提供高级别的持续性服务可用能力，同时也可以避免在服务移回过程中出现二次停机事件。

服务管理策略

Oracle 12*c* 数据库允许为每一台服务器设置管理策略，这意味着可以为数据库服务配置启动选项。在使用 SRVCTL 工具添加服务时，就可以使用-policy 参数来完成这项配置。管理策略设置了如下内容：当数据库启动时，Oracle 集群软件是否会自动启动某个 Oracle 网络服务。

可以将管理策略设置为手动或自动。当创建服务时，可以将-policy 参数设置为 AUTOMATIC 或 MANUAL，默认设置为 AUTOMATIC。如果将管理策略设置为自动(即默认设置)，那么当启动数据库时，服务会自动启动。如果设置为手动，那么在数据库启动之后，需要手动启动服务。在某些特殊的场景下，例如进行故障诊断时，DBA 可能需要手动启动数据库服务。

Oracle 网络服务提供了连接时负载均衡能力，这让你能够将用户连接分散到提供服务的所有实例上。Oracle RAC 使用 FAN(Fast Application Notification，快速应用程序通知)来通知应用程序，告知某些配置发生了改变，以及指出实例提供的当前服务级别。

FAN 的最简单使用方法，就是使用具备 FCF(Fast Connection Failover，快速连接故障转移)能力的 Oracle 客户端，这意味着该客户端已经集成了 FAN 高可用事件，包括 JDBC(Java Database Connectivity)、OCI(Oracle Call Interface)以及 ODP.NET。OCI 客户端可以包含启动了 TAF(Transparent Application Failover，透明应用程序故障转移)功能的客户端。对于 OCI 和 ODP.NET，需要启动服务以便发送 FAN 高可用事件——换句话说，将 AQ_HA_NOTIFICATIONS 设置为 TRUE。

默认情况下，当创建数据库时，Oracle 会为 Oracle RAC 数据库定义特殊的数据库服务。默认服务通常在 Oracle RAC 环境中的所有实例上都是可用的，除非实例处于受限模式(restricted mode)。无法修改服务的属性。

服务器池分配

配置了策略管理的数据库之后，就可以使用-serverpool 参数将服务分配给某个服务器池。如果一个服务在服务器池中所有的实例上运行，则可以将其设置为 UNIFORM。如果只在一个实例上运行，则设置为 SINGLETON。

当服务运行时，如果配置了独身(singleton)服务，Oracle 会选择运行服务的实例。如果实例出现故障，Oracle 会自动将服务转移到当前服务器池中的其他不同实例上。需要注意，Oracle 数据库的服务质量(Quality of Service，QoS)管理功能将会管理所有的独身服务(假设-serverpool 参数的最大值是 1)。

服务的负载均衡

Oracle RAC 数据库中的服务可以在两个不同的级别上实现负载均衡(从名称上来说，也就是客户端负载均衡与服务器端负载均衡)：

- 通过使用简单的循环方式，将工作负载分布到所有的可用实例上，客户端负载均衡实现了基本的负载能力。而服务器端负载均衡，则使用了负载均衡指导(LBA)，从而将数据库连接重定向到负载最低的数据库实例上，或是能够满足服务等级需求的最合适的实例上。
- 在服务器端负载均衡模式下，SCAN 监听器会使用服务级别的“目标”设置(也就是-clbgoal 和-rlbgoal)，从而将连接请求发送给最合适的实例。我们将在稍后的章节中探讨目标这个概念。

如果使用 DBCA 工具创建数据库，服务器端负载均衡将会被自动配置，如果想使用客户端负载均衡，一种简单的方法就是在 tnsnames.ora 文件中定义连接。

连接时负载均衡目标

要实现服务器端负载均衡，需要设置服务级别的目标。这样，发送给数据库服务的连接请求才会被重定向到最合适的数据库实例。服务目标的类型暗示了 Oracle 网络服务所要服务的工作负载类型——简单点说，服务目标暗示了数据库连接的性质。

Oracle 网络服务可以有一个服务目标：LONG 或 SHORT。服务目标为 LONG 的服务适用于长连接。此时的数据库连接会被假设成在数据库实例上需要活动一段时间，例如 Oracle Form 会话或数据库连接池中的会话。

服务目标为 SHORT 的服务适用于短连接，例如访问元数据表中元数据的应用程序。Oracle 会基于服务的目标来平衡工作负载。Oracle 会为那些目标被定义为 SHORT 的服务使用负载均衡指导，至于目标为 LONG 的服务，Oracle 也会实现负载均衡，不过是在实例上分配长连接会话。

可以使用 SRVCTL 工具来实现服务器端负载均衡。例如，如下 SRVCTL 命令在 PROD 数据库中为 PROD_OLTP 服务设置目标为 SHORT：

```
$srvctl modify service -database prod -service prod_oltp -clbgoal SHORT
```

以下示例则展示了如何修改一个名为 PROD_OLTP 的服务，从而为长连接会话设置连接时负载均衡的目标：

```
$ srvctl modify service -database prod -service prod_oltp -clbgoal LONG
```

连接时负载均衡能够有效地在实例之间分配数据库工作负载，我们将稍后进行讨论。可以选择不同的负载均衡目标：一个基于最佳的服务质量，另一个则基于吞吐量。也可以使用负载均衡指导，从而让客户端知道当前实例提供的服务级别，并获得如何重新在实例之间分配工作负载的建议信息。负载均衡指导也是属性，可以在创建数据库服务时启用。

13.1.2　服务与策略管理的数据库

可以为基于管理或策略的数据库定义服务，但是为基于策略管理的数据库创建服务时，则有不少限制。基于策略管理的数据库中的服务会被分配给一个服务器池，并且可以被定义为 SINGLETON 或 UNIFORM 服务。

可以使用 SRVCTL 工具，通过设置-serverpool 参数，将服务分配给某个服务器池。也可以为 UNIFORM 或 SINGLETON 服务定义-cardinality 参数：

- SINGLETON 服务只在服务器池中的一个实例上运行，并且用户无法控制 SINGLETON 服务在哪个实例上运行。当出现故障转移时，Oracle 会自动将 SINGLETON 服务重新分布到同一服务器池中的另一个可用实例上。使用 SINGLETON 服务的主要原因之一是 Oracle RAC 环境中运行的应用程序并不会表现太好，并且对于应用程序来说，有时候需要与同一数据库中的其他工作负载相互隔离。
- UNIFORM 服务则在服务器池中的所有实例上运行。基于管理员托管的数据库则使用相对方便的方式，为服务设置优先实例和可用实例。本章的大部分内容将会围绕基于管理员托管的数据库中的服务管理进行探讨。

13.1.3　资源管理与服务

Oracle 数据库的资源管理器与 Oracle 网络服务紧密集成在一起。Oracle 数据库的资源管理器将服务与对应的消费者组绑定，并在数据库实例上为服务划分了优先级。当用户通过某一服务连接到数据库时，Oracle 会透明地将数据库会话分配给对应的消费者组。

例如，假设有两个名为 HIGHPRI 和 LOWPRI 的服务，然后它们分别被分配给高优先级的资源消费者组和低优先级的资源消费者组。Oracle 优先处理使用 HIGHPRI 服务进行连接的会话，然后处理使用 LOWPRI 服务进行连接的会话。

可以使用 DBMS_RESOURCE_MANAGER 包来将资源组分配给服务。

13.1.4　利用 Oracle 调度器使用服务

可以在调度器中将服务分配给已创建的 job，这样 Oracle 就能够高效地管理这些工作负载，同样的 job 就能够充分利用 Oracle RAC 提供的好处。当服务被分配给 job 时，Oracle 就会为工作负载管理确定调度器的工作方式。

13.1.5　管理服务

如下工具可以用来管理服务：

- **DBCA**　一种可以用来创建和修改服务的简单而又直观的 GUI 工具。
- **OEM/GC**　一种用来管理服务的简单而又直观的 GUI 工具。

- **SRVCTL**　一种复杂的 Oracle RAC 命令行管理工具。DBCA 和 OEM 其实都是在调用该工具。

Oracle 强烈推荐你使用 SRVCTL 和 OEM 来管理服务。

注意： 不应该使用 DBMS_SERVICE 包来修改服务，因为需要重启才能实现修改的持久化。使用 DBMS_SERVICE 包修改服务，并不会更新存储在 OCR 中的集群资源的属性信息。Oracle 集群软件会更新 OCR 中的资源属性信息，因此由 DBMS_SERVICE 包更新的内容会被丢弃。因此，对于管理服务，我们推荐使用 SRVCTL 工具。

默认的数据库服务

在 Oracle RAC 数据库安装过程中，Oracle 会自动创建一个数据库服务，名称与数据库的相同，并且在所有实例上运行。此外，Oracle 也会创建如下两个内部服务：

- **SYS$BACKGROUND**　该服务只被实例的后台进程使用。
- **SYS$USERS**　如果用户连接到数据库时没有指定服务，则使用该服务。

只要实例启动，这两个内部服务在所有实例上将始终处于可用状态。不能对这些服务执行重分布或禁用操作。

注意： 推荐创建自己使用的服务集合，而不是使用默认的 SYS$USERS 服务，因为当需要管理工作负载时，默认服务无法提供精细控制。

使用 OEM 创建服务

OEM 为管理集群服务提供了一个图形化工具。服务创建页面提供了所有可用于创建服务的参数。可以从集群数据库的 home 页面跳转到集群管理数据库服务页面，然后单击服务创建按钮，就能够找到创建服务的页面了。服务创建页面允许配置服务的各种属性。

使用服务器控制工具创建服务

使用 srvctl add service 命令可以为管理员托管的数据库创建服务，如下所示：

```
$ srvctl add service -database prod -service my_service -preferred prod1,prod2
-available prod3,prod4
```

例如，如下命令创建了一个名为 test 的服务，并指定 prod1 和 prod2 为优先实例，prod3 和 prod4 为可用实例，使用基本的 TAF 策略，同时使用了自动管理策略，让服务能够自动启动：

```
$ srvctl add service -database prod -service test - -preferred prod1, prod2
-available prod3, prod4 -tafpolicy  basic -policy AUTOMATIC
```

注意-policy 属性的默认值，对于服务管理策略而言，为 AUTOMATIC。

如下例子则为策略管理的数据库 ORCL 创建了一个名为 test 的 SINGLETON 服务，并使用了服务器池 SRVPL1：

```
$ srvctl add service -db prod -service test -serverpool SRVPL1
-cardinality singleton -policy AUTOMATIC
```

注意，可以在基于管理的数据库中配置优先实例和可用实例，要想在基于策略管理的数据库中创建服务，需要使用服务器池而不是优先实例/可用实例。此时需要设置-serverpool 参数，如下所示：

```
$ srvctl add service -database prod -service my_service -serverpool spool1
```

也可以在前面的命令中使用新的 eval 参数，从而评估创建新服务带来的影响，而不是真正创建。以下是一个例子：

```
$ srvctl add service -database prod -service my_service -serverpool spool1 -eval
```

如果使用的是 PDB(可插拔数据库)，可在创建服务时，使用-pdb 参数指定 PDB 的名称，并且无论是管理员托管的数据库，还是基于策略管理的数据库，都可以使用该参数。如下例子展示了如何在基于策略管理的数据库中使用该参数：

```
$ srvctl add service -database prod -service my_service -serverpool spool1
-pdb -mypdb1
```

通过指定-pdb 参数，可以在名为 mypdb1 的 PDB 中创建服务 my_service。

也可以为 srvctl add service 命令添加其他参数，从而设置 TAF、应用程序连续性以及负载均衡指导等内容——所有这些都将在本章稍后的内容中进行讨论。如下例子展示了复杂的服务创建语句应该是怎样的：

```
$ srvctl add service -database prod -service my_service -notification TRUE \
  -failovermethod BASIC -failovertype SELECT -clbgoal 5
```

在本章中，当涉及相关概念时，我们会解释在创建服务时可以设置的一些属性。

下面的语法展示了如何使用服务器控制工具创建服务：

```
$ srvctl add service -database database_name -service service_name
-preferred preferred_list -available available_list  -serverpool  server_pool
-policy  [AUTOMATIC | MANUAL] -TAFPOLICY [BASIC | NONE | PRECONNECT]
```

修改服务

可以使用 srvctl modify service 命令修改现有的服务。例如，可以使用该命令将服务移动到其他实例上，修改服务的属性(比如故障切换延迟时间)或是添加、移除优先实例或可用实例。如下例子展示了如何将一个服务移动到另一个实例上：

```
$ srvctl modify service -database prod -service finance -oldinst prod1 -newinst node2
```

启动与停止服务

为了让服务对客户端连接可用，需要启动服务。可以使用 srvctl start service 命令启动服务，如下所示：

```
$ srvctl start service -db db_unique_name [-service service_name_list]
[-instance inst_name] [-startoption start_option]
```

可以使用 srvctl stop service 命令停止服务：

```
$ srvctl stop service -db db_unique_name [-service service_name_list]
[-instance inst_name] [-stopoption stop_option]
```

注意，如果指定了自动管理策略(-policy AUTOMATIC)，将服务配置为自动启动，服务就会自动启动。

启用和禁用服务

可以启用被禁用的服务，如下所示：

```
$ srvctl enable service -db db_unique_name [-service service_name_list]
[-instance inst_name]
```

也可以使用下面的命来禁用服务：

```
$ srvctl disable service -db db_unique_name [-service service_name_list]
[-instance inst_name]
```

重分布失败的服务

一组服务一旦失败，就会被切换到其他存活的实例上，当原来出现故障的实例恢复正常之后，这些服务就不会自动再切换回来。例如，失败的节点(比如，node1)一旦重启，就会重新获取自己的虚拟 IP，虚拟 IP 曾经暂时被其他实例(比如，node2)接管。

需要重分布这些服务。下面的例子用到了名为 ERP 的服务，该服务会从 node2 重分布到 node1 上：

```
[node1]/> srvctl relocate service -db PROD -service ERP -oldinst RAC2 -newinst RAC1
```

注意：在添加或删除节点之后，可能需要将服务从一个实例转移到另一个实例上，这样做是为了能够在集群内部平衡负载。

检查服务状态

可以使用如下方式检查服务的状态：

```
$ srvctl status service -db prod
```

检查服务配置

可以使用下面的命令检查服务的高可用配置：

```
$ srvctl config service -db prod -service finance
```

13.1.6　利用视图获取服务的相关信息

V$SERVICES 视图包含了当前实例上已启动服务的信息，也就是当前正由实例提供的服务的信息。如下是 V$SERVICES 视图的输出结果示例：

```
SQL> SELECT NAME,NETWORK_NAME, CREATION_DATE, GOAL, DTP, AQ_HA_NOTIFICATION,
CLB_GOAL FROM V$SERVICES;

NAME                 NETWORK_NAME       CREATION_  GOAL         D  AQ_  CLB_G
----------------     ----------------   ---------  ------------ -  ---  -----
prodXDB              prodXDB            10-AUG-09  NONE         N  NO   LONG
prod                 prod               10-AUG-09  NONE         N  NO   LONG
SYS$BACKGROUND                          30-JUN-09  NONE         N  NO   SHORT
SYS$USERS                               30-JUN-09  NONE         N  NO   SHORT

SQL> SELECT NAME,NETWORK_NAME, CREATION_DATE, GOAL, DTP, AQ_HA_NOTIFICATION,CLB_GOAL FROM
V$SERVICES;

NAME                 NETWORK_NAME       CREATION_  GOAL         D  AQ_  CLB_G
----------------     ------------       ---------  ------------ -  ---  -----
PROD_BATCH           PROD_BATCH         23/AUG/10  NONE         N  NO   LONG
PROD_OTLP            PROD_OLTP          23/AUG/10  NONE         N  NO   LONG
PRODXDB              PRODXDB            20/AUG/10  NONE         N  NO   LONG
PROD                 PROD               20/AUG/10  NONE         N  NO   LONG
SYS$BACKGROUND                          15/AUG/09  NONE         N  NO   SHORT
SYS$USERS                               15/AUG/09  NONE         N  NO   SHORT
```

需要注意，对于实例上没有启动的服务，其信息不会显示在 V$SERVICES 视图中。

13.1.7　分布式事务处理

分布式事务或全局事务(XA 事务)能够跨越一个集群数据库中的多个实例。分布式事务与 Oracle 12*c* RAC 数据库紧密集成。因此，它们能够从 Oracle RAC 提供的高可用性和稳定性上获得诸多益处。为了在 Oracle RAC 中使用全局事务，可以使用 SRVCTL 命令，将分布式事务参数-dtp 设置为 TRUE。

为支持分布式事务处理，Oracle 使用了一个后台进程，名为 GTXn(全局事务处理)。这里的 n 表示进程的数量，由 Oracle 数据库的初始参数 GLOBAL_TXN_PROCESSES 控制。设置为 0，就表示 Oracle RAC 数据库禁用对 XA 的支持。默认情况下，Oracle 将它设置为 1，也就是说，Oracle RAC 数据库会将分布式事务分散到多个可用的数据库实例上。

用户仍然可以添加独身分布式事务处理(DTP)服务，因为他们有时候会发现，如果使用了分布式事务，处理性能会下降。用户也可以将分布式事务的所有分支都指向同一个数据库实例，就像在以前版本的 Oracle RAC 数据库中 SINGLETON 服务表现的那样。

在配置 DTP 服务时，需要在每一个处理分布式事务的实例上创建至少一个 DTP 服务。如果想处理多个分布式事务，可以为每个类似的事务选择在不同的实例上运行的 DTP 服务。因为这样的分布式事务的所有分支会在一个实例上运行，可以通过多个 SINGLETON 服务来均衡所有 DTP 事务的工作负载。

DTP 服务能够确保所有的全局分布式事务以及它们的高耦合分支可以在 Oracle RAC 数据库中的单一实例上运行。默认情况下，SINGLETON 服务中的 DTP 服务是禁用的，但是可以通过将 DTP 服务的 dtp 参数设置为 TRUE 来修改。下面的例子展示了如何在集群中配置 DTP 服务。

如下所示，创建一个 SINGLETON 服务。如果正在使用基于管理员托管的数据库，那么只能指定一个实例为优先实例。

```
$ srvctl add service -db crm -service xa_01.example.com -preferred   ORCL1
```

```
    -available ORCL2, ORCL3
```

如果正在使用的是基于策略管理的数据库，那么需要配置服务器池而不是优先实例。需要将服务的基数设置为SINGLETON，如下所示：

```
$ srvctl add service -db prod -service xa_01.example.com -serverpool dtp_pool
   -cardinality SINGLETON
```

可将dtp参数设置为TRUE来配置DTP属性。默认情况下，DTP服务是关闭的。

```
$ srvctl modify service -db prod -service xa_01.example.com -dtp TRUE
```

尽管我们已经讨论了在集群中如何创建DTP服务，但这并不意味着这是唯一一种能够让集群处理分布式事务的方法。相对于使用DTP服务，也可以使用XA特性。Oracle推荐(从Oracle 11.1开始)通过使用XA特性来启用全局事务处理，而不是配置DTP服务。

13.1.8 AQ_HA_Notifications属性

如果AQ_HA_Notifications属性被设置为TRUE，则实例的启动或关闭(或是其他类似事件)等消息就会通过Oracle的高级队列机制发送给中间件服务器。一些应用程序，例如.NET程序，就不会使用FAN事件，这时AQ消息通知就很有用了。在Oracle DG环境中，如果OCI程序使用了这些服务，那么当配置客户端故障转移时，可能就需要为其启动AQ HA事件了。

使用应用程序上下文

Oracle会收集与服务上已完成的工作负载相关的重要统计信息，这样用户应用程序就可以通过动作(action)或模块(module)名称在服务中轻松确定某一事务。强烈推荐设置模块和动作的名称，因为这样就能够让你在优化数据库或应用程序时，准确定位“犯错”的事务或应用程序。DBMS_APPLICATION_INFO包可以用来为应用程序设置模块和动作的名称。

例如，假设我们创建了一个名为TAB1的表，然后插入了一条记录。接下来，有两个不同的会话在同一时刻为同一记录执行了更新操作。我们可以在期望出现等待的那个会话中设置应用程序的上下文信息，然后就可以查询V$SESSION动态性能视图，从而获取关于有问题会话的额外的应用程序信息：

```
CREATE TABLE TAB1 (COL1 VARCHAR2 (10));
INSERT INTO TAB1 VALUES ('FIRST');
UPDATE TAB1 SET COL1 = 'SECOND';
```

在另外一个会话中，我们尝试更新刚刚插入的那条记录。但是，在执行DML语句之前，让我们使用DBMS_APPLICATION_INFO包先设置模块名称、动作名称以及客户端信息：

```
exec DBMS_APPLICATION_INFO.SET_MODULE
( MODULE_NAME => 'UPDATE RECORD', ACTION_NAME => 'UPDATE TAB1');
exec DBMS_APPLICATION_INFO.SET_CLIENT_INFO ( CLIENT_INFO => 'SUNRAY');
UPDATE TAB1 SET COL1 = 'UPDATED';
```

该会话将会被挂起(一直等下去)，因为同样的行正在被另外一个会话更新，并且还没有提交。由于我们已经使用DBMS_APPLICATION_INFO包设置了应用程序上下文，因此可以简单地确定出现问题的代码位置，只需要查询V$SESSION动态性能视图即可：

```
SELECT SID,EVENT,MODULE,ACTION,CLIENT_INFO
FROM V$SESSION WHERE STATE='WAITING' AND
WAIT_CLASS='Application';
SID EVENT                         MODULE         ACTION         CLIENT_INFO
388 enq: TX - row lock contention    UPDATE RECORD UPDATE TAB1   SUNRAY
```

正如这里所展现的，V$SESSION显示了DBMS_APPLICATION_INFO中设置的应用程序上下文信息。在处理应用程序性能问题时，这样做显然是极为便利的。

也可以参考官方文档*Oracle Database PL/SQL Packages and Types Reference*来了解更多细节以及其他精彩示例，这会让你的工作轻松不少，尤其是在处理客户代码问题时。

13.2　工作负载分布与负载均衡

工作负载分布有时候也被称为负载均衡，其中包含对用户连接的管理，但使用的方式如下：用户所要完成的工作，在整个 Oracle RAC 节点是集群数据库实例之间都是一样的。但是这并不意味着基于此种机制，在不同的节点上完成的工作负载也是一样的。也就是说，对工作负载的分布，实际上只是用户连接的分布结果。

工作负载的分布策略，需要在测试部署阶段或应用程序部署阶段(如果不能更早的话)确定，这时就要搞清楚应用程序究竟要怎样连接到不同的节点和数据库实例。设计人员和架构师需要通过足够的测试才能知晓应用程序的行为，从而能够知道在给定的工作负载之下，系统的性能表现会是怎样的。这些信息为后面的部署提供了基线。

工作负载分布也可以基于单连接进行考虑，当然这也要考虑服务器的 CPU 负载以及应用程序/业务模块的使用方式。某些处理方式可能比其他一些方式要好，不过还是需要考虑部署的方式以及业务的类型。与工作负载分布一样，部署的具体架构在系统的性能方面也扮演着核心角色。

试想一下，假设在一个 4 节点的 Oracle RAC 数据库上运行的应用程序是 Oracle E-Business Suite，版本为 R12*i*。系统中的多租户应用程序和 Web 服务可以是集群式的，也可以不是。总计有 8000 个用户(连接)通过专用服务器连接模式连接到系统上，没有外部用户。基于一些预先定义好的标准，智能网络设备能够将不同的连接请求路由到特定的 Oracle RAC 实例上。

使用 Oracle 的工作负载分布机制，可以确保大约 2000 个用户会连接到同一个 Oracle RAC 实例上，从而实现连接的均衡——但是对这些连接所做的工作就未必均衡了。因此，在这样的系统中，某个节点的工作负载可能要比其他节点重很多。比如，连接到这个节点的用户，提交的都是一些批处理任务，而其他节点上运行的都是一些用户应用程序模块——库存、应收账款、GL 等。尽管如此，我们还是希望这些连接能够执行等量的工作负载，从而让整个系统更趋近于负载均衡状态。

要实现完美的完全负载均衡的系统，这是最难的任务之一——除非对所有的应用程序行为都进行了很好的分析，对用户也进行了很好的培训，并且应用程序访问也被限制到特定的节点上，从而确保整个系统使用统一的资源使用模式。当然，说起来简单做起来难，就跟我们很多年来都知道的一样。如果只有一台数据库服务器用来响应所有的请求，那么一旦工作负载增加，服务器可能就无法处理更多的连接请求了。此时，应用程序和数据库响应时间就会遇到问题——对于 DBA 来说也是一样。工作负载与连接数的增加，早晚会让数据库服务器面临如下问题——无论再怎样升级服务器硬件，也无法节约成本。

为了实现服务器的扩展，需要添加更多的服务器，并将工作负载分布到整个集群上。负载均衡与集群通常是协同工作的，它们被广泛地应用在诸如互联网 Web 服务器、电信应用程序以及网络信息服务器等类型的应用程序上。

通用的负载均衡业已变成高技术含量且高度复杂的议题，因此它们应该被那些正运营着大型网络系统的网络和系统专家进行很好的处理。负载均衡是在系统架构设计层面上决定的，尽管实际部署的机制和方法可能会稍有不同，这取决于要实施的应用程序以及负载均衡的类型。在这里，我们将从 Oracle 数据库的角度来看待负载均衡。

在 Oracle 数据库应用程序中，负载均衡会尝试在所有的数据库服务器之间实现数据库连接数量的均衡。负载均衡也会将服务分布到集群中的所有节点上。可以使用硬件设备或 Oracle 自有的软件机制来实现负载均衡，我们将在下面的章节中学到这些内容。

Oracle 通过引入工作负载分布原则来尝试进行负载均衡。假设连接到所有节点上的连接请求都是统一的，我们希望所有的服务器都能够承担同样的工作负载，从而实现最大的系统扩展能力——当然，这也取决于很多其他的因素。我们希望每一个用户都会执行工作负载相同的任务，而无论登录到哪个节点上。

应用程序设计与实施人员倾向于将某一应用程序/模块连接到某一特定的节点，从而实现负载均衡。例如，如果我们在一个 4 节点的集群中，为 8000 个用户部署总分类账簿、应付账款、应收账款以及库存等业务，我们就可以限制总分类账簿和应付账款只对应连接到节点 1 和节点 2 上，然后节点 3 和节点 4 对应只处理应收账款和库存业务。这种方法——通常被称为应用程序分区——有时候会导致集群处于不均衡状态。在这种情况下，每个节点最多接收 2000 个用户连接，并且每个节点同时只运行一个应用程序。

使用上述方法，最终的结果可能就是，节点 1 和节点 2 可能负载均衡，但是节点 3 和节点 4 负载过重。还可能在节点 3 和节点 4 之间，由于库存而导致的工作负载过于集中，节点 4 的 CPU 和内存使用率接近 100%。因此，对于某种可接受的处理方法，例如应用程序分区，有时候最终反而会导致意料之外的或无法接受的结果。

问题发生的原因在于，不同应用程序的工作模式与资源消耗程度是不一样的。随着工作负载的增加，对系统资源的使用方式和行为有很大的差异。因此，在部署应用程序之前，或者在部署软件负载均衡(应用程序分区)之前，对应用程序进行测试、进行工作负载度量并统计性能指标，就显得极为重要了。

注意：设计人员与架构师需要决定，基于策略管理的数据库和基于管理员托管的数据库是否适应当前的工作负载。基于策略管理的数据库适合那些大型的安装场景，此时多个数据库都运行在同一个 Oracle 集群架构上。而基于管理员托管的数据库则适用于较小的安装场景，此时 DBA 就能够决定集群中实例上的资源分配。

13.2.1 硬件与软件负载均衡

选择哪种负载均衡方式，取决于业务需求、可用的技术特性、部署的复杂度以及成本。在这里，我们将探讨基于硬件和基于软件的负载均衡技术，因为对于 Oracle 数据库应用程序来说，它们都是适用的。

硬件负载均衡设备能够将 TCP/IP 包路由到集群中的不同服务器上。这种类型的负载均衡技术，能够利用高可用性技术来提供高健壮性的拓扑架构，但是成本会很高。这种方式使用一种电路级(circuit-level)的网络策略来实现路由。但是，与软件方式相比，硬件负载均衡的实施成本太高了。

最流行的负载均衡方式是基于软件的，并且主要以软件的附加/可选特性来提供，例如 Web 服务器。Oracle 提供的负载均衡技术，则是集成到数据库软件中的。与硬件相比，基于软件的负载均衡技术要便宜很多。软件方式更适合需求，并且能够基于多个输入参数进行智能路由处理。另外，附加硬件可能还需要与负载均衡应用程序进行隔离部署。

很多应用程序都喜欢使用 Oracle RAC 来实现多个实例之间的负载均衡。一般来说，Oracle(不包含并行特性)的负载均衡意味着连接的负载均衡——也就是说，发送到数据库的连接是按照“循环”的方式进行均衡的，可以是基于 CPU 的，也可以基于连接时的会话数量。可以部署两种方式的负载均衡：客户端的或服务器端的。

13.2.2 客户端负载均衡

Oracle 的客户端负载均衡特性，能够将连接请求随机地分布在所有可用的监听器上。Oracle 网络服务以循环的方式处理所有的连接地址，从而在不同的监听器之间实现负载均衡，这通常被称为客户端连接时负载均衡。如果不使用客户端负载均衡，Oracle 网络服务会顺序处理所有的连接地址，直到有一个成功连接为止。图 13-1 展示了客户端负载均衡。

可以在客户端连接定义文件(tnsnames.ora)中通过设置参数 LOAD_BALANCE=ON 来配置客户端负载均衡。一旦该参数被设置为 ON，Oracle 网络服务就会以随机顺序处理监听器的地址，并在这些监听器之间实现负载均衡。如果该参数被设置为 OFF，则监听器的地址会被顺序处理，直到有一个连接成功为止。在网络服务名(连接标识符)中，需要对该参数进行正确设置。默认情况下，在 DESCRIPTION_LIST 中，该参数默认为 ON。

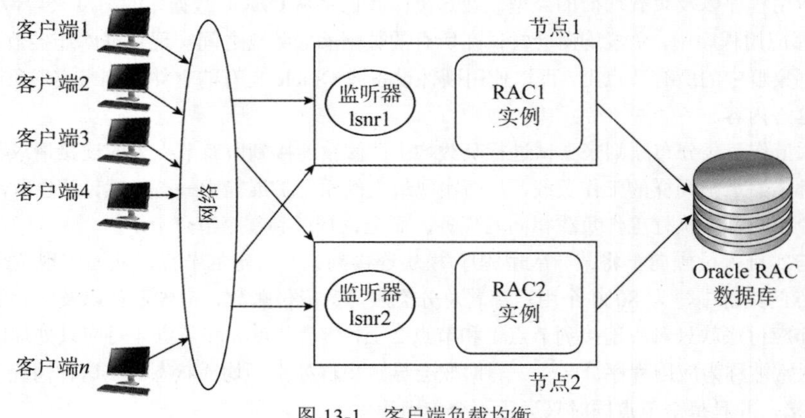

图 13-1 客户端负载均衡

如果在定义连接时设置了 SCAN(单客户端访问名称，Single Client Access Name)，Oracle 数据库会按照循环的方式，随机地连接到一个可用的 SCAN 监听器，并在这 3 个 SCAN 监听器之间实现连接的均衡。因此，客户端负载均衡与客户端是否支持 SCAN 访问方式无关，因为 Oracle 网络服务会自动在所有的 IP 地址之间实现客户端连接请求的均衡。当然，这些 IP 地址是 SCAN 定义的一部分。如下 tnsnames.ora(客户端与服务器端)配置示例用于一个使用了 SCAN 的 4 节点数据库：

```
RAC =
  (DESCRIPTION =
    (ADDRESS = (PROTOCOL = TCP)(HOST = SCAN-HOSTNAME)(PORT = 1701))
    (CONNECT_DATA =
      (SERVICE_NAME = RAC)
    )
  )
```

一旦接收到用户使用上述连接信息发送过来的连接请求，SCAN 就会以循环的方式连接到 SCAN 定义的一个 SCAN 监听器上。当 SCAN 连接到一个 SCAN 监听器时，该监听器就会在提供服务的数据库实例上确定一个负载最轻的实例。一旦实例被选定，SCAN 监听器就会将用户请求重定向到这一负载最轻的实例上。本地监听器就会将客户端连接到该实例上。

注意：*当客户端连接使用了 EZConnect(简单连接)时，Oracle 不支持负载均衡。*

负载均衡也可以在 ADDRESS_LIST 中设置，或者关联到一个地址集合或集合描述符上。如果使用了 ADDRESS_LIST，LOAD_BALANCE=ON 也就应该包含在(ADDRESS_LIST=)中。如果没有使用 ADDRESS_LIST，LOAD_BALANCE=ON 就应该放置在(DESCRIPTION=)中。如下 tnsnames.ora(客户端和服务器端)配置示例用于一个 4 节点的 Oracle RAC 数据库：

```
RAC =
  (DESCRIPTION =
    (LOAD_BALANCE = ON)
    (ADDRESS = (PROTOCOL = TCP)(HOST = node1-vip)(PORT = 1541))
    (ADDRESS = (PROTOCOL = TCP)(HOST = node2-vip)(PORT = 1541))
    (ADDRESS = (PROTOCOL = TCP)(HOST = node3-vip)(PORT = 1541))
    (ADDRESS = (PROTOCOL = TCP)(HOST = node4-vip)(PORT = 1541))
    (CONNECT_DATA = (SERVICE_NAME = RAC)
  ))
```

当然，也可以使用另外一种配置方式。由于 LOAD_BALANCE 默认设置为 ON，因此这一选项也可以不写，除非需要将其设置为 OFF。下面是一个更简单的例子，这里使用了 Oracle 连接管理器：

```
RAC =
  (DESCRIPTION =
    (ADDRESS_LIST =
      (ADDRESS = (PROTOCOL = TCP)(HOST = node1-vip)(PORT = 1541))
      (ADDRESS = (PROTOCOL = TCP)(HOST = node2-vip)(PORT = 1541))
      (ADDRESS = (PROTOCOL = TCP)(HOST = node3-vip)(PORT = 1541))
      (ADDRESS = (PROTOCOL = TCP)(HOST = node4-vip)(PORT = 1541))
    )
    (CONNECT_DATA = (SERVICE_NAME = RAC)
  ))
```

每个节点上的 listener.ora 文件就像节点 1 上这样：

```
LISTENER=(DESCRIPTION=(ADDRESS_LIST=
(ADDRESS=(PROTOCOL=IPC)(KEY=LISTENER))))                # line added by Agent
LISTENER_SCAN3=(DESCRIPTION=(ADDRESS_LIST=
(ADDRESS=(PROTOCOL=IPC)(KEY=LISTENER_SCAN3))))          # line added by Agent
LISTENER_SCAN2=(DESCRIPTION=(ADDRESS_LIST=
(ADDRESS=(PROTOCOL=IPC)(KEY=LISTENER_SCAN2))))          # line added by Agent
LISTENER_SCAN1=(DESCRIPTION=(ADDRESS_LIST=
(ADDRESS=(PROTOCOL=IPC)(KEY=LISTENER_SCAN1))))          # line added by Agent
ENABLE_GLOBAL_DYNAMIC_ENDPOINT_LISTENER_SCAN1=ON        # line added by Agent
ENABLE_GLOBAL_DYNAMIC_ENDPOINT_LISTENER_SCAN2=ON        # line added by Agent
ENABLE_GLOBAL_DYNAMIC_ENDPOINT_LISTENER_SCAN3=ON        # line added by Agent
ENABLE_GLOBAL_DYNAMIC_ENDPOINT_LISTENER=ON              # line added by Agent
```

每个节点上的 listener.ora 文件中将会定义 3 个 SCAN 监听器和一个本地监听器，如上所述。

每个节点上的 tnsnames.ora 文件(与客户端 PC 以及其他机器一样)可能需要为每一个 Oracle RAC 实例包含一个单独的条目，如下所示。当一个客户端程序想连接到一个特定的实例时，这样做很有效。

```
RAC1 =
  (DESCRIPTION =
    (ADDRESS_LIST =
      (ADDRESS = (PROTOCOL = TCP)(HOST = NODE1-vip)(PORT = 1541))
    )
    (CONNECT_DATA =
      (SERVICE_NAME = RAC)
      (INSTANCE_NAME = RAC1)
    ))

RAC2 =
  (DESCRIPTION =
    (ADDRESS_LIST =
      (ADDRESS = (PROTOCOL = TCP)(HOST = NODE2-vip)(PORT = 1541))
    )
    (CONNECT_DATA =
      (SERVICE_NAME = RAC)
      (INSTANCE_NAME = RAC2)
    ))

RAC3 =
  (DESCRIPTION =
    (ADDRESS_LIST =
      (ADDRESS = (PROTOCOL = TCP)(HOST = NODE3-vip)(PORT = 1541))
    )
    (CONNECT_DATA =
      (SERVICE_NAME = RAC)
      (INSTANCE_NAME = RAC3)
    ))

RAC4 =
  (DESCRIPTION =
    (ADDRESS_LIST =
      (ADDRESS = (PROTOCOL = TCP)(HOST = NODE4-vip)(PORT = 1541))
    )
    (CONNECT_DATA =
      (SERVICE_NAME = RAC)
      (INSTANCE_NAME = RAC4)
    ))
```

Oracle 会自动设置数据库的 LOCAL_LISTENER 参数，因此无须手动设置。LOCAL_LISTENER 参数能够让数据库实例知道当前的本地监听设置。

如下是 LOCAL_LISTENER 参数设置的一个简单例子：

```
(DESCRIPTION=(ADDRESS_LIST=(ADDRESS=(PROTOCOL=TCP)(HOST=NODE1-VIP)(PORT=1541))))
```

这样，每个节点上的 tnsnames.ora 就都能够解析自己的本地监听器，而每个节点上的监听器之间又都能够互相知晓。这样配置就完成了。现在，当客户端使用 Oracle RAC 服务名(要与 init.ora/SPFILE 中的 SERVICE_NAME 相匹配)进行连接时，客户端可以使用 SQL*Plus 或其他前端应用程序，而后连接就会被随机发送给活动状态的节点。正如前面提到的，这是一种循环方式。可以使用 lsnrctl services 命令来查看各个节点上的这些相关的统计信息。

需要注意的是，也可以使用硬件设备并进行正确配置，从而实现这种“随机”方式的数据库连接管理机制。当然，成本是一个需要考虑的重要因素，并且当数据库实例出于某种原因关闭时，硬件设备是没办法知道的。尽管这些硬件设备具备能够意识到节点是处于启动状态还是关闭状态的这种智能，但是它们对数据库状态了解的缺失，却很容易造成连接的延迟或超时。Oracle 通过简单的客户端负载均衡特性，能够轻松搞定这些限制。

客户端负载均衡的劣势之一，就是客户端连接无法知晓尝试连接的数据库实例/节点，也不知晓工作负载和资源消耗究竟处于什么状态。因此，如果有连接发送到这些负载很重而无法快速响应的节点上，那么超时情况仍然有可能发生。

对于任意一种负载均衡机制，无论使用的是何种连接方式，一旦连接建立，连接就会保持在实例(除非实例终止)上，并且不会迁移到其他负载较轻的节点上，即便连接使用的资源量上升。这一点很容易产生误解，对于很多 DBA 和应用程序专家来说也是如此。

13.2.3　服务器端负载均衡

服务器端负载均衡也被称为监听连接时负载均衡。通过在多个分派进程和实例之间均衡活动的连接数量，该特性极大提升了连接的性能。

在单实例环境中(此时使用了共享服务器连接模式)，监听器会选择负载最轻的分派进程来处理传入的客户端请求。如果使用 DBCA 创建数据库，则会自动启用服务器端负载均衡，并且会在服务器上的 tnsnames.ora 中添加简单的客户端负载均衡信息。

服务器端负载均衡的关键是动态服务注册。这一特性是指集群中所有节点上的监听器，都会和其他监听器互相注册，从而知晓集群中的数据库有哪些服务，以及这些服务是由哪些实例提供的。动态服务注册是由 PMON(进程监视器)进程实现的。此时，监听器会识别所有的实例和分派进程，而不管监听器是在哪个节点上。基于工作负载信息，监听器会决定将客户端请求发送到哪个实例。如果配置了共享服务器连接模式，则会决定将这些请求发送给哪个分派进程。图 13-2 展示了典型的服务器端负载均衡。

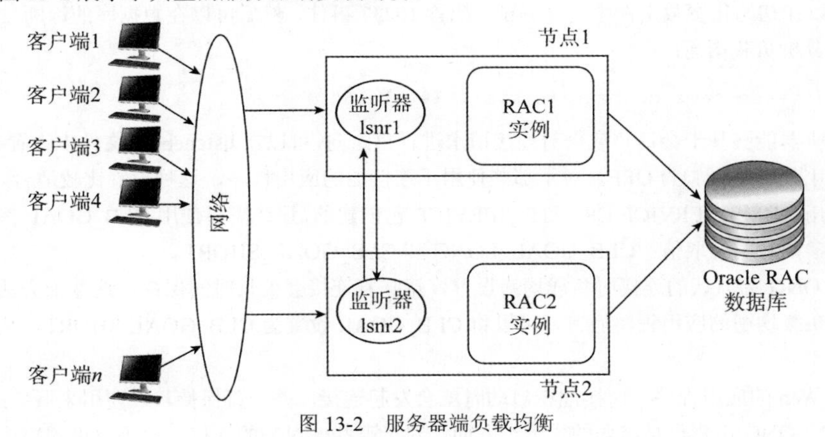

图 13-2　服务器端负载均衡

在共享服务器连接模式下，监听器按照如下顺序选择分派进程：

(1) 负载最轻的节点。

(2) 负载最轻的实例。

(3) 负载最轻的分派进程。

在专有服务器连接模式下，监听器按照如下顺序选择分派进程：

(1) 负载最轻的节点。

(2) 负载最轻的实例。

如果一个数据库服务分布在多个节点的多个实例上，监听器会在负载最轻的节点上选择负载最轻的实例。如果配置了共享服务器连接模式，则在实例上选择负载最轻的分派进程。

可以设置 REMOTE_LISTENER 参数来启用监听连接时负载均衡。每个节点的设置就像下面这样：

```
*.remote_listener=<SCAN_NAME>:<SCAN_PORT>
```

Oracle 会设置 REMOTE_LISTENER 参数，Oracle 集群数据库代理会管理该参数。

对于请求的服务，监听器会考虑当前所有可用实例上的工作负载情况；对于服务器端负载均衡，监听器会将传入的客户端连接路由到负载最轻的节点上的实例。监听器基于收集到的统计信息来确定连接的分布，这些统计信息是由 PMON 进程动态收集更新的。节点负载越高，PMON 进程更新统计信息的频率也就越高。对于重负载的节点，这种更新 3 秒发生一次；对于轻负载的节点，则可以 10 分钟发生一次。

写入监听日志的服务的更新信息如下所示：

```
(CONNECT_DATA=(SERVICE_NAME=PROD)(INSTANCE_NAME=PROD1)(CID=(PROGRAM=)(HOST=erpa
s2)(USER=applprod))) * (ADDRESS=(PROTOCOL=tcp)(HOST=130.188.1.214)(PORT=48604))
* establish * PROD * 0
19-NOV-2017 18:07:27 * service_update * PROD2 * 0
19-NOV-2017  18:07:29 * service_update * PROD1 * 0
19-NOV-2017  18:10:12 *
(CONNECT_DATA=(SERVICE_NAME=PROD)(INSTANCE_NAME=PROD1)(CID=(PROGRAM=)(HOST=erpd
b1)(USER=applprod))) * (ADDRESS=(PROTOCOL=tcp)(HOST=130.188.1.215)(PORT=47933))
* establish * PROD * 0
19-NOV-2017  18:10:12 *
(CONNECT_DATA=(SERVICE_NAME=PROD)(INSTANCE_NAME=PROD1)(CID=(PROGRAM=)(HOST=erpd
b1)(USER=applprod))) * (ADDRESS=(PROTOCOL=tcp)(HOST=130.188.1.215)(PORT=47934))
* establish * PROD * 0
19-NOV-2017 18:12:13 * service_update * PROD2 * 0
19-NOV-2017 18:12:15 * service_update * PROD1 * 0
19-NOV-2017 18:12:24 * service_update * PROD1 * 0
19-NOV-2017 18:13:42 * service_update * PROD1 * 0
```

基于每个 PMON 进程发送的负载信息，默认情况下，监听器会将传入的连接请求，重定向到负载最轻的节点上那个负载最轻的实例的监听器。默认情况下，Oracle 使用运行时队列长度(run queue length)来分布负载。如果想跟踪负载均衡，可以在初始化参数文件中进行调试、配置 10237 事件，然后可以在数据库的诊断目录下查看 PMON 进程的跟踪文件，分析负载均衡：

```
event="10257 trace name context forever, level 16"
```

如果想保证监听器能够基于会话负载来对连接请求进行重定向，可以在 listener.ora 文件中设置 PREFER_LEAST_LOADED_NODE_[监听器名称]为 OFF。对于那些使用了连接池的应用程序，这种设置比较适合。

如果服务是使用 DBMS_SERVICE.CREATE_SERVICE 包创建的，那么需要使用 CLB_GOAL 参数来设置连接时负载均衡目标。该参数有两种取值：CLB_GOAL_LONG 和 CLB_GOAL_SHORT。

CLB_GOAL LONG 为默认的连接时负载均衡设置，意味着连接会被长时间保持，这基于会话的数量而定。对于那些使用运行时负载均衡的应用程序而言，可以将 CLB_GOAL 设置为 CLB_GOAL SHORT，从而建立连接时负载均衡。

对于那些基于 Web 的应用程序，连接池在启动时就会发起连接，并一直保持，以便用来服务那些短连接请求。因此，CLB_GOAC LONG 设置也是需要的。另一方面，对于那些一对一的连接，也需要设置短连接模式。例如那些基于 SQL*Forms 的应用程序，当有会话启动时，就进行连接，等操作结束后就断开。在现实中，现代的应用程序很少使用 CLB_GOAL SHORT 设置，更多都是使用连接池。

如下例子展示了如何在创建数据库服务时设置负载均衡方法：

```
EXECUTE DBMS_SERVICE.CREATE_SERVICE(service_name=>'rac.acme.com',-
network_name=>'rac.acme.com',-
goal=>dbms_service.goal_service_time,-
clb_goal=>dbms_service.clb_goal_short);
```

如果使用 CLB_GOAL_SHORT，连接时负载均衡会使用负载均衡指导(无论目标被设置为 GOAL_SERVICE_TIME 还是 GOAL_THROUGHPUT)。如果使用 CLB_GOAL_NONE(不启用负载均衡指导)，连接时负载均衡就会使用基于 CPU 使用情况的缩减指导(abridged advice)。

如果使用 CLB_GOAL_LONG，连接时负载均衡会使用基于单个服务的会话数量来均衡实例上的连接数。对于那些使用长连接的应用程序，推荐使用这一设置。在使用连接池时，这种设置也可以使用负载均衡指导。CLB_GOAL_LONG 会创建长连接，CLB_GOAL_SHORT 则会创建持续时间较短的连接。

参数 goal=>dbms_service.goal_service_time 则关注是使用连接池负载均衡还是使用运行时负载均衡。此时需要配置数据库服务，还需要配置 Oracle 网络服务连接时负载均衡。该特性也将在本章中讲解，同时我们还将讨论一下负载均衡指导。

当应用程序需要连接时，连接池就能够提供连接，并且连接被发送到的实例能够为客户端请求提供最好的服务。这种负载均衡算法能够基于已定义好的策略来对工作请求进行路由。当服务被创建时，服务目标也会随之定义，可以是 GOAL_THROUGHPUT、GOAL_SERVICE_TIME 或 GOAL_NONE。

GOAL_THROUGHPUT 意味着负载均衡基于服务完成的工作负载比例加上可用带宽。如果设置为 GOAL_SERVICE_TIME，负载均衡则基于数据库服务完成工作负载所消耗的时间加上到达数据服务的可用带宽。

可以在 Oracle EBS 中为并发管理连接设置 GOAL_THROUGHPUT，也可以为使用连接池的交互式 Web 应用程序连接设置 GOAL_SERVICE_TIME。该选项比使用连接时负载均衡(CLB)要好。

如果使用了连接池负载均衡特性，则可以使用 DBMS_SERVICE 来设置 GOAL_*参数，CLB_GOAL 参数则被忽略。在 listener.ora 文件中设置 PREFER_LEAST_LOADED_NODE_[监听器名称]将会禁用/覆盖这一新功能。

总的来说，除了外部硬件，Oracle 还提供了两种不同的负载均衡类型：客户端负载均衡和服务器端负载均衡。如下是一些需要牢记的知识点：

- 客户端负载均衡通过在 tnsnames.ora 文件中进行设置而生效。可以简单地将所有会话分布到所有可用实例上，而不管某一特定的会话是否会带来大量负载，或是实例是否已经重负载。
- 服务器端负载均衡则通过在参数文件中设置 REMOTE_LISTENER 参数而生效。可以计算实例的负载情况，而不仅仅计算每个实例上的会话数量。
- 这两种类型可以同时使用。因此，也就有可能出现如下情况：客户端负载均衡将一个连接定向到某一特定的监听器，但是监听器会将该连接重定向到其他节点的实例上。

表 13-1 对上述不同的负载均衡方式进行了详细总结，并且包含它们的优劣对比。

表 13-1　负载均衡的类型

	硬件负载均衡(交换机)	软件负载均衡(服务器端)	软件负载均衡(客户端)
部署	在网络级别部署。依赖于地址，连接被路由到特定的节点	在服务器级别部署。基于服务器的 CPU 使用情况、已接收的连接数量或是要转发给其他节点的连接	通过客户端配置文件部署。基于节点列表，将连接分布到不同的节点上
操作参数	在网络级别操作。需要输入连接的网络地址	在 OS 级别操作。需要从 OS 层面获取 CPU 使用情况的统计信息	在应用程序级别操作。从应用程序或模块进行操作
成本	需要额外成本，因为需要额外的硬件	无额外成本	无额外成本
连接风暴优化	对连接风暴已足够优化。连接风暴：在极短的时间内发生大量的连接请求	对为连接风暴没有进行优化。所有的连接可能会指向同一个节点	对连接风暴进行了部分优化。因为请求是以循环的方式分布到不同的节点上

13.3　透明应用程序故障转移

Oracle RAC 数据库的透明应用程序故障转移(TAF)特性，使得数据库连接能够自动重新分布到其他数据库实例上，当服务连接的数据库实例出现故障或是关闭时，处于活动状态的事务会被回滚，但是新的数据库连接将会使用与原节点不同的节点。无论连接是如何失败的，这一操作都会自动完成。Oracle 服务通过使用 TAF 策略来实施这一特性。Oracle TAF 会在新的数据库实例上重启失败的查询，但是那些 DML 事务(insert、update 和 delete)则不被 Oracle TAF 支持。应用程序需要回滚，然后重新提交事务。

在服务器端配置的 TAF 往往会覆盖在客户端进行的 TAF 配置。如你所知，Oracle 12*c* 数据库可以是基于策略的，也可以是基于管理员的。但是，Oracle TAF 特性只适用于基于管理员托管的数据库。

用户可以为 TAF 选择如下三种策略：

- **NONE**　相当于没有 TAF 策略。
- **BASIC**　基于故障转移而在新的数据库实例上重启失败的查询。数据库的重连接在故障转移期间创建。
- **PRECONNECT**　与 BASIC 策略相同。不同的是，数据库为了预防失败，预先创建了一个到其他实例的阴影连接。这样可以减少故障转移的时间。

如下例子展示了如何将 PROD 数据库的 PROD_BATCH 服务的 TAF 策略修改为 PRECONNECT：

TAF notifications are used by the server to trigger TAF callbacks on the client side. TAF is

服务器会使用 TAF 通知来触发客户端的 TAF 回调信号。TAF 可以使用客户端透明网络底层(Transparent Network Substrate，TNS)连接字符串或服务器端服务属性来进行配置。

但是，如果同时使用了这两种配置方式，那么服务器端服务属性将会取代客户端设置，因为使用服务器端服务属性是创建 TAF 的优先方法。

当故障发生时，回调函数会在客户端通过 OCI(Oracle Call Interface)回调接口生成。这将通过标准的 OCI 连接进行工作，与连接池和会话池连接一样。

13.3.1　TAF 考量

TAF 能够很好地在报表和仅查询型应用程序中工作，并且无须在应用层进行额外的代码修改。但是，在遇到如下情况时，无法执行故障转移或保护操作：

- 活动的 insert、update 和 delete 事务
- PL/SQL 服务器端的包变量
- 没有使用 OCI 8 的应用程序

TAF 只对 select 语句以及客户端使用 OCI 建立的应用使用故障转移。客户的应用程序代码可能需要捕获错误或异常，并执行某些必要的动作。使用 OCI 8 或更高级版本的应用程序就可以享用 TAF 的长处。事实上，很多 Oracle 工具都透明地使用 OCI。因此，SQL*Plus、Pro*预编译器、ODBC 驱动以及 JDBC 驱动都可以使用 TAF。

对于那些想使用 TAF 特性的应用程序，需要包含 OCI 8(是更高版本)，并提供特定的网络配置信息。这就需要手工配置 tnsnames.ora 和 listener.ora 文件。在客户端执行 update 事务时，也有可能使用 TAF 功能。当然，此时需要一些额外的代码。

在发生故障时，未提交的事务都会被数据库自动回滚。为了确保应用程序不会认为这些数据修改依然存在，错误会返回给应用程序，并触发应用程序执行自有的回滚语句。然后应用程序就可以重新提交事务。在大部分情况下，应用程序会在回滚阶段收到另外一个错误，表明数据库连接已经丢失。该错误必须被捕捉，但是也可以被无视。因为数据库在故障转移期间，已经取消所有的事务修改。

此外，Oracle 网络服务也可以事先将用户预连接到第二个节点上。如果主节点挂掉，由于第二个节点已经就位，重连接就会立即完成，而不受网络连接速度瓶颈的限制。

配置 TAF

对于想使用 TAF 的客户端，可以使用包含 FAILOVER_MODE 选项的连接标识符连接到数据库，也可以使用服务器端 TAF，在使用 SRVCTL 工具创建服务时配置。一个连接到 4 节点 Oracle RAC 数据库的 tnsnames.ora 示例配置如下：

```
RAC =
  (DESCRIPTION =
    (ADDRESS = (PROTOCOL = TCP)(HOST = NODE1-vip)(PORT = 1541))
    (ADDRESS = (PROTOCOL = TCP)(HOST = NODE2-vip)(PORT = 1541))
    (ADDRESS = (PROTOCOL = TCP)(HOST = NODE3-vip)(PORT = 1541))
    (ADDRESS = (PROTOCOL = TCP)(HOST = NODE4-vip)(PORT = 1541))
    (CONNECT_DATA =
      (SERVICE_NAME = RAC)
      (FAILOVER_MODE=(TYPE=SELECT)(METHOD=BASIC))
    ))
```

这里假设 init.ora 或 spfile 中的 SERVICE_NAME 参数已经被正确配置。服务可以通过服务器控制工具(SRVCTL)、DBCA 或 EM 进行配置。最重要的是，服务条目需要在 OCR 资料库中进行更新。tnsnames.ora 应该按照本章前面的内容进行配置。诸如 LOCAL_LISTENER 和 REMOTE_LISTENER 这样的参数也应该配置完毕。

需要注意，这里我们没有使用 FAILOVER=ON。如果在 tnsnames.ora 中使用了 DESCRIPTION_LIST、DESCRIPTION 或 ADDRESS_LIST，FAILOVER 选项的默认值就是 ON。FAILOVER=ON/TRUE/YES 能够提供连接时故障转移，此时 Oracle 网络服务会尝试连接列表中的第一个地址，如果第一个地址连接失败，则尝试连接列表中的下一个地址。除了这些，Oracle 只尝试连接列表中的一个地址(如果 LOAD_BALANCE=ON，则会随机选择一个

地址，或者使用列表中的第一个地址进行连接尝试)，并在连接失败时报告错误。

对于这里配置的服务 RAC，这种服务配置类型会告诉 Oracle 网络服务，只有在我们当前连接的实例失败时，才会故障转移到其他提供 RAC 服务的实例上。

TAF 配置选项

TAF 配置中需要注意的部分如下：

```
(FAILOVER_MODE=(TYPE=SELECT)(METHOD=BASIC))
```

TYPE 参数可有如下三种取值：

- **SESSION**　对会话进行故障转移。如果用户连接丢失，则为用户自动创建新的会话。这是通过在 tnsnames.ora 文件中指定的服务名，利用备份模式来完成的。对于 select 类型的操作，这种故障转移并不会尝试恢复。
- **SELECT**　在出现故障时，用户使用的已经处于打开状态的原有游标，将会继续进行数据获取。使用这种模式，在进行正常的 select 操作时，可能会给客户端带来一定的负载。
- **NONE**　这是默认值。不会启用任何故障转移功能。

METHOD 参数可以接收如下两个值之一，并且从根本上决定了在发生实例故障时，数据库将会采用何种故障转移方法，从而将用户连接从主节点上迁移到备用节点上：

- **BASIC**　在故障转移时创建新的连接。直到发生故障转移时，才会连接到备用服务器上。
- **PRECONNECT**　预先就创建好备用连接。这意味着在用户连接到主实例时，就会一直保持一个到备用实例上的连接。这虽然提供了更快速的故障转移能力，但是也意味着备用实例需要能够支持所有的用户连接。注意，在使用 PRECONNECT 选项时，BACKKUP=选项是必需的。

如下是一个配置了连接时故障转移、连接负载均衡以及 TAF 的一个 4 节点 Oracle RAC 数据库的网络配置样例：

```
RAC =
(DESCRIPTION=
(LOAD_BALANCE=ON)
(FAILOVER=ON)
(ADDRESS=(PROTOCOL=tcp)(HOST=NODE1)(PORT=1541))
(ADDRESS=(PROTOCOL=tcp)(HOST=NODE2)(PORT=1541))
(ADDRESS=(PROTOCOL=tcp)(HOST=NODE3)(PORT=1541))
(ADDRESS=(PROTOCOL=tcp)(HOST=NODE4)(PORT=1541))
(CONNECT_DATA=
(SERVICE_NAME=RAC)
(FAILOVER_MODE=(TYPE=select)(METHOD=basic)(BACKUP=RAC2)))
```

这里的 BACKUP=RAC2 选项至关重要，能够用来避免出现故障转移相关的问题。假设我们已经连接到一个数据库实例，然后此时该实例上发生了故障。当 TAF 被触发时，Oracle 网络服务就会尝试连接到另外的实例上，按照上述 TNS 配置的那样。我们将会使用 RAC 这个服务名，并有可能尝试自己去重新连接出现故障的节点，因为这里的 Oracle RAC 是一个被配置成为 4 个节点提供的服务。尽管这种尝试可能会失败，从而让用户连接到 TNS 列表中提供的其他实例上，因为我们设置了 FAILOVER=ON 参数(用来提供连接时故障转移)，但是我们依然可以避免不必要的连接时间延迟和错误。对于 BACKUP=RAC2 这一设置，Oracle 网络服务会确保一旦 TAF 被触发，用户连接就只会被发送到 RACUP=RAC2 节点上，并且该动作是立即完成的，而不会去尝试其他的地址。

推荐在 TNS 中配置连接字符串时，在 CONNECT_DATA 中使用 BACKUP 选项，从而配置 TAF。这能够显式地表明哪个连接字符串是用于故障转移的。如果没有使用 BACKUP 选项，故障转移依然能够发生，但是你可能会看到一些奇怪的效果，例如刚刚断开的会话又回到起初连接的节点上。

对于 TNS 中设置的 BACKUP，Oracle 实际上并不会去进行验证，以查看设置的节点是否为同一个 Oracle RAC 数据库集群中的真实节点。因此，也就有了这样一种可能：可以设置到包含不同方案对象的完全不同数据库的机器上。这可能会引起一些混淆，例如在进行故障转移时，会返回 ORA-942: Table or view does not exist(表或视图不存在)这样的错误，如果这些对象确实不在 BACKUP 连接指定的数据库中的话。不过对于 Oracle DG 环境来说，这可能是最常见的故障转移机制。

这一部分提到的 TAF 配置，也可以在服务器端通过使用 SRVCTL 工具完成。

如下例子创建了一个名为 RACSRV 的服务，并按照本节描述的内容配置了 TAF：

```
SRVCTL ADD SERVICE -d RAC -s RACSRV -r RAC1,RAC2,RAC3,RAC4
SRVCTL START SERVICE -d RAC -s RACSRV
SRVCTL MODIFY SERVICE -d RAC -s RACSRV -q TRUE -P BASIC -e SELECT
```

用户也可以使用 SRVCTL 的其他选项来对服务配置另外一些 TAF 属性，例如故障转移的延迟时间、故障转移时尝试的连接次数、AQ HA 的通知服务等。

验证故障转移

要检查 TNS 配置是否工作正常，并且 TAF 是否被真正触发，可以执行如下步骤(要确保在测试系统上进行。如果数据比较重要而需要保护，那么进行检查的数据库应该运行在归档模式下)。

(1) 以 SYS 用户身份登录到主节点上，这里已经有用户使用了新配置的启用了 TAF 的 TNS 连接：

```
col sid format 999
col serial# format 9999999
col failover_type format a15
col failover_method format a15
col failed_over format a12

SQL> select instance_name from v$instance ;

INSTANCE_NAME
----------------
RAC1

SQL> select sid, serial#, failover_type, failover_method, failed_over
from V$SESSION where username = 'SCOTT';
       SID   SERIAL#          FAILOVER_TYPE     FAILOVER_METHOD  FAILED_OVER
 ----------  ----------       -------------     ---------------  -----------
        26   8                SELECT            BASIC            NO
```

结果显示用户 SCOTT 已经登录 RAC1 实例上。也可以使用如下方法：

```
SQL> select inst_id, instance_name from GV$SESSION;

INST_ID INSTANCE_NAME
------- -------------
      1 RAC1
      2 RAC2
      3 RAC3
      4 RAC4

SQL> select inst_id, sid, serial#, failover_type, failover_method,
failed_over from GV$SESSION where username = 'SCOTT';

INST_ID          SID     SERIAL#  FAILOVER_TYPE  FAILOVER_METHOD  FAILED_OVER
-------     ---------  ---------  -------------  ---------------  -----------
1                 26           8  SELECT             BASIC        NO
```

(2) 以 SCOTT 用户身份执行一个能持续 45 秒或更长时间的长查询：

```
SQL> select count(*) from
(select * from dba_source
union
select *  from dba_source
union
select *  from dba_source
union
select *   from dba_source
union
select *   from dba_source)
```

在此期间，可以在 SCOTT 用户执行上述查询的实例上执行 SHUTDOWN ABORT 命令——在这个例子中，该实例指的就是 RAC1。SCOTT 的用户界面(SQL*Plus)应该会挂起数秒或更久，这取决于各种因素，例如集群的通信情况以及节点的故障检测、网络延迟，还有就是超时参数的设置。

(3) 当 Oracle 在内部全部完成故障转移后，用户界面应该就会恢复到正常状态，然后查询会继续并最终返回结果，如下所示：

```
COUNT(*)
----------
128201
```

(注意这里的结果值 128 201 只是一个例子，具体的值依赖于系统中对象的数量)。

(4) 以 SYS 用户身份执行查询，查明 SCOTT 会话确实已经故障转移到其他节点上。在这里使用 GV$视图的好处在于，无须分别登录所有的实例并执行查询，就能够找到 SCOTT 会话迁移到哪个节点上。

```
SQL> select inst_id, sid, serial#, failover_type, failover_method,
failed_over from GV$SESSION where username = 'SCOTT';

INST_ID        SID       SERIAL#    FAILOVER_TYPE  FAILOVER_METHOD  FAILED_OVER
-------    ---------    ----------  -------------  ---------------  -----------
      3          16            10          SELECT            BASIC          YES
```

FAILED_OVER 列中的 YES 表明当 RAC1 实例在使用 abort 方式关闭时，SCOTT 会话发生了故障转移，切换到了 RAC3 实例上。

TAF 故障处理

Oracle 为集群数据库中配置的网络服务设置了一种资源类型，称为 ora.service.type。Oracle 集群件也管理监听程序监听的虚拟 IP(VIP)。如果一个节点挂掉，由 CRS 管理的服务和 VIP 都将被故障转移到幸存的节点上。通过使用 VIP 上的监听器，我们就能够在节点挂掉时避免出现由于等待而造成的 TCP 超时。当故障转移完成时，连接就会被路由到幸存的节点上，并重新开始它们的工作。在进行 TAF 故障诊断时，很重要的一点，就是需要关注 CRS 层、网络层以及数据库层，从而确认问题可能发生的位置。

存放在$GRID_HOME/log/<主机名>/cssd 以及$GRID_HOME/log/<主机名>/crsd 目录下的 ocssd.log 和 crsd.log，能够提供关于 CRS 重配置和节点成员关系的详细输出信息。

13.3.2　工作负载均衡

当提到工作负载均衡时，连接布置会使用连接时负载均衡，工作请求布置则使用运行时负载均衡。在多个服务器之间，将工作按照统一的单元进行管理的好处，就在于能够提升可用资源的利用率。工作请求可以被分布在多个实例之间，并根据当前的服务性能要求来提供服务。平衡工作请求的动作，一般发生在两个不同的时间——连接时和运行时。

连接池与负载均衡指导

从历史上讲，通过连接池而实现的负载均衡，一般都基于 Oracle 为中间层提供的初始负载信息。因此，这些负载信息很快就会过时，因为随着更多的用户连接上来，系统的工作负载也必定会随之上升。所以，在将大量的用户连接分布到整个 Oracle RAC 的所有实例上时，就需要考虑负载均衡了。当应用程序发起连接请求时，系统就会在连接池中随机为其分配一个不活动的连接(到实例上)。在连接发生之前，应用程序是无法知晓实例真正的负载信息的。

Oracle 提供的负载均衡指导，为如何将新的工作分配给最合适的实例提供了建议信息，从而能够让工作以最佳质量完成。一旦配置了该特性，Oracle RAC 数据库就会周期性地将负载信息以及当前的服务水平发送给连接池。这些信息从所有活动状态的实例上整理而来，并以 FAN 的形式发送给中间层的连接池管理器。由于这些服务信息是周期性更新的，因此监听器能够智能地对用户连接进行路由，这也被称为运行时负载均衡。

Oracle RAC 的负载均衡指导会监控一个实例上每个服务的工作，并提供一个百分比，用以表明总工作负载的多少比例应该发送给这个实例，同时也会发送服务质量标志。反馈会以条目的形式由 AWR 提供，另外，一个 FAN 事件也会被发布出来。

通常来讲，设计和构建良好的应用程序，往往能够更好地使用中间层中创建的连接池。例如，使用 CORBA(Common Object Request Broker Architecture，公共对象请求代理架构)的应用程序、BEA WebLogic 以及其他基于 Java 的应用程序，往往都能够从中间层的连接池机制中受益。

简单来说，连接池是已经命名好的连接到数据库的一组同样的连接。应用程序从连接池中借用连接，并使用连接进行数据库调用。当工作完成时，连接通道就会被释放回原来的连接池中。

连接缓存或者说连接池，在 OS 层用来阻止创建新的连接或者将新建连接而带来负载最小化。通过长时间维护已有连接，OS 在使用新的连接时，无须再耗费时间去分配进程空间、CPU 时间等。即便从数据库断开连接时，那些可能需要少量的 OS 协作，例如数据库锁的清除等活动，也可以通过使用连接池而避免。

可以使用负载均衡指导的标准架构应该包括连接时负载均衡、TP 监控器、应用程序服务器、连接集线器(connection concentrator)、硬件和软件负载均衡器、工作调度器、批处理调度器以及消息队列系统。所有这些应用程序都可以分配工作。

连接时负载均衡

好的应用程序一旦连接到数据库服务器上，就会一直保持连接状态。对于所有应用程序来说，这都是最佳实践——连接池、客户端/服务器模式以及服务器端。由于此时连接是相对稳定的，使用在服务内进行均衡连接的方式，就不会依赖于连接时出现的那些各种不同的因素。

对于监听器来说，在选择最佳实例时，需要使用 3 种度量指标：

- **会话数量** 对于对称服务和容量相同的节点而言，该度量会均衡分布每个节点上的会话。
- **运行队列长度** 对于对称服务和容量不同的节点而言，该度量会将更多的会话部署到连接时负载最轻的实例上。
- **服务水准** 对于所有服务和任意容量的节点而言，该度量会对实例上的服务质量进行排名。排名时会对服务时间与服务的阈值进行比较，还会考虑诸如访问某个实例是否会受限这样的情况。排名分为卓越(excellent)、平均(average)、不符(violating)以及受限(restricted)。在更新服务水准时，为了避免某个监听器将所有的连接路由到卓越的实例上，每个监听器都会按照某个特定的值调整本地服务水准，从而将连接分布到不同的实例上。delta 值是指每一个连接在使用服务时消耗的一种资源。

在探讨连接时负载均衡的部分，我们已经解释了在创建数据库服务时，如何使用参数 CLB_GOAL 来指定连接时负载均衡的目标。当应用程序发起连接请求时，连接池将会提供一个连接到某一实例的连接，并能够为客户端请求提供最佳服务。负载均衡算法能够基于预先的策略对工作请求进行路由。当创建数据库服务时，目标也就设定了，目标可以是 GOAL_THROUGHPUT、GOAL_SERVICE_TIME 或 GOAL_NONE。

GOAL_THROUGHPUT 意味着将会基于服务中完成的工作负载比例加上可用带宽来实现负载均衡。如果设置了 GOAL_SERVICE_TIME，则会基于数据库服务中工作负载消耗的时间加上数据库服务的可用带宽来实现负载均衡。

如果启用了连接池负载均衡属性，那么使用 DBMS_SERVICE 或 CLB_GOAL 设置的 GOAL_*相关参数都会被忽略。在 listener.ora 文件中使用 PREFER_LEAST_LOADED_NODE_[监听器名称]选项，可以禁用/启用这一新的特性。

如下两个例子展示了如何通过为服务定义目标来配置负载均衡指导。第一个例子展示了如何将 SERVICE_TIME 设置为服务目标。第二个例子则展示了如何将 THROUGHPUT 设置为服务目标。

```
$ srvctl modify service -database prod -service finance -rlbgoal SERVICE_TIME
-clbgoal SHORT
$ srvctl modify service -database prod -service finance -rlbgoal THROUGHPUT
-clbgoal LONG
```

也可以通过将-rlbgoal 参数的值设置为 NONE 来禁用某一服务的负载均衡指导。可以通过查询 DBA_SERVICES、V$SERVICES 以及 V$ACTIVE_SERVICES 等视图来查询当前的服务目标设置。

运行时负载均衡

运行时负载均衡(Runtime Load Balancing，RLB)在从连接池中选择连接时使用。对于某些连接池而言，只能为一个实例上的一个服务提供连接，此时，连接池中的可用连接就是足够的。但是对于那些需要为分散在多个实例上的服务提供连接的连接池而言，为了实现运行时负载均衡，需要引入一个度量标准，用来标记每个实例上每个服务的当前状态。

AWR 为每个服务提供了响应时间、CPU 消耗情况以及服务能力等度量，并将这些与负载均衡指导进行了集成。

V$SERVICE_METRICS 和 V$SERVICE_METRICS_HISTORY 视图中包含每个服务的服务时间，并且每 60 秒更新一次，同时保留过去一小时的历史记录。对于应用程序来说，这些视图都是可用的，从而能够让应用程序将这些视图用于自己的运行时负载均衡。例如，一个使用了连接池的中间层应用程序，在提供服务时，就可以使用这些服务度量指标，对运行时的用户请求进行路由，并将它们指向合适的实例。

数据库资源管理器可以将服务与消费者组映射起来，因此能够自动在服务之间实现优先级管理。Oracle RAC 特性能够保证服务一直可用，即便某些组件不可用。将 Oracle DG 代理结合 Oracle RAC 使用，就能够将服务从主节点迁移到其他 DG 站点上，从而应对数据库系统故障。

基于服务时间实现负载均衡

基于服务时间实现负载均衡与早期的均衡方式相比，能够带来性能的明显提升，尤其是使用轮询或运行队列长度的方式。但是运行队列长度这一度量，不会考虑那些处于阻塞状态的会话——例如，互联等待、I/O 等待以及应用程序等待等——因此这些会话也就无法执行。运行队列长度以及会话数量度量，都不会考虑会话的优先级。

基于服务时间实现负载均衡会意识到机器性能有差异、有些会话会处于阻塞状态、阻塞处理失败以及重要性不同的服务之间的竞争，等等。使用服务时间这一度量，能够避免将工作发送给那些过载、挂起或失败的节点。

负载均衡指导会考虑节点之间不同的性能差异，一旦某一节点过载，连接池就会将那些原本连接到实例的连接从连接池中移除(实例处于不活动状态或挂起状态时也是如此)。然后连接池就会创建连接到其他实例的新连接，从而提供更好的服务水平。

每个实例上每个服务的响应时间、DB Time 以及 CPU Time 等指标，都可以在 V$SERVICE_METRICS_ HISTORY 中查询到。就像监听器利用这些数据在服务之间处理连接一样，连接池算法也可以使用这些数据，从而在连接池中选择合适的连接。通过这种方式，将工作分布在不同的实例上，就能够提供较好的服务，并避免将工作发送给那些运行缓慢、挂起、出现故障或受限的实例。

假设现在有一个基于 ODP.NET 的应用程序，它使用了连接池，并且启用了网格运行时负载均衡属性。在 Oracle RAC 或网格环境中，可以对一个 ODP.NET 连接池进行注册，从而用于接收某个服务的 RLB 通知。如果环境配置正确，服务就会周期性地将通知发送给 ODP.NET，并携带与每一个服务成员相对应的信息。

为优化性能，ODP.NET 基于收到的信息将连接分配给不同的服务成员。这种属性只能用于 Oracle RAC 数据库中的实例。如果 pooling=false，值将会被忽略。

网格运行时负载均衡属性可以通过设置网格运行时负载均衡连接字符串属性为 true 来启用，默认值为 false。如下连接字符串就启用了这一属性：

```
"user id=apps; password=apps; data source=erp; grid runtime load" + "balancing=true; "
```

13.3.3 通过服务度量工作负载

如果配置得当，AWR 就会维护性能统计信息，包括响应时间、资源消耗情况以及等待事件等，并且是为整个系统中所有的服务以及所有已完成的工作维护这些信息。选定的度量、统计信息、等待事件以及等待类别、加上 SQL 级别的跟踪信息都会为服务维护下来。有时候会带有模块(module)和动作(action)参数。这些基于服务的统计信息汇总和跟踪信息，是全局的，并且在实例重启过程中也仍然会被保留下来，无论是 Oracle RAC 还是单实例数据库。

使用服务，能够提供一种极为强大的方式来监控应用程序的性能，尤其是很多系统开始使用匿名会话。这会导致使用传统的基于会话的性能分析方法来跟踪应用程序的性能变得不再可能。应该创建模块以及动作来弄清大部分性能问题的真相。可以在关键性业务事务中创建模块，并与动作关联起来，这样就能够在更多的细节上检查这些事务的性能。

可以使用 DBMS_MONITOR 这一系统包来启用模块与动作监控。在下面的例子中，我们将会展示如何为一个名为 ERP 的服务创建模块和动作。一旦完成这样的设置，就可以监控创建的特定动作，在这里，动作名为 EXCEPTIONS PAY，位于 PAYROLL 模块中。

```
EXECUTE DBMS_MONITOR.SERV_MOD_ACT_STAT_ENABLE (SERVICE_NAME => 'ERP',
MODULE_NAME=> 'PAYROLL', ACTION_NAME => 'EXCEPTIONS PAY');
```

可以使用如下命令监控 PAYROLL 模块中的所有动作：

```
EXECUTE DBMS_MONITOR.SERV_MOD_ACT_STAT_ENABLE (SERVICE_NAME => 'ERP',
MODULE_NAME=> 'PAYROLL', ACTION_NAME => NULL);
```

创建了合适的模块和动作之后，你可能想要检查一下这种监控是否在对应的服务、模块以及动作上启用。可以使用如下命令：

```
SQL> SELECT * FROM DBA_ENABLED_AGGREGATIONS;
AGGREGATION              SERVICE                  MODULE   ACTION
------------             --------------------     -------- ---------
SERVICE_MODULE_ACTION    erp                      payroll  exceptions pay
SERVICE_MODULE           erp                      payroll
SERVICE_MODULE           hot_batch                posting
```

可以在 V$SESSION、V$ACTIVE_SESSION_HISTORY 以及 V$SQL 这些视图中查看服务、模块以及动作的名称。也可以使用 V$SERVICE_STATS、V$SERVICE_EVENT、V$SERVICE_WAIT_CLASS、V$SERVICEMETRIC 以及 V$SERVICEMETRIC_HISTORY 这些视图来跟踪性能相关的统计信息。

如果为重要的事务开启了统计信息收集，就可以使用 V$SERV_MOD_ACT_STATS 视图来查看每个数据库实例上每个服务、模块以及动作的调用速度。可以使用 V$SERV_MOD_ACT_STATS 视图来查看每个服务中与跟踪的模块和动作相关的性能统计信息，如下所示：

```
SELECT
   service_name
  , TO_CHAR(begin_time, 'HH:MI:SS') begin_time
  , TO_CHAR(end_time, 'HH:MI:SS') end_time
  , instance_name
  , elapsedpercall  service_time
  ,  callspersec  throughput
FROM
   gv$instance i
  , gv$active_services s
  , gv$servicemetric m
WHERE s.inst_id = m.inst_id
  AND s.name_hash = m.service_name_hash
  AND i.inst_id = m.inst_id
  AND m.group_id = 10
ORDER BY
   service_name
 , i.inst_id
 , begin_time ;
```

上述查询会获取 30 秒时间间隔的与服务均衡相关的统计数据，这可以供你决定是否需要在 RAC 集群中进行工作负载移动或均衡。

13.3.4 使用服务级别阈值

AWR 允许将调用的响应时间(ELAPSED_TIME_PER_CALL)以及 CPU 时间(CPU_TIME_PER_CALL)作为服务的性能阈值。需要在 RAC 集群中的所有节点上设置这两个阈值。一旦完成这些设置，AWR 就会监控消耗的响应时间和 CPU 时间，并且在性能指标超过阈值时发送告警信息。可以在 OEM 中设置调度来响应这些告警，或者使用程序来响应。在工作负载需求发生变化时，可以通过使用修改任务的优先级、停止某一进程或者启动/关闭/重分配服务这样的方法来维护服务的可用性。

如下例子展示了如何使用 DBMS_SERVER_ALERT 包来设置服务的阈值。该例是基于 ELAPSED_TIME_PER_CALL 来设置阈值的。

```
EXECUTE DBMS_SERVER_ALERT.SET_THRESHOLD (
METRICS_ID => DBMS_SERVER_ALERT.ELAPSED_TIME_PER_CALL
, warning_operator => DBMS_SERVER_ALERT.OPERATOR_GE
, warning_value => '500000'
, critical_operator => DBMS_SERVER_ALERT.OPERATOR_GE
, critical_value => '750000'
, observation_period => 30
```

```
, consecutive_occurrences => 5
, instance_name => NULL
, object_type => DBMS_SERVER_ALERT.OBJECT_TYPE_SERVICE
, object_name => 'payroll');
```

在只需要进行少量的配置就能够与想要达到的服务水准进行比较方面，服务级别阈值的设置是很有用的一种方法。设置合适的服务级别阈值，能够让你预知在达到所需的服务水准时，系统具有何等的能力。可以使用 DBMS_SERVER_ALERT 包来设置服务级别阈值。默认情况下，系统会自动收集与各个服务的工作负载相关的统计信息。每个服务都可以通过模块名称和动作名称来进行更深入的分析，从而在服务中确定那些重要的事务。这样就避免了对服务上的所有调用时间都进行分析的大量工作。服务、模块以及动作名称，这些都为用户提供了一种更好的容易解释的度量方式，从而可以用来描述每次调用的消耗时间，并设置资源消耗阈值。

模块和动作都可以在 V$SESSION 中查询。这种命名格式是将应用程序代码的一部分绑定到代表完成的数据库工作的一种方式。模块名称被设置为用户可识别的名称，用于当前正在执行的程序(脚本或表单)。动作名称被设置为用户在模块中执行的特定操作(例如，阅读邮件或输入新的客户数据)。在 Oracle 11*g* 中使用 OCI 设置这些标签不会导致额外的对数据库进行访问的回路。

我们可以使用 DBMS_MONITOR 包来控制统计信息的收集，这些统计信息可以量化服务、模块和动作的性能。DBMS_MONITOR 还可用于跟踪服务、模块和动作。

注意：当然，我们不能过分强调在所有应用程序中使用 DBMS_MONITOR 和 DBMS_APPLICATION_INFO 的必要性。

13.4 Oracle RAC 高可用性

对于那些连接到 Oracle RAC 数据库的 HA 客户端，HA 事件通知可以在发生故障时向客户端提供尽可能详细的编程信号。客户端应用程序可以在环境句柄上注册回调来表明对此感兴趣。当发生重大故障时(这也适用于客户端建立的连接)，回调就会被调用，同时会携带与事件相关的信息以及一个连接列表(服务句柄)，这是一个由于故障而造成的连接失败的列表。

HA 事件通知机制提高了应用程序在遇到故障时的响应时间。有了 HA 事件通知，无论是独立服务器还是连接池、会话池连接，都会自动断开并被 OCI 清除，并且在出现故障事件时，应用程序回调会在秒级别被调用。如果其中一些服务句柄启用了 TAF，OCI 也会自动进行故障转移。

应用程序只有在连接到 Oracle RAC 实例时，才可以启用 HA 事件通知。不仅如此，这些应用程序还必须在 OCI_EVENTS 模式下初始化 OCI 环境。然后这些应用程序就可以注册一个回调，这样无论何时发生了 HA 事件，该回调都会被调用。

13.4.1 高可用性、通知与 FAN

高可用性应用程序的主要原则之一是，当关键资源或组件的状态发生变化时，能够接收快速通知。此资源或组件可以位于集群的内部或外部，但它对应用程序的运行至关重要。快速应用程序通知(FAN)功能提供了一个框架，可以为集群数据库实现更高级别的可用性和可靠性。FAN 始终能够感知集群中服务器池的当前配置，因此 Oracle 始终尝试与能够响应的数据库实例建立应用程序连接。Oracle 的高可用性框架持续监视数据库和服务，并使用 FAN 发送适当的事件通知。当集群中的任何状态发生改变时，Oracle 就会发布 FAN 事件。

使用通知，应用程序能够执行某种形式的补偿操作或处理此事件(通过执行程序或脚本)，以便不损害应用程序可用性，或是采取某些预定操作来最小化状态改变带来的影响，这些状态的改变被称为事件。

及时执行这些处理程序能够将集群组件出现故障时造成的影响最小化，从而避免连接超时、应用程序超时或是对集群资源重配置的一些反应，无论这些情况是计划内的还是计划外的。

13.4.2 基于事件的通知

其实，基于事件的通知机制并不新鲜。对于那些已经部署了 OEM，或是使用基于低开销协议(例如 SNMP)的第三方管理工具来监控企业 IT 资源的用户来说，他们已经熟悉从数据库层接收的组件启动、关闭以及超过阈值告警等内容如何使用及其带来的好处。生产站点也可以通过捕获事件并向更高级别的应用层提供合适的通知来实现自有的轮询机制。

对于传统方法，在遇到系统组件故障时，连接到数据库的客户端或中间层应用程序会依赖于连接超时、带外轮询机制或其他自定义解决方案。这种方法对应用程序可用性有很大影响，因为停机时间会延长并且影响会更加显著。

传统方法的另外一个不足是对复杂数据库集群环境的管理，因为服务器端组件的数量呈指数级增长，无论是在水平(跨所有集群节点)还是垂直(跨集群节点组件，如监听器、实例和应用程序服务)方向。此外，随着企业引入网格计算，必须以主动和自动的方式对这些组件进行互连、监视和管理，而这也增加了复杂度。

当 Oracle 数据库服务的状态发生变化(启动、关闭、重启失败)时，新状态将通过 FAN 事件发布或转发给感兴趣的订阅者。应用程序可以使用这些事件来实现非常快速的故障检测，并在故障后重新创建、重新建立或平衡连接池，以及使用故障恢复检测来恢复正常服务。

当服务变得可用或不可用，或是不再由 CRS 进行管理时，都会发出 FAN 事件。CRS 管理下的服务、服务成员以及实例都被称作资源，当这些资源的状态发生改变时，就会发出通知事件。数据库和实例也被包含进来，从而与直接连接到这些资源的应用程序相适应。通过使用通知事件，能够在遇到阻塞以及服务终止后造成的时间浪费问题时，消除会话的 HA 问题。这是通过向客户端提供带外事件形式的通知来完成的。通过这种方式，当应用程序改变状态时会快速通知会话。

由于重要的 HA 事件一经检测到就会被推送，这种方法可以更有效地利用现有的计算资源，并更好地与企业应用程序集成，包括中间层连接管理器或 IT 管理控制台，如故障单记录器和邮件/寻呼服务器。

FAN 是在每个参与节点上启用的分布式系统。这使得它可靠且容错，因为一个组件的故障会被另一个组件检测到。因此，任何参与节点都可以检测并推送事件通知。

FAN 事件与 Oracle DG 代理、Oracle JDBC 隐式连接缓存和 OEM 紧密集成。管理连接池的 JDBC 应用程序不需要自定义代码开发。如果启用了隐式连接缓存和快速连接故障转移，它们将自动与 Oracle Notification Service(ONS)集成。图 13-3 显示了 FAN 架构。

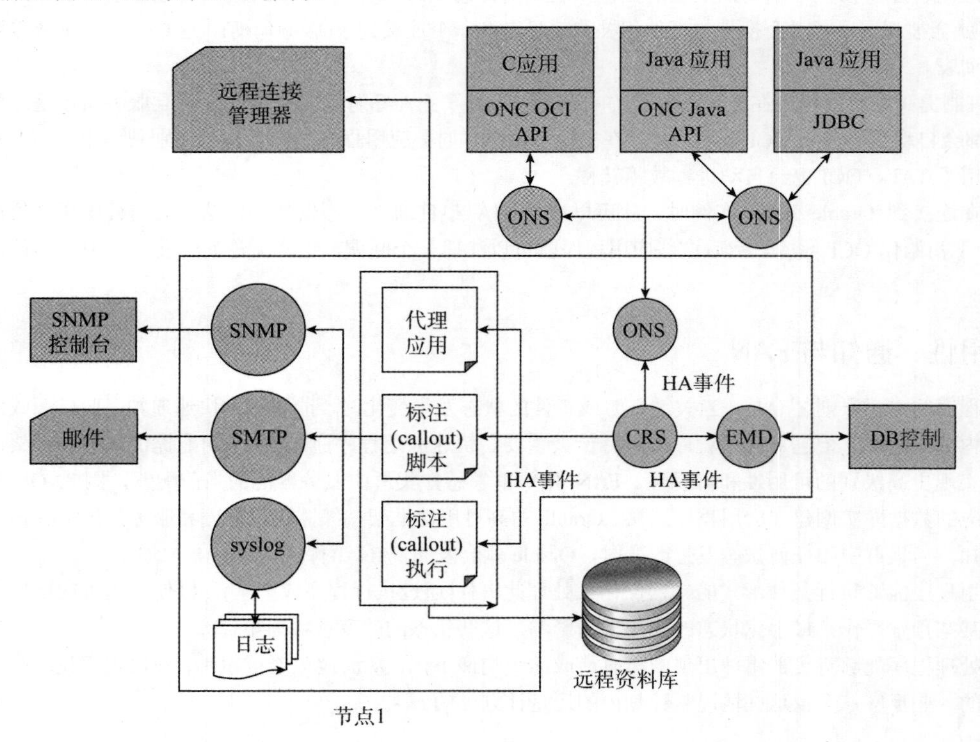

图 13-3 FAN 架构

13.4.3　应用故障问题

当集群中的一个服务挂掉时，应用程序会在如下一项或多项活动上浪费时间：

- 当节点发生故障而没有关闭 socket 时，以及在特定 IP 关闭的同时为每个后续连接打开其他 socket 时，等待 TCP/IP 超时。
- 在服务停止时尝试连接，在服务恢复时不连接。
- 尝试在慢节点、挂起节点或死节点上执行工作。

Oracle 中的现有机制不允许报告这些类型的问题，因此也就不可能解决由它们引起的停机或性能问题，最多也就用来估算罢了。

当节点在未关闭网络 socket 的情况下发生故障时，I/O 中阻塞的所有会话在超时之前使用传输层配置(tcp_keepalive)中预定义的一段时间。对于在客户端处理某些内容并且不知道服务器已关闭的会话，问题可能更糟糕。客户端只有在获取或处理最后一个结果集后才能知道状态。这会导致严重的延迟或超时。

对于集群配置改变，RAC HA 框架会在集群中发生状态改变时立即发布 FAN 事件。相对于等待应用程序轮询数据库并检测问题，应用程序会接收 FAN 事件并立即对它们做出反应。

一旦收到 FAN 事件，应用程序就会终止与失败的实例或节点通信的会话，并将它们重新定位到另一个节点，通知等待恢复操作的会话，并在其他资源可用或丢失时动态重新组织相应的工作。例如，如果服务已关闭，则会发布 DOWN 事件。对于 DOWN 事件，可以最小化对应用程序的中断，因为可以终止与故障实例或节点的会话。未完成的事务将被终止，并立即通知应用程序用户。请求连接的应用程序用户只会被指向可用的实例。

可以通过如下动作来使用服务器端标注：

- 在资源启动失败时告知 DBA 或者提交票务。
- 自动启动那些需要与服务协同工作的外部应用。
- 当可用节点数目减少时，修改资源计划或关闭某些服务——例如，当节点失败时。
- 如果需要，自动进行故障恢复，将服务切换到优先(PREFERRED)实例上。

对于 UP 事件，当服务和实例启动时，新的连接将会被创建，这样应用就可以立即享用额外资源的好处。

FAN 也会发布负载均衡指导事件。应用可以从这些负载均衡指导的 FAN 事件中获益，因为可以基于此而将工作请求直接指向集群中那些当前能够提供最好服务质量的实例。

使用 FAN

FAN 能够以三种方式使用。第一种，通过使用集成的 Oracle 客户端，应用程序可以利用 FAN 而无须进行程序更改。FAN 事件的集成客户端包括 Oracle 数据库 JDBC、用于 Oracle RAC 的 Oracle WebLogic Server Active GridLink、用于.NET 的 Oracle 数据库的 ODP.NET、OCI 连接池以及连接管理器。第二种，应用程序可以使用 ONS API 来订阅 FAN 事件，并基于接收到的事件执行事件处理动作。第三种，应用程序可以在数据库层实现服务器端的 FAN 标注。

应用程序还可以启用 Oracle JDBC 隐式连接缓存，并让 Oracle JDBC 库直接处理 FAN 事件。Oracle 隐式连接缓存已被弃用，并用通用连接池替换。使用此方法，不再需要编写任何自定义 Java 或 C 代码来处理 FAN 事件，也不需要直接调用 ONS API。如果启用了隐式连接缓存和快速连接故障转移，它们将自动与 ONS 集成。可以将此视为与 ONS 的一种开箱即用的集成。

典型的使用 FAN 的 Java 应用程序需要应用程序开发人员从 Oracle 下载当前的 FAN .jar(称为 simplefan.jar)。然后开发人员将 FAN.jar 文件添加到应用程序的 CLASSPATH。无须启动任何 ONS 守护程序即可在客户端使用 Oracle 通用连接池，因为在 CLASSPATH 中有 FAN.jar 文件就足够了。应用程序开发人员需要实例化 FanManager 类并使用该类提供的方法配置和使用 FAN。

有关实现 FAN 的详细步骤，请参阅 *Oracle JDBC Developer Guide*。

FAN 事件与通知

FAN 事件由标题和有效负载信息组成，这些信息以一组名称/值对的方式提供，它们准确描述了集群事件的名称、类型和性质。根据这些有效负载，事件接收者可以采取具体的管理、通知或同步步骤。这些操作可能包括诸如关闭应用程序连接管理器、重新路由现有数据库连接请求、刷新过时的连接信息、记录故障单以及将页面发送给数据库管理员等操作。目的是提供 FAN 事件，并使它们先于任何其他轮询间隔或连接超时而发出。

通知是应用程序恢复、服务恢复、脱机诊断和故障修复过程的第一步。通知以多种形式发生：

- **带内(in-band)通知** 使用 CRS 中的强弱依赖关系并检查和失败操作的特殊 CRS 事件，相关资源会收到带内通知，从而执行启动和停止操作。这些事件是由于启动或停止相互依赖的资源以及依赖资源失败和重新启动而导致的。这些通知被视为“带内”，因为它们是作为管理系统的 CRS 的一部分同步发布和处理的。
- **带外(out-of-band)通知** FAN 提供标注、事件和寻呼服务；来自企业控制台的电子邮件、状态改变、故障通知和故障升级将被转发以调用修复并中断应用程序，以便响应服务改变。这些 FAN 事件被视为“带外”，因为它们是通过 RAC / HA 之外的网关进程异步发送给监听器、企业控制台和标注的。
- **错误和事件日志** 当任何层面发生故障时，系统都会将错误的详细信息报告给持久性事件日志。所有错误情况都是如此，包括那些由 CRS 系统自动恢复的错误情况。为方便起见，所有事件日志应具有一致的格式，并应记录到一致的位置。数据收集对于确保尽早找到故障的根本原因至关重要。一旦发现问题，就可以形成解决方案。

FAN 目前支持以下三类事件：

- **服务事件** 这些事件包括应用程序服务和数据库服务。
- **节点事件** 这些事件包括集群成员资格状态和本机加入/离开集群操作。
- **负载均衡事件** 这些事件是从 Oracle RAC 负载均衡指导发出的。

除应用程序服务外，Oracle RAC 还标准化与托管集群资源相关的事件的生成、呈现以及交付。其中包括表 13-2 所示的事件类型。

表 13-2 事件类型

事件类型	描述
SERVICE	主要的应用程序服务事件
SRV_PRECONNECT	影子应用程序服务事件(中间层以及使用优先实例和辅助实例的 TAF)
SERVICEMEMBER	特定实例事件上的应用程序服务
DATABASE	Oracle 数据库事件
INSTANCE	Oracle 实例事件
SERVICEMETRICS	数据库服务度量指标
NODE	数据库集群节点事件

表 13-3 描述了被管理的每个集群资源的事件状态。

表 13-3 事件状态

事件状态	描述
status=up	被管理的资源启动
status=down	被管理的资源停止
status=preconn_up	影子应用程序服务启动
status=preconn_down	影子应用程序服务停止
status=nodedown	被管理的节点停止
status=not_restarting	被管理的资源无法故障转移到远程节点
status=unknown	未识别的状态

每一种被管理的资源的事件状态，都与某个事件原因相关。这些事件原因更进一步地描述了是什么触发了事件，如表 13-4 所示。

表 13-4 事件原因

事件原因	活动类型	事件触发器
reason=user	计划内的	用户初始化命令，例如 srvctl 以及 sqlplus
reason=failure	计划外的	对被管理资源进行轮询检查时检测到故障

(续表)

事件原因	活动类型	事件触发器
reason=dependency	计划外的	所依赖的其他资源触发了故障
reason=autostart	CRS 引导的	初始集群引导(被管理资源的配置文件属性 AUTO_START = 1，并且在上一次 CRS 关闭之前处于脱机状态)
reason=boot	CRS 引导的	初始集群引导(被管理资源在上一次 CRS 关闭之前处于运行状态)

其他的事件有效负载字段则进一步描述了这些状态正在被监视和发布的唯一集群资源，包括表 13-5 所示的内容。

表 13-5　事件资源标识符

事件资源标识符	描述
VERSION=<n.n>	事件有效负载版本(当前版本为 1.0)
timestamp=<eventDate> <eventTime>	当事件被检测到时，服务器端的日期和时间
service=<serviceName.dbDomainName>	(主要或影子)应用程序服务的名称(从 NODE 事件中排除)
database=<dbName>	Oracle RAC 数据库的名称(从 NODE 事件中排除)
instance=<sid>	Oracle RAC 实例的名称(从 SERVICE、DATABASE 和 NODE 事件中排除)
host=<hostName>	集群层返回的集群节点的名称(从 SERVICE 和 DATABASE 事件中排除)
card=<n>	服务成员基数(只包含 SERVICE status = up 的事件)

对所有这些属性和类型进行组合，会生成如下格式的 FAN 事件结构：

```
<Event_Type> VERSION=<n.n>
service=<serviceName.dbDomainName>
[database=<dbName> [instance=<sid>]] [host=<hostname>]
status=<Event_Status> reason=<Event_Reason> [card=<n>]
timestamp=<eventDate> <eventTime>
```

下面是一个例子：

```
Service events:
SERVICE VERSION=1.0 service=homer.simpsons.com database=BART status=up
reason=user card=4

SERVICEMEMBER VERSION=1.0 service=barney.simpsons.com database=BEER
instance=DRAUGHT host=moesplace status=down reason=user

DATABASE VERSION=1.0 service=skywalker.starwars.com database=STARS
host=galaxy status=up reason=boot timestamp=08-Mar-2017 15:31:00

INSTANCE VERSION=1.0 service=robinhood.thieves.com database=RANSOM
instance=SCOTLAND host=locksley status=down reason=failure
ASM VERSION=1.0 instance=ASM1 host=apps status=down reason=failure
Node events:

NODE VERSION=1.0 host=sales status=nodedown
```

配置服务器端标注

服务器端标注，指的是 Oracle 在发布 FAN 事件时执行的服务器端脚本或可执行文件。这些可执行文件存储在每个集群节点上的$GRID_HOME/racg/usrco 目录中。用户可以在此目录中存储任意数量的可执行文件，但 Oracle 不会保证这些文件将按顺序执行。但是，Oracle 确保将执行$ GRID_HOME/racg/usrco 目录中的所有可执行文件。使用多个标注不是好习惯；相反，应该使用单个标注脚本来解析 FAN 事件并在另一个位置调用相应的可执行文件。

下面是一个标注解析示例：

```
#!/bin/bash
FAN_LOGFILE=/tmp/FAN.log
EVENT_TYPE=$1
shift
for ARGS in $@ ;  do
       PAYLOAD_PROPERTY='echo $ARGS | awk -F"=" '{print $1}'`
       VALUE='echo $ARGS | awk -F"=" '{print $2}'`
       case $PAYLOAD_PROPERTY in
              VERSION|version)              EVENT_VERSION=$VALUE ; ;
              SERVICE|service)              EVENT_SERVICE=$VALUE ; ;
              DATABASE|database)            EVENT_DATABASE=$VALUE ; ;
              INSTANCE|instance)            EVENT_INSTANCE=$VALUE ; ;
              HOST|host)                    EVENT_HOST=$VALUE ; ;
              STATUS|status)                EVENT_STATUS=$VALUE ; ;
              REASON|reason)                EVENT_REASON=$VALUE ; ;
              CARD|card)                    EVENT_CARD=$VALUE ; ;
              TIMESTAMP|timestamp)          EVENT_TIMESTAMP=$VALUE ; ;
              ??:??:??)                     EVENT_LOGTIME=$PAYLOAD_PROPERTY ; ;
       esac
done

# Stat Event Handler Section
# Write your event specific actions here.
# End Event Handler Section
```

必须使用前面的内容创建可执行脚本，并将这些脚本放在每个集群节点上的$GRID_HOME/racg/userco 目录下。每当 Oracle 发布 FAN 事件时，这些脚本就会被调用。这些脚本将解析事件载荷属性，并从事件处理程序部分调用特定于事件的任务。

13.5　为高效客户端故障转移使用事务守卫

当发生数据库停机事件时，客户端和服务器之间的通信就会中断，客户端收到有关通信中断的错误消息。但是，尽管客户端与服务器的连接中断了，但这些消息并不会告诉客户端当前正在进行的操作是否已提交、部分失败还是仍在服务器上运行。结果就是，用户可能会向数据库重复提交修改，或是执行可能导致某些类型的数据逻辑损坏的其他操作。

Oracle 12*c* 的事务守卫(transaction guard)特性，可防止此类通信故障以及由计划内和计划外的停机事件，或是重复提交事务导致的这些伴生问题。事务守卫是一种可靠的协议和 API，可返回上次事务的结果。

使用事务守卫时，应用程序使用逻辑事务 ID(LTXID)来确认中断期间上次打开的事务的状态。必须配置数据库服务才能利用这一功能。以下是执行此操作必须遵循的步骤：

(1) 对用户执行合适的授权操作，使用户能够调用 DBMS_APP_CONT 包中的 GET_LTXID_OUTCOME 过程：

```
SQL> grant execute on DBMS_APP_COUNT to testuser;
```

(2) 使用如下 SRVCTL 命令配置服务，从而能够使用事务守卫。该命令适用于传统的管理员托管的数据库服务：

```
$ srvctl add service -db prod -service finance -preferred prod1, prod2
  -available prod3,prod4 -commit_outcome TRUE  -retention  86400 -
notification TRUE
```

如果配置的是使用策略管理的数据库服务，可以使用如下命令，并设置-serverpool 参数而不是-preferred 和-available 参数：

```
$ srvctl add service -db prod -service finance -serverpool pool_1
-commit_outcome TRUE  -retention  86400 -notification TRUE
```

这里的 commit_outcome 参数会启用事务守卫特性。retention 参数则用来设置数据库会将事务历史以及结果保留多久(单位为秒)。设置可选参数 notification 为 TRUE，则会启用 FAN 事件。这里的例子展示了如何在创建服务时使用事务守卫特性。也可以使用类似的方式为已有的服务配置事务守卫特性，这里使用 srvctl modify service 命令。如下例子展示了实现方法：

```
$ srvctl modify service -db prod -service finance -serverpool pool_1
  -commit_outcome TRUE -retention 86400  -notification TRUE
```

通过将 commit_outcome 参数设置为 TRUE，能够确保事务提交的结果是持久的，这意味着当发生停机事件时，可以在执行完 COMMIT 操作之后访问事务的结果状态。然后，应用程序将使用提交结果的状态，强制执行中断之前发生的最后一个事务的状态。

用于标记数据库停机事件的应用程序连续性

使用 Oracle 12*c* 的应用程序连续性(application continuity)特性，通过重建受影响的数据库会话，并自动重新提交待处理的工作，可帮助屏蔽数据库停机事件带来影响。数据库停机事件通常会导致正在进行的工作丢失，从而使用户和应用程序对事务的正确状态产生怀疑。这可能会导致重复提交工作、重新启动中间件以及其他相关问题。

需要注意的是，无法使用应用程序连续性功能从不可恢复的错误中恢复，例如在事务中提交无效数据值等。只有可恢复错误导致的故障才有资格使用应用程序连续性功能。这些可恢复的错误可能是由于会话、节点或网络故障等临时停机事件引起的。

应用程序连续性这一特性的目标，是尝试在出现停机事件后，安全地重放正在进行的工作。由于配置更改和为应用程序打补丁而导致的计划内停机事件也有资格进行恢复。应用程序连续性使用另一个新的 Oracle 数据库功能——事务守卫来执行工作。当能够成功重放“丢失”的此前处于运行状态的事务时，应用程序连续性就可以处理硬件、软件、网络以及与存储相关的错误和问题。

也可以使用 Oracle 12*c* 的通用连接池、JDBC 4 型驱动(JDBC Type 4 Driver)或 Oracle WebLogic Server 12.1.2 来利用应用程序连续性功能。第三方 Java 应用程序则必须使用 Oracle 12*c* JDBC 重放驱动(JDBC Replay Driver)。

在配置应用程序连续性之前，确保在中间层和数据库层都有足够的处理能力和可用内存。

配置应用程序连续性时，如果 DBA 终止或断开会话，该特性将使数据库自动尝试恢复已终止的会话。如果不希望数据库恢复此会话，请将 NOREPLAY 关键字与 kill session 以及 disconnect session 命令一起使用，如下所示。

```
$ alter system kill session 'sid, serial#, @inst' noreplay;
$ alter system disconnect session 'sid, serial#, @inst' noreplay;
```

在上述命令中，inst 指的是实例编号。

应用程序连续性特性的工作方式

如下是使用应用程序连续性特性所涉及步骤的逻辑顺序：

(1) 通过设置 failovertype 参数为 TRANSACTION 以及 commit_outcome 参数为 TRUE 来为服务配置应用程序连续性特性。可以在创建或修改服务时完成这项操作。

(2) 当应用程序使用步骤(1)中配置的服务连接到数据库时，会话句柄将包含每个事务的逻辑事务 ID(LTXID)。

(3) 当发生可恢复的错误时，数据库会将错误消息以 FAN 消息的形式发送回重放程序，驱动程序会与服务器密切配合。

(4) 对于 JDBC(类型为 4)应用程序，快速连接时故障转移(Fast Connection Failover，FCF)特性将会在重放驱动接收到错误(或关闭)消息时中断死掉的会话。在本阶段，重放驱动将会完成如下操作：

- 将会打开新的会话，代替已经死掉的会话。
- 将会查找是否还有处于打开状态的事务，并为此使用事务守护。
- 如果在会话死掉时确实有一个或多个正在运行的事务，就准备进行重放。
- 如果应用程序开发人员注册了标签回调或连接回调，就使用它们回调会话的初始状态。
- 重建死掉的会话，并在验证状态后恢复事务和非事务状态。

(5) 一旦模仿重放并开始重放事务，数据库就会继续验证重放。如果数据库无法正确地将会话状态重建为原始状态，重放驱动程序就会将原始错误传回给应用程序。

假设用户从网络上选择要购买的商品。在结束一个成功的数据库事务之前，用户事务将使用应用程序的基础结构。假设在提交事务之前，支持数据库的基础结构中存在错误。在应用程序连续性特性之下，JDBC 驱动程序将捕获故障，并使用事务守卫功能检查另一个 RAC 节点以确认事务是否已提交或者是否应该重放事务。

如果事务尚未提交，应用程序连续性将通过将所有正在进行的工作提交给备用 RAC 节点来重放事务，并确保事务已提交。应用程序则无视整个重放操作，因为这是由应用程序连续性在后台进行管理的。

为服务配置应用程序连续性

要使用应用程序连续性这一新的特性，需要对服务进行配置。与配置事务守卫特性类似，因此能够更好地配置服务，并高效地管理和跟踪工作负载。

要想让一个服务使用应用程序连续性，需要配置两个必要的参数：failovertype 和 commit_outcome。需要将 failovertype 设置为 TRANSACTION，将 commit_outcome 设置为 TRUE。

如下例子展示了如何在环境中为服务配置应用程序连续性(我们将解释命令中的那些可选参数)：

```
$ srvctl add service -db prod -service myservice -serverpool srvpool1
  -failovertype TRANSACTION -commit_outcome TRUE -replay_init_time 1800
  -retention 86400 -notification TRUE -rlbgoal SERVICE_TIME -clbgoal SHORT
  -failoverretry 30 -failoverdelay 10
```

在上述例子中，除了那两个必要参数，我们还设置了一些可选参数。下面对这些参数进行简要说明：

- **replay_init_time** 重放操作持续的时间，默认为 300 秒。
- **retention** 数据库为提交结果数据保留的时间(单位为秒)，默认为一天。
- **notification** 如果将该参数设置为 TRUE，数据库将会为 OCI 和 ODP.NET 客户端发送 FAN 通知。
- **rlbgoal** 可以使用该参数来设置连接时负载均衡。对于运行时负载均衡，可以设置为 SHORT。
- **clbgoal** 可以使用该参数来设置运行时负载均衡，设置为 SERVICE_TIME。
- **failoverretry** 为每一个连接设置重连接的尝试次数，推荐值为 10。
- **failoerdelay** 每次重连接之间的时间间隔，推荐值为 10。

也可以按照上述方式，使用 srvctl modify service 命令对已有的服务进行修改。

13.6 本章小结

Oracle 是第一批预见到需要一种有效机制，从而在单实例和多实例数据库环境中，处理那些大量用户访问和工作负载分布的商业数据库之一。对于 Oracle RAC 环境而言，工作负载分布对于在集群节点之间实现资源利用率平衡并获得最佳性能而言至关重要。

透明应用程序故障转移(TAF)功能可帮助连接的会话在出现意外的实例故障时，能够无缝迁移到另一个实例上。TAF 配置不支持的那些复杂应用程序，则可以使用本章中讨论的快速应用程序通知(FAN)功能。最终用户应用程序可以订阅 FAN 通知并根据 FAN 事件来采取适当的操作。

Oracle 12*c* 数据库的事务守卫特性，能够防止由应用程序连续性功能重放的事务被多次应用，进而改进客户端的故障转移机制。使用新的应用程序连续性和事务守卫特性时，需要对服务进行配置。本章介绍了如何为使用应用程序连续性而设置服务的各种参数。

借助如此多的丰富功能、灵活的负载均衡和连接管理选项，用户可以有很多选择来管理连接。

第14章

Oracle RAC故障诊断

在本书前面的章节中，我们提供了有关理解 Oracle RAC 的架构、功能和进程的全面信息。如何有效地解决这个庞然大物所出现的问题，将取决于你对 Oracle RAC 和相关的 Oracle GI 组件的理解程度。在本章中，将研究调试 Oracle RAC 的种种细节，从简单的启动问题到复杂的系统挂起或崩溃问题等，都在我们的研究范围之内。

作为单一软件，Oracle RDBMS 是世界上最复杂的商业产品之一，其中的 Oracle RAC 也包含许多功能和架构上的更新。Oracle RAC 数据库故障诊断涉及分析 Oracle GI 和数据库实例的调试信息。但是，借助可靠而广泛的诊断框架，通常可以通过查看和解释 Oracle 详细的跟踪文件来诊断分析诸多复杂的问题。

初始化参数 DIAGNOSTIC_DEST 指定了存储诊断数据的目录位置，也被称为自动诊断资料库(ADR)的家目录。Oracle RAC 系统中的每个数据库实例都将自己的警报日志存储在$DIAGNOSTIC_DEST/diag/rdbms/<dbname>/SID/alert 目录中。这是数据库遇到问题时首先要查看的内容。告警日志显示有关数据库基本设置的详细信息，包括使用的非默认参数。

告警日志还包含有关启动和关闭的信息，以及有时间戳的节点加入集群和离开集群的详细信息。

就像数据库实例具有告警日志一样，每个集群节点都有存储在$ORACLE_HOME/log/<hostname>目录中的集群层告警日志(alert <hostname>.log)。如果数据库告警日志文件报告与 Oracle 集群或 ASM 相关的症状/事件，这将是第一个需要分析的日志文件。在了解如何进行详细的故障诊断之前，先了解诊断 Oracle RAC 数据库的不同进程和组件所需的所有调试文件的位置非常重要。

14.1 安装日志文件

安装 Oracle RAC 涉及软件的安装和执行安装后配置脚本，例如 root.sh。因此，你将分析不同类型的调试日志文件，这取决于在哪个阶段安装失败。Oracle 将软件安装日志文件存储在 Oracle 中央库存(central inventory)的日志目录中(中央库存的位置由 oraInst.loc 文件指定)，该文件存储在 Linux 操作系统的/etc/oracle 和其他 UNIX 操作系统的/var/opt/oracle 目录中。Oracle 在名为 Install Actions<timestamp>.log 的日志文件中记录 Oracle Universal Installer 执行的所有操作。

Oracle 将 root.sh 配置脚本的调试日志文件存储在$GRID_HOME/cfgtools/crsconfig 目录下，Oracle 在 rootcrs_<hostname> .log 调试日志文件中记录 root.sh 配置脚本的执行情况。

注意：Oracle RAC 保障支持团队提供的 ID 为 811306.1 的 MOS 文档 RAC and Oracle Clusterware Starter Kit and Best Practices 中提供了有关实施 Oracle RAC 集群的通用及特定于平台的最佳实践的最新信息。该文档专门针对 Linux，但是所有操作系统都有单独对应的文档。

14.2 Oracle RDBMS 日志目录结构

Oracle 将所有诊断数据(例如跟踪文件、核心文件和告警日志)存储在名为自动诊断资料库(也称为 ADR)的公共目录结构中。ADR 具有跨多个数据库实例的统一目录结构，Oracle RAC 数据库中涉及的所有主要组件(如 ASM、CRS 和数据库实例)都将诊断文件存储在 ADR 的专用目录中。使用统一的目录结构将所有诊断数据存储在公共位置，并允许 Oracle 支持的工具(如 ADR 命令解释程序(ADRCI))能够跨多个数据库和 ASM 实例收集并分析诊断数据。

ADR 的位置由数据库初始化参数 DIAGNOSTIC_DEST 指定，默认指向操作系统环境变量$ORACLE_BASE 指定的位置。如果未定义环境变量 ORACLE_BASE 和数据库初始化参数 DIAGNOSTIC_DEST，则 Oracle 默认使用$ORACLE_HOME/log 作为自动诊断存储库的存储位置。ADR 包含一个名为 diag 的顶级目录以及用于存储诊断文件的 Oracle RAC 数据库的技术组件的子目录。在典型的 Oracle Database 11*g* 安装部署中，可以在$ADR_BASE/diag 目录中看到如下子目录：

- asm
- clients
- crs
- diagtool
- lsnrctl
- netcman
- ofm
- rdbms
- tnslsnr

但是在 Oracle RAC 安装中，Oracle GI 和 Oracle RAC 数据库分别有自己对应的用户，你可能会注意到有些目录(rdbms、clients 和 diagtool 除外)是空的，因为 Oracle GI 软件的所有者没有配置专用的 ORACLE_BASE 和 DIAGNOSTIC_DEST 参数。当然，可以查询数据库视图 V$DIAG_INFO 来获取 ADR 的位置，该视图提供了有关 ADR 位置的重要信息，以及 ADR 报告的处于活动状态的事件和问题的数量。

注意：用户可以使用 ADR 的命令行接口工具 ADRCI 来查看和打包 ADR 中存储的诊断数据。

在数据库实例的 rbdms/<dbname>/<SID>子目录下，有如下重要子目录，它们存储了与相应的数据库实例相关的诊断文件：

- **cdump** 包含核心导出文件。
- **trace** 存储数据库的告警日志，以及由前台和后台数据库进程生成的跟踪文件。
- **alert** 存储 XML 格式的告警日志。

- **hm**　存储健康检查的输出文件。
- **incident**　存储由一些致命性错误生成的事件目录，并且每一个事件目录都以事件的 ID 命名。
- **metadata**　包含诊断的元数据。

14.3　Oracle GI 日志目录结构

如前所述，在 Oracle RAC 安装过程中，集群节点由 Grid 主目录和 Oracle RDBMS 主目录组成。Grid 主目录是安装 Oracle GI 的地方，通常称为 GRID_HOME。Oracle Clusterware 和 ASM 的诊断日志文件存储在$GRID_HOME/log/<hostname>目录下。Oracle GI 堆栈中的每个组件都在$GRID_HOME/log/<hostname>目录下创建了各自的目录。Oracle GI 将所有与 Oracle Clusterware 相关的调试日志文件存储在$GRID_HOME/log 目录下。在典型的 Oracle GI 主目录中，可以找到以下目录，其中包含 Oracle GI 的不同组件的调试日志文件：

- **$GRID_HOME/log**　在每个集群节点上存储与 Oracle Clusterware 和 ASM 相关的跟踪和诊断日志。
- **$GRID_HOME/log/<hostname>**　只存储本地节点上与 Oracle Clusterware 和 ASM 相关的跟踪和诊断日志文件。每一个集群节点都在 GRID_HOME 目录下有自己专用的日志目录。在这个目录中，我们为每个 Oracle GI 组件设置了单独的子目录。
- **$GRID_HOME/log/<hostname>/agent**　存储 CRSD 和 OHASD 守护进程的 oraagent、orarootagent、oracssdagent 以及 oracssdmonitor 相关的跟踪和诊断日志文件。
- **$GRID_HOME/log/<hostname>/client**　存储不同的 Oracle GI 客户端的跟踪和诊断日志文件，例如 CLSCFG、GPNP、OCRCONFIG、OLSNODES 以及 OIFCFG。
- **$GRID_HOME/log/<hostname>/crfmond**　存储由 Oracle 集群健康监控器(Oracle CHM)提供给系统监视器服务记录的跟踪和诊断日志文件。
- **$GRID_HOME/log/<hostname>/cssd**　存储集群同步服务(CSS)日志，记录诸如集群重配置、心跳丢失、连接以及客户端 CSS 监听断开连接等动作。在某些情况下，记录器会对 Oracle 进行重新引导以记录 auth.crit 类别的消息。这可用于检查重启的确切时间。
- **$GRID_HOME/log/<hostname>/cvu**　存储由 Oracle 集群校验(Oracle Cluster Verification)工具生成的跟踪和诊断日志文件。
- **$GRID_HOME/log/<hostname>/evmd**　存储事件卷管理器(EVM)以及 evmlogger 守护进程生成的跟踪和诊断日志文件。该目录不会被频繁用来进行调试和分析。
- **$GRID_HOME/log/<hostname>/gnsd**　存储与 Oracle 网格命名服务相关的故障诊断问题对应的跟踪和调试日志文件。Oracle 网络命名服务是由 Oracle GI 引入的。
- **$GRID_HOME/log/<hostname>/mdnsd**　存储与多播域命名服务(multicast domain name service)相关的故障诊断问题对应的跟踪和诊断日志文件。Oracle 网格命名服务使用多播域名服务来管理命名解析和服务发现。
- **$GRID_HOME/log/<hostname>/racg**　存储与各个 Oracle RACG 可执行文件相关的跟踪和调试日志文件。
- **$GRID_HOME/log/<hostname>/crflogd**　存储由 Oracle 集群健康监控器(Oracle CHM)提供给集群日志服务记录的跟踪和诊断日志文件。
- **$GRID_HOME/log/<hostname>/crsd**　存储与 Oracle CRSD 守护进程相关的跟踪和诊断日志文件。对于 Oracle 集群问题，可以从这里开始分析。
- **$GRID_HOME/log/<hostname>/ctssd**　存储与 Oracle 集群时间同步服务故障诊断相关的跟踪和调试日志文件。该服务由 Oracle GI 引入，用于集群节点之间的时钟同步。
- **$GRID_HOME/log/<hostname>/diskmon**　存储与 Oracle 磁盘监控器守护进程故障分析相关的调试日志文件。
- **$GRID_HOME/log/<hostname>/gipcd**　存储与 Oracle 网格进程间通信(Oracle Grid Interprocess Communication)守护进程故障分析相关的调试与跟踪日志文件。

- **$GRID_HOME/log/<hostname>/gpnpd**　存储与 Oracle GPnP(Grid Plug and Play，网格即插即用)守护进程相关的日志和输出文件。
- **$GRID_HOME/log/<hostname>/ohasd**　存储与 Oracle 高可用服务守护进程(OHASD)的日志和输出文件。在 Oracle 11*g* 及以前的版本中，OHASD 日志文件对于分析集群启动相关的问题处于相当重要的位置。
- **$GRID_HOME/log/<hostname>/srvm**　存储与 Oracle 服务器管理服务相关的日志文件。

14.4　Oracle GI 安装失败的故障诊断

在对 Oracle RAC 安装过程中遇到的问题进行诊断时，首先就要分析不同的日志文件，这取决于发生故障的安装阶段。例如，为解决在执行 root.sh 配置脚本之前发生的安装故障，只要满足安装文档中的大多数先决条件并修复 OUI 在“执行先决条件检查”屏幕所报告的错误，即可确保安装成功。但是，即使已满足所有的先决条件，也仍然存在安装失败的可能。在这种情况下，可以查看存储在 Oracle 中央库存(central inventory)的 log 子目录中的安装日志文件。OUI 将每个安装操作记录在安装日志文件中，查看安装日志文件将显示 OUI 在安装失败时执行的实际操作。

OUI 是一个 Java 程序，可以启用高级 Java 跟踪来跟踪有关 OUI 正在执行的操作的详细调试信息。本书的第 4 章介绍了为 OUI 启用高级 Java 跟踪的过程。如果要进行调试，则必须取消现有的安装会话，并使用高级 Java 跟踪选项重新启动 OUI。启用后，跟踪文件将提供 OUI 正在执行的命令以及输出。查看跟踪文件后，可以取消导致安装失败的命令或操作，并采取适当的措施来解决问题。问题解决后，可以继续当前安装或重新启动 Oracle Universal Installer，这取决于错误发生的阶段——要看 OUI 是否提供了“重试”选项。

有时，在执行安装后配置脚本(例如 root.sh)时，Oracle RAC 也会安装失败，尤其是在安装 Oracle GI 时。如果 OCR 和表决文件存储在 ASM 中，root.sh 配置脚本将配置并启动 Oracle Clusterware 和 ASM。root.sh 脚本验证文件系统的权限并配置网络资源，例如创建用于配置存储的虚拟 IP，创建用于存储 OCR 和表决文件的 ASM 磁盘组，以及在第三方集群软件和 Oracle Clusterware 之间建立连接，如果使用了第三方集群软件的话。在大多数情况下，错误的网络和共享存储配置是 root.sh 配置脚本执行失败的主要原因——除非遇到不受欢迎的 Oracle bug。

在 root.sh 配置脚本中，可以看到先后执行了 rootmacro.sh、rootinstall.sh、setowner.sh、rootadd_rdbms.sh、rootadd_filemap.sh 和 rootcrs.pl 这些脚本。在这种情况下，rootcrs.pl 是主要的配置脚本，它将会完成 root.sh 的大部分配置。其他配置脚本只负责验证权限并在文件系统中创建所需的目录。如果问题发生在 rootcrs.pl 以外的脚本中，则在运行 root.sh 脚本时，就可以很容易地解决这些问题。

Oracle 将 rootcrs.pl 配置脚本执行的所有操作都记录在 rootcrs_<hostname>.log 文件中，该文件位于 $GRID_HOME/cfgtools/crsconfig 目录中，在用于确定导致 root.sh 脚本运行失败的操作/命令时，这是第一个要分析的文件。一旦知道哪些选项配置失败，就必须检查其他诊断日志文件以确定失败的根本原因。例如，如果 rootcrs_<hostname>.log 文件在启动 CSS 守护进程时报告失败，那就需要查看存储在 $GRID_HOME/log/<hostname>/cssd/ocssd 中的 OCSSD 守护程序的诊断日志文件，从而确定失败的根本原因。一旦确定了根本原因，就可以重新运行 root.sh 配置脚本，因为配置脚本 root.sh 可以在失败的节点上重新启动。

要重新运行 root.sh 脚本，首先需要以 root 身份运行如下两个脚本来对集群进行配置。首先，除了最后一个节点，在其他所有的集群节点上执行如下脚本：

```
$GRID_HOME/crs/install/rootcrs.pl -verbose -deconfig -force
```

然后在最后一个节点上执行如下脚本，擦除 OCR 和表决文件中的数据：

```
$GRID_HOME/crs/install/rootcrs.pl -verbose -deconfig -force -lastnode
```

在对 root.sh 脚本运行时出现的问题进行故障诊断时保持耐心不失为一个好主意。因为有时只是简单忽略可用信息，就会延迟整个故障诊断的处理时间。例如，如果 root.sh 脚本运行失败，终端将出现以下错误信息：

```
PROT-1: Failed to initialize ocrconfig
Command return code of 255 (65280) from command:
/u01/12.1.0/app/grid/bin/ocrconfig -upgrade oragrid oinstall
Failed to create Oracle Cluster Registry configuration, rc 255
```

正如接下来所示，在回顾 rootcrs_<hostname>.log 日志文件之后，你会发现 root.sh 配置脚本使用软件用户 oragrid 在 ASM 中创建并配置 OCR，但是为 ASMLib 驱动配置的软件所有者为 oracle：

```
Executing as oragrid: /u02/12.1.0/app/grid/bin/asmca -silent
-diskGroupName DATA -diskList ORCL:ASMD1,ORCL:ASMD2
-redundancy EXTERNAL -configureLocalASM
Creating or upgrading OCR keys
Command return code of 255 (65280) from command:
/u01/app/12.1.0/grid/bin/ocrconfig -upgrade oragrid oinstall
```

在这个例子中，一旦重新使用 oragrid 用户配置 ASMLib，并重新运行 root.sh 脚本成功之后，问题就解决了。

在安装 Oracle GI 之前，Oracle RAC 需要满足几个先决条件。例如，必须在私有网络上启用多播，因为 Oracle 使用多播来提供高可用性 IP(HAIP)，从而通过使用 Oracle 堆栈来实现私有网络互连的冗余；如果未启用多播，root.sh 配置脚本将在第一个集群节点上运行成功，但会在后续集群节点上运行失败，因而也就无法以集群模式启动 CSS。

Oracle 使用多播来与其他集群节点建立初始连接/链接，如果未启用多播，其他集群节点将无法加入现有集群，而 root.sh 是在第一个节点上执行时启动的。Oracle 提供了一个程序来验证是否启用了私有网络上的多播。请参阅 ID 为 1212703.1 的 MOS 文档，其中详细说明了为私有网络启用多播的要求。有时，即使在私有网络上启用了多播，root.sh 脚本也无法以集群模式启动 CSS。如果启用了 IGMP(Internet 组管理协议)侦听并拒绝私有网络上的多播网络数据包，则可能会发生这种情况，因此，确保已正确配置 IGMP 侦听以允许多播网络。

注意：其实许多组织不允许在生产网络中进行多播。如果存在此类策略，确保让网络管理员/网络安全团队知道确实需要使用多播。这是失败的常见原因，除非了解此限制，并在网络安全团队的帮助下将其删除，否则安装将无法继续！IGMP 监听也是如此。

除了一些显而易见的原因，某些错误也可能导致 root.sh 运行失败。因此，搜索知识库和 bug 数据库以查看是否遇到的为已知错误，从而加快解决过程始终是一种很好的做法。

14.5　数据库告警日志的内容

存储 Oracle RDBMS 安装软件的目录名为 ORACLE_HOME。存储的日志文件与运行在 Oracle 主目录中的每个数据库实例相关。例如，假设有一个名为 TEST 的数据库，数据库实例名为 TEST1，所有后台进程跟踪文件以及 alert.log 都可以在$ORACLE_BASE/diag/rdbms/test/TEST1/trace 目录中找到，此默认位置。

让我们仔细看看在双节点 Oracle RAC 集群中启动实例的情况。我们使用 SQL*Plus 在 node1 上发出启动命令，然后在 node2 上发出启动命令。随后是一系列事件，并根据需要添加一些额外的说明。

注意：在下面的例子中，对 IP 地址做了标识，因为这些是从真实的数据库中获取的。

```
SQL> startup nomount;
<from the alert log>
Cluster communication is configured to use the following interface(s) for this instance
  169.254.222.55
cluster interconnect IPC version:Oracle UDP/IP (generic)
IPC Vendor 1 proto 2
Wed Aug 23 16:37:47 2017
PMON started with pid=2, OS id=10254
```

正如 Oracle RAC 环境中实际的告警日志摘录所示，Oracle 使用 HAIP 作为保留 IP 范围 169.254.X.X 的互连。必须使用正确的互连以完成缓存融合带来的内网流量。有些人可能会选择公共网络来实现互连流量，但这样做会使数据库陷入困境。要识别网络是用于缓存融合还是用于私有流量，可以执行以下任何操作：

```
# /oifcfg getif
bond0  173.21.17.127  global  public
bond1  173.21.17.0  global  cluster_interconnect
#
```

如你所见，bond1 用于集群的内网通信，并且在网络接口上配置并使用了私有虚拟 IP 169.254.222.55。这可以通过如下命令来证明：

```
# /sbin/ifconfig bond1:1
# /sbin/ifconfig bond1:1
bond1:1   Link encap:Ethernet  HWaddr 00:17:A4:77:0C:8E
          inet addr:169.254.222.55  Bcast:169.254.255.255  Mask:255.255.0.0
          UP BROADCAST RUNNING MASTER MULTICAST  MTU:1500  Metric:1
```

根据信息来源，PICKED_KSXPIA 将基于 GPnP、OSD、OCR 和 CI 的值计算得到。如果在 SPFILE 中设置了 CLUSTER_INTERCONNECTS 参数，查询将返回以下输出：

```
SQL> select INST_ID,PUB_KSXPIA,PICKED_KSXPIA,NAME_KSXPIA,IP_KSXPIA
from x$ksxpia where PUB_KSXPIA = 'N'; ;
  INST_ID P PICK NAME_KSXPIA  IP_KSXPIA
--------- - ---- ------------ ----------------
        1 N GPnP bond1:1      169.254.222.55
```

另一种选择是使用传统方法，也就是从进程间通信(IPC)的转储中查找互连信息。此时，X$KSXPIA 以 GV$CONFIGURED_INTERCONNECTS 的方式公开。

```
SQL> oradebug setmypid
SQL> oradebug tracefile_name
SQL> oradebug ipc
```

这会将跟踪文件转储到 DIAGNOSTIC_DIR/diag/rdbms/<dbname>/SID/trace 目录下，输出看起来像下面这样：

```
SKGXP:[2b1b8d37ba58.44]{ctx}:   SSKGXPT 0x2b1b8d37d180 flags 0x5 { READPENDING }
sockno 5 IP 169.254.222.55 UDP 50842 lerr 0
SKGXP:[47397333351000.44]{ctx}:
```

可以看到，我们这里是以 UDP 的形式使用 IP 169.254.222.55。要更改 Oracle RAC 使用的网络，可以使用 CLUSTER_INTERCONNECTS 参数，在依赖于操作系统的网络配置中修改网络顺序。

在第一个实例启动的那一刻，告警日志将填充一些重要信息。在前一个示例中，当非默认参数列表出现之后，第一件要注意的事情，就是用于内网互连的 IP 地址。要确保确实为内网互连配置了正确协议。第 3 章列出了各种操作系统支持的内网互连协议。

```
lmon registered with NM - instance number 1 (internal mem no 0)
Reconfiguration started (old inc 0, new inc 6)
List of instances:
 1 2 (myinst: 1)
 Global Resource Directory frozen
* allocate domain 0, invalid = TRUE
 Communication channels reestablished
 * domain 0 not valid according to instance 2
 * domain 0 valid = 0 according to instance 2
 Master broadcasted resource hash value bitmaps
 Non-local Process blocks cleaned out
 LMS 0: 0 GCS shadows cancelled, 0 closed, 0 Xw survived
 LMS 1: 0 GCS shadows cancelled, 0 closed, 0 Xw survived
 Set master node info
 Submitted all remote-enqueue requests
 Dwn-cvts replayed, VALBLKs dubious
 All grantable enqueues granted
 Post SMON to start 1st pass IR
 Submitted all GCS remote-cache requests
 Post SMON to start 1st pass IR
 Fix write in gcs resources
Reconfiguration complete
```

当实例启动时，锁监视器进程(LMON)的工作是向节点监视器进程(NM)进行注册，这就是我们在 alert.log 中看到的正在注册的实例 ID。当任何节点加入或离开集群时，全局资源目录将发生重配置事件，我们会看到重配置事件的开始以及新旧化身(incarnation)。接下来，我们将会看到已加入集群的节点的个数。因为这是第一个要启动的节点，所以在节点列表中我们只看到列出了一个节点，并且数字从 0 开始。重配置事件是一个包含七步的过程，完成后，“重配置完成”消息将记录到 alert.log 中。

alert.log 中记录的消息是重配置事件的概要信息。LMON 跟踪文件将包含有关重配置的更多信息。以下是 LMON 跟踪文件的内容：

```
kjxgmrcfg: Reconfiguration started, reason 1
kjxgmcs: Setting state to 0 0.
```

在这里，可以看到重配置事件发生的原因。最常见的是原因 1、2 和 3。原因 1 表示 NM 启动了重配置事件，这通常在节点加入或离开集群时看到。当检测到实例挂掉时，启动重配置事件，此时为原因 2。如何检测到实例挂掉？每个实例都通过检查点(CKPT)进程使用心跳更新控制文件。如果心跳信息在一段时间内不存在(在 UNIX 类操作系统中通常为 30 秒)，则认为实例已死，并且实例成员资格恢复(Instance Membership Recovery，IMR)进程启动重配置事件。当节点间发生显著的时间变化，但是节点缺乏 CPU 或 I/O 时间，或者共享存储出现问题时，通常会看到这种类型的重配置事件。

原因为 3 的重配置事件，通常是由于通信故障造成的。在跨节点的 Oracle 进程之间建立通信通道，通信通过内网互连进行。每个消息发送方都期望来自接收方的确认消息。如果在超时时段内未收到消息，则假定“通信失败”。

这可能与诸如 UDP 之类的协议有关，因为可靠共享存储器(RSM)、可靠数据格式协议(RDG)和超级消息传递协议(HMP)都不需要它，因为确认机制已被内置到集群通信和协议本身当中。当使用线路将数据块从一个实例发送到另一个实例时，尤其是当使用诸如 UDP 这样的不可靠协议时，最好从接收器获得确认消息。

确认是一条简单的旁通道(side-channel)消息，通常是大多数 UNIX 系统所必需的，其中 UDP 用作默认的 IPC 协议。使用用户模式的 IPC 协议(如 RDG(在 HP Tru64 UNIX TruCluster 上)或 HP HMP)时，可以通过将_RELIABLE_BLOCK_SENDS 参数的值设置为 TRUE 来禁用其他消息传递。

注意：隐含参数_RELIABLE_BLOCK_SENDS 的默认值为 TRUE。

对于那些基于 Windows 的系统，通常推荐使用如下默认设置：

```
Database mounted in Shared Mode (CLUSTER_DATABASE=TRUE).
Completed: alter database mount
```

因为这里是 Oracle RAC 数据库，所以每个实例都需要以共享模式加载数据库。有时候想以独占模式加载数据库，比如对数据库执行打补丁等操作。检查告警日志是一种确认数据库加载方式的方法：

```
Wed Aug 23 16:38:04 2017
alter database open
```

该实例第一个被打开。从 Commit SCN 广播到所有节点的时间与日志写进程写入挂起的重做信息之间发生的等待是最小的，因为广播和提交是异步执行的。这意味着系统会等待，直到确定所有节点都已看到 Commit SCN。任何 SCN 大于 Commit SCN 的消息都被认为是足够的。

数据库加载完毕后，将打开数据库。但在打开之前，集群必须确保每个实例都应用了对所有实例的更改。通常你会认为这个过程需要时间。幸运的是，事实并非如此。为什么？这是因为所有实例都在等待广播 SCN。一旦得到，就会打开数据库。其他更改是异步处理的。因此，打开数据库对不必等待。

可以通过查询 V$INSTANCE_RECOVERY 视图来测量数据库实例的恢复进度。在广播提交 SCN 之前，进程将会检查是否已从实例接收到更高的 SCN。

14.6 RAC ON 与 OFF

在某些情况下，可能想要禁用 Oracle RAC 的一些选项，以便用于测试——可以是运行基准测试，或是将 Oracle RAC 的二进制文件转换为单实例的二进制文件。

在这种情况下，可以使用以下过程将 Oracle RAC 安装转换为非 Oracle RAC。禁用和启用 Oracle RAC 选项仅适用于 UNIX 平台。Windows 安装不支持使用 Oracle RAC ON 和 OFF 来重新链接二进制文件。

可以使用以下步骤禁用 Oracle RAC(称为 RAC OFF)：

(1) 以 Oracle 软件所有者(在 UNIX 上典型的账号为 oracle)的身份登录所有节点。

(2) 在所有节点上使用 NORMAL 或 IMMEDAITE 选项关闭所有的实例。

(3) 将工作目录修改为$ORACLE_HOME/lib：

```
cd $ORACLE_HOME/lib
```

(4) 执行如下 make 命令来重新链接 Oracle 二进制文件，并且不使用 Oracle RAC 选项：

```
make -f ins_rdbms.mk rac_off
```

这一步通常需要几分钟的时间，并且一般不会有错误发生。

(5) 现在重新链接 Oracle 二进制文件：

```
make -f ins_rdbms.mk ioracle
```

现在，Oracle 二进制文件已经使用 RAC OFF 选项进行了重新链接。可能需要相应地编辑一下 init.ora 或 SPFILE 参数文件。如果上述步骤(4)发生了错误，可能需要联系 Oracle 的技术支持人员，并使用跟踪和日志文件提交服务请求。

可以使用以下步骤启用 Oracle RAC(称为 RAC ON)：

(1) 以 Oracle 软件所有者(在 UNIX 上典型的账号为 oracle)的身份登录所有节点。

(2) 在所有节点上使用 NORMAL 或 IMMEDAITE 选项关闭所有的实例。

(3) 将工作目录修改为$ORACLE_HOME/lib：

```
cd $ORACLE_HOME/lib
```

(4) 执行如下 make 命令来重新链接 Oracle 二进制文件，并且使用 Oracle RAC 选项：

```
make -f ins_rdbms.mk rac_on
```

这一步通常需要几分钟，并且一般不会有错误发生。

(5) 现在重新链接 Oracle 二进制文件：

```
make -f ins_rdbms.mk ioracle
```

现在，Oracle 二进制文件已经使用 RAC ON 选项进行了重新链接。你也可能需要相应地编辑一下 init.ora 或 SPFILE 参数文件。如果上述步骤(4)中发生了错误，可能需要联系 Oracle 的技术支持人员，并使用跟踪和日志文件提交服务请求。

14.7 数据库性能问题

在 Oracle RAC 数据库中，会有多个实例使用同一组资源，并且可能有多个实例请求资源。资源共享由全局缓存服务(Global Cache Service，GCS)和全局队列服务(Global Enqueue Service，GES)管理。但是，在某些情况下，资源管理操作可能会遇到死锁情况，并且由于序列化问题，整个数据库可能会挂起。有时，软件错误也可能导致数据库挂起问题，而这些情况几乎总是需要以服务请求的形式让 Oracle 技术支持人员介入。

数据库挂起问题可以分为如下几类：

- 数据库挂起
- 会话挂起
- 实例/数据库整体性能
- 查询性能

在这里，我们只探讨数据库挂起，因为它相比其他几类问题更重要、更复杂，并且与我们的兴趣点相关。更重要的是，有详细的文本可用于分析数据库和查询性能。

14.7.1 数据库挂起

Oracle 技术支持人员将“真正的”数据库挂起定义为“内部死锁或者两个或多个进程之间存在循环依赖关系”。

在处理 DML 锁(即队列型 TM 锁)时，Oracle 能够检测到此依赖关系并回滚其中的一个进程来打破循环条件。另一方面，当内部内核级资源(例如闩或 pin)发生这种情况时，Oracle 通常无法自动检测并解决这种死锁。

如果遇到数据库挂起情况，则需要生成系统状态的转储文件，以便 Oracle 技术支持人员可以开始诊断问题的根本原因。每当为挂起生成此类转储时，在数据库的所有实例上至少将它们中的三个转储操作分开几分钟是很重要的。这样，将会有足够的信息来显示资源是否仍被同一个进程继续持有。

系统状态转储文件可能非常大并且需要足够的存储空间。此外，它们需要大量的 I/O 和 CPU 资源。需要在数据库挂起期间生成转储，这有时可能会出现问题。

最大转储文件的大小应该是没有限制的，因为这将生成越来越大的跟踪文件，具体取决于系统全局区域(SGA)的大小、登录的会话数量以及当前系统上的工作负载。SYSTEMSTATE 转储包含一个单独的部分，其中包含每个进程的信息。通常，需要定期生成两个或三个转储文件。每当重复生成 SYSTEMSTATE 转储时，确保每次都重新连接数据库，以便获得新的进程 ID 以及跟踪文件。可能会生成巨大的跟踪文件！如果要生成多个系统状态转储文件，确保转储目录中有足够的可用空间。

SYSTEMSTATE 转储文件中包括会话等待的历史信息，不需要生成多个系统状态转储文件。SYSTEMSTATE 转储可以通过以下任何方法进行。

从 SQL*Plus：

```
alter session set max_dump_file_size = unlimited;
alter session set events 'immediate trace name systemstate level 10';
```

使用 oradebug：

```
oradebug setmypid
oradebug unlimit
oradebug dump systemstate 10
```

当整个数据库处于挂起状态，并且无法使用 SQL*Plus 进行连接时，可以尝试使用带有 prelim 选项的 SQL*Plus，如果使用的是 10*g* 或更高版本的 Oracle 数据库的话。这样就能够将进程附加到 Oracle 实例上并且不会运行 SQL 命令。既不会触发登录触发器，也不会进行任何预处理动作，并且 SQL 查询也不允许执行。

另外，oradebug 允许通过连接到一个节点来转储全局系统状态。以下显示了来自 oradebug 的全局 SYSTEMSTATE 转储：

```
oradebug -g all dump systemstate 10
```

这里的-g 选项只能用于 Oracle RAC 数据库。此时将会为所有的节点转储系统状态信息。SYSTEMSTATE 转储/跟踪文件可以在生成转储的实例节点上的 ADR 的跟踪目录下找到。

14.7.2　挂起分析工具

严重的性能问题有时可能会被误认为挂起。当争用非常糟糕以至于数据库完全挂起时，通常就会发生这种情况。一般情况下，SYSTEMSTATE 转储可用于分析这些情况。但是，如果实例很大，具有超过几千兆字节的 SGA 且工作负载繁重，则 SYSTEMSTATE 转储可能需要一小时或更长时间，并且通常无法捕获所有 SGA 和锁结构。此外，SYSTEMSTATE 转储在处理挂起问题时具有如下限制：

- 以“脏”的方式读取 SGA，因此，当转储所有进程消耗的时间很长时，它可能会生成不一致的转储结果。
- 通常提供大量信息(大多数信息在确定挂起的来源时是不需要的)，这使得很难快速确定进程之间的依赖关系。
- 不识别执行其他转储的“有趣”进程(ERRORSTACK 或 PROCESS STATE)。
- 对于拥有大型 SGA 的数据库来说，这通常是非常昂贵的操作。SYSTEMSTATE 转储可能需要数小时，并且在几分钟的时间间隔内生成一些连续的转储几乎是不可能的。

hanganalyze 命令解决了 SYSTEMSTATE 转储工具的限制，并且在 Oracle RAC 环境中能够一次性提供集群范围的信息。该命令使用 Oracle RAC 进程中的 DIAG 守护进程在实例之间进行通信。无论发出命令的实例是哪一个，集群范围内的 hanganalyze 都将为集群中的所有会话生成信息。

可以从 SQL*Plus 或通过 oradebug 调用 hanganalyze(在 SQL*Plus 中以 SYS 身份连接时可用)。当连接到 SQL*Plus

时，可以使用以下语法获取 hanganalyze 跟踪：

```
alter session set events 'immediate trace name hanganalyze level <level>';
```

如果以 SYS 用户身份登录：

```
oradebug hanganalyze <level>
```

那么在集群范围内，可以如下方式执行 hanganalyze：

```
oradebug setmypid
oradebug setinst all
oradebug -g def hanganalyze <level>
```

在这里，使用<level>选项可以设置根据节点的 STATE 从 hanganalyze(ERROSTACK 转储)找到的进程中提取的附加信息量的级别。表 14-1 描述了在生成各种级别的跟踪信息时进行的设置。

表 14-1

级别	跟踪信息
1 和 2	只有 hanganalyze 输出信息，没有任何进程的转储信息
3	级别 2 的信息+当前处于挂起状态(状态为 IN_HANG)的进程的转储信息
4	级别 3 的信息+等待链(状态为 LEAF、LEAF_NW 和 IGN_DMP)的叶子节点(阻塞进程)的转储信息
5	级别 4 的信息+等待链(状态为 NLEAF)中所有进程的转储信息
10	转储所有进程的信息(状态为 IGN)

hanganalyze 工具使用内部内核调用来确定会话是否在等待资源，并报告阻塞程序和等待进程之间的关系。此外，还要确定哪些进程是“感兴趣的”进程，从而转储这些进程，并且可以根据执行命令时使用的级别对这些进程执行自动 PROCESS STATE 转储和 ERRORSTACK。

注意： hanganalyze 工具并非旨在替换 SYSTEMSTATE 转储，但它可以在诊断一些复杂问题时提供路线图来帮助理解当前系统的状态。只能使用 hanganalyze 和/或 SYSTEMSTATE 转储来分析与行缓存对象、队列和闩相关的性能问题。这些进程的转储状态信息提供了每个进程或会话持有的锁/闩的准确快照，另外还告诉我们进程正在等待哪个事件以及是否为事务保留了任何 TM 锁。可以仅使用 SYSTEMSTATE 转储调试与 DDL(数据定义语言)语句锁定和行缓存锁定相关的问题。

14.8　节点驱逐问题

Oracle RAC 中最常见、最复杂的问题，是进行节点驱逐问题的根本原因分析(RCA)。Oracle 主要由于以下三个原因才从集群中驱逐节点：

- 节点无法完成网络心跳(NHB)。
- 节点无法完成磁盘心跳(DHB)。
- 节点没有足够的 CPU 来执行任一心跳操作。

调试 Oracle 集群中的节点驱逐的所有相关理论都围绕着上述原因。必须阅读本书前面的章节，以了解 Oracle 如何完成网络和磁盘心跳——在尝试对节点驱逐进行故障诊断之前了解此过程非常重要。节点逐出过程在告警日志和 LMON 跟踪文件中报告为 Oracle 错误 ORA-29740。要确定根本原因，请首先查看 Oracle 集群中的 alert_hostname.log 文件。

第一步是确定故障节点从集群中被逐出的原因。是无法完成网络心跳(NHB)或磁盘心跳(DHB)吗？哪个进程负责驱逐失败的节点？是否存在基础设施相关的问题或者故障节点是否正忙？要了解节点被驱逐的确切原因，需要查看集群告警日志文件，其中详细说明了故障节点被驱逐的原因以及导致故障节点从集群中被逐出的过程。以下是故障集群节点的集群告警日志文件中的示例内容：

```
reboot advisory message from host: racnode01, component: cssagent,
```

```
with timestamp: L-2017-11-05-10:03:25.340
reboot advisory message text: Rebooting after limit 28500 exceeded;
disk timeout 27630, network timeout 28500,
last heartbeat from CSSD at epoch seconds 1241543005.340,
4294967295  milliseconds ago based on invariant clock value of 93235653
```

正如你在上述例子所看到的，cssdagent 进程导致失败节点重启，因此现在可以查看 cssdagent 进程的诊断日志文件，以获取有关 cssdagent 失败原因和重新启动节点的更多详细信息。cssdagent 进程负责生成和监视 OCSSD 进程，如果集群节点非常繁忙并且无法在发生故障的集群节点上调度 OCSSD 进程，则 cssdagent 进程可能导致集群节点被驱逐。

Oracle 会把将集群节点逐出作为最后的手段，因为它将首先尝试在故障节点上终止能够执行 I/O 操作的进程，然后尝试在故障节点上停止集群，而不是简单地重启故障节点。

以下是来自 Oracle GI 的集群更改日志，显示了 Oracle 集群如何在有问题的集群节点上重启 CSSD 进程，而不是重启节点：

```
CRS-1652:Starting clean up of CRSD resources.
...
CRS-1654:Clean up of CRSD resources finished successfully.
CRS-1655:CSSD on node racnode02 detected a problem and started to shutdown.
...
CRS-1713:CSSD daemon is started in clustered mode
```

无须重启的节点隔离

在 Oracle 11.2.0.2 版本的 GI 中，如果其中一个集群节点挂起或集群节点未按时完成网络或磁盘心跳，Oracle 首先会尝试终止负责故障节点上 I/O 操作的进程，例如数据库写进程、归档进程等。如果 Oracle 成功杀死负责执行 I/O 的进程，就会更新存储在/etc/oracle/scls_scr/<hostname>/root 目录中的 ohasdrun 集群控制文件，并使用 restart 标志；随后 OHASD 在故障节点上重启 Oracle 集群。

无论整个 Oracle 集群重启还是仅重新启动集群层，Oracle 集群告警日志都会记录有关 Oracle 集群重启或节点重启背后可能原因的重要消息。如果节点无法按时完成网络心跳(NHB)，则必须检查集群节点之间的私有网络，因为通过私有网络发送和接收数据包会执行网络心跳。

如果无法完成网络心跳，Oracle 会开始将信息性消息写入集群告警日志，即使在等待 Oracle 集群的 miscount 参数指定的一半时间后——默认情况下，设置为 30 秒并且在不咨询 Oracle 技术支持人员的情况下不得更改。当 Oracle 无法完成网络心跳时，可能会在 Oracle 集群的告警日志中观察到以下消息：

```
Network communication with node rac1 (1) missing for 50% of timeout interval.
Removal of this node from cluster in 14.920 seconds
...
Network communication with node rac1 (1) missing for 90% of timeout interval.
Removal of this node from cluster in 2.900 seconds
This node is unable to communicate with other nodes in the cluster
and is going down to preserve cluster integrity
```

Oracle 已经在不断地提供工具集来主动收集诊断信息以解决节点驱逐这样的故障，因为在没有历史诊断信息的情况下，无法确定节点驱逐的原因。因此，集群健康监视器会收集诊断信息，从而在此类情况下执行根本原因分析。

14.8.1　集群健康监视器

集群健康监视器(CHM)是集群或 IPD/OS 的瞬时问题检测程序的更新版本。集群健康监视器旨在主动收集诊断信息，以检测和分析 Oracle GI 中的各种问题，包括节点驱逐。集群健康监视器持续跟踪每个节点、进程和设备级别的 OS 资源消耗。可以配置集群健康监视器以进行实时监视，并且在达到阈值时，可以向操作人员发送警告。对于根本原因分析，可以重放历史数据以了解发生故障时的具体情况。

我们建议使用分而治之策略来调试节点驱逐问题，因为 OS 资源争用可能有多种原因——从网络故障到时钟同步等。应该一个接一个地仔细分析这些可能的原因。集群健康监视器可用于提供特定节点被驱逐时的历史数据。如上所述，节点驱逐可能有多种原因，但以下条目可以帮助你快速找到原因：

- 检查集群节点之间的时钟同步，并确保在所有集群节点上正确配置了网络时间协议(NTP)。
- 检查集群节点之间的网络连接，使用以下命令测试公共和私有接口上集群节点之间的网络连接。

```
ping -s <size of MTU> -c 10 -l <Public IP of local node>
<Public IP of another cluster node>
ping -s <size of MTU> -c 10 -l <Private IP of local node>
<Private IP of another cluster node>
```

  如果集群节点被驱逐是由于无法访问超过一半的表决盘文件或者没有及时创建并完成磁盘心跳造成的，那么在双节点集群中，可能会在 Oracle 集群告警日志文件中看到以下消息，这表明集群节点在访问共享存储时遇到了一些问题：

```
No I/O has completed after 90% of the maximum interval.
Voting file ORCL:OCR_VOTE2 will be considered not functional in 19750
milliseconds
```

  可用的表决文件数小于所需的最小表决文件数，导致 CSSD 终止以确保数据完整性。
- 分析前面测试的输出，确保所有集群节点的公共和私有接口都能够接收 100%的数据包。
- 检查并确保所有集群节点都可以访问存储 OCR 和表决盘文件的共享存储。
- 即使 Oracle RAC 数据库中存在峰值活动，也要检查是否有足够的 OS 资源(例如 CPU 和内存)可用。集群健康监视器将有助于分析历史 CPU 数据。

要深入了解节点驱逐流程，需要了解节点成员资格和实例成员资格恢复(IMR)的基础知识，又称为实例成员资格重配置。

14.8.2 实例成员资格恢复

实例成员资格恢复(Instance Membership Recovery，IMR)是处理数据库早期版本中脑裂问题的解决方案的基本框架，其中的集群基础则由供应商集群软件提供。该功能仍在数据库内核当中，但是在 RDBMS 层之外进行处理，因为 Oracle GI 堆栈已与硬件层实现更紧密的集成。

当实例之间发生通信故障，或者当实例无法向控制文件发送心跳信息时，集群组就可能存在数据损坏的危险。此外，如果没有机制来检测故障，整个集群将会挂起。IMR 从集群组中删除失败的实例。当集群组的子集在故障期间存活时，IMR 可确保较大的分区组幸存并杀死所有其他较小的组。

IMR 是集群组服务(Cluster Group Service，CGS)提供的服务的一部分。LMON 是处理许多 CGS 功能的关键进程。如你所知，集群软件(称为 Cluster Manager 或 CM)可以是供应商提供的或 Oracle 提供的基础架构工具。CM 实现了集群中所有节点之间的通信，并提供关于每个节点的健康状况的信息——节点状态。CM 检测故障并管理集群中节点的基本成员资格。CM 在集群级别工作，而不是在数据库或实例级别。

在 Oracle RAC 内部，节点监视器(NM)通过注册和与 CM 通信来提供有关节点及其运行状况的信息。NM 服务由 LMON 提供。节点成员资格在全局资源目录(GRD)中以位图表示。值为 0，表示节点已关闭；值为 1，表示节点已启动。没有值则表示实例处于“转换”期间，例如启动或关闭期间。LMON 使用全局通知机制让其他人知道节点成员资格的变化。每次节点加入或离开集群时，必须重建 GRD 中的位图并传递给集群中的所有已注册成员。

节点成员的注册和注销是在一系列同步步骤中完成的——当然这些主题区超出本章的讨论范围。基本上，集群成员会在集群组中进行注册和注销。需要记住的重要一点是，NM 始终使用 CM 与集群中的其他实例通信以了解其健康状况和状态。相反，如果 LMON 需要向另一个实例上的 LMON 发送消息，那么可以在没有 CM 帮助或参与的情况下直接发送消息。区分集群通信和 Oracle RAC 通信非常重要。

如下简要信息来自于告警日志文件，这是一些关于成员资格注册的相关内容：

```
alter database mount
…
lmon registered with NM - instance id 1 (internal mem no 0)
…
Reconfiguration started
List of nodes: 0,
 Global Resource Directory frozen
```

这里可以看到，实例为初次启动，并且 LMON 进程使用 NM 接口将自己注册到了集群中。NM 接口为 Oracle 内核功能的一部分。

当一个实例加入或离开集群时，其他实例上的 LMON 就会跟踪并显示 GRD 的重配置过程：

```
 kjxgmpoll reconfig bitmap: 0 1 3
*** kjxgmrcfg: Reconfiguration started, reason 1
```

你可能会在告警日志中发现某些行与其他行一起要求 SMON 执行实例恢复，如下所示。当任何实例崩溃或实例离开集群而没有以正常方式注销时，就会发生这种情况。

```
Post SMON to start 1st pass IR
*** kjxgmpoll reconfig bitmap: 0 1 3
*** kjxgmrcfg: Reconfiguration started, reason 1
kjxgmcs: Setting state to 2 0.
***   Name Service frozen
```

CGS(Cluster Group Service，集群组服务)主要用于从 OS 角度提供集群的一致性连续视图，它告诉 Oracle 集群中的节点数，旨在提供集群实例成员资格的同步视图。它的主要职责是对成员进行定期状态检查，并测量它们是否在组内有效——而且非常重要的是，它可以检测到通信失败时的脑裂情况。

下面的一些特定规则将集群组中的成员绑定在一起，从而使集群始终处于一致状态：

- 每个成员都应该能够与组中任何其他注册和有效的成员毫无问题地通信。
- 成员应该看到集群中的所有其他注册成员是否处于有效状态并且提供一致性视图。
- 所有成员必须能够读写控制文件。

因此，当实例之间发生通信故障时，或者当实例无法向表决盘发出心跳信息时，将触发 IMR。除了 IMR 之外，没有机制可以检测可能导致整个集群挂起的故障。

成员表决

CGS 负责检查成员是否有效。为了定期确定所有成员是否有效，Oracle 使用表决机制检查每个成员的有效性。数据库组中的所有成员通过提供它们认为能够代表实例成员身份的位图的详细信息进行表决。正如前面提到的，位图信息存储在 GRD 中。预定的主成员(master member，即集群中的主实例)计算状态标志并与各个进程通信进行表决，然后等待所有收到重配置位图信息的成员进行注册。

表决是如何发生的

检查点(CKPT)进程在被称为心跳的操作中，以每隔三秒的频率更新控制文件。CKP 被 T 写入一个对每个实例都唯一的块；因此，不需要实例间进行协调。该块又称为检查点进度记录(checkpoint progress record)。

所有成员都会尝试获取控制文件记录(结果记录)上的锁以进行更新。获得锁的实例符合所有成员的表决。在允许 GCS / GES 重配置继续之前，组成员必须符合已决定(已表决)的成员资格。控制文件表决结果记录与控制文件检查点进度记录中的心跳信息存储在同一个数据块中。

在出现实例死掉和成员驱逐的情况下，如果要将死掉的实例上处于挂起状态的 I/O 操作刷新到 I/O 子系统，则可能会出现潜在的灾难性问题。这可能导致潜在的数据损坏。如果要维护数据库完整性，那么异常离开的实例的 I/O 操作就不应该被刷新到磁盘。为了“屏蔽”数据库在这种情况下出现的数据损坏，Oracle 使用了一种被称为 I/O 隔离(I/O fencing)的技术。I/O 隔离是 CM 提供的一个功能，当然这也取决于集群软件供应商。

I/O 隔离是为了在集群因出现通信故障而导致脑裂时保证数据完整性，当集群节点挂起或出现节点间通信故障时就可能会出现这样的情况。结果是节点之间以及节点与集群之间的通信链接会丢失。脑裂是任何集群环境中都可能会出现的问题，并且是集群解决方案的症状——而不仅仅是 Oracle RAC。当节点访问共享数据文件，而节点的访问动作却不协调时，脑裂情况就可能导致数据库损坏。

对于双节点集群来说，当集群中的节点间无法相互通信(节点间链接失败)时就会发生脑裂，并且每个节点都认为自己是集群中唯一幸存的成员。如果集群中的节点对共享存储区域具有不协调的访问权限，则它们最终会覆盖彼此的数据，从而导致数据损坏，因为每个节点都拥有共享数据的所有权。要防止数据损坏，必须要求节点离开集群或立即强制退出。这就是 IMR 的用武之地，正如本章前面所述。

许多内部(隐含)参数控制 IMR 并确定何时应该启动。如果使用供应商的集群软件，则脑裂的解决方案可留给供应商，Oracle 必须等待(10 分钟)，然后集群软件才能提供集群的一致性视图并解决脑裂问题。这可能会导致延迟(以及整个集群的挂起)，因为每个节点都可能认为自己是主节点并尝试拥有所有共享资源。尽管如此，Oracle 依然依靠集群软件来解决这些具有挑战性的问题。

请注意，Oracle 不会无限期地等待集群软件解决脑裂问题，并且计时器也被用来触发基于 IMR 的节点驱逐。这些内部定时器也使用隐含参数进行控制。我们不建议修改这些隐含参数的默认值，因为这可能会导致集群出现严重的性能或运维问题。

一个显而易见的问题是，为什么会出现脑裂情况？你可能会想，"当通信工程师说没问题时，为什么 Oracle 会说链接断开？" 这个问题问起来比回答更容易，因为支持 Oracle RAC 的底层硬件和软件太复杂了，有时候就像一场噩梦，你得弄清楚为什么事情看起来都很正常的时候，集群就崩溃了。通常，集群中的通信链路、临时网络故障和错误的配置都可能会导致这些问题。

正如前面一再提到的，Oracle 完全依赖于集群软件来提供集群服务，并且如果事情出差错，Oracle 会过分热心地寻求保护数据的完整性，驱逐节点或终止其中一个实例，然后假定集群中的某些地方出了问题。

当 NM 显示数据库组中发生了改变或 IMR 检测到问题时，将会启动集群重配置。重配置最初由 CGS 管理，此后，IDLM(集成分布式锁管理器(主要指的就是 GES/GCS)就会启动重配置操作。

集群重配置步骤

集群重配置过程会触发 IMR，并且可以通过如下七步过程确保完成重配置：

(1) 命名服务被冻结。CGS 包含集群中所有成员/实例的内部数据库及其所有配置和服务的详细信息。命名服务提供了一种以结构化和同步方式处理配置数据的机制。

(2) 集成分布式锁管理器(IDLM)已冻结。锁数据库也被冻结，以防止那些来自离开/死掉的实例上的进程获取资源上的锁。

(3) 确定成员资格，进行验证并决定 IMR。

(4) 重建位图，包括实例名称和唯一的验证信息。CGS 必须同步集群以确保所有成员都获得重配置事件并且它们都看到相同的位图。

(5) 删除所有死掉的实例条目，并重新发布所有新配置的名称。

(6) 名称服务已解冻并已发布供使用。

(7) 重新配置将交还给 GES/GCS。

现在知道了 IMR 何时启动以及在何处开始节点驱逐，让我们看一下告警日志和 LMON 跟踪文件中的相应消息，以获得更好的处理流程(为简洁起见，我们在这里对日志内容进行了编辑。请注意，标记为粗体的行定义了 IMR 中最重要的步骤以及如何切换到 CGS 中的其他恢复步骤)。

节点问题 对于这个例子，我们假设这是一个 4 节点的集群(实例 A、B、C 和 D)，并且实例 C 与其他实例之间出现了通信问题，因为实例 C 的私有网络连接挂掉了。该节点上的其他服务我们都假设运行正常。

如下相关内容来自实例 C 上的告警日志：

```
ORA-29740: evicted by member 2, group incarnation 6
…
LMON: terminating instance due to error 29740
Instance terminated by LMON, pid = 692304
...
```

如下相关内容则来自实例 A 上的告警日志：

```
…
Communications reconfiguration: instance 2
Evicting instance 3 from cluster
…
Trace dumping is performing id=[50630091559]

…Waiting for instances to leave:
3
…Waiting for instances to leave:
3
…
```

```
Reconfiguration started
List of nodes: 0,1,3,
 Global Resource Directory frozen
 Communication channels reestablished
 Master broadcasted resource hash value bitmaps
…Reconfiguration started
```

如下内容来自实例 A 上的 LMON 跟踪文件：

```
***
kjxgrgetresults: Detect reconfig from 1, seq 12, reason 3
kjxgfipccb: msg 0x1113dcfa8, mbo 0x1113dcfa0, type 22, ack 0, ref 0,
stat 3
kjxgfipccb: Send timed out, stat 3 inst 2, type 22, tkt (10496,1496)
***
kjxgrcomerr: Communications reconfig: instance 2 (12,4)
Submitting asynchronized dump request [2]
kjxgfipccb: msg 0x1113d9498, mbo 0x1113d9490, type 22, ack 0, ref 0,
stat 6
kjxgfipccb: Send cancelled, stat 6 inst 2, type 22, tkt (10168,1496)
kjxgfipccb: msg 0x1113e54a8, mbo 0x1113e54a0, type 22, ack 0, ref 0,
stat 6
kjxgfipccb: Send cancelled, stat 6 inst 2, type 22, tkt (9840,1496)
```

注意，这里的 Send timed out,stat 3 inst 2 表明 LMON 进程在尝试向失败实例发送消息。

如下是来自实例 A 上的 LMON 跟踪文件的更多内容：

```
kjxgrrcfgchk: Initiating reconfig, reason 3 /* IMR Initiated */
***
kjxgmrcfg: Reconfiguration started, reason 3
kjxgmcs: Setting state to 12 0.
***
kjxgmcs: Setting state to 12 1.
***
Voting results, upd 1, seq 13, bitmap: 0 1 3
```

注意，此时实例 A 并没有参与表决，因此只是收到了表决结果。

下面的内容摘自实例 B 上的 LMON 跟踪文件，实例 B 统计了本次表决：

```
Obtained RR update lock for sequence 13, RR seq 13
*** Voting results, upd 0, seq 13, bitmap: 0 1 3
...
...
```

如下是来自实例 A 上的 LMON 跟踪文件的内容：

```
Evicting mem 2, stat 0x0007 err 0x0002
kjxgmps: proposing substate 2
kjxgmcs: Setting state to 13 2.
Performed the unique instance identification check
kjxgmps: proposing substate 3
kjxgmcs: Setting state to 13 3.
  Name Service recovery started
  Deleted all dead-instance name entries
kjxgmps: proposing substate 4
kjxgmcs: Setting state to 13 4.
  Multicasted all local name entries for publish
  Replayed all pending requests
kjxgmps: proposing substate 5
kjxgmcs: Setting state to 13 5.
  Name Service normal
  Name Service recovery done
***
More content from the LMON trace file of instance A, showing that the Name Service is frozen:
kjxgmrcfg: Reconfiguration started, reason 1
```

```
kjxgmcs: Setting state to 13 0.
***  Name Service frozen
kjxgmcs: Setting state to 13 1.
```

这里，GES/GCS恢复开始：

```
Global Resource Directory frozen
node 0
node 1
node 3
res_master_weight for node 0 is 632960
res_master_weight for node 1 is 632960
res_master_weight for node 3 is 632960
...
```

成员节点死掉 还是同样的4节点集群(实例A、B、C和D)，实例C意外死掉：

```
kjxgrnbrisalive: (3, 4) not beating, HB: 561027672, 561027672
***
kjxgrnbrdead: Detected death of 3, initiating reconfig
kjxgrrcfgchk: Initiating reconfig, reason 2
***
kjxgmrcfg: Reconfiguration started, reason 2
kjxgmcs: Setting state to 6 0.
***
 Name Service frozen
kjxgmcs: Setting state to 6 1.
***
Obtained RR update lock for sequence 6, RR seq 6
***
Voting results, upd 0, seq 7, bitmap: 0 2
Evicting mem 3, stat 0x0007 err 0x0001
kjxgmps: proposing substate 2
kjxgmcs: Setting state to 7 2.
 Performed the unique instance identification check
kjxgmps: proposing substate 3
kjxgmcs: Setting state to 7 3.
 Name Service recovery started
 Deleted all dead-instance name entries
kjxgmps: proposing substate 4
kjxgmps: proposing substate 4
kjxgmcs: Setting state to 7 4.
 Multicasted all local name entries for publish
 Replayed all pending requests
kjxgmps: proposing substate 5
kjxgmcs: Setting state to 7 5.
 Name Service normal
 Name Service recovery done
***
kjxgmps: proposing substate 6
...
...
...
kjxgmps: proposing substate 2
```

这里，GES/GCS恢复开始：

```
Global Resource Directory frozen
node 0
node 2
res_master_weight for node 0 is 632960
res_master_weight for node 2 is 632960
 Total master weight = 1265920
 Dead  inst 3
Join  inst
 Exist inst 0 2
```

```
...
...
```

14.9 Oracle 集群模块高级调试

默认情况下，Oracle 会在诊断日志文件中记录最少量的调试信息。在某些情况下，可能需要详细信息来诊断 Oracle 集群软件中的潜在问题。可以指定 Oracle 集群软件为不同的 Oracle 集群进程和集群资源记录更多的调试信息。CRSCTL 工具可用于在 Oracle 集群中设置高级调试功能。

Oracle 集群服务(如集群同步服务、集群就绪服务等)具有多个模块或功能，可以在其中启用高级调试，调试级别介于 0～5 之间。如下例子可以用来标识 Oracle 集群服务和模块，并显示可以启用哪些高级调试功能。

运行以下命令以显示服务：

```
# ./crsctl get log -h
Usage:
  crsctl get {log|trace} {mdns|gpnp|css|crf|crs|ctss|evm|gipc} "<name1>,..."
 where
   mdns         multicast Domain Name Server
   gpnp         Grid Plug-n-Play Service
   css          Cluster Synchronization Services
   crf          Cluster Health Monitor
   crs          Cluster Ready Services
   ctss         Cluster Time Synchronization Service
   evm          EventManager
   gipc         Grid Interprocess Communications
   <name1>, ...    Module names ("all" for all names)

  crsctl get log res <resname>
 where
   <resname>    Resource name
```

如下命令显示了 CSS 服务的模块以及当前的调试级别：

```
# ./crsctl get log css all
Get CSSD Module: CLSF  Log Level: 0
Get CSSD Module: CSSD  Log Level: 2
Get CSSD Module: GIPCCM  Log Level: 2
Get CSSD Module: GIPCGM  Log Level: 2
Get CSSD Module: GIPCNM  Log Level: 2
Get CSSD Module: GPNP  Log Level: 1
Get CSSD Module: OLR  Log Level: 0
Get CSSD Module: SKGFD  Log Level: 0
```

正如这里所显示的，集群同步服务有 8 个不同的模块。由于设置高级调试会在诊断文件中写入大量额外的诊断信息，因此在设置高级调试时必须非常小心，因为可能会对 Oracle 集群的性能产生负面影响。应该只对所需模块启用高级调试，而不是在整个服务上进行设置。例如，如果在 Oracle 集群告警日志中看到与 Oracle 本地注册表相关的一些错误，并且希望了解有关故障期间发生情况的更多信息，则应启用集群同步服务的 OLR 模块的高级调试，如下所示：

```
# ./crsctl set log css OLR:5
Set CSSD Module: OLR  Log Level: 5
```

同样，也可以为 Oracle 集群资源启用高级调试。假设现在无法启动虚拟 IP 资源，为整个 CRS 启用高级调试是没有意义的。相反，仅为失败的集群资源启用高级调试则更为有效。如下是启用 Oracle 网络资源 ora.backup.vip 的高级调试的示例：

```
#./crsctl set log res ora.backup.vip:3
Set Resource ora.alpha1.vip Log Level: 3
```

可以启用 0 到 5 级的高级调试，其中更高级别的调试会记录更多诊断信息，最高调试级别甚至可能会显示某些源代码片段，这应该由 Oracle 产品支持人员进行分析，因为最终用户可能会对这样的原始诊断信息感到困惑。启用高级调试后，Oracle 会写入大量诊断信息并包装诊断文件。因此，也可能会包含一些有趣的诊断文件。为避免丢失所需的诊断数据，建议创建自定义脚本，以便将诊断文件移动到更安全的位置。下面是一个示例脚本，可以在集群节点上执行以移动 CRSD 守护进程的日志文件：

```
# Shell script to move diagnostic files of the CRSD daemon
# when advance debugging is enabled.
# Change the GRID_HOME variable to specify your Oracle Clusterware Home.
GRID_HOME=/u02/12.2.0/grid
# Specify the HOST variable to define your cluster node name.
# This should not contain domain name in it.
HOST=<add your cluster node name here>
# Change the DELAY variable to specify frequency time in seconds,
# this script will move the logfiles.
# By default script will move logfiles every 200 seconds.
DELAY=200
CRSDLOGFIR=$GRID_HOME/log/$HOST/crsd
while [ 2 -ne 3 ];  do
 COMPRESSFILE = $GRID_HOME/log/$HOST/`date +m%d%y%"-"%H%M`.tar
 tar -cf $COMPRESSFILE $CRSDLOGFIR/*
 sleep $DELAY
done
exit
```

14.10　Oracle RAC 中的多种调试工具

可以使用特定的环境变量 SRVM_TRACE 来跟踪 SRVM 文件和各种基于 Java 的工具，例如 DBCA、ASMCA、CLUVFY、DBUA 以及 SRVCTL。Oracle 在跟踪 SRVCTL 工具时，会在标准输出上显示跟踪数据，而在跟踪其他工具时，跟踪数据则写入文件系统上的跟踪文件。

默认情况下，DBCA 和 DBUA 上的跟踪已经是开启的，跟踪文件分别位于$ORACLE_HOME/cfgtools/dbca 和$ORACLE_HOME/cfgtools/dbua 目录下。CLUVFY 的跟踪文件则存储在$GRID_HOME/cv/log 目录下。在某些情况下，可以启用跟踪文件以进行调试。例如，如果无法使用 SRVCTL 工具启动数据库或数据库实例，并且 SRVCTL 工具报告的标准错误没有提供足够的信息，那么将 SRVM_TRACE 环境变量设置为 TRUE 可提供有助于调试问题的更多信息。以下是为 SRVCTL 工具启用 Java 跟踪的示例，该工具无法在集群中启动名为 SINGLEDB 的单实例数据库：

```
$ srvctl start database id singledb
PRCR-1013 : Failed to start resource ora.singledb.db
PRCR-1064 : Failed to start resource ora.singledb.db on node racnode02
CRS-2674: Start of 'ora.singledb.db' on 'racnode02' failed
```

将 SRVM_TRACE 环境变量设置为 TRUE 会显示更多信息，并且你会发现 OCR 已损坏，因为它将 SINGLEDB 显示为集群数据库并报告数据库资源放置错误：

```
…
[CRSNative.searchEntities:857]  found 1 entities
…
 [DatabaseImpl.getDBInstances:1185]
riID=ora.singledb.db 1 1 result={CLUSTER_DATABASE=true, LAST_SERVER=racnode02,
USR_ORA_INST_NAME=SINGLEDB, USR_ORA_INST_NAME@SERVERNAME(racnode02)=SINGLEDB}
[DatabaseImpl.getDBInstances:1322]  Instances: <SINGLEDB,racnode02>
[StartAction.executeDatabase:220]  starting db resource
…
[CRSNative.internalStartResource:339]  About to start resource:
Name: ora.singledb.db, node: null, options: 0, filter null
 [CRSNativeResult.addLine:106]  callback:
ora.oemrolt2.db false CRS-2672: Attempting to start 'ora.singledb.db' on 'racnode02'
…
[CRSNativeResult.addLine:106]  callback:
ora.oemrolt2.db true CRS-2674: Start of 'ora.singledb.db' on 'racnode02' failed
```

```
…
[CRSNativeResult.addLine:106]  callback:
ora.oemrolt2.db true CRS-2632: There are no more servers to try to place resource
'ora.singledb.db' on that

would satisfy its placement policy
[CRSNativeResult.addComp:162]  add comp: name
ora.singledb.db, rc 223, msg CRS-0223: Resource 'ora.singledb.db' has placement error.
…
[CRSNative.internalStartResource:352]  Failed to start resource:
Name: ora.singledb.db, node: null, filter: null, msg CRS-2674: Start of
'ora.singledb.db'

on 'racnode02' failed
CRS-2632: There are no more servers to try to place resource
'ora.singledb.db' on that would satisfy its placement policy
PRCR-1079 : Failed to start resource ora.singledb.db
CRS-2674: Start of 'ora.singledb.db' on 'racnode02' failed
CRS-2632: There are no more servers to try to place resource
'ora.singledb.db' on that would satisfy its placement policy
```

在使用 SRVCTL 工具将 SINGLEDB 数据库在 OCR 中进行重新注册后，问题就解决了。

14.11 使用 ORAchk 对 RAC 进行故障诊断

Oracle 提供了一个功能强大且有效的故障诊断工具 ORAchk，用以取代之前众所周知的工具 RACcheck。多年来，优秀的 Oracle RAC 专业人员已经花费数千小时的精力来对这个工具进行微调。使用 ORAchk，可以主动搜索潜在问题，不仅可以在 Oracle RAC 数据库中，还可以在 Oracle E-Business 套件和 EM GC (12*c*)中进行搜索。

ORAchk 提供以下功能来帮助你分析诊断 RAC 故障：

- 主动扫描堆栈中所有层面的关键问题。
- 简化堆栈中的已知问题并确定问题的优先级。
- 无须将数据上传到 Oracle Support。
- 提供报告，让你能够调查特定问题并加快解决速度。
- 借助 Collection Manager 这一 ORAchk 附带的 Web 工具，能够收集整个企业的诊断数据并在仪表板上予以显示。

可以对 Oracle 数据库服务器、GI、硬件、操作系统以及 RAC 软件使用 ORAchk 进行运行状况评估。使用 ORAchk 2.2.0，还可以检查单实例数据库的健康状况以及 RAC 的单节点配置。ID 为 1268927.2 的 MOS 文档 Health Checks for the Oracle Stack 中介绍了如何使用 ORAchk 工具。

14.12 本章小结

本章为 Oracle GI 故障排除提供了坚实基础——从安装过程中的故障排除，到节点驱逐的故障排除，都尽在其中。与 Oracle RDBMS 一样，Oracle GI 也附带详细的诊断框架，可帮助你快速确定任何故障的根本原因。可以在需要时启用其他日志记录，本章介绍了启用更进一步诊断日志记录的方法。

当节点或 I/O 路径之间以及节点与表决文件之间发生通信故障时，Oracle GI 会清除相关节点。节点驱逐或重启是保护数据完整性的必然之举，因为每当数据库可用性与避免数据库损坏之间存在问题时，表决机制就会避免数据库损坏，从而触发节点驱逐。

在本章中，你了解了发生挂起情况时收集诊断信息的基本方法和高级方法。你还研究了节点重配置和 IMR 操作的内部步骤。大多数复杂问题可能需要 Oracle 技术支持人员的帮助，本章将在与 Oracle 技术支持人员打交道时为你提供帮助。

最后，本章还介绍了 Oracle 的 ORAchk 工具，该工具使你能够以较低的成本，不显眼地收集 RAC 诊断数据，以帮助你对 RAC 环境进行故障诊断。

第V部分

部署Oracle RAC

第15章

为实现最高可用性扩展Oracle RAC

Oracle RAC是跨企业的一种针对可扩展性的流行解决方案可以驻留在单个数据中心。但是，也可以构建和部署Oracle RAC系统，其中，集群中的节点间隔很远。将节点放在不同的位置可以在站点发生故障时提供持续的数据可用性，并进行受限的灾难恢复。

是否选择对Oracle RAC进行扩展，取决于要解决的故障。为了防止出现多点故障，集群必须在地理上进行分散：节点可以放在不同的房间、建筑物的不同楼层甚至不同的建筑物或城市。节点之间距离的判定取决于需要应对的灾难类型以及用于在存储系统之间复制数据的技术。

现代数据中心集群围绕高性能存储区域网络(SAN)构建，可提供安全、可靠、可扩展的数据存储设施。有效的业务连续性和灾难恢复计划要求集群能够部署在位于最佳距离的多个数据中心，以防止区域电源故障或灾难，同时又能够尽量实现同步数据复制，而不会影响应用程序的性能。在实现业务持续性的同时实现这种平衡，是一项极为重大的挑战。

企业在遭遇灾难期间，恢复所需要的时间决定了需要的数据复制类型。同步数据复制能够提供最少的停机时间，但要求数据中心足够接近，以便应用程序性能不受每个I/O操作带来的延迟的影响。异步或半同步复制允许更远的距离，只不过数据中心彼此虽然能够保持同步，但是辅助数据中心往往会滞后于主数据库一段相对固定的时间。反过来，这意味着在这段时间内会发生数据丢失。最佳的解决方案就是增加数据中心之间的距离，而同时又不会为I/O操作带来额外的延迟。

例如，如果企业有自己的企业园区，则可以将各个Oracle RAC节点放置在单独的建筑物中。除了能够提供正常的 Oracle RAC 高可用性之外，还提供了一定程度的容灾能力，因为一栋建筑物发生火灾不会导致整个数据库崩溃。如果配置正确，扩展的 Oracle RAC 即使在区域性灾难发生期间也能够提供持续的数据可用性。图 15-1 显示了扩展的 Oracle RAC 配置的基本体系架构。扩展的集群中使用的组件将在本章后面进行讨论。

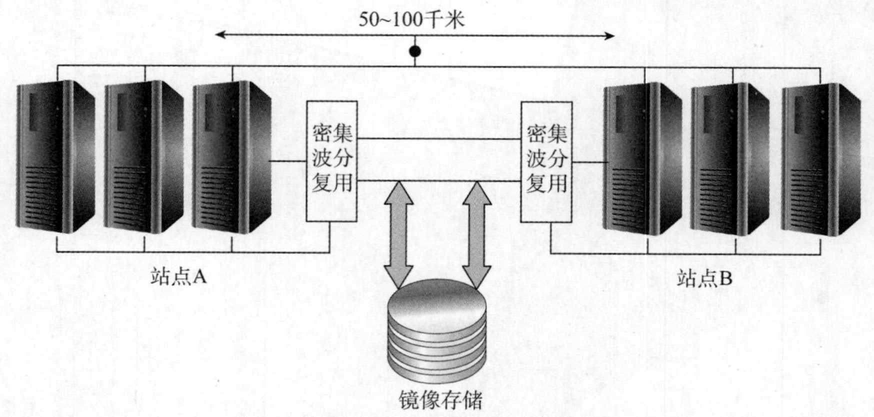

图 15-1 扩展的 Oracle RAC 体系架构

在扩展的集群上实现 Oracle RAC 具有双重优势，因为能够跨所有节点分发所有工作，包括将整个集群作为整体来运行，以及允许为资源使用提供最大的灵活性，等等。如果一个站点失败——例如，由于站点发生火灾——所有工作都可以路由到其他站点，其他站点可以快速(在不到一分钟内)接管原有的任务。

但是，各种其他 Oracle 数据复制技术(如 Oracle DG、Oracle 流技术和 Oracle GoldenGate)可以与 Oracle RAC 协同工作，从而构建最高可用性架构。它们需要在应用程序级别进行一些潜在的更改，并且需要额外的软件组件层才能同步工作。此外，它们都是基于主/辅(或主/备)方式工作的，这会涉及复杂的故障转移和故障恢复过程。

即便对 Oracle RAC 进行扩展以实现最高可用性，它也依然能够与现有应用程序透明地协同工作，因为网络复杂性被隐藏在 Oracle RAC 层，并且因为客户端继续使用 Oracle RAC 中定义的可用服务，就好像它们在常规的数据中心实例中一样进行工作。

15.1 扩展的 RAC 集群的优势

除了能够在最常见的故障期间提供通常的最高可用性之外，扩展的 Oracle RAC 配置还具有如下两个重要优势：

- 充分利用资源
- 极速恢复

15.1.1 充分利用资源

在扩展的 Oracle RAC 配置中，所有集群成员都可以随时处理事务——这与通常的主/备配置不同，后者只使用一半资源，另一半资源保持空闲或接近空闲，因为需要预防主节点可能会发生灾难。这为客户提供了巨大的优势，因为资源得到充分利用，并且可以更灵活地跨集群节点调度资源。

15.1.2 极速恢复

扩展的 Oracle RAC 相对于任何其他故障转移技术的关键优势，就是能够提供极快的恢复速度。对于大多数常用的故障转移技术，恢复的平均时间(简单来说，就是MTTR(故障期间的恢复时间))只需要几分钟到几小时。但是，在扩展的 Oracle RAC 中，如果一个数据中心出现任何灾难，现有和传入的工作负载可以快速地路由到另一个节点——大多数情况下，这个动作可以在几秒时间内完成。

如果应用层能够根据多个地址知晓 Oracle RAC 或者配置了透明应用程序故障转移(Transparent Application Failover，TAF)，则故障转移将对最终用户完全透明。目前市面上没有其他高可用性或灾难恢复技术能够提供这样的灵活性。

15.2 设计方面的考量

在进行扩展的集群的设计和实现之前，让我们先看一下集群设计在涉及“地理集群”的解决方案时需要考虑的关键点。网络基础架构在扩展的 Oracle RAC 中起着重要作用，因为性能受到网络往返延迟的影响很大。最佳的解决方案是增加数据中心之间的距离，并且不会为 I/O 操作带来额外的延迟。

15.2.1 光速

在真空中，光以每秒 186 282 英里(1 英里约等于 1609.3 米)的速度传播。为了使数学计算更简单，我们可以舍入为每秒 200 000 英里或每毫秒 200 英里。在任何计算机通信中，我们都要求对收到的任何消息进行确认，因此我们必须使用往返距离进行计算。光可以传输 100 英里远，然后在 1 毫秒(ms)的时间内返回，但实际的传输时间更长。这部分是因为光速通过光纤速度会减慢约 30%，并且因为在全球通信情况下很少会出现信号的接收与发送方之间是直线连接的情况，另外还因为当信号通过电子开关或信号再生器时引入了延迟。

在考虑所有因素时，例如不可避免的开关延迟，保守的经验法则是每 50 英里距离往返需要 1 毫秒。因此，500 英里会增加 10 毫秒的磁盘访问延迟。鉴于正常的磁盘访问延迟为 8 到 10 毫秒，这个距离只会使总延迟加倍。但是，影子软件层(shadowing software layer)可以解决这个问题。但是如果延迟超过两倍，软件可能会认为另一端的磁盘已脱机并且会错误地破坏影子集。因此，即使使用黑光纤，由于数据中心之间的距离所引起的等待时间，光速也会成为限制因素。

15.2.2 网络连通性

网络互连对普通 Oracle RAC 环境的性能有很大影响，而在扩展的 Oracle RAC 环境中则具有更大的影响。应在每个组件级别引入计划冗余，以避免故障和互连。此外，SAN 和 IP 网络需要保持在单独的专用信道上。

扩展的 Oracle RAC 需要具备可扩展性和可靠的轻量级且与协议无关的网络。在引入中继器之前，传统网络仅限于大约 6 英里。中继器和任何其他中间交换机的引入，则由于交换机之间的延迟而带来不可避免的延迟。黑光纤网络允许在没有这些中继器的情况下进行通信。具有密集波分复用的黑光纤网络(用于增加现有光纤骨干网带宽的光学技术)可在较长距离上提供低延迟/高带宽通信。

密集波分复用(Dense Wavelength-Division Multiplexing)

在光通信中，波分复用(WDM)技术通过使用不同波长的激光在单根光纤上复用多个光载波信号以携带不同的信号。这能够实现光纤的容量倍增并且使得可以在一根光纤上进行双向通信。

WDM 技术进一步分为两个细分市场——密集和粗糙的 WDM。每根光纤具有超过 8 个有效波长的系统通常被认为是密集 WDM(DWDM)系统，而具有少于 8 个有效波长的系统被归类为粗糙 WDM(CWDM)。

CWDM 和 DWDM 技术基于在单根光纤上使用多个波长的光的相同概念，但是这两种技术在波长间隔、信道数量以及在光学空间中放大信号的能力方面有所不同。

CWDM 还用于有线电视网络，其中不同的波长用于下游和上游信号。DWDM 通过在同一根光纤上以不同波长同时组合和传输多个信号来工作。实际上，一根光纤被转换成多条虚拟光纤，以提供扩展的带宽。通过这种带宽扩展，单根光纤能够以高达 400Gbps 的速度传输数据。

DWDM 的一个关键优势是协议和比特率无关。基于 DWDM 的网络可以在 IP、ATM、SONET / SDH 和以太网中传输数据，并且可以处理 100Mbps~2.5Gbps 之间的比特率。因此，基于 DWDM 的网络可以通过光信道以不同的速度承载不同类型的业务。

15.2.3 缓存融合性能

正如你已经看到的，Oracle RAC 极致性能背后的秘诀是缓存融合。缓存融合是在节点之间通过高速本地网络连接的假设下构建的。通过扩展的 Oracle RAC 将节点分开几英里，缓存融合的性能将受到极大的损失。本地互连延迟总是大约一到两毫秒，超出此范围的任何额外延迟都会对应用程序的可扩展性带来巨大威胁。

Oracle 公司与各种硬件合作伙伴一起，使用不同的配置测试扩展的 Oracle RAC 设置，观察前面的行为并进行说明。图 15-2 显示了距离对从物理磁盘读取的 I/O 延迟的影响。

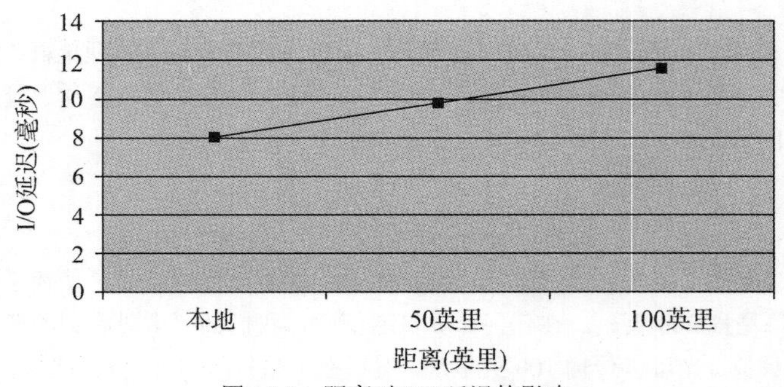

图 15-2 距离对 I/O 延迟的影响

15.2.4 数据存储

设计扩展的 Oracle RAC 解决方案的下一个需要考虑的重要因素，就是跨集群的数据文件存储。存储应该同时为两个实例可用，但同时应该保证数据实时连续同步。同步复制意味着在双方都确认完成之前 I/O 处于未完成状态。

尽管可以在只使用一个站点作为存储的远程集群上实施 Oracle RAC，但如果具有存储的站点发生故障，则任何幸存节点都不再能够使用存储，并且整个集群都将变得不可用。这违背了在不同位置使用 Oracle RAC 节点的目的。因此，我们在两个站点中对存储进行镜像，并且节点透明地使用它们各自站点的存储。

此外，为了保持数据的一致性，在认为应用程序写入成功之前，对主存储的每次写入都以相同的顺序写入辅助存储。此方法有助于确保存储在两个站点的数据始终保持一致。在发生故障时唯一可能丢失的数据，就是在故障发生时未提交或正在传输的数据。

图 15-3 显示了扩展的 Oracle RAC 集群在物理实现时包含的组件。

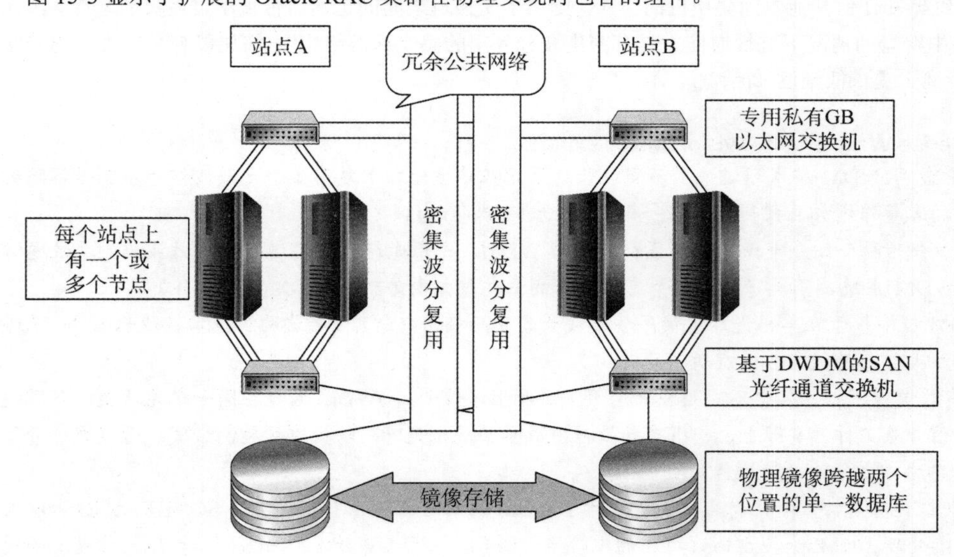

图 15-3 扩展的 Oracle RAC 组件架构

15.3 数据镜像的通用技术

某些镜像技术是业内最常用的。但是，存储的选择完全取决于具体的硬件——某些硬件配置支持基于阵列的镜像，少数支持基于主机的镜像。

15.3.1　基于阵列的镜像

在基于阵列的镜像中，所有写入都转发到一个站点，然后使用磁盘技术镜像到另一个节点。基于阵列的镜像意味着具有主/辅站点设置。此时始终只使用一组磁盘，并且所有读取和写入都由存储器提供服务。如果节点或站点发生故障，则所有实例都将崩溃，并且需要在辅助站点生效后重新启动。

基于阵列的镜像实现起来非常简单，因为镜像由存储系统完成，并且对数据库应用程序是透明的。如果主站点发生故障，对主磁盘的所有访问都将丢失。在系统切换到辅助站点之前可能会发生停机事件。图 15-4 说明了基于阵列的镜像的架构。

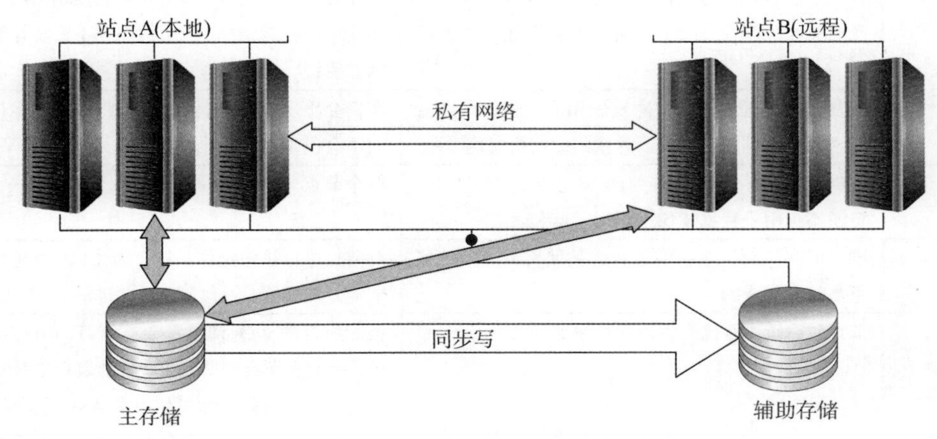

图 15-4　基于阵列的镜像的架构

15.3.2　基于主机的镜像

顾名思义，基于主机的镜像就是在主机级别进行镜像，需要集群软件和逻辑卷管理器(LVM)紧密集成。底层的集群逻辑卷管理器(CLVM)对两个节点的写入进行同步镜像。但从数据库或操作系统的角度看，只存在一组磁盘。磁盘镜像对数据库透明地完成。

图 15-5 说明了基于主机的镜像的架构。

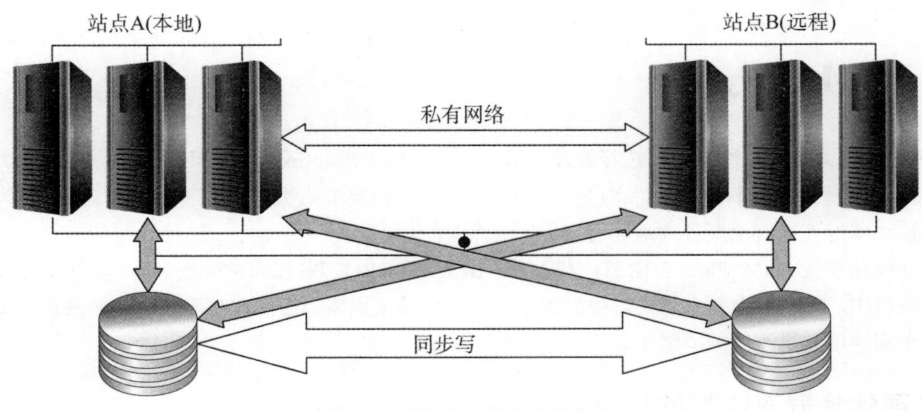

图 15-5　基于主机的镜像的架构

表 15-1 总结了基于阵列的镜像和基于主机的镜像的优缺点。

表 15-1 对比基于阵列的镜像与基于主机的镜像

描述	基于阵列的镜像	基于主机的镜像
写传播	磁盘写操作通常会被发送给一个站点，并且会使用磁盘镜像技术将这些更改同步传播给其他节点	写操作经常被同时发送给两个节点，这两个节点一直都为用户请求提供服务
主站点/辅助站点配置	需要配置主站点/辅助站点。如果主站点出现故障，对主磁盘的所有访问都将丢失。在系统切换到辅助站点之前，可能会发生停机事件	无须配置主站点/辅助站点。因为写操作会被同时传播给这两个站点。同样，读操作也会被这两个站点同时服务
存储展示给节点的形象	存储系统以两个集合的方式展示，并且在任意一个时间点，都只有一个存储集合被使用	存储对应用透明。OS或存储软件(ASM)隐藏了底层的存储结构，应用程序并不知晓存储的二重性
故障发生期间的故障转移	恢复会出现延迟。在故障发生期间，辅助站点需要手动切换到活动状态。这就需要停机时间	实例会出现故障。存活的实例将会继续运行而不会出现停机
优势	数据镜像在存储(磁盘阵列)级别完成。主机的 CPU 资源不会用于数据镜像	两个节点一直都被并发使用
劣势	同一时间只有一个镜像集合会被使用。故障转移不是瞬时完成的	对节点进行镜像操作，这会为 CPU 资源带来额外的负载
性能统一	节点越靠近主存储，性能往往越比辅助节点好	由于所有的 I/O 请求都会被所有的节点服务，因此在所有的节点上，性能表现都是接近统一的。另外，如果使用了 ASM 的“优先读”选项，则读操作会由物理上最接近的节点提供服务
单一供应商存储需求	两个节点都应该使用同样的存储(无论是物理上、架构上还是逻辑上)，因为所有的块镜像技术都是在存储级别实现的	可以使用来自不同供应商/类型的磁盘，因为镜像是由应用完成的
示例	EMC(SRDF)对称远程数据工具	Oracle ASM、HP OpenView 存储镜像、IBM HACMP

15.3.3 ASM 优先读

诸如“ASM 优先读”的特性，允许选择物理上最接近节点的扩展块(extent)，即使来自辅助区。

如果扩展块更接近节点而不是从主副本进行 ASM 读取(可能距离节点更远)，则可以将 ASM 配置为从辅助区读取。使用优先读故障组在扩展的集群中最为有用。

可以配置初始化参数 ASM_PREFERRED_READ_FAILURE_GROUPS 以将故障组名称列表指定为优先读磁盘。建议从扩展的集群中，在节点上的本地磁盘中配置至少一个镜像区副本。但是，对于一个实例来说，优先的故障组可能对于另一个实例就是远程的故障组了。

15.3.4 扩展的集群面临的挑战

你可能会在扩展的集群中遇到一些通常不希望在普通集群中看到的挑战。第一件重要的事情，是节点之间网络连接的复杂性。私有互连在扩展的集群中比在正常集群中扮演更重要的角色，因为节点之间的距离导致为了提升整体性能、降低网络延迟而增加了重要且昂贵的组件。需要考虑网络延迟，因为每个消息和每个块传输都包含这些额外的时间。

第二件重要的事情，是用于存储复制的镜像技术。镜像技术的选择有所不同，因为从应用层看，Oracle 内核应该将存储视为单元，并且应该从较低层提供抽象。镜像技术的选择在节点故障期间的手动重启过程中也起着重要作用。

在设计过程中需要考虑的第三个重要事项是仲裁设备的数量。建议使用第三个站点作为仲裁设备，以便最大限度提高扩展的集群环境的可用性。第三个站点充当仲裁者，以确定通信失败期间哪个站点将存活。仅在使用第三方集群软件时才值得这样做。Oracle 的集群软件在常规操作期间使用仲裁设备(仅在集群重配置事件期间)，因此在第三个位置使用不会带来任何好处。

一般来说，在镜像表决盘的支持下，可以在常规集群中克服此问题。但是，对于扩展的集群，可以使用第三个站点作为法定站点来设置另一级别的冗余。如果节点的通信信道之间发生干扰，集群的仲裁机制就会发挥作用。仲裁设备的数量选择在脑裂情况下打破平局时起着重要作用。第三个站点可以是简单的工作站，在发生故障时充当仲裁者，如图 15-6 所示。

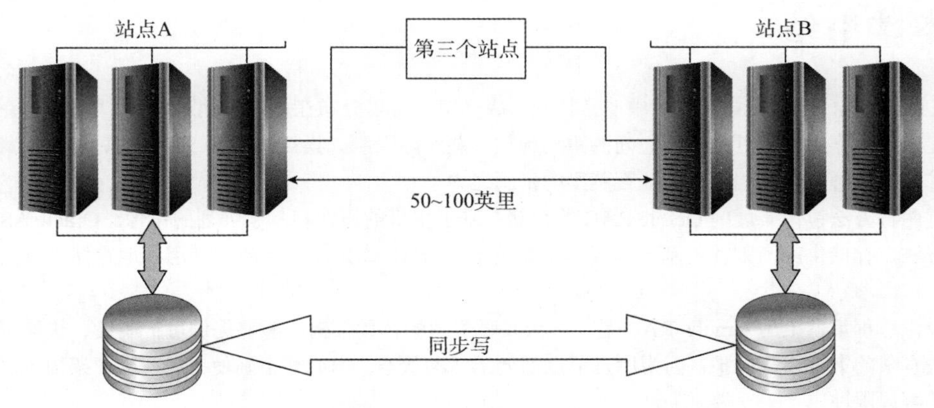

图 15-6　在 3 节点架构中使用第三个站点作为仲裁者

15.4　扩展的 Oracle RAC 的限制

扩展的集群上的 Oracle RAC 是一种非常特殊的解决方案，适用于希望在扩展的集群上构建业务应用程序的客户。但是，由于高延迟，并不适用于长距离部署。如果节点之间的距离大于 100 英里，则应在实施之前仔细测试系统并进行原型设计。

扩展的集群需要专用的点对点高速网络。它们无法使用公共网络，设置 DWDM 或使用黑光纤可能需要花费数十万美元，并且扩展的 Oracle RAC 集群不适用于不稳定的网络，网络服务的轻微中断都将导致节点驱逐或出现故障。

15.5　扩展的 Oracle RAC 与 Oracle DG

可以将 Oracle 的扩展的 Oracle RAC 高可用性解决方案用作有限的灾难恢复解决方案。扩展的 Oracle RAC 不会取代 Oracle DG 的功能，后者是一种真正的灾难恢复解决方案。如果正在寻找真正的灾难恢复解决方案，则应将 Oracle DG 与扩展的 Oracle RAC 结合使用。

可以使用 Oracle DG 来克服扩展的 Oracle RAC 强加的内在限制。与扩展的 Oracle RAC 相比，Oracle DG 还具有以下优势：

- **网络效率** Oracle DG 不需要昂贵的 DWDM 或黑光纤技术来进行镜像。它使用普通的 TCP/IP 进行通信，并且不需要额外的协议转换器。Oracle DG 仅传输重做数据或增量更改。除非使用传统的热备份，否则不会发送块镜像(block image)。
- **无距离限制** 基于光纤的镜像解决方案具有固定的距离限制，无法在数千英里的范围内部署。它们还需要额外的协议转换器，而这些都会间接增加成本、复杂度和延迟。
- **数据保护** Oracle DG 可防止逻辑损坏，因为数据库是从主服务器恢复的。在应用于辅助数据库之前，会验证主数据库的归档日志中的重做记录。SQL APPLY 和重做应用都不会像存储镜像那样，简单地对块镜像进行镜像操作，因此能够提供更好的用于防止物理和逻辑损坏的保护。

- **更好的灵活性和功能** Oracle DG 使用商用硬件和存储，不会限制使用指定存储供应商的专有镜像技术。远程镜像解决方案通常需要来自同一供应商的相同配置的存储设备。不能部署缩小版本的灾难恢复站点。还可以在异步模式下部署 Oracle DG。Oracle DG 提供了各种保护方法并能够对网络连接问题进行优雅的处理。

在扩展的集群上部署 Oracle RAC 需要进行仔细的架构规划和部署实践。还可以使用正确实施的扩展的 Oracle RAC 集群作为有限的灾难恢复解决方案。Oracle DG 和 Oracle RAC 专为不同类型的故障情况设计。当能够正确使用它们时，它们不会相互竞争，而是相互补充。

15.6 本章小结

扩展的 Oracle RAC 配置在集群技术中非常特殊，成员节点可以分布在不同的地理位置。“光速”在成员节点之间的延迟中起着关键作用，并且对节点之间的距离施加一些实际限制。集群每扩展 50 英里就会引入大约 1 毫秒的延迟，这将扩展的集群限制在相隔不到几百英里的范围之内。

可以通过两种方法镜像扩展的 Oracle RAC 的存储：基于主机的镜像和基于阵列的镜像。Oracle ASM 使用基于主机的镜像方法，存储供应商则使用基于阵列的镜像技术。ASM 优先读特性能够利用本地存储进行读取，并提高了读取性能。

总的来说，远程集群上的 Oracle RAC 是一种极具吸引力的替代架构，能够提供可扩展性、快速可用性，甚至可以提供一些有限的灾难恢复保护，因为所有节点都处于活动状态。当能够正确使用时，这种架构可以提供很大的价值，但是了解局限性也至关重要。

第16章

为Oracle RAC开发应用程序

可以使用 Oracle RAC 来扩展大多数的数据库应用程序——从自定义应用程序到商业现货(Commercial Off-The-Shelf，COTS)应用程序。在单实例环境中运行的应用程序可以直接移植到 Oracle RAC 平台上，而无须在最佳设计时进行任何主要架构或代码级别的更改，并且几乎所有打包的应用程序都可以在可扩展性或可用性方面遇到问题时，移植到 Oracle RAC 上。

简单来说，应用程序供应商可以在集群上安装 Oracle RAC，然后在 Oracle RAC 中安装，并运行应用程序，而不会由于数据库状态(单个实例到多个实例)发生更改而导致业务功能的任何损失。这意味着订单输入表单或资产负债表报告不会因为数据库已集群而从应用程序菜单中丢失。

尽管在单实例数据库上开发的任何应用程序都可以在不修改的情况下在 Oracle RAC 数据库上运行，但与单个实例相比，Oracle RAC 上的某些应用程序的性能可能不是最理想的。即使对于设计良好且性能良好的应用程序(在单个实例上)，情况也许仍然如此，因为尽管 Oracle RAC 是可扩展的，但并不一定适用于每个应用程序。在将应用程序扩展到 Oracle RAC 上运行时，底层应用程序的可扩展性至关重要。

在此背景下，许多技术专家、架构师和经理都认为 Oracle RAC 可以解决所有可扩展性和性能问题。突然之间，Oracle RAC 成了万众期待的在单个节点上运行效果不佳的万能药。这为 Oracle RAC 创造了巨大的潜在市场，从小型商店到大型企业。最终创建的内容导致用户很懊恼，因为 Oracle RAC 没有按照“应该”的方式执行。与许多新的软件产品一样，Oracle RAC 从一开始就遇到了许多挑战，但技术实力雄厚、强大的功能和性能始终是 Oracle RAC 最大的优势。

Oracle RAC 是高可用性选项的一部分，在最高可用性是主要诉求时，客户可以选择 Oracle RAC。使用 Oracle RAC 的唯一目的是提高系统的可扩展性和性能，但可能会也可能不会得到回报，因为这些改进取决于许多因素。其中的关键因素是应用程序的设计及可扩展性。

与单个对称多处理(SMP)架构相比，精心设计且经过良好调整的数据库可为同样经过良好设计的应用程序提供服务，并且能够扩展到使用多个节点的 Oracle RAC 上。而这种可扩展性已经在并发用户数量、实现的工作负载和性能方面，被不同的硬件和应用程序提供商在各种不同的平台和各种类型的应用上多次证明。各个公司和分析师可以获得可靠的事实和数据，以证明 Oracle RAC 在多个节点上的可扩展性(有关最新结果的更多信息，请访问 www.tpc.org.Oracle 上定期发布的 Oracle E-Business 套件和其他使用 Oracle RAC 的知名应用程序的大型 TPC 基准测试结果)。

Oracle RAC 中的应用程序性能取决于应用程序在单个实例上的执行情况。即使在 Oracle RAC 中运行应用程序不需要进行任何更改，但在应用程序迁移到 Oracle RAC 时也必须考虑一些特定的问题，因为这些问题可能会影响应用程序或整个系统的性能。本章提供对这些最佳实践的更多见解。

由于涉及各种软件层的复杂性和数据库/应用程序特性，对单节点 SMP 架构上应用程序和数据库的性能、可扩展性与集群系统中的可扩展性进行比较是颇为棘手的，有时甚至结果也是不确定的。例如，用于协调银行应用程序中所有账户的批处理作业每秒可以执行 25 个事务，并且需要 4500 秒才能完成。在总共 4500 秒中，4000 秒包含 8 个 CPU 盒子上的 CPU 时间，利用率为 90%(完全使用 7.2 个 CPU)。对于此例，请将剩余的 500 秒视为与延迟相关的问题，例如 I/O 等待、锁定等。这里假设执行批处理时没有其他作业或进程正在运行。

如果作业需要在一半的时间内完成——2250 秒——那么通用的解决方案就是在同一个 CPU 盒子内增加一倍的 CPU。从理论上讲，包含 16 个 CPU 的盒子应该在 2250 秒内以每秒 25 个事务和 90%的利用率(14.5 个 CPU 被完全利用)完成相同的工作。在这种假设下，在减少 500 秒的等待时间且应用程序已被良好优化的情况下，没有多少事情可做了。

如果不深入研究任何具备可扩展性的公式、队列模型、理论(对于架构师、设计人员和开发人员来说关键、重要且不可或缺的工具)以及伴随着可扩展性而带来的所有其他技术复杂性方面的挑战，我们是否能够提供一个自信的答案，具有更高 CPU 容量的单实例数据库是否可以扩展？如果我们部署一个双节点 Oracle RAC，每个节点都有 8 个 CPU，是否可以实现相同的可扩展性(在 2250 秒内完成作业)？

如果不知道如下因素，就很难提供简单明了的答案：

- 在单个实例上，我们花了多少时间等待 I/O 和锁？这些时间可以减少吗？
- 应用程序的工作方式是否完全相同，每秒 25 个事务的吞吐量相同，无须在 Oracle RAC 中进行修改？
- 在 Oracle RAC 上部署时，应用程序是否可以执行相同的操作而不会遇到锁定/并发问题？
- 使用 Oracle RAC 时，占用主要锁开销的应用程序吞吐量是多少？
- 我们是否在应用程序逻辑中有足够的并行流/进程来利用额外的 CPU 资源？
- 成本因素怎么样？哪种型号更便宜？

这只是一次长时间讨论的开始，在能够找到有用的答案之前需要考虑更多的因素。但是，如果不考虑单节点和 Oracle RAC 上的应用程序测试结果，那么所有这些都可能毫无作用。

尽管如此，我们已经看到，通过一组特定的特性和指标，可以在单节点和 Oracle RAC 系统中观察和记录重要的趋势，为分析师和设计人员提供有效且有意义的数据。数据可与进一步的测试结果结合使用，以便做出决策或采取积极行动。单独采用数据(例如单节点 SMP 结果)来决定扩展和实现所需性能的最佳模型将是相当天真的。

本章绝不是关于应用程序的可扩展性和性能，以及如何实现或如何不实现的完整指南。本章的目的，是为 Oracle RAC 数据库上运行的应用程序提供一些最佳实践解决方案和建议，因为 Oracle RAC 数据库适用于各种应用程序，从纯粹的在线事务处理(OLTP)环境到混合数据仓库和在线系统。传统的企业资源规划(ERP)、银行/保险、一般性金融业务、客户关系、电信计费、制造、Web 应用程序、互联网商店和数据仓库等应用程序都可以根据环境采用这些最佳实践。与往常一样，测试是必需的，因为不存在适合所有要求的通用建议。

这些最佳实践和指南来自不同平台和应用程序类型的各个场景的经验，来自 Oracle 自身的经验和知识库，来自用户的辩论和讨论，以及来自全球的技术专家和 Oracle RAC 爱好者。该准则旨在减少 Oracle RAC 环境中资源(如数据/索引块、闩和锁、内存和 CPU 周期)的总体争用。

现在让我们研究一些影响 Oracle RAC 数据库应用程序性能和可扩展性的因素。这里没有既定的优先顺序，但所有因素都应得到同等重视，有些因素在某些情况下可能更为重要，这取决于面临的问题/挑战的复杂性和紧迫性。

尽管本章并不是需要仔细考虑和分析的所有因素的详尽列表，但却包含一些影响所有版本和大小的 Oracle RAC 数据库的最有争议的问题。

16.1 应用程序分区

首先，可以考虑阅读一下 Oracle 技术网站(OTN)上的文章“Oracle 8*i* 并行服务器的管理、部署和性能”，具体链接为 https://docs.oracle.com/cd/A87861_01/NT817EE/paraserv.817/a76970/toc.htm。虽然已有几十年的历史，但它却是关于应用程序在并行服务器环境中可能遇到的基本问题以及可用于解决这些问题的分区方案类型的颇为出色的入门级文档。Oracle 文档的后续版本中已经删除了大部分此类基础资料，因为从 Oracle 9*i* RAC 开始，这些被认为是不必要的。然而，在回顾本书时，特别是第 5 章和第 6 章，阅读这些旧文档对你来说会有很多好处，对于 Oracle RAC 及传统问题领域的新手尤其有用。

在 Oracle 并行服务器(Oracle Parallel Server，OPS)中，应用程序分区对于扩展应用程序来说是极为必要的。必须采用此方案以避免在并行数据库中，所有参与操作的实例在遇到块占用时出现的争用现象。在某些具体部署中，OPS 8*i* 中的一个绊脚石就是对磁盘访问的争用，并且当另一个实例请求对相同的块进行修改时，需要持有块的实例强制将脏块写入磁盘。请记住，缓存融合 I(也称为一致读服务器)最大限度减少了将块写入磁盘的需要，即使对于一致读(CR)块也是如此。但是，当多个实例需要对相同的块进行修改时，应用程序的可扩展性就会受到限制，因为对同一块的请求增加导致磁盘写入的增加。这也增加了全局锁活动——互连流量以及大量的 CPU 使用率。需要特别注意和关注 GC_FILES_TO_LOCK 这样的参数，这几乎是控制块级锁的唯一方法。

当同样的具有相同事务模式的应用程序同时在多个节点上运行时，就会发生资源争用。因此，应用程序需要同样的块集合用于执行 DML(数据操作语言)语句，因为这些操作发生在同一组表上。

当两个或多个应用程序组件同时访问同一个表或同一组表时就会发生表重叠(table overlap)。例如，应收款模块和付款模块可以同时查询和更新交易表。这会为一个块或一组块提供更多的争用机会，当然这取决于事务的类型。

来自不同节点的同一表上的高插入速度可能导致受影响的块以及位图块(BMB，位于 ASSM 表空间中)上出现争用现象。如果表存在索引，这也可能导致对索引分支/叶子块的争用。使用数据库序列生成键值也会增加出现缓冲区争用的可能性。

缓存融合 II(也称为写/写缓存融合)通过在某些情况下将当前块的副本通过高速互连直接传输到请求实例的方式来最小化一些强制磁盘写入效果。但是，必须通过实例之间的互连将缓冲区的副本传送到请求实例。

最佳实践：应用程序分区方案

为了减少这些影响，Oracle 在 OPS 8*i* 中引入了应用程序分区方案，这些方案在 Oracle 12*c* 中也绝对不会过时，并且仍然可以提供更高的性能和可扩展性。尽管已知的许多场景可以有效地使用，但是应用程序分区并不是 Oracle RAC 数据库安装的必要条件。

应用程序分区涉及以下内容：

- 确定应用程序的主要功能业务组件并进行隔离。
- 调度应用程序或应用程序的组件，使它们只在特定节点(或多个节点)上运行，从而限制通过特定节点(或多个节点)访问应用程序。

例如，生产制造应用程序可以在节点 1 上运行库存业务，在节点 2 上运行 BOM，在节点 3 上运行支付业务，然后在节点 4 上运行应收款业务。在大多数的这种类型的应用程序中，都很难避免表重叠现象，因为在这里多个模块会共享同一组表。通过在单个节点或最多两个节点上运行相同的应用程序模块，可以最大限度地减少或阻止争用操作。当无法拆分表(以便每个应用程序模块使用自己的表和索引)以及无法进行数据分区时，这可以作为部分性解决方案。在 16.2 节中，你将了解如何使用数据分区来解决此问题。

应用程序分区可以减少发生争用的可能性。模块中公共表的数量越少，应用程序的性能就越好。Oracle 12*c* RAC 还可以在 OLTP 以及批处理/决策支持系统(DSS)类型的环境中使用这种基本的分区方案类型。

频繁读锁

Oracle 使用一种被称为频繁读锁(Read-Mostly Locking)的锁机制。数据库以被称为反向锁(anti-lock)的新锁元素的形式实现了这种机制。反向锁元素通过向所有节点全局授予共享读(S 亲和锁)来控制“频繁读锁”方案的行为。

通过对象的全局共享访问，所有节点都被预先授予对象的所有块的读访问权限，这就消除了与读访问相关的锁开销。通过频繁读锁实现对对象的访问，都可以绕过标准的缓存融合协议，以便在实例之间进行块传输。但是，对象的写访问严格遵循常规的缓存融合机制，并且成本要比读操作更高。

Oracle 为应用程序分区方案而更进一步优化了这种锁协议，尤其是在已经精心分区的应用程序中，某些对象之间有着很少的读-写竞争，并且大多数访问只是为了执行 SELECT 语句的情况下。

16.2　数据分区

数据分区的好处众所周知，许多大型数据库通过实现 Oracle 服务器在每个后续版本中引入的诸多方案而获得丰厚的回报(请注意，分区功能包含在 Oracle 软件的企业版中，是一个额外的成本选项)。

在 Oracle RAC 环境中需要充分考虑分区数据和索引以及如何进行良好的规划。如果选择了正确的分区策略，分区就可以帮助我们最大限度减少对数据和索引块的大量争用。数据分区对 Oracle RAC 的性能影响更大，因为从 Oracle 10*g* 开始，锁管理(和动态重新管理)机制在段级别进行处理。

间隔分区

Oracle 12*c* 提供了一种称为间隔分区(interval partitioning)的分区策略。间隔分区克服了范围分区内置的一些限制，其中 DBA 为表创建分区时指定了特定的范围值或限制。间隔分区是对范围分区的扩展，当插入的值不满足表中所有其他现有分区范围的插入条件时，Oracle 会自动创建新的分区。

间隔分区要求在表创建期间指定至少一个范围分区。为范围分区提供范围分区键后，数据库将转换点用作基线，以创建与转换点对应的间隔分区。

环境/应用程序的类型是选择要创建的分区类型的关键因素。这意味着应用程序可以是简单的 OLTP 系统，也可以是 OLTP 和批处理的混合系统。某些环境本质上是纯粹的批处理或 DSS，有时也称为数据仓库。这里的每个环境都具有交易的主要“类型”或“性质”。可能是 INSERT 密集型、UPDATE 密集型或 SELECT 密集型，也可能是这些类型的混合。OLTP 应用程序会大量进行上述所有三种类型的操作，当然还有 DELETE 操作。

某些应用程序还在系统中嵌入了大量 DDL(数据定义语言)。事务量(插入、更新和删除速率)是在选择正确的分区策略时需要考虑的另一个关键因素。

有关数据分区和缓冲区忙等待问题的大多数讨论主要集中在与 INSERT 相关的问题上，因为它们是常见的问题。

最佳实践：引导系统

可以将工作负载特征和应用程序分区结合起来，从而提高性能。工作负载特征是指，基于将要对数据进行处理的节点/实例，数据集应该在哪里被引导或者指向要插入的分区。

例如，使用引导系统插入数据以确保只在特定节点上处理数据。假设有一个 4 节点的 Oracle RAC 数据库，每个节点仅处理一个区域的数据。当数据到达准备插入时，引导系统路由数据使得节点 1 仅插入 Western 区域的数据，节点 2 插入 Eastern 区域的数据，等等。

引导系统可以是应用程序逻辑或软件的组合(例如，Tuxedo 中的数据依赖路由功能)，也可以是内置算法的智能设备。数据通常通过这些系统进行路由。电信应用中广泛使用了引导系统，不过使用场景更大，更复杂。

在某些情况下，到达(来自外部系统、平面文件等)的数据可以预先排序并引导到实例，使得在节点插入期间，在应用程序端不需要智能或指导。一旦数据进入，节点 1 上的应用程序就处理从分区 1 到分区 25 的数据。节点 2(运行相同的模块或另一个模块)将处理来自分区 26 到分区 50 的数据，依此类推。除非在某些不可避免的情况下，否则在处理期间不会在节点之间共享用户数据。这会在节点和数据/索引块之间创建关联。因此，应用程序更有可能在本地缓存中找到一个块或一组块，从而有效地减少跨实例通信和块传输。

在典型的 OLTP 环境中，每个查询或 DML 操作通常访问的块数都很少。这是因为数据选择主要由主键或唯一键查找驱动。大范围的数据扫描不太可能，除非应用程序需要它们，或者设计不当，或者遭受各种类型的“过度索引”和架构问题。

相比之下，选择大量数据(数据挖掘、报告和 DML)的批处理操作需要访问数十万个块来满足查询。如果没有分区和适当的引导，实例之间对数据/索引块的激烈竞争将导致块争用，这可以视为以下等待事件中部分事件的组合：

- 缓冲区忙等待(buffer busy wait)
- 被其他会话读(read by other session)
- 全局缓存一致读请求(global cache cr request)
- 全局缓存一致读缓冲区忙(gc cr buffer busy)
- 全局缓存当前块忙(gc current block busy)

可能需要对应用程序进行更改来使用键值(例如实例 ID 或等效项)引导数据，还需要对数据结构进行更改，因为列已被添加到表中。该列会用来标识插入(或在某些情况下，上次更新)此行的实例。例如，如果要在 order_date 列上对表进行范围分区，则分区键可以是(order_date，instance_id)。

一些设计人员喜欢使用不同的列名来标识每个引导行并将其绑定到特定的实例或表分区。如前所述，使用某种预定算法完成对每个实例/分区的引导。该列还将成为分区键的一部分(order_date，<column name>)。此外，我们还可以基于该列创建索引分区。

使用这个键值，数据将插入或更新到正确的分区中，稍后将由特定节点上的应用程序进行处理。此方案可以显著减少数据块、位图块和索引叶块的争用(当索引被分区时)。

以下内容摘自 Oracle MOS 文档“Oracle 9*i* RAC 部署和性能”(ID 为 A96598-01)，该文档以非常清晰的方式总结了上述策略：

缓存融合通过在集群中有效地同步这些数据，消除了与全局共享数据库分区相关的大部分成本。但是，在不更改应用程序的情况下进行对象分区有时可以提高表和索引中热点块的性能。这是通过将对象重新创建为 hash 或复合分区对象来完成的。

例如，考虑具有高插入速率的表，该表也使用序列号作为索引的主键。所有节点上的所有会话都将会访问最右侧的索引叶子块。因此，不可避免的索引块拆分会产生导致瓶颈的串行化操作的点。要解决此问题，请重建表及其索引。例如，作为分区个数为 16 的哈希分区对象，这样就可以在 16 个索引叶块之间均匀分配负载。

16.3　缓冲区忙等待/块争用

几乎每本 Oracle 调优书籍都会涵盖缓冲区忙等待相关的主题。在 Oracle 8*i* OPS 时代，使用自由列表(FREELISTS)和自由列表组(FREELIST GROUPS)可以减少数据块争用(主要是在插入期间)。如果应用程序设计人员/开发人员和 DBA 能够对这两个参数进行正确的设置，那么当使用并发插入时，这仍然是一种有效且高效的方法，可以显著减少数据块争用以及 Oracle RAC 环境中的段头等待。

通过对大量并发插入的性能进行测试，发现与使用自动段空间管理(ASSM)表空间相比，使用这些参数也可以提供相同或更好的性能。毋庸置疑，最终用户在 Oracle 10*g* 或更高版本的数据库中，应该使用本地管理表空间、精确的区大小设置和其他段管理相关的子句。在 Oracle 10*g* 之前，在手动段空间管理的表空间中，是使用 FREELISTS 和 FREELIST GROUPS 来管理可用空间的。但是在 ASSM 表空间中，则是使用位图块来管理的。

段头块可以是实例之间的争用点。自由列表组减轻了对段头块的争用，因为它们将争用点从段头移到了主自由列表中的专用块。如果自由列表组的数量等于或大于实例数，则每个自由列表组可以与实例相关联。

热点块与 X$KSLHOT

从 Oracle 10*g* 开始，不再需要在 V$BH 或 X$BH 上编写多个重复查询或转储数据/索引块来查找通常由应用程序追逐的热点块。Oracle 添加了一个名为 X$KSLHOT 的新视图，以简化热点块的识别。要使用此功能，需要将鲜为人知的隐含参数_db_block_hot_tracking 设置为 true。这个视图包含负责争用的 RDBA 示例。kslhot_id 列是 RDBA，kslhot_ref 列是对访问次数的统计。较高的 kslhot_ref 意味着对应的 kslhot_id 是热缓冲区明显的候选者。

但是，需要注意，由于数据分散在更多的块中，因此使用多个自由列表(而不是自由列表组)会影响索引的簇聚因子(clustering_factor)。这有时会增加通过索引访问表时的I/O成本，因为索引键被广泛分散在更多块中。

Oracle 9*i* 引入了ASSM，这是一种有效减少块争用的“自动化”方法，可通过尝试为每个进程选择不同的块来完成插入操作，从而实现插入的随机性。但是不能保证每次都以相同的方式运行，不过在ASSM中，两个或多个插入进程选择相同块的可能性很低。因此，这个随机因素倾向于平衡，这对ASSM有利，尤其是在Oracle RAC环境中。

使用FREELIST参数时，Oracle使用以下公式将进程映射到自由列表上：

```
mod(Oracle 进程 ID,自由列表编号)+ 1
```

在ASSM中，使用进程ID将自身引导到空间映射块，甚至选择块时也会基于进程ID。正如我们之前看到的，使用ASSM表空间的主要好处在于级别为2的位图块(BMB)与实例具有亲和力。因此，它们通常不通过互连发送。此外，它们管理的块也与级别为2的位图块(BMB)具有相同的实例亲和力。

使用ASSM还会对索引的簇聚因子产生极大的影响(尽管并不是每次都重复出现的症状)，因为数据分布在许多块中。应用程序开发团队应该在具有高插入速率的ASSM上测试他们的应用程序并分析趋势，因为在所有情况下都不存在通用的解决方案。此外，使用ASSM可能会在全表扫描期间导致性能问题，因为这些表通常比非ASSM表大。

16.4 索引分区

许多场景中最明显的错误之一是对表进行分区，而不是对索引进行分区。索引分区与表分区同等重要或更重要——由于索引键的行长度较小，因此在块级别就具有更高的并发性，索引块比表块更容易变成热点块。可以通过实现以下技术来减轻索引块争用问题。

16.4.1 缓冲区忙等待：索引分支/叶子块争用

在数据的加载或批处理是主要业务功能的应用程序中，由于在大量插入期间维护索引而带来的开销，此时索引块更有可能成为影响响应时间的性能问题。根据访问频率和同时插入数据的进程数量，索引可能成为热点块，并且由于频繁的叶子块拆分，索引中的有序且单调增加的键值(通常使用序列生成)导致争用可能会加剧，也可能是因为索引树深度较低。

如果同时访问树的特定叶子块或分支块，则叶子块或分支块拆分可以成为重要的串行化点。以下等待事件是此类块争用问题的典型指标：

- 全局缓存缓冲区忙(gc buffer busy)
- 全局缓存当前块忙(gc current block busy)
- 全局缓存当前块拆分(gc current split)

在Oracle RAC环境中，如果操作所需的数据未在本地缓存，则会影响拆分叶子块的事务和等待拆分完成的事务。在拆分操作之前和执行期间，执行拆分的事务必须在占用目标块之前执行一系列全局锁操作。

这些操作的成本都非常昂贵，尤其在Oracle RAC中，延迟会对进行大量插入操作的应用程序性能产生负面影响。在分支/叶子块拆分期间，阻止异步陷阱(BAST)处理会对完成拆分所花费的时间产生额外影响。

请注意，在Oracle RAC环境中针对所谓的“性能提升”进行定期索引重建可能会适得其反。事实上，Oracle B树索引是按平衡进行设计的，在正常情况下，不需要定期重建索引。重建索引能够使索引块更紧凑并减少可用空间。换句话说，我们在考虑Oracle RAC时，不仅仅会涉及设计或开发问题，还会涉及维护活动。

挑战在于最小化多个实例的同时插入数据和索引到同一块中的机会。这可以通过使用hash或范围分区，或者在应用程序代码和数据库结构中进行适当的更改来完成。分区方案取决于应用程序的适用性。

右侧增长的索引会经历叶子块的争用增加，这主要是由于索引键值是按序列递增的顺序生成的。因此，叶子块往往经常会变成热点块，这称为缓冲区忙等待。此外，频繁拆分索引也可能会引入更多的串行化点。

通过多个索引分区，将访问分散到叶子块上，缓解了热点块问题。除了显著减少争用之外，本地缓存关联性也得到改善，因为叶子块在本地缓存中保留的时间更长，并且更适用于本地用户。

最佳实践：索引分区

索引分区在 OLTP 和批处理类型环境中提供了巨大的性能改进。选择本地索引还是全局索引，这高度依赖于应用程序以及如何查询数据，例如索引查找是基于唯一键(或主键)还是索引范围扫描。在选择索引分区类型时，分区维护和性能也是需要考虑的关键点。

全局索引适用于 OLTP 环境，在用户的期望列表上，对性能的要求通常很高，而且对于喜欢执行唯一键查找的应用程序来说也是如此。Oracle 10*g*R2 及后续版本开始支持全局 hash 分区索引，这为处理分区索引提供了更大的灵活性。

Oracle 允许对表上的索引进行独立分区，如果可以因此限制对索引块的争用，那么性能调优会变得更简单。

此时值得一提的是，无论有多大冗余，SQL 语句必须在 WHERE 子句中使用分区键才能实现分区消除/裁剪。请注意，分区消除仅适用于范围或列表分区。如果没有基于分区和索引列的限制性谓词，索引范围扫描可能会非常缓慢。这些列应该是分区键或其中的一部分，以利用分区裁剪特性。谓词的类型(=、>、<)有可能会破坏查询的性能。

使用反向键索引降低叶子块竞争

某些应用程序在性能方面会受益于反向键索引(高 INSERT 环境)，但它们因产生高 I/O 而臭名昭著。由于数据库不在索引中存储索引的实际(非反向)值，因此数据库无法执行索引范围扫描。

一般而言，数据库可以在反向键索引上执行按键提取和全索引扫描。如果反向键索引构建在单个列上，则基于成本的优化程序(CBO)将不使用索引范围扫描。如果反向键索引构建在多个列上，那么在索引的前导列上使用等式谓词时，CBO 将用来进行范围扫描操作。

请注意，反向键索引的簇聚因子将更倾向于行数，因为索引指向散布在不同块或多个块上的表行。这将影响 CBO 选择没有反向键索引的执行计划。

有时，反向键索引和生成键值的充分缓存的数据库序列的组合使用，可以极大地缓解数据库中出现的严重索引叶子块竞争现象。

使用反向键索引可以获得很大的好处(由于副作用而有时会抵消)，但在实现应用程序执行索引范围扫描的反向键索引时要小心。设计人员和开发人员在选择索引和分区策略时也应考虑这些选项。

使用反向键索引的不良副作用是它们必须不断地重建，并且往往节约 50%或更多的可用空间才有益，因为大量的块分裂将在活动状态的表上进行。

全局缓存延迟(Global Cache Defer)与反向键索引

虽然反向键索引和散列分区有助于对抗具有高并发性的对象的等待，但它们需要额外的调整才能完美地工作。Oracle 提供了多种优化技术来克服不同的问题，其中一些技术在协同工作时会适得其反。反向键索引就是需要仔细执行的功能之一。

当块级别存在高并发性时，将块保持在持有块的实例中的时间通常会更长，并且允许锁定进程继续工作而不是重复发送和接收块。在块级别观察到高并发性时，将隐式调用名为全局缓存延迟的新优化技术，并暂停所有发送请求一段时间。当使用 hash 分区或反向键索引来解决相同问题时，这会对性能产生负面影响。

全局缓存延迟机制曾经在早期版本的 Oracle 中非常激进。全局缓存延迟时间由隐含参数_gc_defer_time 控制，默认为 3 厘秒。在开始使用这一特性之前，应该仔细地对禁用全局缓存延迟进行基准测试。

16.4.2　排序 hash 簇表

Oracle 提供了几种用于存储表数据的可选方法，包括簇表和 hash 簇表。排序 hash 簇表特别适用于需要非常高的数据插入和检索频率的系统。

簇表的结构能够更好地支持先进先出(FIFO)数据处理应用程序，其中数据按插入顺序处理。这些应用通常在电信和制造环境中可以找到。例如，考虑电信环境中常见的呼叫详细记录(Coll Detail Record，CDR)数据结构。出于计费和审计目的，每个呼叫都要记录并与来源相关联。通常，呼叫在从交换机到达时存储。在生成客户账单时，可以稍后以 FIFO 顺序或自定义订单检索数据。

虽然通常的做法是在两个标准表中捕获这些数据，但是排序的 hash 簇表是更好的解决方案，因为允许对任何给定客户的分类呼叫记录列表进行廉价访问，并允许读取呼叫记录的计费应用程序以 FIFO 方式排序列表。任何始终按插入顺序使用数据的应用程序都会通过使用这种类型的优化表结构来看到巨大的性能提升。

关键是按照应用程序的要求对数据和索引进行分区。以应用程序需要的方式存储数据并进行查询。如果算法按降序选择客户，请探索按降序存储客户的可能性，并使用按客户降序创建的索引。使用此方法可能存在潜在的开销，因为需要不断对表/索引进行重建、加载数据以及执行其他相关的管理工作。但是对于自动化任务，使用这些方法的好处有时可能超过开销。

在 Oracle RAC 环境中，应用程序必须能够智能地处理来自预定义的一组数据/索引分区的数据。这减少了块争用的可能性以及在实例之间传播的重复块的“乒乓”效应。

16.5　使用序列

数据库序列可用于生成按可配置顺序增长或增加的数字。应用程序设计人员无须使用“自行开发”的序列生成器来填充数据库表，并使用本地逻辑进行更新。这些序列的扩展性不是很强，特别是在具有高插入的 Oracle RAC 环境中，当它们与特定子句一起使用时。但是，在某些情况下，这些自定义和非 Oracle 定义的序列是实现 Oracle 自身序列无法实现的某些目标的唯一方法。

从序列中获取值时，如果值未缓存，则获取操作是对数据字典的更新。因此，每次选择都在内部调用 DML 和提交，这在 Oracle RAC 中是很昂贵的，因为在广泛使用序列时，系统提交号(SCN)必须在整个集群中同步。

在 Oracle RAC 环境中，由于序列的大量使用(或滥用)和高插入率导致的性能下降可能会以不同的方式表现出来：

- SV(序列值)队列争用。如果看到 SV 队列争用，则问题很复杂，可能需要 Oracle 技术支持人员提供服务。
- 缓冲区忙等待各种类型的块，例如数据块、索引叶子块和段头。
- 也可能见到索引块上的 TX 队列等待。
- 在某些情况下，当没有保留或足够数量可用的事务槽时，可能出现 ITL 等待。这可能是由于 PCTFREE 的设置非常低，可以结合 INITRANS 的默认值或使用 MAXTRANS 来人为限制事务槽的数量。

16.5.1　CACHE 与 NORDER 选项

CACHE 选项可加快序列的选择和处理，并最大限度减少对 SEQ$的写入。请注意，只有当应用程序能够接受序列中出现空档时，CACHE 选项才可用，无论是否使用 Oracle RAC。

从性能和可扩展性的角度看，使用序列的最佳方法是一起指定 CACHE 和 NOORDER 选项。CACHE 选项确保在第一次使用序列后，在每个实例中缓存一组不同的数字。NOORDER 选项指定序列号可能不是有序的。对于从多个实例执行大量并发插入并使用序列生成键值(如主键)的应用程序，使用 NOORDER 和 CACHE 选项可提供最佳吞吐量。

在高插入环境中，具有从序列生成的键值的表往往容易出现数据和索引的热点块，因为每个实例都需要插入所在的块。如果不对表和使用的索引进行分区，这些块将成为主要的争用点。因此，数据和索引的分区应该是减少这种类型的争用的第一步。除分区外，在键值之外使用附加列对于避免争用至关重要。

这些热点块可视为“缓冲区忙等待”或“被其他会话读取”这样的等待事件，具体取决于等待的模式。实例之间传输的 CR(一致读)和 CUR(当前)块的数量也会增加，即便已经使用了分区技术。

NOORDER 选项的一个缺点是键值可能不是有序的。因此，如果使用序列生成发票编号、客户编号或账号，并且监管规范要求维护编号顺序，则不能使用 NOORDER 选项。异常实例关闭或崩溃将在序列中引入空档。在共享池刷新或回滚期间，缓存的序列可能会丢失。序列不支持回滚，因为序列值一旦被提取，这个数字就被视为已经提取并且被认为永久消耗了。

16.5.2　CACHE 与 ORDER 选项

如果必须保证数字的排序，可以使用 ORDER 子句指定 CACHE 选项。这确保了数字的排序，因为每个实例都缓存同一组数字，这与 NOORDER 选项不同。

CACHE 和 ORDER 选项可能不像 CACHE 和 NOORDER 选项那样可伸缩，但是它们确保了序列有序，尽管在实例启动和关闭期间仍然会出现空档。

16.5.3　NOCACHE 与 ORDER 选项

当应用程序按顺序且无空档地要求所有序列值时，将使用 NOCACHE 和 ORDER 选项。使用这种模型对 Oracle RAC 环境的性能影响最大，设计人员在选择模型之前必须了解模型固有的可扩展性限制。

要在使用序列生成键值时克服出现缓冲区忙等待数据块，请在使用段管理为手动或使用 ASSM 方式创建表空间时指定 FREELISTS。此外，段头块在 Oracle RAC 环境中也会出现严重争用。要减少这种情况，请使用 FREELIST GROUPS。

16.5.4　最佳实践：为每个实例使用不同的序列

Oracle RAC 的一项最佳实践是为每个实例使用不同的序列，以避免单点争用。特定节点上的每个插入过程使用自己的序列选择单调递增的键值。在进行大量并发插入操作时，在不同序列中选择值可能是很好的解决方案，但需要修改应用程序。

在 Oracle RAC 环境中，要克服使用序列生成键值的索引叶子块的缓冲区忙等待，请执行以下操作：

- 对表及相关索引进行分区。如有必要，使用其他列将数据引导到表分区中。请记住分析这样做对索引的簇聚因子的影响。
- 缓存序列的较大值并尽可能使用 NOORDER 选项。

通过缓存，不同实例生成的序列值之间的差异会增加；因此，较新的索引块拆分将为索引叶子块带来名为实例亲和(instance affinity)的效果。这似乎仅在数据库一起使用 CACHE 和 NOORDER 选项时才有效。

例如，如果我们使用序列缓存为 20，实例 1 将插入值 1、2、3 等，实例 2 将同时插入值 20、21、22 等。如果值之间的差异远小于块中的行数，两个实例将继续修改相同的索引块，因为序列值增加了。

如果我们将序列缓存设置为 5000，实例 1 将插入值 1、2、3 等，实例 2 将同时插入值 5001、5002、5003 等。在插入刚开始时，两个实例都将写入相同的叶子块，但后续的块分割将导致插入分布在不同的块上，因为序列值的差异导致插入操作会被映射到不同的块上。

序列中的 CACHE 选项没有最佳值。通常，开发人员应考虑将每秒/每个实例的插入速率作为设置缓存值的指南。序列可能不是最好的可扩展解决方案，尤其当实例以非常高的速率生成有序和无空档序列号时。

16.6　连接管理

不使用事务监视器的应用程序通常会导致数据库连接管理不良。在单实例数据库和 Oracle RAC 数据库中，高效管理数据库连接至关重要。

某些应用程序与数据库断开连接，然后重复重新连接。这是无状态中间件应用程序(如 Shell/Perl 脚本)的常见问题，这些应用程序在出错时退出，并倾向于使用 AUTO_CONNECT 选项重新建立连接。

连接到数据库会产生与创建新进程或线程相关的操作系统成本。在建立与数据库的新连接的过程中，还需要执行许多递归 SQL 语句。由于会话是新的，因此这些递归 SQL 语句需要软解析。这增加了库高速缓存闩的负载。数据文件操作需要操作系统协调，这增加了维护进程的开销。

只要需要，就可以通过保留数据库连接来避免所有这些类型的开销。通常，使用事务监视器(如 BEA Tuxedo)构建的应用程序不会遇到这些问题，因为它们始终维护数据库连接。

无状态连接池通过多路复用连接来提高中间层应用程序的可扩展性。

16.7　全表扫描

Oracle RAC 中的重复全表扫描可能会影响性能和可扩展性，因为私有互连用于传输块，并且可能会影响网络带宽。这将导致其他需要的重要块的延迟，例如索引块、undo 块、文件头块和任何消息。目标是减少互连流量并降低延迟。通过大量全表扫描，互连可能会过载，从而使数据充斥私有网络。

使用全表扫描时要考虑的另一个非常重要的因素是 DB_FILE_MULTIBLOCK_READ_COUNT 的适当值，也称为 MBRC。该参数不仅会对优化程序产生积极的影响，还会影响全表扫描(无论是 Oracle RAC 还是非 Oracle RAC)，但如果将该参数设置为较高的值，则很容易实现互连饱和。

经验表明，16 是 Oracle E-Business 套件等应用程序的高 MBRC 值。在 Oracle RAC 模式下运行时，许多此类系统在 MBRC 为 16 时会出现严重的性能下降。将值降低到 8 会立即将性能恢复到可接受的正常水平。

当 Oracle RAC 中具有较高的 MBRC 值时，Oracle 执行多块读取并且数据跨实例传输，互连网络上往往会充斥着大量从一端流向另一端的块。对 MBRC 使用较低的值(例如 8)是在 Oracle RAC 数据库上运行应用程序的良好起点。

全表扫描不一定都是有害的，在某些情况下，它们是特定进程的最佳数据访问方法。但它们是许多 Oracle RAC 性能问题中的常见问题，尤其是对于自定义应用程序。可以使用以下任何技术轻松识别数据库中的全表扫描。

16.7.1 定位全表扫描

自动工作负载档案库(AWR)是人们用来监视 Oracle 数据库性能的最常用工具之一。可以通过查看 top 等待事件轻松判断是否存在全表扫描问题。前 5 个等待事件中的“数据文件离散读”(db file scattered read)等待事件的存在是全表扫描问题的快速和早期指示。

还可以在 V$SYSSTAT 视图中查询“表扫描”统计信息。可以在 V$SYSSTAT 上运行以下查询，检查使用全表扫描方法访问数据的次数：

```
select name, value from v$sysstat where name like 'table scan%'
```

查看 AWR 报告，然后快速查询 V$SYSSTAT 视图可以确认全表扫描是否成为问题。

通常，使用 V$SESSION_WAIT 构建的性能监视工具或脚本将在 db file scattered read 等待事件发现过多等待时快速检测到全扫描。db file scattered read 等待事件在全扫描期间列出 file#和 block#以及正在读取的块数(通常小于或等于 MBRC 值)。这些信息显示为 db file scattered read 等待事件的 p1、p2 和 p3 值。对于已知的 file#和 block#，可以使用以下查询获取通过全表扫描访问的表的名称：

```
select distinct owner, segment_name,segment_type
from dba_extents where file_id=<file#> and
<block#> between block_id and block_id+blocks -1;
```

除了查询 V$SYSSTAT 和 V$SESSION_WAIT 视图外，如果怀疑它们有问题，还可以使用多种技术来检测全表扫描。例如，如果 PHYSBLKRDS 明显高于 V$FILESTAT 中的 PHYRDS，则很可能对驻留在数据文件中的段进行全扫描。此外，全表扫描读取的块不受缓冲区高速缓存中正常 LRU(最近最少使用)处理的限制。缓冲区缓存(X$BH.FLAG)中设置了一个特殊标志，如果状态为 0x80000，则表示使用全扫描读取块。

确定表扫描方式后，需要确认它们是预期的还是不合理的。可以查询 V$SESSION_LONGOPS 或 V$SQL_PLAN 视图加以确认。可以使用 hash_value 列来识别和调整有问题的 SQL 查询以提高效率：

```
select sid,username,opname,target,totalwork,sofar,sql_hash_value.
from v$session_longops
where opname='table scan'
and totalwork>sofar

select object_owner,object_name,hash_value
from v$sql_plan
where operation='TABLE ACCESS'
and options='FULL'
```

与 V$SESSION_WAIT 相比，这些视图的一个明显优势是，这些值不会被快速覆盖，并且会在较长时间内被缓存。甚至可以在以后查询并确认活动。V$SESSION_LONGOPS 视图在这里非常重要，因为它还列出了数据库中其他昂贵的操作，例如 hash 连接、排序和 RMAN 操作。

16.7.2 互连协议

选择适当的协议以在高速互连网络上传输块是一个至关重要的决定。协议的配置和设置也是如此。

Oracle 9*i* 首次明确转向用户数据报协议(UDP)，这是一种无连接协议。从 10*g*R1 开始，Oracle 积极建议在所有平台上使用 UDP，尽管硬件供应商已开发出一些令人兴奋且速度极快的技术来用于跨高速互连网络传输数据。其中最突出的是 Digital Equipment 的 Reliable DataGram(RDG)、HP 的超级消息传递协议(Hyper Messaging Protocol，HMP)和 Veritas 的低延迟传输(Low Latency Transport，LLT)。

这些协议中的每一个都使用基于光纤或千兆以太网技术的专有硬件互连，网络延迟非常低。然而，上述技术都有自己的 Oracle RAC 问题——除了 RDG 之外，RDG 似乎在 Tru64 系统上表现得非常好，而且操作非常简单。

互连性能(以及随后的应用程序响应时间和可扩展性)的巨大差异在于为每个协议的内部层选择正确的值，尤其是 UDP。接收和发送缓冲区大小通常在许多安装站点上使用默认值。Oracle 内核使用自己的默认值(所有 UNIX 平台上的 UDP 为 128KB)。如果已配置 UDP 的 OS 可调参数，则 Oracle 内核使用这些值来设置缓冲区大小。

对于支持数百或数千个用户的应用程序来说，这些默认值很少是合适的。连接数和并发用户可能并不总是测量工作负载的良好标准。某些应用程序的用户数较少但交易量较大，并导致大量的节点间流量。使用默认 UDP 设置时，Oracle RAC 数据库/应用程序往往倾向于使用高活跃度的内部节点块传输，这样在工作负载增加时，扩展性就会受到限制。

调整时，可以为_sendspace 参数指定 64KB(65 536 字节)的值，更高的值很可能没有用处，因为较低层(IP)的处理速度不能超过 64KB。值为 udp_sendspace 的 10 倍是 udp_recvspace 的很好设置。通常，建议将这两个参数都设置为 1MB，这在许多情况下是有效的，但与 64KB 相比，1MB 更像是通用的调优指南，是基于 UDP 和 IP 行为衍生和计算出来的。

将 UDP 与 FTS 共享时的一种有趣关系，是 UDP 缓冲区大小设置较低或“未调整”时，可能会导致远程实例请求 CR 块时出现超时。超时在 gc cr multi block 等待事件或通过 SQL Trace 或 10046 事件设置生成的跟踪文件中均可见。查看 V$SYSTEM_EVENT 视图可以获取 CR 请求事件的超时与等待比率，如下所示：

```
                                                                  Avg
                                                   Total Wait    wait    Waits
Event                              Waits   Timeouts   Time (s)    (ms)    /txn
---------------------------------- ---------- ----------  ----------  ------  ---
gc cr multi block                  12,852      3,085        612        47    3.6
```

将 MBRC 设置为较大的值可能会加剧这种情况。因此，在为 UDP 缓冲区和 MBRC 选择值时必须采取适当的措施。

16.7.3　以太帧大小

除互联协议外，帧大小也会对互连性能产生重大影响。Oracle 中最常见的数据块大小为 8192 字节，以太网的默认帧大小为 1500 字节。通过互连从一个实例发送到另一个实例的数据块至少包含四个数据包，并在另一个实例中进行组装。虽然默认帧大小对于大多数缓存融合消息都非常有用，但对于有效的块传输，强烈建议使用支持 9KB 帧大小的巨型帧(jumbo frame)。

在使用巨型帧时，需要确保从 NIC 到交换机的完整数据传输路径都支持巨型帧。使用巨型帧，在数据传输期间不会出现数据包碎片，因此与较小的帧大小相比，延迟较少，CPU 使用率较低。

16.8　解析过程中的库缓存影响

与单实例环境一样，最好避免在 Oracle RAC 中过度和不必要地解析 SQL 语句和 PL/SQL 代码。Oracle RAC 中的解析会导致额外的开销，因为许多锁是全局的。

库对象(例如 PL/SQL 过程、包或函数)上的库高速缓存加载和独占锁获取需要使用全局排队服务(GES)进行全局协调。虽然解析 SELECT 语句不需要全局锁协调，但 DDL(数据定义语言)语句确实需要将消息发送到主节点以进行同步和锁授权。

请注意，如果发送相同的 SQL 语句以在所有节点上进行解析，那么如果节点之间的 SPFILE 参数存在差异，则会在每个节点上单独解析和执行这些语句，并且可能使用不同的执行计划。

当编译或解析许多对象(甚至由于失效而重新解析)时，可能会导致延迟并对性能产生重大影响。应用程序开发人员在使用 DDL 语句(包括 GRANT 和 REVOKE 命令)时必须小心，因为这些语句可能会使 PL/SQL 对象引用或包含的对象全部无效。

重复的硬解析和解析失败会严重限制可扩展性并损害应用程序性能。在单实例 Oracle 数据库中使用的调优方法也适用于 Oracle RAC，应该尽可能地实现它们。

16.9 提交频率

某些等待事件在 Oracle RAC 中往往会有多种效果。例如，“日志文件同步”(log file sync)等待事件与过多的提交相关，并且通常建议应用程序设计人员/开发人员降低提交频率以减轻日志写进程(Log Writer，LGWR)的负担并减少 LGWR 写到日志文件的数量。与“日志文件同步”紧密相关的等待事件是“日志文件并行写入”(log file parallel write)。

在 Oracle RAC 环境中，日志文件同步则具有更多含义，因为每次提交或回滚都需要 SCN 传播和全局同步，并且还可能需要控制文件同步。因此，在选择提交间隔或频率时，必须在 Oracle RAC 环境中格外小心。某些业务应用程序可能需要比其他应用程序更频繁地提交。开发人员和用户必须了解伴随高提交率带来的性能权衡。

在单实例数据库中，当用户提交或回滚事务时，进程等待日志文件同步，后台 Oracle 进程(LGWR)将等待日志文件并行写入。在 Oracle RAC 数据库上，除了由于这些常见现象引起的延迟之外，还必须考虑在计算提交/回滚成本时因 SCN 相关通信和控制文件写入而消耗的时间。

注意： 对更改或脏块的过多跨实例请求将导致生成更多重做信息，因为数据库需要在将块的副本传输到请求实例之前写出对块所做的所有更改。在这种情况下，LMS(Lock Manager Server，锁管理器服务器)进程(也称为 GCS 或全局高速缓存服务进程)启动日志同步并等待日志文件同步。一旦完成日志写入，LMS 就可以继续将块的副本发送给请求者。

16.10 本章小结

正如本书开头所述，可以将 Oracle RAC 与立体声放大器做比较。如果原始音乐很好，你将听到 Oracle RAC 播放的优质音乐。如果原始音乐有很多噪音，Oracle RAC 就会放大这种噪音，结果有时可能令人不太愉快。在 Oracle RAC 上实现时，单实例环境中性能良好的应用程序将同样表现良好或表现优异。

除了我们在本章中解释的一些注意事项之外，开发 Oracle RAC 应用程序不需要做任何重大更改。除了少数例外，所有单实例应用程序设计最佳实践也适用于 Oracle RAC 数据库。

第VI部分

附　　录

附录A

Oracle RAC参考

Oracle 数据库提供的诊断数据和统计信息非常丰富。Oracle 提供了大量关于大多数内部操作的统计数据，这些统计数据是通过数据库服务器维护的一组底层视图而公开的。这些视图通常是数据库管理员用户 SYS 可以访问的。它们被称为动态性能视图，因为它们在数据库打开和使用时不断更新，并且内容主要与性能相关。

这些视图构建在一组通常称为 X$视图的内部内存结构上。这些内部视图和无文档视图以表格形式公开了相关数据结构的运行时统计信息。尽管这些视图看起来像是常规的数据库表，但它们不是。可以查询这些视图，但不能更新或修改它们，因为这些视图的定义没有存储在数据字典里。

catalog.sql 脚本(在数据库创建期间由 DBCA 自动执行)为动态性能视图创建公共同义词。安装完成之后，只有 SYS 或具有 DBA 角色的用户才可以访问这些动态性能表。

在本附录中，我们将探讨 Oracle RAC 中使用的重要 V$视图，并将它们用于诊断和故障排除。这些视图包含系统级别的从实例启动开始的统计信息，并且在实例关闭时这些内容会被重置，因为在实例关闭的过程中，保存这些统计信息的数据结构也会被重置。所有信息都缓存在各个实例的系统全局区域(SGA)中。

对于集群范围的信息，可以查询 GV$视图。对于每个 V$视图，都对应一个 GV$视图。当查询这些 GV$视图时，其他实例的数据则通过并行查询机制返回。为了保证能够正确查询这些 GV$视图，初始化参数 parallel_max_servers 应该至少设置为 2。

A.1 全局缓存服务与缓存融合诊断

如下视图可以用来查询与缓存争用和全局缓存服务(GCS)操作相关的详细信息。缓存融合相关的诊断信息也可以由下面这些视图查询获得。

A.1.1 V$CACHE 视图

该视图包含缓冲区中每一个已被缓存的块的信息。在 Oracle RAC 环境中，该视图是很好的用于获取本地实例上缓存的数据块相关信息的来源。表 A-1 展示了该视图中的列和数据类型等信息。

表 A-1 V$CACHE 视图信息

列	数据类型	描述
FILE#	Number	数据文件 ID(FILE#来自 V$DATAFILE 或 DBA_DATA_FILES 中的 FILE_ID)
BLOCK#	Number	缓存块的块编号
CLASS#	Number	类编号(参见表 A-2)
STATUS	Varchar2(6)	块在 SGA 中的状态(参见表 A-3)
XNC	Number	PCM 锁从 X 锁模式转换到无锁模式的次数
FORCED_READS	Number	块从缓存中被读取的次数，因为其他实例要以独占模式强制读取该块
FORCED_WRITES	Number	GCS 需要将块写入缓存的次数，因为某一实例正在使用该块，但是其他实例以冲突模式请求该块
NAME	Varchar2(30)	块所属的数据库对象
PARTITION_NAME	Varchar2(30)	分区名称。如果对象不是分区对象，该列为 null
KIND	Varchar2(15)	对象类型(表、视图、存储过程等)
OWNER#	Number	所有者编号
LOCK_ELEMENT_ADDR	Raw(4|8)	包含覆盖该缓存的 PCM 锁的锁元素的地址
LOCK_ELEMENT_NAME	Number	包含覆盖该缓存的 PCM 锁的锁元素的名称
CON_ID	Number	包含该数据的容器 ID。该数据如果属于整个 CDB，则该列的值为 0。该数据如果只属于 ROOT，则该列的值为 1。该列的值表明了包含这些数据行的应用容器的 ID

表 A-2 则展示了块的类别及描述信息。

表 A-2 块的类别及描述信息

类	释义
1	数据
2	排序段
3	保留 undo 段
4	段头
5	保留 undo 段头
6	自由列表块
7	区图(extent map)
8	空间管理位图块
9	空间管理索引块

表 A-3　则定义了缓冲区的状态。

表 A-3　缓冲区的状态

状态	释义
0	缓冲区空闲，未使用
1	当前缓冲区，以 X 模式锁定
2	当前缓冲区，以 S 模式锁定
3	一致读缓冲区
4	正在被读取的缓冲区
5	处于介质恢复状态的缓冲区
6	处于实例恢复状态的缓冲区
7	写入克隆缓冲区
8	旧镜像缓冲区

A.1.2　V$CACHE_TRANSFER 视图

该视图与 V$CACHE 视图相似。V$CACHE_TRANSFER 视图包含来自 SGA 的块头信息。这些块所属的数据库对象已经被当前实例至少占用了一次。表 A-4 显示了 V$CACHE_TRANSFER 视图中包含的信息。

表 A-4　V$CACHE_TRANSFER 视图信息

列	数据类型	描述
FILE#	Number	数据文件 ID(FILE#来自 V$DATAFILE 或 DBA_DATA_FILES 中的 FILE_ID)
BLOCK#	Number	缓存块的块编号
CLASS#	Number	类编号(参见表 A-2)
STATUS	Varchar2(6)	块在 SGA 中的状态(参见表 A-3)
XNC	Number	PCM 锁从 X 锁模式转换到无锁模式的次数
FORCED_READS	Number	块从缓存中被读取的次数，因为其他实例要以独占模式强制读取该块
FORCED_WRITES	Number	GCS 需要将块写入缓存的次数，因为某一实例正在使用该块，但是其他实例以冲突模式请求该块
NAME	Varchar2(30)	块所属的数据库对象
PARTITION_NAME	Varchar2(30)	分区名称。如果对象不是分区对象，该列为 null
KIND	Varchar2(15)	对象类型
OWNER#	Number	所有者编号
LOCK_ELEMENT_ADDR	Raw(4|8)	包含覆盖该缓存的 PCM 锁的锁元素的地址
LOCK_ELEMENT_NAME	Number	包含覆盖该缓存的 PCM 锁的锁元素的名称
CON_ID	Number	包含该数据的容器 ID。该数据如果属于整个 CDB，则该列的值为 0。该数据如果只属于 ROOT，则该列的值为 1。该列的值表明了包含这些数据行的应用容器的 ID

A.1.3　V$INSTANCE_CACHE_TRANSFER 视图

该视图保留了通过互联网络传输的缓存块的信息。这些统计信息可以用来找出那些使用缓存融合在实例之间进行传输的块的数量。该视图也展示了在有多少块传输时造成了延迟或阻塞。表 A-5 提供了该视图的列和数据类型的相关信息。

表 A-5 V$INSTANCE_CACHE_TRANSFER 视图信息

列	数据类型	描述
INSTANCE	Number	传输块的实例编号
CLASS	Varchar2(18)	被传输的缓存块的类别
LOST	Number	被其他实例发送，但是从未到达该实例的块的数目
LOST_TIME	Number	等待被其他实例发送，但是从未到达该实例的块时消耗的时间
CR_BLOCK	Number	传输时未受远程处理延迟影响的 CR 块
CR_BLOCK_TIME	Number	等待来自某一实例的所有 CR 块时消耗的时间
CR_2HOP	Number	经过 two-way 往返而被该实例接收的 CR 块的数量
CR_2HOP_TIME	Number	经过 two-way 往返而被该实例接收 CR 块时消耗的等待时间
CR_3HOP	Number	经过 three-way 往返而被该实例接收的 CR 块的数量
CR_3HOP_TIME	Number	经过 three-way 往返而被该实例接收 CR 块时消耗的等待时间
CR_BUSY	Number	传输 CR 块时受到远程争用的影响
CR_BUSY_TIME	Number	该实例接收某一特定实例发送过来的 CR 块，由于发送实例上的日志刷新导致的延迟而带来的等待时间
CR_CONGESTEDD	Number	传输 CR 块时受到远程系统负载的影响
CR_CONGESTED_TIME	Number	该实例接收某一特定实例发送过来的 CR 块，由于远程实例上的 LMS 进程繁忙导致的延迟而带来的等待时间
CURRENT_BLOCK	Number	传输当前块时未受到远程系统延迟的影响
CURRENT_BLOCK_TIME	Number	用于从特定实例接收当前块时消耗的所有等待时间
CURRENT_2HOP	Number	经过 two-way 往返而被该实例接收的当前块的数量
CURRENT_2HOP_TIME	Number	经过 two-way 往返而被该实例接收当前块时消耗的等待时间
CURRENT_3HOP	Number	经过 three-way 往返而被该实例接收的当前块的数量
CURRENT_3HOP_TIME	Number	经过 three-way 往返而被该实例接收当前块时消耗的等待时间
CURRENT_BIUSY	Number	传输当前块时受到远程争用的影响
CURRENT_BUSY_TIME	Number	该实例接收某一特定实例发来的当前块，由于发送实例上的日志刷新导致的延迟而带来的等待时间
CURRENT_CONGESTED	Number	传输当前块时受到远程系统负载的影响
CURRENT_CONGESTED_TIME	Number	该实例接收某一特定实例发送过来的当前块，由于远程实例上的 LMS 进程繁忙导致的延迟而带来的等待时间
CON_ID	Number	包含该数据的容器 ID。该数据如果属于整个 CDB，则该列的值为 0。该数据如果只属于 ROOT，则该列的值为 1。该列的值，表明了包含这些数据行的应用容器的 ID

A.1.4 V$CR_BLOCK_SERVER 视图

该视图存储了在实例之间传输的 CR 块的统计信息(参见表A-6)。全局缓存服务(Global Cache Service)进程使用互联网络，在持有该块的实例上为请求实例构造 CR 块，并对该块的 CR 版本进行传输。CR 块如何构建已经在第 11 章进行过详细探讨了。

表 A-6 V$CR_BLOCK_SERVER 视图信息

列	数据类型	描述
CR_REQUESTS	Number	由于远程的 CR 块请求而提供的 CR 块数量
CURRENT_REQUEST	Number	由于远程的 CR 块请求而提供的当前块数量
DATA_REQUEST	Number	为数据块发出的 CR 块或当前块请求的数量

(续表)

列	数据类型	描述
UNDO_REQUEST	Number	为 undo 块发出的 CR 请求数量
TX_REQUESTS	Number	为 undo 段头块发出的 CR 请求数量。所有的请求数量应该等于 DATA_REQUEST、UNDO_REQUESTS 以及 CURRENT_REQUESTS 列之和
OTHER_REQUESTS	Number	为其他类型的块发出的 CR 请求数量
CURRENT_RESULTS	Number	请求实例接收到没有发生变化的数据块时发出的请求数量
PRIVATE_RESULTS	Number	当请求实例接收到的块发生变化时，并且只有请求事务才可以使用这些 CR 块时发出的请求数量
ZERO_RESULTS	Number	当请求实例接收到的块发生变化时，并且只有 0-XID 事务才可以使用这些 CR 块时发出的请求数量
DISK_READ_RESULTS	Number	当请求实例需要从磁盘上读取块时发出的请求数量
FAIL_RESULTS	Number	请求失败的数量以及请求事务重新提交请求的数量
STALE	Number	仅供内部使用
FAIRNESS_DOWN_CONVERTS	Number	实例接收到的已经对块上的 X 锁进行了向下转换的请求次数，因为没有修改块
FAIRNESS_CLEARS	Number	“fairness 计数器”被清空的次数。当被服务时，时钟就会被修改一次，fairness 计数器负责跟踪这种修改次数
FREE_GC_ELEMENTS	Number	从其他实例上接收到的请求次数，并且此时 X 锁未持有缓存
FLUSHES	Number	LMS 进程刷新日志的次数
FLUSHES_QUEUED	Number	LMS 进行刷新的排队次数
FLUSH_QUEUE_FULL		刷新队列已满的次数
FLUSH_MAX_TIME	Number	最大刷新时间
LIGHT_WORKS	Number	轻工规则被调用的次数(请参见第 11 章)
ERROS	Number	LMS 进程触发的错误次数
CON_ID	Number	包含该数据的容器 ID。该数据如果属于整个 CDB，则该列的值为 0。该数据如果只属于 ROOT，则该列的值为 1。该列的值表明了包含这些数据行的应用容器的 ID

A.1.5　V$CURRENT_BLOCK_SERVER 视图

该视图包含在实例之间传输的当前块的相关统计信息(参见表 A-7)。GCS 进程(LMS)从持有块的实例上将块传输给请求实例，当然这发生在将请求的恢复信息刷新到重做日志缓冲区之后。该视图提供了持有当前块的实例在将块传输给请求者之前，究竟等待了多久以便于进行信息刷新的最重要信息。

表 A-7　V$CURRENT_BLOCK_SERVER 视图信息

列	数据类型	描述
PIN0	Number	时间少于 100 ms(微秒)的 pin 次数
PIN1	Number	时间少于 1ms 的 pin 次数
PIN10	Number	时间在 1~10ms 的 pin 次数
PIN100	Number	时间在 10~100ms 的 pin 次数
PIN1000	Number	时间在 100~1000ms 的 pin 次数
PIN10000	Number	时间在 1000~10000ms 的 pin 次数
FLUSH1	Number	时间少于 1ms 的刷新次数

(续表)

列	数据类型	描述
FLUSH10	Number	时间在 1~10ms 的刷新次数
FLUSH100	Number	时间在 10~100ms 的刷新次数
FLUSH1000	Number	时间在 100~1000ms 的刷新次数
FLUSH10000	Number	时间在 1000~10000ms 的刷新次数
WRITE1	Number	时间少于 1ms 的写次数
WRITE10	Number	时间在 1~10ms 的写次数
WRITE100	Number	时间在 10~100ms 的写次数
WRITE1000	Number	时间在 100~1000ms 的写次数
WRITE10000	Number	时间在 1000~10000ms 的写次数
CLEANDC	Number	保留，供内部使用
RCVDC	Number	实例恢复引起的锁向下转换为 S(共享)锁的次数
QUEUEDC	Number	队列锁向下转换为 null 的次数
EVICTDC	Number	SGA 抖动引起的锁向下转换为 null 的次数
WRITEDC	Number	已被写入的最经常读对象中脏块的数量，此时 X(独占)锁被向下转换为 S(共享)锁
CON_ID	Number	包含该数据的容器 ID。该数据如果属于整个 CDB，则该列的值为 0。该数据如果只属于 ROOT，则该列的值为 1。该列的值表明了包含这些数据行的应用容器的 ID

A.1.6 V$GC_ELEMENT 视图

该视图一对一显示了高速缓冲区使用的每一个全局缓存资源(GCR)的信息(参见表 A-8)。在这个视图中，高速缓冲区使用的每一个全局缓存资源都对应一个条目。

表 A-8 V$GC_ELEMENT 视图信息

列	数据类型	描述
INDX	Number	与平台相关的锁管理器标识符，可以用来与 V$CACHE_LOCK 视图相关联
CLASS	Number	与平台相关的锁管理器标识符，可以用来与 V$CACHE_LOCK 视图相关联
GC_ELEMENT_NAME	Number	包含 PCM 锁覆盖的缓冲区的锁元素的名称。如果有多个缓冲区使用同样的地址，这些缓冲区将被同一个 PCM 锁覆盖
MODE_HELD	Number	持有的锁模式的值。一般来说，3 为共享锁，5 为独占锁
BLOCK_COUNT	Number	被 PCM 锁覆盖的块的数量
RELEASING	Number	如果 PCM 锁被降级，则该值为非零值
ACQUIRING	Number	如果 PCM 锁被升级，则该值为非零值
WRITING	Number	如果 GC_ELEMENT 正在被写入，则该列显示写入的状态
RECOVERING	Number	如果 GC_ELEMENT 正在被恢复，则该列显示恢复的状态
LOCAL	Number	如果 GC_ELEMENT 为本地的，则为 0，否则为 1
FLAGS	Number	锁元素的进程级标志
CON_ID	Number	包含该数据的容器 ID。该数据如果属于整个 CDB，则该列的值为 0。该数据如果只属于 ROOT，则该列的值为 1。该列的值表明了包含这些数据行的应用容器的 ID

A.2　全局队列服务诊断

可以查询如下视图，以便获取关于全局队列服务的详细信息。其中的部分视图在单实例环境中被广泛使用，用来获取队列的统计信息。

A.2.1　V$LOCK 视图

该视图维护数据库内的锁信息，并且包含来自外部请求的锁或闩的相关信息(参见表 A-9)。表 A-10 则显示了锁模式的相关数据。

表 A-9　V$LOCK 视图信息

列	数据类型	描述
ADDR	Raw(4|8)	锁状态对象的地址
KADDR	Raw(4|8)	锁地址
SID	Number	持有锁的会话标识
TYPE	Varchar2(2)	资源类型，可以是用户或系统类型
ID1	Number	资源标识符 1
ID2	Number	资源标识符 2
LMODE	Number	持有的锁类型(参见表 A-10)
REQUEST	Number	请求的锁模式(参见表 A-10)
CTIME	Number	被授予当前模式以来持续的时间
BLOCK	Number	如果锁被其他锁阻塞，则为 1，否则为 0
CON_ID	Number	包含该数据的容器 ID。该数据如果属于整个 CDB，则该列的值为 0。该数据如果只属于 ROOT，则该列的值为 1。该列的值表明了包含这些数据行的应用容器的 ID

表 A-10　锁模式

锁模式(LMODE)	描述
0	无
1	null(NULL)
2	行级共享锁(row-S，SS)
3	行级独占锁(row-X，SX)
4	共享锁(S)
5	共享行独占锁(SRow-X，SSX)
6	独占锁(X)

A.2.2　V$GES_BLOCKING_ENQUEUE 视图

该视图维护当前正处于阻塞状态，或是阻塞其他锁的锁的相关信息，并且这些锁的信息均已被锁管理器知晓(参见表 A-11)。该视图的内容是 V$GES_ENQUEUE 的子集，因为该视图只维护阻塞的锁的信息，而 V$GES_ENQUEUE 则维护锁管理器知晓的所有锁的信息。

表 A-11　V$GES_BLOCKING_ENQUEUE 视图信息

列	数据类型	描述
HANDLE	Raw (4|8)	指向锁的指针
GRANT_LEVEL	Varchar2(9)	授予锁的级别
REQUEST_LEVEL	Varchar2(9)	请求锁的级别
RESOURCE_NAME1	Varchar2(30)	锁的资源名称

(续表)

列	数据类型	描述
RESOURCE_NAME2	Varchar2(30)	锁的资源名称
PID	Number	持有锁的进程标识符
TRANSACTION_ID0	Number	锁属于的事务标识符的低 4 位
TRANSACTION_ID1	Number	锁属于的事务标识符的高 4 位
GROUP_ID	Number	锁的组标识符
OPEN_OPT_DEADLOCK	Number	为 1，表明设置了死锁选项；否则为 0
OPEN_OPT_PRESISTENT	Number	为 1，表明设置了持久选项；否则为 0
OPEN_OPT_PROCESS_OWNED	Number	为 1，表明设置了 PROCESS_OWNED 选项；否则为 0
OPEN_OPT_NO_XID	Number	为 1，表明设置了 NO_XID 选项；否则为 0
CONVERT_OPT_GETVALUE	Number	为 1，表明设置了 GETVALUE 转换选项；否则为 0
CONVERT_OPT_PUTVALUE	Number	为 1，表明设置了 PUTVALUE 转换选项；否则为 0
CONVERT_OPT_NOVALUE	Number	为 1，表明设置了 NOVALUE 转换选项；否则为 0
CONVERT_OPT_DUBVALUE	Number	为 1，表明设置了 DUBVALUE 转换选项；否则为 0
CONVERT_OPT_NOQUEUE	Number	为 1，表明设置了 NOQUEUE 转换选项；否则为 0
CONVERT_OPT_EXPRESS	Number	为 1，表明设置了 EXPRESS 转换选项；否则为 0
CONVERT_OPT_NODEADLOCKWAIT	Number	为 1，表明设置了 NODEADLOCKWAIT 转换选项；否则为 0
CONVERT_OPT_NODEADLOCBLOCK	Number	为 1，表明设置了 NODEADLOCKBLOCK 转换选项；否则为 0
WHICH_QUEUE	Number	锁当前位于的队列；0 为 null 队列，1 为授权队列，2 为转换队列
STATE	Varchar2(64)	锁的状态
AST_EVENT0	Number	上一次知晓的 AST 事件
OWNED_NODE	Number	持有锁的节点标识符
BLOCKED	Number	为 1，表明锁请求正被阻塞；否则为 0
BLOCKER	Number	为 1，表明锁正在阻塞其他锁；否则为 0
CON_ID	Number	包含该数据的容器 ID。该数据如果属于整个 CDB，则该列的值为 0。该数据如果只属于 ROOT，则该列的值为 1。该列的值表明了包含这些数据行的应用容器的 ID

A.2.3 V$ENQUEUE_STATISTICS 视图

该视图展示了实例中与队列统计信息相关的详细数据(参见表 A-12)。大部分队列均为全局对象，并且在实例之间可见。表 A-13 展示了队列的类型及描述信息。

表 A-12 V$ENQUEUE_STATISTICS 视图信息

列	数据类型	描述
EQ_NAME	Varchar2(64)	请求的队列名称
EQ_TYPE	Varchar2(2)	队列类型(参见表 A-13)
REQ_REASON	Varchar2(64)	队列请求的理由
TOTAL_REQ#	Number	被请求的队列或转换的次数
TOTAL_WAIT#	Number	队列请求或转换导致出现等待的次数
SUCC_REQ#	Number	队列请求或转换被授权的次数
FAILED_REQ#	Number	队列请求或转换失败的次数
CUM_WAIT_TIME	Number	在等待队列或转换时的等待时间(微秒)

(续表)

列	数据类型	描述
REQ_DESCRIPTION	Varchar2(4000)	队列请求的描述信息
EVENT#	Number	事件的编号
CON_ID	Number	包含该数据的容器 ID。该数据如果属于整个 CDB，则该列的值为 0。该数据如果只属于 ROOT，则该列的值为 1。该列的值表明了包含这些数据行的应用容器的 ID

表 A-13　队列类型与描述

名称	队列类型	队列描述
AB	ABMR 进程初始化	持有锁用于保证 ABMR 进程初始化
AB	ABMR 进程启动/停止	持有锁用于保证集群中只有一个 ABMR 进程启动
AD	分配 AU	为指定的 ASM 磁盘 AU 进行同步访问
AD	解除分配 AU	为指定的 ASM 磁盘 AU 进行同步访问
AD	重分配 AU	为指定的 ASM 磁盘 AU 进行同步访问
AE	锁	阻止删除正在使用的版本
AF	任务串行化	串行化对指导任务的访问
AG	争用	指定工作空间的同步生成使用
AM	ASM 密码文件更新	允许集群中在同一时刻只对一个 ASM 密码文件进行更新
AM	客户端注册	将 DB 实例注册到 ASM 实例状态对象 hash 中
AM	关闭	在 ASM 实例关闭期间阻止 DB 实例注册
AM	回滚 COD 预留	预留回滚 COD 条目
AM	后台 COD 预留	预留后台 COD 条目
AM	ASM 缓存冻结	开始 ASM 缓存冻结
AM	ASM ACD 重定位	定位 ASM 缓存冻结
AM	组使用	客户端组使用
AM	组块	ASM 组块
AM	ASM 文件破坏	阻止删除同一文件
AM	ASM 用户	阻止删除持有打开文件的用户
AM	ASM Amdu 转储	在块读取失败过程中只允许一个 AMDU 转储进程工作
AM	ASM 文件描述符	对 ASM 文件描述符的串行化访问
AM	ASM 基于磁盘的分配/解除分配	同步基于磁盘的分配/解除分配
AM	块修复	串行化块修复
AM	ASM 预留	对于特定目的的调用，检查 ID1 设置
AM	磁盘离线	同步磁盘离线操作
AO	争用	同步访问对象与标量变量
AS	服务激活	同步新服务激活
AT	争用	串行化修改表空间操作
AV	卷重定位	串行化重定位卷区
AV	AVD 客户端注册	串行化实例注册与第一个磁盘组使用
AV	添加/启用磁盘组中的第一个卷	串行化使用 AVD 磁盘组队列
AV	持久化磁盘组编号	阻止磁盘组编号冲突
AW	用户访问 AW	串行化用户对特定工作空间的访问
AW	AW$表锁	全局同步对 AW$表的访问

(续表)

名称	队列类型	队列描述
AW	AW 状态锁	同步 AW$表的行级锁
AW	AW 生成锁	特定工作空间的正在使用生成状态
AY	争用	亲和力同步
BB	RAC 实例间的 2PC	Oracle RAC 实例之间的 2PC 分布式事务分支
BF	PMON 连接过滤器清理	PMON 布隆过滤器恢复
BF	分配争用	在并行语句中分配布隆过滤器
BR	多部分还原部分	在多部分还原中，持有锁以保障部分还原的串行化
BR	代理复制	在 RMAN 代理复制备份期间，持有锁以保证备份模式下的清理
BR	文件收缩	在 RMAN 备份期间，持有锁以阻止文件在物理大小上被收缩
BR	空间信息文件 hdr 更新	持有锁以阻止多个进程在同一时刻更新 header
BR	请求自动备份	持有锁以便请求控制文件自动备份
BR	执行自动回复	持有锁以便进行一次新的控制文件自动备份
BR	多部分还原块头	持有锁以便在多部分还原期间串行化访问文件头
CA	争用	同步不同的 I/O 校准运行
CF	争用	同步对控制文件的访问
CI	争用	协调跨实例的函数调用
CL	删除标记	当标记被删除时，同步对标记缓存的访问
CL	比较标记	为进行标记比较，同步对标记缓存的访问
CM	实例	表明 ASM 磁盘组已经加载
CM	门	串行化访问实例队列
CM	磁盘组卸载	串行化 ASM 磁盘组卸载
CN	与初始化竞争	描述符初始化期间
CN	与 txn 竞争	注册期间
CN	与 reg 竞争	在事务提交期间用于看到并发注册
CO	主从 det	在清理优化时主进程持有队列
CQ	争用	串行化访问清理客户端查询缓存注册
CR	块范围重用检查点	协调快速块范围重用检查点
CT	读	持有锁以便保证在读进程完成之前，变化跟踪数据一直保留
CT	全局空间管理	在变化跟踪空间管理操作影响到整个跟踪文件时持有锁
CT	本地空间管理	在变化跟踪空间管理操作影响到某一线程对应的数据时持有锁
CT	CTWR 进程启动/停止	持有的锁用于确保在某一实例上只启动一个 CTWR 进程
CT	状态	在启用或禁用变化跟踪时持有的锁，用于确保同一时刻只有一个用户能够启用或禁用变化跟踪
CT	改变流所有者	在实例上启用变化跟踪时持有的锁，用于确保对线程相关资源的访问
CT	状态变化门 2	在 Oracle RAC 中，当启用或禁用变化跟踪时持有的锁
CT	状态变化门 1	在 Oracle RAC 中，当启用或禁用变化跟踪时持有的锁
CU	争用	当编译死掉时恢复游标
CX	索引特定锁	CTX 索引上的索引特定锁
DB	争用	同步数据库范围内的增量日志属性通知
DD	争用	同步对 ASM 磁盘组的本地访问
DF	争用	在 Oracle RAC 中，当某一文件恢复到在线状态时，由前台进程或 DBWR 持有的队列

(续表)

名称	队列类型	队列描述
DG	争用	同步对 ASM 磁盘组的访问
DL	争用	持有的锁用于阻止在直接加载过程中出现索引 DDL 操作
DM	争用	在同步数据库加载/打开伴随其他操作时，由前台进程或 DBWR 持有的队列
DN	争用	串行化组编号生成
DO	MARK 进程启动	同步 MARK 进程启动
DO	过期注册创建	同步过期注册创建
DO	磁盘在线恢复	同步磁盘在线操作及恢复
DO	磁盘在线操作	代表活动的磁盘在线操作
DO	磁盘在线	同步磁盘在线操作及恢复
DP	争用	同步对 LDAP 参数的访问
DR	争用	串行化活动分布式恢复操作
DS	争用	在 LMON 重配置过程中阻止数据库挂起
DT	争用	串行化修改默认临时表空间与用户创建
DV	争用	同步对低版本 Diana(PL/SQL 的中间表示)的访问
DW	争用	串行化内存分配操作
DX	争用	串行化紧密结合的分布式事务分支
FA	访问文件	串行化对打开 ASM 文件的访问
FB	争用	在自动段空间管理的表空间上，用于确保只有一个进程可以格式化数据块
FC	打开一个 ACD 线程	由 LGWR 打开一个 ACD 线程(ACD 为活动变化目录，对于 ASM 实例来说，就像重做日志)
FC	恢复一个 ACD 线程	由 SMON 恢复一个 ACD 线程
FD	闪回打开/关闭	同步
FD	标记生成	同步
FD	表空间闪回打开/关闭	同步
FD	闪回协调器	同步
FD	还原点创建/删除	同步
FD	闪回逻辑操作	同步
FE	争用	串行化闪回归档恢复
FG	串行化 ACD 重定位	在集群中，一个磁盘组上只有一个进程可能执行 ACD 重定位操作
FG	LGWR 重做日志生成队列竞争	确定一个竞争条件，以便获取磁盘组重做生成队列
FG	FG 重做日志生成队列竞争	确定一个竞争条件，以便获取磁盘组重做生成队列
FL	闪回数据库命令	用于同步闪回数据库和闪回日志删除的队列
FL	闪回数据库日志	同步
FM	争用	同步对全局文件匹配状态的访问
FP	全局文件对象争用	同步不同的文件对象操作
FR	恢复线程	等待锁域分离
FR	使用线程	表明 ACD 线程存活
FR	争用	开始磁盘组恢复
FS	争用	用于同步恢复、文件操作或字典检查的队列
FT	禁用 LGWR 写	阻止 LGWR 从当前线程中生成重做信息
FT	允许 LGWR 写	允许 LGWR 从当前线程中生成重做信息

(续表)

名称	队列类型	队列描述
FU	争用	串行化 DB 特性使用情况的捕捉和高水位统计
FX	发布 ACD Xtnt 重定位 CIC	ARB 重定位 ACD 区
HD	争用	串行化对 ASM SGA 数据结构的访问
HP	争用	串行化对队列页的访问
HQ	争用	串行化新队列 ID 的创建
HV	争用	在并行插入时，用于代理高水位标记的锁
HW	争用	在并行插入时，用于代理高水位标记的锁
ID	争用	持有的锁用于在 NID 运行时，阻止其他进程执行控制文件事务
IL	争用	同步对内部标记数据结构的访问
IM	块恢复竞争	串行化内存 undo(In Memory Undo，IMU)事务的块恢复
IR	争用	同步实例恢复
IR	争用 2	同步并行实例恢复及立即关闭
IS	争用	用于同步实例状态改变的队列
IT	争用	同步对临时对象的元数据访问
JD	争用	同步 job 队列协调器与从属进程之间的日期
JI	争用	在物化视图操作(比如刷新或修改)期间持有锁，用于阻止同一物化视图上的并发操作
JQ	争用	用于阻止多个实例运行同一个 job 的锁
JS	窗口操作	在进行窗口打开/关闭时获取的锁
JS	job 运行锁——同步	用于阻止 job 在其他地方运行的锁
JS	高级队列同步	调度器事件代码与高级队列同步
JS	事件通知	在事件通知期间获取的锁
JS	争用	同步对 job 缓存的访问
JS	事件订阅删除	在删除事件队列的订阅者时获取的锁
JS	事件订阅添加	在添加事件队列的订阅者时获取的锁
JS	队列内存清除锁	在清除队列内存时获取的锁
JS	调度器非全局队列	非全局队列调度器
JS	队列锁	内部调度器队列上的锁
JS	job 恢复锁	在崩溃的 Oracle RAC 实例上运行的恢复 job 的锁
JX	清除队列	释放 SQL 语句资源
JX	SQL 语句队列	语句队列
KD	确定 DBRM 管理者	确定 DBRM 管理者
KM	争用	同步不同资源管理器的操作
KO	快速对象检查点	协调快速对象检查点
KP	争用	同步数据转储进程启动
KQ	访问 ASM 属性	同步 ASM 缓存对象
KT	争用	同步对当前资源管理器计划的访问
MD	争用	在物化视图日志 DDL 语句期间持有的锁
MH	争用	在为高级队列 email 通知设置邮件主机时用于恢复操作的锁
MK	争用	在 enc$中修改数值
ML	争用	在为高级队列 email 通知设置邮件端口时用于恢复操作的锁
MN	争用	同步对日志挖掘字典的更新，并阻止多个实例进行同一日志挖掘会话

(续表)

名称	队列类型	队列描述
MO	争用	串行化受限会话的 MMON 操作
MR	争用	在协调介质恢复和其他数据文件使用时用到的锁
MR	备用角色转变	禁止当前备用角色转变尝试时用到的锁
MS	争用	在物化视图刷新以建立 MV 日志时用到的锁
MV	数据文件移动	在线执行数据文件移动操作或清除操作时持有的锁
MW	争用	在使用维护窗口校准管理调度器时保证串行化
MX	同步存储服务器信息	在实例启动时，为存储服务器信息请求生成响应时持有的锁
OC	争用	同步对执行计划大纲缓存的写访问
OD	串行化 DDL	用于阻止并发在线 DDL 操作的锁
OL	争用	串行化对特定执行计划大纲名称的访问
OQ	访问 OLAPI 历史刷新	串行化访问 OLAPI 历史刷新
OQ	访问 OLAPI 历史参数 CB	串行化访问 OLAPI 历史参数 CB
OQ	访问 OLAPI 历史分配	串行化访问 OLAPI 历史分配
OQ	访问 OLAPI 历史全局	串行化访问 OLAPI 历史全局
OQ	访问 OLAPI 历史关闭	串行化访问 OLAPI 历史关闭
OT	通用锁	CTX 通用锁
OW	终止	终止 wallet 上下文
OW	初始化	初始化 wallet 上下文
PD	争用	阻止其他进程更新同一属性
PE	争用	同步系统参数更新
PF	争用	同步对密码文件的访问
PG	争用	同步全局系统参数更新
PH	争用	当为高级队列 HTTP 通知设置代理服务器进行恢复时持有的锁
PI	争用	沟通远程并行执行服务器进程创建状态
PL	争用	协调可传输表空间的插入操作
PR	争用	同步进程启动
PS	争用	并行执行服务器进程保留与同步
PT	争用	同步对 ASM 伙伴关系状态表(PST)元数据的访问
PV	同步关闭	同步实例关闭
PV	同步启动	同步从属进程启动关闭
PW	预热 dbw0 中的状态	DBWR 0 持有队列，用于标明当前缓存中预热缓存
PW	刷新预热缓存	如果 DBWR 0 持有队列，直接加载需要刷新预热缓存
RB	争用	串行化 ASM 回滚恢复操作
RC	结果缓存：争用	协调对结果集的访问
RD	RAC 负载	更新 Oracle RAC 负载信息
RE	块修复争用	同步块修复/再生操作
RF	DG 代理当前文件 ID	指明哪个配置元数据文件为当前文件
RF	FSFO 主库关闭挂起	当 FSFO 主库关闭挂起时的记录
RF	FSFO Observer 心跳	获取的最近 FSFO Observer 心跳信息
RF	RF——数据库自动禁用	当数据库被自动禁用时的探测方法
RF	同步：关键应用实例	在主实例中同步关键应用实例
RF	新应用实例	同步新应用实例的选取

(续表)

名称	队列类型	队列描述
RF	同步：AIFO 管理员	同步新应用实例的故障检测与故障恢复操作
RF	原子性	确保日志传输建立的原子性
RF	同步：DG 代理元数据	确保 DG 配置元数据读写操作的原子性
RK	设置密钥	Wallet 主密钥重新设置
RL	RAC wallet 锁	Oracle RAC wallet 锁
RN	争用	在恢复期间协调在线日志的 Nab 估算
RO	争用	协调对多个对象的刷新
RO	快速对象重用	协调快速对象重用
RP	争用	在需要再生操作或是当数据块需要从镜像进行修复时持有的锁
RR	争用	并发引用 DBMS_WORKLAOD_*包的 API
RS	阻止文件删除	持有的锁用于阻止删除文件，以便释放空间
RS	阻止老化列表更新	持有的锁用于阻止老化列表更新
RS	记录重用	持有的锁用于在重用特定记录时，阻止文件访问
RS	文件删除	持有的锁用于在空间回收时，阻止文件访问
RS	写告警级别	用于写告警级别的锁
RS	读告警级别	用于读告警级别的锁
RS	持久告警级别	用于让告警级别持久的锁
RT	争用	被 LGWR、DBW0 以及 RVWR 持有的线程锁，用于标明挂载或打开状态
RT	线程内部启用/禁用	被 CKPT 持有的线程锁，用于同步线程启用或禁用
RU	等待	回滚迁移 CIC 的结果
RU	争用	串行化回滚迁移操作
RW	MV 元数据争用	当使用创建/修改/删除物化视图语句在细节表上更新物化视图标记时持有的锁
RX	重定位区	同步重定位 ASM 区
SB	表实例化	同步表的实例化与 EDS 操作
SB	逻辑备库元数据	同步逻辑备库的元数据操作
SE	争用	同步透明会话迁移操作
SF	争用	在为高级队列 email 通知设置发件人进行恢复时持有的锁
SH	争用	很少看到，因为队列通常是在非等待模式下获取到的
SI	争用	阻止多个流数据表的实例化
SJ	从属任务取消	串行化删除被从属进程执行的任务
SK	争用	串行化段收缩
SL	获取 undo 锁	为 undo 向 LCK0 进程发出锁请求
SL	获取锁	向 LCK0 进程发出锁请求
SL	升级锁	向 LCK0 进程发出锁释放信号
SO	争用	同步访问共享对象(PL/SQL 共享对象管理器)
SP	争用 1	(1)基于一次性补丁
SP	争用 2	(2)基于一次性补丁
SP	争用 3	(3)基于一次性补丁
SP	争用 4	(4)基于一次性补丁
SQ	争用	持有的锁用于确保只有一个进程能够补充序列缓存
SR	争用	协调复制/流操作

(续表)

名称	队列类型	队列描述
SS	争用	用于确保在并行 DML 操作期间创建的排序段不会被过早清除
ST	争用	同步在字典管理的表空间中进行的空间管理活动
SU	争用	串行化对保留 undo 段的访问
SW	争用	协调 alter system suspend 操作
TA	争用	串行化 undo 段和 undo 表空间上的操作
TB	SQL 调优基础缓存更新	同步对 SQL 调优基础已有缓存的写访问
TB	SQL 调优基础缓存加载	同步对 SQL 调优基础已有缓存的写访问
TC	争用 2	持有的锁用于在 null 模式下创建唯一的表空间检查点
TC	争用	持有的锁用于确保表空间检查点的唯一性
TD	KTF 转储条目	KTF 转储时间/SCN 匹配 SMON_SCN_TIME 表
TE	KTF 广播	KTF 广播
TF	争用	串行化删除临时表
TH	度量线程评估	串行化线程内存链访问
TK	自动任务从属锁定	串行化扩展自动任务从属进程
TK	自动任务串行化	由 MMON 进程持有的锁，用于阻止其他 MMON 进程扩展自动任务从属进程
TL	争用	串行化线程日志表读和更新操作
TM	争用	串行化对象访问
TO	争用	串行化临时对象上的 DDL 和 DML 操作
TP	争用	在清洗和对固定表进行动态配置时持有的锁
TQ	TM 争用	队列表的 TM 访问
TQ	DDL-INI 争用	队列表上的流 DDL 操作
TQ	INI 争用	队列表的 TM 访问
TQ	DDL 争用	队列表的 TM 访问
TS	争用	串行化对临时段的访问
TT	争用	串行化表空间上的 DDL 操作
TW	争用	由某一实例持有的锁，用于等待事务在所有实例上结束
TX	分配 ITL 条目	分配 ITL 条目以便开始事务
TX	索引争用	在索引分裂时持有的锁，用于阻止索引上的其他操作
TX	行锁争用	事务在某一特定的行上持有的锁，用于阻止其他事务修改该行
TX	争用	事务持有的锁，用于允许其他事务为之等待
UL	争用	被用户应用程序使用的锁
US	争用	持有的锁用于在 undo 段上执行 DDL 操作
WA	争用	在高级队列通知上为内存使用情况设置水位线进行恢复时使用的锁
WF	争用	串行化刷新快照
WG	锁定文件系统对象	在锁定文件系统对象时获取分裂的本地队列
WG	删除文件系统对象	在删除文件系统对象时获取分裂的本地队列
WL	RAC 范围的 SGA 争用	串行化访问 Oracle RAC 范围的 SGA
WL	RFS 全局描述争用	串行化访问 RFS 全局描述
WL	争用	协调访问 redo 日志文件和活动日志
WL	测试访问/锁定	测试 redo 传输访问/锁定
WM	WLM 计划激活	同步新 WLM 计划激活

(续表)

名称	队列类型	队列描述
WP	争用	在清洗与基线之间处理并发
WR	争用	协调异步 LNS 和归档/前台进程对日志的访问
XC	XDB 争用	为增加 XDB 配置版本号获取的锁
XD	ASM 磁盘离线	串行化离线 Exadata 磁盘操作
XD	ASM 磁盘在线	串行化在线 Exadata 磁盘操作
XD	ASM 磁盘删除/添加	串行化自动删除/添加 Exadata 磁盘操作
XH	争用	在为高级队列 HTTP 通知设置无代理服务器域恢复时使用的锁
XL	故障区映射	保证多进程访问同一 chunk 中的容错区
XQ	恢复	在恢复断言检查期间阻止重定位
XQ	重定位	在进行重定位之前等待恢复
XQ	净化	在进行块净化之前等待重定位
XR	数据库强制日志	在数据库强制日志阶段持有的锁
XR	静默数据库	在数据库静默阶段持有的锁
XY	争用	用于内部测试的锁
ZA	添加标准审计表分区	用于为标准审计表添加分区的锁
ZF	添加 fga 审计表分区	用于为细粒度审计表添加分区的锁
ZG	争用	协调文件组操作
ZH	压缩分析	同步分析和插入 COMPRESSION$表，同时阻止多个线程在同一负载时分析同一个表
ZZ	更新哈希表	用于更新全局上下文哈希表的锁

A.2.4 V$LOCKED_OBJECT 视图

该视图展示了数据库中不同事务获取到的 DML 锁以及持有的锁模式(参见表 A-14)，此处还保留了事务的 ID(格式为 XIDUSN.XIDSLOT.XIDSQN)。

表 A-14 V$LOCKED_OBJECT 视图信息

列	数据类型	描述
XIDUSN	Number	undo 段编号
XIDSLOT	Number	slot 编号
XIDSQN	Number	事务的序列编号
OBJECT_ID	Number	被事务锁定的对象 ID
SESSION_ID	Number	负责事务以及持有锁的事务 ID
ORACLE_USERNAME	Varchar2(30)	Oracle 用户名称
OS_USER_NAME	Varchar2(30)	操作系统用户名称
PROCESS	Varchar2(14)	操作系统进程 ID
LOCKED_MODE	Number	锁模式；与 V$LOCK 中的 LMODE 列相同

A.2.5 V$GES_STATISTICS 视图

该视图展示了 GES 的混合统计信息(参见表 A-15)。

表 A-15 V$GES_STATISTICS 视图信息

列	数据类型	描述
STATISTIC#	Number	统计信息 ID
NAME	Varchar2(64)	统计信息名称
VALUE	Number	对应统计信息的数值
CON_ID	Number	包含该数据的容器 ID。该数据如果属于整个 CDB，则该列的值为 0。该数据如果只属于 ROOT，则该列的值为 1。该列的值表明了包含这些数据行的应用容器的 ID

A.2.6 V$GES_ENQUEUE 视图

该视图展示了所有锁管理器知晓的锁信息(参见表 A-16)，此外还包含了授权级别、请求级别以及其他相关信息。

表 A-16 V$GES_ENQUEUE 视图信息

列	数据类型	描述
HANDLE	Raw(4|8)	指向锁的指针
GRANT_LEVEL	Varchar2(9)	授权锁的级别
REQUEST_LEVEL	Varchar2(9)	请求锁的级别
RESOURCE_NAME1	Varchar2(30)	锁的资源名称
RESOURCE_NAME2	Varchar2(30)	锁的资源名称
PID	Number	持有锁的进程 ID
TRANSACTION_ID0	Number	锁属于的事务 ID 的低 4 位
TRANSACTION_ID1	Number	锁属于的事务 ID 的高 4 位
GROUP_ID	Number	锁的组 ID
OPEN_OPT_DEADLOCK	Number	为 1，表明设置了 DEADLOCK 选项；否则为 0
OPEN_OPT_PERSISTENT	Number	为 1，表明设置了 PERSISTENT 选项；否则为 0
OPEN_OPT_PROCESS_OWNED	Number	为 1，表明设置了 PROCESS_OWNED 选项；否则为 0
OPEN_OPT_NO_XID	Number	为 1，表明设置了 NO_XID 选项；否则为 0
CONVERT_OPT_GETVALUE	Number	为 1，表明设置了 GETVALUE 选项；否则为 0
CONVERT_OPT_PUTVALUE	Number	为 1，表明设置了 PUTVALUE 选项；否则为 0
CONVERT_OPT_NOVALUE	Number	为 1，表明设置了 NOVALUE 选项；否则为 0
CONVERT_OPT_DUBVALUE	Number	为 1，表明设置了 GDUBVALUE 选项；否则为 0
CONVERT_OPT_NOQUEUE	Number	为 1，表明设置了 NOQUEUE 选项；否则为 0
CONVERT_OPT_EXPRESS	Number	为 1，表明设置了 EXPRESS 选项；否则为 0
CONVERT_OPT_NODEADLOCKWAIT	Number	为 1，表明设置了 NODEADLOCKWAIT 选项；否则为 0
CONVERT_OPT_NODEADLOCKBLOCK	Number	为 1，表明设置了 NODEADLOCKBLOCK 选项；否则为 0
WHICH_QUEUE	Number	告知锁当前位于哪个队列：0 为 null 队列，1 为授权队列，2 为转换队列
STATE	Varchar2(64)	锁的状态
AST_EVENT0	Number	最后一次知道的 AST 事件
OWNER_NODE	Number	持有锁的节点 ID
BLOCKED	Number	如果锁阻塞了其他事务，为 1；否则为 0
BLOCKER	Number	如果锁请求被其他事务阻塞，为 1；否则为 0

(续表)

列	数据类型	描述
CON_ID	Number	包含该数据的容器 ID。该数据如果属于整个 CDB，则该列的值为 0。该数据如果只属于 ROOT，则该列的值为 1。该列的值表明了包含这些数据行的应用容器的 ID

A.2.7 V$GES_CONVERT_LOCAL 视图

该视图维护所有本地 GES 的操作信息(参见表 A-17)，此外还展示了诸如平均转换时间、计数以及转换次数等信息。锁的转换类型则在表 A-18 中列出。

表 A-17 V$GES_CONVERT_LOCAL 视图信息

列	数据类型	描述
INST_ID	Number	实例 ID
CONVERT_TYPE	Varchar2(64)	转换类型(参见表 A-18)
AVERAGE_CONVERT_TIME	Number	每个锁的平均转换时间，单位为 1/100 秒
CONVERT_COUNT	Number	转换次数
CON_ID	Number	包含该数据的容器 ID。该数据如果属于整个 CDB，则该列的值为 0。该数据如果只属于 ROOT，则该列的值为 1。该列的值表明了包含这些数据行的应用容器的 ID

表 A-18 GES 锁转换类型

类型	描述
NULL -> SS	NULL 模式到子共享模式
NULL -> SX	NULL 模式到共享独占模式
NULL -> S	NULL 到共享模式
NULL -> SSX	NULL 模式到子共享独占模型
NULL -> X	NULL 模式到独占模型
SS -> SX	子共享模式到共享独占模式
SS -> S	子共享模式到共享模式
SS -> SSX	子共享模式到子共享独占模式
SS- > X	子共享模式到独占模式
SX -> S	共享独占模式到共享模式
SX -> SSX	共享独占模式到子共享独占模式
SX -> X	共享独占模式到独占模式
S -> SX	共享模式到共享独占模式
S -> SSX	共享模式到子共享独占模式
S -> X	共享模式到独占模式
SSX -> X	子共享独占模式到独占模式

A.2.8 V$GES_CONVERT_REMOTE 视图

该视图维护所有远程 GES 的操作信息(参见表 A-19)，此外还展示了诸如平均转换时间、计数以及转换次数等信息。

表 A-19　V$GES_CONVERT_REMOTE 视图信息

列	数据类型	描述
INST_ID	Number	实例 ID
CONVERT_TYPE	Varchar2(64)	转换类型(参见表 A-18)
AVERAGE_CONVERT_TIME	Number	每个锁的平均转换时间，单位为 1/100 秒
CONVERT_COUNT	Number	转换次数
CON_ID	Number	包含该数据的容器 ID。该数据如果属于整个 CDB，则该列的值为 0。该数据如果只属于 ROOT，则该列的值为 1。该列的值表明了包含这些数据行的应用容器的 ID

A.2.9　V$GES_RESOURCE 视图

该视图维护锁管理器知晓的所有信息(参见表 A-20)，此外还保留了特定资源的管理节点的相关信息。

表 A-20　V$GES_RESOURCE 视图信息

列	数据类型	描述
RESP	Raw(4|8)	指向资源的指针
RESOURCE_NAME	Varchar2(30)	锁定的资源名称，以十六进制格式表示
ON_CONVERT_Q	Number	为 1，表明在转换队列上；否则为 0
ON_GRANT_Q	Number	为 1，表明在授权队列上；否则为 0
PERSISTENT_RES	Number	为 1，表明为持久资源；否则为 0
MASTER_NODE	Number	管理资源的节点 ID
NEXT_CVT_LEVEL	Varchar2(9)	在全局转换队列上，要转换到的下一个锁级别
VALUE_BLK_STATE	Varchar2(32)	锁的状态值
VALUE_BLK	Varchar2(64)	锁值的前 64 位
CON_ID	Number	包含该数据的容器 ID。该数据如果属于整个 CDB，则该列的值为 0。该数据如果只属于 ROOT，则该列的值为 1。该列的值表明了包含这些数据行的应用容器的 ID

A.3　DRM 诊断

DRM(Dynamic Resource Remastering)是 Oracle RAC 的一个关键特性，用于管理频繁被本地节点访问的资源。关于 DRM 的更多信息，可在本书的第 11 章中找到。

A.3.1　V$HVMASTER_INFO 视图

该视图维护 GES 资源的当前及之前的管理实例的相关信息，并与资源的哈希值 ID 关联起来(参见表 A-21)。

表 A-21　V$HVMASTER_INFO 视图信息

列	数据类型	描述
HV_ID	Number	资源的哈希值 ID
CURRENT_MASTER	Number	当前管理资源的实例
PREVIOUS_MASTER	Number	之前管理资源的实例
REMASTER_CNT	Number	资源被重新管理的次数
CON_ID	Number	包含该数据的容器 ID。该数据如果属于整个 CDB，则该列的值为 0。该数据如果只属于 ROOT，则该列的值为 1。该列的值表明了包含这些数据行的应用容器的 ID

A.3.2 V$GCSHVMASTER_INFO 视图

与 V$HVMASTER_INFO 视图展示GES资源的信息一样，该视图展示 GCS 资源的同样类别的信息(参见表 A-22)。这两个视图都展示了资源被重新管理的次数，但该视图并不展示资源所属的文件与特定管理节点之间的映射信息。

表 A-22 V$GCSHVMASTER_INFO 视图信息

列	数据类型	描述
HV_ID	Number	资源的哈希值 ID
CURRENT_MASTER	Number	当前管理 PCM 资源的实例
PREVIOUS_MASTER	Number	之前管理 PCM 资源的实例
REMASTER_CNT	Number	PCM 资源被重新管理的次数
CON_ID	Number	包含该数据的容器 ID。该数据如果属于整个 CDB，则该列的值为 0。该数据如果只属于 ROOT，则该列的值为 1。该列的值表明了包含这些数据行的应用容器的 ID

A.3.3 V$GCSPFMASTER_INFO 视图

该视图展示 GCS 资源的当前及之前的管理节点的相关信息，资源所属的文件与特定管理节点之间的映射关系，以及资源被重新管理的次数(参见表 A-23)。基于文件的重管理功能自 Oracle 10*g*R1 被引入，从 10*g*R2 版本开始，Oracle 数据库实现了对象级别的重管理功能，这就允许系统实现细粒度的重管理。

表 A-23 V$GCSPFMASTER_INFO 视图信息

列	数据类型	描述
FILE_ID	Number	文件 ID
DATA_OBJECT_ID	Number	数据对象 ID
GC_MASTERING_POLICY	Number	数据对象类型，有两个可能的取值：亲和性(affinity)和多数读(read-mostly)
CURRENT_MASTER	Number	文件的当前管理实例
PREVIOUS_MASTER	Number	文件的之前管理实例
REMASTER_CNT	Number	文件被重管理的次数
CON_ID	Number	包含该数据的容器 ID。该数据如果属于整个 CDB，则该列的值为 0。该数据如果只属于 ROOT，则该列的值为 1。该列的值表明了包含这些数据行的应用容器的 ID

A.4 集群互连诊断

从 Oracle 10*g* 开始，集群的互连信息就可以从 V$VIEWS 中获取。在此前的版本中，需要查询告警日志，或者调用 IPC 转储功能才能获取互连的详细信息。如下视图能够为你提供 Oracle RAC 中与互连的配置及使用相关的信息。

A.4.1 V$CLUSTER_INTERCONNECTS 视图

该视图展示集群通信使用的互连信息(参见表 A-24)，此外还列出了详细的信息来源，因为集群的互连信息也同样存储在 OCR 中，并且可以使用初始化参数进行配置。

表 A-24 V$CLUSTER_INTERCONNECTS 视图信息

列	数据类型	描述
NAME	Varchar2(15)	互连名称——eth0、eth1 等
IP_ADDRESS	Varchar2(16)	互连的 IP 地址

(续表)

列	数据类型	描述
IS_PUBLIC	Varchar2(4)	如果为公共互连，则为 yes。no 则表示互连为私有的。如果互连类型对于集群来说是未知的，则为 null
SOURCE	Varchar2(31)	指明互连信息从何处获取。互连信息可以从 OCR、OSD 软件或 CLUSTER_INTERCONNECTS 参数获取
CON_ID	Number	包含该数据的容器 ID。该数据如果属于整个 CDB，则该列的值为 0。该数据如果只属于 ROOT，则该列的值为 1。该列的值表明了包含这些数据行的应用容器的 ID

A.4.2 V$CONFIGURED_INTERCONNECTS 视图

该视图展示的内容与 V$CLUSTER_INTERCONNETS 相同，但是该视图展示的是所有已配置好的互连信息，并且这些信息已为 Oracle 知晓，而不仅仅展示数据库使用的信息(参见表 A-25)。

表 A-25　V$CONFIGURED_INTERCONNECTS 视图信息

列	数据类型	描述
NAME	Varchar2(15)	互连名称——eth0、eth1 等
IP_ADDRESS	Varchar2(16)	互连的 IP 地址
IS_PUBLIC	Varchar2(4)	如果为公共互连，则为 yes。no 则表示互连为私有的。如果该互连类型对于集群来说是未知的，则为 null
SOURCE	Varchar2(31)	指明互连信息从何处获取。互连信息可以从 OCR、OSD 软件或 CLUSTER_INTERCONNECTS 参数获取
CON_ID	Number	包含该数据的容器 ID。该数据如果属于整个 CDB，则该列的值为 0。该数据如果只属于 ROOT，则该列的值为 1。该列的值表明了包含这些数据行的应用容器的 ID

附录B

集群节点的添加与移除

Oracle RAC 是一种具备高扩展性的解决方案，能够允许用户基于需求为已有的集群添加或移除节点，并且在操作过程中不会影响处于活动状态的数据库服务的可用性。所有的节点应该是同一类型的，并且具备相同的计算能力。尽管从技术上讲，添加相比原有节点高或低的计算能力的节点也是可行的，但是我们通常不推荐这么做，因为这样会在节点之间造成逻辑上的不平衡。

B.1 添加节点

给现有集群添加节点与安装 Oracle RAC 环境类似。需要完成所有的先决条件，第 4 章和第 5 章已经解释了如何安装 Oracle RAC 和 Oracle 集群软件。在这里，主要有两种向现有集群添加节点的方法——要么可以克隆现有的 grid home，要么使用 addNode.sh 脚本。可以手工执行 clone.pl 脚本，或者使用 OEM 克隆现有的 grid home。尽管 OEM 能够提供图形化的用户界面来克隆已有的 grid home，但实际上 OEM 使用的也是 clone.pl 脚本。尽管也可以通过克隆的方式添加其他节点，但是大部分用户还是使用 addNode.sh 脚本。我们将使用 addNode.sh 脚本来解释向已有的集群中添加节点的步骤。

无论选择何种添加节点的方法，典型情况下，都需要完成如下先决条件：

(1) 配置公共和私有网络，并确保在私有网络上启用了多播功能。此外，也要确保网络接口的名称与集群中其他节点上的名称保持一致。

(2) 配置操作系统，并确保系统配置与集群中其他节点上的配置保持一致。例如，需要保证所有的内核参数一致，用于存储软件二进制文件的目录结构必须一致，创建的用户和组也要使用同样的名称和 ID，shell 限制也需要配置。对于软件的所有者，需要配置用户等效性。

(3) 按照第 4 章提到的内容配置共享存储。如果使用了 ASM，那么需要在新的节点上安装并配置 ASM 库，但是无须在新的节点上创建 ASM 磁盘，因为 ASM 磁盘已经创建好了。需要在新的节点上扫描 ASM 磁盘，并确保这些 ASM 磁盘能够在新的节点上被检测到。

在如下例子中，我们将会向集群 ORARAC 中添加新的节点，该集群目前有三个节点：RAC1、RAC2 以及 RAC3。这些节点上的 Oracle 实例则被对应称为 ORARAC1、ORARAC2 以及 ORARAC3。新添加的节点则被称为 RAC4，上面的 Oracle 实例为 ORARAC4。接下来将会展示如何向集群 ORARAC 中添加节点 RAC4。

B.1.1 执行安装前检查

可以使用集群校验工具检查系统是否已经为 Oracle GI 配置完毕，也可以执行如下命令来检查新的节点是否已经就绪。可以从 staging 目录或在已有的任意节点上运行集群校验工具。在节点 RAC1 上执行如下命令，调用集群校验工具，并对 Oracle GI 进行硬件及操作系统级别的检查：

```
$ ./runcluvfy.sh stage - pre crsinst -n rac1,rac2,rac3,rac4 -r 12cR2
$ ./runcluvfy.sh stage -pos hwos -n rac4
```

当然，也可以在已有的节点上执行如下命令来运行集群校验工具：

```
$ cluvfy stage -pos hwos -n rac4
```

一旦硬件测试通过，就可以将新节点上的系统配置与集群中已有的其他节点做对比，从而确保新节点已经按照集群中其他节点的配置方式进行了正确配置。在节点 RAC1 上执行如下命令，调用集群校验工具，并对比 RAC1 和 RAC4 节点上的系统配置，我们这里假设 Oracle 产品组为 oinstall、操作系统的 dba 组为 asmdba：

```
$cluvfy comp peer -refnode rac1 -n rac4 -orainv oinstall -osdba asmdba -r 12cR2
```

集群校验工具还提供了其他测试，用于检测集群和正在添加的节点之间的一致性。在执行 addNode.sh 脚本之前，可以执行这种阶段性测试，并仔细分析输出结果。可以使用如下命令调用集群校验工具，并执行“添加节点”之前的测试：

```
$cluvfy stage -pre nodeadd -n rac4
```

addNode.sh 脚本会在内部执行这种检查，因此需要在执行 addNode.sh 脚本之前，确保这一预先测试能够成功。在安装开始之前，集群校验工具需要运行成功。如果在检查阶段出现了任何错误，那么需要在进行 CRS 安装之前搞定这些错误。

B.1.2 执行 addNode.sh 脚本

addNode.sh 脚本将会完成大部分向已有集群中添加节点的工作，它会从已有的集群节点向正要被添加到集群的节点分发 Oracle GI 二进制文件，还会在正要添加的节点上重新链接二进制文件。addNode.sh 脚本可以在 GUI 上以静默方式执行，在 GUI 模式下，在调用 addNode.sh 脚本之前，需要用户设置 DISPLAY 参数。在一些大型组织中，大部分用户都是在静默模式下执行该脚本，因为通过脚本实现节点添加过程的自动化能够提供更多的选项。一旦前面提到的所有先决条件都已经满足，就可以执行位于$GRID_HOME/oui/bin 目录下的 addNode.sh 脚本来添加新的节点：

```
$addNode.sh -silent "CLUSTER_NEW_NODES={rac4}" "CLUSTER_NEW_VIRTUAL_HOSTNAMES={rac4-vip}"
```

如果使用了 GNS(网格命名服务)，就无须为新的节点提供虚拟的主机名，因为 Oracle GNS 会自动分配虚拟主机名和 IP 地址。如果已经配置了 GNS，那么可以执行如下命令来添加新的节点：

```
$addNode.sh -silent "CLUSTER_NEW_NODES={rac4}"
```

addNode.sh 脚本内部会执行多种检查，检测正在被添加的节点是否就绪，并且会在静默模式下调用 OUI 来分发 Oracle GI 二进制文件。

注意：集群校验工具并不检查共享存储配置是否正确，因此可能会发现 addNode.sh 脚本运行失败，因为共享存储有问题。如果能够确认共享存储已经配置正确，可以将环境变量 IGNORE_PREADDNODE_CHECKS 设置为 Y，这将会使 addNode.sh 脚本避免执行节点安装前检查，而节点安装前检查其实在内部会检测共享存储的配置。

B.2　安装 Oracle 数据库软件

完成 Oracle GI 安装之后，就可以安装 Oracle 数据库软件了。Oracle 数据库软件的安装可以在现有的任意节点上进行。位于$ORACLE_HOME/bin 目录下的 shell 脚本 addNode.sh，将会调用 OUI 并将软件复制到新的节点上。如下过程会将 Oracle 软件安装到新添加的节点上。

以 oracle 用户身份登录到集群的任意节点上，并设置环境变量。在静默模式下调用$ORACLE_HOME/bin 目录下的 addNode.sh：

```
$./addNode.sh -silent "CLUSTER_NEW_NODES={rac4}"
```

上述命令会在静默模式下执行 OUI，将数据库软件复制到新的节点上，并在最后要求执行 root.sh 脚本。在新添加的节点上按照指示运行 root.sh 脚本。如果已有的集群数据库是策略管理的数据库，那么 root.sh 脚本会将新节点添加到自由池中，并且无论何时增加数据库服务器池的基数，Oracle 都会在 RAC 节点上运行一个 Oracle RAC 数据库实例，并将 RAC4 节点添加到数据库服务器池中。对于基于策略管理的数据库，在将节点添加到已有的 Oracle RAC 数据库中时，无须执行任意额外步骤。但是，如果想将节点添加到管理员托管的数据库中，那么需要执行如下步骤，在 RAC4 节点上创建数据库实例。

B.2.1　创建数据库实例

现在，在节点 1 上按照如下步骤来完成在新的节点上创建数据库实例的操作：

(1) 以 oracle 用户身份登录到节点 RAC4 上，将环境设置为数据库主目录并调用 DBCA：

```
$ORACLE_HOME/bin/dbca
```

(2) 在欢迎界面中，选择 Oracle RAC 数据库以便创建实例，并单击 Next 按钮。

(3) 选择实例管理并单击 Next 按钮。

(4) 选择添加实例并单击 Next 按钮。

(5) 在界面的顶部，选择 ORARAC(或者已经创建的集群数据库名称)数据库并输入 SYSDBA 的用户名和密码，单击 Next 按钮。

(6) 你将会看到已有实例的列表，单击 Next 按钮。在下一个界面中，输入 ORARAC4 作为实例名称，并选择 RAC4 作为节点名称。

(7) 这里创建了一个名为 ORARAC4 的数据库实例(在节点 RAC4 上)。在数据库存储界面中单击 Next 按钮。在创建过程中，将询问是否要在节点 RAC4 上扩展 ASM 实例，单击 Yes 按钮。

B.3　移除节点

Oracle 在 Oracle 产品目录中存储了一些至关重要的信息，包括已配置的产品信息，以及在节点上运行的程序信息。因此，在移除节点时，对 Oracle 产品目录进行更新极为重要，因为 Oracle 产品目录中包含的是当前信息。移除集群很简单，因为在将一个节点从集群中逻辑分离并关闭时就会将节点与集群隔离开来，然后就可以将分离出来的节点用于其他任意目的。但是，如果要分离的节点上正在运行 Oracle 11*g*R1 或早期版本的 Oracle 数据库，而你想将节点从集群中完全移除，那么需要执行如下步骤，将节点从集群中完全移除：

(1) 在将要被删除的节点上删除数据库实例。

(2) 从数据库中移除节点。

(3) 从集群中移除节点。

B.3.1　在将要被删除的节点上删除数据库实例

可以使用DBCA($ORACLE_HOME/bin/dbca)删除实例。调用DBCA并选择Oracle RAC数据库。选择实例管理，然后选择删除实例，接下来将会看到带有数据库名称的界面。

在界面的顶部，输入SYSDBA的用户名和密码，然后选择要删除的实例并确认删除。

此外，也可以使用OEM删除数据库实例。导航到集群数据库目标页面，然后导航到服务器页面，单击删除实例链接，这会将你带到实例删除界面。提供数据库登录信息，然后按照指示就可以完成数据库实例的删除。

B.3.2　从数据库中移除节点

在Oracle 11*gR*2中，Oracle引入了一个新的工具，名为Deinstall，用于卸载Oracle软件。我们强烈推荐使用该工具卸载Oracle数据库或Oracle GI home。可以参考Oracle数据库安装指南来了解使用详情的内容。

B.3.3　从集群中移除节点

可以按照如下步骤从集群中移除RAC4节点，这里假设没有使用GNS：

(1) 在RAC1节点上(或集群中其他剩余的节点上)以root用户身份执行如下命令，以便结束对RAC4节点的租赁：

```
$cd $GRID_HOME/bin
$./crsctl unpin css -n RAC4
```

在让RAC4节点租赁过期之前，要确保CSS进程正在RAC4节点上运行。因为如果CSS进程没有在将被删除的节点上运行，上述命令会执行失败。

(2) 在RAC4节点上以root用户身份执行$GRID_HOME/crs/install目录下的rootcrs.pl脚本来禁用集群资源。只能在要删除的节点上执行该脚本。

```
$cd $GRID_HOME/crs/install
$./rootcrs.pl -delete -force
```

如果该脚本执行失败，那么需要手工停止集群资源。

(3) 以root用户身份在集群中任意剩余的节点上执行如下命令：

```
$cd $GRID_HOME/bin
$./crsctl delete node -n RAC4
```

(4) 以软件所有者的身份，执行如下命令来更新Oracle产品目录：

```
$cd $GRID_HOME/oui/bin
$./runInstaller -updateNodeList ORACLE_HOME=$GRID_HOME
"CLUSTER_NODES={rac4}" CRS=TRUE -local
```

(5) 执行如下命令来卸载Oracle GI home。如果Oracle GI home是共享的，将无法从要被删除的节点上物理删除Oracle GI home，但是可以更新Oracle产品目录，使得Oracle GI home从要被删除的节点上分离出来。

如果RAC4节点正在使用共享的Oracle GI home，可以执行$GRID_HOME/oui/bin目录下如下命令来更新Oracle产品目录：

```
$cd $GRID_HOME/oui/bin
$./runInstaller -detachHome ORACLE_HOME=$GRID_HOME
```

另外，也可以软件所有者的身份执行如下命令来删除Oracle GI home：

```
$cd $GRID_HOME/deinstall
$./deinstall -local
```

(6) 以软件所有者的身份，在集群中所有的剩余节点上执行如下命令来更新Oracle产品目录：

```
   cd $GRID_HOME/oui/bin
./runInstaller -updateNodeList ORACLE_HOME=$GRID_HOME
"CLUSTER_NODES={rac1,rac2,rac3}" CRS=TRUE
```

如果使用了GNS，那么只需要执行上面的步骤(2)、(3)和(6)。